天津市科协资助出版

锂离子电池用
磷酸铁锂正极材料

$LiFePO_4$ Cathode Material Used for Li-ion Battery

梁广川 等 编著

科学出版社
北 京

内 容 简 介

目前，以磷酸铁锂电池为代表的新能源产业正在迅速发展，本书旨在促进磷酸铁锂产业的进步，并对从事本行业的科研人员及技术人员有所裨益。

书中介绍了磷酸铁锂材料的发现背景、应用历史和专利情况，并对材料的晶体结构、电化学模型进行了简介；详细介绍了磷酸铁锂材料制造所涉及的生产设备，并在此基础上，讨论了草酸亚铁法、碳热还原法、水热法制备磷酸铁锂材料的合成特点；特别介绍了磷酸铁锂材料的常规检验分析和特征分析方法，包括理论基础和实际测试曲线分析；同时，详细描述了磷酸铁锂电池制造技术，包括磷酸铁锂电池体系设计、电极制备、组装技术；此外，还对磷酸铁锂电池的应用领域进行了评述，并就其他具有应用潜力的正极材料研究成果进行了总结和展望。

本书可供从事磷酸铁锂材料生产和相关行业的科研及技术人员参考，也可供高等院校相关专业的研究生及高年级本科生阅读。

图书在版编目(CIP)数据

锂离子电池用磷酸铁锂正极材料＝$LiFePO_4$ Cathode Material Used for Li-ion Battery/梁广川等编著．—北京：科学出版社，2013
(天津市科协资助出版)
ISBN 978-7-03-037788-3

Ⅰ．锂…　Ⅱ．梁…　Ⅲ．磷酸盐-锂电池-研究　Ⅳ．TM911

中国版本图书馆 CIP 数据核字(2013)第 124070 号

责任编辑：裴　育　唐保军 / 责任校对：鲁　素
责任印制：吴兆东 / 封面设计：蓝正设计

科学出版社出版
北京东黄城根北街 16 号
邮政编码：100717
http://www.sciencep.com

北京中石油彩色印刷有限责任公司印刷
科学出版社发行　各地新华书店经销
*
2013 年 6 月第　一　版　开本：720×1000　1/16
2025 年 8 月第十一次印刷　印张：18 3/4
字数：364 000

定价：128.00 元
(如有印装质量问题，我社负责调换)

前　言

2005 年春，作者所在的课题组开始接触磷酸铁锂材料。当时，磷酸铁锂电池极高的安全性能引起了我们极大的兴趣。这些年来，课题组在这一领域进行了一些探索性的工作，对磷酸铁锂材料的基础性能研究、生产工艺和测试评价技术都有所涉猎，其中的一些心得体会，愿与大家分享。

客观地说，我国磷酸铁锂产业的发展速度是很快的。山东海霸公司于 2005 年就开始研发和制造磷酸铁锂电池。同年，天津力神电池公司也开始代工生产 18650 型磷酸铁锂电池。2006 年，天津斯特兰成为国内第一家可以大批量提供磷酸铁锂材料的厂家。近年来，磷酸铁锂材料、电池的产业化进程明显加速。据统计，2012 年仅中国就有不少于 200 家公司投入了磷酸铁锂材料的生产，而 A123、Valence、德国南方化学、Phostech、韩国韩华等国外公司也正在努力进入中国市场，目前中国磷酸铁锂电池的产能是世界上最大的。2012 年 6 月的深圳 CIBF 会议上，有近 60 家磷酸铁锂材料生产厂家参展，创造了世界范围内同一场展会上磷酸铁锂材料生产厂家参会最多的纪录。

磷酸铁锂行业的发展，在我国带动了一大批相关的产业群，包括原料(铁盐、磷酸盐、锂盐等)供应厂家、正极材料生产厂家、电池加工企业、电池的后续应用企业和产业群(如储能电池电站、电动公交车等)。目前，磷酸铁锂行业已经成为我国新能源产业的重要领域之一。据统计，2011 年磷酸铁锂材料的销售量达到 3000t 左右，带动电池产值超过 40 亿元。

虽然磷酸铁锂行业正迅速发展，但目前还没有专门、系统介绍磷酸铁锂材料生产、检验及其在锂离子电池中应用的书籍。本书旨在填补这方面的空白，为从事磷酸铁锂材料生产和相关行业的科研人员及技术人员提供尽可能有用的资料，以促进我国磷酸铁锂行业的发展和腾飞。

本书是在总结作者课题组多年来从事的科学研究和产业化推广工作的基础上编写而成的。其中，除第 9 章由宗继月编写外，其余各章由梁广川编写，并由梁广川统一审稿、定稿。感谢崔旭轩、纪继坤、杜春花、朱志强、田铁静、张敬捧、崔军燕等为本书查询并提供了部分资料；同时感谢课题组历届研究生所做的卓有成效的研究和探索工作，以及课题组欧秀芹和王丽老师提供的部分资料。

感谢海特电子集团对本书出版的资助和大力支持。

本书从2010年即开始酝酿初稿，一直在补充和完善。由于磷酸铁锂行业还是一个新兴的行业，很多资讯只能从网络上获得，加之作者水平有限，书中难免存在不足之处，敬请国内外同行批评指正。

作　者

2013年2月

目　　录

第1章 绪　论

1.1 电池发展历史

电池是电源的一种。电源一般分为物理电源和化学电源。物理电源包括太阳能发电装置、温差电发电装置、火力和水力发电机等；而化学电源是指能够将化学能直接转变为电能的发电装置，即一般意义上的化学电池，简称电池。一般电池由正极、负极、电解质、极耳、外壳等组成。其中，正、负极中含有的活性物质是电池能量的源泉，其可以通过氧化还原反应吸收或放出电子，通过电动势驱动对外做功。

电池可分为一次电池（也称为不可充电电池，原电池）和二次电池（可充电电池）。在放电过程中，由于自发电动势的作用，负极材料失去电子被氧化，正极材料得到电子被还原，最终达到放完电的状态（放电态）；在充电过程中，在外加电动势的驱动下，正极材料失去电子被氧化，负极材料得到电子被还原，最终达到充满电的状态（充电态）。

电池是人类科技发展的产物。历史上一次电池的出现较早。1800年，Volta（伏打）发明了世界上第一个电池。他用锌和铜组成电极对，插入硫酸溶液中实现了放电。1859年，Planté（普兰特）发明了可充电的铅酸电池，以金属铅和氧化铅作为电极材料，硫酸作为电解液，通过中间产物硫酸铅的生成和分解，实现了电池的充放电。铅酸电池到今天成为应用最广泛的二次电池体系，主要的电池结构依然保持着当年 Planté 提出的形式。到目前为止，二次电池体系已经经历了铅酸电池、镍镉电池、镍氢电池、锂离子电池四代的发展，电池性能不断提高，人类对电池体系的认识也在不断深化。目前，锂离子电池是效率和比能量最高的二次电池体系，代表了人类电池研究和技术的最高水平。

本书主要综述和讨论锂离子电池用的磷酸铁锂正极材料，因此有必要先回顾一下电池的发展历史。国内外电池发展历程如下[1]：

1800年，Volta 发明世界上第一个电池，用锌和铜组成电极对，在硫酸溶液中实现了放电；

1802年，Cruikshank 设计了第一个便于生产制造的电池；

1859年，Planté 发明可充电铅酸电池，直到今天仍是世界上应用范围最广的二次电池体系；

1868年，Leclanché（勒克朗谢）开发出使用氯化铵电解液的勒克朗谢电池；

1881 年，Thiebaut 取得干电池专利；

1888 年，Gassner 开发出第一个干电池；

1890 年，Edison（爱迪生）发明可充电的铁镍电池；

1896 年，在美国批量生产干电池；

1899 年，Jungner 发明镍镉电池；

1910 年，可充电的铁镍电池商业化生产；

1911 年，我国建厂开始生产干电池和铅酸蓄电池；

1914 年，Edison 发明碱性电池；

1934 年，Schlecht 和 Akermann 发明镍镉电池烧结极板；

1947 年，Neumann 开发出密封镍镉电池；

1949 年，Urry（Energizer）开发出小型碱性电池；

1954 年，Pearson、Fuller 和 Chapin 开发出太阳能电池；

1956 年，Energizer 制造出第一个 9V 电池；

1956 年，我国建设第一个镍镉电池工厂（风云器材厂，即 755 厂）；

1960 年前后，Carbide 商业化生产碱性电池，我国开始研究碱性电池；

1970 年前后，出现免维护铅酸电池；

1970 年前后，一次锂电池实用化，开发了锂-二氧化锰电池等产品；

1976 年，Philips 公司的科学家发明镍氢电池；

1980 年前后，开发出稳定的、用于镍氢电池的合金；

1983 年，南开大学开始研究镍氢电池；

1987 年，我国改进镍镉电池工艺，采用发泡镍，电池容量提升 40%；

1987 年，我国商业化生产一次锂电池；

1989 年，我国镍氢电池研究列入国家计划；

1990 年前后，镍氢电池商业化生产；

1991 年，Sony（索尼）公司可充电锂离子电池商业化生产；

1992 年，Kordesch 等取得碱性充电电池专利；

1992 年，Battery Technologies Inc. 生产碱性充电电池；

1995 年，我国镍氢电池商业化生产初具规模；

1997 年，Goodenough 课题组报道磷酸铁锂材料用于锂离子电池；

1999 年，可充电锂聚合物电池商业化生产；

2000 年，我国锂离子电池商业化生产；

2003 年，钴酸锂电池开始大规模应用于手机等数码产品，磷酸铁锂包覆碳技术出现；

2005 年，国内厂家开始制造磷酸铁锂动力电池；

2007 年，磷酸铁锂电池开始应用，多家电池企业开始生产磷酸铁锂动力电池；

2008年，磷酸铁锂材料形成规模化生产；

2009年，新能源产业迅速发展，国家863计划支持建立万吨级磷酸铁锂材料生产线；

2010年，锂离子电池成为电动交通工具能源主体，产业规模迅速扩大；

2012年，磷酸铁锂材料列入国家新材料“十二五”发展规划，国家公布《节能与新能源汽车产业发展规划(2012—2020年)》。

从电池的发展历史看，进入20世纪后，由于内燃机的技术成熟和广泛应用，电池体系的重要性被降低，理论和技术一度处于停滞时期。但在第二次世界大战之后，电池技术又进入快速发展时期。首先是为了适应大功率、重负荷用途的需要，发展了碱性锌锰电池，1951年实现了镍镉电池的密封化。1958年Harris提出了采用有机电解液作为锂一次电池的电解质，20世纪70年代初期实现了锂电池的军用和民用品开发。随后基于环保考虑，研究重点转向二次电池。镍镉电池在20世纪初实现商品化以后，在80年代得到迅速发展。但随着人们环保意识的日益增加，铅、镉等有毒金属的使用日益受到限制，因此需要寻找新的、可代替传统铅酸电池和镍镉电池的可充电电池。1990年前后发明了锂离子电池。1991年锂离子电池实现了商品化。1995年发明了聚合物锂离子电池(采用凝胶聚合物电解质为隔膜和电解质)。1999年开始了锂离子电池的大规模商品化。锂离子电池由于环保、无重金属污染、比能量高，成为有力的新能源竞争技术。

现代社会电池的使用范围已经由20世纪三四十年代的手电筒、收音机、汽车启动电源，发展到现在的成千上万种用途。小到电子表、CD机、移动电话、MP3、MP4、照相机、摄影机、各种遥控器、剃须刀、手电钻、儿童玩具等，大到医院、宾馆、超市、电话交换机、通信基站等场合的应急和备用电源，以及电动工具、拖船、拖车、铲车、轮椅车、高尔夫球运动车、电动自行车、电动汽车、风力发电站用电池，导弹、潜艇和鱼雷等军用电池等；此外，还有可以满足各种特殊要求的专用电池等。电池已经成为人类社会必不可少的能源载体。

我国第一家电池厂于1911年诞生于上海。1921年第一家专业铅蓄电池厂——上海蓄电池厂也建于上海。1941年在延安中央军委三局所属电信材料厂开始生产锌锰干电池和修理铅酸蓄电池。1957年组建机电部电材局化学电源研究室，1958年成为我国第一个专业研究所，即原一机部化学电源研究所(电子工业部天津电源研究所)。1960年我国第一家碱性蓄电池厂“风云器材厂”在河南新乡正式验收投产。20世纪90年代初，国家开始了863重点攻关项目，使镍氢电池的产业化得到了迅速发展。以后国家又开始了多项锂离子电池国家863科技攻关项目，希望能借此推动锂离子电池及其材料的国产化及大规模发展。

对于我国目前的电池工业而言，存在的主要问题是环境污染和资源浪费严重。由于我国电池工业的自动化、机械化程度不高，企业多为手工操作，导致生产过程中污染严重，对工人身体危害大。干电池行业曾被人戏称为“污染企业”、“黑工业”。这些污染物主要有氧化锰粉、氧化汞、沥青烟、烟雾、石蜡烟气等，其中汞是最受关注的、有剧毒的重金属，极微量的汞就对人体有很大毒性。发达国家已于1994年起禁止有汞电池的生产和进口。目前我国很多厂家仍然生产含汞电池。铅酸电池行业的主要污染物有铅和氧化铅粉尘、酸雾及废酸等，其中铅也是毒性较大的重金属。慢性铅中毒主要表现在神经系统受损、肾功能障碍和贫血等。目前我国的铅酸蓄电池仍有较大比例为老式开口电池，使用中有冒气冒酸现象。镍镉电池所用原料多为粉状，也存在粉尘污染问题；而且镉的毒性较大，可以积累在肾脏和骨骼中，引起肾功能失调；另外，骨骼中钙被镉取代，会使骨骼软化，疼痛难忍。此外，碱雾、废酸也是重要的污染物。

废旧电池的弃用，浪费了大量的资源和材料。例如，对于干电池中的锌银电池、锌汞电池而言，我国基本上未加以回收利用。至于价值低的锌锰干电池回收利用效果更差。目前已经有企业从事锂离子电池回收工作，但还没有建立有效的回收体系，开工不足，效益不佳。

为了减少污染，保护环境，维护生态平衡以及保护地球上的有限资源，应当尽可能扩大资源种类，选用储量丰富的原料，利用有利于环保的资源。从以上角度考虑，锂离子电池应该是我国大力发展的电池品种。

1.2 锂离子电池简介

1.2.1 锂离子电池工作原理

锂离子电池主要是由正极、负极、能传导锂离子的电解质及把正负极隔开的隔膜、外壳等组成。正极材料一般为钴酸锂（$LiCoO_2$）、镍酸锂（$LiNiO_2$）、锰酸锂（$LiMn_2O_4$）、三元材料（$LiCo_xNi_yMn_{1-x-y}O_2$）等可逆脱嵌锂离子的化合物。电解质由锂盐（常见的锂盐有 $LiClO_4$、$LiPF_6$、$LiBF_4$、LiBOB 等）溶解在特定的溶剂（主要是碳酸乙烯酯（EC）、二乙基碳酸酯（DEC）、二甲基碳酸酯（DMC）、碳酸丙烯酯（PC）等按一定比例形成的混合物）中组成。隔膜材料一般是聚烯烃系树脂，常用的有单层或多层的聚丙烯（PP）和聚乙烯（PE）微孔膜，如 Celgard 2300 隔膜。负极一般采用能嵌入锂的石油焦炭、纯石墨和层状石墨混合碳等材料。以碳元素（C_6）材料为负极，过渡金属氧化物 $LiMeO_n$ 为正极的锂离子电池，其反应如下。

充电时：

$$LiMeO_n \longrightarrow Li_{1-x}MeO_n + xLi^+ - xe^- \tag{1.1}$$

$$C_6 + xLi^+ + xe^- \longrightarrow Li_xC_6 \tag{1.2}$$

放电时：

$$Li_{1-x}MeO_n + xLi^+ + xe^- \longrightarrow LiMeO_n \tag{1.3}$$

$$Li_xC_6 \longrightarrow C_6 + xLi^+ - xe^- \qquad (1.4)$$

充电时，锂离子从正极脱出，嵌入负极，放电时，锂离子则从负极脱出，嵌入正极，即在充放电过程中，锂离子在正、负极间嵌入脱出，往复运动，犹如来回摆动的摇椅，因此锂离子电池又称为“摇椅电池”。其工作原理可由图 1.1 形象地表示出来。

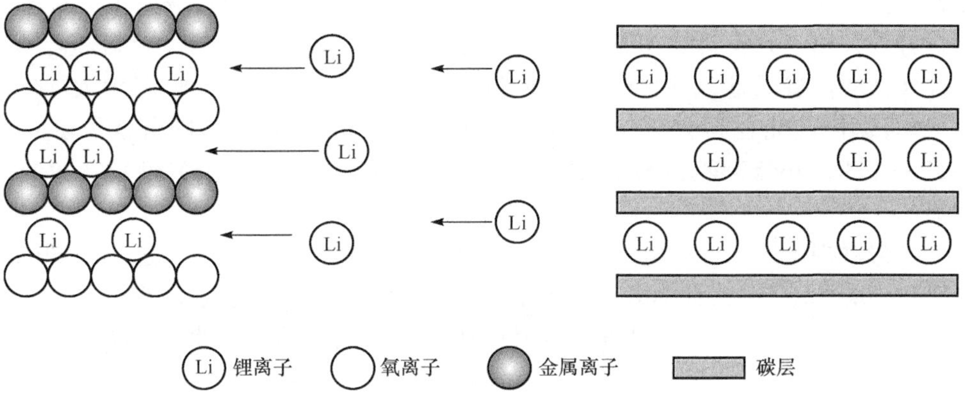

图 1.1　锂离子电池工作原理示意图

锂离子电池在正常充放电情况下，锂离子在层状结构的碳材料和氧化物晶体间或片层间的嵌入和脱出，一般只引起层间距的变化，而不会引起晶体结构的破坏。充放电的过程中，正、负极材料的化学结构基本不发生变化，因此从充放电反应的可逆性来讲，锂离子在电池材料中的嵌入和脱出是一个理想的反应过程。正是基于以上特点，锂离子电池在性能上比镍镉电池和镍氢电池更为优越。

1.2.2　锂离子电池分类

锂离子电池可以依据所用的正极材料、外观形状和尺寸、电芯制造方式、包装类型、应用特点等分别进行分类。

依据所用的正极材料不同，锂离子电池可以分为钴酸锂电池、锰酸锂电池、三元材料电池、磷酸铁锂电池等类型。

钴酸锂电池　标称电压 3.7V，工作电压范围 2.4～4.2V。钴酸锂电池结构稳定、比容量高、综合性能突出，但是其安全性差、成本高，主要用于中小型号电芯。近年来发展了高压钴酸锂材料，可以将电池的上限电压提高到 4.3V 或 4.35V，从而有效地提高电池的容量和能量密度。目前，钴酸锂电池是体积能量密度最高的电池，可以达到 550W · h/L，是高档手机等电子产品电源的唯一选择。

锰酸锂电池　标称电压 3.8V，工作电压范围 2.5～4.2V。过充保护电压

4.28V±0.025V，过放保护电压 2.5V±0.1V。锰酸锂电池成本低、安全性好，但锰酸锂材料本身不太稳定，容易分解产生气体发生鼓胀，其循环寿命衰减较快，寿命相对短，高温性差，主要用于低成本的大中型号电芯，用于制造动力电池。

三元材料电池　标称电压 3.6V，工作电压范围 2.75～4.2V。过充保护电压 4.28V±0.025V，过放保护电压 2.75V±0.1V。三元材料电池综合性能好，成本较钴酸锂低廉，安全性有所提高，可用于动力电池，在正极材料市场所占的份额逐年提升。采用三元材料的小型锂电池已经逐渐被市场所接受。三元材料还可与钴酸锂及锰酸锂掺混，用于钢壳、铝壳、软包、聚合物、圆柱锂离子电池，可大大降低电池成本，综合性能也得到一定的提升。目前，三元材料电池能量密度能够达到 180W·h/kg(26650 钢壳电池容量可达 4600mA·h，质量为 90g)，性价比上具有明显的优势。

磷酸铁锂电池　标称电压 3.2V，工作电压范围 2.5～3.75V。过充保护电压 3.75V±0.025V，过放保护电压 2.5V±0.1V。磷酸铁锂电池最大的优点是正极材料稳定不分解，电池具有其他正极材料体系无法比拟的安全性。磷酸铁锂电池循环寿命长，资源丰富，环保性高。但磷酸铁锂电池放电平台低，低温性差。

依据外观形状和尺寸，锂离子电池可以分为：圆柱电池和方形电池等。

依据电芯制造方式，锂离子电池可以分为：卷绕式电池(分圆柱卷绕和扁卷绕)、叠片电池等。

依据包装材料类型，锂离子电池可以分为：钢壳电池、铝壳电池、塑壳电池、软包装电池等。

依据应用特点，锂离子电池可以分为：高温电池、低温电池、功率型电池、容量型电池等。

依据电池的应用领域，锂离子电池可以分为：备用电池、动力电池、储能电池等。

1.2.3　锂离子电池应用领域

可以说，自电池发明以来，没有任何一种电池产品像锂离子电池这样迅速而广泛地得到使用。从计算机 CPU 用的时钟计时电源，到汽车、潜艇用的大型锂离子电池组，电池容量差达到 1000 万倍以上，在日常生活、医疗设备、电动交通工具、储能电站、航空航天、军事等领域都有广泛的应用。

经过 10 多年的普及，锂离子电池作为唯一的电源体系被手机、笔记本电脑等数码产品广泛采用。由于其具有高比能量，还被广泛应用在电动工具、电动自行车、电动大巴、风力及太阳能储能电站、移动通信基站、矿灯电源、矿用救生舱电源、军用单兵电源、电台、卫星蓄电池等多个场合。据统计，2011 年中国锂电池行业市场规模达到了 397 亿元，同比增长 43%，全年锂电池产量达到 29.7 亿颗，同比增长 28.6%。锂电池业已成为国民经济重要的产业方向[2]。

1.3 锂离子电池特点

1.3.1 锂离子电池材料的容量和电动势

锂离子电池发生充放电反应时，只有正负极活性物质发生锂离子脱嵌反应，而电解质等材料不发生消耗。因此，正负极材料可逆嵌入/脱出锂离子的电位决定了电池的开路电压，活性物质嵌入/脱出锂离子的多少决定了活性物质的容量。

对负极来说，反应的形式按式(1.2)发生。每摩尔碳(12g)最多可以嵌入1/6mol的锂离子，因此，负极碳材料的理论比容量为

$$1/6(\text{mol})\times 96485(\text{法拉第常数},\text{C/mol})/12(\text{g})=1340(\text{C/g})=372(\text{mA}\cdot\text{h/g}) \quad (1.5)$$

日常使用中，考虑到吸附锂损耗和固体电解质界面膜(SEI 膜)形成造成的锂离子损耗，碳材料的实际发挥比容量为 300～345mA·h/g。

对正极材料来说，其容量取决于锂离子的脱出/嵌入量。以 $LiCoO_2$为例，每摩尔 $LiCoO_2$最多有 1mol 锂离子参与反应，因此 $LiCoO_2$(相对分子质量 97.86)的理论比容量为

$$1(\text{mol})\times 96485(\text{C/mol})/97.86(\text{g})=985.95(\text{C/g})=273.9(\text{mA}\cdot\text{h/g}) \quad (1.6)$$

实际上，为了维持 $LiCoO_2$材料的晶体稳定性，一般只能有 50%～60%的锂离子参与反应，因此，$LiCoO_2$材料的实际比容量为 137～164mA·h/g。

对磷酸铁锂材料，每摩尔磷酸铁锂可以有 1mol 锂离子完全参与反应，因此磷酸铁锂材料(相对分子质量 157.8)的理论和实际比容量均为

$$1(\text{mol})\times 96485(\text{C/mol})/157.8(\text{g})=611.44(\text{C/g})=169.8(\text{mA}\cdot\text{h/g}) \quad (1.7)$$

自然界中，Li/Li^+的标准氧化还原电位最低，达到－3.04V(相对氢标电位)。对负极碳材料，锂离子脱出和嵌入的电位在 Li/Li^+平衡电位附近。根据电化学理论，在室温下，碳负极的电极电位 E 为

$$E=E^0+0.02567\cdot\ln[C(Li^+)/C(Li_xC_6)] \quad (1.8)$$

式中，E^0——标准电极电位；

$C(Li^+)$——电解液溶液中锂离子的浓度；

$C(Li_xC_6)$——负极碳中锂离子浓度。

当溶液中的锂离子浓度和负极碳中相等时，负极的电极电位等于标准还原电位 E^0。一般电解液中的锂离子浓度是固定的，这样负极碳中锂离子浓度变化会导致负极电位的变化。目前还没有通用的方法计算负极随 x 值变换的 Li_xC_6精确平衡电位，一般都通过实验确定。实验证明，石墨类材料的电极电位一般在 0～0.4V(相对 Li/Li^+)变化，是比较合适应用的负极材料。图 1.2 是典型石墨负极的充放电特性曲线。

对 $LiCoO_2$正极材料来说，锂离子的脱嵌过程是单相反应。随着正极材料中锂离子浓度的变化，正极的电位也会发生变化。考虑电解质中锂离子的浓度为 1mol/L 时，对式(1.1)的反应，正极电位 E 为

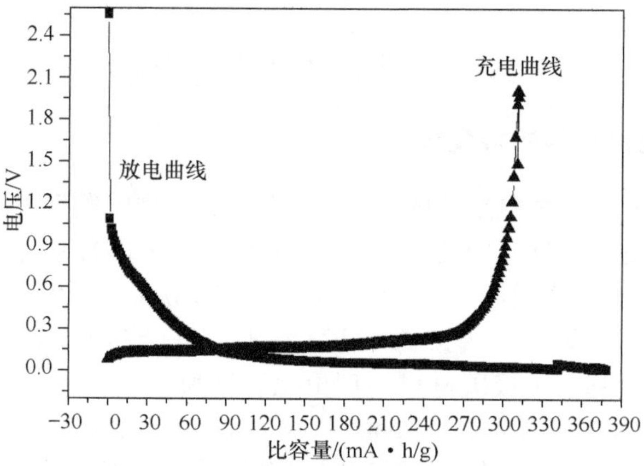

图 1.2　石墨负极的充放电特性曲线[3]

$$E=E^0+0.02567\cdot\ln[C(Li_{1-x}CoO_2)/C(LiCoO_2)] \tag{1.9}$$

式中，E^0——标准电极电位；

$C(LiCoO_2)$——正极材料中 $LiCoO_2$ 的浓度；

$C(Li_{1-x}CoO_2)$——正极材料中 $Li_{1-x}CoO_2$ 的浓度。

随着锂离子的脱出，正极电极电位呈下降趋势。

磷酸铁锂材料的充电反应过程，是由磷酸铁锂脱锂后变化为磷酸铁的过程。对磷酸铁锂电极的反应是

$$LiFePO_4 \longrightarrow FePO_4+Li^++e^- \tag{1.10}$$

其锂离子的脱嵌过程是一个多相反应。因此，正极材料中锂离子浓度的变化不会影响正极的电位变化。其平衡电位是

$$E=E^0+0.02567\cdot\ln[C(FePO_4)/C(LiFePO_4)] \tag{1.11}$$

纯固体的浓度是 1。依据其热力学参数计算，其理论平衡电位为 3.4V。

磷酸铁锂材料的典型充放电特性曲线如图 1.3 所示。

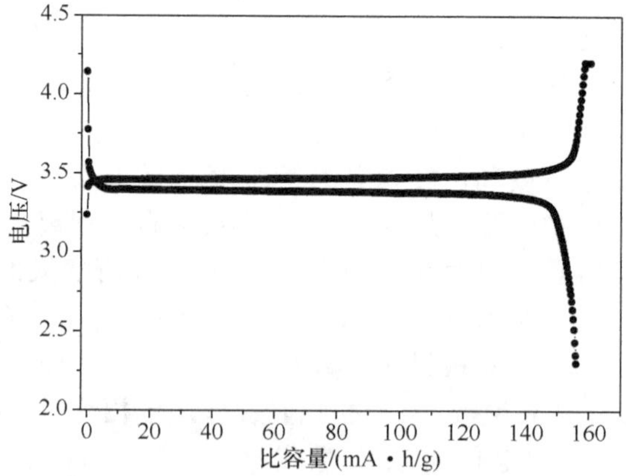

图 1.3　磷酸铁锂材料的充放电特性曲线[4]

1.3.2 锂离子电池的性能特点

锂离子电池与其他二次电池相比，具有如下特点：

(1) 能量密度高。锂离子电池的能量密度达100W·h/kg，200W·h/L以上。近期三元正极材料锂离子电池质量比能量达到200W·h/kg，采用富锂锰基正极材料和硅/碳复合负极体系的锂离子电池，质量比能量达到400W·h/kg，体积比能量达到500W·h/L，远远超过了传统电池。所以锂离子电池储存同样电能时体积小、质量小，可以小型化、轻量化。

(2) 开路电压高。由于采用了非水系有机溶剂，单体电池电压达3.6～3.8V，其电压是镍氢或镍镉电池的2～3倍。有研究表明，采用高电压正极材料，锂离子单体电池的电压有望提高到4.5～5V，这也是锂离子电池能量密度高的重要原因之一。

(3) 可大电流充放电。例如，采用聚合物电解质的全固体锂离子电池，可以实现10C以上的高倍率放电，且安全性较好；利用磷酸铁锂作正极的锂离子电池可以实现100C放电。

(4) 自放电率小。室温下锂离子电池月自放电率很低，普遍小于10%，低于镍氢电池(15%)，是镍镉电池的1/2。磷酸铁锂电池的月自放电率普遍小于3%。

(5) 环境友好。不含铅、镉、汞等有害物质，不污染环境。

(6) 无记忆效应。记忆效应是指电池用电未完时再充电，或未充足电即使用，电池容量下降的现象(记忆原来的不足容量)。铅酸电池、镍镉电池的记忆效应较重。但锂离子电池不存在记忆效应。

(7) 安全性好。锂离子电池一般采用碳材料作负极，具有与金属锂接近的电极电位。锂离子在碳中可逆地嵌入和脱出，使金属锂沉积的概率大大减小，电池的安全性有了很大程度的提高。近年来，阻燃添加剂、可封闭隔膜、PTC(positive temperature coefficient，正的温度系数热敏电阻，超过一定的温度(居里温度)时，其电阻值随着温度的升高呈阶跃性的增高，可防止锂离子电池过热)、防爆设计、电池管理系统控制等技术，保证了锂离子电池具有极高的安全性。

(8) 循环次数多，寿命长。锂离子电池循环寿命一般在500次以上。磷酸铁锂电池循环寿命一般在2000～3000次，如果采用具有高循环能力的负极材料体系相配(如钛酸锂)，可以达到1万次以上的循环寿命。这使得磷酸铁锂电池成为储能电池体系的最优选择。

1.4 锂离子电池中的主要材料

本节主要介绍锂离子电池用的正极材料、负极材料和辅助材料。

1.4.1 锂离子电池正极材料

钴酸锂($LiCoO_2$)正极材料　具有二维层状结构的 $LiCoO_2$ 属 α-$NaFeO_2$ 型晶系，适合锂离子通过层间嵌入和脱出，其理论比容量为 274mA·h/g，实际充放电比容量为 137mA·h/g，其平均工作电压高达 3.7V。因其容易制备，电化学性能稳定，循环性能好，充放电性能优良，是最先被普遍应用的锂离子电池正极材料。目前几乎所有要求高体积比能量的数码电子产品用锂离子电池都是以钴酸锂作正极材料。由于 $LiCoO_2$ 的实际比容量只有理论比容量的 50%～60%，且充放电过程中，锂离子反复嵌入和脱出，造成 $LiCoO_2$ 的结构在多次收缩和膨胀后发生从三方晶系到斜方晶系的转变，会导致 $LiCoO_2$ 粒子间松动而脱落，使得内阻增大，容量减小。$Li_{1-x}CoO_2$ 在 $0 \leqslant x \leqslant 0.5$ 范围内循环时，表现出良好的循环性，其可逆比容量为130～140mA·h/g。但当更多的锂从晶格中脱出时，容量迅速衰减，极化电压增大。分析发现，过充达到($x \geqslant 0.8$)时，相变发生，且在约 4.3V 时大多数电解质会发生氧化分解。另外，$LiCoO_2$ 安全性差，限制了钴系锂离子电池的使用，尤其是在电动汽车和大型储备电源方面。由于钴资源匮乏，导致该材料价格较高，影响锂离子电池成本的降低。

镍酸锂($LiNiO_2$)正极材料　$LiNiO_2$ 是层状化合物，它比 $LiCoO_2$ 廉价，理论比容量为 276mA·h/g，实际可逆比容量为 140～180mA·h/g，工作电压范围为 2.5～4.2V。它的自放电率低，无污染，与多种电解液有良好的相容性，是继 $LiCoO_2$ 后研究较多的层状化合物。但是 Ni^{3+} 和 Ni^{4+} 的热稳定性不好，这可能归咎于 Jahn-Teller 效应。从 $LiNiO_2$ 中脱嵌了一半锂离子而得到的 $Li_{0.5}NiO_2$，在 300℃下会转变为立方晶相尖晶石结构的 $LiNi_2O_4$，而尖晶石相的 $LiNi_2O_4$ 中锂离子的电导率低，不利于锂离子的嵌入/脱出。此外，$LiNiO_2$ 的合成较困难，循环性能也差。虽然使用其他掺杂原子代替镍原子的研究工作取得一定的进展，但实际应用的可能性不大。因此，目前尚未见 $LiNiO_2$ 有实际应用的意义。目前主要的研究方向是高镍含量①的混合型正极材料。

尖晶石型锰酸锂($LiMn_2O_4$)材料　尖晶石型 $LiMn_2O_4$ 材料的嵌锂容量相对偏低，且有两个放电平台，循环性能较差，但成本低廉，资源丰富，环境友好，目前是人们较为关注的正极材料之一。掺杂过渡金属离子可明显改变尖晶石锂锰氧化合物室温下的循环性能。$LiMn_2O_4$ 在室温和低温下有良好的电化学性能，但在高温下循环，容量衰减仍很明显。例如，在较高温度如 55℃时，材料性能急剧恶化，循环性能显著下降。因此，如何改善高温下 $LiMn_2O_4$ 的循环性能是一个重要的课题。

三元材料　三元材料的研究最早可以追溯到 20 世纪 90 年代的掺杂效应研究，如对 $LiCoO_2$、$LiNiO_2$ 等掺杂体系的研究。初始意图是减少正极材料中昂贵的金属钴的用量。例如，在 $LiNiO_2$ 中通过掺杂钴研究，形成 $LiNi_{1-x}Co_xO_2$ 系列正极

---

① 如无特殊说明，本书中所述含量均指质量分数。

材料。在90年代后期，有关学者进行了在$LiNi_{1-x}Co_xO_2$中掺杂Mg、Al及Mn的研究，如NCA（$LiNi_{1-x-y}Co_xAl_yO_2$）与NCM（$LiNi_{1-x-y}Co_xMn_yO_2$）。早期的$Li(Ni,Co,Mn)O_2$一直没有阐明反应机理，也没有找到合适的制备方法。直到21世纪初，日本Ohzuku[5]等利用氢氧化物共沉淀法制备出一系列$Li(Ni,Co,Mn)O_2$化合物。其中，镍是主要的电化学活性元素，锰对材料的结构稳定和热稳定提供保证，钴具有降低材料电化学极化、提高倍率特性的作用。该材料具有较高的比容量、良好的循环和倍率性能、稳定的晶体结构、可靠的安全性及适中的成本。虽然其安全性逊于磷酸铁锂，但能量密度比磷酸铁锂高出近30%。近年来，三元材料已经成为锂离子电池的主要正极材料之一，广泛应用于电动自行车、电动工具、高功率电池及中低档手机、笔记本电脑中。

橄榄石型磷酸铁锂（$LiFePO_4$）正极材料　1997年，Padhi等[6]发现橄榄石型磷酸铁锂材料在0.05mA/cm^{2}充放电电流密度下，在3.5V(Li/Li^+)电位范围附近内具有约100mA·h/g的比容量，为其理论比容量170mA·h/g的60%，已经接近当时商品化$LiCoO_2$正极材料的实际放电比容量水平，而且充放电曲线非常平坦。磷酸铁锂材料电化学性能稳定，结构不发生变化，理论能量密度高达550W·h/kg。同时随着温度升高，磷酸铁锂材料比容量增大，具有良好的高温稳定性，能在较宽温度范围内工作。从资源上看，由于铁在地壳中含量高、资源丰富，制成的磷酸铁锂材料也具有价格低廉、资源丰富、安全性能好、无毒无害、对环境友好等优点，成为现今动力、储能锂离子电池领域研究和产业开发的重点之一。

1.4.2 锂离子电池负极材料

作为锂离子电池的负极材料一般具备如下特点：有较高的充放电可逆容量，充放电循环特性良好，能快速使放电电压达到平衡状态，基本不与电解液反应，相容性好，资源丰富，成本低廉。目前锂离子电池的主要商业用负极材料是碳材料。非碳基负极材料虽然广有研究，但少有应用。锂离子电池负极材料分类如图1.4所示。

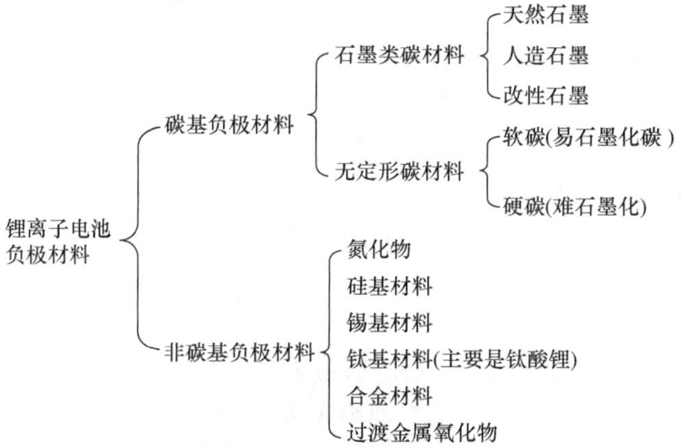

图1.4　锂离子电池负极材料分类

碳基负极材料有一些缺点，分列如下：

(1) 负极碳材料在电池充放电过程中形成固体电解质界面膜，需要消耗电池中的锂离子。

(2) 在反复充放电过程中，锂离子不断地嵌入和脱出碳层，使得石墨层状结构膨胀和收缩，长期使用造成碳层剥离。

(3) 当负极因过充电等原因出现 0V(对于 Li/Li^{+})或 0V 以下的电位时，在石墨表面容易出现金属锂的沉积，造成负极永久失效。

目前可供研究的其他负极材料有很多种，诸如锂合金负极、硅负极、钛酸锂负极、含锂过渡金属氮化物负极，以及纳米过渡金属氧化物负极等，但都没有形成商品。近十几年来实际应用并占市场份额最大的电池负极材料还是碳材料。

石墨是最早运用在锂电池中的碳基负极材料。基于石墨本身具有较好的稳定性，理论容量高，嵌锂可逆性好，成为市场电池中负极材料的主流方向。石墨晶体由大量的碳原子按照六边形相连形成网层状结构。根据堆垛方式，有六方石墨(2H)和菱形石墨(3R)两种类型。六方石墨是按 ABAB 方式堆垛的，属于$P6_3/mmc$空间群；菱形石墨是按 ABCABC 方式堆垛的，属于 R3m 空间群[7]。

在同一层中，碳原子之间是以 σ 键相互结合的，键之间的长度为 0.124nm，相对 C—C 单键的键长 0.154nm 较小。由此可见，碳原子之间具有较强的结合力。在石墨垂直方向的网层间，所有的碳原子都沿着自己独有的 2p 轨道运行，在同一层面运动的非定域 π 电子将产生 π 键连接。石墨所具有的优良导电性、金属光泽及良好的导热性与以上所述石墨的内部结构不无关系。在石墨同一层面上的碳原子之间，键的结合是很强的，极难被破坏，因此具有较稳定的化学性质，熔点也较高。石墨晶体属于六方晶系，石墨的网层间是以范德华力结合而成的分子晶体，网层间的距离相对同层碳原子之间的距离较远。人们发现石墨的这一特点后，尝试插入一些原子、分子和离子进入网层之间，这就是所谓的石墨层间化合物 GIC (graphite intercalated compound)。锂离子电池中，锂离子插入碳层间的过程并非是一次性完成的过程，而是逐层插入锂离子，且是隔几层就插入一层锂离子。锂离子在石墨中的嵌入机理是：锂离子在石墨中首先生成 LiC_{72}，然后依次生成 LiC_{36}、LiC_{27}、LiC_{18}，最终产生 LiC_6。石墨的层间化合物 C/Li 的物质的量的比最多达到6，这是因为嵌入石墨层间的锂离子相互之间具有排斥作用，造成锂离子都是排列在相间的位置。石墨层储存锂离子的最大理论比容量是 372mA·h/g。在电池中的反应公式为式(1.2)。随着反应的进行，相应地，石墨材料层间距也会由原来的 0.335nm 变为锂离子嵌入后的 0.370nm。据实验分析，多数石墨材料的锂离子可逆嵌入量 $X(Li_xC_6)$不大于 1。石墨材料可逆比容量低于 372mA·h/g 主要是由于石墨层间堆积缺陷的存在，造成了锂离子无法嵌入，嵌入量相应减少。实际操作中，石墨负极具有明显的充放电平台，并且平台电位低(0.01～0.2V，对于

Li/Li$^+$），大部分的嵌锂过程都发生在这个阶段。

碳基负极材料主要有以下几种：

天然石墨 天然石墨是单晶石墨，而微晶石墨和人造石墨均为多晶体并且含有石墨微晶体。天然石墨是一种石墨化程度较高的材料，具有明显的光滑感和光泽。在合适的电解液中，锂离子的嵌入最高可达到372mA·h/g的理论比容量，并且放电电位非常接近锂的电位。石墨的结晶形态决定了它在实际生产中的工艺特点。结晶形态不同的石墨矿物，根据它们自身的特点应用在不同的领域。在工业上，根据石墨的不同结晶形态，将天然石墨分为三类，分别为致密结晶状石墨、鳞片石墨和隐晶质石墨。其中，致密结晶状石墨颗粒较大，可以肉眼看到结晶晶体，晶体排列比较杂乱，因此多呈致密块状。它的比表面积集中在0.1～1m^2/g，材料具有较高的品位，一般含碳量为60%～65%，有时高达80%～98%，但在可塑性和滑腻性方面较鳞片石墨差。鳞片石墨的晶体是以鳞片状态呈现的，主要有大鳞片和细鳞片两种类型。这类石墨矿石含碳量一般在2%～3%，或10%～25%，品位不高，但其可浮性在自然界矿石中是最好的。由于其可浮性、润滑性和可塑性均优于其他类型石墨，因此在工业上的价值是较大。隐晶质石墨又名土状石墨，晶体直径多在1μm以下，比表面积在1～5m^2/g，这类石墨的物理特点是缺乏光泽、润滑性差、表面土状，品位一般在60%～80%，少数高达90%以上，矿石可选性较差。天然石墨材料的主要缺点是石墨片较易发生剥离，从而造成循环性能降低。同时，在低温（如−25℃）条件下，电池的电化学特性不理想，这主要与锂离子在石墨材料中的扩散动力学有关系。但同时也有研究人员认为，锂离子在石墨材料中的放电容量减少，主要是源于石墨中能够使锂离子通过的孔隙形态发生了改变，从而造成了石墨中通过锂离子的数目减少。

改性石墨 市场上有一部分特殊的石墨材料即改性石墨。这种材料是在天然石墨基础上通过各种方法手段进行改性处理，使材料表现出优于原来天然石墨的循环稳定性及与电解液更好的兼容性。对天然石墨改性的方法有很多，如表面氧化及用聚合物热解碳包覆，形成核-壳结构的复合材料，使材料表现出更优的充放电特性，减弱了石墨层状的剥落和粉化，比容量和循环稳定性都有一定程度的提高。天然石墨价格便宜，资源易得，通过简单的改性处理可以使材料达到更好的性能，这也是目前各大公司、高校及研究机构实验、电池生产的优先选择。

人造石墨 人造石墨是由易石墨化碳经高温石墨化处理制得的。常见的人工石墨有中间相炭微球（MCMB）、石油焦和碳纤维等。制造人造石墨的主要原料是粉状的优质石油焦，在其中添加沥青作为黏结剂，再加入少量其他辅料。配好各种原材料后进行高温处理，使之石墨化。高温处理后材料中的灰分、硫、气体含量会有明显的下降。在众多的碳负极材料产品中，人造石墨的品质是最好的，所以在锂离子电池负极材料中首选人造石墨。人造石墨的比容量相对天然石墨有所降低，而且有部分乱层结构，但却有其他材料所不具备的优点。例如，人造石墨晶体层间距比较大，和电解液兼容性比较好，锂离子脱嵌过程中体积效应较小，所以人造石墨有比较好的循环性能、倍率性能和稳定性能，这些优点是天然石墨所不能达到的。在实际生产中，虽然人造石墨比容量稍低，压实密度也低，加工性能不易把握，但总体而言性能均衡。

硬碳　硬碳是指高温下难以石墨化的碳，主要是由高分子聚合物热分解而制得的碳。有机高分子树脂、糖、煤、木材等硬碳来源广泛，可以制备出的硬碳种类繁多。常见的硬碳主要有树脂碳和炭黑等低温无定形碳。硬碳第一次充放电效率比较低，容量一般不如经过高温石墨化后的石墨化碳，并且压实密度比较低。总体而言，硬碳材料的可逆容量要比天然石墨高，但在循环方面性能不够稳定，储锂量随着循环次数的增加衰减比较明显，同时电压滞后。嵌入锂离子过程电压一般处于0.3V以下，脱出时大部分过程发生在0.8V以上。硬碳材料较高的容量可能和以下几点有关系：锂离子嵌入碳微晶中形成的纳米微孔（即微孔储锂机理）、碳材料中氢含量、碳材料中石墨微晶面两边吸纳的锂离子[8,9]。

软碳　软碳是指经高温处理可以石墨化的碳，一般指在2500℃以上可以被石墨化的无定形碳材料。常见的软碳主要有中间相炭微球、石油焦、碳纤维、针状焦。软碳的晶面间距一般为0.35nm左右。软碳和石墨的结晶性类似，一般比硬碳更容易嵌入锂离子，安全性也比较好。例如，沥青基碳纤维、中间相炭微球都是经过2800～3000℃热处理，以实现材料石墨化。这类材料都有较高的比容量，充放电电压平台较好，与溶剂的相容性优于石墨，在沥青基碳纤维和中间相炭微球中锂离子的扩散系数比在石墨中大一个数量级，所以比较适合于作高功率电池的负极材料。

焦炭　焦炭是在锂离子电池商品化进程中最早得到应用的一种碳基负极材料。焦炭来源广泛，价格较低，是一种晶粒尺寸很小、排列无序的晶体，具有错位和旋转的涡轮层状结构。同时由于其内表面积较大，造成了SEI膜形成时对锂离子和溶剂分子的消耗和分解，从而使得不可逆容量增加。焦炭是一类经液相碳化形成的碳素材料，在碳化过程中氢、氧、硫、氮等成分会不断减少，碳含量不断增高，并且伴随着脱氢、环化、缩聚、交联等一系列化学变化。根据原料的不同可以将焦炭分为沥青焦和石油焦两大类。焦炭在相对较低的温度下就可以经热处理制成，成本也较低，并且与电解液有良好的兼容性。焦炭实际上是一种具有不发达结构的石墨，炭层大致平行，类似石墨，但是网层不规整，没有很明显的放电平台，一般的放电平台都比较陡峭，不够平，并且其放电容量也不是很高。在其充放电过程中没有明显的SEI膜的形成所出现的电压平台。有研究认为焦炭以乱层结构排列，锂离子的嵌入比较困难，只有石墨的80%左右，并在首次充放电时有比较大的容量损失，因此逐渐被其他负极材料所取代。由于在不是很高的温度石墨化就开始发生，石墨化过程中材料片层周边表面上的醚键、羰基等一些含氧基团大部分都被热解、裂解掉，使得石墨边缘碳多以碳单键或者双键形式存在，进一步造成石墨微晶不断长大。焦炭材料的石墨化造成石墨层间距逐渐减小，有时候接近理想的石墨间距 0.3354nm。焦炭材料中碳键的存在方式、结构及中间相的成分对于材料的微观结构都造成了一定的影响。

中间相炭微球　中间相炭微球(mesocarbon microbeads，MCMB)是 1961 年在研究沥青材料时发现的，它的发现表明碳存在中间状态，并在此基础上研发出一种新型碳基负极材料。在 1978 年，Lewis 在显微镜上发现了中间相的可溶热变特征，并最终认定中间相包括溶剂不溶的高相对分子质量成分和溶剂可溶的低相对分子质量成分。中间相炭微球的制备研究始于 20 世纪 70 年代，日本的 Yamada 等首次将沥青聚合过程的中间相转化初期所形成的中间相小球体在 430℃分离出来，并命名为中间相炭微球[10]。后来，持田勋、山田和本田发表了文章，进一步发展了炭质中间相理论，为中间相炭微球的研究提供了更丰富的理论基础[9]。在 90 年代，锂离子电池刚刚兴起时负极材料还是主要以硬碳材料为主。然而，有关中间相炭微球应用研究的报道，解决了当时困扰大家已久的只能以硬碳为负极，比容量只有200mA·h/g左右的问题。1992 年 Yamaura 等在第六届国际锂电池会议上报道了采用 MCMB 为负极材料制备的锂电池，此后 MCMB 在锂离子电池研究领域备受关注。一般的理论认为，中间相炭微球的结构受热处理温度影响比较大。当热处理温度高于 1000℃时，中间相炭微球的层间距 d_{002} 会伴随热处理温度的升高而急剧减小，c 轴结晶长度 L_c、a 轴结晶长度 L_a 也明显地增大[11]。目前的石墨化中间相炭微球存在产品性能不稳定、产率低、生产成本高等缺点。所以，进一步提高性能、降低成本将是中间相炭微球的主要发展方向。图 1.5 为 MCMB 形貌 SEM 图像。

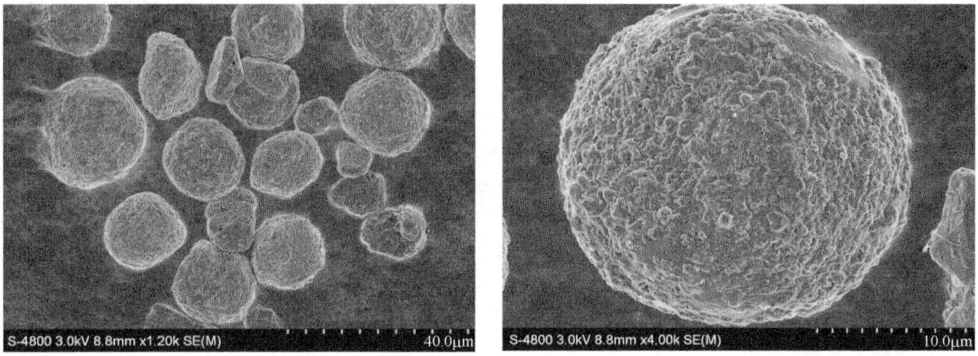

图 1.5　MCMB 形貌 SEM 图像

碳纳米管　1991 年，日本的 NEC 公司基础研究实验室 Lijima 在用透射电子显微镜检验真空电弧蒸发石墨电极的产物中，发现含有由管状的同轴纳米管组成的碳纳米管[12]。碳纳米管可以分为两类:单壁碳纳米管(single-walled nanotube,SWNT)和多壁碳纳米管(multi-walled nanotube, MWNT)。单壁管是由一种缺陷少、具有高度均匀性的单层石墨层卷成的圆柱形管体,其直径很小。多壁碳纳米管是由数个石墨层构成的同轴管体嵌套而成,在多壁管的管壁上一般都遍布像小洞样的缺陷。碳纳米管是一维纳米材料,重量比较轻,具有连接完美的六边形结构。它主要由呈六边形排列的碳原子构成数层到数十层的同轴圆管。管中层与层之间的距离大约保持在 0.34nm,直径大小范围在 2～20nm。纳米管的管身和端帽部分分别由六边形碳环微结构和含五边形的碳环组成的多边形结构组成,又有人将其称为多边锥形多壁结构。纳米碳管也具有储存锂离子的特性,同时其一维的结构还可以大大增强负极的放电能力。但其价格过于昂贵,目前大规模应用还有困难。

石墨烯　石墨烯是一种由碳原子构成的单层片状结构的材料,由碳原子以 sp2 杂化轨道组成。晶体呈蜂巢六角形的平面薄膜结构,只有一个碳原子厚度。石墨烯一直被认为是理论设想的结构,无法单独稳定存在。2004 年,英国曼彻斯特大学物理学家安德烈·海姆和康斯坦丁·诺沃肖洛夫,成功地在实验中从石墨中分离出石墨烯,从理论和实验上证实它可以单独存在,共同获得 2010 年诺贝尔物理学奖。石墨烯目前是世上最薄,也是最坚硬的纳米材料,它几乎是完全透明的,导热系数高达 5300W/(m·K),高于碳纳米管和金刚石。常温下其电子迁移率超过 $15000cm^2/(V \cdot s)$,比纳米碳管或硅晶体高,而电阻率只约 $10^{-6}\Omega \cdot cm$,比铜或银更低,为目前世上电阻率最小的材料。因为它的电阻率极低,电子迁移的速度极快,预计如果应用于电池领域将产生良好的应用效果。已经有一些专利涉及石墨烯在电池材料领域的应用,如 CN102412402A“一种非连续石墨烯包覆的锂离子电池电极材料的制备方法”、CN101562248“一种石墨烯复合的锂离子电池正极材料磷酸铁锂及其制备方法”等。

1.4.3 锂离子电池其他材料

1. 黏结剂

聚偏氟乙烯(PVDF)　外观为半透明或白色的粉体或颗粒,分子链间排列紧密,有较强的氢键,兼具氟树脂和通用树脂的特性,除具有良好的耐化学腐蚀性、耐高温性、耐氧化性、耐候性、耐射线辐射性能外,还具有压电性、介电性、热电性等特殊性能。PVDF 含氧指数为 46%,不燃烧,结晶度为 65%～78%,密度为 1.17～$1.79g/cm^3$,熔点为 172℃,热变形温度为 112～145℃,长期使用温度为 －40～150℃。PVDF 可溶解于某些有机溶剂,如 *N*-甲基吡咯烷酮(NMP),但不溶于锂离子电池电解液,是一种比较适宜于有机溶剂体系的黏结剂。主要的市场产品有法国阿科玛、美国苏威等公司的761A、Solef5130、HSV900等产品。不同产品的相对分子质量、黏度、黏结性等特性都不同，使用时加入量也有差别。

羧甲基纤维素钠(CMC) CMC为纤维素羧甲基醚的钠盐，属阴离子型纤维素醚，白色或乳白色纤维状粉末或颗粒，密度0.5～0.7g/cm^3，无臭、无味，有吸湿性。易于分散在水中成透明胶状溶液，在乙醇等有机溶媒中不溶。1%水溶液pH为6.5～8.5，当pH>10或pH<5时，胶浆黏度显著降低。CMC在碱性溶液中稳定，遇酸则易水解，pH为2～3时会出现沉淀，遇多价金属盐也会反应出现沉淀，在pH为7时性能最佳。其温度特性是：在20℃以下黏度迅速上升，45℃时变化较慢，80℃以上长时间加热可使其胶体变性，黏度和性能明显下降。CMC可作为黏结剂材料用于锂离子电池正负极水性配方。

丁苯橡胶(SBR) SBR是丁二烯与苯乙烯的无规共聚物，是目前最大的通用合成橡胶品种。其物理性能、加工性能及制品的使用性能接近于天然橡胶，有些性能如耐磨、耐热、耐老化及硫化速度较天然橡胶更为优良，可与天然橡胶及多种合成橡胶并用，广泛用于轮胎、胶带、胶管、电线电缆、医疗器具及各种橡胶制品的生产等领域。由于SBR具有良好的耐锂离子电解液侵蚀的能力，可用于锂离子电池正负极水性配方，作为辅助的黏结剂材料。

2. 溶剂

***N*-甲基吡咯烷酮(NMP)** 无色透明液体，沸点202℃，闪点95℃，溶于乙醚、丙酮及各种有机溶剂。稍有氨味，化学性能稳定，对碳钢、铝不腐蚀，对铜稍有腐蚀性。NMP具有黏度低、化学稳定性和热稳定性好、极性高、挥发性低、能与水及许多有机溶剂无限混溶等优点。NMP对皮肤有轻度刺激作用。由于蒸气压低，一次吸入的危险性较小。但慢性作用可致中枢神经系统机能障碍，引起呼吸器官、肾脏、血管系统的病变。工作场所最高容许浓度100mg/m^3。现场操作人员应戴口罩、防护眼镜及手套。在锂离子电池厂，NMP主要作为溶剂用于溶解PVDF。NMP可以在涂布后的烘干工序蒸发出来，经冷凝回收。为了降低成本，一般锂离子电池厂都需要加装冷凝回收NMP装置。

3. 导电剂

导电剂是具有较高导电性能的物质，是发挥正负极材料性能的关键材料[13]。为了保证电极具有良好的充放电性能，在极片制作时必须加入一定量的导电物质，在活性物质之间、活性物质与集流体之间起到收集微电流的作用，以减小电极的接触电阻，增加电子的移动速率。同时，导电剂能有效地提高锂离子在电极材料中的迁移速率，从而提高电极的充放电速率。由于目前用于锂离子电池的正极活性材料多为过渡金属氧化物或者过渡金属磷酸盐，是半导体或者绝缘体，导电性较差，因而必须要加入导电剂来改善导电性。负极石墨材料的导电性稍好,但是在多次充放电中,石墨材料的膨胀收缩,使石墨颗粒间的接触减少,间隙增大,甚至有些脱离集电极,成为惰性的活性材料,不再参与电极反应,所以也需要加入导电剂保持循环过程中负极材料的稳定。导电剂在电池中还能起传导电子和吸液保液的作用,从而延长电池寿命。但是导电剂并不是加得越多越好,一方面是因为导电剂价格较高,导致成本增加;另一方面是因为导电剂一般比表面积较大,加得过多就会难以分散,并会减少活性物质的比例,从而降低了电池的电流密度与电池容量,因而缩短电池的使用寿命。而导电剂加得太少又会使电池电极的导电性能无法达到要求。因此,寻找一种添加量少又具有超高导电性能的导电剂一直是电池研究者的重要任务。近年来,具有高导电性能的石墨烯的出现,为导电剂提供了另一种选择。

常用的锂离子电池导电剂性能如表 1.1 所示。

表 1.1　常用的锂离子电池导电剂性能

导电剂品名	粒径 D_{50} /nm	纤维长度 /μm	比表面积 /(m^2/g)	电阻率 /(Ω · cm)	生产商	代理商
导电炭黑 350G	40	—	770	—	TIMCAL	上海汇普
SP	40	—	62	—	TIMCAL	上海汇普
导电石墨 KS-6	3400	—	20	—	TIMCAL	上海汇普
导电石墨 SFG-6	3500	—	17	—	TIMCAL	上海汇普
碳纳米管 CNT	5	5～20	400	1×10^{-4}	德方纳米	德方纳米
VGCF	150	10～20	13～20	1×10^{-4}	—	昭和电工

从目前市面上来看,导电剂的种类比较多,有 Super-P(SP)、S-O、KS-6、KS-15、SFG-6、SFG-15、350G、乙炔黑(AB)、科琴黑(KB)、气相生长碳纤维(VGCF)、碳纳米管(CNT)等。这些导电剂各有各的特点。锂离子电池生产厂家大多也都是根据导电剂的形态、颗粒大小、比表面积、导电性能的不同而混合搭配使用导电剂。比较常见的使用搭配有 SP 与 KS-6、SP 与乙炔黑的复配使用。由于这些导电剂的比表面积和吸液值比较适中,对于分散要求也不是特别高,在目前锂离子电池的制作工艺中应用比较常见。

导电剂中,导电炭黑的特点是粒径小,比表面积大,导电性特别好,在电池中它可以起到吸液保液的作用;缺点是价格高,难以分散。导电石墨的特点是粒径接近正负极活性物质的粒径,比表面积适中,导电性良好,在电池中充当导电网络的节点;在负极中,它不仅可以提高电极的导电性,而且可以提高负极的容量。SP 的特点是粒径小,和导电炭黑接近,但是比表面积适中,特别是它在电池中以支链形式存在,对形成导电网络十分有利;缺点是难以分散。碳纳米管是近年新兴的导电剂，直径一般在5nm左右，长度达到10～20μm，它不仅能够在导电网络中充当“导线”的作用，同时还具有双电层效应，发挥超级电容器的高倍率特性；其良好的导热性能还有利于电池充放电时的散热，减少电池的极化，提高电池的高低温性能，延长电池的寿命。

SP系列导电剂价格便宜，是普通离子电池的首选。KS-6是SP的最佳复配材料，其价格略高。350G与EC-300J相当，属于中高档导电剂。科琴黑ECP和ECP-600JD，是目前做高端电池的优选，虽然价格比较高，但是性价比高。VGCF和碳纳米管是最高端的产品，价格为4000～5000元/kg，厂家用量不多。相对而言，ECP-600JD的性能与VGCF较接近，价格比较适中，再加上厂家最近推出专门针对科琴黑ECP系列的分散剂，使其性能大幅提升，以后导电剂市场可能是SP、KS-6、科琴黑ECP为主。

导电剂的选择原则如下[13]：

(1) 根据正负极活性物质的粒径和形貌选择。为了在电极中形成有效的导电网络，必须要有导电节点，这些导电节点由导电石墨来充当，粒径最好与活性物质的粒径接近。其次，要有导电支点，它们要将活性物质颗粒连接在一起形成网络，因此要有很细的粒径和链状的形貌，这些支点由SP来充当最合适。此外，还要有支点与节点之间的连接导线，它们要有良好的导电性和线状的形貌，ECP、ECP-600JD、VGCF和碳纳米管正好符合这些要求。因此，为了在正负电极中形成有效的导电网络，必须加入具有不同粒径、不同形貌特征的导电剂。

(2) 根据电池的倍率性能要求选择。根据磷酸铁锂电池的用途，用户会提出不同的倍率要求，如要求电池能够10C连续放电、20C脉冲放电等。这时要根据正负极活性物质粉料的电导率、用户对电池的比容量要求来选择导电剂。如果正负极活性物质的电导率低，为了实现高倍率，就必须选择高导电性的导电剂。在同时使用几种导电剂的情况下，就必须提高高导电性导电剂的比例。

(3) 根据电池的高低温性能要求选择。在常用的导电剂中，碳纳米管不仅具有良好的导电性，还具有良好的导热性，同时具有电双层效应，特别是导热性好。对于高功率型磷酸铁锂电池，当它在大倍率电流工作时，电池因内阻存在而放出大量的热，这些热量需要及时散发，否则会导致电池的安全事故。因此，对经常处于大倍率工作状态和高温工作状态的磷酸铁锂电池，提高碳纳米管导电剂的比例十分必要。VGCF和ECP-600JD的导热效果略低于碳纳米管，所以在分散碳纳米管遇到问题时，可以考虑VGCF或者ECP-600JD。

(4) 根据电池的总成本要求选择。在上述常用的导电剂中，SP最便宜，其次是导电石墨，再次是导电炭黑350G和EC-300J，然后是ECP和ECP-600JD，最贵的是碳纳米管和VGCF。因此，在满足用户要求的前提下，为了尽可能降低电池的生产成本，应尽可能选用低价格的导电剂。

(5) 根据离子传导能力要求选择。为了改善电极的离子传导能力，电极必须具有良好的吸液能力和合适的孔隙率。这就要求选用比表面积大、孔隙率高的导电剂。SP 和 ECP、ECP-600JD、碳纳米管均具有这些特征。

(6) 合理确定导电剂的加入量。导电剂在改善电池的功率性能方面虽然具有重要作用，但是并非加入越多，电池的倍率性能就越好。有公司曾就导电剂的加入量做过专门实验，实验表明：当电极中导电剂的加入量达到 8%之后，再加入导电剂，对电池的倍率性能改进没有明显效果。

(7) 混合原则。在磷酸铁锂电池中，为了改善电池的倍率性能，导电剂最好混合使用。现在比较流行的搭配为：SP 和 KS-6、350G 和 KS-6、SP 和 ECP 或者 ECP-600JD，其中高端电池以后者居多。

(8) 比例分配原则。为了达到最佳的效果，要控制好各种导电剂的比例，以形成有效的导电网络。

(9) 工艺控制。要使各种导电剂形成有效的导电网络，必须使导电剂在磷酸铁锂电池浆料中分散良好。特别是 SP 和碳纳米管、VGCF、ECP、ECP-600JD 都是纳米级的材料，在范德华力的作用下，极易团聚，很难分散。要使各种导电剂分散良好，除了采用机械的方法外，还要注意分散的程序，并采用其他方法进行辅助。例如，分次添加、添加导电剂的顺序以及添加专用分散剂等。

(10) 实际生产验证。要验证导电剂在磷酸铁锂电池浆料中是否分散良好，一是看浆料是否会沉降分层；二是将浆料进行电镜分析，直接观测导电剂在浆料中的分散状况，观测导电网络的形成情况；三是检验浆料黏度的稳定性。分散良好的浆料，其黏度会保持稳定。

4. 草酸

油系电极是指采用 PVDF 作为黏结剂，NMP 作溶剂的电极。油系电极配方因具备良好的倍率性能、低温性能、耐电解液侵蚀性能而备受高倍率电池厂家的青睐。国内外使用油系配方的厂家很多。特别是相对于正极材料，负极一般都具有较大的比表面积，而且铜箔的表面粗糙度相对于铝箔也要大很多。由于表面极性的关系，造成负极料和铜箔的黏结相对困难，往往要加入很多的黏结剂才能改善黏结性，但还是不能保证长期循环后的黏结性。为了改善这一状况，经过研究发现，在负极搅拌时加入少量草酸可以改善 PVDF 和铜箔的黏结。于是，草酸开始批量应用于油系负极中。草酸改善黏结的原理，有观点认为[14]：

(1) 草酸的低酸性会腐蚀铜箔表面，使得表面粗糙度趋于一致，改善黏结性能。对被草酸腐蚀后的铜箔表面的成分分析，会发现被草酸腐蚀后表面元素成分确实存在变化，主要就是氧元素增多，很有可能是草酸与铜箔表面反应后的产物。

(2) 在涂布过程中，由于铜箔和羧基均呈现出极性，草酸中的一个羧基会吸附于铜箔的表面，另一个羧基基团会与浆料微粒（或者说浆料微粒的成分）发生吸附，使涂布过程中脱粉的现象得到改善。即草酸在涂布添加剂当中主要起到的是表面活性改良的作用。

(3) 在配料过程中，尤其是正极的配料过程中，有些 pH 较高的物质，也会适当添加一些草酸，主要是利用草酸的弱酸性，进行酸碱中和而防止浆料吸水凝胶。

之所以选择草酸，主要是因为草酸的分解温度很低：有结晶水的草酸分解温度在 120℃，在烘极片时就分解，几乎没有残余，可以避免对电池性能造成影响。

1.5 本书的写作背景

本节介绍本书的写作背景。

从 2007 年开始，国内的磷酸铁锂电池产业开始逐渐发展壮大，吸引了大量资金投入其中，特别是从 2010 年开始，应用范围迅速推广到电动自行车、电动汽车、储能电站等众多场合，而且发展和应用领域还在迅速扩大当中，2010 年因此被业内人士称为“磷酸铁锂元年”。与之相配套的磷酸铁锂材料产业也迅速兴起。据不完全统计，中国内地有不少于 200 家公司都投入了磷酸铁锂材料的生产。2012 年 6 月的深圳 CIBF 会议上，有近 60 家磷酸铁锂材料生产厂家参展，创造了世界范围内同一场展会磷酸铁锂厂家参会最多的纪录。

我国磷酸铁锂产业的蓬勃发展，对新能源产业产生了较大的促进作用，带动了储能电池、大型动力电池及电动汽车、调峰电站、通信基站等产业的发展，这是可喜可贺的事情。但是纵观行业状况，又不尽如人意。作者曾应邀访问过很多的磷酸铁锂材料的生产厂家，普遍感觉规模偏小，技术水平不高。这是因为，我国中小规模的磷酸铁锂厂家占大多数，这些厂家没有足够的财力和能力建立齐全的研发机构，也没有深度研发的能力。无论是技术人员还是操作人员，对磷酸铁锂材料性能的理解都比较肤浅，存在重生产轻检验的现象。特别是对材料的检验过程，以及通过检验判定材料的基本性能，都还比较茫然。以至于磷酸铁锂材料厂家与锂离子电池厂家对接时，经常在沟通上出现较大的理解偏差，甚至对某些测量参数的理解都不尽一致。于是就出现了以下现象：很多磷酸铁锂材料厂家不停地送样，急迫地期待电池厂家的检测结果，以证明自己的产品是“合格”的。如果测试结果不尽满意，就不知所措。实际上，磷酸铁锂材料的应用依赖于材料的本体性能和制造电池工艺配合，实际使用时必须予以严格区分。本书希望通过对磷酸铁锂材料发展历史、合成方法、参数测量、应用过程的综合评述，让读者对磷酸铁锂材料有一个清晰的概念，以有效地指导磷酸铁锂的生产和应用。

本书撰写的另一个背景是，磷酸铁锂材料的研发和产业化已经得到了国家层面的支持，意味着磷酸铁锂产业已经成为国家大力提倡的高新技术产业方向。近年来，国家科技支撑计划、863 计划、973 计划中，都能看到磷酸铁锂被大力支持的政策。特别地，在 2009 年年底，磷酸铁锂材料研发和产业化被列入了国家 863 计划重点项目。主要支持的研究方向摘录如下，供同业人员参考：

2009 年的《国家高技术研究发展计划(863 计划)新材料技术领域"磷酸铁锂正极材料规模化生产和应用关键技术研究"重点项目申请指南》要求：

(1) 项目名称：磷酸铁锂正极材料规模化生产和应用关键技术研究。

(2) 项目总体目标：通过磷酸铁锂正极材料高性能化关键技术与规模化生产关键技术研究，建立万吨级磷酸铁锂正极材料规模生产线，形成功率型和容量型磷酸铁锂正极材料产品，并在此基础上进行磷酸铁锂正极材料应用关键技术研究，开发出满足大型电动汽车的动力电池，实现在电动汽车中的示范应用。

(3) 项目课题分解。

本项目设置课题 2 项。

课题一：磷酸铁锂正极材料高性能化关键技术研究

课题研究内容：磷酸铁锂正极材料大电流充放电性能改善技术研究；磷酸铁锂低温性能改善技术研究；磷酸铁锂材料形貌控制技术研究；磷酸铁锂正极材料纳米化合成及修饰技术研究。

课题考核指标：研究开发出容量型和功率型两种磷酸铁锂正极材料。

容量型材料：比容量≥150mA · h/g，振实密度≥1.2g/cm^3，极片压实密度≥2.2g/cm^3，放电倍率≥10C，首次效率>95%，循环寿命 2000 次不低于初始放电容量的 80%，−20℃放电容量不低于常温放电容量的 75%。

功率型材料：比容量≥150mA · h/g，振实密度≥1.0g/cm^3，极片压实密度≥2.2g/cm^3，放电倍率≥30C，充电倍率≥10C，首次效率>95%，循环寿命 2000 次不低于初始放电容量的 80%，−20℃放电容量不低于常温放电容量的 75%。

课题二：磷酸铁锂材料规模化生产和应用关键技术研究

课题研究内容：磷酸铁锂正极材料规模化生产工艺及关键设备；过程控制及检测技术；成本控制关键技术；磷酸铁锂动力电池的设计开发；国产隔膜材料的应用；规模生产及成本控制技术；磷酸铁锂动力电池系统集成及应用技术。

课题考核指标：

① 建立万吨级磷酸铁锂正极材料规模生产线，实现所开发的磷酸铁锂正极材料产品的批量稳定生产，产品的比容量、粒度分布、振实密度、比表面积等关键指标的 CPK 值大于 1.0，并实现千吨级规模销售与应用。

② 磷酸铁锂正极材料应用于容量型和功率型动力电池。

容量型动力电池：能量密度≥110W · h/kg，功率密度≥700W/kg，最大脉冲放电倍率≥6C，最大脉冲充电倍率≥4C，循环寿命 2000 次不低于初始放电容量的 80%，−20℃放电容量不低于常温放电容量的 70%；实现国产隔膜的应用，与国外产品相比，成本降低20%以上；至少有两种型号动力电池通过国家权威机构强制检测和认证。

功率型动力电池：功率密度≥1800W/kg，能量密度≥80W·h/kg，放电倍率≥30C，充电倍率≥10C，循环寿命2000次不低于初始放电容量的80%，−20℃放电容量不低于常温放电容量的75%；实现国产隔膜的应用，与国外产品相比，成本降低20%以上；至少有两种型号动力电池通过国家权威机构强制检测和认证。

③ 采用磷酸铁锂正极材料的动力电池系统，在大型电动汽车(≥60辆)中得到示范应用，并且必须获得国家相关主管部门的产品公告。

经过10家申请单位的竞争，北大先行成为课题的主承担单位，获得了国家2000万元的资助，开始在西宁建立万吨级磷酸铁锂材料生产线。2010年，山东海特电子集团也获得了国家发展和改革委员会的支持，在山东建立万吨级磷酸铁锂材料产业基地。江苏巨洋电池新材料有限公司、浙江瑞邦、四川黄铭等公司也陆续提出了年产万吨磷酸铁锂材料的产业计划。

2012年年初，国家颁布了新材料产业“十二五”重点产品目录，明确了对磷酸铁锂继续支持的政策。其中，在《先进储能材料》目录下，对磷酸铁锂正极材料的产业化技术要求是：比容量≥160mA·h/g、循环寿命>3000次，明确关键技术是前驱体制备技术、气氛控制烧结技术、纳米化技术、表面碳包覆技术。

可见国家已经确定了明确的科研和产业化目标。

综上所述，磷酸铁锂行业已经成为一个国家的战略新兴行业，也成为国内投资和实业的热点。在这种情况下，迫切需要有一些完整系统的文献，尽量详细地综述前人的研究成果，提出战略方向，为行业的发展提供指导。

1.6 本书的主要内容

为促进我国磷酸铁锂材料和电池产业的发展，加速我国动力锂离子电池产业链的发展进度，我们撰写了这本关于磷酸铁锂材料研究、生产和应用方面的论著，对磷酸铁锂材料和电池产业的发展历程进行回顾，详细介绍磷酸铁锂材料的来历、研发过程和成果、生产工艺、检验方法和应用情况。

本书各章内容安排如下：

第1章对电池的发展历史进行回顾，介绍锂离子电池工作原理、电化学基础及锂离子电池中的主要材料，介绍本书的写作背景和主要内容。

第2章主要介绍磷酸铁锂材料的发展历史、专利情况及理论基础，包括磷酸铁锂材料的晶体结构、电化学模型。

第3章介绍磷酸铁锂材料制造所涉及的生产设备，包括设备的原理和主要结构、特点和性能等。

第4章介绍草酸亚铁法制备磷酸铁锂材料的原理和基本工艺。

第 5 章介绍碳热还原法制备磷酸铁锂材料的主要合成体系和工艺方法。

第 6 章介绍水热法制备磷酸铁锂材料的合成体系和方法、合成材料的特点和性能。

第 7 章介绍磷酸铁锂材料的常规检验分析方法，包括化学成分分析检验方法、物理性能分析方法、电化学性能分析方法、实际应用评价方法等。

第 8 章介绍磷酸铁锂材料的特征性能分析，包括循环伏安曲线、交流阻抗谱、溶铁性检测、表面能检测、谱学分析等技术。

第 9 章介绍利用磷酸铁锂材料制造锂离子电池的技术，包括电池体系设计、磷酸铁锂电极的制备技术、负极材料的制备技术等。

第 10 章介绍磷酸铁锂电池的主要应用领域，包括在交通工具、储能电池、电动工具等方面的应用。

第 11 章对其他具有应用潜力的正极材料研究成果进行总结，并提出今后锂离子电池正极材料的发展方向。

本书是在总结河北工业大学能源与环保材料研究所多年的研究成果基础上编写而成的，并汇总了诸多厂家的实验和应用结论，对行业内人士具有一定的参考价值。特别是对于我国磷酸铁锂材料的生产和应用单位，具有一定的指导意义。

参 考 文 献

[1] 电池论坛. 电池发展史与电池专业术语. http://club. battery. com. cn/thread-104559-1-1. html，2011，[2013-01-05]

[2] 中国电池工业协会网站 . 2011 年中国锂离子电池产量逾 30 亿只. http://www. chinabattery. org/view/index/cid/9/aid/1534es/14608，2012，[2013-01-05]

[3] 于广超. 不同碳负极锂电池充放电特性的研究. 天津:河北工业大学硕士学位论文，2012

[4] 崔军燕. $FePO_4$的制备及应用研究. 天津:河北工业大学硕士学位论文，2009

[5] Ohzuku T，Makimura Y. Chemistry Letters，2001，744(7):642-645

[6] Padhi A K，Nanjundaswamy K S，Goodenough J B. Journal of the Electrochemical Society，1997，144(4):1188-1194

[7] Shi H，Barker J，Saïdi M Y，et al. Journal of the Electrochemical Society，1996，143(11):3466-3472

[8] Dahn J R，Xing W，Gao Y. Carbon，1997，35(6):825-830

[9] Mabuchi A，Tokumitsu K，Fujimoto H，et al. Journal of Electrochemical Society，1995，142(4):1041-1046

[10] Yamada Y，Imamura T，Kakiyama H，et al. Carbon，1974，12(3):307-319

[11] Mochidaa I，Koraia Y，Ku C H，et al. Carbon，2000，38(2):305-328

[12] Lijima S. Nature，1991，354:56-58

[13] 金旭东，陈湘宁. 导电剂在磷酸铁锂电池中的应用. http://qiudongchen. blog. sohu. com/130759699. html，2009，[2013-01-05]

[14] 电池论坛. 草酸在油系负极中的应用. http://club. battery. com. cn/forum. php?mod=viewthread&tid=132458，2012，[2013-01-05]

第 2 章　磷酸铁锂材料研究与发展历程

2.1　磷酸铁锂材料发展历程

2.1.1　磷酸铁锂材料简介

磷酸铁锂(分子式 $LiFePO_4$,lithium iron phosphate,LFP,又称磷酸锂铁、磷酸亚铁锂),是一种锂离子电池用的正极材料,特点是不含钴、镍等贵重元素,原料价格低,且磷、锂、铁在地壳中资源含量丰富,可以满足年产百万吨级以上的市场需求。作为正极材料,磷酸铁锂工作电压适中(3.2V)、比容量高(170mA·h/g)、放电功率大、可快速充电且循环寿命长,在高温与高热环境下的稳定性好。

磷酸铁锂晶体为橄榄石结构分类中的一种,在矿物学中的名称为 triphylite,是从希腊字的 tri 以及 fylon 两个字根而来。在矿石中的颜色可为灰色、红麻灰色、棕色或黑色,实际产品为黑色或灰黑色。某些天然矿物材料中即含有磷酸铁锂,只是品位较低,达不到实际应用的程度。磷酸铁锂属于复合磷酸盐类,通用化学式应该是 $LiMPO_4$,其中的 M 可以是任何二价金属,包括 Fe、Co、Mn、Ti 等。由于最早将 $LiMPO_4$ 商业化的公司所制造的材料是磷酸铁锂,因此大家就习惯地把磷酸铁锂当成唯一的磷酸复合盐类正极材料。然而,就橄榄石结构的化合物而言,可以用在锂离子电池的正极材料并非只有磷酸铁锂一种。据目前所知,还有 $LiMnPO_4$、$LiMnFePO_4$、$LiVPO_4$、$LiCoPO_4$ 等多种材料。

磷酸铁锂材料的来源可以追溯到 1996 年,当时日本的电信电话株式会社(NTT)首次发现了橄榄石结构的 $AMPO_4$(A 为碱金属,M 为 Co、Fe 两者之组合 $LiFeCoPO_4$)可以用作锂离子电池正极材料[1],但随后被美国方面指控是窃取美国技术。1997 年美国得克萨斯州立大学 Goodenough 课题组的 Padhi,在研究具有框架结构的材料(framework compounds)当中,发现了磷酸铁锂材料具有可逆性地嵌入脱出锂离子(Li^+)的特性[2]。1997 年 4 月 23 日,美国得克萨斯州立大学申请了题目为"可充电锂二次电池正极材料"的专利(WO1997040541),标志着对磷酸铁锂材料专利垄断的开始。

美国与日本不约而同地发表橄榄石结构磷酸盐($LiMPO_4$)正极材料,使得该材料受到了极大的重视,引起广泛的研究,产业化进程得到迅速的发展。与传统的锂离子二次电池正极材料尖晶石结构的锰酸锂($LiMn_2O_4$)和层状结构的钴酸锂($LiCoO_2$)相比,$LiMPO_4$ 的原料来源更广泛、价格更低廉且无环境污染。特别是安全性得到了大幅度改善,引起了研究者和产业界的极大兴趣。

根据近年来的研究成果，磷酸铁锂材料具有结晶完整的橄榄石结构，其中的锂离子扩散通道不同于传统的正极材料。传统正极材料具有层状结构或尖晶石结构，锂离子可以在层间或较大的通道内快速移动，从而使材料具有良好的放电性能。而磷酸铁锂材料的锂离子扩散通道是一维的，即晶体中只有供锂离子扩散的“孔道”，所以锂离子运动速度较慢，扩散距离较短。特别是在大倍率放电情况下，内部的锂离子来不及迁出，电化学极化就会很大。

可以用纯磷酸铁锂材料制造电池以检验上述结论。实验发现，纯磷酸铁锂材料的容量发挥很低，电池循环衰减也很快。图 2.1 为作者用水热合成的纯磷酸铁锂(无包覆碳)制造的锂离子扣式电池的循环情况。可见，经过 15 个左右的充放电循环，电池容量就衰减了 20%以上。因此，纯磷酸铁锂材料不适用于锂离子电池体系。

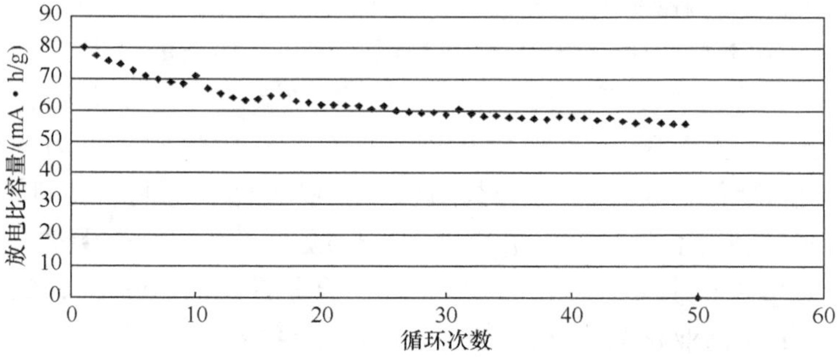

图 2.1 纯磷酸铁锂材料 1C/1C 循环图

2000 年，加拿大国家公共事业魁北克水力公司(Hydro-Quebec，H-Q)首先申报了导电材料包覆磷酸铁锂的专利，包括利用碳包覆磷酸铁锂材料，才使得磷酸铁锂具有较高的比容量，且循环寿命延长到 2000 次以上。从此启动了磷酸铁锂用于正极材料的产业化进程[3,4]。

2.1.2 磷酸铁锂材料和电池的应用

传统上认为磷酸铁锂材料具有堆积密度低、倍率性能差、低温性能不好等问题，近年来已经通过技术手段得到了逐步解决。现在实验室可以做到 100C 倍率放电，工业电池产品放电能力也可以达到 40C 以上。全球已经有多家专业材料厂家生产橄榄石结构的锂离子电池正极材料磷酸铁锂，仅在中国就不少于 200 家企业，其中不乏产能在千吨以上的大型工厂。磷酸铁锂正极材料大幅扩大了锂离子电池的应用领域，成为动力电池的主流正极材料之一，将锂离子电池扩展至电动自行车、油电混合车、纯电动车、电动工具、储能电池、航空航天电池、军用电池、备用电池、船用电池等多个新领域。

上游磷酸铁锂材料的突破与快速发展，引起了锂电池厂家与汽车业者的注意，并且带动了锂电池与混合动力汽车产业的兴起。磷酸铁锂电池和传统锂电池同为绿色环保电池，但两者最大不同点是磷酸铁锂完全没有过热或爆炸等安全性问题，同时电池循环寿命是普通锂电池的4～5倍，放电功率是普通锂电池 3～4 倍(可瞬间产生大电流)。包括美国国防部的油电混合坦克车、悍马车(近战隐匿)、通用汽车、福特汽车、丰田汽车等公司皆高度重视磷酸铁锂电池的发展。美国 A123 公司甚至因此获得了高达数千万美元的政府补助，目的就是要尽快抢占电动汽车的发展地位。我国政府的扶植计划也不落后。例如，天津斯特兰在 2009 年顺利得到政府旗下两大风险投资商注资，2010 年北大先行公司获得了国家 863 计划重点项目 2000 万元的无偿资助支持，2011 年山东海特电子集团获得国家发展和改革委员会 3000 余万元的资助支持。各个省市的地方政府也对磷酸铁锂生产企业给予了巨大的支持。

国际上首先采用磷酸铁锂电池材料的油电混合车是美国通用公司的 Chevrolet Volt。通用公司在 2007 年北美国际车展公开展示了这款插电式油电混合车(plug-in hybrid electric vehicle，PHEV)的概念车，配合其全新开发油电混合动力系统(E-FLEX)，只要接上一般家用电源便可为该车的磷酸铁锂电池充电。这部插电式油电混合车在 2010 年正式在市面上销售，其突出的省油性能与驾控的舒适性，使得尚未销售，已经有将近四万名美国民众抢先订购。Volt 每次充电后的续航力为 60km，车上还搭载了小型汽油引擎来为长途旅程的电池充电，让 Volt 能跑得更远。通用公司相信这款 PHEV 能达到每加仑汽油运行 150 英里(约 241.5km)的油耗表现。如果 Volt 概念车达到量产阶段，每台车每年可减少 500gal(约 1900L)汽油消耗，也可以减少 4400kg 二氧化碳排放。

在欧洲，博世公司(Bosch)在 2008 年公开承诺将持续增加电动与油电车辆科技的开发。根据油价高涨的状态，传统内燃机引擎或许还有 20 年的优势，但是终究汽车的动力模式会转型。博世公司拥有长期自主的汽车科技研发历史，不大可能会向其他公司购买油电混合技术，所以整体研发都是独立进行的。如防锁死刹车(ABS)、循迹控制系统(TCS)，将会重新设计并与油电混合计算机程序组合在一起。首次经由博世公司交给 VW Touareg 与 Porsche Cayenne 的油电车于 2010 年上市。该公司与韩国三星合作以 4 亿美元开发锂离子电池并且进行量产化，但距离成熟的时间预估还要四五年。

另外，欧洲一家汽车零组件的一级供应商大厂 Continental 也宣布其磷酸铁锂的合作伙伴有 A123 Systems 及 Johnson Controls-Saft。该公司的意向是给奔驰公司(Mercedes Benz)提供电池组。为了供应链的安全，该公司也购买了日本小型电池厂 Enax 的股份，虽然这家公司只能做低电压、小功率的电池产品。

在日本与中国内地，有更多的锂电池厂家纷纷投入这种新型动力锂电池的生产，目标市场就是电动轿车与电动公交车。日本的 GS Yuasa 公布了将自主开发的碳包覆磷酸铁锂应用于大型电池单元正极的结果。使用外形尺寸为 115mm×47mm×170mm 的方形“LIM40”工业电池单元实施的实验表明，即使以 400A 的大电流放电，容量也几乎不会降低。而该公司未使用包覆碳的原产品，其 400A 放电时的容量比 40A 放电时减少一半。另外，此次的实验品还可在－20℃的低温下使用。

在中国，两家重量级的锂电池大厂天津力神与比克(BAK)，也宣布要建立年产 2000 万颗磷酸铁锂电池的工厂，已于 2008 年年底与 2009 年年初开始建厂，总投资金额高达 6 亿美元。

但是在中国最受瞩目的磷酸铁锂公司还是比亚迪(BYD)股份有限公司，波克夏·海瑟威公司(Berkshire Hathaway Inc.)旗下的子公司中美能源控股公司(MidAmerican Energy Holdings Company)在 2008 年 10 月宣布，认购 2.25 亿比亚迪股份有限公司的股份，约占 10%的股份比例，投资约 2.3 亿美元。波克夏·海瑟威公司主席兼执行官华伦·巴菲特先生长期享有股神的称号。

根据统计，2008 年混合动力汽车(hybrid-electric vehicle，HEV)、插电式油电混合车及纯电动汽车(blade electric vehicle，或 battery electric vehicle，BEV)在全世界至少会有 7 亿美元的市场，在 2012 年则将增长到至少 50 亿美元。而 2008～2015 年，全球油电车销售量预计每年将增长 12%，当时预计在 2012 年美国的油电车销售量将会突破 100 万辆大关。而日本方面，2008～2011 年，油电车产量增加了 6.6%。整体而言，2010～2015 年，油电车电池市场的成长率将达到 10.4%，油电车零件市场将成长 17.4%。

除了小客车的市场之外，巴士制造商的目光也看到了磷酸铁锂的快速发展，BAE 的HybriDrive猎户座混合电动客车也宣布采用大约 180kW 的磷酸铁锂电池组。电力业者也迅速采用了磷酸铁锂的电池，如美国的 AES 公司就基于磷酸铁锂电池发展出兆瓦级的电池系统，有能力执行电网的配套服务，包括备用容量调节及频率调节服务[5]。

中国一直在国家层面对电动车产业化进行支持。特别是 2012 年年底，国家财政部、国家工信部、国家科技部联合推出了“新能源汽车产业技术创新工程”，全面推动电动汽车的进程。支持的领域包括纯电动乘用车项目、插电式乘用车项目、纯电动商用车项目、插电式商用车项目、燃料电池乘用车项目、动力电池项目等，共 25 家单位获得巨额资金的支持。国内电动车的产业历史并不长，但发展非常迅速。据统计，仅 2010 年，中国内地就有 20 余家大型电池厂开始进军电动车电池制造领域，意向投资超过 500 亿元。典型的统计数据见表 2.1。

表 2.1 2010 年中国内地磷酸铁锂电动汽车投资计划[6]

公司	投资/亿元	年产能/(A·h)
青岛海霸能源有限公司和宏耐新能源	10	10 亿
三菱化学	2.6	—
合肥国轩高科动力能源有限公司	0.6	7300 万
佛山照明	2.61	1 亿
成飞集成	10.2	—
内蒙古荣丰新能源有限公司	28	800 万
湖北中能锂电科技有限公司	1.86	—
天津捷威动力	25	5000 万
贵阳:2014 年建成锂电池及动力电池产业群	300	—
江西:中国规模最大的锂电池生产基地落户	4	—

2.1.3 磷酸铁锂上下游产业的发展[7]

目前磷酸铁锂已经申报了很多的技术专利,核心的、比较有创新性的专利有三个,分别是美国 A123 公司的 $Li_{1-x}MFePO_4$、加拿大 Phostech 公司的 $LiMPO_4$ 和美国 Valence 公司的碳包覆技术。同时经过多年的研发,已经发展出十分成熟的量产技术,其中最大的产能已可达月产近千吨。A123 公司的 $Li_{1-x}MFePO_4$ 主要特征是纳米级的磷酸铁锂,借由纳米物理性质的改变及在正极材料当中添加了贵金属,并辅佐特殊材质的石墨为负极,使得原本导电能力较差的磷酸铁锂材料可以成为商业化应用的产品;Phostech 公司的 $LiMPO_4$ 主要特征是通过适当的 Mn、Ni、Ti 掺杂,并且在磷酸铁锂外层进行适当的碳涂布来增加电容量与导电性;Valence 公司提出的是碳包覆技术专利,利用磷酸铁锂颗粒表面均匀的碳层包覆,实现了磷酸铁锂材料的大倍率、长寿命应用。在中国,台湾立凯(Aleees)、台塑长园、天津斯特兰、北大先行、比亚迪等公司都纷纷推出了自己的专利技术,利用各种合成技术制造磷酸铁锂。但是这些厂家的技术都仅是制程专利,主要技术点没有突破上述的专利范围。有关专利的详细描述见 2.2 节。

面对磷酸铁锂产业如此迅速的发展,一些工业银行、创投基金与投资公司早就把目光放在上游材料公司的布局上。在美国除了 A123 公司之外,ActaCell 公司从谷歌(Google)旗下应用材料(AMAT)风险投资部门和其他一些风险投资公司得到了 580 万美元资助。ActaCell 公司的主要业务就是将得克萨斯州立大学学者的成果推向市场,其领导者是长期以发展尖晶石结构以及超导材料为主的 Manthiram教授,这几年他发现了在磷酸铁锂中加入了昂贵的导电高分子之后,可以在实验室做出比容量高达 166mA·h/g 的磷酸铁锂,并且采用微波法可以加速磷酸铁锂陶瓷粉末快速成相。至于是否因为加入了导电高分子,就可以突破 A123

公司、Phostech 公司等重量级业者在磷酸铁锂的专利布局，只能等到事态更加明朗方能评论。

目前看来，真正决战点恐怕还是取决于电动汽车的市场。磷酸铁锂材料在锂离子电池被重视的根本原因其实仍然是磷酸铁锂安全的橄榄石结构，这样的结构有别于其他锂离子电池的层状与尖晶石结构的锂钴或锂锰系列的正极材料。橄榄石结构的磷酸铁锂，由于结构上氧键(O—O)很强，因此在锂电池发生短路时，不会因为短路而产生爆炸。这样的条件或许在其他移动式 IT 产品中不是最重要的(因为即便是笔记本电脑与手机爆炸事件层出不穷，日本大厂回收动辄高达数十万台笔记本电脑，但是大部分的消费者仍然选择高容量却容易爆炸的锂钴电池)，但是在汽车上的锂电池应用就不是这么简单了。根据美国 AABC 的统计，依照笔记本电脑与手机锂电池爆炸的概率推算，如果将含有钴系或锰系的电池应用于油电混合车(PHEV、HEV、BEV)，那么每 7 万台汽车就会有一台发生爆炸事件，这样的统计与研究震惊了汽车业者，汽车业者考虑的第一优先问题是安全而不是容量。对于汽车业者而言，汽车召回的成本远远高过笔记本电脑的成本，可能要以万倍计算，因此他们必须设法在安全与续航力之间做出一个取舍。

就磷酸铁锂的材料结构而言，磷酸铁锂的电容量虽然比其他的锂电池容量少了 25%，不过比起镍氢电池其效益却提升了 70%。安全的特性加上容量的提升使得汽车业者拥有了巨大的希望，他们从磷酸铁锂的身上看到了安全与续航力的平衡点。电动汽车领域也因此成为锂电厂家必争之地。

2.1.4　磷酸铁锂材料的改进

目前磷酸铁锂材料本身较差的导电性和较低的锂离子扩散系数一直是阻碍其实用化的最主要原因，因而促使国内外学者在提高磷酸铁锂的导电能力的方面展开了大量研究。磷酸铁锂极低的电子电导率($10^{-10}\sim10^{-9}$ S/cm)是限制其实际应用的最主要因素。目前已经能够通过包覆、取代、制备成纳米级材料等改性的方法来克服这一缺点。加入导电物质是为了提高磷酸铁锂及脱锂后的磷酸铁($FePO_4$)的电子导电性。引入分散性能良好的导电剂，如炭黑或碳，可以明显提高粒子间的导电性能，使得磷酸铁锂的利用效率提高，可逆电容量可以达到理论值的 95%，即使是在 5C 的大电流充放电条件下，循环性能表现也良好。

另外，利用无机氧化物进行表面包覆的方法也是提高结构稳定性、增加材料导电性的手段之一。传统的钴酸锂材料包覆后循环性能有了明显的提高，并且包覆层可以防止钴的溶解，抑制电容量的衰退。同样地，将磷酸铁锂晶粒进行无机物(如 ZnO 或 ZrO_2)的表面包覆，除了可以改善循环寿命，也可增进电容量与大电流放电时的表现。加入导电性碳能够提高磷酸铁锂的利用效率，日本三井造船与中国台湾立凯宣布：加入其他具有导电性能的金属，如铜或银的粒子也可以达到同样的效果，加入 1%（质量分数）的金属后，可逆比容量可达 140mA·h/g，而且大电流放电性能都比较理想。

为了提高磷酸铁锂的利用效率，也可以进行铁原子位置或锂原子位置的取代，A123 公司与 Valence 公司曾经发表以镁、钛、锰、锆、锌进行取代的专利。以锌的取代为例，由于锌的离子半径与铁的离子半径相近，因此以锌原子取代之后，磷酸铁锂的结晶性有一定程度的提高。而借由循环伏安法的测量可以看出，经由金属原子取代之后的 $LiFe_{1-x}M_xPO_4$，锂离子嵌入和脱出的可逆性可以得到提升，并且也抑制了二价铁离子在脱出锂后变为三价铁时，晶格体积变小后对往返路径产生不利的影响。

现在已经衍生了很多磷酸铁锂材料的合成方法，如固相合成法、乳化干燥法、溶胶凝胶法、溶液共沉法、气相沉积法、电化学合成法、电子束辐照合成法、微波法、水热法、超声波裂解法、喷雾裂解法等，并且依据工艺的不同来达到不同的结果。例如，乳化干燥法是先将煤油与乳化剂混合，然后与锂盐、铁盐的水溶液混合，利用该法可以控制碳粒子的大小在纳米范围；采用水热法可以得到晶形良好的磷酸铁锂，为了加入导电碳，在水溶液中加入聚乙二醇（PEG），再借由热处理过程转变为碳；气相沉积法可以用来制备薄膜形态的磷酸铁锂。但是，目前可大规模工业化生产的方法基本都是固相反应法，仅有南方化学、加拿大 Phostech、韩国韩华等公司在使用水热法。

2.1.5 A123 公司发展历程[8]

提到磷酸铁锂材料的发展，就不能不提到行业的标志性企业，即美国 A123 公司（图 2.2）。

图 2.2 美国 A123 公司

A123 公司于 2001 年在麻省理工学院（MIT）成立，三位创办人分别是麻省理工学院的材料科学与工程学华人教授蒋业明（Yet-Ming Chiang），麻省理工学院的商业研究顾问 Fulop，以及负责技术的康奈尔大学材料科学博士 Riley。A123 公司刚成立时，员工只有5人，资金来源只有美国能源部的科技项目经费10万美元，其余的只有从麻省理工学院拿出来的0.5g材料样品而已。在2004年年初，A123公司在中国台湾太电电能的协助下，每个月可以生产1kg的粉体和一套原型电池。但是，这样的成果便让A123公司顺利筹募了前期的2000万美元资本，就此迈向坦途。到2007年年初，A123公司的资本额激增到1.02亿美元，员工超过250人，来自福布斯排行榜前500大企业的订单超过1亿美元，现在每年产出数百万颗电池芯(cell)和数百吨正极材料粉体。2007～2008年，产能从每月50万颗提高到200万颗。

A123公司核心竞争优势是将锂离子电池的磷酸铁锂正极材料制造成均匀的纳米级超小颗粒，因颗粒和总表面面积剧增而大幅提高电池的放电功率。而且，整体稳定度和循环寿命皆未受影响。现在一般的锂离子电池正极材料粉体颗粒比A123公司的大100倍，若要制成小颗粒便会产生稳定性和安全性同时减弱的副作用，以致必须面对放电功率难以提高的先天极限。

A123公司的营运总部设在美国马萨诸塞州的Watertown，主要材料研究单位在密歇根州的Ann Arbor，自己直接管理的封装与系统设计单位则设在马萨诸塞的Hopkinton。当时在中国台湾、韩国和中国内地向合作代工厂取得总面积达10万m^2的专属制造厂房，并在2007年扩增到25万m^2。在中国常州设立的生产基地自2006年起动工，2007年的产能扩增到100万颗26650电芯，2008年倍增到200万颗。

A123公司董事会成员与大股东包括摩托罗拉、奇异、Qualcomm、P&G、YankeeTek和多次慧眼成功投资Apple、Cisco与Google的红杉创投(Sequoia Capital)等美国重要创投机构。奇异在最近的4000万美元增资规划中，获得A123经营团队青睐而得以进一步追加投资，消费用品大厂P&G则是新股东，此外还有很多大公司想投资却被拒绝，甚至A123公司的重要客户、让公司实现起步的电动工具商Black & Decker(B&D)也被婉言拒绝。

另外，A123公司不仅获得美国能源部高达1500万美元的新一代混合动力汽车电池发展合约，还研发出1台只需使用1gal(3.78L)汽油便能结合A123电池而行驶超过150mi的油电混合车。A123公司执行长Vieau向当时的总统布什强调，油电混合车采用A123锂电池后，大部分车主的汽油需求可以降低70%，碳排放量可以减少50%，对环境的伤害可以降到最低。而这1500万美元的合约则是由美国能源部和美国先进电池联盟(The United States Advanced Battery Consortium, USABC)一起颁发的，由于USABC是由戴姆勒奔驰集团、福特汽车和通用汽车合组的研究单位联合组织，且每年预算有50%来自美国能源部，因此这是同时获得国家单位和国际汽车大厂重视与信任的重要象征。

A123公司也同时与通用汽车和奇异共同开发汽车与公交车用的磷酸铁锂电池模块。通用汽车展出的Volt Concept概念电动车，其电源系统便是由通用汽车与美国 Cobasys 公司联合开发的，而其中的磷酸铁锂充电电池便由 A123 公司生产。

A123 公司的磷酸铁锂的主要特征是纳米级粉体，然后通过高价金属离子掺杂的专利技术提高材料的导电性。在制片过程中，通过对铝箔表面的腐蚀和碳包覆处理大大提升了电池的大电流放电能力。此外电池以特殊材质的石墨为负极，极大地提高了磷酸铁锂电池的倍率性能和使用寿命，目前 A123 公司的电芯均为圆柱形锂电池（图 2.3）。现有的客户包括 AES 公司、BAE 系统公司、B&D、Cessna、克莱斯勒公司、通用汽车。

A123 公司还推出了全世界速度最快的电动摩托车。与 KillaCycle 合作，以采用 990 颗 A123 电池芯的电池模块（相当于 350 马力）①创下速度 156km/h，0～97km/h 加速只需 1.5s，跑完 400m 只需 8.16s 的世界纪录。

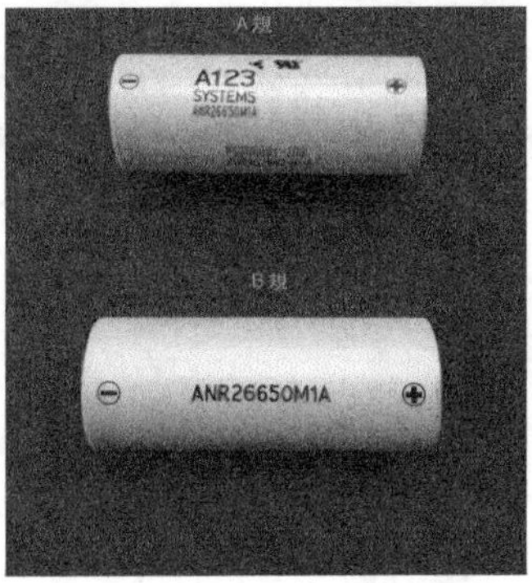

图 2.3　A123 公司的磷酸铁锂电池

2009 年 3 月，A123 公司提交了申请，根据美国能源部的先进技术汽车制造业激励计划贷款 18 亿美元，以支持在美国密歇根州东南部建设新的世界一流的锂离子电池的生产设施。此方案全面运作后，A123 公司厂房预计占地面积为 700 万 ft^2（65 万 m^2），同时创造 14000 个就业机会。这些工厂将生产电池和系统，以满足 A123 公司广泛的汽车客户的投资组合。目前包括 7 个汽车制造商和 19 个车型，包括混合电动汽车和纯电动汽车。

令人意外的是，经过红红火火的几年运作，2012 年 10 月 17 日，A123 公司宣布破产。有分析提出，A123 公司破产的原因在于[9]：

(1) 经济环境发生变化。A123 公司过于前卫，目标产品的市场更是趋于雏形，电动汽车电池盈利遥不可及。

(2) 急速扩张的产能与质量不协调，付出大量赔偿金，并没有获得预期订单的销售收入。

(3) 外围环境的威胁。虽然有政府保护，但中、日、韩在动力电池领域的竞争直接影响到 A123 公司经营的可持续性。

(4) 公司一直在亏损。虽然 A123 公司的营业收入一直增长，从 2006 年的 3435 万美元，到 2009 年的 9105 万美元，再到 2011 年的近 1.6 亿美元，年均增长速度达到 30%～40%，但成本开销增长更快。2010 年的销售额不到 1 亿美元，而净亏损就高达 1.5 亿美元。

虽然 A123 公司已破产，但其多年来积累的技术和经营网络还是具有重大的

① 1 马力=0.735kW。

价值。美国江森自控、德国西门子、日本NEC、中国万向集团等企业先后参与竞标收购A123公司，其中中国万向集团是有力的竞争者之一。2012年8月16日，A123公司对外宣布与万向集团签署了最终收购协议。根据协议内容，万向集团计划向A123公司提供4.65亿美元的资金控股80%，成为最大股东，并且掌管美国的两家电池工厂以及一家工程中心。2012年12月8日，在A123公司资产竞拍中，中国最大汽车零部件制造商万向集团胜出。万向集团报价2.6亿美元在竞拍中处于最高位置，超过了美国江森自控和日本NEC。

据国家发展和改革委员会官网2012年11月30日公布信息，其已在10月批准了万向集团投资收购A123公司的申请。该投资收购意向也获得了中国国家外汇管理部门的外汇登记，以及国家商务部的批准。至此，关于万向集团投资收购A123公司项目已履行完成中国政府主管部门的所有核准程序[10]。

2.2 磷酸铁锂的专利情况

2.2.1 美国和加拿大专利情况

众所周知，磷酸铁锂的专利问题一直是从业者关心的问题。本节综合有关资料予以介绍。

专利大战的来源和过程相当曲折，其首先是由全球最大电动工具大厂B&D引发。该公司2006年推出1款799美元的新产品组(DCX 6401Combo Kit，各产品可单独销售)，从而引发了磷酸铁锂专利之争[8]。

这款电压36V的无电线新型电动工具，以B&D购并而来的“DeWALT”品牌在市场销售，特别的是，这款产品在上市后的第2个季度，便因可1h高速充电、强大功率提升效率、高安全性和2000次以上的电池循环寿命等优点，创下2000万美元的销售成绩，打破B&D创立以来的所有纪录。

B&D的北美区采购总监Mann说，这些新产品不再需要电线，只要装上电池就可以获得比过去插电的旧产品更好的工作效率，这是重大突破，将彻底改变全球电动工具市场的生态。这款产品立刻在美国市场威名远播，许多相关业者争先研究此产品，也引起了美国得克萨斯州立大学的关注。

紧接着发生的是，得克萨斯州立大学在得克萨斯州立达拉斯法院向B&D与此款产品的电池供货商A123公司提出专利诉讼，控告“非法制造且销售”此款侵犯得克萨斯州立大学所拥有专利的产品。得克萨斯州立大学并不是单枪匹马，而是与加拿大国家公共事业魁北克水力公司一起联合起诉。

在2006年9月，得克萨斯州立大学控告B&D和A123公司在未获得其电池技术授权的情况下制造与销售侵权商品，而魁北克水力公司则是从得克萨斯州立大学获得独家授权的单位。但是，事实上，真正的幕后人是从得克萨斯州立大学和魁北克水力公司取得独家商业授权的加拿大企业 Phostech 公司，Phostech 公司也是魁北克水力公司旗下的转投资子公司，但其背后还有个大股东是全球排名第一的德国化学磷肥大厂南方化学(SUD-CHEMIE)。这家已经 150 年的德国老公司，应该正积极寻求转型，现在对电池的兴趣远高过化学肥料，希望在“磷酸铁锂”事业创造的营业收入可以在 3 年内达到其总营收的 50%。

全球许多电池相关企业对是否有必要支付权利金给魁北克水力公司或 Phostech 公司都持保留态度。因为有美国政府撑腰的电信大厂 NTT DoCoMo，在较早前便已在美国就磷酸铁锂相关专利提出申请，所以不少业者认为 Phostech 公司和魁北克水力公司所拥有的专利有可能因较晚提出而遭到撤销。

不过，故事还没结束，除了 B&D 和 A123 公司外，魁北克水力公司和 Phostech 公司为了取得磷酸铁锂专利的有利地位，也控告另外一家拥有不同磷酸铁锂专利的美国电池制造商 Valence，甚至早在 2001 年由得克萨斯州立大学和魁北克水力公司向日本 NTT 公司提出控告时，就指称 NTT 公司的专利是其科学家于 1993～1994 年在得克萨斯州立大学担任客座教授与研究员时，以非法方式窃取而得。同时，由于最近部分中国台湾企业开始用隐蔽的方式投身磷酸铁锂产业，有些不愿曝光的业者甚至也取得足以和这些国际业者对抗的专利，据闻 Phostech 公司和魁北克水力公司已经着手准备要等这些企业发展壮大后便对簿公堂。

A123 公司在当时对此事非常强硬地表示，相信这是一件毫无价值与真相的法律诉讼。而且，他们将强力且充满自信地捍卫自己的利益与产业地位。NTT 公司则强调其专利是他们的科学家回国后自行研究开发出来的成果，绝非盗取自得克萨斯州立大学。

其实一切都是国家与商业利益的考虑。因为 Phostech 公司正准备和德国电动工具大厂 Robert Bosch GmbG 合作推出他们的磷酸铁锂电池电动工具产品线，B&D 和 A123 公司捷足先登已经让他们饱受打击，若无法在专利层面取得竞争优势，Phostech 公司未来的竞争实力堪忧。

磷酸铁锂无意间成为国与国之间的大战，背后的潜在商机无疑十分巨大，为了在这些专利诉讼获得最后胜利，有加拿大政府支持的魁北克水力公司和 Phostech 公司自 2001 年以来已经支付了非常庞大的诉讼费用，主要负责律师 Brewer 向他们收取的律师费用高达每小时 750 美元。因此，Phostech 公司和魁北克水力公司目前向法院提出希望侵权公司给予的损害赔偿费用，每家高达 3.5 亿～5 亿美元，针对 NTT 公司则特别要求重惩，金额高达 10 亿美元。

台湾电池业者表示，Phostech 公司和魁北克水力公司特别将矛头指向 NTT 公司，是因为 NTT 公司的专利申请让全球其他业者产生观望心态，已使得他们原本应得的授权利益遭到严重影响。

事实上，磷酸铁锂正极材料的专利起源来自得克萨斯州立大学，但真正的发现者是其奥斯汀学区的力学工程教授 Goodenough 博士。业界都认为魁北克水力公司和 Phostech 公司掀起的诉讼潮，是为了要从 Goodenough 的这项重大发现中取得利润。不过，自 Goodenough 在 1996 年申请专利并在 1997 年 1 月生效以来，原告方需要支付的诉讼账单远高于魁北克水力公司已经对外授权所取得的权利金总额。而且，在魁北克水力公司能够付清其诉讼费用以前，Goodenough 和得克萨斯州立大学并未拿到权利金。

得克萨斯州立大学技术商业化推展处总监 Iscoe 曾在美国接受媒体访问时指出，魁北克水力公司需要付出的律师费用远超过 1000 万美元，但目前已经收到的授权费顶多只有 100 万美元。

不过，出生于 1922 年且仍在大学教书的 Goodenough 教授展现了学者只想为社会带来贡献的无私风范。他对这些诉讼显然有点不以为然。在接受媒体采访时，他有点感慨地说，要是他没有告诉魁北克水力公司高层有关 B &D 在 2006 年春季的会议中宣布计划使用 A123 公司电池的事情，这些诉讼就不会发生了。Goodenough 还强调，电池（磷酸铁锂）自己有脚，和其他东西一样，它也是需要消费者的，而好产品也是需要有需求的。他对这些诉讼只有一个想法，那就是希望一切纷扰可以在他辞世之前获得解决，而且，他会把这些钱（包括损害赔偿费用与权利金等）全数捐给慈善单位，他和他妻子现在正在讨论有哪些合适的捐助对象。

磷酸铁锂正极材料的优点很多，但事实上，它身为众多锂离子正极材料中最受瞩目的明星，却还有个非常极端的缺点——“纯”磷酸铁锂的导电性不佳。

因此，在各主要业者早就对是否仅魁北克水力公司和 Phostech 公司拥有独家专利而抱质疑态度的情况下，全球业者为了使磷酸铁锂可以早日进入大量生产阶段，陆续发展出“carbon coating”（碳元素包覆）、“metal doping”（金属掺杂）、“small particle size”（材料纳米化）等制程技术，来提高磷酸铁锂粉体的导电性。

这些各自在特殊制程工艺取得优势的业者很清楚，只要 Goodenough“不反对”大家发展磷酸铁锂，魁北克水力公司和 Phostech 公司其实并无绝对胜算。Phostech 公司除了拥有来自得克萨斯州立大学和魁北克水力公司的原料专利外，也取得碳元素包覆的制程专利；A123 公司便是材料纳米化（small particle size）制程专利的最佳代表；Valence 公司也取得部分磷酸铁锂化学元素列表的不同元素组合和其他合成物的碳元素包覆制程专利；日本索尼公司也有部分合成物的专利，但影响力较弱。

事实上，A123 公司和 Phostech 公司的专利大战似乎不是影响磷酸铁锂发展的决定性因素。因为一般专利诉讼采取的策略是原告会要求法院禁止被告的产品继续销售，但原告必须在同时提拨相当的保证金，并留存法院。一旦诉讼结果对被告有利，这些高额保证金将作为被告这段期间以来的赔偿损失之用。

中国台湾工研院材料与化工所杨模桦博士说，Phostech 公司一直在起诉，却至今未拿出高额保证金向法院申请 A123 公司必须停止销售产品的禁令，换言之，业界也在推敲，Phostech 公司其实并无绝对把握可以在此专利大战中取得必胜优势。而且，A123 公司背后有红杉创投、奇异、摩托罗拉和通用汽车等国际大厂为股东，甚至美国能源部还给予其 1500 万美元的项目，这些“后台”不可能没对专利问题有过深入研究，便贸然投资 A123 公司。

A123 公司的爆红让 Phostech 公司充满高度危机意识，根据 Phostech 公司的规划，在 2007～2009 年将粉体产能从每年 600～700t 提高到年产 2000t，但迄今还没有实现。

在专利大战中，拥有碳热还原技术的磷酸铁锂制造商 Valence 公司也不甘示弱，于 2007 年 1 月 31 日在加拿大提起了针对 Phostech 公司的诉讼。2011 年，法官 Gauthier 裁定 Valence 公司胜诉，判定 Valence 公司主要的碳热还原加拿大专利(2395115)遭受了侵权。根据判决，Valence 公司可以申请禁令，选择对牟利或损害赔偿金进行清算，并有权获得合理补偿和费用。损害赔偿金和费用将由独立的法庭诉讼程序确定。这项判决使专利大战更陷入群雄割据的状态[11]。

目前看来，磷酸铁锂的核心专利有两个：一个是美国得克萨斯州立大学的 WO1997040541“Cathode Materials for Secondary (Rechargeable) Lithium Batteries”，提出了用具有 $LiMPO_4$ 成分的材料（M 为金属）制造正极材料；另一个是美国 Valence公司的WO2003099715“Synthesis of Metal Compounds Useful as Cathode Active Materials”，提出了碳包覆技术。这两个专利一个限定了材料的成分范围，一个限定了必不可少的碳包覆技术。其他的制程专利、电池专利和结构专利还不能撼动其基础。

2.2.2　欧洲专利情况

2005 年 7 月 27 日，Valence 公司就得克萨斯州立大学持有的关于磷酸铁锂材料的欧洲专利授予问题，向欧洲专利局提起异议诉讼程序，认为该专利缺乏新颖性。欧洲专利局随后作出裁决，原授予得克萨斯州立大学的 0904607 号欧洲专利被欧洲专利局完全撤销。裁决撤销了得克萨斯州立大学 Goodenough 等的欧洲专利，消除了得克萨斯州立大学凭借这项欧洲专利认定 Valence 公司的磷酸铁锂材料侵权的任何风险[12]。

Valence 公司成立于 1989 年，公司总部设在得克萨斯州奥斯汀，是专业运营磷酸铁锂材料和电池的公司，在美国、中国和北爱尔兰等地设有生产工厂。针对此事 Valence 公司总裁兼首席执行官 Kanode 说，“欧洲专利局今天的裁决对于我们公司非常重要。这项欧洲专利撤销后，得克萨斯州立大学根据这项欧洲专利提出专利侵权索赔的任何可能性都已烟消云散，这肯定了 Valence 公司在欧洲自由销售我们独有的磷酸铁锂粉末电池专利产品的权利。根据这项裁决，我们可以与电动汽车领域全球领先的欧洲 OEM 厂商开展更全面的合作。我们的创新电池解决方案已经具备了可靠的性能和供给能力，并得到实际的验证，现在我们在欧洲自由销售我们独有的磷酸铁锂能量存储解决方案的权利也得到了确认”。

该专利的撤销，标志着世界范围内磷酸铁锂材料进入欧洲市场已经不存在障碍。

2.2.3 国内专利情况

截至 2012 年 7 月，在国家知识产权网上可查到的磷酸铁锂材料制造专利已经超过 500 项。作者统计的申报发明专利最多的前 20 个单位和个人见表 2.2。

表 2.2 申报发明专利最多的前 20 个单位和个人

序号	专利申请人	专利数
1	比亚迪股份有限公司	25
2	彩虹集团公司	22
3	清华大学	21
4	中南大学	14
5	上海交通大学	9
6	华南理工大学	9
7	福建师范大学	9
8	中国电子科技集团公司第十八研究所	8
9	上海大学	8
10	河北工业大学	8
11	合肥国轩高科动力能源有限公司	8
12	深圳比克电池有限公司	7
13	横店集团东磁股份有限公司	7
14	南开大学	6
15	浙江大学	5
16	张爱萍	5
17	严积芳	5
18	韦谷林	5
19	孙琦	5
20	深圳贝特瑞新能源材料股份有限公司	5

国内单位和个人申报的专利大部分是制造专利，而核心的专利技术并不在中国人手中。引起极大关注的一个例子是：2003 年 3 月，加拿大魁北克水力公司等专利权利人的磷酸铁锂专利以申请号为 PCT/CA2001/001349 的国际申请为基础进入中国，向中国国家知识产权局提出发明专利申请，专利名称为“控制尺寸的涂敷碳的氧化还原材料的合成方法”，并于 2008 年 9 月获得授权（授权公告号 CN100421289C）。魁北克水力公司所获得专利共 125 项权利要求，覆盖了包括磷酸铁锂等多种正极材料及其主要制造技术。魁北克水力公司的专利申请几乎涵盖了目前磷酸铁锂电池生产技术的全部环节。如果承认此专利，国内大部分电池生产企业都属于侵权。

2010 年 8 月，中国电池工业协会向国家专利复审委员会提出加方专利无效请求，以“专利不具有新颖性”、“专利技术缺乏创造性”、“专利文件修改超范围”、“专利权利要求得不到说明书支持”等 7 方面理由向中国专利复审委员会提出请求裁定魁北克水力公司专利无效的申请[13]。

2011 年 5 月 28 日，国家专利复审委员会对魁北克水力等公司的发明专利作出无效决定，对修改后的 111 项权利要求宣告全部无效。国家专利复审委员会给出的专利无效理由：一是授权文本的修改超出了原始申请文件记载的范围，二是授权文本的权利要求得不到说明书的支持。

随后，魁北克水力公司等专利拥有方不服国家专利复审委员会的无效决定，向北京市第一中级人民法院提起上诉[14]。

2012 年 4 月 9 日下午 2 点，三家外资公司起诉中国国家专利复审委员会裁定无效案在北京一中院开庭。魁北克水力公司、巴黎 CNRS 公司、蒙特利尔大学等三家宣称拥有磷酸铁锂电池技术专利的企业，起诉中国国家专利复审委员会关于其磷酸铁锂电池专利技术无效的裁定无效，同时将中国电池工业协会列为第三人。如果外方胜诉，意味着今后中国电池生产企业如果生产磷酸铁锂电池，就需要向专利持有方缴纳专利费。因此，这场专利官司对于中国磷酸铁锂电池行业和新能源汽车行业发展至关重要。2015 年中国磷酸铁锂电池产业规模有望达万亿，如果采取向外方购买专利的做法，不仅每年损失几千万美元的专利费，更会掐住中国新能源汽车发展的脖子。

虽然当庭没有宣判结果，但是作为中方代理人，北京同立钧成知识产权代理公司合伙人刘芳向记者透露，外方在申请中国专利时存在申请范围过大，修改后与专利说明书所载内容不一致等问题。双方辩论的内容主要在“无效”内容的认定上。被告方认定其无效主要源于两点：

其一是原告方在其专利说明书上，将专利的范围设定为任何含有过渡金属的“元”，而对于“元”为何物时，并没有具体说明，因此认为其范围过大，不符合专利法规定。而原告在修改相关文件时，将含有过渡金属的“元”改为了含有过渡金属的化合物，而此修改在专利申请文件中找不到对应的内容，因此被告认为其修改超范围。原告方认为，其在说明含有过渡金属的“元”时，用三价铁化合物做了举例说明，因此所有过渡金属都可以引用。但被告并不认为一个例子能够代表所有的化合物，因此认定其超范围申请。

其二是被告对于原告将“化合物”一词改为“碳导体”的质疑。原告认为这是笔误，并表示即使是“碳导体”，也可解释为涂了碳导体的“化合物”。原告还表示，修改本身并不影响公众对专利说明书的理解，并没有超过说明书的内容。而被告及第三人均提出此处改动并非笔误，认为其改动不符合专利法规定，以此判定专利无效。

中国电池工业协会有关人士说，双方争论的核心在于国家专利复审委员会所作出的裁定是否合法有效。如果法院判定国家专利复审委员会所作出的裁定有效，那么外方的专利保护申请就不能成行。

在现场陈述当中，外方代表提出法院应该根据行政诉讼法规定，对于国家专利复审委员会给出的其专利无效的裁定，予以撤销。而代表国家专利复审委员会的被告方，也提出了外方要求的专利保护范围过大，超出法律规定范围，因此认定其无效。而外方随即提出，他们已经根据国家专利复审委员会的要求对于专利文件描述进行了修改。最重要的是将“化合物”改为了“碳导体”。并且，外方提出，之所以进行这项修改，是因为当时进入中国时，对其描述产生了“笔误”。根据《中华人民共和国专利法》的规定，这种错误是不能修改的，外方开始提出“化合物”的保护范围并非出于笔误，而是有意想扩大保护范围，后来发现在“化合物”这个范围上保护不了，就想退回“碳导体”这个领域。但是在世界各国的法律规定当中，除了《美国专利法》规定这个可以修改以外，其他国家均规定不可以修改。

目前，法院还没有宣判。在官司进行的同时，中国已经有包括天津力神等电池生产企业接到了加方发来的律师函，敦促他们尽快支付专利费。河南环宇集团获得加方的律师函内容表明，加方申请专利共有多达 125 项权利要求，覆盖了包括磷酸铁锂等多种正极材料及其主要制造技术，国内磷酸铁锂厂家生产需要经他们授权，入门费用高达 1000 万美金，每生产一吨磷酸铁锂至少需要支付 2500 美元专利使用费。

中国电池工业协会有关人士表示，目前中国磷酸铁锂电池年产量在万吨左右，未来 5 年之内仍然以每年 30％～50％的增长规模发展，如果外方胜诉，中国内地电池生产企业每年要支付几千万美元的专利使用费。而中国磷酸铁锂电池生产行业目前竞争白热化，行业毛利率只有 12％左右，行业均价在 7～8 元/(A · h)，如果企业要缴纳这么高的专利入门费或者专利使用费，将有近一半企业付不起专利费。

此前，日本 NTT 公司支付美方 3000 万元和解金才解决了磷酸铁锂材料的专利纠纷，中国台湾很多企业也花钱向 Phostech 等公司购买了专利使用权。

先前德国南方化学(Süd-Chemie)透过子公司 Phostech Lithium Inc. 成为磷酸铁锂的独家授权供货商。南方化学与魁北克水力公司、蒙特利尔大学及 CNRS 公司等三个专利所有权人同意成立公司推广此项技术。中国台湾立凯电能(Aleees)宣布在 2011 年 7 月 1 日正式与该公司完成签约,获得包括磷酸铁锂在内的橄榄石材料与碳包覆全球专利授权。包括立凯电能在内获得全球专利授权的公司共有四家[15]。

2.3　磷酸铁锂材料的结构和性能研究

2.3.1　磷酸铁锂材料的晶体结构

20 世纪 90 年代,美国得克萨斯州立大学的 Goodenough 课题组对正极材料进行了深入的研究。1996 年,日本 NTT 公司研究员 Nanjundaswamy 就与 Goodenough 等合作,在 *Solid State Ionics* 发表了论文,提出了具有 NASICON 框架结构的材料,如 $M_2(SO_4)_3$、$LiM_2(PO_4)_3$、$Li_3Fe_2(PO_4)_3$ 有可能成为潜在的正极材料[1]。NASICON 型材料具有层状脚手架结构,由顶点共用的 MO_6 八面体(其中 M 为 Fe、Ti、V、Nb)和 $(XO_4)^{n-}$ 四面体聚阴离子(其中 X 为 S、P、As、Mo、W)组成。这种含多个阴离子的结构具有 M—O—X 键。改变 X 的性质就能通过诱导效应改变 M—O 键的离子共价性。这样,就有可能调节过渡金属的标准电极电位。计算表明,当氧化还原电对为 V^{4+}/V^{3+}、Ti^{4+}/Ti^{3+}、Fe^{3+}/Fe^{2+} 时,开路电压都可以达到 2.5V 以上。当阴离子基团由 SO_4^{2-} 转变为 PO_4^{3-} 时,氧化还原电对的电势也会发生相应的变化。例如,使用 PO_4^{3-} 就可以使 Fe^{3+}/Fe^{2+} 电位变为 3.4V(对于 Li/Li^+);而用 SO_4^{3-} 可以使 Fe^{3+}/Fe^{2+} 电位变为 3.6V(对于 Li/Li^+)。这些成果其实已经非常接近 $LiFePO_4$ 材料的入门门槛。特别是他们对硫酸铁锂的研究,放电特征已经和磷酸铁锂非常接近,如图 2.4 所示。

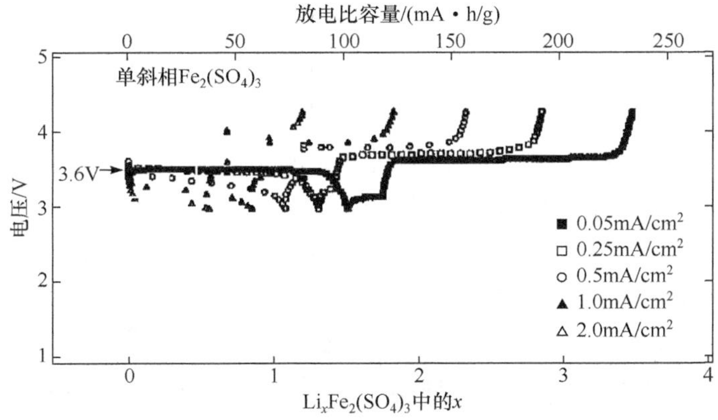

图 2.4　硫酸铁锂材料的充放电特征[1]

1997年,Padhi等在美国电化学会志(*Journal of the Electrochemical Society*)发表了"Phospho-olivines as positive-electrode materials for rechargeable lithium batteries"一文,成为标志着磷酸铁锂材料诞生的开篇之作[2]。虽然他们在论文中主要关注磷酸铁锰锂($LiFe_{1-x}Mn_xPO_4$),并提出磷酸铁锂仅适用低功率条件,但研究成果还是被认为具有划时代的意义。他们利用等物质的量的比的乙酸铁、磷酸铵和碳酸锂等合成 $LiFe_{1-x}Mn_xPO_4$ 材料,将原料研磨后,在惰性气氛下,首先在300～350℃进行煅烧,脱除大部分气体,然后取出研磨,再在800℃烧结24h,制成成品。图2.5为Padhi论文中磷酸铁锂的充放电曲线。

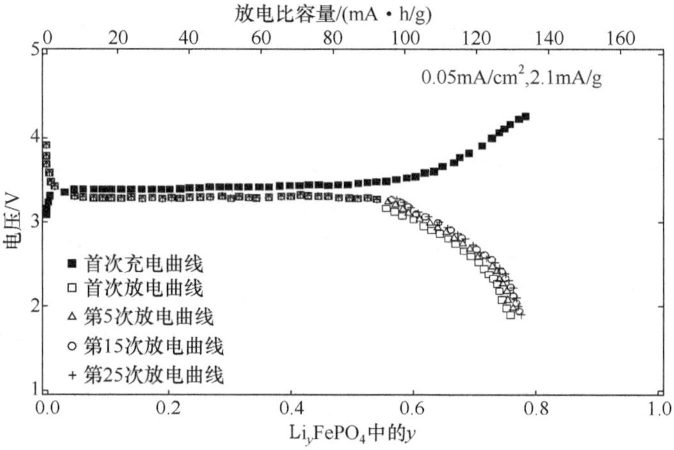

图2.5　磷酸铁锂材料的充放电特征[2]

磷酸铁锂在自然界中是以磷酸铁锂矿(triphylite)的形式存在的,具有正交的橄榄石结构(空间群为Pnma),如图2.6所示。在磷酸铁锂中,氧原子以稍微扭曲的六方紧密堆积方式排列。Fe与Li分别位于氧原子八面体中心位置,形成了 FeO_6 和 LiO_6 八面体。P占据了氧原子四面体4*c*位置,形成了 PO_4 四面体。在*bc*面上,相邻的 FeO_6 八面体共用一个氧原子,从而互相连接形成Z字形的 FeO_6 层。在 FeO_6 层之间,相邻的 LiO_6 八面体通过*b*方向上的两个氧原子连接,形成了与*c*轴平行的锂离子的连续直线链,这使得锂离子可能形成二维扩散运动。磷酸铁锂晶体为橄榄石型结构,属于正交晶系,空间群为Pnma,晶胞参数 $a=1.0329nm$,$b=0.60072nm$,$c=0.46905nm$。

从结构上看,PO_4 四面体位于 FeO_6 层之间,这在一定程度上阻碍了锂离子的扩散运动。此外,相邻的 FeO_6 八面体通过共顶点连接,与层状结构($LiMO_2$,M=Co,Ni)和尖晶石结构(LiM_2O_4,M=Mn)中存在共棱的 MO_6 八面体连续结构不同,共顶点的八面体具有相对较低的电子传导率。因此,磷酸铁锂的结构内在

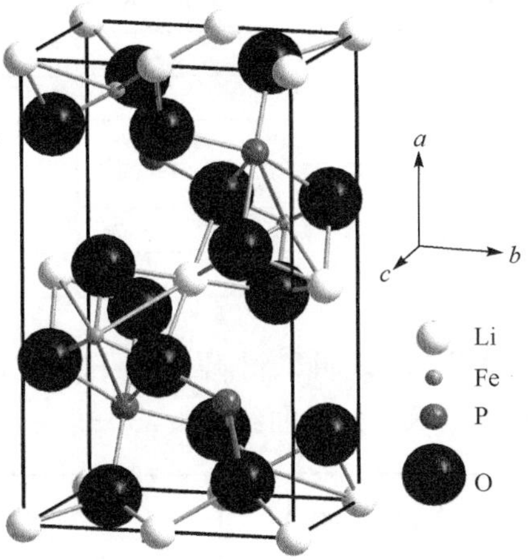

图 2.6　$LiFePO_4$ 的晶格结构示意图[16]

地决定了其本性只适合于小电流密度下充放电。磷酸铁锂的脱锂产物为磷酸铁($FePO_4$)，实际的充放电过程是处于 $FePO_4/LiFePO_4$ 两相共存状态的。$FePO_4$ 与 $LiFePO_4$ 的结构极为相似，体积也较接近，相差 6.81%。由于充放电过程中结构与体积变化很小，充放电循环导致的应力不至于严重影响材料力学性能，因此磷酸铁锂具有良好的循环性能。图 2.7 为 $FePO_4$ 相和 $LiFePO_4$ 相的晶体结构示意图。

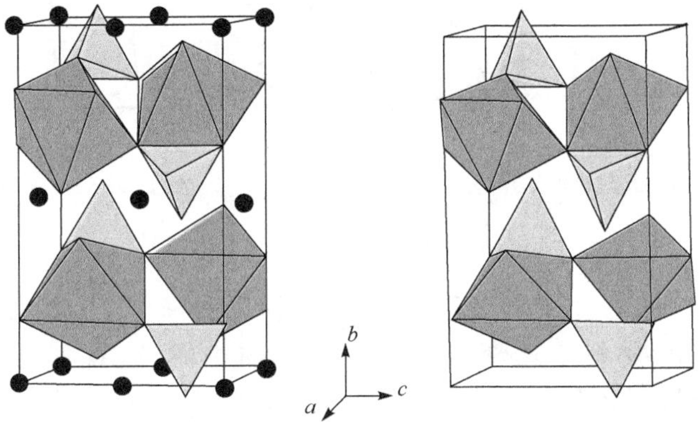

(a) $LiFePO_4$　(b) $FePO_4$

图 2.7　$FePO_4$ 相和 $LiFePO_4$ 相的晶体结构示意图

表 2.3 为 $FePO_4$ 和 $LiFePO_4$ 晶体结构的参数对比，可见无论从空间群、晶体结构还是晶胞参数，$FePO_4$ 和 $LiFePO_4$ 都非常接近。

表 2.3 $FePO_4$和 $LiFePO_4$晶体结构的参数对比

晶体	$LiFePO_4$	$FePO_4$
空间群	Pnma	Pnma
a/Å	6.008	5.792
b/Å	10.334	9.821
c/Å	4.693	4.788
晶胞体积/Å	291.392	272.357

充放电过程中的 XRD 分析，证明了材料在 $FePO_4/LiFePO_4$ 两相之间发生相变。图 2.8 为 Padhi 所作的 XRD 分析曲线[2]。

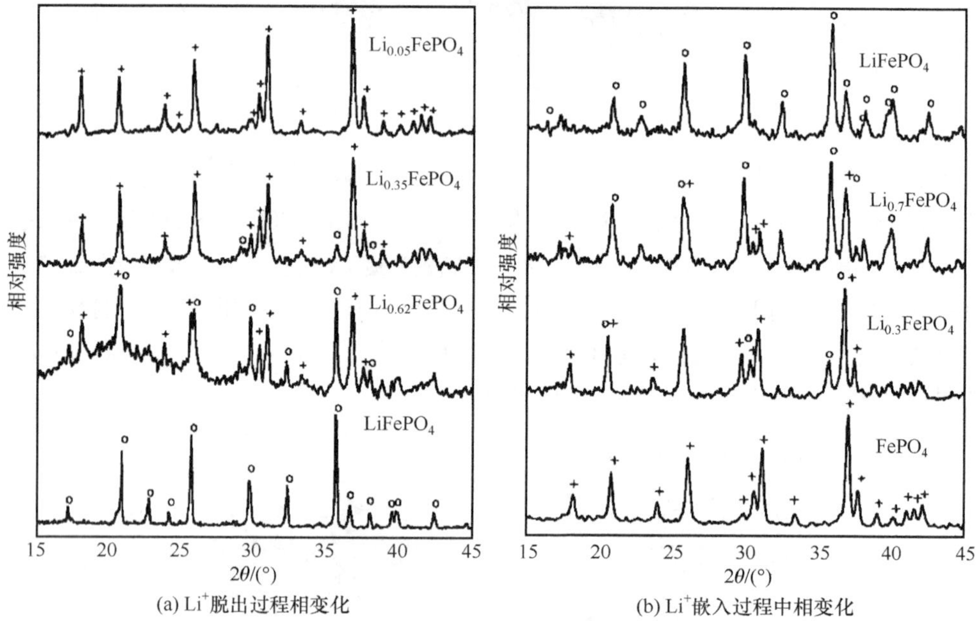

图 2.8 充放电过程中的相变化情况

由图 2.8(a)所示，在充电过程中，磷酸铁锂中的锂离子逐渐脱出。随着锂离子脱出量的增加，材料中逐渐出现 $FePO_4$ 的物相成分，直到最后完全转变为 $FePO_4$。这一点从图 2.8(b)中更加明显：在放电之前，材料的物相为 $FePO_4$，放电过程中，随着锂离子的逐渐嵌入，$FePO_4$ 中 $LiFePO_4$ 物相越来越多，逐渐全部变成 $LiFePO_4$。实验证明，随着锂离子嵌入和脱出量的增加，材料确实是在$FePO_4$ 与 $LiFePO_4$之间变化。

磷酸铁锂材料充放电的具体的机理应该是：充电时，锂离子从 FeO_6 层面间迁移出来，经过电解液进入负极，发生 $Fe^{2+} \longrightarrow Fe^{3+}$ 的氧化反应，为保持电荷平衡，电子从外电路到达负极；放电时则发生还原反应，与上述过程相反。即充电时：

$$LiFePO_4 - Li^+ - e^- \longrightarrow FePO_4 \quad (2.1)$$

放电时：

$$FePO_4 + Li^+ + e^- \longrightarrow LiFePO_4 \quad (2.2)$$

2.3.2　磷酸铁锂材料的碳包覆和掺杂效应

早期制造的磷酸铁锂的循环性能并不好，也达不到实用级别。例如，Padhi 等制造的磷酸铁锂，只能以 2.0mA · h/g(相当于 0.013C 倍率)放电，且循环性能也不好[2]。

公认磷酸铁锂材料达到实用化水平，是碳包覆技术出现以后。2003 年，美国 Valence 公司发表了关于碳包覆的专利 WO2003099715，同年申请了中国发明专利(CN1652999，用作阴极活性材料的金属化合物的合成)明确提出了碳存在的影响和碳包覆技术。从此，碳包覆才作为磷酸铁锂材料必不可少的工艺步骤存在，使磷酸铁锂材料的性能得到优异的发挥，大大促进了磷酸铁锂产业化的进程。

2002 年，Chung 等提出用高价态的金属离子如 Mg^{2+}、Al^{3+}、Ti^{4+}、Zr^{4+}、Nb^{5+} 及 W^{6+} 等进行掺杂，磷酸铁锂材料的电导率可以提高 8 个数量级，从 10^{-9} S/cm 达到 10^{-2} S/cm 数量级，超过了 $LiCoO_2$ (~10^{-3} S/cm)和 $LiMn_2O_4$ (2~5×10^{-5} S/cm)的电导率。掺杂后的磷酸铁锂在较低的充放电倍率下，比容量接近 170mA · h/g，即使在高达 6000mA · h/g(40C)的充放电倍率下，也能够保持可观的放电容量，并且极化很小。他们是用草酸亚铁、碳酸锂和磷酸二氢铵为原料合成的磷酸铁锂。他们认为，所掺杂的半径合适的异质离子能有效占据锂离子的位置，形成晶格中锂离子的缺陷。在磷酸铁锂嵌脱锂离子的过程中，形成 Fe^{3+}/Fe^{2+} 混合价态，从而提高磷酸铁锂的电子导电性能[17]。图 2.9 是他们的实验结果。

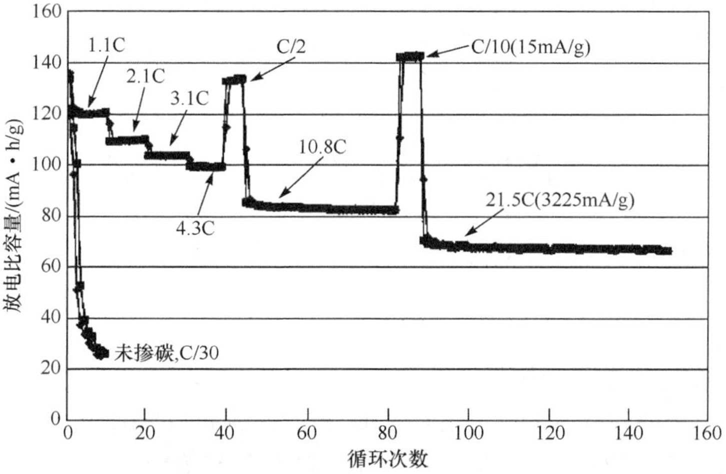

图 2.9　Chung 等制造的材料的不同倍率放电结果[17]

可以看到，没有进行掺杂的磷酸铁锂材料，即使以非常低的倍率循环衰减也很快。Chung 将其归结为掺杂的影响。

他们的论文很快在世界范围内引起巨大的反响，大量的论文遵循"掺杂改性"的概念，并且有很多报告提出掺杂确实有改善效果。各个研究者掺杂的离子也不尽相同，几乎化学元素周期表中的元素都被用来掺杂。但效果实际一直受到怀疑。因为没有任何证据表明磷酸铁锂材料的本征电导率得到了改善。而且改善效果大部分也是"将磷酸铁锂材料的放电比容量从 130mA · h/g 提高到 150mA · h/g"，应该很明显是磷酸铁锂材料制备工艺的问题。关于这一点，倪江峰提出怀疑，认为作者用有机盐作前驱体，特别是用草酸亚铁做原料，难以区分残余热解碳与金属离子的掺杂效果[18]。赵霞在这方面进行了深入研究[19]，她利用水热法合成纯相的磷酸铁锂材料，在完全没有碳残留影响的条件下，研究各种离子掺入后对材料本征电导率和容量的影响，结果证实，在少量掺杂的条件下，虽然离子掺杂可以明显改变磷酸铁锂材料的晶胞参数，但对电导率和放电容量的影响微乎其微。实验发现，样品磷酸铁锂掺杂镁离子(Mg^{2+})后，晶胞体积略有收缩，由原来 $0.29068nm^3$ 缩减到 $0.29052nm^3$。这是由于镁离子半径小于锂离子半径的缘故，从而使得掺杂后的晶胞体积有所减小。这证明掺杂确实发生了。通过硫氰酸盐比色法检测 $LiFePO_4$ 和 $Li_{0.98}Mg_{0.02}FePO_4$ 两样品中 Fe^{3+} 含量，发现镁离子掺杂并没有改变样品中 Fe^{3+} 的含量，换言之镁离子掺杂并没有增加 Fe^{2+}/Fe^{3+} 的共存数量，这与 Chung 等的说法不一致。对材料的粒度、低倍率放电容量、高倍率容量、循环等电化学性能的测试也未发现掺杂的影响效果。

最近，王亚勉等利用稀土元素对磷酸铁锂材料进行掺杂的结果，也进一步证实，单纯依靠掺杂不能有效提高磷酸铁锂材料的综合性能，最有效提高磷酸铁锂材料性能的方法是提高原料纯度、优化原料配比和工艺参数[20]。

从发表的大量论文来看，掺杂有可能改变材料的可逆循环特性，但至今没有见到掺杂能改善磷酸铁锂材料本征电导率的严格实验证据。

2.4 磷酸铁锂材料的电化学反应模型

电极材料的电化学过程，一般要经过液相传质、电极表面吸附、电极表面放电、电极附近转化、新相生成等步骤和过程。对锂离子电池中的磷酸铁锂电极材料放电过程来说，具体步骤如下(此时正极材料是 $FePO_4$)：

(1) 锂离子在电化学势的驱动下，从电解液中迁移到正极电极表面；

(2) 锂离子冲破双电荷层的电势束缚，被吸附到正极表面；

(3) 正极材料放电，Fe^{3+} 变成 Fe^{2+}，达到电中和条件，从外电路得到一个电子，对外做功；

(4) 锂离子通过化学势和电化学势进入 $FePO_4$ 晶格；

(5) 锂离子不断向内部扩散，形成新相，磷酸铁锂相生成。

研究电极材料的电化学过程，一般都是为了找到控制因素，从而有针对性地改善材料和电极的性能。

针对磷酸铁锂材料的放电模型，研究锂离子的脱出和嵌入过程，以及过程中的相变化，对整个充放电过程而言，具有相当重要的意义。实验证明，锂离子在磷酸铁锂材料中的固相扩散是电池放电的最主要控制步骤，即"瓶颈"步骤。如何改善其固相扩散行为，需要对磷酸铁锂材料的动力学机理进行深入的研究。为了更好理解磷酸铁锂材料的相关电极过程，人们提出了锂离子固相扩散模型。

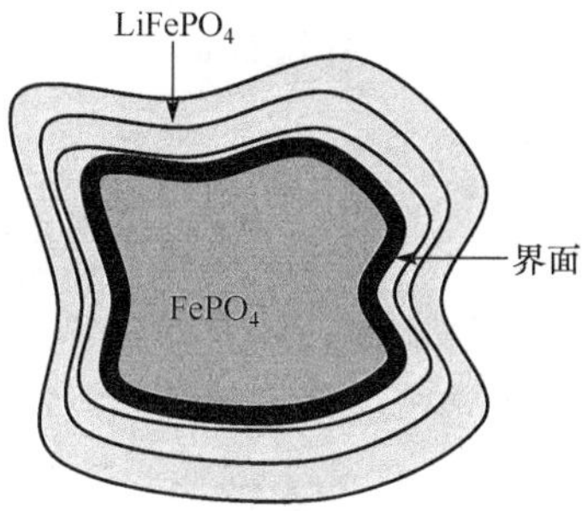

图 2.10　磷酸铁锂充放电过程中界面变化示意图[2]

电极材料的充放电过程是经由磷酸铁锂材料和磷酸铁之间的相变进行的，不经历中间步骤和过程，这已有了可靠的实验证据。对于磷酸铁锂而言，最为经典的是 Padhi 提出的界面迁移模型，过程的示意图如图 2.10 所示。他认为脱/嵌过程是从磷酸铁锂颗粒的表面经过一个两相界面($FePO_4/LiFePO_4$ 界面)进行的。充电时，随着锂离子的迁出而形成的 $FePO_4$ 层逐渐向内核推进，则 $FePO_4/LiFePO_4$ 界面不断减小。此过程中，锂离子和电子必须通过新形成的 $FePO_4$ 层。但是锂离子的扩散速率在一定条件下为常数，当 $FePO_4/LiFePO_4$ 界面继续减小到某一临界值时，通过该界面的锂离子的扩散通量将不足以维持恒电流。此时位于颗粒核心部分的磷酸铁锂就不能得到利用，成为容量损失的来源。放电时，锂离子嵌入的模式与此相同。在锂离子脱/嵌过程中，电流密度越大(即充放电倍率越高)，未反应的磷酸铁锂占整个颗粒的体积越大，可利用部分减少，比容量就会下降。当减小电流密度时，比容量就会得到恢复。

Andersson 等利用中子粉末衍射研究磷酸铁锂材料的首次容量损失时，确认了 $LiFePO_4/FePO_4$ 之间的相变化，同时认为残存而没有反应的 $FePO_4$ 是造成容量损失的原因[21]。他分析了单个粒子和电极形貌，提出了磷酸铁锂材料有可能经历的两个模型："径向模型"(radial model)和"马赛克模型"(Mosaic model)。两种模型的示意图如图 2.11 所示。

如图 2.11(a)所示，径向模型实际和 Pahdi 提出的模型相同，在充放电过程中，$FePO_4/LiFePO_4$ 界面推移，晶粒芯部残存的非活性磷酸铁或磷酸铁锂造成了容量损失。但是，很少有反应能如此均匀地发生。因此，他提出了另一种锂离子脱/嵌模型，即所谓"马赛克模型"，如图 2.11(b)所示。这个模型认为，充电时，锂离子的脱/嵌可以发生在磷酸铁锂颗粒内部的任一位置。随着脱锂量的增加，脱锂区域

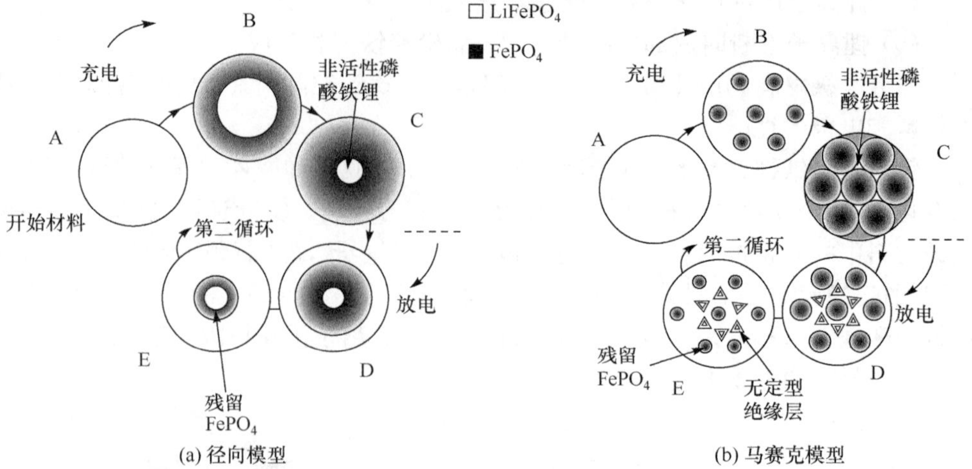

图 2.11 单个磷酸铁锂颗粒中锂离子脱/嵌的两种模型

(即 $FePO_4$ 相)逐渐增大,互相碰撞后,残留的未反应的磷酸铁锂被充电过程中形成的无定形物质包覆,成为容量损失的来源。放电时,锂离子重新嵌入磷酸铁相中,未嵌入锂离子的核心处则是未参加反应的磷酸铁。最终磷酸铁锂相连通,内部的非活性区域形成容量损失来源。Andersson 还认为,实际的锂离子迁移过程是比较复杂的,并不单纯地符合上述任何一种模型。锂离子在磷酸铁锂材料中脱/嵌时可能具有上述两种模型的特征,即在径向扩散的方向上同时具有"马赛克"扩散的特征。

总体看来,径向模型和马赛克模型差别不大,只是单点和多点反应区的区别,在实际理论计算过程中结果基本相同。自从 Andersson 提出相应的模型以来,一直没有研究者提出否定意见,该模型经受住了时间的考验,证明了其机理的正确性。

参 考 文 献

[1] Nanjundaswamya K S, Padhi A K, Goodenough J B, et al. Solid State Ionics, 1996, 92: 1-10

[2] Padhi A K, Nanjundaswamy K S, Goodenough J B. Journal of the Electrochemical Society, 1997, 144(4): 1188-1194

[3] Armand M, Gauthier M, Magnan J F, et al. 世界专利: WO2002027824, 2001

[4] Ravet N, Besner S, Simoneau M, et al. 欧洲专利: EP1049182, 2000

[5] 陈秋东. 磷酸铁锂的未来前景. http://www.ddqcw.com/bbs/thread-1643-1-1.html, 2008, [2013-01-15]

[6] 潇妮. 2010 年我国新能源汽车锂电池投资项目一览. http://auto.gasgoo.com/News/2010/12/23092817281727l763892.shtml, 2010, [2013-01-15]

[7] Mahuaxiao. $LiMPO_4$ 培训基础教材. http://www.hqew.com/tech/fangan/391260.html,2011,[2013-01-15]

[8] 北极星智能电网在线. 倒在黎明前——美国锂电巨头 A123 的创业历史. http://www.chinasmartgrid.com.cn/news/20121023/396160.shtml,2012,[2013-01-15]

[9] 雪球网. 泡泡破了——美国锂电池生产商 A123 是怎样破产的. http://xueqiu.com/1289287076/22318305,2012,[2013-01-15]

[10] 中国电池联盟网. 万向集团获批复 A123 竞标将展开. http://www.cbcu.com.cn/a/zixunzhongxin/xinwenzixun/20121204/1493.html,2012,[2013-01-15]

[11] 美国商业电讯. Valence Technology 在加拿大专利侵权诉讼中获胜. http://finance.ifeng.com/usstock/realtime/20110218/3433219.shtml,2011,[2013-01-15]

[12] 新浪博客. 磷酸铁锂专利问题得到缓解. http://blog.sina.com.cn/s/blog_644d0f9e0100h16q.html,2010,[2013-01-15]

[13] 电池论坛. 磷酸铁锂电池业面临生死劫. http://club.battery.com.cn/thread-149317-1-1.html,2012,[2013-01-15]

[14] 贾海峰."专利无效案"开庭:磷酸铁锂电池行业生死劫. http://info.china.alibaba.com/news/detail/v0-d1032909861.html,2012,[2013-01-15]

[15] 高工锂电网. 台湾立凯电能获橄榄石材料与碳包覆全球专利授权. http://www.gg-lb.com/asdisp2-65b095fb-5450-.html,2011,[2013-01-15]

[16] Choi D,Kumta P N. Journal of Power Sources,2007,163:1064-1069

[17] Chung S Y,Bloking J T,Chiang Y M. Nature Materials,2002,2:123-128

[18] 倪江峰,等. 无机化学学报,2005,21(4):472-476

[19] 赵霞. 高放电倍率 $LiFePO_4$ 的合成及掺杂效应研究. 天津:河北工业大学硕士学位论文,2008

[20] 王亚勉. 稀土掺杂磷酸铁锂的合成及性能研究. 天津:河北工业大学硕士学位论文,2012

[21] Andersson A S,Thomas J O. Journal of Power Source,2011,97-98:498-502

第3章　磷酸铁锂材料制造所用生产设备

3.1　生产设备要求

磷酸铁锂正极材料材料用于锂离子电池制造时，对其纯度、晶相、杂质等要求非常严格。例如，磷酸铁锂中的二价铁氧化度达到1%时，比容量可下降30%以上。原因是，新生成的三价铁包裹在磷酸铁锂的晶体表面，形成了惰性的反应层，阻止了磷酸铁锂内部继续反应。如果磷酸铁锂已经氧化，靠后续还原的方法是不能得到磷酸铁锂的，因为原料中的锂离子已经失去。

对磷酸铁锂材料来说，最核心的工艺保证在于：

(1) 原料纯度高。不含有害杂质，不发生副反应。

(2) 配料成分准确。这是材料合成的关键工序，发生错误无法弥补。

(3) 混合均匀。这是材料合成最核心的工序。

(4) 烧结制度精准。靠设备保证，需要温度和气氛控制水平精度高的设备。

(5) 材料的粉碎和分级工艺稳定。这是磷酸铁锂性能稳定化的关键工艺。

(6) 材料的后续处理技术完备。

原料的品质需要前端的供货厂家保证，同时磷酸铁锂的生产厂家也要进行必要的检测，以防止误投不合格的原料。其余的工艺都要靠生产厂家的设备来保证。对磷酸铁锂材料生产厂家的设备要求是：

(1) 设备精度要高。以配料用的电子秤为例，精度必须达到0.01kg，才能保证配料过程中的物料精准；烧结电炉内部的控温精度应达到±5℃；分级机对粉体材料的控制精度应达到1μm量级；对原料中含有的水分和杂质必须进行精确的检验并在配料过程中予以相应的准确扣除。

(2) 设备不能引入杂质。由于设备的氧化、与物料的接触、磨损及其他原因，会造成设备和环境的组成材料混入磷酸铁锂中。例如，采用球磨法混合物料时，球磨机内筒壁材料、磨球材料都会进入物料中；烧结炉的陶瓷匣钵材料也会因反复使用剥落而进入物料；气流粉碎机的内壁也会与物料发生激烈的碰撞剥落。特别是采用不锈钢烧结盘、烧结筒时，内壁的氧化更是不可避免。因此，必须对设备经常进行检查，同时严格按保质期使用设备。

(3) 设备性能要稳定，有多种保护措施。对配料用的电子秤需要建立校准制度，经常进行校正；对烧结炉需要经常进行热电偶温度校正、升降温程序校核，有条件的要安装温度记录仪；球磨机、气流粉碎机在使用时，必须按固定间隔用粒度仪测定出料的粒度，通过调整设备参数保证材料品质的稳定。

(4) 严格执行环境标准。磷酸铁锂材料的品质依赖于制程环境。例如，空气中的灰尘度大，生产的磷酸铁锂材料自放电就比较高；冬天生产的材料相比夏天来说，水分含量相对少。因此，必须保证磷酸铁锂材料的生产环境标准。特别是粉尘度较大的工序，需要建单独的密闭工序操作间。

(5) 尽量减少人工经验操作，防止人为误差。磷酸铁锂原料的配料工序是容易因人为操作而产生失误的工序，必须采用称量-复核-校核的制度予以保证。物料的工序间运输最好采用管道输运设备，防止外界污染和工位传递错误。电炉的程序设置必须予以固化，改变工艺需要严格的审批手续。

(6) 建立完善的检测体系。完善的检验体系是保证工艺稳定的基本前提。因此，生产厂家必须对原料、中间过程和成品的各项性能予以关注，通过严格的检验数据判定生产流程的可靠性。

对合成磷酸铁锂材料来说，无论哪种技术路线，都是由图 3.1 所示的工艺组成的。

图 3.1　磷酸铁锂材料合成工艺流程图

不同合成工艺的区别仅在于具体的配方和设备选择。下面对磷酸铁锂材料的合成设备予以详细介绍和说明。

3.2　混料设备

混料是磷酸铁锂材料合成工艺的关键，关注点在于混料的均匀性。一般采用湿法混料，即以液体为介质，将配制好的原料进行混合。湿法混料可以避免粉尘飞扬，混料效果较好，同时可以避免添加物(如葡萄糖)的热分解。常用的混料介质是纯净水或无水乙醇、甲醇。混料设备有球磨机、砂磨机、胶体磨等。

球磨机　主体是水平放置的筒体，筒体由旋转电机带动旋转。筒内装有研磨体(一般为磨球，要求不高时用鹅卵石，磷酸铁锂行业的研磨体一般都采用氧化锆球，避免采用金属球造成的杂质金属污染)。将不同直径的磨球混合，按一定的料球比例装入筒中。筒体为钢板制造，内部一般有陶瓷或聚氨酯制衬板，目的也是防止金属混入物料。球磨机的结构如图 3.2 所示。

球磨机的大小、功率和内部容量根据被研磨物料的特点加以选择。工作时，物料和研磨体被装入球磨机筒体内。当球磨机筒体转动时，研磨体由于惯性和摩擦力的作用，附着在筒体衬板上，被筒体带走，当被带到一定的高度时，由于其本身的

(a) 球磨机产品图[1]

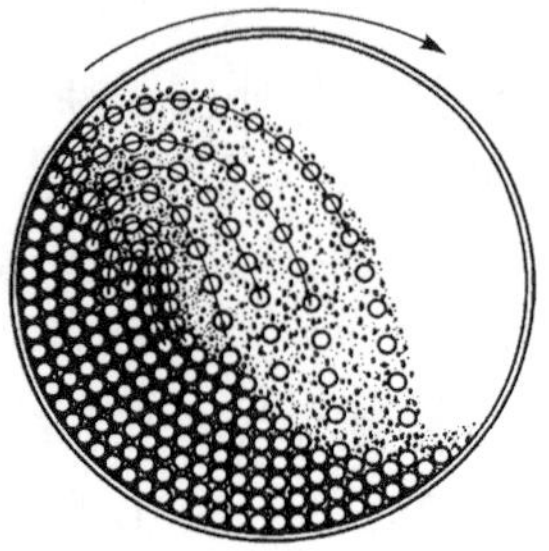

(b) 球磨机原理示意图[2]

图 3.2　球磨机产品和原理图

重力作用而被抛落，下落的研磨体依靠动能将筒体内的物料击碎，从而达到研磨物料、将多种原料混合均匀的效果。在球磨机的生产工艺参数中，主要的控制因素是原料/磨球比例、磨球材质和尺寸选择、浆料中固体物质含量比例、球磨时间等。这些因素一般靠实验确定，以达到最优的磷酸铁锂材料性能为判定依据。根据磷酸铁锂行业内的经验，一般工业球磨机球磨时间一般在 24～48h，混料介质以无水乙醇为佳，可以避免水介质造成的碳酸锂水解。

砂磨机　砂磨机又称珠磨机，是一种利用高硬度的砂粒或微球在搅拌状态下进行研磨分散的设备，主要用于化工液体产品的湿式研磨。根据其结构大体可分为立式砂磨机、卧式砂磨机、篮式砂磨机、棒式砂磨机等类型。砂磨机主要由机体、磨筒、分散器、底阀、电动机和送料泵组成，进料速度由送料泵控制。送料泵一般采用齿轮泵、隔膜泵及其他厚浆输料泵。砂磨机筒体内的旋转主轴上装有多层圆盘。当主轴转动时，研磨介质在旋转圆盘的带动下研磨压入筒内的浆料，使其中的固体物料细化成合格的浆料，穿过小于研磨介质粒度的过滤间隙或筛孔流出。筒体部分备有冷却加热装置，以防筒内因物料、研磨介质和圆盘等相互摩擦所产生的热量影响产品质量，或因送入的浆料冷凝以致流动性降低而影响研磨效能。该设备的研磨介质为玻璃珠、硅酸锆珠、氧化锆珠、天然砂等。一般采用粒度为 0.1～2mm 的人造玻璃珠。当给料粒度小于 450μm 时，排料粒度可达 1μm 以下。这种磨机在细化物料的同时，还有分散和混合作用，适于磨制染料、颜料、油漆涂料、药物和其他悬浮液或胶悬剂等，在磷酸铁锂行业应用也非常普遍，非常适用于研磨草酸亚铁体系的浆料。砂磨机的结构示意图如图 3.3 所示。

胶体磨　胶体磨适用于湿法混料。胶体磨内部，由电动机带动一个转齿（或称为转子）与相配的定齿（或称为定子）做相对的高速旋转，其中转齿高速旋转，定齿静止固定，被加工物料通过本身的重量或外部压力向下流动时，通过定、转齿之间的间隙（间隙可调）时受到强大的剪切力、摩擦力、高频振动、高速旋涡等物理作用，使物料被有效地乳化、分散、均质和粉碎，达到物料超细粉碎及乳化的效果。胶体

(a) 砂磨机产品图[3]

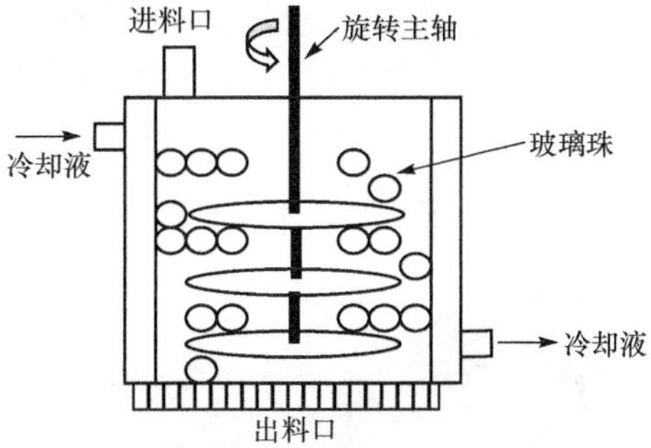

(b) 砂磨机原理示意图

图 3.3　砂磨机示意图

磨的结构示意图如图 3.4 所示。

(a) 胶体磨产品图[4]

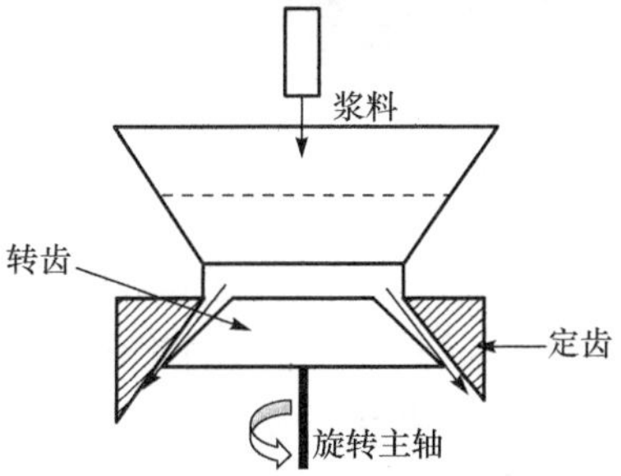

(b) 胶体磨原理图

图 3.4　胶体磨示意图

胶体磨是一种离心式分散设备，优点是结构简单，设备保养维护方便，适用于较高黏度物料及较大颗粒的物料，研磨速度快，可连续作业。主要缺点是：首先，由于存在离心运动，其流量是不恒定的，对应于不同黏性的物料其流量变化很大，如同样的设备在处理黏稠的漆类物料和稀薄的乳类流体时，流量可相差 10 倍以上；其次，由于转、定齿和物料间高速摩擦，易产生较大的热量，容易使被处理物料变性；另外，表面较易磨损，而磨损后液流剪切能力减弱，分散细化效果会显著下降。

三维混料机　三维混料机适用于干法混料，即干燥的粉体物料混合。三维混料机主要结构是一个可以具有多向自由度的转筒，可以沿坐标轴的 X，Y，Z 三个方向转动，防止了转筒内壁出现死角而堆积物料。三维混料机没有粉碎作用，所以要混合的干态物料必须经过预先粉碎。当转筒旋转时，物料在容器内做旋转、翻转、滚动和剪切作用，使物料在混合时不产生积聚现象，对密度差异较大的物料混合不会产生离心力的影响，混合时间仅为 6～12min/次，混合均匀率可达 99%以上，且噪声小、耗能低、寿命长、体积小、结构简单、便于操作和维护。该混料机为机械传动经由电路控制，混料部分主要有一个主动轴和一个被动轴，每个轴带一个万向节，在两万向节之间设有一个混料桶，与两个万向节相连的两个轴呈空间交叉并垂直，分别随万向节绕主动轴和被动轴进行公转，使物料在容器内进行混合。三维混料机的结构示意图如图 3.5 所示。

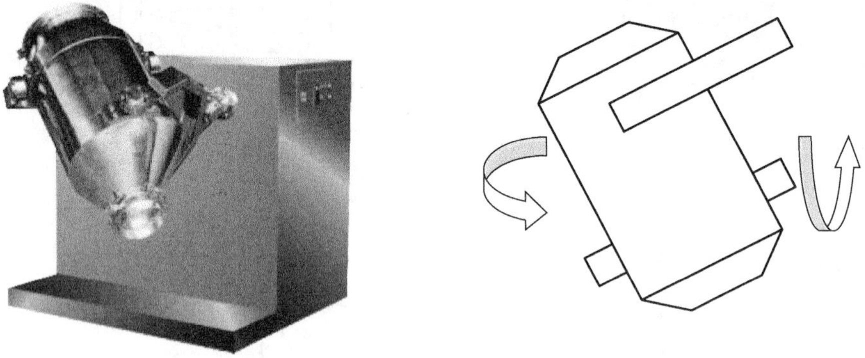

(a) 三维混料机产品图[5]　　(b) 三维混料机原理图

图 3.5　三维混料机示意图

V 形混料机　V 形混料机是最常用的混料设备之一。其主体结构是一个 V 字形的不锈钢圆筒，绕水平方向的旋转轴旋转。旋转轴在侧面由电动机通过传动装置带动。旋转时物料在不锈钢圆筒内上下翻腾，同时还被 V 形隔板分离，产生左右方向的混合，因此具有较高的混料效率。V 形混料机结构简单，价格低廉，维修方便，放料和进料都比较方便。V 形混料机还可以进行多种改进，如可以在水平轴上加装搅拌齿；可以做成双层结构以通过导热或冷却介质；可以强化密封结构并采用真空上料、出料设计。特别是 V 形混料机可以直接在底部接振动筛，使物料混合均匀后直接通过筛分进行分级。V 形混料机不需磨球等搅拌介质，最大限度地避免了物料因摩擦造成的污染，特别是避免了如锥形混料机、螺带混料机等类型的设备因润滑油可能泄漏而造成的物料污染。其结构示意图如图 3.6 所示。

螺带混料机　螺带混料机依靠内部的螺带旋转搅拌进行混料，一般用于黏性或有凝聚性的粉粒体的混合，以及粉粒体中添加液体及糊状物料的混合。同时由于黏性物料清洗困难，仅适用于产量大、不经常更换品种的场合。螺带混料机结构特点是：由容器、螺带搅拌叶片和传动部件组成。容器为 U 形或圆筒形、锥形等筒体结构，用于存放物料。容器为 U 形的称为卧式螺带混料机，容器为锥形的称为锥形螺带混料机。螺带可以正反旋转，形成一个高效的混合环境，螺带状叶片一般做成双层或三层，外层螺旋将物料从两侧向中央汇集，内层螺旋将物料从中央向两侧输送，可使物料在流动中形成更多的涡流，加快了混合速度，提高混合均匀度。

图 3.6　V 形混料机示意图[6]

卧式螺带混料机的缺点是内部清洗困难，同时由于螺带不能紧贴 U 形容器底部，不能做到物料的全部混合均匀；出料时也难以全部出净。锥形螺带混料机可以实现全部出料，但空间利用率低。两种螺带混料机示意图如图 3.7 所示。

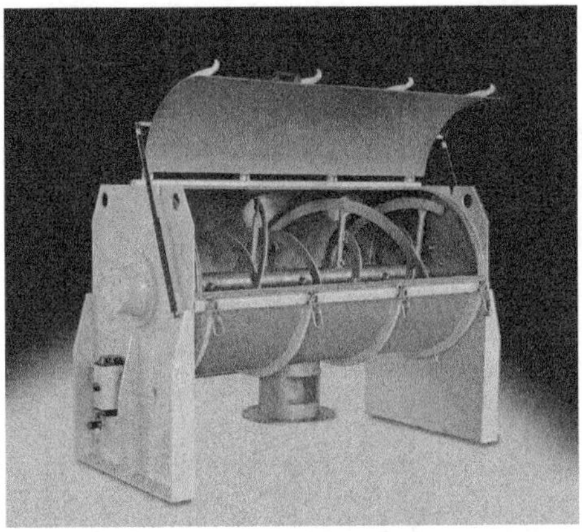

(a) 卧式螺带混料机[7]

(b) 锥形螺带混料机[8]

图 3.7　螺带混料机示意图

3.3　干燥设备

用湿法混合的磷酸铁锂前驱体是黏稠的浆料，需要干燥成固体颗粒或粉料才能进一步进行烧结。干燥是将浆料中的液相成分脱除的过程。在此过程中，既要避免外来杂质的污染，还要避免二价铁的氧化。常用的干燥设备有喷雾干燥器、真空耙式干燥机、旋转双锥干燥机、热风循环干燥箱等。

喷雾干燥器　喷雾干燥器主要由干燥塔、热风机、雾化喷头等部件组成。工作原理是：在干燥塔顶部导入热风，同时将料液送至塔顶部，通过雾化器喷成雾状液滴，这些液滴群的表面积很大，与热空气接触后在极短的时间内就能完成干燥过程。一般情况下在100～150℃，1～3s就能蒸发95%～98%的水分。由于干燥过程是在瞬间完成的，产成品的颗粒基本上能保持与液滴近似的球状。干燥后的物料用旋风分离器或粉尘收集器回收。喷雾干燥器的特点是：

(1) 干燥速度快；

(2) 在恒速阶段液滴的温度接近于使用的高温空气的湿球温度，物料不会因高温空气影响其产品质量，产品具有良好的分散性、流动性和溶解性；

(3) 生产过程简单，操作控制方便，容易实现自动化；

(4) 由于使用空气量大，干燥容积变大，容积传热系数较低；

(5) 可防止发生事故，改善生产环境；

(6) 适用于连续大规模生产；

(7) 适用于热敏性物料、生物制品和药物制品，基本上接近真空下干燥的标准。

喷雾干燥器的缺点是占地面积较大，能耗较高。一般单纯的电加热不能满足大批量生产的要求，需要蒸汽、导热油、热风机等外加热源来产生热风。另外，对材料的成分有要求，如物料成分控制不好容易造成粘壁。喷雾干燥器的结构示意图如图3.8所示。

(a) 喷雾干燥器产品图[9]

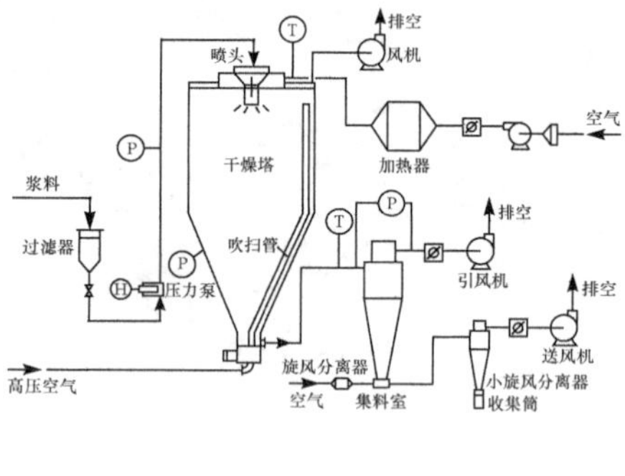

(b) 喷雾干燥原理图[10]

图3.8　喷雾干燥器示意图

真空耙式干燥机　真空耙式干燥机是在真空状态对物料进行干燥的一种装置，主要由真空系统、干燥腔、耙齿、主轴等部件构成。真空耙式干燥机的结构示意图如图 3.9 所示。

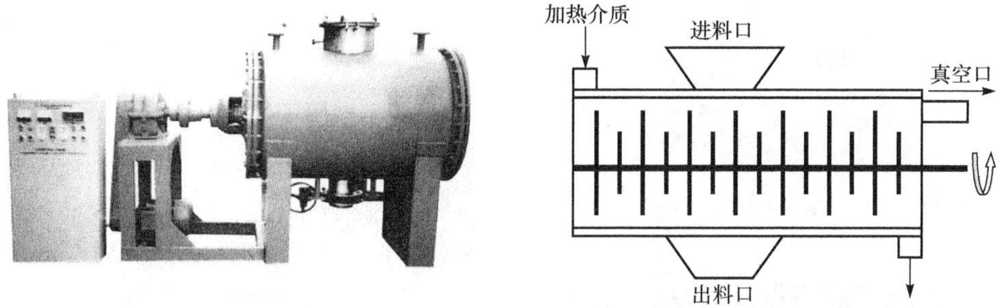

(a) 真空耙式干燥机产品图[11]　　(b) 真空耙式干燥机原理图

图 3.9　真空耙式干燥机示意图

真空耙式干燥机的工作原理是：将物料放入干燥腔内，在干燥腔的夹层内通入加热介质（蒸汽或导热油），抽真空，然后启动转轴。物料在真空条件下被加热、翻动、打碎，可以迅速使物料中的液体被蒸发掉。真空耙式干燥机的干燥效率比普通烘箱高 2 倍以上。在应用于磷酸铁锂前驱体的制造时，由于温度比喷雾干燥器、循环干燥箱低，可以有效避免葡萄糖、蔗糖等原料的分解，防止前期出现副反应。干燥后，物料已经被耙齿打碎为流动性较好的粉体，便于后续的加工和处理。耙式干燥机的缺点是内部清洗困难，容易残存物料。

旋转双锥干燥机　旋转双锥干燥机与真空耙式干燥机类似，都是在真空状态对物料进行干燥。所不同的是，旋转双锥干燥机是利用双锥形状的干燥筒体旋转而搅动物料，而真空耙式干燥机是筒体不动，依靠耙齿搅动物料。旋转双锥干燥机主要由真空系统、双锥干燥腔、支架等部件构成。工作原理是：将物料放入双锥干燥腔内，在双锥干燥腔的夹层内通入加热介质（蒸汽或导热油），抽真空，然后启动转轴旋转筒体。物料在真空条件下被加热、翻动，使物料中的液体被逐渐蒸发掉。双锥形筒体可以制造出圆球形的前驱体，因为在翻动过程中，物料会像滚雪球一样发生粘连。控制旋转速度、加热温度、加料量等参数，可以得到不同粒径的前驱体球。球状的前驱体在烧结过程中易于流动，可以保证温度的均匀性。旋转双锥干燥机示意图如图 3.10 所示。

热风循环干燥箱　热风循环干燥箱是材料加工行业最常用的干燥设备。其工作原理是：从外部吸风，通过加热元件加热形成热风，将热风从干燥箱侧面吹入，对物料进行干燥。物料一般在干燥盘内放置，由热源产生的热风吹过干燥盘表面带走液体成分。温度降低的热风进入对面侧壁的吸风孔，被第二次引入加热区进行加热。利用热风在干燥箱内反复循环，可以将物料中的液体成分逐渐蒸发并被循环风带走。干燥箱的顶部有进风口和出风口，可以通过风门叶片调节新风的比例，将湿度较高的热风排出干燥箱，并在循环过程中引入外界湿度较低的新风。一般

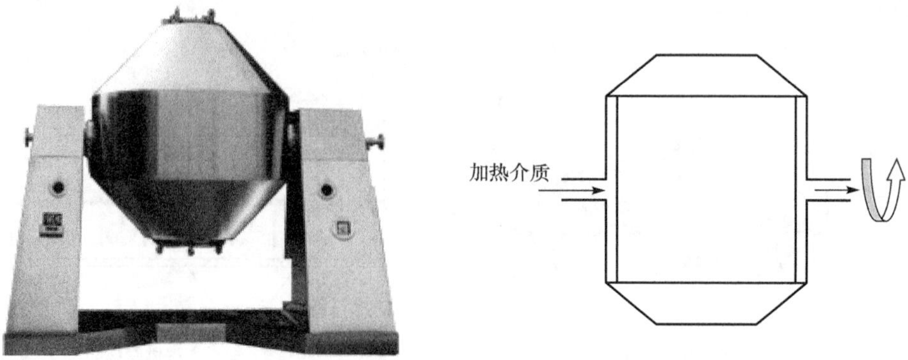

(a) 旋转双锥干燥机产品图[12]　　(b) 旋转双锥干燥机原理图

图 3.10　旋转双锥干燥机示意图

要在干燥过程中持续地调节风门叶片，开始时新风量较大，随着物料中水分的逐渐减少，新风量也要逐渐减少，以保持干燥箱内较高的温度。热风循环干燥箱的结构示意图如图 3.11 所示。

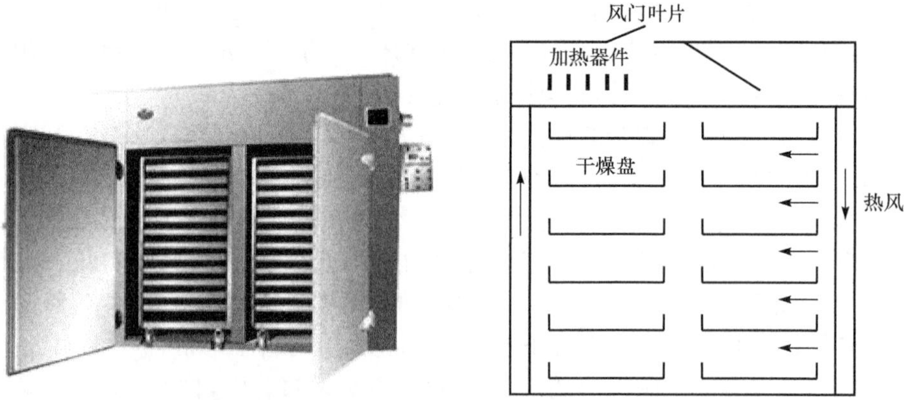

(a) 热风循环干燥箱产品图[13]　　(b) 热风循环干燥箱原理图

图 3.11　热风循环干燥箱示意图

3.4 烧结设备

烧结设备是合成磷酸铁锂材料的核心设备。对烧结设备的要求如下：

(1) 必须保证烧结过程中的气密性，防止空气进入炉内造成产品氧化。烧结形成的磷酸铁锂中，铁以二价形式存在，如有氧气存在，会发生氧化反应，造成成品中的三价铁含量增高。一般烧结都是采用氮气或氮气加少量还原性气氛对炉内的原料进行气氛保护，条件要求高时要加入部分氨分解气(N_2+3H_2)。从经验看，炉内的氧含量(体积分数)保持在 50×10^{-6} 以下为好。密封式旋转电炉的氧含量可以达到 1×10^{-6} 以下。烧结设备一般采用高纯氮气置换的方式保证炉内的氧分压，通过密封气帘、旋转接头或流动氮气来隔绝空气。

(2) 控温精度要精准，要有计算机程序控制的升降温功能。磷酸铁锂材料的烧结范围比较窄，工作区控温精度以不超过±5℃为宜。因此，大多数厂家选择网带炉、推板炉和旋转电炉，而不选择箱式电炉，其原因在于箱式电炉底部和顶部温差过大，即使电炉内部加上循环风机也不能保证温度控制精度，所以箱式电炉只适合实验室用于制备少量材料。由于磷酸铁锂材料对升降温制度要求很严，手动控制温度不能满足要求，必须由计算机程序控制升降温过程。

(3) 电炉的性能要稳定。关键部件要耐用、耐氧化、易更换；电气元件要使用高标准的元件；电气控制系统要采用防尘设计。

(4) 不能给物料造成污染。要用高标号的不锈钢或陶瓷材料制造与物料接触部分。一般经受高温部件，如烧结盘、烧结炉内胆等，都采用耐蚀性达到 SUS316 标号以上的不锈钢制造等；室温和低温接触物料部分至少要采用 SUS304 不锈钢制造。

目前国内各个生产厂家所用的烧结设备主要有以下几种：

网带式烧结炉　网带式烧结炉的特点是：物料由金属网带传送到高温区进行烧结，烧结后的物料通过低温区进行降温冷却。通过调节网带的行进速度，可以设定准确的升温、恒温、降温时间。物料放在器皿中传输，行进速度严格一致，可以严格保证材料烧结热历史的一致性。网带式烧结炉的缺点是氮气用量大，炉内密封性差，容易造成烧结环境中氧含量超标。网带式烧结炉炉体由炉壳、炉衬、排气、排水装置等组成。氮气一般导入密封炉体内部，向两端流出以驱赶空气并阻止氧化性气体(如空气)进入。设备前后均设置可调节闸门，进出料采用平直式设计，在进出口两端安装有氮气密封室，即通过硅橡胶帘加氮气气幕形成微正压，阻断外界空气进入炉膛。网带式烧结炉示意图如图 3.12 所示。

(a) 网带式烧结炉产品图[14]

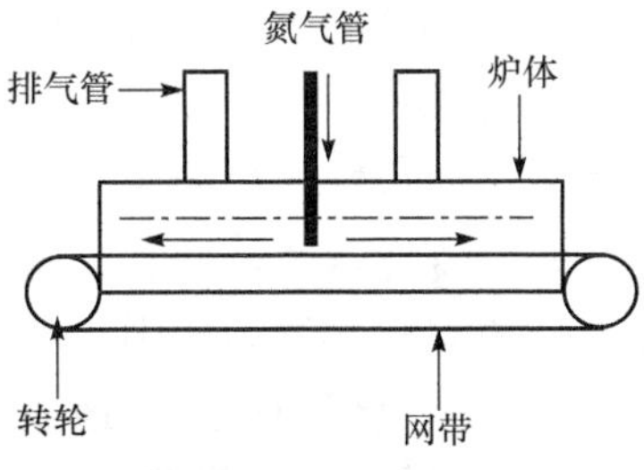

(b) 网带式烧结炉原理图

图 3.12　网带式烧结炉示意图

推板式烧结炉　推板式烧结炉与网带式烧结炉类似，都是隧道式窑炉。物料在隧道内向前运动，通过高温区进行烧结，再通过低温区进行冷却。所不同的是，推板式烧结炉必须用陶瓷匣钵装料，匣钵放在陶瓷托板上，由液压顶杆将匣钵顶到位。液压顶杆完成动作后收回，由送料机构将下一个匣钵送过来，进行下一步推顶。通过调节推杆的速度和炉体内的温度区域设定，可以设定准确的升温、恒温、降温时间。推板式烧结炉的密封性较网带式烧结炉佳，因为推板式烧结炉在进出口两端安装有氮气密封室，可以通过反复抽真空、充氮气排除掉氧气，避免物料的氧化。推板式烧结炉的缺点是：匣钵容易破损；反复加热匣钵会造成较大的能源浪费；如果炉体内匣钵运行通道不畅，容易卡住，推杆的推力增加时会使匣钵拱起造成炉膛损坏，俗称“拱窑”。推板式烧结炉示意图如图 3.13 所示。

(a) 推板式烧结炉产品图[15]

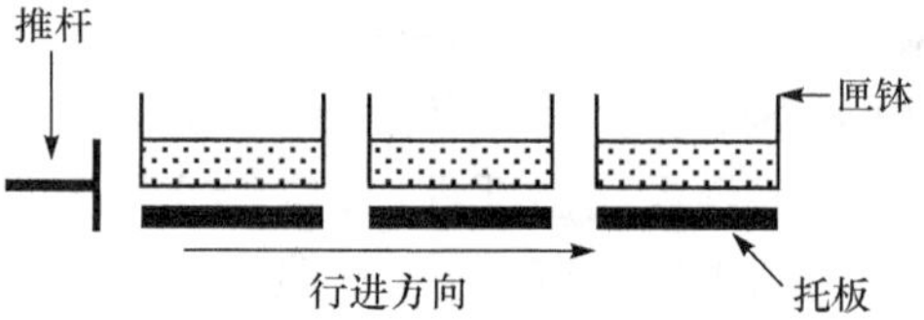

(b) 推板动作图

图 3.13　推板式烧结炉示意图

单批次旋转烧结炉　单批次旋转烧结炉是一种带圆筒或多边形筒体内胆的烧结炉，物料放在内胆中，内胆不停地旋转，使物料翻滚，得到均匀的加热效果。单批次旋转烧结炉的特点是：物料需要在室温放入内胆中，然后内胆开始封闭，通入氮气置换出空气后才能加热。加热的速度和温度可以由电炉控制器控制。物料烧结过程中需要一直通氮气，排出反应气体。烧结后进行冷却。一般成品需要冷却到100℃以下才能停氮气、出炉。出炉温度较高时，磷酸铁锂容易在空气中氧化。由于一炉是一个批次，因此称为单批次旋转烧结炉。有些单批次旋转烧结炉的炉体具有开合结构，可以在烧结完成后将炉胆取出快速降温，大大加快了生产进度。实验证明，快速降温(>10℃/min)对磷酸铁锂材料的品质没有可观测到的影响。单批次旋转烧结炉示意图如图 3.14 所示。

连续式旋转烧结炉　连续式旋转烧结炉是一种可以连续进出料的旋转式烧结炉。烧结炉的内胆在炉体的中心部位，内胆内表面有螺带，在旋转过程中，可以不停地推动物料沿螺带槽前进。通过设计螺带的螺距、内胆倾斜角度和内胆旋转速度，可以得到不同的物料前进速度。结合炉体内温度场设计，可以实现物料的定时烧结。连续式旋转烧结炉的主要特点是节能，没有盛放物料的容器，热量完全用于

(a) 单批次旋转烧结炉产品图[16]

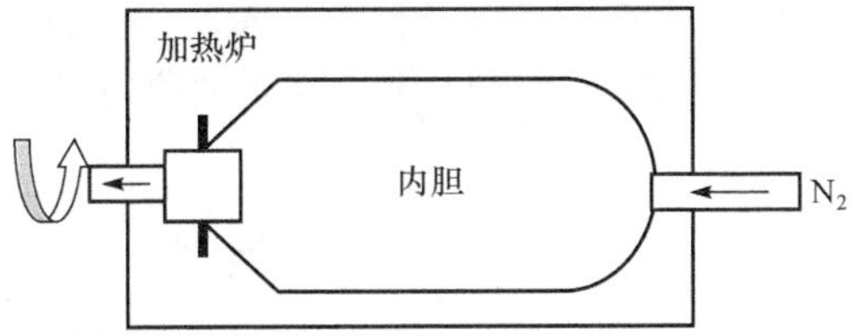

(b) 单批次旋转烧结炉原理图

图 3.14　单批次旋转网带式烧结炉示意图

加热反应物料原料，最大限度地避免了热损失，是目前为止最节能的烧结窑炉。连续式旋转烧结炉的缺点是：为了防止内胆下垂，内胆的长度有限，要求物料烧结时间较短，因此适用于烧结时间少于 10h 的磷酸铁锂制造工艺。连续式旋转烧结炉示意图如图 3.15 所示。

(a) 连续式旋转烧结炉产品图[17]

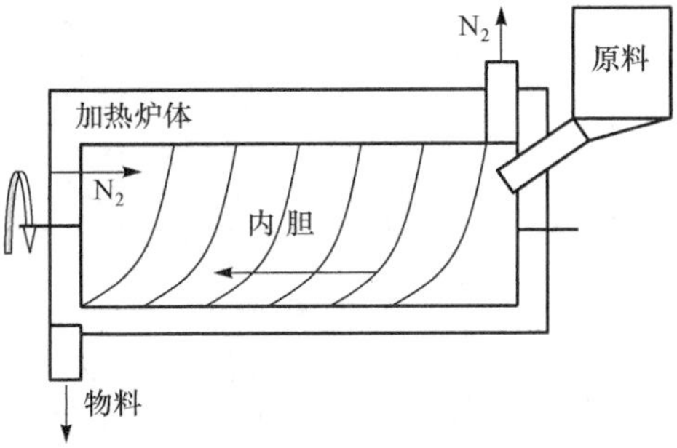

(b) 连续式旋转烧结炉原理图

图 3.15　连续式旋转烧结炉示意图

国内规模较大的磷酸铁锂烧结炉制造厂家有合肥恒力、咸阳蓝光、永成炉业、前锦炉业、咸阳陶瓷研究设计院热工装备中心等单位。其中，合肥恒力等公司的网带式烧结炉、推板式烧结炉销量较大；咸阳蓝光是国内最早制造旋转式烧结炉的厂家，技术比较成熟；永成炉业的小型烧结炉造价和使用成本低廉，适用于生产量不大的中型生产线。

3.5　粉碎设备

磷酸铁锂材料烧结后，需要进行粉碎，以达到工艺要求的颗粒细度。对磷酸铁锂材料要求颗粒度集中，呈正态分布，细粉和大颗粒尽量少。某国内电池厂对磷酸铁锂材料粒度的典型要求如下：

D_{10}：>0.8μm；D_{50}：2～4μm；D_{90}：<8μm。

具体的要求及含义见第 7 章。

典型的磷酸铁锂材料粒度分布如图 3.16、图 3.17 所示。

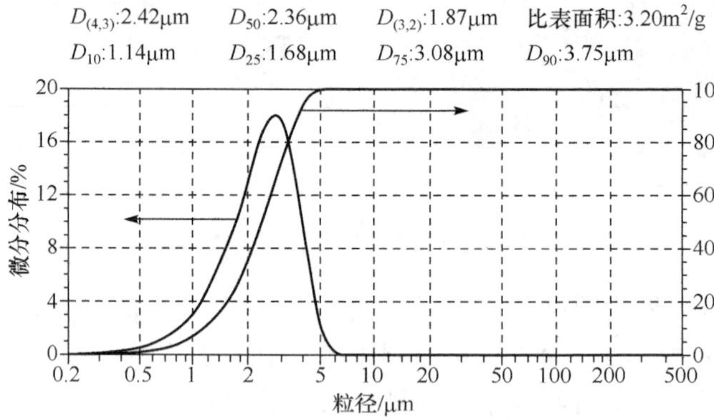

图 3.16　国产设备测量的磷酸铁锂材料粒度分布

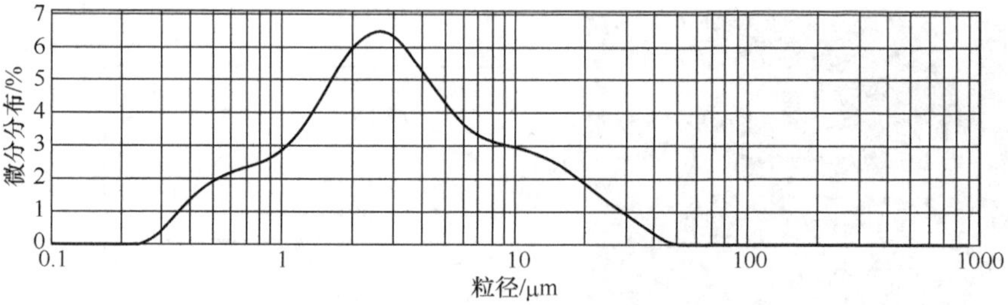

图 3.17　进口设备测量的磷酸铁锂材料粒度分布

这样的粒度需要粉碎设备来保障。

目前，在磷酸铁锂行业，普遍使用的粉碎设备是气流粉碎机。之所以不选择球磨机，主要是因为干态球磨会造成较大温升导致磷酸铁锂氧化，而湿态球磨还需要进一步的烘干等工序，工序复杂，容易造成新的污染。

气流粉碎机主要由以下部分组成：空气压缩机、粉碎系统、分级系统、除尘器、引风机等。其工作原理是：经过滤干燥后的压缩空气，通过拉瓦尔喷嘴高速喷射入粉碎腔，同时物料也被引入粉碎腔，在多股高压气流的交汇点处，物料被反复碰撞、摩擦、剪切而粉碎。粉碎后的物料在风机抽力作用下，随上升气流运动至分级区，在高速旋转的分级涡轮产生的强大离心力作用下，使粗细物料分离。符合粒度要求的细颗粒通过分级轮进入旋风分离器和除尘器收集，粗颗粒下降至粉碎区继续粉碎。气流粉碎机的粉碎过程主要依靠物料自身之间的碰撞来完成，有别于机械粉碎依靠刀片或锤头等对物料的冲击粉碎，因而设备耐磨损，产品纯度高。气流粉碎机的粉碎机理决定了具有适用范围广、成品细度高、不引入杂质、粉碎过程中没有温升等特点，尤其适合于热敏性、低熔点、含糖分及挥发性物料的粉碎。通过将气源部分的普通空气变更为氮气、二氧化碳气等惰性气体，可使气流粉碎机成为惰性气体保护加工设备，适用于易燃易爆、易氧化等物料的粉碎分级加工，应用于化工、矿物、冶金、磨料、陶瓷、耐火材料、医药、农药、食品、保健品、新材料等行业。气流粉碎机的产品如图 3.18所示。

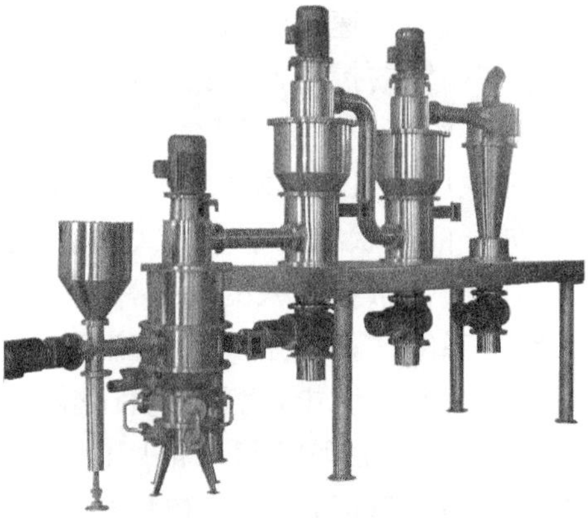

图 3.18　气流粉碎机[18]

气流粉碎主要部件和设备介绍如下：

空气压缩机　空气压缩机是利用电能或机械能产生压缩空气的装置。空气压缩机的种类很多，按工作原理可分为容积式压缩机和速度式压缩机。

容积式压缩机的工作原理是压缩气体的体积，使单位体积内气体分子的密度增加以提高压缩空气的压力。容积式压缩机的主要类型有：往复式压缩机，其压缩元件是一个活塞，在汽缸内做往复运动；回转式压缩机，压缩是由旋转元件的强制运动实现的；滑片式压缩机，其轴向滑片在同圆柱缸体偏心的转子上做径向滑动，截留于滑片之间的空气被压缩后排出；液体-活塞式压缩机，用水或其他液体当做活塞来压缩气体，然后将气体排出；罗茨双转子式压缩机，两个罗茨转子互相啮合从而将气体截住，并将其从进气口送到排气口，没有内部压缩；螺杆压缩机，是目前应用最为普遍的压缩机，在压缩机内两个带有螺旋形齿轮的转子相互啮合，从而将气体压缩并排出。螺杆压缩机示意图如图 3.19 所示。

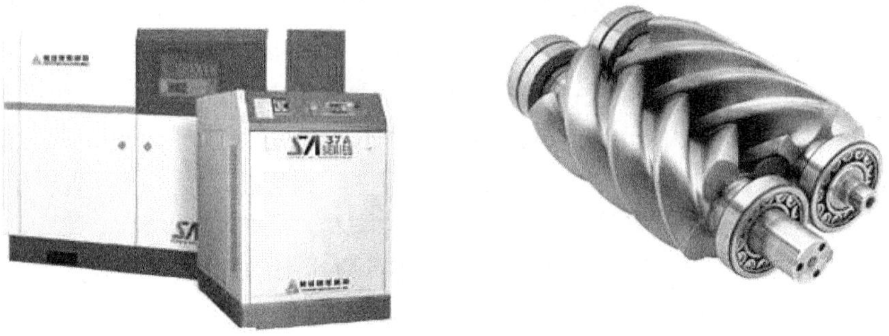

(a) 空气压缩机产品图[19]　　(b) 双螺杆工作原理图[20]

图 3.19　空气压缩机示意图

速度式压缩机的工作原理是提高气体分子的运动速度，使气体分子具有的动能转化为气体的压力能，从而提高压缩空气的压力。常用的是高速旋转的叶片使通过它的气体加速，从而将速度转化为压力。这种转化部分发生在旋转叶片上，部分发生在固定的扩压器或回流器挡板上。主要的速度型压缩机类型有：离心式压缩机，在其中有一个或多个旋转叶轮（叶片通常在侧面）使气体加速，主气流是径向的；轴流式压缩机，气体由装有叶片的转子加速，主气流是轴向的；混合流式压缩机，其转子的形状结合了离心式和轴流式两者特点；喷射式压缩机，利用高速气体或蒸汽喷射流带走吸入的气体，然后在扩压器上将混合气体的速度转化为压力。

粉碎系统　粉碎系统是气流粉碎机的核心。材料的最终性能主要靠粉碎系统决定。在粉碎系统中，物料靠负压被吸引到粉碎腔，在多束高压气流的聚吹下发生强烈的碰撞、摩擦和翻腾。常用的气流压力在 6～8MPa，气流速度将超过声速。在如此剧烈的碰撞条件下，物料会被迅速粉碎。被粉碎后的物料随着气流方向前进，进入分级机。常见的几种粉碎系统结构见图 3.20。

(a) 流化床式粉碎机[21]

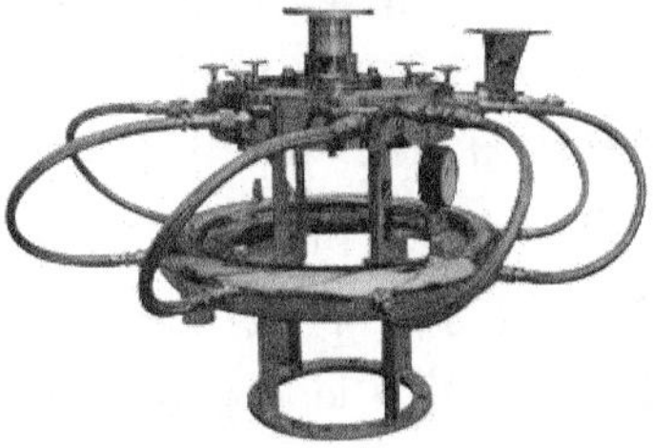

(b) 扁平式粉碎机[22]

(c) 圆盘式粉碎机[23]

图 3.20　几种粉碎系统结构

其中，流化床式粉碎机是将物料导入圆柱形的粉碎腔内，物料在封闭的腔体内粉碎。一般流化床式粉碎机的顶端为分级机，可以对物料进行分级。由于气流是从物料的底部吹入，将物料悬浮在喷嘴和分级机之间，所以称为流化床式结构。这种结构的粉碎机可以使物料有充分的空间碰撞粉碎，因此粒度比较均匀。扁平式粉碎机的底部是高压空气储存腔，气流通过软管进入上半部的圆盘气流粉碎机内，将物料直接粉碎后，从中间的出口排出。圆盘式粉碎机与扁平式粉碎机类似，也是气体从边上导入，吹向圆盘中心。圆盘式与扁平式粉碎机造价较低，适用于对粒度要求不严格的场合，可以外接单独的分级机对物料进行粒度分级。

气流分级机　气流分级机的主要作用是将物料中的粗细粉分离。其主要的机构是高速旋转的分级轮。分级轮内有倾斜排列的叶片，在以某个特定的速度高速旋转时，只能允许特定大小粒径的粉体通过。大于该特定尺寸的粗粉及团聚状细粉被叶片碰撞返回，沿内壁降至进风处，进行二次粉碎。分级后的细粉进入细粉收集器收集、过滤。过滤后的清洁空气排入大气。通过调节分级轮的转速，可以得到不同粒度分布的成品。气流分级机彻底打破了过去粉料只能筛分的局限性，优点是：低能耗，高效率，高精度，负压操作，无粉尘污染，环境友好，自动化程度高，操作简便。常见的气流分级机结构见图 3.21。

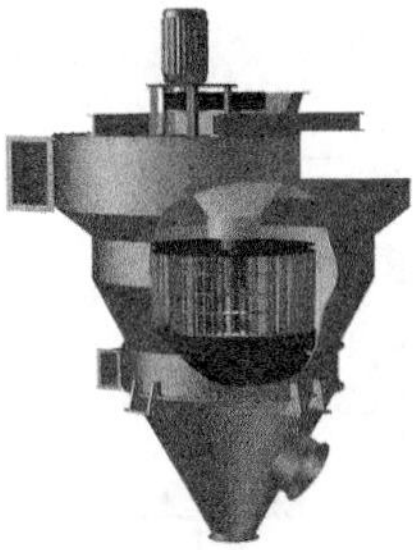

(a) 气流分级机产品图[24]

(b) 气流分级轮[25]

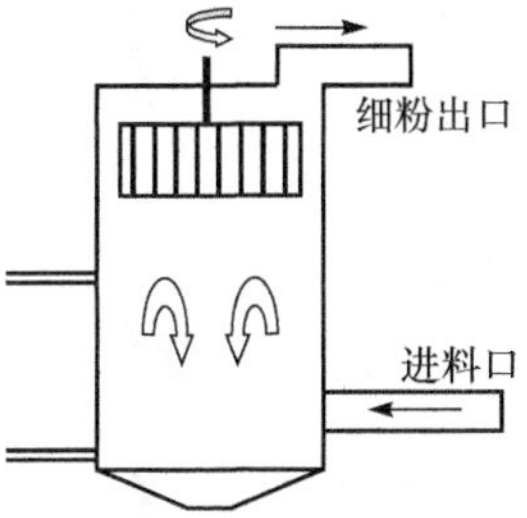

(c) 气流分级机原理图

图 3.21　气流分级机示意图

除尘器　除尘器是把粉尘或细粉从气体中分离出来的专用设备。除尘器的性能用可处理气体量、气体通过除尘器时的阻力损失和除尘效率来表示。同时，除尘器的价格、运行和维护费用、使用寿命长短和操作管理的难易也是考虑其性能的重要因素。除尘器按其作用原理分成以下五类：机械力除尘器（包括重力除尘器、惯性除尘器、离心除尘器等）、洗涤式除尘器（包括水浴式除尘器、泡沫式除尘器、管式除尘器、水膜式除尘器等）、过滤式除尘器（包括布袋除尘器、颗粒层除尘器、脉冲除尘器等）、静电除尘器、磁力除尘器。考虑到材料性能和应用特点，磷酸铁锂行业用的主要是脉冲式布袋除尘器。

脉冲式布袋除尘器的工作原理如下：引风机在除尘器内部形成负压，含尘气体由下部进口被吸入过滤室，较粗颗粒直接落入料仓，含尘气体经滤袋过滤，粉尘阻留于滤袋表面，净气进入滤袋，经袋口到净气室，由引风机排入大气。滤袋表面的粉尘将不断增加，并导致风力阻力增大。当设备的风力阻力达到限定的阻力值（一般设定为 1500Pa）时，反吹设备工作，逐个开启脉冲阀，使压缩空气通过喷口对滤袋进行喷吹，使滤袋突然膨胀。在反向气流的作用下，滤袋表面的粉尘迅速脱离滤袋落入料仓。料仓内的粉尘可持续或间歇地由底部阀门排出。脉冲除尘器示意图和内部结构如图 3.22 所示。

引风机　引风机是依靠输入的电能或机械能，提高气体压力或产生负压，并排送气体。引风机广泛用于工厂、矿井、隧道、冷却塔、车辆、船舶和建筑物的通风、排尘和冷却等领域。引风机的工作原理与透平压缩机基本相同，只是由于气体流速较低，压力变化不大，一般不需考虑气体比容的变化，即把气体作为不可压缩流体处理。磷酸铁锂行业用的引风机功率一般在 1～7kW。其主要作用是连接除尘器并连通气流粉碎机，提供整个粉碎系统的负压力。引风机的产品图和内部转子的结构图如图 3.23 所示。

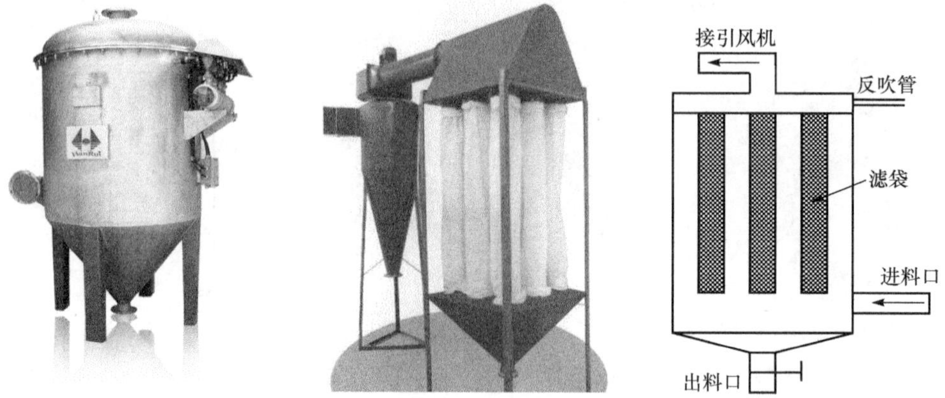

(a) 除尘器产品图[26]　　(b) 除尘器内部结构[27]　　(c) 除尘器原理图

图 3.22　除尘器示意图

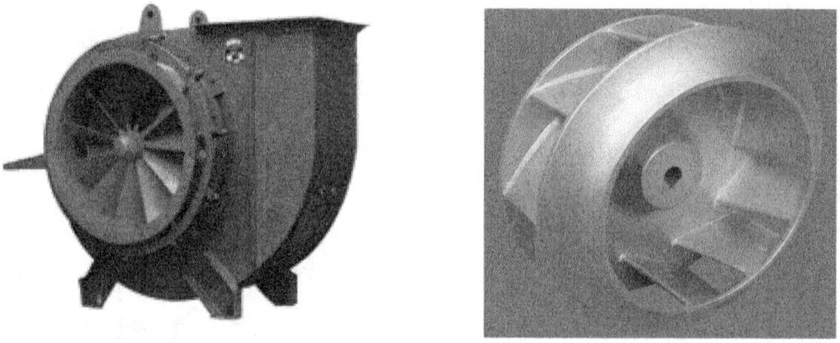

(a) 引风机产品图[28]　　(b) 引风机转子结构图[29]

图 3.23　引风机示意图

3.6　筛分设备

磷酸铁锂材料经烧结粉碎后，需要进一步进行筛分，以去除大颗粒和微量的杂质（如烧结炉脱落的铁锈、气流粉碎机脱落的线头、纤维等）。在磷酸铁锂行业，筛分设备一般选用振动筛，包括方形振动筛和圆形振动筛。通过高频率的振动，使不同粒径的磷酸铁锂粉料分离。大颗粒留在筛面上，而细小的颗粒穿过筛网落入筛网下层，从出料口排出并被收集。大颗粒的物料可以重新进入气流粉碎机进行二次破碎。为了增强筛分效果，有些厂家还要在筛网上加装超声波振动器，依靠超声波的高频振动使物料较快地通过筛网。方形和圆形振动筛产品图如图 3.24所示。

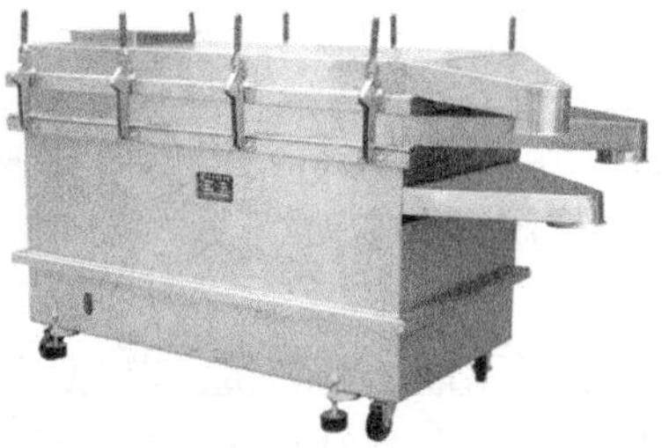

(a) 方形振动筛[30]

(b) 圆形振动筛[31]

图 3.24　振动筛示意图

振动筛内部有一层或多层筛网。筛网一般选用符合国家标准的 SUS304 材质的不锈钢编织网。筛网的孔径决定了成品的细度。筛网规格一般为“目”，定义为筛网上每英寸(25.4mm)长度上所具有的网眼数。例如，100 目的筛子表示每英寸筛网上有 100 个筛孔。筛孔尺寸不仅取决于筛孔数目，还取决于筛网金属丝的直径。为得到合适粒径的材料，必须选用合适目数的不锈钢筛网。方形振动筛在筛子的一端放入物料，在另一端得到筛分后的细粉和粗料；而圆形振动筛需要在中间放入物料，原料在振动过程中向边缘流动，分离出细粉和粗颗粒。粗颗粒回到粉碎系统继续粉碎，细颗粒即为磷酸铁锂成品。一般按照客户的要求选择筛网的目数，按生产量选择振动筛型号。表 3.1 为我国通常使用的筛网目数与粒径对照表。

表 3.1　筛网目数与粒径对照表

目数	粒径/μm	目数	粒径/μm	目数	粒径/μm	目数	粒径/μm
2.5	7925	12	1397	60	245	325	47
3	5880	14	1165	65	220	425	33
4	4599	16	991	80	198	500	25
5	3962	20	833	100	165	625	20
6	3327	24	701	110	150	800	15
7	2794	27	589	180	83	1250	10
8	2362	32	495	200	74	2500	5
9	1981	35	417	250	61	3250	2
10	1651	40	350	270	53	12500	1

3.7 制 氮 机

磷酸铁锂材料烧结过程都需要气体保护。综合考虑成本和性能，行业内都采用氮气作为保护气体。氮气的来源是：氮气瓶、液氮和制氮机。氮气瓶和液氮外购即可。而很多公司，如采用推板炉或网带炉烧结磷酸铁锂的厂家，氮气需求量很大，需要自行建立氮气站和氮气存储体系。

目前，磷酸铁锂行业都是采用分子筛变压吸附原理的制氮机。其原理是：碳分子筛可以同时吸附空气中的氧和氮，其吸附量随着压力的升高而升高，而且在同一压力下氧和氮的平衡吸附量无明显的差异。仅凭压力的变化很难完成氧和氮的有效分离。如果进一步考虑吸附速度，就能将氧和氮的吸附特性有效地区分开来。氧分子直径比氮分子小，因而扩散速度比氮快数百倍，故碳分子筛吸附氧的速度也很快，吸附约 1min 就达到 90%以上；而此时氮的吸附量仅有 5%左右，所以此时吸附的大体上都是氧气，而剩下的大体上都是氮气。这样，如果将吸附时间控制在 1min 以内，就可以将氧和氮初步分离开来。经过多级分离，氮气的纯度可达到 99.99%以上，完全可以满足工业生产的需要。变压吸附制氮机（PSA 制氮机）是按变压吸附技术设计、制造的氮气发生设备。通常使用两吸附塔并联，由自动控制系统交替进行加压吸附和解压再生，完成氮氧分离，获得所需高纯度的氮气。

氮气机工作的原理图如图 3.25 所示，产品外观如图 3.26 所示。

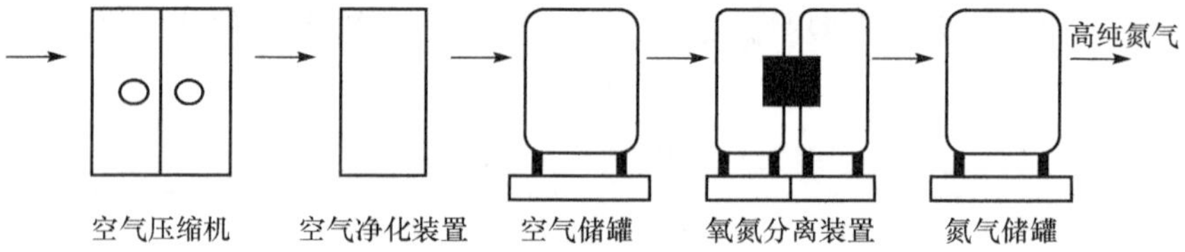

图 3.25 氮气机工作原理

图 3.26 氮气机产品图[32]

目前，国内厂家生产的制氮机单台产氮量最大可达 $1000m^3/h$，纯度可以达到99.9995%，已经完全能满足国内多个产业的要求。

对磷酸铁锂行业，氮气纯度达到99.9%即可满足一般的使用要求。虽然制氮机在国内已经有多家公司生产，但是制氮机核心的材料——碳分子筛还依赖进口。国内生产的碳分子筛材料在耐久性、吸附量、制氮纯度上还不能和国外产品相比，因此很多大厂都采用进口碳分子筛。代表性的碳分子筛有美国 Calgon 公司、普莱克斯公司，日本岩谷公司、武田公司，德国 BF 公司的产品。

表3.2为江苏某厂家生产的 TY20 型(产高纯氮气 $20m^3/h$)的制氮机规格参数。

表3.2　江苏某厂家生产的TY20型制氮机规格参数

产氮纯度/%	产氮量/(m^3/h)	耗空气量/(m^3/min)	外形尺寸($L\times W\times H$)/(m×m×m)
99	20	1.2	2.2×1.4×2.3
99.5	20	1.4	2.3×1.4×2.5
99.9	20	1.5	2.3×1.4×2.5
99.99	20	1.7	2.5×2.3×2.4
99.9995	20	2.1	2.6×2.1×2.5

3.8　包装设备

磷酸铁锂材料生产的最后一道工序是对产品进行包装。由于磷酸铁锂具有在空气中氧化的趋势，同时其比表面积较大，容易在空气中吸收水分，因此需要能够隔离空气和水分的包装物。一般磷酸铁锂行业多采用铝塑复合膜进行产品包装。大批量生产的产品包装规格有10kg、20kg、25kg等类型。使用铝塑复合膜包装后，装入纸箱、铁制或纸制圆筒，贴好标签，密封包装。

图3.27　真空包装机[33]

使用铝塑复合膜进行包装时，一般需要通过真空包装机进行(图3.27)，将铝塑复合膜内的空气抽出，防止磷酸铁锂材料与袋内的空气和水分发生反应。实验证明，将磷酸铁锂真空包装后进行储存，2年内产品主要性能不会降低。

参 考 文 献

[1] 郑州华丰桩工机械有限公司. 球磨机. http://www. hfzg. cn/article/13. htm, 2010, [2013-01-26]

[2] 通江破碎设备有限公司机械. 球磨机. http://www. posuishebei8. com/zhishashebei/qmj. html,2010,[2013-01-26]

[3] 山东龙兴化工机械集团有限公司. 卧式砂磨机. http://www. 2358838. com/product/22306. htm,2009,[2013-01-26]

[4] 温州龙湾华威机械厂. 分体式胶体磨 JTM-180. http://www. hwjtm. com/jtm/8683. html, 2010,[2013-01-26]

[5] 常州市宝康干燥机械设备有限公司. SYH 三维混合机产品. http://2005008. wtianx. com/pro_show. aspx? d=xxcp&id=18088,2012,[2013-01-26]

[6] 深圳市大昆仑数码科技有限公司. V 形混合机. http://szjjyyj. corp. gongye360. com/prod_list. html? pn=2&pc=12,2011,[2013-01-26]

[7] 苏州麦科威化设备有限公司. 卧式双螺带混合机. http://www. bmlink. com/supply/1474005. html,2013,[2013-01-26]

[8] 四川锐通机械设备有限公司. 锥形螺带混合机. http://www. sqiye. com/2977462/supply-214887. html,2012,[2013-01-26]

[9] 中国化工设备网. 喷雾干燥器. http://www. ccen. net/news/detail-39633. html, 2010, [2013-01-26]

[10] 常州市金球干燥设备有限公司. 喷雾干燥原理图. http://www. jqdrying. com/view. asp? classlayer=75,2005,[2013-01-26]

[11] 常州瑞腾干燥设备有限公司. ZPG 真空耙式干燥机. http://czrtdry. b2b. chemm. cn/Productshow_393481. html, 2011,[2013-01-26]

[12] 南京天塔机械设备有限公司. 双锥回转烘箱. http://www. njtianta. com/news_view. asp? id=33,2010,[2013-01-26]

[13] 常州双飞制粒干燥设备有限公司. 热风循环烘箱. http://sw. 9191. cn/company/show/pdetail-1528089-12677783. html,2010,[2013-01-26]

[14] 咸阳华光窑炉设备有限公司. 网带式烧结炉. http://www. xyhgyl. com/productplay. asp? id=(26),2009,[2013-01-26]

[15] 双永股份有限公司. 推板式中温烧结炉. http://www. shuyong. com. tw/shuyong_gb_p-m2. htm,2010,[2013-01-26]

[16] 上海晨华电炉有限公司. 气氛保护回转式电炉. http://xny. chenhua. cn/product_info. php? id=130,2007,[2013-01-26]

[17] 中国工业电炉网. HB-in 系列间歇式全气氛保护回转式烧结炉. http://stl. hntkj. com/htm/column10_301. htm,2010,[2013-01-26]

[18] 青岛迈科隆粉体技术设备有限公司. 气流粉碎机. http://www. micronchina. com. cn/zhongwen/products/2013/0313/9. html,2012,[2013-01-26]

[19] 东莞复盛空压机有限公司. 空气压缩机. http://www.shajun.org/co.asp?id=2779, 2010,[2013-01-26]
[20] 空压机网. 螺杆转子知识. http://www.51kyjw.com/html/jszc/hyyy/20110808660.html,2011, [2013-01-26]
[21] 上海饲料机械制造有限公司. QLD系列流化床气流粉碎机. http://www.nongjx.com/product/detail/5175.html,2007,[2013-01-26]
[22] 江苏沙家浜化工设备有限公司. JS-F系列气流粉碎机. http://www.sjbyj.com/product/gb/productshow.asp?id=78,2010,[2013-01-26]
[23] 潍坊市精华粉体工程设备有限公司. AP系列圆盘式气流磨. http://www.powder-jh.com/wh.asp?id=461,2012,[2013-01-26]
[24] 吆喝网. 气流分级机. http://zz.yoher.com/gongchengjixie/100705_63374.html,2010, [2013-01-26]
[25] 安丘市经欣粉体加工设备有限公司. 分级叶轮. http://www.aqjxft.com/Product-526.html,2012,[2013-01-26]
[26] 上海汉瑞机械工程有限公司. 除尘器. http://cn.newmaker.com/pro_67614.html,2012, [2013-01-26]
[27] 郑州铭将机械设备有限公司. 除尘器(布袋式). http://www.zzmjjx.com/ccsb/chushen1, 2011,[2013-01-26]
[28] 常山县吉华风机厂. Y4-73型锅炉离心引风机. http://www.cnjihua.com/products-1.asp?id=11,2011,[2013-01-26]
[29] 扬州江都区德宏风机有限公司. 防爆风机铝叶轮. http://www.yzfj.cn/simplified/productview.asp?id=4328&sortid=158,2011,[2013-01-26]
[30] 张家港市开创机械制造有限公司. FS系列方形振动筛. http://1317767.cn.spsb114.com/product_detail_504806.html,2012,[2013-01-26]
[31] 大田塑料机械有限公司. 圆形振动筛. http://taishengjx.5jjdw.com/p_161051.html, 2012,[2013-01-26]
[32] 中国粉末冶金商务网. 变压吸附制氮机. http://www.pmbiz.cn/coms/cp_xx.asp?cid=12811&id=12034,2011,[2013-01-26]
[33] 上海毅群机械有限公司. 真空包装机. http://www.csycpack.com/product/html/?171.html,2010,[2013-01-26]

第 4 章　草酸亚铁法制备磷酸铁锂材料

利用草酸亚铁为原料合成磷酸铁锂的工艺称为草酸亚铁法(简称亚铁法)。目前,草酸亚铁法是国内最普遍采用的工艺和方法,半数以上的国内生产厂家都是采用草酸亚铁法工艺。其主要优点是原材料成本低、工艺简单、配料比例控制容易。采用此类工艺的主要生产厂家有天津斯特兰、北大先行、烟台卓能、河南华鑫等企业。

4.1 合 成 原 理

利用草酸亚铁合成磷酸铁锂,主要的技术路线是将草酸亚铁($FeC_2O_4 \cdot 2H_2O$)、锂源(Li_2CO_3或 $LiOH \cdot H_2O$)、磷源($NH_4H_2PO_4$或 LiH_2PO_4)混合均匀后,在烧结炉中通入保护气氛进行烧结,从而合成出磷酸铁锂。各个厂家的主要工艺区别在于混料工艺、烧结工艺、加工设备和原料配方。通用的反应方程式是

$$2FeC_2O_4 \cdot 2H_2O + Li_2CO_3 + 2NH_4H_2PO_4 \longrightarrow 2LiFePO_4 + 2CO_2\uparrow + 2CO\uparrow + C + 7H_2O\uparrow + 2NH_3\uparrow \quad (4.1)$$

$$FeC_2O_4 \cdot 2H_2O + LiH_2PO_4 \longrightarrow LiFePO_4 + CO_2\uparrow + CO\uparrow + 3H_2O\uparrow \quad (4.2)$$

如果采用磷酸二氢铵($NH_4H_2PO_4$)为原料,在反应过程中会有氨气放出,造成环境污染。一般需要用酸性溶液对尾气进行过滤吸收,也可以使用喷淋式吸收,可以同时净化尾气中的微量粉尘。

草酸亚铁法制造磷酸铁锂的一般工艺流程如图 4.1 所示。

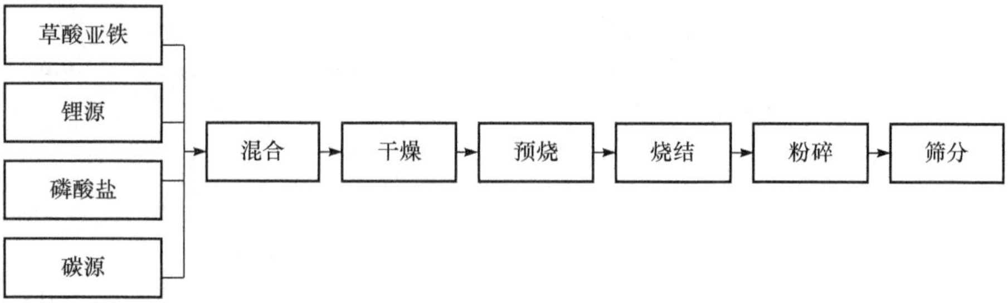

图 4.1　草酸亚铁法制备磷酸铁锂材料流程图

反应过程中,草酸亚铁可以提供铁离子,同时在煅烧过程中有少量的碳残留,有利于降低电炉内的氧含量,形成还原性气氛。锂源可以在煅烧过程中分解,提供

反应需要的锂离子。由于锂盐在高温下会挥发，一般厂家生产配料时，锂源的成分需要稍微过量，一般以过量 2%～5%（物质的量的比）为宜。磷源可以提供磷酸根离子，以应用最为普遍的磷酸二氢铵为例，煅烧时会放出氨气，同时生成游离态的磷酸根离子。以上离子在烧结炉的高温状态下进一步反应、结合，生成磷酸铁锂材料。

在烧结过程中，必须在电炉中通入非氧化的保护气氛，以防止二价铁（Fe^{2+}）的氧化。一般的保护性气氛成分有氮气（N_2）、氮气氢气混合气（95% N_2 + 5% H_2）、氨分解气（25% N_2 + 75% H_2）、氩气（Ar）、氮气天然气混合气（95% N_2 + 5% CH_4）等。一般不采用纯氢气或天然气，以防还原性太强，将二价铁还原为单质铁。烧结炉内的氧含量（体积分数）必须低于 100×10^{-6}，以低于 30×10^{-6} 为佳。

为了增强磷酸铁锂材料的导电性，实现碳包覆，还需要添加一定的碳源。碳源一般是指在高温下可以裂解为单质碳的有机化合物。常用的碳源有葡萄糖，蔗糖、木糖醇、山梨醇、酚醛树脂、聚乙烯醇、淀粉、纤维素等。这些物质都是含有碳链的有机物。在隔绝空气的条件下煅烧，发生不完全碳化反应，生成水蒸气、一氧化碳、二氧化碳等气体，同时残留一部分碳，包覆在形成的磷酸铁锂晶体表面，起到碳包覆的作用，改善材料的电子导电性。

有些厂家在生产时，还要加入一些添加剂。例如，为改善材料的造球效果，添加少量 PVA（聚乙烯醇）或 PEG（聚乙二醇），起到黏结剂作用；为了改善离子导电性，需要添加一些金属化合物，如氧化镁（MgO）、氧化锌（ZnO）、氧化钇（Y_2O_3）等；为了增强电子导电性，添加一些氧化铝（Al_2O_3）、氧化铜（CuO）等。

典型的草酸亚铁法制造磷酸铁锂的配方如表 4.1 所示。

表 4.1　草酸亚铁法制造磷酸铁锂的配方

原料	纯度/%	配料摩尔数	配料质量比例
草酸亚铁	99.5	0.98	177.19
碳酸锂	99.9	1.02	37.72
磷酸二氢铵	99.0	1.00	116.19
无水葡萄糖	99.5	0.1	18.0～25.0
微量添加剂	—	少许	少许

4.2　主要合成原料

采用草酸亚铁法制造磷酸铁锂，国内厂家的主流原料是草酸亚铁、磷酸二氢铵、碳酸锂。本节分别介绍主要原料的性质。

草酸亚铁　对用草酸亚铁合成磷酸铁锂工艺，草酸亚铁原料品质的精确控制是合成工艺的关键。为提高材料的品质,很多公司都采用自制的草酸亚铁材料。

草酸亚铁是常用的大宗化学品,分子式为 $FeC_2O_4 \cdot 2H_2O$,含有两个结晶水分子,其相对分子质量为 179.9,为淡黄色结晶性粉末,稍有轻微刺激性。熔点 160℃,振实密度约 1.25g/cm^3。真空下于 142℃失去结晶水。冷水中的溶解度为 2.2g/L,热水中 0.26g/L,能溶于冷盐溶液[1]。

草酸亚铁的制备方法是:用高纯的硫酸亚铁溶液加入草酸,通过沉淀形成草酸亚铁。化学反应方程式如下:

$$FeSO_4 + H_2C_2O_4 + 2H_2O \longrightarrow FeC_2O_4 \cdot 2H_2O + H_2SO_4 \tag{4.3}$$

生成的沉淀物经过反复的洗涤和烘干即得到草酸亚铁,再经过气流粉碎制成规定细度的成品。

草酸亚铁用于锂离子电池原料时有一些特殊的要求,如会提出纯度、形貌、水分、活性等方面的要求。目前国内有很多家公司提供用于制造磷酸铁锂材料的专用草酸亚铁产品,其典型技术指标如表 4.2、表 4.3 所示。

表 4.2　安徽某厂家草酸亚铁的技术指标[2]

项目名称	分析纯	工业品
$FeC_2O_4 \cdot 2H_2O$ 含量/%	≥99.5	≥99.0
氯化合物(以 Cl 计)/%	≤0.005	≤0.01
硫化合物(以 SO_4 计)/%	≤0.02	≤0.05
重金属(以 Pb 计)/%	≤0.003	≤0.005
挥发分/%	≤0.3	≤0.4
粒径 D_{50}(磷酸铁锂专用)/μm	Ⅰ型≤10;Ⅱ型 15～50	

表 4.3　深圳某厂家草酸亚铁供货技术标准[3]

产品编号	IX3030(ZH-1)	化学式	$FeC_2O_4 \cdot 2H_2O$
化学名称	草酸亚铁	CAS 号	6047-25-2
相对分子质量	179.9	密度	2.28g/cm^3(25℃)
物理性质	浅黄色结晶,难溶于水	外观	浅黄色无污染物
用途	生产磷酸铁锂原材料	包装	25kg/袋
测试项目	典型值	技术指标	
纯度/%	99.7	≥99.0	
Na 含量/10^{-6}	42	≤100	
K 含量/10^{-6}	3	≤100	
Ca 含量/10^{-6}	32	≤100	
Ni 含量/10^{-6}	39	≤100	
Cu 含量/10^{-6}	17	≤100	
Pb 含量/10^{-6}	5	≤10	
Zn 含量/10^{-6}	42	≤100	
H_2O 含量/%	0.15	≤1.0	
D_{50}/μm	4.1	≤5.0	

磷酸二氢铵 工业上选用磷酸二氢铵作为磷酸铁锂合成原料的原因是:磷酸二氢铵容易制成高纯产品,磷酸根物质量容易精确控制,容易分解,价格低廉。

磷酸二氢铵的分子式为 $NH_4H_2PO_4$,相对分子质量为 115.03,熔点 180℃,为无色透明正方晶系晶体。易溶于水,微溶于醇,不溶于丙酮,能继续与氢氧化铵反应生成磷酸二铵。在空气中为三种铵盐中最稳定的一种。但在高于 100℃时有少量分解。高于熔点时,分解失去氨和水,生成磷酸和偏磷酸铵 $(NH_4PO_3)_x$ 的混合物。水溶液呈酸性[4]。

工业生产磷酸二氢铵的方法有中和法和复分解法。其中,中和法是采用磷酸与氨气反应制备磷酸二氢铵。将磷酸稀释到 50%~55%的浓度,在搪瓷反应釜中通入氨气。将产物降温结晶、分离、干燥后制得成品。反应方程式是

$$H_3PO_4 + NH_3 \longrightarrow NH_4H_2PO_4 \tag{4.4}$$

复分解法是采用磷酸二氢钙与硫酸铵反应制备磷酸二氢铵。将磷酸二氢钙与硫酸铵在 95℃以上温度反应制成成品。硫酸钙经过滤去除,溶液经饱和结晶制得磷酸二氢铵成品。其反应方程式是

$$Ca(H_2PO_4)_2 + (NH_4)_2SO_4 \longrightarrow 2NH_4H_2PO_4 + CaSO_4 \tag{4.5}$$

磷酸二氢铵是大宗工业原料,具有广泛的工业用途。由于其无毒无害,还可用于食品添加剂。为保证材料的品质,防止引入重金属杂质,磷酸铁锂行业用的磷酸二氢铵一般采用对重金属有严格限量的食品级产品,其产品品质遵从相应的国家标准《GB 25569—2010 食品添加剂磷酸二氢铵》。购买相关产品时需要经销商提供相关的工业生产许可证。

磷酸二氢铵在空气中比较稳定,高于 100℃会有少量分解。高于熔点时会大量分解,失去氨和水,生成偏磷酸铵和磷酸的混合物。

磷酸二氢铵的性能指标如表 4.4 所示。

表 4.4 磷酸二氢铵的性能指标(GB25569—2010)

检验项目	指标	
	工业级	食品级
外观	白色粒状晶体	
主含量(以 $NH_4H_2PO_4$ 计)/%	≥99.0	≥99.0
五氧化二磷(以 P_2O_5 计)/%	≥61.0	≥61.0
氮含量(以 N 计)/%	≥11.8	≥11.8
水不溶物/%	≤0.1	≤0.05
水分(H_2O 计)/%	≤0.1	≤0.1
重金属(以 Pb 计)/%	—	≤0.001
砷化物(以 As 计)/%	—	≤0.0003
氟化物(以 F 计)/%	—	≤0.002
pH(1%水溶液)	4.4~4.8	4.4~4.8

碳酸锂　碳酸锂是磷酸铁锂行业中应用最广泛的锂化合物。相对氢氧化锂(LiOH)的主要优点是:碳酸锂在加工过程中没有刺激的气味,可以有效改善操作工人的工作环境。

碳酸锂为白色粉末或无色单斜晶系结晶体。分子式为 Li_2CO_3,相对分子质量为 73.89。溶于稀酸,微溶于水,水溶液呈碱性,并随温度的升高其溶解性下降;不溶于醇及丙酮。在真空中加热至 600℃不分解。于 1310℃分解成二氧化碳(CO_2)和氧化锂(Li_2O)。碳酸锂可用于制造陶瓷、玻璃、药物、催化剂等,也是常用的锂离子电池原料[5]。

典型的碳酸锂制备方法如下:将锂辉石和石灰石高温烧结,生成铝酸锂,再用硫酸浸出锂离子,与碳酸钠反应制得碳酸锂。也可利用卤水,经纯碱除钙、镁离子,用盐酸酸化,再与纯碱反应制得。

碳酸锂执行标准一般为国标《GB/T 23853—2009 卤水碳酸锂》,主要的性能指标如表 4.5 所示。

表 4.5　碳酸锂的性能指标(GB/T 23853—2009)

检验项目	指标		
	优等品	一等品	合格品
Li_2CO_3 含量/%	≥99.2	≥99.0	≥98.5
Na 含量/%	≤0.1	≤0.15	≤0.2
K 含量/%	≤0.0030	≤0.0040	≤0.0080
Fe 含量/%	≤0.0015	≤0.0035	≤0.0070
Ca 含量/%	≤0.025	≤0.035	≤0.070
Mg 含量/%	≤0.015	≤0.035	≤0.050
B 含量/%	≤0.006	≤0.012	≤0.018
SO_4^{2-} 含量/%	≤0.20	≤0.35	≤0.50
氯化物(以 Cl 计)/%	≤0.05	≤0.08	≤0.1
盐酸不溶物/%	≤0.005	≤0.015	≤0.050
干燥减重/%	≤0.5	≤0.6	≤0.8

磷酸铁锂行业用碳酸锂一般使用电池级碳酸锂和高纯级碳酸锂。对于材料要求不高的场合,厂家一般使用电池级碳酸锂,其纯度一般大于 99.5%,对其中的杂质元素有特殊的要求。典型的电池级碳酸锂主要性能指标如表 4.6 所示。

表 4.6　电池级碳酸锂的性能指标[6]

名称	电池级碳酸锂
Li_2CO_3含量/%	≥99.5
Na 含量/10^{-6}	≤250
K 含量/10^{-6}	≤10
Fe 含量/10^{-6}	≤20
Ca 含量/10^{-6}	≤50
Cu 含量/10^{-6}	≤10
Pb 含量/10^{-6}	≤10
Ni 含量/10^{-6}	≤30
Mn 含量/10^{-6}	≤10
Zn 含量/10^{-6}	≤10
Al 含量/10^{-6}	≤50
Mg 含量/10^{-6}	≤100
Si 含量/10^{-6}	≤50
SO_4^{2-} 含量/10^{-6}	≤800
Cl^- 含量/10^{-6}	≤50
H_2O 含量/%	≤0.40
平均粒径/μm	<6

高纯级碳酸锂纯度大于99.9%，主要用于对电池材料纯度要求较高的场合。典型的高纯级碳酸锂主要指标如表4.7所示。

表 4.7　高纯级碳酸锂的性能指标[7]

名称	高纯碳酸锂			
牌号	Li_2CO_3-05	Li_2CO_3-45	Li_2CO_3-04	3N 高纯 Li_2CO_3
Li_2CO_3纯度/%	≥99.999	≥99.995	≥99.99	≥99.9
Pb 含量/10^{-6}	≤0.5	≤0.5	≤1	≤5
Cu 含量/10^{-6}	0.5	0.5	≤1	≤10
Co 含量/10^{-6}	—	—	≤1	—
Ni 含量/10^{-6}	—	≤1	≤1	≤10
Fe 含量/10^{-6}	≤0.8	≤1	≤3	≤10
Al 含量/10^{-6}	≤0.8	≤1.5	≤3	≤10
Mn 含量/10^{-6}	—	≤1	≤1	≤10
Zn 含量/10^{-6}	—	—	≤3	≤10
Cd 含量/10^{-6}	—	—	≤5	—
Cr 含量/10^{-6}	—	—	≤1	—
Mg 含量/10^{-6}	—	≤5	≤5	≤10
Ca 含量/10^{-6}	≤3	≤8	≤10	≤10
Na 含量/10^{-6}	≤3	≤5	≤10	≤20
K 含量/10^{-6}	—	≤5	10	≤10
Si 含量/10^{-6}	—	≤10	≤18	≤50

传统上制造钴酸锂时都采用高纯碳酸锂，主要是为了减少钠杂质的影响。磷酸铁锂对钠的敏感性不高，可以采用纯度略低的电池级碳酸锂。

葡萄糖　葡萄糖(glucose)具有结构和成分稳定、杂质含量少、碳氢含量适中、裂解碳成分稳定等优点，是磷酸铁锂行业最常用的碳源。葡萄糖的化学分子式为 $C_6H_{12}O_6$，相对分子质量为 180.16，相对密度为 1.54，化学名称为 2,3,4,5,6-五羟基己醛，是自然界分布最广泛的单糖。葡萄糖含五个羟基，一个醛基，具有多元醇和醛的性质。结构简式为 $CH_2OH—CHOH—CHOH—CHOH—CHOH—CHO$，与果糖($CH_2OH(CHOH)_3COCH_2OH$)互为同分异构体。

葡萄糖为无色结晶或白色结晶，呈颗粒性粉末，无臭，味甜，有吸湿性。易溶于水，在碱性条件下加热易分解。在常温条件下，可以 β-D-葡萄糖的水合物(含 1 个水分子)形式从过饱和的水溶液中析出晶体，熔点为 80℃；而在 50～115℃析出的晶体则为无水 α-D-葡萄糖，熔点 146℃；115℃以上析出的稳定形式则为 β-D-葡萄糖，熔点为 148～150℃[8]。

磷酸铁锂行业常用的碳源为无水葡萄糖。所用的无水葡萄糖性能如表 4.8 所示。

表 4.8　无水葡萄糖性能[9]

项目	CHP(中国药典)	BP(英国药典)	USP25(美国药典)
性状	无色结晶或白色结晶性粉末，无臭，味甜	白色结晶性粉末，味甜	—
鉴别	应符合规定	应符合规定	应符合规定
比旋度	+52.6°～53.2°[α] D 25	+52.5°～53.3°[α] D 20	+52.6°～53.2°[α] D 25
酸度或碱度	2.0g，0.02mol/L NaOH 0.2mL	6.0g，0.1mol/L NaOH 0.15mL	5.0g，0.02mol/L NaOH 0.30mL
溶液的澄清度与颜色	应符合规定	应符合规定	应符合规定
乙醇溶液的澄清度	应符合规定	应符合规定	应符合规定
氯化物/%	≤0.01	≤0.0125	≤0.018
硫酸盐/%	≤0.01	≤0.02	≤0.025
亚硫酸盐与可溶性淀粉	应符合规定	亚硫酸盐：$\leqslant 15\times10^{-6}$	应符合规定
干燥失重/%	≤1.0	≤1.0	≤0.5
炽灼残渣/%	≤0.1	≤0.1	≤0.1
蛋白质	应符合规定	—	—
钡盐	应符合规定	应符合规定	—
钙盐/%	≤0.01	≤0.02	—
铁盐/%	≤0.001	—	—
重金属/10^{-6}	≤4	—	≤5
砷盐/10^{-6}	≤1	≤1	≤1
糖中铅/10^{-6}	—	≤0.5	—
热源	—	应符合规定	—

4.3 合成工艺

4.3.1 合成工艺特点

草酸亚铁法制备的磷酸铁锂要通过高温固相法进行烧结。采用碳酸锂或氢氧化锂为锂源，草酸亚铁为铁源及磷酸二氢铵为磷源，按照化学计量比配好、混合均匀，经过研磨、预烧结、研磨、高温烧结等工艺过程来合成磷酸铁锂。其中在预烧与高温烧结过程要在惰性气体(N_2、Ar 等)气氛下进行，可以有效防止氧化铁(Fe_2O_3)等杂质化合物的产生。阮艳丽[10]、魏艳军[11]等采用高温固相法合成出一系列的磷酸铁锂，发现在 400～800℃的温度范围内，可以合成出具有橄榄石结构的磷酸铁锂材料。采用 X 射线衍射分析(XRD)、比表面积法(BET 法)、穆斯堡尔(Mössbauer)谱和粒度分布测量研究，发现在烧结过程中烧结温度是影响产物电化学性能的主要因素，过高或过低的烧结温度下，材料中的非晶态 Fe^{3+}、未反应的原料、副反应都会对材料的电化学性能产生不良影响。

利用草酸亚铁做原料的高温固相法工艺简单，流程可靠，原料成本较低，铁、磷、锂含量易于通过配料控制，制成电池后循环和低温性能良好。但草酸亚铁法制得的产物均匀程度低，产物粒度较粗，纯度稍低，电化学性能相对略差。该工艺主要缺点是：

(1) 原材料的稳定性对成品磷酸铁锂材料性能具有较大影响。国产原料普遍存在性能参数的波动，造成了磷酸铁锂材料品质波动较大。特别是国产原料仅关注其中的杂质含量，对材料的粒度分布、微观形貌、表面能量状态、氧化度等参数关注较小，而这些参数正是影响成品性能的关键点。

(2) 烧结过程中产品出气量大，氧分压难以保证。从化学分子式可以看出，采用草酸亚铁法，350kg 原料仅能产出 156kg 的成品，其余部分都分解为气体逸出，造成了成品产率偏低。出气量很大时，气体严重扰动炉体内的氧分压，造成环境还原性气氛的不均匀，从而影响材料的性能。由于推板炉或网带炉采用匣钵装料，物料的厚度不超过 5cm，气体容易扩散出来，因此草酸亚铁法合成磷酸铁锂宜采用推板炉或网带炉烧结。为了使烧结过程尽量不受逸出气体的影响，一般草酸亚铁法工艺采用两次烧结，即首先在 400℃左右进行一次预烧，将大部分原料分解气体排出；然后将预烧的物料取出，再经过粉碎和混合后，进行第二次烧结(最终烧结)。

(3) 表面能高，加工性能不好。从实际应用来看，采用草酸亚铁制造的磷酸铁锂普遍存在加工性能不好的问题，主要表现在：需要的黏结剂 PVDF 多，与铝箔黏着不牢固，对辊后容易剥落等。实验发现，加工性能与比表面积关系不大，即使比表面积低到 $10m^2/g$ 左右依然存在以上问题。通过研究发现，采用材料的表面能参数可以较好地描述材料的加工性能。表面能分为极性分量和色散分量，可以通过不同液体在材料表面的接触角来计算和确定。一般地，色散分量较高时，材料的加工性能好[12]。而草酸亚铁制造的磷酸铁锂材料都是极性分量偏高，因此加工性较差。

(4) 烧结过程中存在氨气污染问题。草酸亚铁烧结法一般需要磷酸二氢铵作磷源。由于磷酸二氢铵在加热时分解出氨气，不仅使工作环境充满刺激气味，也会腐蚀设备和管道。一般烧结尾气需要用水膜或喷淋法吸收其中的氨气，以防止环境污染。

(5) 加工过程中需要控制亚铁氧化度。草酸亚铁是亚铁盐，在空气中存在着氧化的趋势。氧化成三价铁后，在后续的烧结过程中不容易被还原，从而影响成品的性能。因此，草酸亚铁法合成磷酸铁锂需要在加工过程中控制亚铁的氧化度，在球磨、粉碎、煅烧等环节都要采取措施防止亚铁出现氧化。例如，草酸亚铁不宜采用干法球磨、研磨和破碎，也不宜用水体系进行混料，防止水中的溶解氧影响氧化度。

(6) 电化学性能一般。草酸亚铁制造的磷酸铁锂材料，半电池 0.1C 放电比容量一般在 150mA · h/g 左右，全电池 1C 放电比容量一般在 130mA · h/g 左右。相对于水热体系和磷酸铁体系，容量普遍不高。典型地，利用该材料制造的容量型 18650 磷酸铁锂电池，容量一般在 1400～1450mA · h。

4.3.2 合成过程分析

对草酸亚铁法合成磷酸铁锂过程分析方法，主要有热重-差示热分析(TG-DTA、TG-DSC)、扫描电镜(SEM)、透射电镜(TEM)、X 射线衍射分析(XRD)等手段。其中，TG-DSC 主要是分析烧结过程中的质量变化和相变情况；SEM 分析材料的微观形貌和细微结构；TEM 分析材料的表面碳包覆情况、晶粒连接情况、晶粒的内部结构和晶体形态、碳层和磷酸铁锂结合界面的高分辨图像等；XRD 用于分析材料的物相结构和组织成分。

图 4.2 是葡萄糖的 TG-DTA 曲线。从图中可以看出，葡萄糖的分解可以分为三个阶段：第一阶段为葡萄糖中结晶水和游离水的失去。在这一阶段中温度为 95℃左右时 DTA 曲线有一个明显的吸热峰，并且 TG 曲线明显失重，失重达 40%，这一过程中的失重远大于结晶水的比例，因此应该伴随着游离水的失去。第二阶段为 100～420℃，在这一阶段 TG 曲线没有明显的变化，但在 410℃对应 1 个吸热峰，这可能是葡萄糖内部结构的重新整合，即相变存在。第三阶段为 420℃之后，在这一阶段 TG 曲线先是明显失重，然后基本不变，在 460℃左右 DTA 曲线出现吸热峰，并且与此对应的 TG 曲线明显失重加速，这是葡萄糖的热分解阶段。在这个阶段除了分解为碳外，还包括了一氧化碳、二氧化碳和小分子有机物散失。这个过程为材料的合成提供了还原性的气氛。

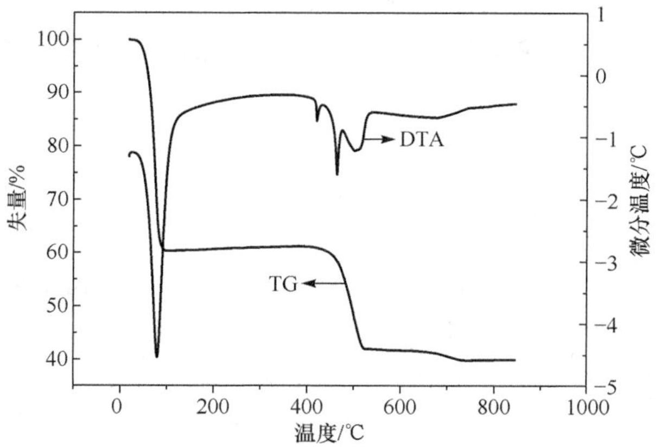

图 4.2　葡萄糖的 TG-DTA 曲线[11]

图 4.3 为碳酸锂的 TG-DTA 曲线。从图中可以看出，在 700℃之前碳酸锂基本稳定，没有发生明显的变化，在这一阶段没有出现明显的失重和吸放热峰。在 728℃时 DTA 曲线出现一个尖锐的吸热峰，并且对应的 TG 曲线失重明显，表明碳酸锂开始发生分解反应，这一反应随温度升高持续进行。

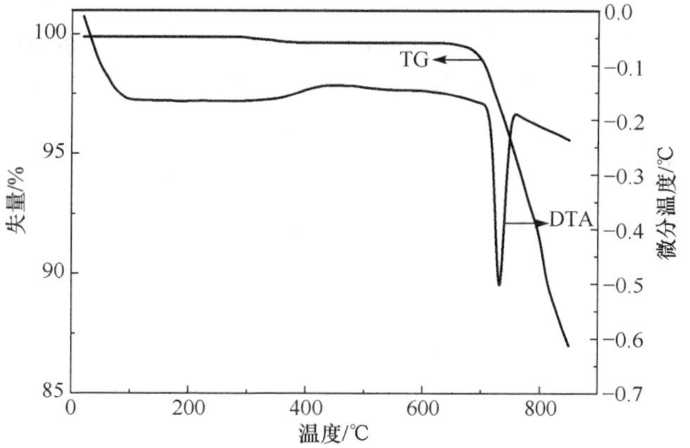

图 4.3　碳酸锂的 TG-DTA 曲线[11]

图 4.4 为草酸亚铁的 TG-DTA 曲线。从图中可以看出，草酸亚铁的分解分为以下几个阶段：在大约 180℃时 TG 曲线急剧下降，质量减小较快，而且在这一过程 DTA 曲线也出现了一个明显的吸热峰，这一阶段对应着草酸亚铁中游离水和结合水的失去；在 180～350℃内 DTA 曲线基本上没有变化，质量损失 8%左右，说明不存在较大的反应过程；350℃后 TG 曲线开始出现较为强烈的下滑并且 DTA 曲线出现吸热峰，这一阶段对应着草酸亚铁的热分解阶段，在这一过程中失

重达 50%，同时应该伴随有一氧化碳、二氧化碳等气体小分子的出现；400℃以后，材料性能基本不再变化，说明草酸亚铁在 400℃之前就完全实现了分解。

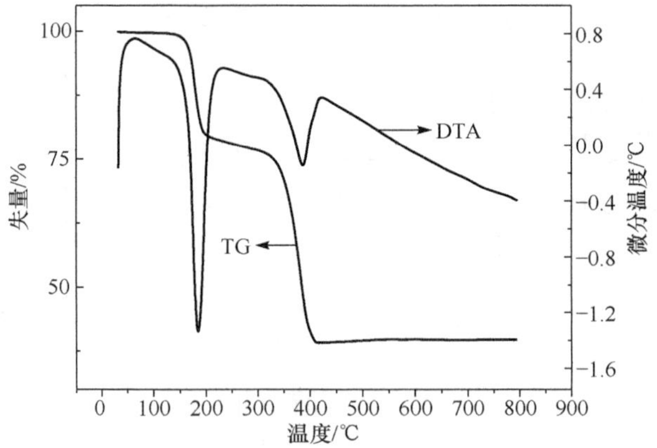

图 4.4　草酸亚铁的 TG-DTA 曲线[11]

图 4.5 为各种原料按照比例进行混合后的 TG-DTA 曲线。由各原料的 TG-DTA曲线分析可知，混合原料在 350℃之前的吸放热和失重主要是由游离水、结晶水的失去和原材料的分解造成的，而磷酸铁锂的形成和结晶过程是在 400℃之后才开始的；在大约 390℃之后 TG 曲线基本不再变化，但是在 400℃对应一个吸热峰，在 450～500℃对应一个放热峰，这最有可能对应磷酸铁锂的晶体形成过程。因此，磷酸铁锂的形成应该在 400～500℃。

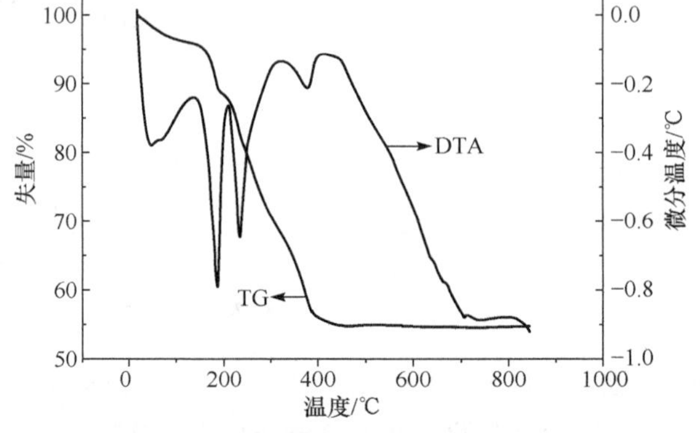

图 4.5　混合原料的 TG-DTA 曲线[11]

阮艳丽测试的 TG-DSC 曲线得到同样的结论，如图 4.6 所示。实验确认，失重主要发生在 400℃之前的温度区间内。100℃附近失重主要是原料中结晶水的析出，对应 DSC 曲线上一个较小的吸热峰；200～300℃的温度范围内存在两个较强的吸热峰，分别对应原料中草酸亚铁的分解及磷酸二氢铵的熔融，同时伴随着重量损失;350℃后的温度区间内,基本没有重量上的变化,但存在着热量变化,说明随着温度的升高,发生了新的固相反应。从 DSC 曲线来看,放热反应一直持续到 650℃。

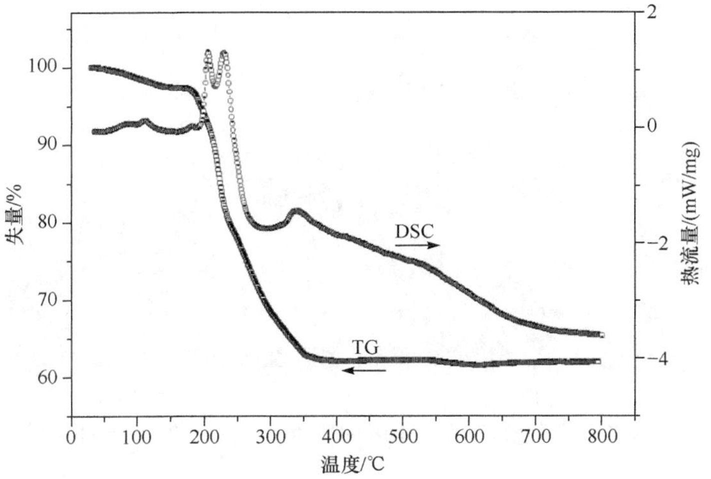

图 4.6 磷酸铁锂合成过程中的 TG-DSC 分析曲线[10]

从以上测试结果来看,在烧结工艺中,考虑到材料烧结的动力学过程,必须选择在 650℃以上的温度范围内合成磷酸铁锂。一般厂家都采用 700~750℃温度进行烧结。温度过低,烧结时间较长;温度过高,晶粒较大,综合加工性能不好。

随着烧结时间的延长和烧结温度的提高,磷酸铁锂材料一次晶粒尺寸明显变大。这个现象可用扫描电子显微镜观察。图 4.7 为采用草酸亚铁体系在不同温度烧结得到的材料 SEM 图像。可见,随着烧结温度的提高,一次晶粒尺寸可以从 100nm 长大到 2~3μm,晶粒形态发生明显的变化。

图 4.8 为采用草酸亚铁体系在 750℃不同烧结时间得到的材料 SEM 图像。由图可见,随着烧结温度的提高和时间的延长,产物的粒径明显增大。烧结 12h 的产物粒径在 500~600nm 范围内。随着烧结时间的延长,颗粒结晶逐渐完善,粒径相对增大。烧结 24h 后的产物呈现出较为规则的球形颗粒,粒径达到 1μm 左右。反应时间过长会造成颗粒的进一步团聚,表面也比较粗糙。较大的颗粒会限制锂离子的扩散,严重影响产物的性能;而颗粒过小,比表面积太大,又严重影响制浆和涂布性能。因此,利用草酸亚铁法烧结时间一般控制在 12~24h。也有厂家为了保持良好的综合性能,采用 40h 以上的烧结时间,虽然性能比较稳定,但生产效率较低。

利用 XRD 可以分析材料的物相结构。图 4.9 为不同温度下烧结得到成品磷酸铁锂材料的 XRD 分析结果。可见,在 650℃还有少量没有反应完全的原料,以及部分副反应产物,只有到了 750℃才达到完全烧结。这可能也与锂源、碳源等因素有关。

(a) 550℃　(b) 650℃

(c) 750℃　(d) 850℃

图 4.7　不同温度下烧结 24h 的磷酸铁锂材料的 SEM 图像[10]

(a) 12h　(b) 24h　(c) 36h

图 4.8　750℃下烧结不同时间得到磷酸铁锂产物 SEM 图像[10]

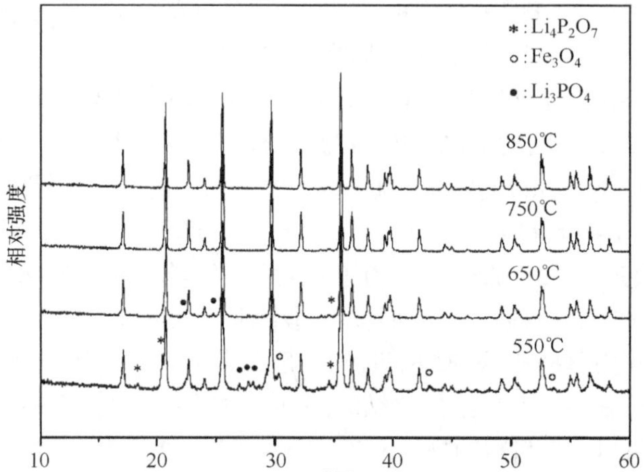

图 4.9　不同温度合成磷酸铁锂材料的 XRD 衍射图[11]

4.4　合成材料的性能

4.4.1　扣式电池性能

对不同方式制造的磷酸铁锂，首先要通过扣式电池评价其电化学性能。图 4.10为利用扣式电池测量的草酸亚铁法制备的磷酸铁锂材料不同倍率的充放电曲线。可见，在 0.2C 充放电的条件下，放电比容量达到 140mA・h/g 左右，充放电平台的电压差为 0.5V 左右。随着放电倍率的提高，容量减小，充放电平台电压差增大。在充放电倍率为 1C 的条件下，放电比容量为 123mA・h/g 左右，充放电平台的电压差在 1V 左右。在充放电倍率为 2C 的条件下，放电比容量在 117mA・h/g 左右，充放电平台的电压差在 1.5V 左右。对不同的放电倍率，电压曲线出现的拐点位置也不尽相同。

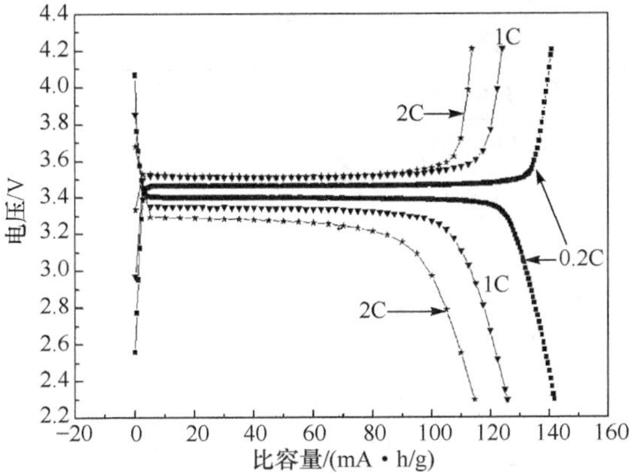

图 4.10　扣式电池测量草酸亚铁法制备磷酸铁锂材料的充放电曲线[11]

国内某公司用草酸亚铁法制备的磷酸铁锂材料扣式电池测试曲线如图 4.11 所示。

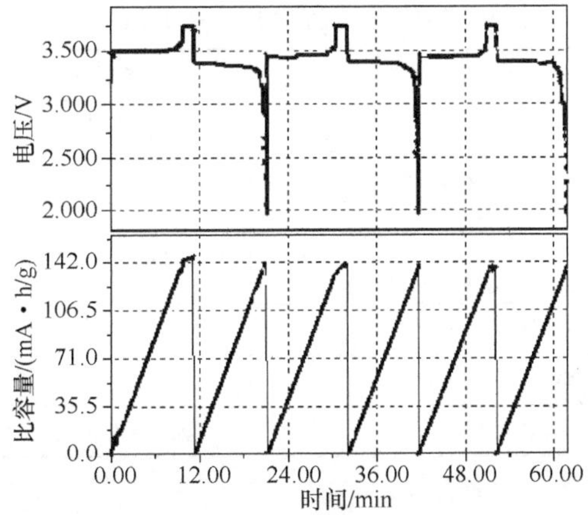

图 4.11　草酸亚铁法制备的磷酸铁锂材料扣式电池充放电曲线[13]

4.4.2　材料的理化性能

利用草酸亚铁法制备的磷酸铁锂材料典型理化性能如表 4.9、表 4.10 所示。

表 4.9　河南某厂利用草酸亚铁法制备的磷酸铁锂材料性能

序号	检验项目		测试数据	检查仪器或方法
1	振实密度/(g/cm³)		1.1	振实密度仪
2	粒度分布	D_{10}/μm	1.02	激光粒度仪
		D_{50}/μm	2.25	
		D_{97}/μm	7.51	
3	比表面积/(m²/g)		19.0	BET 多点法测试
4	粒型		二次团聚体	电子扫描显微镜
5	化学成分	Li 含量/%	4.3	化学分析
		P 含量/%	19.2	
		Fe 含量/%	34.6	
		碳含量/%	2.65	碳硫分析仪
		pH	10.5	pH 计
	水分含量/%		0.3	GB 6284—86 重量法
6	电化学性能	0.2C 放电比容量/(mA · h/g)	145	半电池(Li 负极)
		0.5C 放电比容量/(mA · h/g)	142	
		1C 放电比容量/(mA · h/g)	130	
7	产品外观		黑色粉末、无杂色结块	目测
8	外观包装检验		合格	目测

表 4.10　山东某厂利用草酸亚铁法制备的磷酸铁锂材料性能

序号	检验项目		指标	检查仪器或方法
1	振实密度/(g/cm³)		>0.8	振实密度仪
2	粒度分布	D_{10}/μm	>0.8	激光粒度仪
		D_{50}/μm	4～5	
		D_{90}/μm	<15	
3	比表面积/(m²/g)		<15	BET 法
4	压实密度/(g/cm³)		2.2～2.3	正极极片
5	碳含量/%		～2.0	硫碳测试仪

续表

序号	检验项目			指标	检查仪器或方法
6	电化学性能	比容量	0.1C 放电比容量/(mA·h/g)	150 全电池不低于 130	半电池(Li 负极)
			1C 放电比容量/(mA·h/g)	135	
7		衰减性能		2000 次<10%	全电池
		放电中值电压	0.1C/V	3.35	
			1C/V	3.2	
			10C/V	2.9V	
7	加工性能			合格	—
8	批次稳定性			波动小	—

图 4.12 为典型的草酸亚铁法制备的磷酸铁锂材料的显微形貌照片。可以看出，利用草酸亚铁合成的磷酸铁锂具有较明显的形貌特征。首先，一次晶粒分布较宽，总体尺寸较小(基本在 1μm 以下)，保证了材料具有良好的低温性能；其次，晶粒通常连接在一起，组成更大的二次晶粒，接触面较大；另外，材料表面和晶粒内部看不见明显的碳层和碳颗粒，晶粒表面比较光滑。草酸亚铁法制备的磷酸铁锂材料碳含量都比较低，且草酸亚铁分解产生的少量碳粒子分布在晶粒内部，会改善材料的放电特性，如可以提高放电平台。

(a)　(b)

图 4.12　利用草酸亚铁法制备的磷酸铁锂材料显微形貌[13,14]

4.4.3　电池性能

河南某厂家利用草酸亚铁法制备的磷酸铁锂材料制造的功率型电池在不同倍率下的放电容量对比数据如表 4.11 所示。

表 4.11 草酸亚铁法制备的磷酸铁锂材料典型倍率放电数据[13]

放电倍率	1C	3C	5C	7C	10C
电池容量/(mA·h)	1309	1283	1296	1308	1283
放电容量/1C 放电容量/%	100	98	99	100	98

山东某厂家利用草酸亚铁法制备的磷酸铁锂材料制造的电池容量、中值电压、与 0.2C 容量对比数据如表 4.12 所示。

表 4.12 草酸亚铁法制备的磷酸铁锂材料典型数据[15]

放电倍率	0.2C	0.5C	1C	2C	3C	5C	8C	10C
电池容量/(mA·h)	2332.2	2319.5	2300.0	2278.4	2246.0	2210.0	2177.4	2161.4
中值电压/V	3.29	3.27	3.25	3.21	3.17	3.11	3.03	2.98
放电容量/0.2C 放电容量/%	100.00	99.46	98.62	97.69	96.30	94.76	93.36	92.68

利用磷酸铁锂材料制造的电池在各种倍率下的放电曲线如图 4.13 所示。需要说明的是，该电池采用的是功率型电池的设计工艺，可以保证材料容量的最大限度发挥，使不同倍率之间的放电容量差别较小。

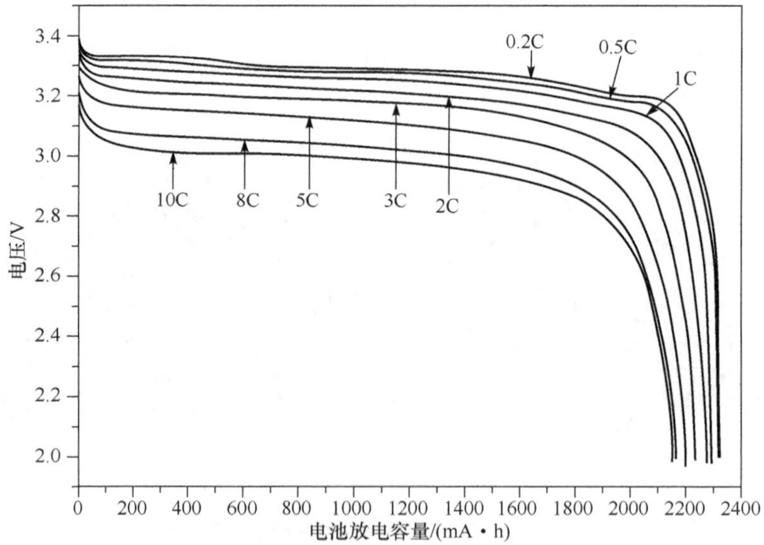

图 4.13 磷酸铁锂电池不同倍率放电曲线[15]

众所周知，磷酸铁锂材料的低温性能较差。利用磷酸铁锂材料制成电池后，电池低温性能的决定因素是正极材料。不同的磷酸铁锂材料低温性能差异很大。相对来说，利用草酸亚铁法制备的磷酸铁锂材料低温性能是比较高的。如果用扣式电池评测，−20℃下 0.5C 放电容量约为室温放电容量的 50%左右。制成全电池后，电池放电过程中内部会发热，由于尺寸效应，容量越大的电池表现出来的低温性能越好。室温和−20℃下 0.5C 典型放电曲线如图 4.14 所示，此时的放电容量为室温条件下 58%。

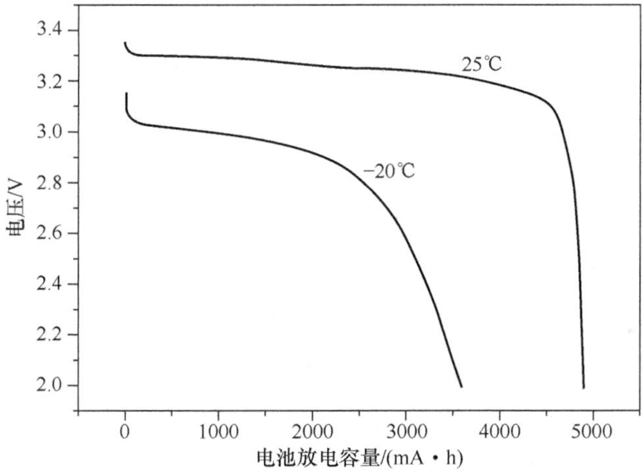

图 4.14　磷酸铁锂电池不同温度下 0.5C 放电曲线[14]

不同温度下草酸亚铁法制备的磷酸铁锂电池典型放电曲线如图 4.15 所示。

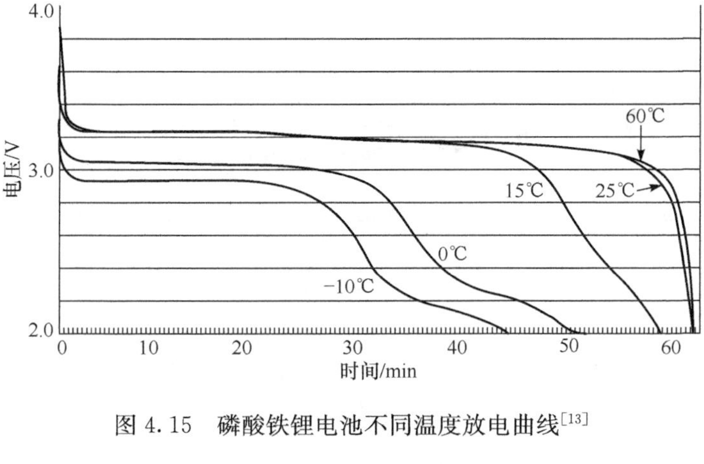

图 4.15　磷酸铁锂电池不同温度放电曲线[13]

磷酸铁锂电池的自放电性能也有很大的差异。自放电不仅和磷酸铁锂材料有关，更受电池制备工艺的影响。电池制造较好，工艺较匹配，电池的自放电会大大减小。自放电的影响因素非常复杂，粉尘、环境洁净度、电解液、CA 比、隔膜类型、张紧度等都会影响电池的自放电。典型的 32650 电池自放电曲线如图 4.16 所示。荷电保持 30 天，电压下降小于 10mV，容量保持率大于 96%，容量恢复率 100%。

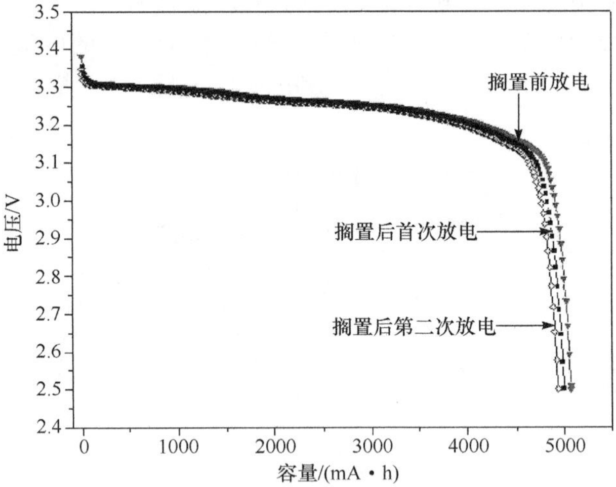

图 4.16 磷酸铁锂电池自放电曲线[14]

磷酸铁锂电池的循环性能是电池的主要指标之一。其循环性能也是考核制程工艺是否合理的重要指标。一般厂家要求达到的指标是 1C 充放电循环 2000 次，容量保持率大于 80%。现在很多厂家的电池性能已经远远超过此指标。一般磷酸铁锂电池的循环衰减是线性的，即衰减曲线基本是一条直线。因此，可以从前几百次的循环趋势推断出后续的循环衰减情况。图 4.17 为草酸亚铁法制备磷酸铁锂制造的电池 1C/1C 循环曲线。

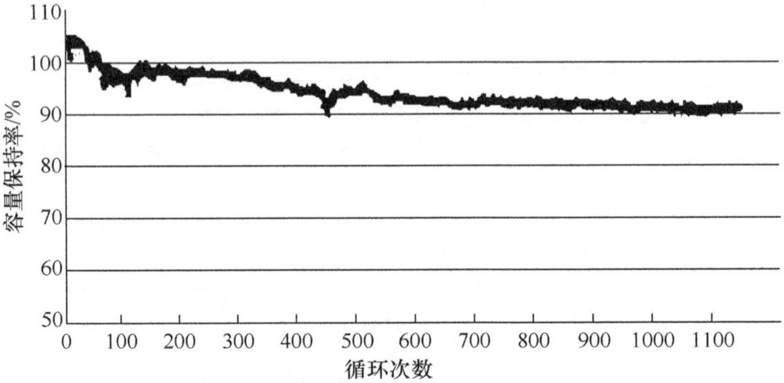

图 4.17 磷酸铁锂电池 1C/1C 循环曲线[15]

有时为了评价磷酸铁锂材料和电池的高倍率循环性能，需要进行 3C/3C、5C/5C 或 1C/10C 的循环性能测试。需要说明的是，高倍率循环性能严重依赖电池体系的制造工艺水平。当体系配合较好时，其循环性能也较好。图 4.18 为草酸亚铁法制备的磷酸铁锂进行 5C 充放循环的情况。实验中循环 950 次，容量保持率达 89%。

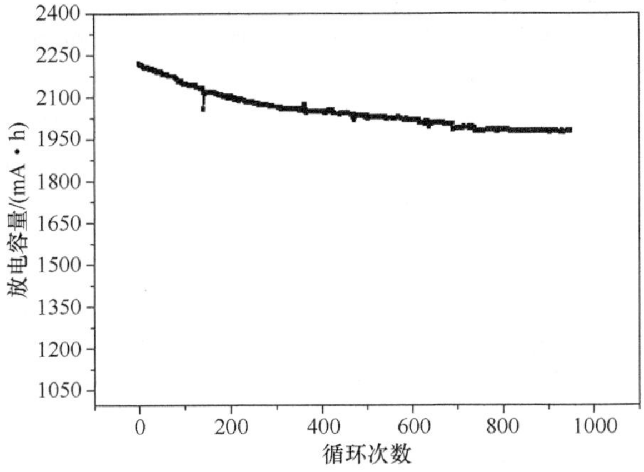

图 4.18　磷酸铁锂电池 5C/5C 循环曲线[15]

参 考 文 献

[1] 李唤民,沈志亚. 化学世界,1965,12:552-553

[2] 合肥亚龙化工有限责任公司. 草酸亚铁. http://detail.china.alibaba.com/buyer/offerdetail/473487479.html,2012,[2013-02-08]

[3] 深圳市硕田科技有限公司. 草酸亚铁. heep://www.shektin.com/ProductShow.asp,2011,[2013-02-08]

[4] 天津化工研究院. 无机盐工业手册(下册). 北京:化学工业出版社,2005

[5] 天津化工研究院. 无机盐工业手册(上册). 北京:化学工业出版社,2005

[6] 四川天齐锂业股份有限公司. 电池级碳酸锂. http://www.likunda-china.com/_d271147994.htm,2012,[2013-02-08]

[7] 四川天齐锂业股份有限公司. 高纯碳酸锂. http://www.likunda-china.com/_d271148001.htm,2012,[2013-02-08]

[8] 维基百科. 葡萄糖. http://zh.wikipedia.org/wiki/%E8%91%A1%E8%90%84%E7%B3%96,2008,[2013-02-08]

[9] 河北圣雪葡萄糖有限责任公司. 无水葡萄糖. http://www.shengxue.com/pages/dextrose_anhydrous-c.htm,2012,[2013-02-08]

[10] 阮艳丽. 磷酸铁锂正极材料的应用基础研究. 天津:天津大学博士学位论文,2006

[11] 魏艳军. 锂离子电池正极材料 $LiFe_{1-x}Mn_xPO_4$ 的性能研究. 天津:河北工业大学硕士学位论文,2012

[12] 赵霞,欧秀芹,梁广川,等. 物理化学学报,2008,24(7):1326-1328

[13] 新乡市华鑫能源材料股份有限公司. 锂离子二次电池正极材料. http://www.xxhxem.com.cn/cpinfo.php?cpid=27455,2008,[2013-02-08]

[14] 烟台卓能电池材料有限公司. ZNS13. http://www.top-material.com/chanpin.asp?cid=2&aid=38,2010,[2013-02-08]
[15] 烟台卓能电池材料有限公司. ZN15. http://www.top-material.com/chanpin.asp?cid=2&aid=16,2010,[2013-02-08]

第 5 章　碳热还原法制备磷酸铁锂材料

在制备磷酸铁锂材料的厂家中，碳热还原法是目前应用广度仅次于草酸亚铁法的技术。其主要原料中的铁源是三价铁，包括磷酸铁($FePO_4$)和氧化铁(Fe_2O_3)等。在反应过程中，碳(C)和一氧化碳(CO)将三价铁(Fe^{3+})还原为二价铁(Fe^{2+})，进入晶格，形成磷酸铁锂($LiFePO_4$)的晶体结构。碳热还原法的优点是在加工过程中不必考虑原料的氧化，可以用各种混料手段对原料进行加工，从而达到所需要的分散态。只是到高温阶段，碳才把三价铁还原为二价铁，形成磷酸铁锂，因此称为碳热还原法。

碳热还原法实现了一步还原，减少了出气量，有利于产率的提高。同时合成工艺简单，过程易于控制，越来越多的公司开始采用了碳热还原法。采用此类工艺的主要生产厂家有苏州恒正、南京久兆、Valence、深圳比亚迪、台湾立凯电能、海特电子集团等公司。

5.1　合成原理

利用碳热还原法制备磷酸铁锂材料，主要技术路线是将三价铁化合物($FePO_4$、Fe_2O_3)、锂源和磷源(Li_2CO_3、LiH_2PO_4、$NH_4H_2PO_4$等)及碳源(淀粉、葡萄糖、酚醛树脂等)混合均匀后，在烧结炉中通入保护气氛进行烧结，合成出达到技术性能的磷酸铁锂材料。各个厂家的主要工艺区别在于混料工艺、烧结工艺、加工设备和原料配方。通用的反应方程式是

$$2FePO_4 + Li_2CO_3 + C \longrightarrow 2LiFePO_4 + CO_2\uparrow + CO\uparrow \quad (5.1)$$

$$Fe_2O_3 + 2LiH_2PO_4 + C \longrightarrow 2LiFePO_4 + CO\uparrow + 2H_2O\uparrow \quad (5.2)$$

碳热还原法制备磷酸铁锂的一般工艺流程如图 5.1 所示。

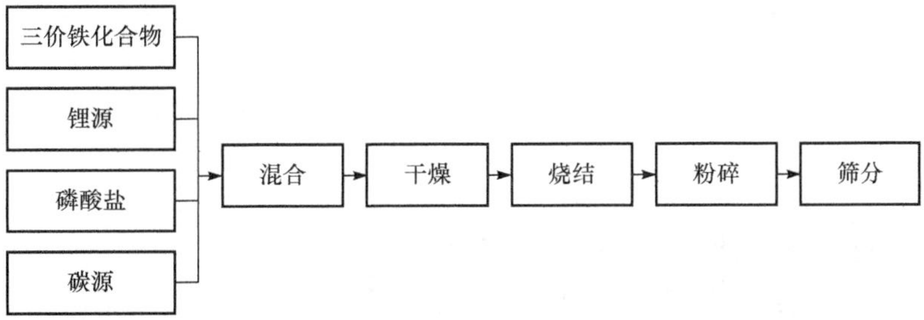

图 5.1　碳热还原法制备磷酸铁锂材料流程图

采用磷酸铁、氧化铁两种不同的原料体系，反应过程有较大的差别，得到的材料性能也有较大差异。

采用磷酸铁($FePO_4$)体系时，磷酸铁原料可以同时提供铁离子和磷酸根离子，配料体系制造只要加入锂盐和碳源即可。此时，磷酸铁原料的性能指标决定了成品的性能。磷酸铁原料需要综合考虑铁磷比例、杂质含量(特别是钠、钾含量)、显微形貌、比表面积、堆积密度，特别需要考虑其电化学活性能力。这些性质将会直接"传递"到磷酸铁锂成品中。实验和应用证明，磷酸铁材料的纳米化可以显著提高材料的综合性能。目前国内已经有厂家可以提供具有纳米结构和尺度的磷酸铁原料。

采用氧化铁(Fe_2O_3、Fe_3O_4)体系(也称为铁红工艺、铁黑工艺)时，一般采用磷酸二氢锂(LiH_2PO_4)同时作为锂源和磷源。碳将三价铁直接还原为二价铁，与磷酸二氢锂直接化合形成磷酸铁锂。此体系的特点是出气量最少，收率最高。氧化铁易于制成亚微米甚至纳米级的粒子，具有比较大的表面活性，易于烧结成成品；易于制造，成本也相对低廉，是大宗工业品。用于磷酸铁锂原料时，对其纯度要求比较高。也有厂家特地宣称，使用的是进口高品质的氧化铁，能够保证生产质量。

碳热还原法可以在高温下实现快速烧结反应。因反应速度较快，烧结工艺可以利用转炉实现。国内有厂家用3～4h即可实现完全烧结，不仅生产效率大大提高，也有效防止了因烧结时间长造成的品质波动。

采用磷酸铁体系制备磷酸铁锂材料时，原料中的锂源需要过量，一般以过量2%～5%(物质的量的比)为宜。在烧结过程中，在电炉中要通入非氧化的保护气氛。实验证明，保护气体可以在炉内出现大量分解气体后(约400℃)再通入，对成品性能影响不大。原因是三价铁在400℃以下没有价态的变化，二价铁还原一般在400℃以上发生。保护性气氛用价格低廉的工业纯氮气(N_2)即可。碳源分解时，生成的碳、水蒸气、一氧化碳等气体也具有良好的还原效果。采用氧化铁工艺时，如果需要适当增加锂含量，需要在原料(锂源为LiH_2PO_4)体系中额外加入少量的碳酸锂进行锂含量的调节。采用碳热还原法制造磷酸铁锂时，配料原料中铁磷物质的量的比在0.95～0.98为宜。

典型的碳热还原法制备磷酸铁锂的配方如表5.1所示。

表5.1　碳热还原法制备磷酸铁锂的典型配方

原料体系		分子式	规格	配料物质的量的比	配料质量比例
磷酸铁法	磷酸铁	$FePO_4$	99.0%	1.00	157.42
	碳酸锂	Li_2CO_3	99.5%	1.03	38.24
	葡萄糖	$C_6H_{12}O_6$	99.5%	0.1～0.2	18～36
氧化铁法	氧化铁	Fe_2O_3	99.0%	0.98	79.04
	磷酸二氢锂	LiH_2PO_4	99.5%	1.00	104.45
	葡萄糖	$C_6H_{12}O_6$	99.5%	0.1～0.2	18～36

5.2　主要合成原料

采用碳热还原法制备磷酸铁锂，主要的原料是磷酸铁、氧化铁、碳酸锂、磷酸二氢锂等材料。本节分别介绍主要原料的性质：

磷酸铁　又名正磷酸铁，分子式 $FePO_4$，以二水磷酸铁($FePO_4 \cdot 2H_2O$)最为普遍，其相对分子质量为 186.82。高纯度的二水磷酸铁的颜色为白色或浅黄色粉末，随着结晶水的丢失，颜色逐渐变黄，纯无水物呈黄白色。磷酸铁有几种水合物，分别为二水磷酸铁($FePO_4 \cdot 2H_2O$)、三水磷酸铁($FePO_4 \cdot 3H_2O$)、八水磷酸铁($FePO_4 \cdot 8H_2O$)。二水磷酸铁中的磷超标时外观呈灰白色或暗灰白色，铁超标时呈暗黄色。其中铁磷比是衡量磷酸铁品质最关键的指标，也是决定磷酸铁锂品质最关键的因素[1]。随制备工艺的不同，磷酸铁的振实密度有较大的差异。纳米磷酸铁振实密度为 0.3～0.5g/cm^3，而微米球状磷酸铁振实密度达到 1.3～1.5g/cm^3。有文献提出制造的高密度纯球形磷酸铁振实密度可以达到 2.0g/cm^3[2]。

磷酸铁几乎不溶于水、乙醇，但在 pH 小于 1 的酸液中可以溶解。磷酸铁较易溶解于盐酸和硫酸，因此实验室常用盐酸和硫酸溶液清洗磷酸铁合成设备。有文献资料提出磷酸铁不溶解于硝酸[3]。但经实验证实，磷酸铁可以在一定浓度的硝酸中溶解[4]。磷酸铁在自然界中一般以蓝铁矿形式存在。

磷酸铁锂行业用的磷酸铁有明确的标准，要求的铁磷比例、纯度、形貌、放电容量等指标都比较严格，只能通过精细化工设备生产。一般是利用三价铁和磷酸根在酸性溶液中混合，通过逐渐增大 pH，控制结晶速度制成磷酸铁沉淀物。沉淀物经过过滤、反复洗涤，去除其中的硫酸根、钠、钾离子等杂质后，进一步烘干、粉碎制成磷酸铁成品。此时制成的磷酸铁含有两个结晶水，可以在 400～700℃煅烧，进一步脱掉结晶水，制成无水磷酸铁。需要说明的是，磷酸铁是一种非确定化学计量比的化合物，其中的铁磷物质的量的比(Fe/P)可以在一定的范围内调节。

不同厂家提供的磷酸铁具有不同的性能指标，检验标准也不尽相同。表 5.2 为浙江某厂提供的磷酸铁供货指标。

表 5.2　浙江某厂提供的磷酸铁性能指标

项目	指标
按 Fe_2O_3 含量计/%	38.83
按 P_2O_5 含量计/%	38.66
灼烧失重/%	21.17
Al_2O_3 含量/%	≤0.53

续表

项目	指标
SiO_2含量/%	≤0.02
CaO 含量/%	≤0.05
MgO 含量/%	≤0.10
K_2O 含量/%	≤0.03
Na_2O 含量/%	≤0.15
TiO_2含量/%	≤0.02
重金属含量/10^{-6}	≤20
砷含量/10^{-6}	≤3

近年来,纳米磷酸铁开始在市场出现,并赢得了磷酸铁锂厂家的注目。纳米磷酸铁是指磷酸铁材料一次晶粒的粒径在 100nm 以下。由于其具有较小的粒径和极大的表面积,反应活性非常高。据实验可知,采用纳米磷酸铁作为原料,一次烧结3~4h,即可形成单一的磷酸铁锂晶体结构,且比容量高,放电循环稳定。国内厂家利用纳米磷酸铁制成的磷酸铁锂材料和电池性能都非常优异。该技术较传统磷酸铁材料动辄 10h 以上的烧结时间大大缩短,成本也大幅度下降。

纳米磷酸铁材料制备的关键,是选择合适的原料体系和工艺条件。目前已经有很多专利等文献报道了纳米磷酸铁的制备方法,也有很多厂家号称自己的磷酸铁是纳米的。判断是否为纳米磷酸铁,一般采用透射电镜(TEM)观察一次粒子直径。表 5.3、表 5.4 为河北某厂提供的纳米磷酸铁材料的供货指标。

表 5.3 河北某厂提供的纳米磷酸铁性能指标[5]

产品编号:KWK001		化学式:$FePO_4 \cdot 2H_2O$	
化学名称:正磷酸铁		相对分子质量:150.82(无水物)	
物理性质:浅黄色粉末		外观:米黄色、浅黄色	
松装密度/(g/cm^3)	0.3~0.4	粒径/μm	3~8
含水率/%	<22	包装/(kg/袋)	20
一次粒子直径/nm	<100	0.2C 比容量/(mA·h/g)	>148

表 5.4 河北某厂提供的纳米磷酸铁杂质含量[5]

序号	组分	结果/%
1	Na_2O 含量	0.0711
2	Al_2O_3含量	0.0174
3	SiO_2含量	0.0119

续表

序号	组分	结果/%
4	P_2O_5含量	45.5
5	SO_3含量	0.952
6	Cl 含量	0.0102
7	CaO 含量	0.0047
8	TiO_2含量	1.01
9	MnO 含量	0.0268
10	Fe_2O_3含量	52.3
11	NiO 含量	0.0053
12	ZnO 含量	0.0092
13	Nb_2O_5含量	0.0022

图 5.2 为纳米磷酸铁的 TEM 形貌，可见其一次晶粒在 50～80nm，且中间具有大量的微孔。这是其具有较高反应活性的原因。

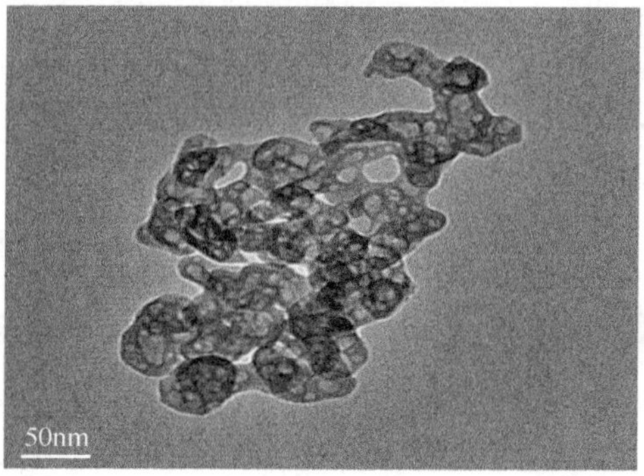

图 5.2　纳米磷酸铁透射电子显微镜形貌图[5]

氧化铁　准确化学名称为三氧化二铁，又称氧化铁红、铁红，为红棕色粉末，化学分子式为 Fe_2O_3，是铁锈的主要成分。相对分子质量为 159.697，理论密度 5.24g/cm^3，熔点 1565℃（分解）。自然界中以赤铁矿、赭石矿物形式存在。金属铁在杂质碳的存在下，与环境中的水分和氧气反应，会自然生成氧化铁。氧化铁为 α 型晶胞结构铁氧体。其晶体为规则球形，色泽呈现红色，具有高导磁能力。颗粒度在 0.1μm 以下时，活性强，有活泼的磁性，有均匀的颗粒组织。氧化铁性能稳定，溶于热的强酸，与盐酸、稀硫酸反应生成三价铁盐；难溶于水[1]。氧化铁典型晶体形貌如图 5.3 所示，性能如表 5.5、表 5.6 所示。

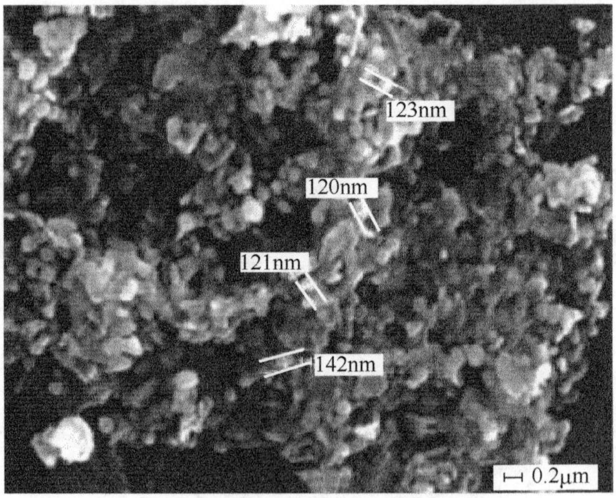

图 5.3　氧化铁显微形貌照片[6]

表 5.5　陕西某公司供应的氧化铁性能指标[7]

项目	典型值
按 Fe_2O_3 含量计/%	≥99.6
物理性质	粉末结晶，不溶于水
外观	红色、无污染物
振实密度/(g/cm³)	≥4.0
粒径/(μm)	≤0.9
包装/(kg/袋)	25

表 5.6　杭州某厂用于制备磷酸铁锂的氧化铁性能指标[8]

项目	测量结果
外观	红色粉末
pH	6～8
粒径/nm	20～30
比表面积/(m²/g)	80～90
氧化铁含量/%	≥99.8
盐酸不溶物/%	≤0.02
干燥失重/%	≤0.1

磷酸二氢锂　化学分子式为 LiH_2PO_4，相对分子质量为 103.93，无色透明结晶，加热分解，溶于水，密度为 2.46g/cm³(25℃)。230℃时失水生成偏磷酸锂或焦磷酸锂。可由磷酸溶液中加氢氧化锂或碳酸锂，通过蒸发结晶、干燥制成。磷酸二

氢锂可以同时提供锂离子和磷酸根离子，产气量小，制造出的磷酸铁锂材料具有较高的密度。磷酸二氢锂还用作有机物反应催化剂。

磷酸二氢锂的不足之处是需要严格的储存条件，因为其非常易于吸水潮解。在实际生产中，破袋后要尽快使用，没有用完的物料在下次配料前需要进行烘干处理。商品磷酸二氢锂的质量标准如表 5.7 所示。

表 5.7　磷酸二氢锂材料标准[9]

项目	测量结果典型值	
	电池级	高纯级
LiH_2PO_4/%	>99.0	>99.9
Na 含量/%	≤0.005	≤0.0020
Ca 含量/%	≤0.005	≤0.0050
Fe 含量/%	≤0.001	≤0.0010
Pb 含量/%	≤0.005	≤0.0020
Cl 含量/%	≤0.005	≤0.0010
K 含量/%	≤0.0010	
SO_4^{2-} 含量/%	≤0.0020	

碳酸锂和葡萄糖等原料介绍见第 4 章。

5.3　合成工艺

5.3.1　合成工艺特点

碳热还原法制备的磷酸铁锂也要通过高温固相法进行烧结。其采用的工艺与草酸亚铁法类似，即按照化学计量比配好、混合均匀，经过研磨、高温烧结等过程合成磷酸铁锂。在高温烧结过程要在惰性气氛(N_2、Ar 等)下进行。

利用磷酸铁做原料的高温固相法工艺简单，容易实现自动化流程控制，特别是制造的磷酸铁锂材料比容量高，晶粒接近圆形，加工性能优越，容易实现批次之间的稳定化。烧结过程中控制因素简单，制程快速，所得产物均匀度较高。

碳热还原法的工艺主要特点如下：

(1) 磷酸铁锂材料性能严重依赖磷酸铁原料的品质，且无法进行相应调整。磷酸铁材料的含水率、铁磷含量波动、形貌变化和粒度都会影响成品性能，因此原料的稳定至关重要。国内仅有少数几家公司的产品经过了大规模生产的稳定性、一致性验证。在实际生产过程中，必须使每一个批次的磷酸铁原料都要经过挑选和检测，保证综合性能的稳定和均匀。

(2) 对磷酸铁体系制备工艺,混料的均匀性影响非常大。由于烧结过程中磷酸铁不会分解,因此每一个磷酸铁晶粒的周围都必须有锂盐和碳源包围,以便在反应时,锂离子可以通过扩散进入磷酸铁晶格,同时碳通过裂解包覆在磷酸铁锂晶粒表面。而实际过程中,很难保证磷酸铁达到如此的分散状态。过分要求分散均匀会造成制造成本的大幅度上升。

(3) 原料磷酸铁的成分难于控制一致。很多厂家使用磷酸铁时,都是直接进行配料,这要求磷酸铁材料的水分含量必须严格一致,才能保证与锂的配比比例。而磷酸铁实际受温度影响较大,烘干脱水率很难保证完全一致。这是造成很多厂家磷酸铁锂产品品质不稳定的主要原因。

(4) 实验证明,纳米磷酸铁更适用于磷酸铁锂材料的合成。纳米磷酸铁材料表面能高、堆积密度低,但可以通过后续加工手段改善。纳米磷酸铁材料反应活性很高,从实际应用来看,仅需要 3～4h 即可实现完全烧结,且容量高,颗粒均匀,特别是应用于电池加工时,各种加工性能(如稳定性、沉降性、涂布及压实性能等)良好。纳米磷酸铁的特征是一次颗粒直径在 100nm 以下,只能用透射电子显微镜进行观察。

(5) 磷酸铁法制造的磷酸铁锂材料电化学性能较高。半电池 0.1C 放电比容量可大于 160mA · h/g,全电池 1C 放电比容量一般在 135～140mA · h/g。典型地,利用该材料制造的容量型 18650 磷酸铁锂电池,容量可达 1600mA · h;容量型 26650 磷酸铁锂电池,容量可达 3300mA · h。且该材料制造的电池可以实现 40C 以上倍率的放电。

利用氧化铁法制造的磷酸铁锂材料容量一般不高,但具有更好的倍率性能,可以实现 50C 以上的倍率放电,且放电平台高,不同倍率容量差值更小。

5.3.2 合成过程分析

冯泽荣等[10]研究了利用氧化铁制备磷酸铁锂的工艺。通过测量磷酸二氢锂,从氧化铁和导电炭黑混合物在氮气环境中随温度变化的 TG-DSC 曲线发现,200℃与 600℃是反应的两个温度节点。图 5.4 为混合物的 TG-DSC 曲线。

整个反应过程中,反应主要发生在 200～600℃的范围内,最终失重 17%。从热重曲线来看,当温度在 200℃和 600℃时,样品的质量出现明显损失,同时伴随有吸热现象发生。通过分析曲线,根据热效应和质量的变化趋势,整个反应过程可分为三个阶段:室温至 200℃低温阶段;200～600℃中温阶段;600～800℃高温阶段。当前驱体在 200℃以下时,变化较小,氧化铁还不能被充分还原;当温度提高到 300℃,颗粒形貌由原来的棱角形貌变为球形形貌,但数量不多;当温度达到 400℃,单个颗粒的球形形貌更加明显,但是仍然可以观察到团聚在一起的大颗粒没有完全反应,颗粒分散性不好;当温度提高到 500℃,合成的样品具有微米尺度

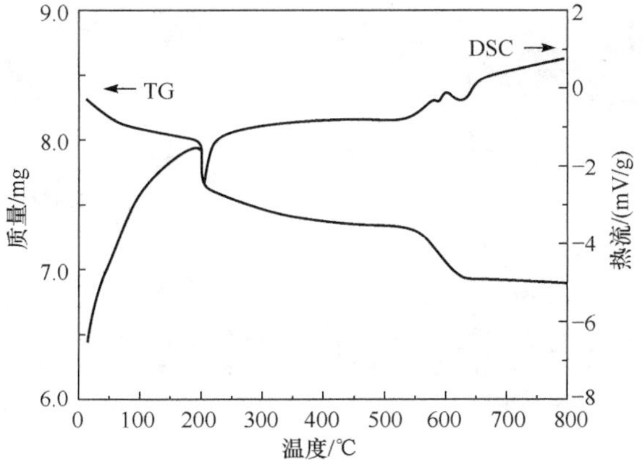

图 5.4　氧化铁体系混合物的 TG-DSC 曲线[10]

的颗粒粒径，单个颗粒形貌进一步趋于球形；600℃之后，颗粒形貌变为典型的橄榄形球形形貌，颗粒分散性逐步提高；在高温阶段（600～800℃），反应物没有发生明显的热重和差热变化，说明此时已经生成稳定的磷酸铁锂。尽管没有明显的反应，但是在高温阶段，合成材料的结晶性能和微观结构产生了很大的变化。从 XRD 分析发现，600℃才出现磷酸铁锂的特征峰，在 650～750℃范围内，材料衍射峰比较尖锐，背底平整，杂相消失，说明材料具有良好的结晶性能。图 5.5 为前驱体混合物随温度升高的 XRD 分析。

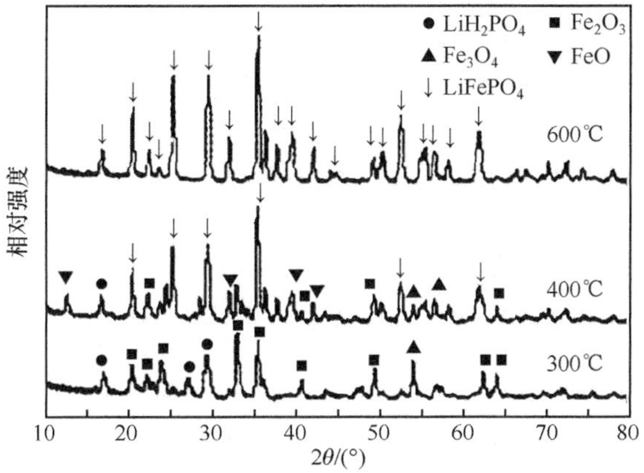

图 5.5　氧化铁制备磷酸铁锂时前驱体随温度升高的 XRD 分析[10]

采用氧化铁工艺制备的磷酸铁锂材料结构比较致密，其原因是制程工艺产气少，材料可以实现致密化。致密度的提高有助于提高材料的倍率放电性能。该工艺的特征是大部分晶粒有融化和熔合现象，如图 5.6 所示。

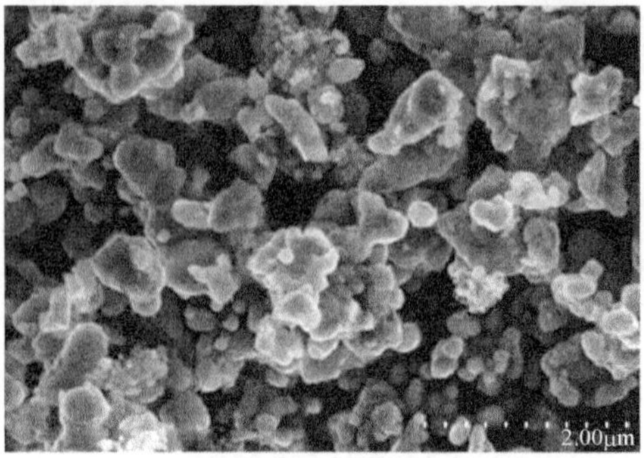

(a) 南京某厂磷酸铁锂[11]

(b) 苏州某厂磷酸铁锂[12]

图 5.6 氧化铁制备的磷酸铁锂 SEM 形貌

张敬捧[13]研究了利用纳米磷酸铁制备磷酸铁锂的过程。纳米磷酸铁脱水过程中的 TG-DTA 分析曲线如图 5.7 所示。从分析曲线可以看出，磷酸铁在 230℃左右出现明显的吸热峰和相应失重，此过程应为磷酸铁失去结晶水的过程；在 570℃和 690℃左右出现两个放热峰，但没有失重，分别对应于磷酸铁从无定型转变为 α 晶型，以及从 α 晶型转变为 β 晶型过程；700℃以后质量几乎不再变化，表明磷酸铁脱水完成。由以上分析可确定磷酸铁脱水温度不能低于 700℃。

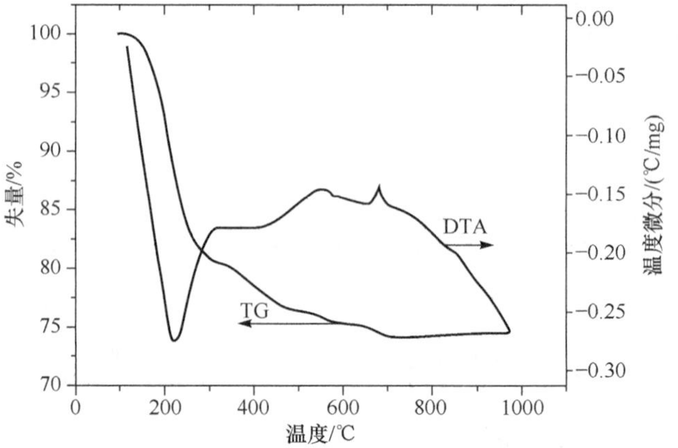

图 5.7 纳米磷酸铁材料的 TG-DTA 分析曲线[13]

实验对磷酸铁、碳酸锂和葡萄糖混合物在氮气气氛下的 TG-DTA 曲线进行了测量，如图 5.8 所示。

由图中曲线发现，混合物失重主要发生在 200～500℃区间，是由于葡萄糖的分解和碳还原 Fe^{3+} 而引起；510℃左右 DTA 曲线上出现小的放热峰，样品质量也迅速减少，说明 $LiFePO_4/C$ 开始生成，失去的质量是由碳酸锂中碳的丢失引起的；

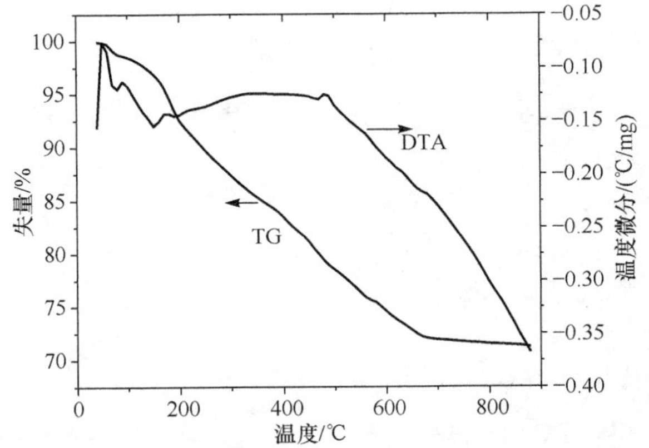

图 5.8　磷酸铁合成磷酸铁锂前驱体的 TG-DTA 分析曲线[13]

700℃后，样品质量几乎不再变化，DTA 曲线也趋于平缓，表明合成 $LiFePO_4$/C 复合材料的反应已经完毕，质量不再改变。由此确定焙烧合成 $LiFePO_4$/C 的温度应在 700℃以上。在 $LiFePO_4$/C 的合成过程中，若烧结温度过低，会导致 $LiFePO_4$/C 结晶不完全；若烧结温度过高，会导致 $LiFePO_4$/C 晶粒过大，使锂离子的扩散路径增大，从而导致材料的电化学性能下降。

不同温度下烧结纳米磷酸铁前驱体所得产物的 XRD 曲线如图 5.9 所示，它们分别是在550℃、600℃、650℃、700℃和 750℃温度下烧结 4h 制备的$LiFePO_4$/C复合材料。从图中可以看到，不同烧结温度下制备的材料与标准图谱相比，均为单一的橄榄石结构磷酸铁锂，说明在 550℃磷酸铁锂已经大量形成；在 550～700℃随着烧结温度的升高，磷酸铁锂衍射峰的强度不断增强，说明材料结晶度不断增大，在 700℃时就可以形成结晶完整的材料。

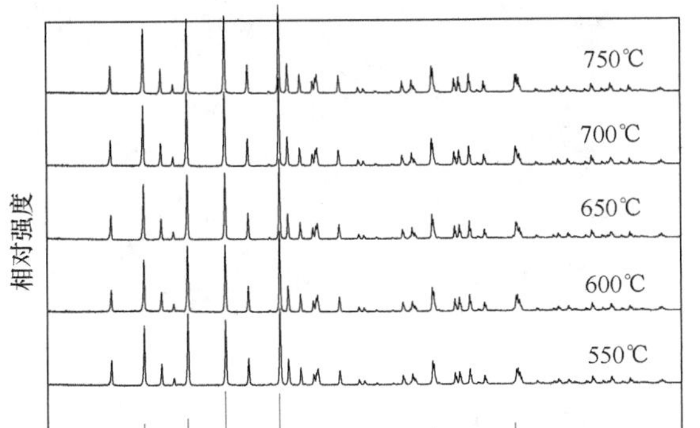

图 5.9　前驱体在不同温度烧结的 XRD 曲线[13]

图 5.10 为采用纳米磷酸铁体系，在 550℃、600℃、650℃、700℃和 750℃温度下烧结制备的 $LiFePO_4/C$ 复合材料的 SEM 图。

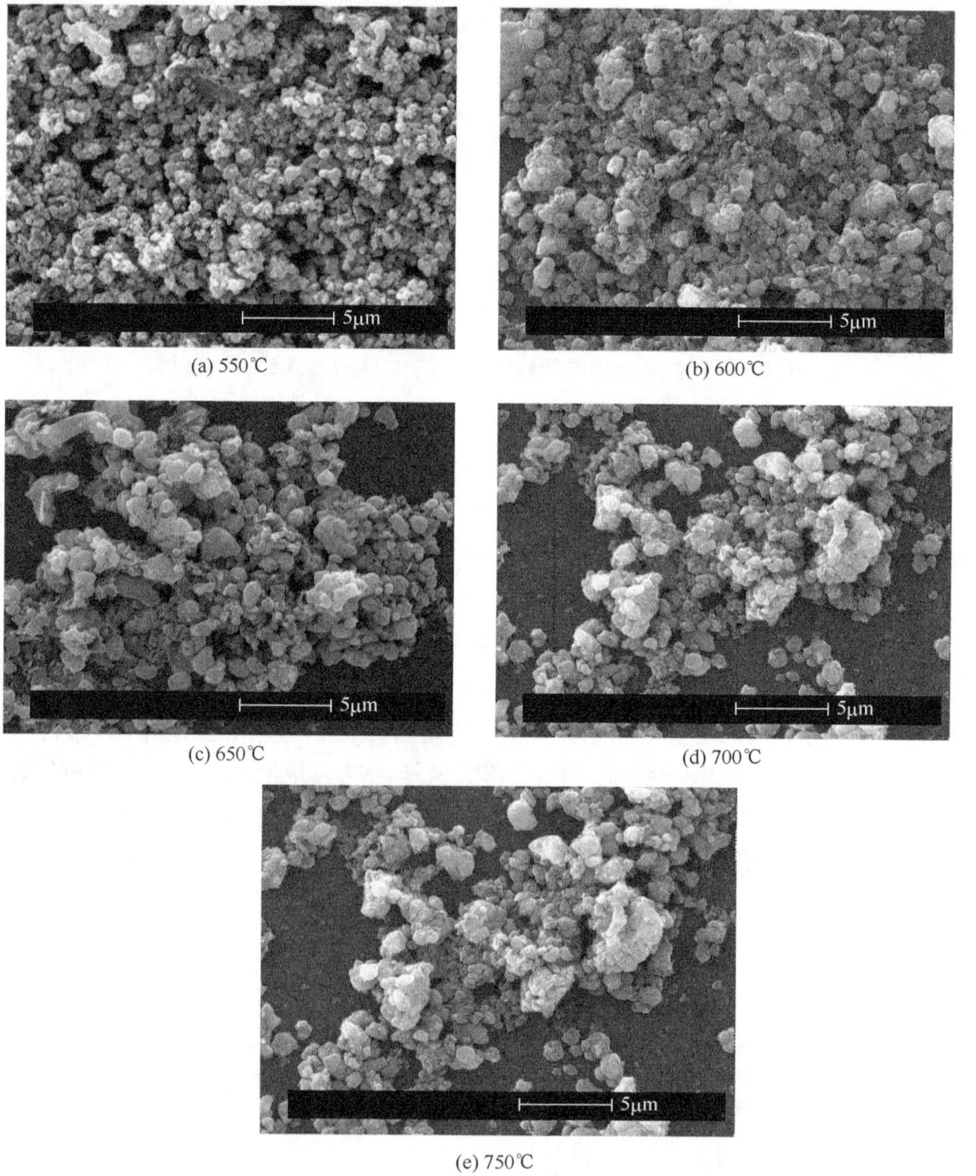

图 5.10　不同温度下制备的 $LiFePO_4/C$ 复合材料的 SEM 图[13]

在 550℃、600℃、650℃和 700℃温度下合成的材料均为类球形，球形颗粒有利于材料堆积密度的提高，700℃温度下合成材料的堆积密度达到了 $1.4g/cm^3$。

550℃和 600℃下合成材料的颗粒大小分布均匀，平均粒径小于 1μm；650℃和 700℃下合成材料的颗粒除有少量的团聚体外，颗粒分布也比较均匀；而在 750℃下合成的 $LiFePO_4/C$ 复合材料大部分为不规则的多边形颗粒，且粒径在 2～3μm，这是由烧结温度过高使小颗粒团聚造成的，这对材料电化学性能的提高是不利的。

需要说明的是，具有良好使用效果的纳米磷酸铁材料本身是非晶态的。图 5.11是纳米磷酸铁材料的 XRD 曲线分析。图中没有尖锐的特征衍射峰，在 25°～35°范围内出现一宽化的漫散射峰，说明制备的纳米磷酸铁具有非晶态无定型结构。

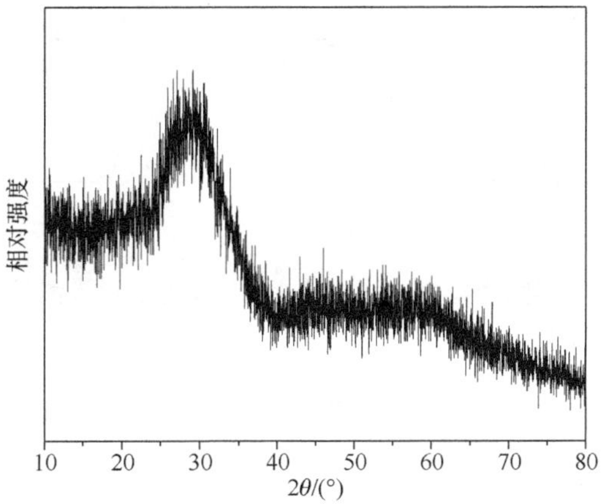

图 5.11　纳米磷酸铁材料的 XRD 曲线[14]

图 5.12 是纳米磷酸铁材料的 SEM 图像。从图中可以看出，纳米磷酸铁样品颗粒粒径微小，看不见明显的晶粒，与 XRD 曲线分析结果互为验证。纳米级的初级颗粒团聚呈絮状。纳米结构有利于材料在较短的时间内得到充分反应，可以缩短合成磷酸铁锂的烧结时间。

图 5.12　纳米磷酸铁材料的 SEM 图像[14]

磷酸铁锂材料最终性能要看放电测试结果。确定原料的配比以后，选择不同温度进行烧结，以确定合成磷酸铁锂的最佳烧结工艺。从图 5.13 可以看出，采用 700℃烧结，材料具有最高的放电比容量。

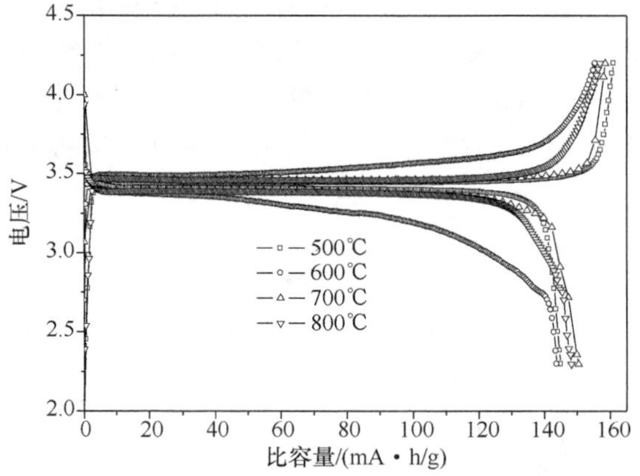

图 5.13 不同烧结温度对磷酸铁锂材料充放电性能的影响[14]

5.4 合成材料的性能

5.4.1 扣式电池性能

图 5.14 为利用扣式电池测量的磷酸铁法制备的磷酸铁锂材料充放电曲线。

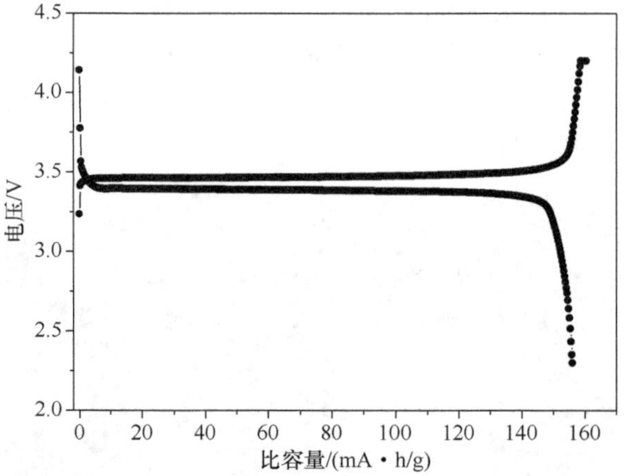

图 5.14 磷酸铁法制备的磷酸铁锂材料扣式电池 0.2C 充放电曲线[13]

利用扣式电池还可以测量循环性能和材料的低温性能。作者课题组测量的相应的曲线如图 5.15 和图 5.16 所示。

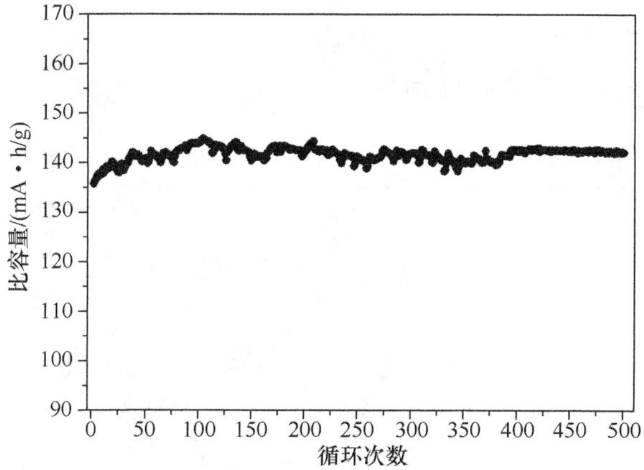

图 5.15　扣式电池测量的磷酸铁锂材料 1C/1C 放电容量的循环曲线

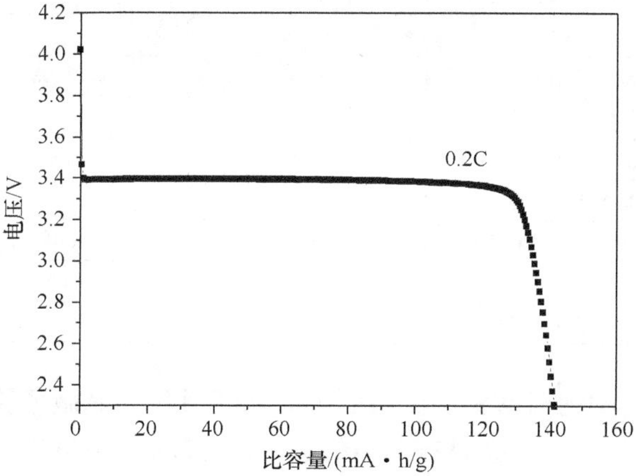

(a) 25℃放电

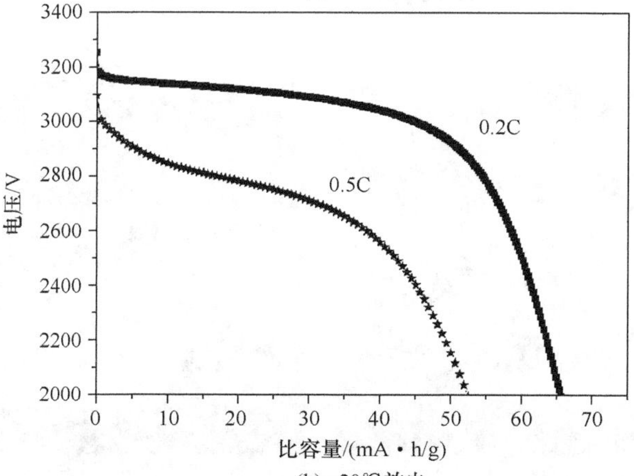

(b) −20℃放电

图 5.16　磷酸铁锂样品不同温度下的放电曲线

5.4.2　材料的理化性能

利用磷酸铁法制备的磷酸铁锂材料典型理化性能如表 5.8 所示。

表 5.8　山东某厂利用磷酸铁制备的磷酸铁锂材料性能[15]

序号	项目	容量型材料技术指标	功率型材料技术指标	低温型材料技术指标
1	外观	灰黑色粉末	灰黑色粉末	灰黑色粉末
2	化学成分/%	C：2～5 Fe^{2+}：30～34 PO_4^{3-}：58～62 Li：3.8～4.2	C：2～5 Fe^{2+}：30～34 PO_4^{3-}：58～62 Li：3.8～4.2	C：2～5 Fe^{2+}：30～34 PO_4^{3-}：58～62 Li：3.8～4.2
3	振实密度/(g/cm^3)	≥1.20	≥1.20	≥1.20
4	粒度 D_{50}/μm	2～5	2～5	2～5
5	比表面积/(m^2/g)	≤25	≤25	≤25
6	电导率/(S/cm)	≥0.01	≥0.03	≥0.005
7	0.2C 放电比容量/(mA · h/g)	≥148	≥145	≥145
8	平均放电电压/V	3.4	3.4	3.4
9	0.1C 首次效率/%	≥94	≥94	≥92
10	1C/2000 次循环容量保持率	>80%	>80%	>80%
11	−20℃放电容量，0.5C	—	—	室温的 45%
12	−40℃放电容量，0.2C	—	—	室温的 40%

图 5.17 为典型的磷酸铁法制备的磷酸铁锂材料的显微形貌照片。可以看出，利用磷酸铁合成的磷酸铁锂具有明显的近球形形貌，表面可见明显的碳包覆层，球形粒子直径接近 1μm，颗粒之间接触紧密，使得材料粒子之间具有良好的导电能力和锂离子传输能力。

(a) 台湾某厂材料

(b) 山东某厂材料

图 5.17　利用磷酸铁合成的磷酸铁锂材料显微形貌[12]

磷酸铁锂材料的粒度应该符合正态分布,大颗粒和小颗粒都要尽量少。建议测量粒度时使用高精度的粒度仪,可以仔细分辨粒度的分布形态。目前诸多的国内粒度测量设备的精度还达不到国际先进水平的要求。众多锂离子电池大厂都在用英国马尔文粒度仪。利用其测量磷酸铁锂材料的粒度分布,典型的分布曲线如图 5.18 所示。

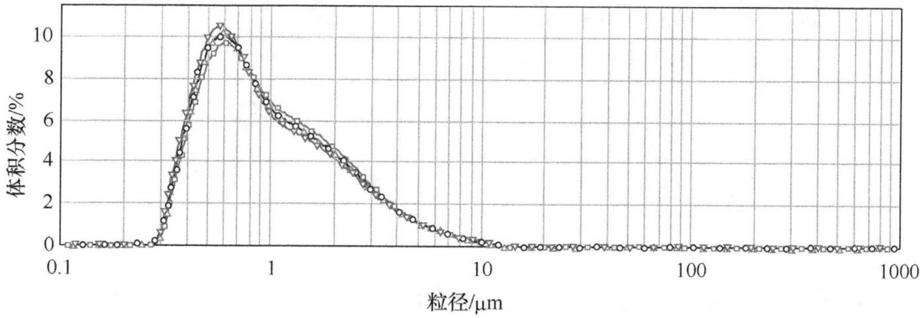

(a) 南京某公司用氧化铁制备的磷酸铁锂

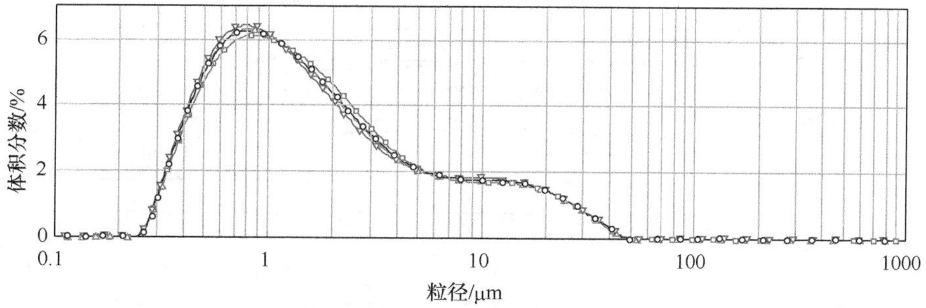

(b) 河北某厂用磷酸铁制备的磷酸铁锂

图 5.18　磷酸铁锂材料粒度分布

从图 5.18 可见,南京某公司用氧化铁制备的磷酸铁锂粒度分布较好,曲线接近正态分布,粒度分布在 0.2～10μm,最大颗粒小于 15μm。而河北某厂用磷酸铁制备的磷酸铁锂粒度分布很宽,粒度分布在 0.25～45μm,曲线出现双峰,在 0.8μm 和 15μm 处出现两个极值,说明材料中有两种不同粒度分布状态的粒子,不符合正态分布规律。

5.4.3　电池性能

山东某公司利用磷酸铁法制备的磷酸铁锂材料所制造的容量型、功率型 18650 电池在不同倍率下的放电曲线如图 5.19、图 5.20 所示。

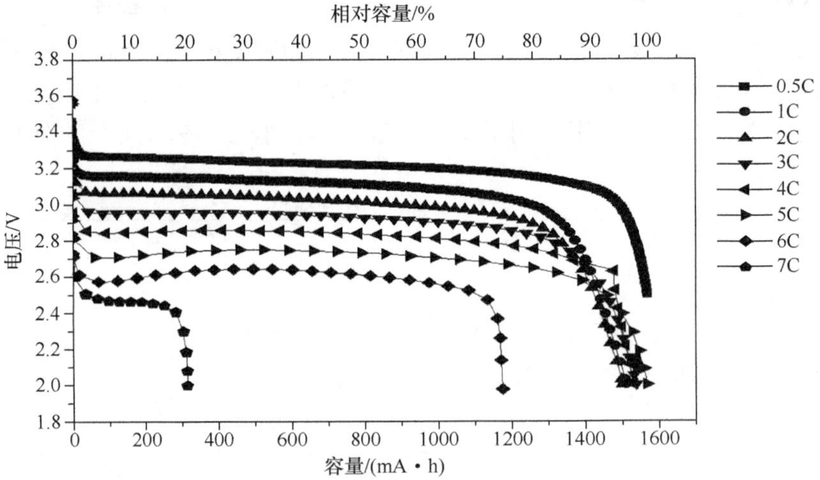

图 5.19　山东某公司制备的容量型 18650 磷酸铁锂电池的倍率放电曲线

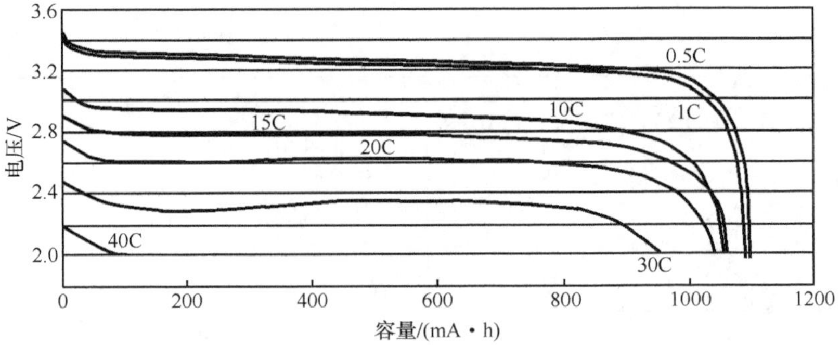

图 5.20　山东某公司制备的功率型 18650 磷酸铁锂电池的倍率放电曲线

从以上两图可见，同是 18650 电池，倍率放电性能有很大不同，主要区别在于放电容量和放电平台电压。如果以 2.5V 为有效电压，容量型电池可以达到 6C 放电，功率型电池可以达到 20C 放电。

容量型电池一般采用 1C 倍率进行循环性能测量。功率型电池可以采用 1C/3C、3C/3C、5C/5C 进行循环性能测量。循环过程中容量衰减越小越好，一般以 1C/1C 循环 1500 次，衰减率不超过 20%为合格；循环 2000 次，衰减率不超过 20%为优秀。图 5.21 和图 5.22 为用磷酸铁法制备的磷酸铁锂制成 18650 电池 1C/1C和5C/5C循环曲线。

电池的低温测试也是检验磷酸铁锂材料性能的主要手段。将电池在低温恒温足够长时间，达到热平衡后，进行放电容量测试，与室温容量进行比较。图 5.23 为使用同一批磷酸铁锂材料，按不同工艺分别制备容量型和功率型 18650 电池，在不同温度放电得到的放电曲线。

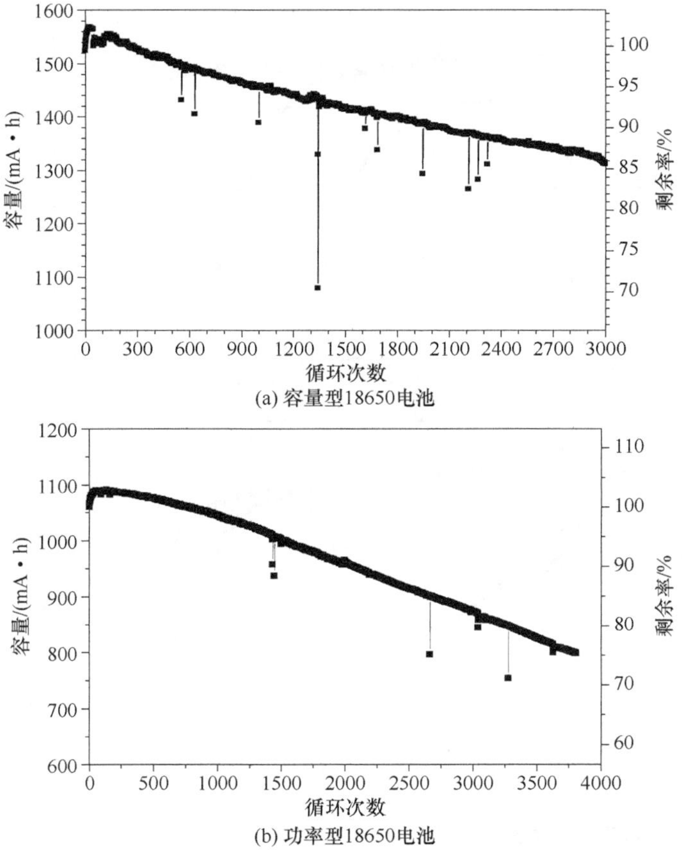

图 5.21　磷酸铁法制备的磷酸铁锂 18650 电池的 1C/1C 循环曲线

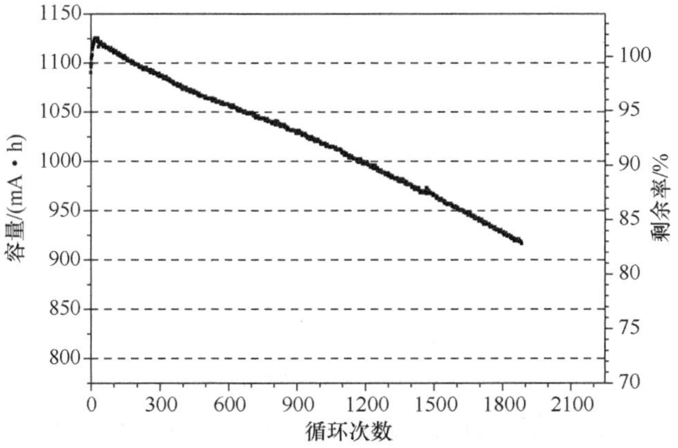

图 5.22　山东某公司制造的高倍率 18650 电池的 5C/5C 循环曲线

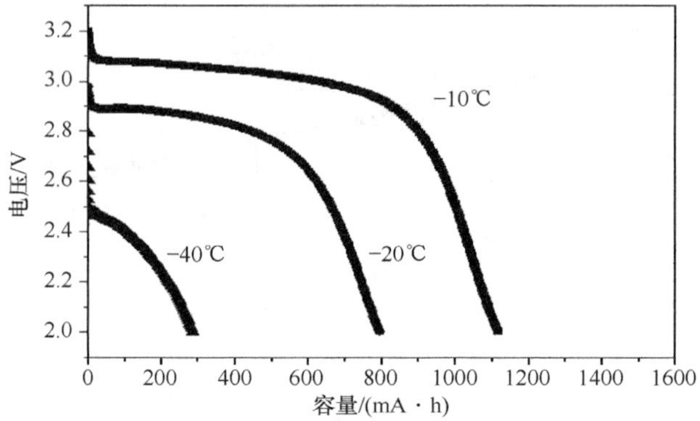

(a) 容量型18650电池

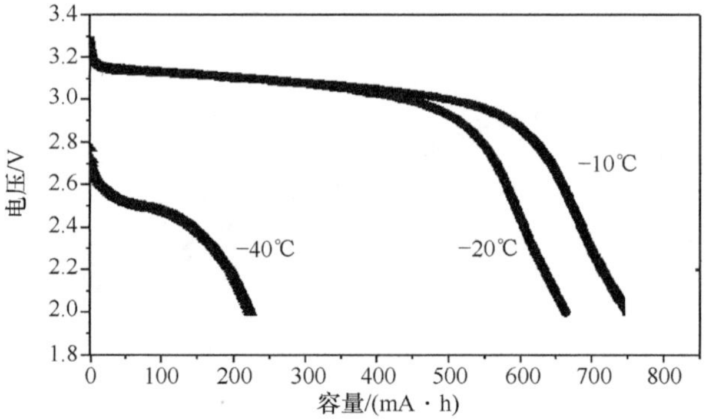

(b) 功率型18650电池

图 5.23　磷酸铁法制备的磷酸铁锂 18650 电池的低温放电曲线

总结低温放电容量数据,结果如表 5.9 所示。

表 5.9　18650 磷酸铁锂电池低温放电容量

温度/℃	容量型电池		功率型电池	
	0.2C 放电容量/(mA·h)	相当于室温容量/%	0.2C 放电容量/(mA·h)	相当于室温容量/%
−10	1117.4	70.0	750.1	62.5
−20	794.2	49.4	663.1	55.3
−40	286.3	17.8	223.2	18.6

可见,功率型电池对−20℃低温放电容量有较大改善。主要的原因是功率型电池极片涂布较薄,可以改善锂离子的传导性能。

对磷酸铁锂电池还需要进行安全性能检测。不同厂家检测项目略有不同。山东某厂针对磷酸铁体系制备的磷酸铁锂制造的锂离子动力电池,主要的安全性能检测项目、标准和结论如表 5.10 所示。

表 5.10　山东某公司 26650 圆柱磷酸铁锂电池安全性能检测结果

序号	测试项目	实验方法及测试标准	结论
1	短路	将测试电池经外部线路短路(外部线路电阻应小于 50mΩ),短路持续 10min,结束实验 电池应不爆炸、不起火、不冒烟、允许漏液	不爆炸、不起火、不冒烟、漏液,合格
2	过充电	将测试电池以 3C 电流恒流充电,至电池电压达到 10V 时转恒压充电,直至电流降至接近 0,结束实验 电池应不爆炸、不起火、不冒烟、允许漏液。	不爆炸、不起火、不冒烟、漏液,合格
3	过放电	将测试电池以 0.5C 电流恒流放电至电压为 0 时,结束实验 电池应不爆炸、不起火、不漏液	不爆炸、不起火、不漏液,合格
4	热冲击	将测试电池置于电热鼓风烤箱中,鼓风烤箱以(5±2)℃/min 的速率升温至(150±2)℃,电池在(150±2)℃的条件下保持 30min,结束实验 电池应不爆炸、不起火、不冒烟、允许漏液	不爆炸、不起火、漏液,合格
5	跌落	将测试电池从 1.5m 高度处自由跌落到厚度为 20mm 的硬木地板上,每个方向 1 次,共计 3 次,结束实验 电池应不爆炸、不起火、不漏液	不爆炸、不起火、不漏液,合格

久兆能源科技有限公司[16]以氧化铁工艺制备的磷酸铁锂材料制成 6.5A·h 方形铝壳电池在不同温度下的 1C 放电性能如图 5.24 所示。

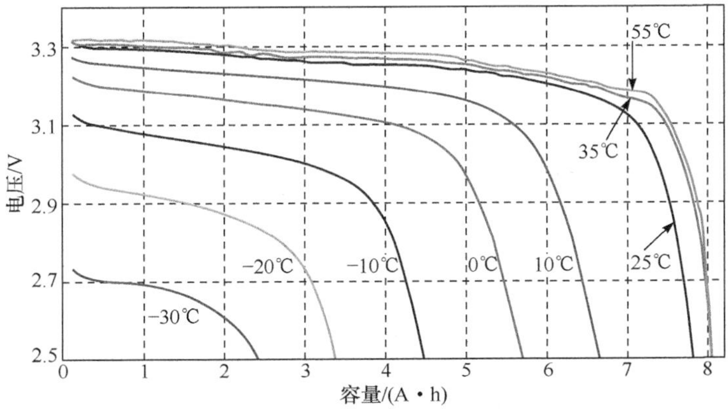

图 5.24　6.5A·h 方形铝壳电池不同温度下的 1C 放电曲线

制成的 15A·h 电池在 1C 倍率下的循环曲线如图 5.25 所示。

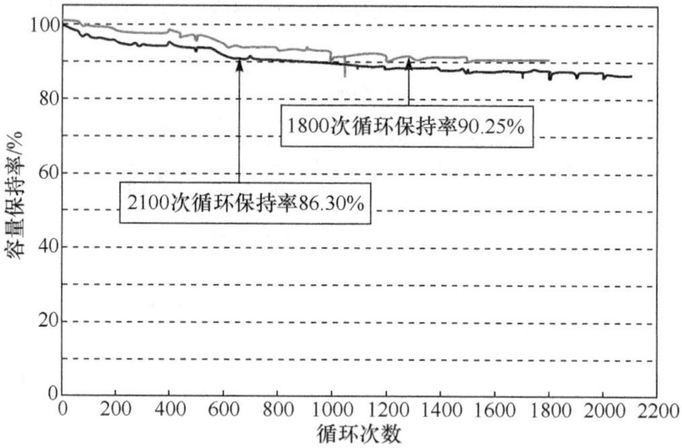

图 5.25　15A·h 方形铝壳电池在 1C 倍率下的循环曲线

用氧化铁法制备的磷酸铁锂制造的 18650 电池的循环曲线及容量数据如图 5.26所示。

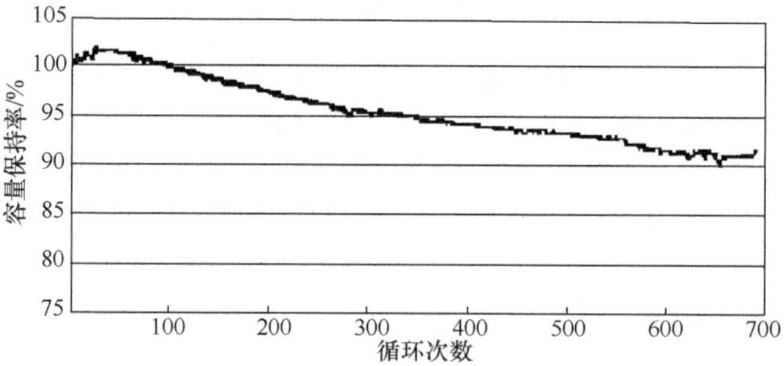

图 5.26　18650 电池的循环曲线

用氧化铁法制备的磷酸铁锂制造的 6.5A·h 电池高倍率的放电曲线如图 5.27所示。

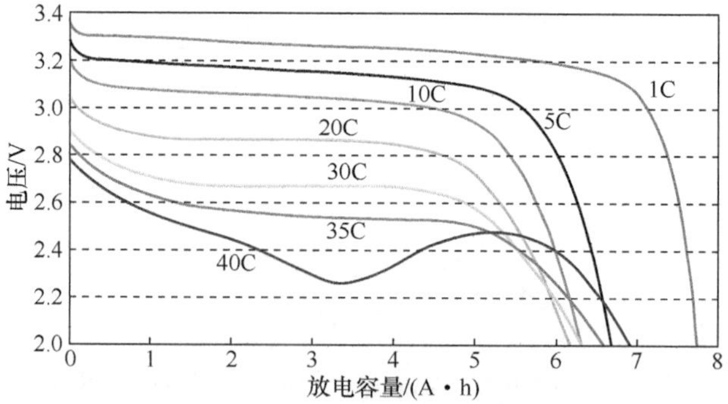

图 5.27　6.5A·h 电池高倍率的放电曲线

从以上图中可以看出，以氧化铁工艺制备的磷酸铁锂材料制造的电池具有良好的综合性能。

参 考 文 献

[1] 天津化工研究院. 无机盐工业手册(下册). 北京：化学工业出版社，2005

[2] 应皆荣，李维，姜长印，等. 高密度球形磷酸铁锂及磷酸锰铁锂的制备方法. 中国专利：ZL200510002012.9

[3] 陈嘉浦，谭光熏. 磷酸盐的生产与应用. 成都：成都科技大学出版社，1989

[4] 契里科夫 Φ B. 磷与钾的农业化学. 凌谓清，等译. 上海：上海科学技术出版社，1962

[5] 秦皇岛科维克科技有限公司. KWK001：电池级正磷酸铁. http://www.qhdkwk.com/gsjj.asp?id=2，2012，[2013-02-19]

[6] 陈嘉敏，蔡育妮，彭雨辰，等. 化学工程师，2011，2(85)：71-73

[7] 陕西紫龙化学有限公司. 供应电池级三氧化二铁. http://zloog2008.cn.china.cn/supply/1326740620.html，2012，[2013-02-19]

[8] 杭州万景高新材料有限公司. 纳米氧化铁. http://detail.china.alibaba.com/offer/1189984840.html，2013，[2013-02-19]

[9] 上海亚毅贸易有限公司. 电池级磷酸二氢锂. http://yayi640831.china.b2b.cn/product/product-700635639.htm，2011，[2013-02-19]

[10] 冯泽荣，张俊英，张中太，等. 稀有金属，2009，33(3)：361-365

[11] 久兆能源科技有限公司. LBNE-LFP-A12(容量型)材料. http://www.lbne.net/products_detail/&productId=d20b4e90-7193-4171-b737-e2af9f1f1026.html，2012，[2013-02-19]

[12] 刘艳辉. 磷酸铁锂材料微观形貌特征与性能关系. 天津：河北工业大学硕士学位论文，2012

[13] 张敬捧. 锂离子电池正极材料 $LiFePO_4$ 的制备与性能研究. 天津：河北工业大学硕士学位论文，2009

[14] 崔军燕. $FePO_4$ 的制备及应用研究. 天津：河北工业大学硕士学位论文，2009

[15] 海特电子集团. 新材料. http://www.heter.biz/cn/product/detail.aspx?ID=123，2012，[2013-02-19]

[16] 久兆能源科技有限公司. LBNE-LFP-A11（功率型）材料. http://www.lbne.net/products_detail/&productId=34f053e3-35f4-4193-b047-d05f79e644e2.html，2012，[2013-02-19]

第6章　水热法制备磷酸铁锂材料

水热法是一种比较先进的磷酸铁锂正极材料制备方法。其工艺主要是采用超临界水热体系，将硫酸亚铁、氢氧化锂和磷酸溶解于水中，密封状态加热到超过100℃，形成高温高压的水溶液，通过离子扩散进行反应，生成磷酸铁锂晶体颗粒。然后将纯的磷酸铁锂材料过滤、干燥后，通过碳包覆制成磷酸铁锂/碳复合物。水热法制备磷酸铁锂工艺的特点是：

（1）可以直接合成单晶型的磷酸铁锂材料，没有碳的影响，便于直接分析磷酸铁锂材料的本征性质，如磁学性质、结晶学性质、离子掺杂性质、本征电导率等。

（2）合成过程在反应釜内进行，原料达到离子、分子级混合，材料的品质均一性较好。随着生产规模的放大，品质均匀性可以进一步提高。生产原料都是溶液态，便于实现自动化生产。

（3）具有优异的性能，其低温性能和高倍率放电性能是其他工艺无法比拟的。原因在于水热法制备的磷酸铁锂具有片状结构，片的厚度仅有100nm左右，锂离子的嵌入和脱出距离较短，反应充分。

（4）水热技术是成熟的工业化技术，对水的饱和蒸汽压、传热学、反应动力学已有充分的工业应用数据，可以保证工艺设计的精确性。

水热法制备磷酸铁锂材料工艺的缺点是：

（1）仅能制造出纯磷酸铁锂，依然需要高温烧结进行碳包覆，增加了制造成本。

（2）为避免引入杂质离子，水热法合成时一般用氢氧化锂作中和剂，加入量为磷酸铁锂摩尔数的3倍。鉴于锂化合物成本较高，需要投资建设锂回收装置，体系较为复杂。

（3）在高温高压下操作，需要耐压容器，危险系数较高。

（4）具有片状或棒状结构，堆积密度和压实密度较小。如果后续加工工艺不当，会导致电池内阻较大。

采用此类工艺的生产厂家有加拿大Phostech、韩国韩华、中国宁波英特维和比亚迪等公司。

需要说明的是，很多资料提到水热法仅需要在200℃以下反应，相对通常的烧结温度较低，因此可以节能。但此观点是错误的。因为水热法不仅需要将所有的水加热到高温高压（水的质量比例是磷酸铁锂成品的10倍以上），而且后续依然需要高温烧结包覆碳，并不节能。

6.1 合成原理

采用水热法制备磷酸铁锂的工艺流程如图 6.1 所示。

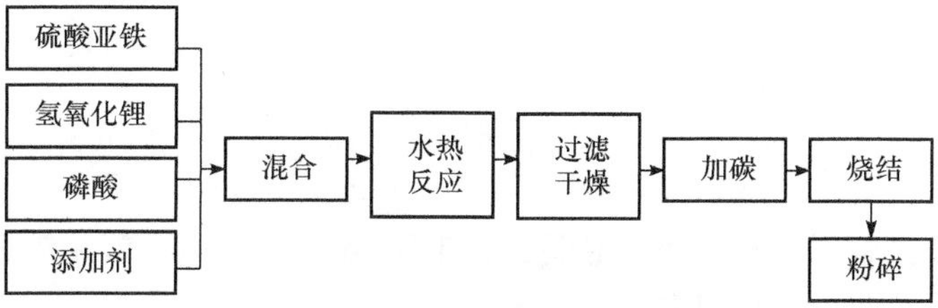

图 6.1　水热法制备磷酸铁锂材料流程图

利用水热法合成磷酸铁锂，主要的技术路线是将二价可溶铁化合物（最常用 $FeSO_4 \cdot 7H_2O$）、锂源（LiOH）和磷源（H_3PO_4）溶解于去离子水，混合均匀，在密封的反应釜内，搅拌状态下升温到 100℃以上进行水热反应。经过一段时间的恒温反应，合成出磷酸铁锂粉体。磷酸铁锂粉体经过滤、洗涤、干燥、混合碳源后，在高温使碳源形成碳包覆层，制成 $LiFePO_4/C$ 复合材料。水热过程的反应方程式是

$$FeSO_4 + 3LiOH + H_3PO_4 \longrightarrow LiFePO_4 + Li_2SO_4 + 3H_2O \tag{6.1}$$

一般认为，水热法合成的磷酸铁锂是通过以下路径进行的[1]：

$$H_3PO_4 + 3LiOH \longrightarrow Li_3PO_4 \downarrow + 3H_2O \tag{6.2}$$

$$FeSO_4 + Li_3PO_4 \longrightarrow LiFePO_4 + Li_2SO_4 \tag{6.3}$$

采用水热体系，需要考虑水的饱和蒸汽压，以确定设备的耐压值。纯水在 100℃时，饱和蒸汽压为 1 个大气压（$1atm = 1.01325 \times 10^5 Pa$）。随着温度的升高，饱和蒸汽压逐渐加大。图 6.2为水的饱和蒸汽压随温度变化曲线。可见，如果体系在 180℃反应，设备内压力约为 10 个大气压，考虑到设计余量，设备至少需要耐受 15 个大气压。

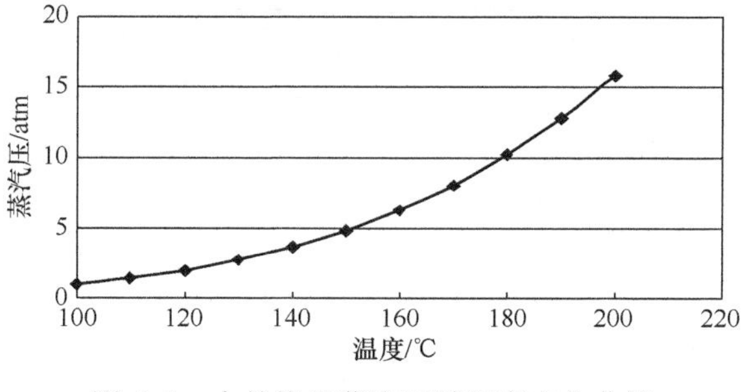

图 6.2　水的饱和蒸汽压随温度变化曲线

典型的水热法制备磷酸铁锂的配方如表 6.1 所示。水热体系中锂不会挥发，因此反应只需要按精确的化学计量比加入氢氧化锂。考虑中和磷酸用，需要加入磷酸摩尔数的 3 倍。由于氢氧化锂价格高，本工艺的材料成本较高。

表 6.1　水热法制备磷酸铁锂的典型配方

原料体系	分子式	规格	配料物质的量的比	配料质量比例
硫酸亚铁	$FeSO_4 \cdot 7H_2O$	99.0%	0.96	269.60
单水氢氧化锂	$LiOH \cdot H_2O$	99.5%	3.00	123.47
磷酸	H_3PO_4	85%	1.00	115.29

6.2　主要合成原料

采用水热法制备磷酸铁锂，主要的原料是硫酸亚铁、氢氧化锂、磷酸等材料。本节分别介绍主要原料的性质。

硫酸亚铁　外观为天蓝色或绿色单斜结晶或结晶性粉末。无臭、无气味。有很多种水合物形态，室温下通常含 7 个结晶水，分子式 $FeSO_4 \cdot 7H_2O$，相对分子质量为 278.05，在干燥空气中风化，表面变为白色粉末。在潮湿空气中表面氧化，变成棕色的碱式硫酸铁。在 56.6℃成为四水合物，在 64.4℃时成为白色的一水合物。加热到 300℃失去全部结晶水成为白色的无水物。红热时则分解放出 SO_2、SO_3[2]。硫酸亚铁溶于水和甘油，不溶于乙醇。在实验室中可以用硫酸铜溶液与铁反应获得。10%水溶液对石蕊呈酸性（pH 约 3.7 ）。

磷酸铁锂行业用的硫酸亚铁要求具有较高的纯度，杂质含量少，氧化度低，特别是钠、铝含量低。一般不采用符合国标《GB 10531—2006 水处理剂 硫酸亚铁》的硫酸亚铁，因为其纯度不够。一般生产都用试剂级高纯硫酸亚铁。高纯硫酸亚铁很容易用肉眼鉴别，其晶粒结晶完整，透明度很高，表面无灰白色。其主要性能指标如表 6.2 所示。江苏、河北、山东等地供应厂家较集中。

表 6.2　试剂级硫酸亚铁规格[3]

指标名称	二级/%	三级/%	指定级
含量	99.0～101.0	98.0～101.0	根据客户要求定做
水不溶物	≤0.005	≤0.02	
氯化物	≤0.001	≤0.005	
总氮量	≤0.001	—	
磷酸盐	≤0.0005	≤0.002	
砷(As)	≤0.0002	≤0.0002	
锰(Mn)	≤0.05	—	
高铁(Fe)	≤0.02	≤0.10	
铜(Cu)	≤0.002	≤0.01	
锌(Zn)	≤0.005	≤0.02	
铅(Pb)	≤0.002	≤0.005	
氨水不沉淀物（硫酸盐）	≤0.05	≤0.2	

氢氧化锂　分为单水氢氧化锂（$LiOH \cdot H_2O$）和无水氢氧化锂（LiOH），为无色单斜晶体或白色粉末，有辣味，在空气中易吸收二氧化碳及水分而变质。能溶于水，微溶于乙醇。无水氢氧化锂溶解制成 1mol/L 的水溶液，pH 为 14。单水氢氧化锂相对分子质量为 41.96，无水氢氧化锂相对分子质量为 23.95[2]。无水氢氧化锂熔点 471.2℃，沸点 925℃（1626℃分解完全）。相对密度为 1.46（无水物）和 1.51（一水合物）。

无水氢氧化锂可用作二氧化碳的吸收剂，净化潜艇和航天器等密闭空间内的空气。化学方程式为

$$2LiOH(s) + CO_2(g) = Li_2CO_3(s) + H_2O(l) \tag{6.4}$$

氢氧化锂还可用于制锂盐及锂基润滑脂、电解液、溴化锂制冷机吸收液等，石油、化工、轻工、核工业等领域也有应用。用于碱性蓄电池时，要求铝含量不大于 0.06%，铅含量不大于 0.01%。还可用作分析试剂、照相显影剂，以及锂的制造和制取锂化合物的原料，也可用于冶金、石油、玻璃、陶瓷、航天等工业。

氢氧化锂在水中的溶解度如表 6.3 所示。

表 6.3　不同温度下氢氧化锂在水中的溶解度[4]

温度/℃	溶解度/(g/100g H_2O)
0	12.7
10	12.7
15	(5.3mol/L)
20	12.8
30	12.9
40	13.0
50	13.3
60	13.8
80	15.3
100	17.5

磷酸铁锂行业中经常用到的是单水氢氧化锂，其规格执行国家标准《GB/T 8766—2002 单水氢氧化锂》。主要的性能参数如表 6.4 所示。

表 6.4　单水氢氧化锂的标准(GB/T 8766—2002)

指标	LiOH-T1	LiOH-T2	LiOH-1	LiOH-2
LiOH 含量/%	≥56.5	≥56.5	≥56.5	≥56.5
Na 含量/%	≤0.002	≤0.008	≤0.15	≤0.20

续表

指标	LiOH-T1	LiOH-T2	LiOH-1	LiOH-2
K 含量/%	≤0.001	≤0.002	≤0.15	≤0.20
Fe_2O_3含量/%	≤0.001	≤0.001	≤0.002	≤0.003
CaO 含量/%	≤0.35	≤0.35	≤0.50	≤0.50
SO_4^{2-} 含量/%	≤0.01	≤0.015	≤0.020	≤0.030
Cl^- 含量/%	≤0.002	≤0.002	≤0.002	≤0.005
盐酸不溶物/%	≤0.002	≤0.005	≤0.01	≤0.02
水不溶物/%	≤0.003	≤0.0	0.02	≤0.03

磷酸　也称正磷酸(H_3PO_4)，相对分子质量为 98.0，无色黏稠油状液体或白色正交结晶，是一种常见的无机酸，属于中强酸。由五氧化二磷溶于热水中得到。工业上用硫酸处理磷灰石得到磷酸。磷酸易溶于水及乙醇并放热。磷酸对皮肤有腐蚀性，在空气中容易潮解。磷酸主要用于制药、食品、肥料等工业，也用作化学试剂。纯磷酸密度为 1.685g/mL(液)，熔点为 42.35℃(316 K)[2]。

商品磷酸的浓度一般含 52%～54%(质量分数)的 P_2O_5，合磷酸浓度 85%(质量分数)左右。磷酸具有酸的通性，其酸性虽较硫酸、盐酸、硝酸为弱，但比醋酸、硼酸等强。磷酸溶于水和乙醇，加热到 215℃时失去部分水转变为焦磷酸，加热到 300℃时失去一个水分子，进一步转变为偏磷酸(HPO_3)。磷酸有吸湿性，能吸收空气中水分，因此需要密封保存。磷酸对皮肤有腐蚀性，空气中最高容许浓度 $1mg/m^3$。

工业磷酸的质量指标(GB/T 2091—2008)如表 6.5 所示。

表 6.5　工业磷酸的质量指标(GB/T 2091—2008)

指标	优等品	一等品	合格品
外观	无色透明或略带浅色稠状液体		
色度(Hazen 单位，铂-钴色号)	≤20	≤30	≤40
磷酸/%	≥85.0	≥85.0	≥85.0
氯化物含量(以 Cl 计)/%	≤0.0005	≤0.0005	≤0.001
硫酸盐/%	≤0.003	≤0.005	≤0.01
铁含量/%	≤0.002	≤0.002	≤0.005
砷含量/%	≤0.0001	≤0.005	≤0.01
重金属含量(以 Pb 计)/%	≤0.001	≤0.001	≤0.05

6.3 合成工艺

6.3.1 合成工艺特点与研究近况

水热法作为湿化学法中的一种,可以方便地调节合成材料的尺寸和形貌,相对于固相法来说具有优势。而且锂盐、铁盐和磷酸盐溶解在一种溶剂中,实现了组分在离子水平的混合,这有利于反应中的均匀成核,使得产物的纯度更高。水热法相对于其他湿化学法来说具有以下优势:

(1) 水热法是在密闭的体系中以水为溶剂,在一定温度和水产生的自身压力下,反应物之间反应生成产物。由于整个体系中溶解的氧分很少,相当于一个惰性环境,避免了使用惰性气体。

(2) 水热法和其他湿化学合成方法虽然都需要后续的高温热处理,以获得较好的电化学性能,但水热法合成材料的热处理时间更短,温度更低。

(3) 水热法易于生产放大,只要解决高温高压设备,通过简单的投料就可以制备形貌均一、尺寸可控的磷酸铁锂,相对而言,溶胶凝胶法、沉淀法需要更严格的生产控制条件。

2001 年,Yang 等[5]最早用水热法合成磷酸铁锂。他们以 $FeSO_4$、H_3PO_4、LiOH 为原料,120℃水热反应 5h 得到浅绿色沉淀,经表征发现得到的是磷酸铁锂晶相。但进行电化学测试时,在 0.14mA/cm^2 电流密度下,只有 0.6mol 的锂发生可逆的脱嵌反应,当温度升高到 60℃,放电容量虽然相似,但可以允许电流密度增加到 0.5mA/cm^2。合成的产物不纯,需通过离心机分离才能得到纯度高的磷酸铁锂粉体,且颗粒尺寸为 3μm 量级。对于水热合成的磷酸铁锂来说,生成物中有 7%～8%的 Fe 占据 Li 八面体位置,阻碍了锂离子在结构通道中的扩散,致使其充放电比容量比较低。减小锂离子的扩散距离是提高磷酸铁锂电化学性能的最有效的方法之一。为了减小锂离子的扩散距离,就必须要设法减小磷酸铁锂的颗粒尺寸。后来,陆续有学者对碳包覆方法和选择碳源进行了研究。认为加入有机碳源,既可以提高材料的导电性,又可以控制材料在烧结过程中颗粒的长大。

庄大高等[6]对加料顺序做了研究,通过先合成中间产物 Li_3PO_4,再与 Fe^{2+} 反应才能得到磷酸铁锂,控制反应温度和时间得到不同尺寸、不同形貌的磷酸铁锂晶体。实验结果表明,当反应温度为 150℃、反应时间为 15h 时,所得产物形貌最清晰、颗粒大小均匀,平均直径为 800nm。而在同一温度下,反应时间为 5h 时,得到的产物颗粒均匀细小,直径为 100～300nm。磷酸铁锂粉体经碳包覆之后,电化学性能可大幅度改善。以 0.01C 充放电,可逆比容量达到 163mA · h/g;以 0.5C 充放电,可逆比容量达到 144mA · h/g。张俊玲[7]以氢氧化锂、硫酸亚铁、磷酸为原料,采用水热法合成磷酸铁锂。他们主要从合成磷酸铁锂/导电体复合化合物、离子掺杂及细化并均匀分布颗粒三方面研究改善磷酸铁锂电子导电性的方法，研究了表面活性剂、加料温度、降温速度对产物形貌及性能的影响。实验结果表明，表面活性剂和降温速度对水热法制备的磷酸铁锂粉体结晶状态有较大影响。加料温度升高，晶体棱角分明，不利于堆积密度的提高；降温速度加快则可有效防止晶体长大，阳离子表面活性剂十六烷基三甲基溴化铵（CTAB）的添加较阴离子表面活性剂十二烷基磺酸钠更能有效防止粉体团聚。

2009年，康晓雪等[8]使用抗坏血酸作为还原剂，在水热过程中直接添加廉价的葡萄糖作为导电剂，合成电化学性能优良的磷酸铁锂，考察不同水热反应温度和时间对磷酸铁锂结构、形貌和电化学性能的影响。结果表明，提高反应温度和延长合成时间有利于提高材料的结晶度，但温度过高、时间过长会增大材料粒径，添加抗坏血酸能有效阻止 Fe^{2+} 在水热过程中的氧化，导电剂葡萄糖在水热过程中分解为导电碳，有助于提高材料的导电性和电化学性能。

邹红丽等[9]尝试利用可溶性三价铁盐 $FeCl_3$ 为铁源，铁粉作还原剂，借助水热过程发生的还原反应合成磷酸铁锂，操作简便，避免了常规水热法合成磷酸铁锂存在的缺点，反应过程中铁粉能完全将三价铁还原为二价铁，生成单一相磷酸铁锂，其颗粒团聚呈现花簇状，经葡萄糖热解包覆碳生成的 $LiFePO_4/C$，其颗粒近似球状，团聚现象明显得到改善，颗粒尺寸变化不大。单相磷酸铁锂的放电容量很低，而 $LiFePO_4/C$ 表现出良好的倍率性能和循环稳定性。

Wang 研究小组[10]采用水热法，在反应过程中加入葡萄糖，可以起到还原剂的作用，并且在烧结过程中会裂解为导电碳材料，还起到碳包覆的作用，节省了成本。

欧秀芹课题组在水热合成磷酸铁锂领域进行了多年的探索工作。他们[11]利用水热法，以 $LiOH \cdot H_2O$、$FeSO_4 \cdot 7H_2O$ 和 H_3PO_4 为原料，配成物质的量的比为 Li∶Fe∶P＝3∶1∶1.03 的溶液后在高压反应釜中混合；然后将反应釜加热至不同温度，反应 6h，包覆聚乙二醇(PEG)后在管式炉内加热至 700℃，在氮气保护下煅烧 6h，制得磷酸铁锂样品。实验发现，随着水热合成温度的升高衍射峰变得更为尖锐，结晶程度越来越高；且颗粒尺寸和晶胞体积有减小的趋势，并最终趋于一个稳定的范围。160℃合成的样品性能是最好的。在 0.1C、0.2C、1C、2C、3C 和 5C 下放电比容量分别为 161.2mA·h/g、159.8mA·h/g、151.2mA·h/g、145.0mA·h/g、140.6mA·h/g 和 134.6mA·h/g。3C 充放电 110 个循环以后比容量仍然保持在 96.6%(135.82mA·h/g)。且放电电压随着倍率的提高仅有微弱的下降，即使是在 5C，其放电电压仍保持在 3.30V(0.1C 放电电压为 3.41V)。

Dokko 等[12]以 $LiOH \cdot H_2O$、$FeSO_4 \cdot 7H_2O$ 和 $(NH_4)_2HPO_4$ 为原料，利用水热法进行合成。配成的溶液中 Li∶Fe∶P 的物质的量的比为 x∶1∶1($1 \leqslant x \leqslant 3$)。将配好的溶液在 N_2 保护下导入反应釜，在 170℃的温度下水热反应 12h。水热反应

之后，将反应釜冷却至室温。取出沉淀物质用去离子水和丙酮清洗。再将获得的粉末在 110℃真空干燥 1h，并在 Ar 气体保护下在管式炉内进行高温热处理，最终获得磷酸铁锂粉末。他们认为，电化学性能的提高是因为未煅烧的样品表面存在一层不导电的无定形物质，经热处理后表面的无定形层结晶、被激活后可以导电。

Chen 等[13]利用水热合成法，以 $FeSO_4 \cdot 7H_2O$、H_3PO_4和 LiOH 制备前驱体溶液。溶液中 Li：Fe：P 物质的量的比为 3：1：1。向溶液中加入葡萄糖或抗坏血酸来防止 Fe^{2+}的氧化，再向溶液中加入多壁纳米碳管。将最终的溶液导入高压反应釜中，制得的样品为纯相磷酸铁锂。分析发现，190℃、150℃和 120℃的样品分别有 0.6%(摩尔分数)、3.6%和 7%～8%的 Fe 占据着 Li 的位置。随着合成温度的提高，磷酸铁锂的晶胞体积减小，当温度升至 180℃时，晶胞体积减小到一个平台(0.2910～0.2915nm^3)。晶胞体积可以作为 Fe 错位的一个量度，进而影响电化学性能。合成温度 200℃、在抗坏血酸和纳米碳管共同存在的条件下制备的磷酸铁锂样品在 20℃、0.3mA/cm^2的条件下进行充放电循环测试。首次放电比容量为 160mA · h/g，在后续的循环中放电比容量保持在 145mA · h/g。合成温度为 180～200℃制备出的样品在首个 50 次循环后没有容量损失，稳定性很强。因为合成温度在 180～200℃的样品结晶性良好，颗粒尺寸较小，有利于提高磷酸铁锂的电化学性能。

Kuwahara 等[14]利用水热合成法，将聚乙烯乙二醇加入溶液中以获得良好的磷酸铁锂颗粒。向溶液中加入乙炔黑和等体积的表面活性剂，再加入与生成磷酸铁锂等量的碳。将最终的溶液搅拌 24h 导入耐压容器内，在 150℃、N_2保护下水热合成 3h，获得的 $LiFePO_4/C$ 化合物在 1%N_2-99%Ar 的气氛、500℃条件下煅烧 1h 后得到最终产物。经 XRD 表征，磷酸铁锂产物为纯相而无杂质，但红外检测表明产物中除了有 $LiFePO_4/C$ 相之外还有纯磷酸铁锂相和纯碳相。SEM 图像表明未加入乙炔黑的 $LiFePO_4/C$ 样品平均颗粒尺寸不到 100nm，而加入了乙炔黑的 $LiFePO_4/C$ 样品平均颗粒尺寸为 50nm，小于未加入乙炔黑的样品。$LiFePO_4/C$ 化合物存在微结构：每个尺寸接近于 50nm 的碳颗粒的表面覆盖着一个磷酸铁锂薄层或埋在磷酸铁锂的集合体中。$LiFePO_4/C$ 化合物的均一的微观结构使电化学性能提高，原因是 $LiFePO_4/C$ 表面相互接触，由于磷酸铁锂层只有几纳米厚而减小了锂离子的扩散距离。

Jin 等[15]利用水热合成法，以 $LiOH \cdot 7H_2O$、$FeSO_4 \cdot 7H_2O$ 和$(NH_4)_3PO_4 \cdot 3H_2O$ 为原料配成初始溶液，然后向此溶液中加入抗坏血酸作为抗氧化剂来防止 Fe^{2+}氧化为 Fe^{3+}。将配好的溶液混合物分别在 150℃、170℃和 220℃下水热合成 10h。从其样品的 XRD 谱图中可以看出，所有的样品都是纯净的磷酸铁锂相，没有杂质，其中 170℃样品结晶度最好，没有 Fe_2O_3、$Li_3Fe_2(PO_4)_3$和 Li_3PO_4等杂质。在磷酸铁锂颗粒表面形成的碳颗粒很小，形成的碳层很薄，实验发现，经煅烧的样品平均颗粒尺寸不随合成温度的变化而变化。TEM 图像观察发现样品的颗粒表面包覆着一层无定形物质,可能是抗坏血酸在水热合成时分解形成的。最佳样品的电化学性能在 0.1C、0.3C、0.5C、1C、3C、5C 下放电比容量分别为 167mA · h/g、138mA · h/g、127mA · h/g、111mA · h/g、75mA · h/g、53mA · h/g。0.1C 循环 30 次之后比容量为 142mA · h/g,仍保持在一个较高的水平。

6.3.2 合成过程分析

从以上文献看,水热反应温度从 120～390℃均有报道。由于 120℃合成材料容易在产物中遗留 Li_3PO_4,会严重影响材料电化学性能。而 200℃以上温度合成又对设备要求太高。Chen[13] 提到水热法合成磷酸铁锂材料最低温度为 175℃,这样才能减少铁的错位现象,且所得到的结晶体拥有稳定的晶格常数。

徐圣钊[1] 研究了水热过程中的相变化。图 6.3 为不同反应温度下产物 XRD 衍射图谱。由图中样品 XRD 衍射峰可以看出,当反应温度为 150℃(压力 5bar,1bar$=10^5$Pa)时,Li_3PO_4 衍射峰消失;测量反应温度为 150℃与 220℃时的样品中 Fe^{2+} 含量,其结果分别为 34.95%和 35.10%(理论值为 35.44%),样品中 Fe^{2+} 含量没有明显变化。结合 XRD 衍射图谱说明,反应温度为 150℃以上才能得到相纯、结晶好的磷酸铁锂材料。

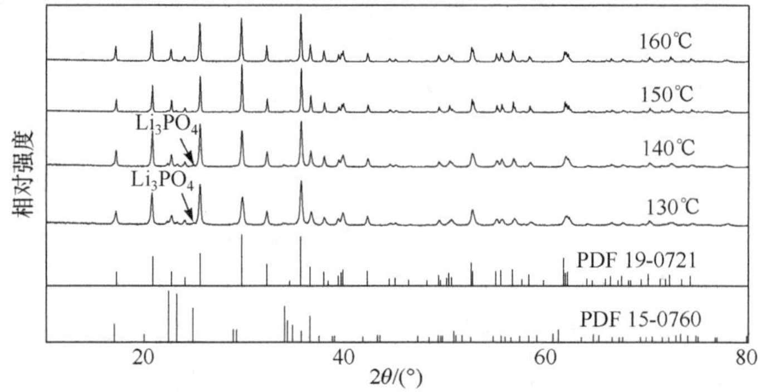

图 6.3 不同温度水热合成磷酸铁锂样品的 XRD 衍射图谱[1]

图 6.4 为宋清竹的实验结果,与前述结果类似。

图 6.5 为不同温度进行水热法合成所得到磷酸铁锂晶体的 SEM 图像,三个合成温度分别为 120℃、150℃、220℃。从照片上可以明显看到,随着水热合成温度的提高,磷酸铁锂晶粒持续长大。在 220℃合成温度下,磷酸铁锂晶粒可以长成直径 1～2μm、厚度 100nm 左右的单晶薄片。片层之间互相交错,互相嵌入,具有立体发育特征。这是水热法制备磷酸铁锂材料最主要的形貌特征,显著区别于其他合成方法制造的材料。

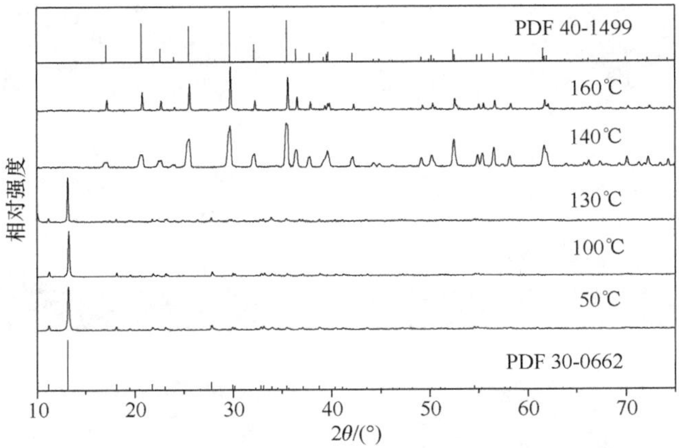

图 6.4　不同温度水热合成磷酸铁锂样品的 XRD 图谱[16]

(a) 120℃合成　(b) 150℃合成　(c) 220℃合成

图 6.5　不同温度水热合成法磷酸铁锂样品的 SEM 图像[1]

实际上，随着水热条件的改变，如加料速度、升温速度、搅拌速度、保温时间、加料顺序、碳包覆工艺等参数的变化，水热合成的磷酸铁锂具有不同的形貌特征，可以制成橄榄核状、片层状、块状、棒状、矛刺状等形态的磷酸铁锂晶粒。其最优工艺依赖于电化学性能的判定。作者实验室制备的几种典型的磷酸铁锂形貌如图 6.6 所示。

水热法制备的磷酸铁锂需要进行碳包覆以改善电子导电性。最常用的碳源是葡萄糖。徐圣钊等[1]进行了实验，将葡萄糖掺入含量为 5%、10%、15%、20%、25%和 30%，煅烧温度选择为 600℃，保温 2h，测得高温煅烧后$LiFePO_4$/C 中碳含量分别为 2.0%、3.6%、6.2%、7.8%、9.9%和 11.2%。对应产物的堆积密度、电导率如图 6.7 所示。

未煅烧样品由于材料本身团聚很难振实，初始堆密很低，仅为 0.75g/cm^3。煅烧并过筛后，破坏了粉体粒子间黏附力，堆积密度会上升。由图中可以看出：水热法制备磷酸铁锂材料，伴随碳含量增加，堆积密度会下降，从而降低材料体积比容

图 6.6　水热合成的不同形貌的磷酸铁锂样品 SEM 图像

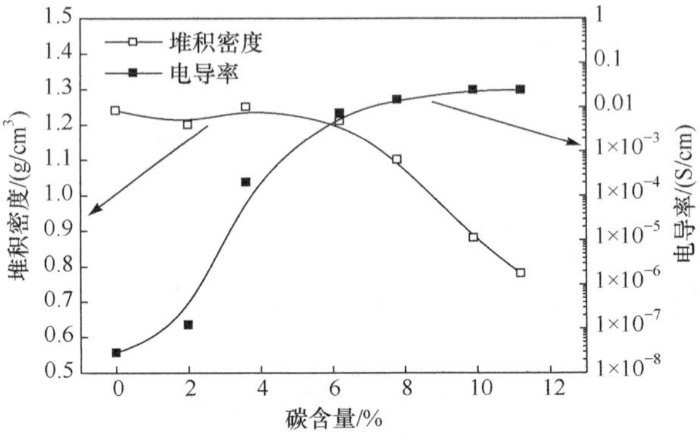

图 6.7　$LiFePO_4/C$ 材料中碳含量与堆积密度、电导率对应曲线[1]

量，磷酸铁锂材料本身电导率在 10^{-8} S/cm，伴随碳含量增加，粉体电导率逐渐上升，最终稳定在 10^{-2} S/cm 左右。

图 6.8 给出了不同阶段样品的粒度分布情况。随着水热反应温度的升高，样品的粒度分布变宽。由 50℃上升至 120℃，样品的 D_{50} 由 3.60μm 上升至 5.05μm，D_{90} 由 7.03μm 升至 9.78μm。特别是当温度由 120℃升至 140℃的过程，样品的

D_{50}和 D_{90} 均增大了一倍多(D_{50} 由 5.05μm 至 12.35μm，D_{90} 由 9.78μm 至 23.43μm)。当温度升至 160℃时，样品粒度突然变窄，颗粒变小，D_{50}和 D_{90}分别减至 1.74μm 和 4.83μm。可见随着温度升高，中间相不断长大，尤其是 140℃左右前驱体的颗粒剧烈增大。这种现象表明，该温度下前驱体内发生了相变反应，新相的形成造成了旧相的崩裂。这与 XRD 图谱的分析结果一致。

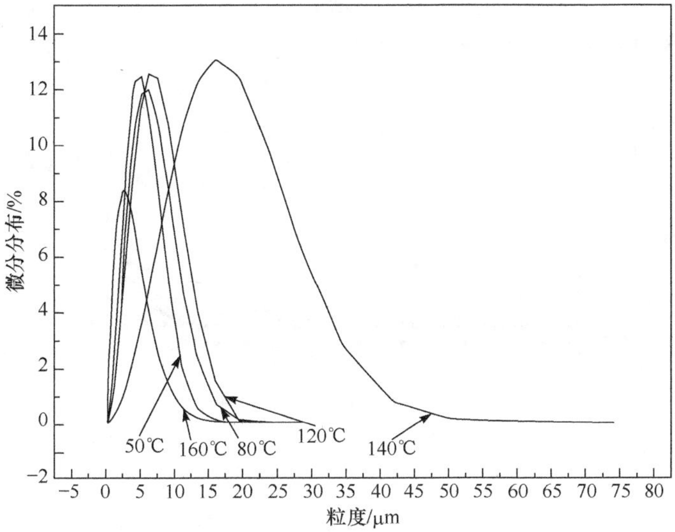

图 6.8　不同反应温度下水热合成前驱体粒度分布[17]

关于反应机理，宋清竹[16]认为：水热法合成磷酸铁锂，在室温下反应釜内将会生成 Li_3PO_4、$Fe_3(PO_4)_2 \cdot 8H_2O$、$Fe(OH)_2$三种沉淀。由于 $Fe_3(PO_4)_2 \cdot 8H_2O$ 溶度积最小，其他两种沉淀将会逐渐消失转变成 $Fe_3(PO_4)_2 \cdot 8H_2O$。$Fe_3(PO_4)_2 \cdot 8H_2O$ 是一种亚稳相，在 120℃时开始向磷酸铁锂晶相转变，转变速率较慢；在130～140℃，亚稳态的 $Fe_3(PO_4)_2 \cdot 8H_2O$ 会与锂离子迅速结合，140℃下，在 5min 内可以全部转变为稳定的磷酸铁锂晶态。

6.4　合成材料的性能

6.4.1　扣式电池性能

实验发现，水热法合成磷酸铁锂材料时，反应釜内 pH 对反应产物性能有较大影响。图 6.9 中给出不同 pH 下所得产物 0.2C 倍率下的恒流充放电曲线。由图 6.9可以看出，低 pH 下合成的样品几乎没有充放电电压平台，比容量低。这主要由两方面引起：其一是片层厚度过大，锂离子扩散路径较长；其二可能是低 pH 下生长的晶体中锂缺乏，导致 Fe 占据 Li 位，阻碍了锂离子一维扩散通道。体系的

pH越低，这两种现象越明显，两种因素相互作用，使锂离子被阻塞在长长的一维通道中。pH低时，产物中的Li/Fe物质的量的比小于1，说明存在锂不足的现象；随着pH升高，Li/Fe物质的量的比增大，说明产物由贫锂态转化到富锂态。然而，当pH大于8时，因出现杂质Li_3PO_4而引起过量的锂和磷存在。电化学性能最优的材料是在pH为弱酸性时制备的。此时，产物的晶体结构较为完整，原子错配度低，锂离子的一维扩散通道畅通且较短，因而具有较大的比容量和良好的倍率性能。其经碳包覆后0.2C放电比容量可达151.8mA·h/g，3C比容量高达129.3mA·h/g。

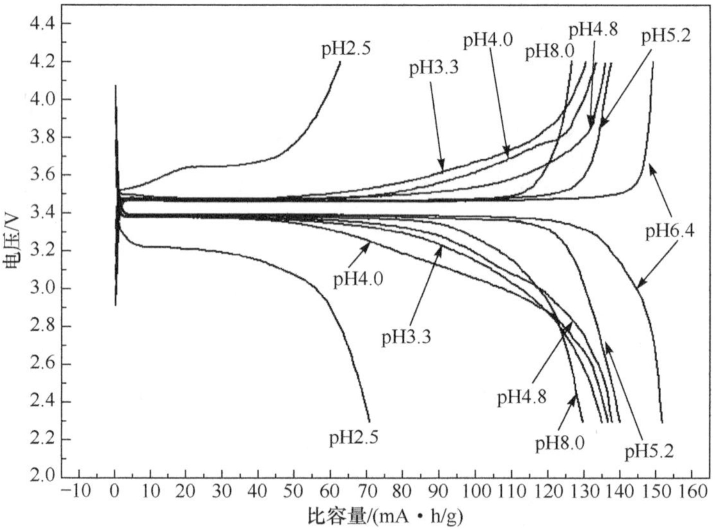

图6.9　不同pH下合成的磷酸铁锂样品0.2C充放电曲线[16]

张树涛[19]所作的电化学测试也证明，反应釜内溶液具有不同的pH，所生产的磷酸铁锂材料性能具有很大的差异。具体结果见表6.6所示。

表6.6　不同pH下水热合成的磷酸铁锂材料的倍率放电比容量[17]

pH	0.2C/(mA·h/g)	1C/(mA·h/g)	3C/(mA·h/g)	5C/(mA·h/g)
6.8	145.7	130	115.6	101.8
6.2	152.9	145.3	136.2	122.4
5.0	149.1	139.2	125.4	111.1
3.5	132.6	120.4	99.3	85.4

图6.10是不同pH合成的材料对应的充放电曲线。

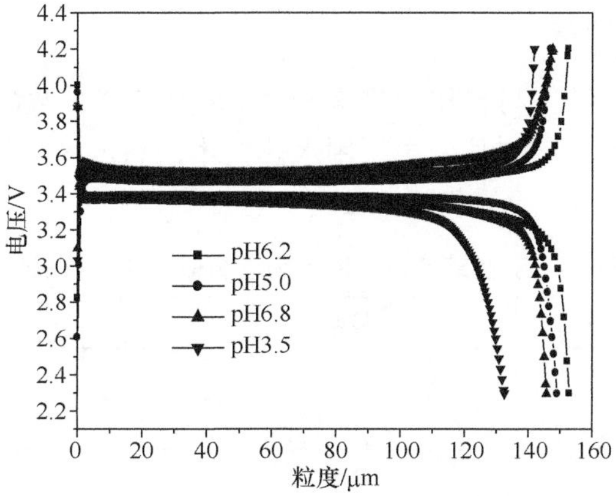

图 6.10　不同 pH 下水热合成的磷酸铁锂样品 0.2C 充放电曲线[17]

利用优化的工艺条件合成出磷酸铁锂，利用扣式电池测量其不同倍率下的充放电性能，结果如图 6.11 所示。

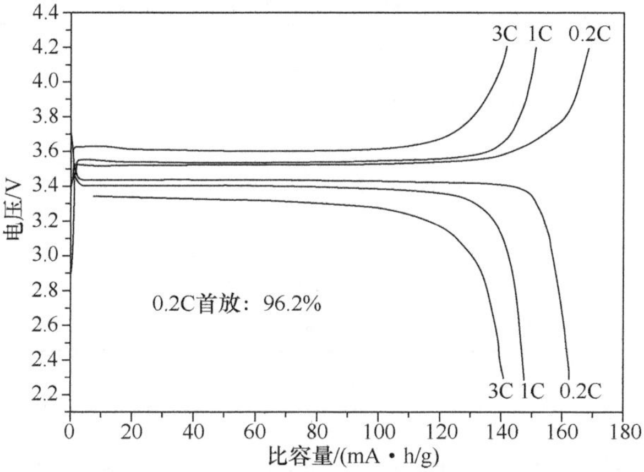

图 6.11　水热合成的磷酸铁锂样品不同倍率充放电曲线

从目前搜集到的市场上磷酸铁锂材料来看，加拿大某公司利用水热法合成的磷酸铁锂材料具有优异的低温性能。温海华[18]利用扣式电池进行低温测试，结果如表 6.7 所示。

表 6.7　加拿大某公司水热合成的磷酸铁锂材料扣式电池低温测试结果

室温放电比容量/(mA·h/g)	−20℃，0.2C 放电比容量/(mA·h/g)	低温放电占室温放电比例/%	−20℃，0.5C 放电比容量/(mA·h/g)	低温放电占室温放电比例/%
154.3	107.3	69.5	—	—
157.5	107.6	68.3	—	—
157.5	—	—	93.9	59.6
156.9	—	—	94.2	60.0

6.4.2　材料的理化性能

水热法制备磷酸铁锂材料技术难度较高，国内仅有少数的厂家能够利用水热法制备磷酸铁锂材料。宁波某公司利用水热技术制备的磷酸铁锂材料的典型理化性能如表 6.8 所示。

表 6.8　宁波某公司利用水热法制备的磷酸铁锂性能

分类	检验项目	标准
化学指标（质量分数）	外观	灰黑色，不团聚
	Fe^{2+}/%	30.0～34.0
	PO_4^{3-}/%	58.0～62.0
	Li^+/%	4.0～4.5
	C/%	2.0～5.0
物理指标	振实密度/(g/cm^3)	≥1.1
	电导率/(S/cm)	≥0.01
	$D_{50}/\mu m$	1.0～2.0
	比表面积/(m^2/g)	18～25
	显微形貌	薄片状
	压实密度/(g/cm^3)	2.2～2.4
电化学指标（半电池）	0.2C 比容量/(mA·h/g)	≥148.0
	1C 比容量/(mA·h/g)	≥140.0
	5C 比容量/(mA·h/g)	≥130.0

图 6.12 为作者课题组分析的几种典型水热合成的磷酸铁锂形貌照片。

(a) 德国南方化学公司产品　　(b) 韩国韩华公司产品

图 6.12　水热合成的磷酸铁锂样品微观形貌

图 6.13 为作者课题组在不同工艺条件下采用水热法合成的磷酸铁锂材料的形貌照片。

图 6.13　作者课题组在不同条件下水热合成的磷酸铁锂样品微观形貌

6.4.3　电池性能

作者课题组长期以来从事水热法制备磷酸铁锂材料的研究和技术开发工作。对原料体系、实验现象和应用进行了长期的实验摸索，发现了很多新的实验现象和规律。特别是针对高纯无碳磷酸铁锂材料的研究，证明了单纯的金属离子掺杂不能改变磷酸铁锂材料的电导率和离子迁移率。这一现象摒弃了“掺杂改性”的技术路线。对杂质元素对磷酸铁锂影响的认识也日渐深入。

利用作者课题组水热法合成的磷酸铁锂材料，在天津某电池公司制造了容量型 26650 锂离子电池。典型的倍率放电性能如图 6.14 所示。

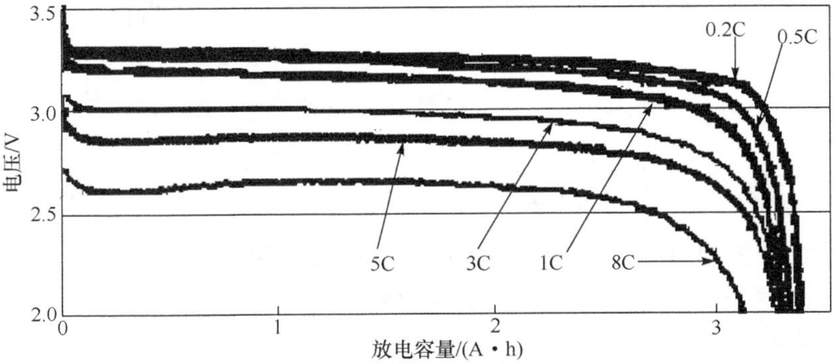

图 6.14　水热合成磷酸铁锂制造的容量型 26650 电池放电曲线

需要注意的是，虽然不同倍率放电曲线之间依然分散较大，但容量型 26650 电池已经可以实现 8C 放电，且放电平台在 2.5V 之上，说明水热法制备的磷酸铁锂材料具有良好的倍率放电性能。

水热法制备的磷酸铁锂材料还具有较好的低温性能。将电池充满电后在不同温度放电，测量其放电平台和容量，如图 6.15 所示，−20℃放电容量达到室温容量的 80%以上。

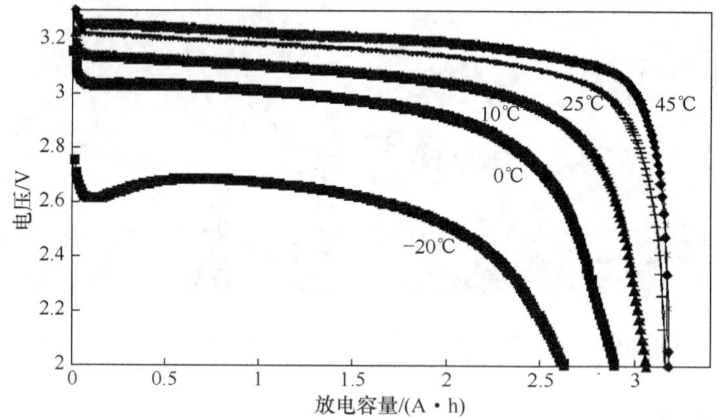

图 6.15　水热合成磷酸铁锂制造的容量型 26650 电池−20～45℃放电曲线

锂离子电池的高温性能也与正极材料相关较大。将锂离子电池放置于 60℃环境中 7 天，测量其容量保持率和恢复率，结果如图 6.16 所示。

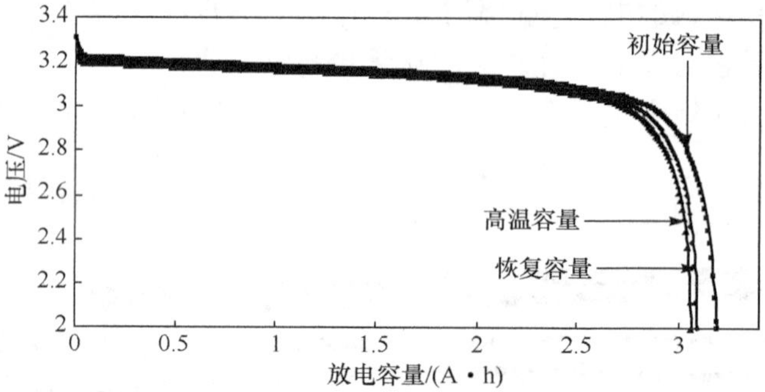

图 6.16　水热合成磷酸铁锂制造的容量型 26650 电池高温储存特性

水热法合成的磷酸铁锂材料制造锂离子电池的循环性能如图 6.17 所示。循环 1100 次后剩余容量在 93%左右，证明材料具有良好的循环稳定性。

为了判断材料的加工性能，赵霞研究了水热合成磷酸铁锂在不同温度包覆碳后的表面能。实际应用证明，磷酸铁锂表面自由能中色散分量(γ^d)越大，加工性能越好。实验发现，表面能参数中，色散分量与极性分量的比值(γ^d/γ^p)随着烧结时间的延长和烧结温度的提高而增加。表 6.9 为包覆碳时烧结温度、烧结时间与 γ^d/γ^p 的关系。

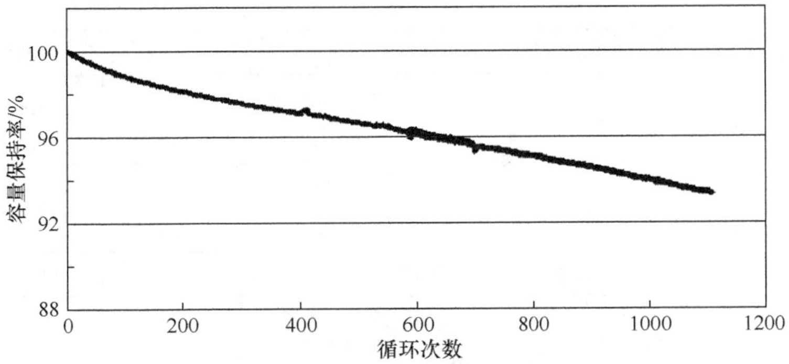

图 6.17　水热合成磷酸铁锂制造的容量型 26650 电池循环特性

表 6.9　磷酸铁锂包覆碳时烧结温度、烧结时间与 γ^d/γ^p 的关系

烧结温度/℃	烧结时间/h	γ^d/γ^p
500	3	0.325
600	3	0.477
700	3	0.546
700	5	0.769
700	7	1.127
700	10	1.370
750	10	1.392

由表可见，提高烧结温度和烧结时间，有助于改善磷酸铁锂材料的加工性能。天津某电池厂对水热法制备的磷酸铁锂材料总体评价如表 6.10 所示。

表 6.10　对水热法制备的磷酸铁锂材料测试报告

检测项目			标准	检测结果	
物理性能	粒径分析/μm	D_{10}	—	0.61	OK
		D_{50}	—	1.25	OK
		D_{90}	—	2.05	OK
		D_{min}	—	0.24	OK
		D_{max}	—	30.71	OK
	比表面积/(m^2/g)	—	13±2	13.04	OK
	振实密度/(g/cm^3)	—	1.0±0.2	1.00	OK
判定项(OK/NG)					

续表

<table>
<tr><th colspan="3">检测项目</th><th>标准</th><th colspan="2">检测结果</th></tr>
<tr><td rowspan="3">加工性能</td><td>浆料凝胶性</td><td colspan="2">浆料在室温、RH%＝50%的环境下静置 24h 不凝胶</td><td colspan="2">OK</td></tr>
<tr><td rowspan="2">极片压实密度/(g/cm^3)</td><td>使用值：</td><td>2.25</td><td rowspan="2">2.25</td><td rowspan="2">OK</td></tr>
<tr><td>最大值：</td><td>2.35</td></tr>
<tr><td rowspan="2">电化学性能</td><td colspan="2">0.2C 比容量/(mA · h/g)</td><td>—</td><td>142.0</td><td>OK</td></tr>
<tr><td colspan="2">1C 比容量/(mA · h/g)</td><td>—</td><td>138.2</td><td>OK</td></tr>
<tr><td rowspan="2">高低温性能</td><td colspan="2">－20℃容量保持率/%</td><td>—</td><td>83.0</td><td>OK</td></tr>
<tr><td colspan="2">60℃、7 天容量保持率/%</td><td>—</td><td>96.1</td><td>OK</td></tr>
<tr><td rowspan="3">循环性能</td><td colspan="2" rowspan="3">1C/1C 循环容量保持率(按企标测试)</td><td>100 次</td><td>103%</td><td>OK</td></tr>
<tr><td>500 次</td><td>98%</td><td>OK</td></tr>
<tr><td>1000 次</td><td>93%</td><td>OK</td></tr>
<tr><td rowspan="7">安全性能</td><td colspan="2">过放电(0V)</td><td>按企业测试</td><td colspan="2">OK</td></tr>
<tr><td colspan="2">过充 3C/10V</td><td>按企业测试</td><td colspan="2">OK</td></tr>
<tr><td colspan="2">外短路</td><td>按企业测试</td><td colspan="2">OK</td></tr>
<tr><td colspan="2">挤压测试</td><td>按企业测试</td><td colspan="2">OK</td></tr>
<tr><td colspan="2">针刺测试</td><td>按企业测试</td><td colspan="2">OK</td></tr>
<tr><td colspan="2">重物冲击</td><td>按企业测试</td><td colspan="2">OK</td></tr>
<tr><td colspan="2">热冲击 130℃/0.5h</td><td>按企业测试</td><td colspan="2">OK</td></tr>
<tr><td>综合判定</td><td colspan="5">OK</td></tr>
</table>

参 考 文 献

[1] 徐圣钊. $LiFePO_4$正极材料的水热合成法制备及性能研究. 天津:河北工业大学硕士学位论文,2008

[2] 天津化工研究院. 无机盐工业手册(下册). 北京:化学工业出版社,2005

[3] 廊坊鹏彩精细化工有限公司. 专业生产试剂级硫酸亚铁. http://china.makepolo.com/product-detail/100145050602.html,2012,[2013-02-27]

[4] 拉宾诺维奇 B A. 简明化学手册. 北京:化学工业出版社,1983

[5] Yang S F, Zavalij P Y, Whittingham M S, et al. Electrochemistry Communications, 2001, 3(9):505-508

[6] 庄大高,赵新兵,曹高劭,等. 中国有色金属学报,2005,15(12):2034-2039

[7] 张俊玲. 化工新型材料, 2008,36(6):7425

[8] 康晓雪,田彦文,袁万颂. 东北大学学报,2009,30(9):1298-1301

[9] 邹红丽,张光辉,沈培康. 电化学, 2010,16(4):1707-1710

[10] Wang S, Zhou C, Zhou Q, et al. Journal of Power Sources, 2011, (196): 5143-5146
[11] Ou X Q, Pan L, Gu H, et al. Journal of Materials Chemistry, 2012, 22: 9064-9068
[12] Dokko K, Koizumi S, Sharaishi K, et al. Journal of Power Sources, 2007, 165: 656-659
[13] Chen J, Whittingham M S. Electrochemistry Communications, 2006, 8: 855-858
[14] Kuwahara A, Suzuki S, Miyayama M, et al. Ceramics International, 2008, 34: 863-866
[15] Jin B, Gu H B. Solid State Ionics, 2008, 178: 1907-1914
[16] 宋清竹. 水热合成 $LiFePO_4$ 的粒度与形貌控制技术. 天津:河北工业大学硕士学位论文, 2010
[17] 张树涛. 非化学计量比 $LiFePO_4$ 水热法合成及性能研究. 天津:河北工业大学硕士学位论文, 2009
[18] 温海华. $LiFePO_4$ 低温性能研究. 天津:河北工业大学硕士学位论文, 2012

第 7 章　磷酸铁锂材料的常规检验分析方法

对磷酸铁锂材料来说，检验是核心技术，其重要性甚至超过合成工艺控制。没有精密准确的检验数据做支持，无法得到稳定的工艺条件，也就无法得到合格、满足使用要求的磷酸铁锂产品。对材料的严格检验，贯穿原料采购、合成制造和成品判定等整个生产过程。因此，任何研究和生产磷酸铁锂的单位都要严格重视检验体系的构造。采用精良的测试设备、严格的测试方法和训练有素的检验人员是保证公司在行业内立足的基础条件。

对磷酸铁锂材料的常规检验和分析内容，包括化学成分性能、物理性能和电化学性能的检测。以下对上述的各项内容进行说明。

7.1　磷酸铁锂材料化学成分分析检验方法

化学成分分析，主要是分析磷酸铁锂材料的化学成分、化学元素以及因化学成分变化导致性能（如 pH 等）的改变。具体的检验程序以下详细说明。

7.1.1　磷酸铁锂材料锂元素分析方法

磷酸铁锂中的锂含量难以通过通常的化学沉淀、显色等手段测量，一般采用电感耦合等离子发射光谱法（ICP-AES）测量。测量过程可采用类同国家标准《GB/T 20252—2006 钴酸锂》的方法进行测定。

电感耦合等离子体发射光谱仪通过将测量物质加热到等离子体，检验其特征谱线的方式测量元素含量，可准确分析含量达到 10^{-9} 级的元素，很多常见元素的检出限达到零点几微克每升，分析精度非常高。对高低含量的元素要求同时测定，尤其对低含量元素要求精度高的项目，使用 ICP-AES 法非常方便。电感耦合等离子体原子发射光谱仪可以对固态、液态及气态样品直接进行分析，但由于固态样品不稳定、需要特殊的附件且有局限性，气态样品一般与质谱、氢化物发生装置联用效果较好，因此应用最广泛的是溶液雾化法（即液态进样）。溶液雾化法可以进行 70 多种元素的测定，并且可在不改变分析条件的情况下，同时进行多元素的测定，或有顺序地进行主量、微量及痕量浓度的元素测定。耦合等离子体原子发射光谱仪的动态线性范围大于 10^6，也就是说，在一次测定中，既可测百分含量级的元素浓度，也可同时测 10^{-9} 量级浓度的元素，这样就避免了高浓度元素要稀释、微量元素要富集的操作，既提高了反应速度，又减少了烦琐的处理过程不可避免产生的误差。多种元素同时测定也是ICP-AES法最显著的特点。众所周知，每一种物质无论是以何种物理状态存在，其化学成分往往是很复杂的，既有必须存在的高浓度的主量元素，也存在不需要的杂质元素。用化学分析、原子吸收光谱法等只能单个元素逐一测定，而ICP-AES法可在适当的条件下同时测定，不但可测金属元素，而且对很多样品中必测的非金属元素硫、磷、氯等也可一次完成，这也是原子吸收光谱仪达不到的。

本项实验首先需要制备含锂离子的标准溶液，浓度分别为0、25μg/mL、50μg/mL、75μg/mL。分别移取0、5.00mL、10.00mL、15.00mL锂标准溶液到200mL容量瓶中，用水稀释均匀至刻度，混匀。然后将过筛、烘干后的磷酸铁锂材料取0.2000g(精确到0.0001g)，放入100mL烧杯中，加入20mL(1+1)盐酸(即在标准质量分数为37.5%的盐酸中加入等质量的水，此时质量分数为18.75%)，放在低温电热板上加热熔解，冷却后移入200mL容量瓶中，用水稀释均匀至刻度，混匀。将试样和标准溶液一同放入等离子光谱仪测定，根据试样和标准溶液的强度值，由计算机绘制工作曲线并计算出锂的质量分数。一般允许测量误差不超过实验值0.2%。

国标规定的等离子发射光谱仪工作参数如表7.1所示。

表7.1　等离子发射光谱仪参考工作条件(GB/T 20252—2006)

条件	功率/W	频率/MHz	冷却气/(L/min)	辅助气/(L/min)	雾化气/(L/min)	溶液提升量/(mL/min)	观测高度/mm
选择参数	1200	40.12	15	0.2	0.8	1.5	15

7.1.2　磷酸铁锂材料铁元素检验方法

铁含量一般采用重铬酸钾($K_2Cr_2O_7$)滴定氧化的方法进行测量。首先配制$K_2Cr_2O_7$标准滴定溶液：准确称取4.9048～5g(精确到0.0001g)$K_2Cr_2O_7$基准物质m，放置于300mL烧杯中，加少量的蒸馏水溶解，定量转入1000mL容量瓶中，用蒸馏水稀释到刻度，摇匀。其浓度C计算公式如下：

$$C=\frac{m}{M\cdot V\times 10^{-3}} \tag{7.1}$$

式中，m——称取$K_2Cr_2O_7$的质量；

M——$K_2Cr_2O_7$相对分子质量的1/6(49.03)；

V——配制$K_2Cr_2O_7$标准溶液的体积，mL。

然后配制0.5%二苯胺磺酸钠指示剂：将0.5g二苯胺磺酸钠，溶于100mL蒸馏水中，加入两滴98%的浓H_2SO_4(分析纯)，混匀。存放于棕色试剂瓶中。

配制(1+2)H_3PO_4溶液(质量分数约28%)：量取200mL 85%的H_3PO_4(分析纯)，在搅拌棒不断搅拌下缓慢加入400mL蒸馏水中，充分搅拌均匀。

配制(1+8)H_2SO_4溶液(质量分数约10.9%):量取50mL 98%的H_2SO_4(分析纯),在搅拌棒不断搅拌下缓慢加入400mL蒸馏水中,充分搅拌均匀。

测量步骤如下:

称取0.2~0.25g(精确到0.0001g)磷酸铁锂样品m_0,放置于300mL烧杯中。加入20mL(1+8)H_2SO_4,再加入20mL(1+2)H_3PO_4溶解。如有不溶物,可适当加热溶解。冷却后加入5~6滴二苯胺磺酸钠指示剂,摇匀后用$K_2Cr_2O_7$标准滴定溶液滴定,当溶液出现深绿色时加入10mL(1+2)H_3PO_4,继续滴定至溶液呈紫色或蓝紫色,记录消耗的$K_2Cr_2O_7$溶液的体积V。平行测定三次。Fe^{2+}的百分含量(x)计算公式如下:

$$x = \frac{C \times V \times 0.05585}{m_0} \times 100\% \tag{7.2}$$

式中,m_0——称取磷酸铁锂样品的质量;

C——$K_2Cr_2O_7$标准滴定溶液滴定的浓度,mol/L;

V——滴定时消耗的$K_2Cr_2O_7$标准溶液的体积,mL。

7.1.3 磷酸铁锂材料碳含量检验方法

磷酸铁锂材料中的碳含量一般采用溶解-过滤的方法进行测量。具体步骤是:称取试样1.0~1.3g放于250mL烧杯中,加入40mL 39.9%硝酸,盖上表面皿,煮沸6~7min。冷却后用已加热恒重的G4漏斗过滤,并用稀HNO_3($pH<2$)溶液洗涤沉淀物5~8次。放入烘箱中180℃保温90min,取出在室温冷却5min,然后在干燥器中放置30min,称重。平行测定三次。

以质量百分数表示的碳(C)含量(x_1)按下式计算:

$$x_1 = \frac{m_2}{m} \times 100\% \tag{7.3}$$

式中,m_2——实验中沉淀物的质量,g;

m——试样的质量,g。

所得结果精确到0.01%,两次平行测定结果之差不大于0.2%,取其算术平均值为测定结果。

7.1.4 磷酸铁锂材料磷元素分析方法

磷酸铁锂中的磷酸根含量用沉淀-过滤法测量。将7.1.3节中测碳的滤液转移到250mL容量瓶中,加蒸馏水稀释至刻度,充分摇匀。用移液管准确移取10mL溶液加入250mL烧杯中,加入20mL 40%左右的硝酸,并用少量蒸馏水冲洗烧杯内壁,加水至100mL,并搅拌均匀。然后加入50mL喹钼柠酮试剂,盖上表面皿,在电热炉上或水浴中加热至(75±5)℃,保温30s(在加入试剂和加热过程中不得搅拌,以免凝结成块),自然或水冷却至室温,冷却过程中搅拌 3～4 次,用预先在(180±5)℃或(250±10)℃恒重过的 G4 漏斗抽滤,并用倾析法洗涤沉淀 6 次,每次用水约 30mL,最后将沉淀转移入 G4 漏斗中,再用水洗涤 4 次。放入烘箱中(180±5)℃干燥 45min 或(250±10)℃干燥 15min。取出在室温稍冷 5min,然后置于干燥器中放置 30min,称重。平行测定三次。

以质量百分数表示磷(PO_4^{3-})含量(x_2)按下式计算:

$$x_2 = 0.04293 \times \frac{m_3}{m} \times 25 \times 100\% = 1.073 \times \frac{m_3}{m} \times 100\% \tag{7.4}$$

式中,m_3——实验溶液中生成磷钼酸喹啉沉淀的质量,g;

m——试样的质量,g;

0.04293——磷钼酸喹啉转换成磷酸根(PO_4^{3-})的系数。

所得结果精确到 0.01%,两次平行测定结果之差不大于 0.2%,取其算术平均值为测定结果。

7.1.5 磷酸铁锂材料 pH 测试方法

锂离子正极材料一般需要控制其 pH,当材料的 pH 较高时容易被碳酸化。以钴酸锂材料为例,需要按照国标 GB/T 20252—2006 测量 pH。磷酸铁锂同样需要测量此值。测量过程可以参考国家标准《GB/T 1717—1986 颜料水悬浮液 pH 的测定》进行。具体步骤如下:

实验要用蒸馏水或纯净水。将蒸馏水在烧杯中煮沸 5～10min 后冷却,冷却后的水宜立即使用,存放时间不应超过 30min,以防碳酸化。

在室温下进行两份试样的平行实验。

本实验最好用比色管进行。在干燥洁净的比色管内中,用蒸馏水制备质量分数为 10% 的磷酸铁锂悬浮液,用塞子塞住比色管,激烈地振荡 1min,然后静置 5min,移去塞子,用精密 pH 计测定悬浮液的 pH,准确到 0.1 单位。

如果物料在水中不易分散,可使用少量无水乙醇作润湿剂。无水乙醇用量应尽可能少,最多为 5mL。如果使用润湿剂,应当减少水的体积,以保持得到 10%(m/m)悬浮液。

记录的 pH,准确到 0.1 单位,记录悬浮液温度,准确到 1℃。如果两份平行试样测定的 pH 的差值大于 0.3 单位,则应重新测定。

7.1.6 磷酸铁锂材料水分测试方法

磷酸铁锂材料的比表面积较大,特别是其中的碳材料,具有丰富的孔隙结构,一般都有少量的吸附水存在。磷酸铁锂材料中如果存在大量吸附水,会在后续的制浆过程中导致 PVDF 成为凝胶,严重影响涂布效果。有些要求较严格的厂家规定磷酸铁锂材料中的吸附水含量不大于 500×10^{-6}。

测量磷酸铁锂材料中的水分，可以用卡尔费休微量水分测试仪，也可以直接用烘干的方法测定。由于磷酸铁锂中的二价铁存在氧化的可能，采用烘干加热法测定水分含量时温度一般不超过 120℃。

实验时一般采用三个试样同时进行测试，结果取算数平均值。

本实验一般采用蒸发皿进行测量。将蒸发皿清洗烘干到恒重，记录此时的蒸发皿重量 m_1，放入少量磷酸铁锂材料，摊平，记录此时的重量 m_2，将其放入烘箱，120℃恒温 2h，趁热取出，记录此时的重量 m_3。磷酸铁锂材料的含水率 C 按下式计算：

$$C = \frac{(m_3 - m_1)}{(m_2 - m_1)} \times 100\% \tag{7.5}$$

式中，C——材料含水率；

m_1——蒸发皿的重量，g；

m_2——干燥前蒸发皿加试样的总质量，g；

m_3——干燥后蒸发皿加试样的总质量，g。

7.1.7 磷酸铁锂材料杂质元素检验方法

对磷酸铁锂材料中的镍、锰、镁、铝、钠、钙、铜等，可以利用 7.1.1 节中的方法，通过配制标准溶液进行测量。

在磷酸铁锂材料的测量过程中，钠含量的控制是最重要的。一般认为，钠含量会增加磷酸铁锂材料的自放电趋势。钠含量可以用成本较低的火焰光度计方法测量。下面以 6400A 型火焰光度计为例，对钠含量的测量过程进行描述。

首先配制标准溶液和测试溶液：

(1) 0.25mg/mL 标准母液的配制。将氯化钠固体试剂放入称量皿置于烘箱中，在 130～150℃下烘 2h，取出后置于干燥器中冷却至室温。在分析天平上精确称取氯化钠 471.5mg，置于 300mL 烧杯中，用少量水溶解，然后转移到 1000mL 的容量瓶中。以少量水洗烧杯 3 次，洗液倒入容量瓶中，然后用水稀释至刻度，摇匀。配好的标准溶液其氧化钠含量相当于 0.25mg/mL。

(2) 工作曲线用标准溶液。工作曲线应由一组标准溶液设定，组内个数及间隔应从工作实际来确定。本实验中共制定了 6 个标准溶液，浓度分别为：①蒸馏水；②0.25mg/100mL；③0.5mg/100mL；④0.75mg/100mL；⑤1mg/100mL；⑥1.25mg/100mL。配置方法为：分别移取 0.25mg/mL 标准母液 0、1mL、2mL、3mL、4mL、5mL 于 100mL 的容量瓶中，用蒸馏水稀释至刻度，摇匀。

(3) 被测溶液的配制。称取磷酸铁锂材料 1g(精确至 0.0001g)左右，置于 300mL 烧杯中，加入 40mL(1+1)HNO_3溶液(质量分数约 33%)，加热溶解。冷却后，将溶液（如有碳需过滤，采用滤液）转移到 250mL 的容量瓶中，以少量水洗烧杯三次，洗液倒入容量瓶中，然后用蒸馏水稀释至刻度，摇匀。

操作步骤如下：

(1) 打开空气压缩机电源，调节空气过滤减压阀使压力显示 0.15MPa。

(2) 打开面板上的电源开关，显示屏显示“钾”和“钠”的字样，在其下面有数字。

(3) 把毛细管放入蒸馏水中。如果排水不畅，水积聚在雾化室内，用手指反复挤压雾化室下面的乳胶管，直到排水畅通。

(4) 打开液化气钢瓶上的开关，点火并调节火苗大小。仪器在进蒸馏水的条件下预热 30min。

(5) 预热完成后，放蒸馏水用低标旋钮调“0”，放 1.25mg/100mL 溶液，用高标调“100”。再用蒸馏水低标调“0”，再放 1.25mg/100mL 溶液高标调“100”。反复几次直到数字稳定为止。

(6) 配置的标准溶液②、③、④、⑤进样，记下读数。

(7) 被测溶液进样，记下读数。

(8) 检查被测溶液对应的读数在哪两个标准溶液对应的读数之间。

(9) 测试完毕后，在燃烧状态下进蒸馏水清洗，然后关液化气钢瓶开关，再关燃气阀，最后切断仪器和空气压缩机的电源。

数据计算过程如下：

(1) 被测溶液的读数一定要小于最高浓度标准溶液的读数。

(2) 被测溶液的读数为 D，其浓度为 C，比被测溶液读数大一点的标准溶液的读数为 D_H，其对应的溶液浓度为 C_H；比被测溶液读数小一点的标准溶液的读数为 D_L，其对应的溶液浓度为 C_L。

(3) 由于火焰是动态的，所以火焰光度计的读数在一定范围内也是动态的。为弥补这一点，操作时可以先取得一系列标准溶液的出书数据并记录之。然后，每进一个被测溶液取得读数 D 后，马上进 C_L、C_H 两个标准溶液，取它们的读数 D_L、D_H。

(4) 公式：

$$C=[(D-D_L)/(D_H-D_L)]\times(C_H-C_L)+C_L \tag{7.6}$$

式中，计算值 C 与读数 D 的对应关系如图 7.1 所示。

(5) 质量百分数的计算：

$$\delta=(C/M)K\times0.1 \tag{7.7}$$

式中，C——计算值，单位为 mg/100mL，若以 μg/mL 为单位，则应除以 10；

K——稀释倍数：定容体积数除以 100mL，即 100mL 的倍数；

M——称量值，g；

δ——最终结果，%。

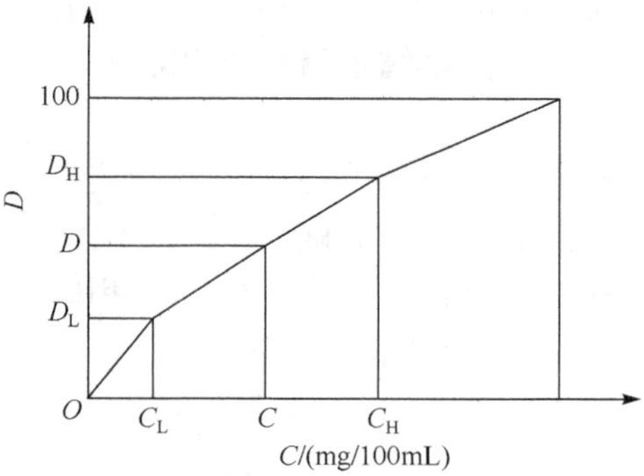

图 7.1　计算值在标准曲线中的示意图

7.2　磷酸铁锂材料物理性能测试方法

磷酸铁锂材料的物理性能，主要是指材料的振实密度、粒度、比表面积、电导率等物理指标。以下详细说明。

7.2.1　磷酸铁锂材料振实密度检测方法

取一个干燥洁净的 10mL 玻璃量筒，称重(精确到 0.1mg)，取约 2g 样品装入玻璃量筒中，然后大力匀速振动量筒 5min，再小力匀速振动 10～15min 至刻度不再变化，记录样品在量筒中的刻度。平行测定三次。振动也可用振实密度测试仪进行。振实密度(ρ)按下式计算：

$$\rho = \frac{m_1 - m_0}{V_1} \tag{7.8}$$

式中，ρ——材料的振实密度，g/cm^3；

m_0——量筒的质量，g；

m_1——量筒和样品的总质量，g；

V_1——样品振完之后的体积，mL。

所得结果表示至两位小数，两次平行测定结果之差不大于 $0.2g/cm^3$，取其算术平均值为测定结果。

本检测也可以通过振实密度测试仪完成。其将手工工作全部转化为设备完成。振实密度测试仪如图 7.2 所示。设备上有一个量筒，材料放入后，可以通过机械振动达到振实效果。设备可以根据不同的物料情况自行设定振幅、时间。

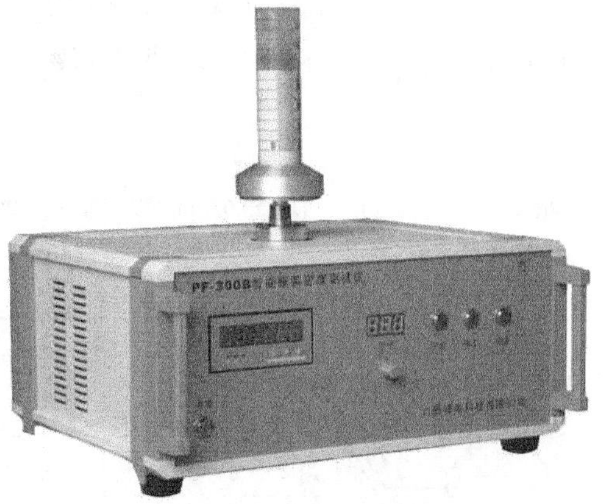

图 7.2　振实密度测试仪外观[1]

7.2.2　磷酸铁锂材料粒度分析与检验方法

磷酸铁锂材料的粒度一般使用激光粒度仪测量。激光粒度仪的原理是:光在行进过程中遇到颗粒(障碍物)时,将有一部分偏离原来的传播方向,这种现象称为光的散射或者衍射。颗粒尺寸越小,散射角越大;颗粒尺寸越大,散射角越小。激光粒度仪就是根据光的散射现象测量颗粒大小的。图 7.3 是经典的激光粒度仪的原理结构。

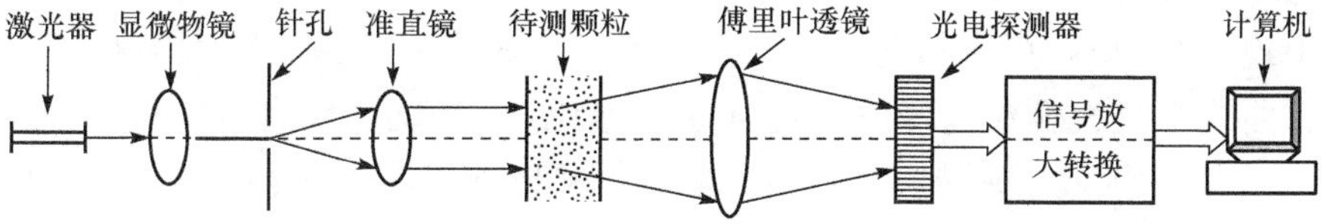

图 7.3　激光粒度仪的原理结构图

从激光器发出的激光束经显微物镜聚焦、针孔滤波和准直镜准直后,变成直径约 10mm 的平行光束。该光束照射到待测的颗粒上,一部分光被散射。散射光经傅里叶透镜后,照射到光电探测器阵列上。由于光电探测器处在傅里叶透镜的焦平面上,因此探测器上的任一点都对应于某一确定的散射角。光电探测器阵列由一系列同心环带组成,每个环带是一个独立的探测器,能将投射到上面的散射光能线性地转换成电压,然后送给数据采集卡。该卡将电信号放大,再进行 A/D 转换后送入计算机。计算机将采集到的数据计算,转换为粒度分布曲线输出。

粉体颗粒大小称为颗粒粒度。磷酸铁锂行业必须测量粉体的粒度分布。由于颗粒形状很复杂,通常有筛分粒度、沉降粒度、等效体积粒度、等效表面积粒度等几种表示方法。颗粒群体通常由大量大小不同的颗粒组成。按粒径大小分为若干级数，表示出每一个级数颗粒的相对含量，称为微分分布；表示出小于某一级数颗粒的总含量，称为累积分布，或积分分布。图 7.4 为典型的磷酸铁锂材料粒度分布图（欧美克粒度仪测试）。

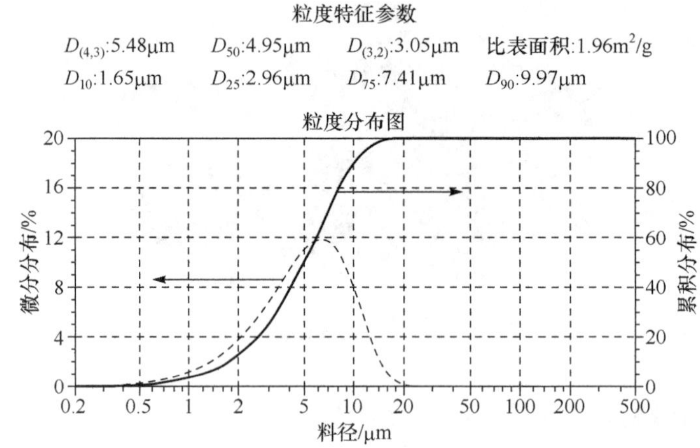

图 7.4　磷酸铁锂材料粒度分布图

一般地，用 D 代表粉体颗粒的直径，D_{50} 表示累计 50%点的直径（或称 50%通过粒径，又称平均粒径或中位径），表示样品中小于它和大于它的颗粒各占 50%。D_{10} 表示累计 10%点的直径，D_{90} 表示累计 90%点的直径，$D_{(4,3)}$ 表示体积平均径，$D_{(3,2)}$ 表示平面平均径。在大多数情况下，D_{50} 与 $D_{(4,3)}$ 很接近。只有当样品的粒度分布出现严重的不对称时，与 $D_{(4,3)}$ 才表现出显著的不一致。最大粒径 D_{max} 是粒度分布曲线中最大颗粒的等效直径。通俗地说，D_{10} 越小，表明粉体材料中细粉越多；D_{90} 越大，表明粉体材料中大颗粒越多。因此，很多公司规定材料的粒度分布中，D_{10} 需要大于某个临界值，而 D_{90} 需要小于某个临界值。

测量粒度时，需要将磷酸铁锂材料用水等介质分散开。如果材料润湿不好，可以加入少量乙醇。将悬浮液用超声波振荡器振荡至少 10min 后进行测量。测试时按照激光粒度仪操作规程操作。典型的操作步骤如下：

首先是准备样品：在 50mL 的量杯内盛大约 30mL 的悬浮液，用取样勺有代表性地取适量的待测样品，投入量杯中。在量杯内滴入适量的分散剂，用玻璃棒搅拌悬浮液；样品与液体应混合良好，否则要更换悬浮液或分散剂。将量杯放入超声波清洗机中，让清洗槽内的液面到达量杯总高度的 1/2 左右，打开电源，让其振动 3min 左右（振动时间可长可短，视具体样品而定；对容易下沉的样品，应一边振动，一边用玻璃棒搅拌杯内液体）。然后关掉电源，取出量杯。样品准备完毕。

下一步是对循环进样系统进行清洗：在进样罐中加入适量蒸馏水，打开开关循环,当排水一半时停止循环,将罐内的水排至见底,关闭开关。重复过程 2～5 遍。

样品测试过程如下:进样罐中加入一定量的蒸馏水,保持循环,点软件中的“背景”,当出现“分析”时开始进样,样品柱高度达到 15 时停止进样,点“分析”按钮,系统运作显示结果后,分析完毕。

用后清洗循环进样系统。保存数据。

7.2.3　磷酸铁锂材料比表面积检测原理与方法

比表面积是磷酸铁锂材料的一个非常重要参数。一般认为,比表面积决定了磷酸铁锂材料的加工性能。一般磷酸铁锂材料的比表面积在 10～25m^2/g。但也有例外,如美国 A123 公司的材料,比表面积在 30m^2/g 以上。比表面积低时,浆料黏度低,易于流动,涂布质量容易控制;比表面积高时,浆料黏度大,耗费的 NMP 多,且吸附的水分不易被烘干,同时需要的胶量也比较大。比表面积与合成磷酸铁锂时的工艺、碳源、烧结制度、冷却方式都有关系,需要综合掌握控制。

比表面积的测量方法分为动态法和静态法。其中,动态法是将待测粉体样品装在 U 形的样品管内,使含有一定比例吸附质分子(N_2)的混合气体流过样品,根据吸附前后气体浓度变化来确定被测样品对吸附质分子(N_2)的吸附量。静态法根据确定吸附量方法的不同分为重量法和容量法。其中,重量法是根据吸附前后样品重量变化来确定被测样品对吸附质分子(N_2)的吸附量,由于分辨率低、准确度差、对设备要求很高等缺陷已很少使用;容量法是将待测粉体样品装在一定体积的一段封闭的试管状样品管内,向样品管内注入一定压力的吸附质气体,根据吸附前后的压力或重量变化来确定被测样品对吸附质分子(N_2)的吸附量。动态法和静态法的目的都是确定吸附质气体的吸附量。吸附质气体的吸附量确定后,就可以由该吸附质分子的吸附量来计算待测粉体的比表面积。

由吸附量来计算比表面积的理论很多,如朗格缪尔吸附理论、BET 吸附理论、统计吸附层厚度法吸附理论等。其中,BET 吸附理论在比表面积计算方面在大多数情况下与实际值吻合较好,被比较广泛的应用于比表面积测试。通过 BET 吸附理论计算得到的比表面积称为 BET 比表面积。

目前,大多数厂家使用动态法测量磷酸铁锂材料的比表面积参数。动态法中常用的有直接对比法和多点 BET 法。

直接对比法的原理是用已知比表面积的标准样品作为参照,来确定未知待测样品相对标准样品的吸附量,从而通过比例运算求得待测样品比表面积。以使用氮吸附 BET 比表面积标准样品为例,该方法的依据有两个:首先的假设是在吸附一层之后的吸附过程中的能量变化相当于吸附质分子液化热,也就是和粉体本身无关;其次是在相同氮气分压(5%～30%)、相同液氮温度条件下,吸附层厚度一致。

多点 BET 法为国标比表面积测试方法，其原理是求出不同分压下待测样品对氮气的绝对吸附量，通过 BET 理论计算出单层吸附量，从而求出比表面积。其理论认可度相对直接对比法高。

动态法和静态容量法是目前常用的主要的比表面积测试方法。两种方法比较而言，动态法比较适合快速比表面积测试和中小吸附量的小比表面积样品（对于中大吸附量样品，静态法和动态法都可以定量得很准确），静态法比较适合孔径及比表面积测试。虽然静态法具有比表面积测试和孔径测试的功能，但静态法由于样品真空处理耗时较长，吸附平衡过程较慢、易受外界环境影响等，使得测试效率相对动态法的快速直读法低，对小比表面积样品测试结果稳定性也较动态法低，所以静态法在比表面积测试的效率、分辨率、稳定性方面，相对动态法没有优势。在多点 BET 法比表面积分析方面，静态法无需液氮杯升降来吸附脱附，所以相对动态法省时；静态法相对于动态法由于氮气分压可以很容易地控制到接近 1，所以比较适合做孔径分析。而动态法由于是通过浓度变化来测试吸附量，当浓度为 1 时的情况下吸附前后将没有浓度变化，使得孔径测试受限。

使用比表面积仪进行测量时，严格按厂家规定的产品操作规程进行即可。以北京精微高博的 JW-BK 比表面积测试仪为例，测试过程如下：

(1) 样品称量。先称空样品管的质量，并记录其质量，然后用称量纸取一定量的样品。并用漏斗装入样品管中，再称一下样品管和样品的总质量，记录其质量。样品预处理完后，等样品冷却下来再称一下处理后的样品管和样品的总质量，用这个质量减掉空样品管的质量即可以得到样品的净重。

(2) 样品预处理。将已装入样品的样品管装到仪器上。之后套上加热包，打开加热包电源开关开始加热，打开真空泵抽真空（目的是加热排除水蒸气）。

(3) 预处理结束后，冷却 8～10min。设置好仪器参数，主要是 V_d、V_c、样品质量以及样品保存路径；设置好压力点。可以根据实验的实际情况适当调整压力设置。

(4) 准备液氮。设置好之后，准备液氮。将液氮杯放在仪器的升降托盘上。关闭阀门，上升液氮杯，直到最后自动停止。

(5) 实验测试。液氮杯上升停止后，点击软件界面上的开始吸附按钮，软件会自动延时等待 3～5min 开始实验，实验按照先前设置的压力值自动进行。

(6) 实验结束后，保存结果。降下液氮杯。通过软件界面可以直接查看实验结果，根据需要可以打印测试结果。

7.2.4 磷酸铁锂材料电导率检验方法

纯净的磷酸铁锂材料接近绝缘体，电导率在 10^{-9}～10^{-7} S/cm 量级。如果直接使用很快会发生容量衰减。为了改善材料的离子和电导传导性能,需要在磷酸铁锂表面进行碳包覆。磷酸铁锂材料只有进行碳包覆后才能表现出优异的性能。碳包覆后性能直观的改变就是电导率得到巨大的提升。磷酸铁锂材料电导率增加后,可以减少电池内阻,提高电池的放电平台和放电倍率。因此,磷酸铁锂材料的电导率对电池设计具有重要意义。磷酸铁锂材料的电导率测试方法有四探针法和直接欧姆法。本节以直接欧姆法为例介绍测量过程。

直接欧姆法的测量原理是将磷酸铁锂材料压成密实的圆柱体,测量其电阻、直径和高度,从而计算出电导率。测量一般使用专用的电导率测试模块中进行。测试模块结构图如图 7.5 所示。其中,上、下压块为导电良好的铜制成,绝缘环一般用绝缘的电木(酚醛树脂)、塑料等制成。绝缘环外套一个金属外箍以防止绝缘环胀裂。

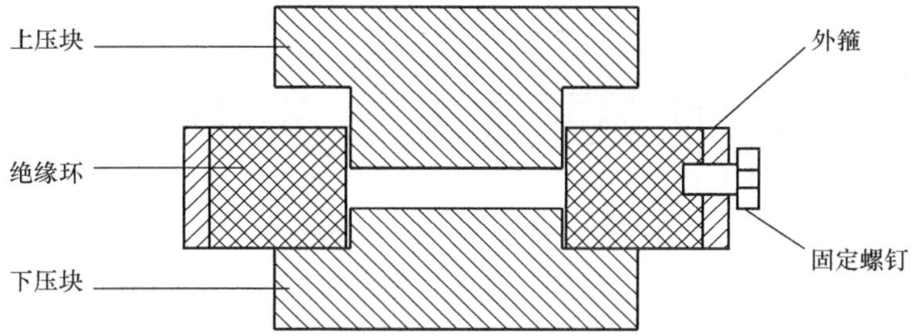

图 7.5　磷酸铁锂材料电导率测试模块结构图

将磷酸铁锂样品放入电导率测试模块的绝缘环中(放样品之前先用游标卡尺测量出模具的长度和直径),放在粉末压片机上进行压片,至压力表指示为10MPa,测量电阻,泄压,取下模具并测量此时模具长度。平行测定三次,取算数平均值。

电导率(G)按下式计算:

$$G=\frac{4(L_1-L_2)}{\pi D^2\times R} \tag{7.9}$$

式中,G——材料的电导率,S/cm;

L_1——未装样品之前模具的长度,cm;

L_2——压实之后模具的长度,cm;

D——模具(压片)的直径,cm;

R——压片后测得的电阻,Ω。

所得结果表示至两位小数,两次平行测定结果之差不大于 0.2×10^{-2}S/cm,取其算术平均值为测定结果。

7.3　磷酸铁锂材料电化学性能测试方法

对磷酸铁锂正极材料来说，其核心的指标是电化学性能，包括磷酸铁锂材料首次充放电效率、不同倍率下的放电容量、充放电电压平台压差、恒流/恒压容量比、放电平台电压、中值电压、放电曲线形状、曲率等，这些参数都可以在实验室测量。测量的方法是将磷酸铁锂材料制造成扣式电池，在充放电测试仪上进行相关参数的测量。本节首先介绍实验室扣式电池制造方法，然后结合典型的测试结果进行说明和讨论。扣式电池中，正极片、负极片被隔膜隔离开，用弹性垫片压紧，被封装在扣式电池壳体内。结构如图 7.6 所示。

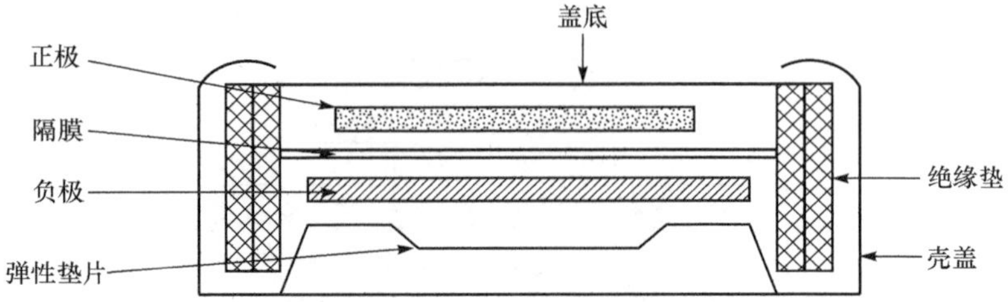

图 7.6　扣式电池的结构

7.3.1　实验室磷酸铁锂扣式电池制造方法

在实验室制造磷酸铁锂扣式电池，一般负极采用适当直径的纯金属锂片，隔膜采用常用的聚乙烯或聚丙烯隔膜。磷酸铁锂正极片可以采用水系胶（如以聚四氟乙烯乳液作黏结剂）或采用 PVDF 作黏结剂，通过打浆、涂布、干燥的方式制造。实验室制造正极片仅需要 1g 左右的磷酸铁锂材料，是一种简便、低成本的评价技术。

扣式电池需要在无水手套箱内制造，以防止电解液吸收水分而变质。后续的测量是在空气中，因此对扣式电池密封性要求较高。一般采用模具收口密封，但后续的拆解和分析比较困难。近年来出现了扣式电池模块，较好地解决了方便性测量的问题。扣式电池模块结构如图 7.7 所示[2]。

测试时，为了准确测量正极材料的容量，需要负极大大过量，一般采用 0.5mm 厚的纯金属锂片。同时，为了防止边缘效应，负极锂片直径应大于正极片 2～4mm 为佳。

以聚四氟乙烯乳液（质量分数 60%）作黏结剂的磷酸铁锂正极片的典型制造方法如下：

将磷酸铁锂正极材料样品、导电剂、黏结剂精确称量后，按 80∶15∶5 的质量

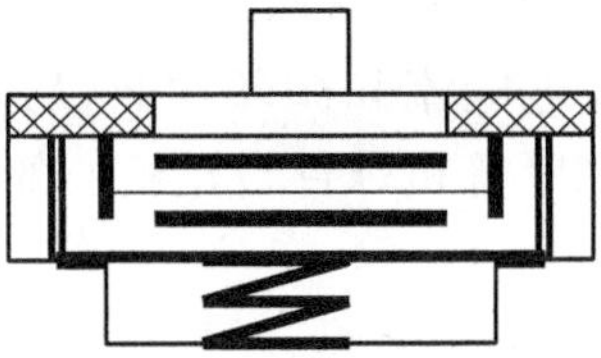

(a) 扣式电池模块内部结构

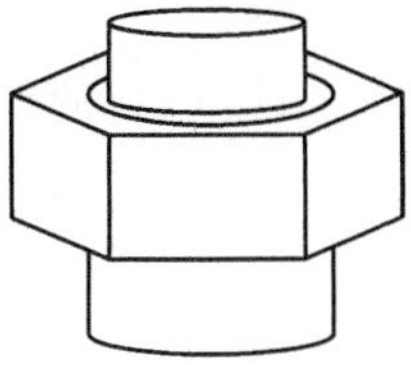

(b) 扣式电池模块外形

图 7.7　扣式电池模块结构[2]

比配好，放于烧杯中，加入适量无水乙醇，玻璃棒搅匀，放在超声波清洗器中超声10min。用玻璃棒匀速搅拌至凝结成形。在精密双辊压膜机上压成厚度为 0.1～0.3mm 的连续、均匀薄膜，放入烘箱中 100～120℃干燥 30min。用适当直径的冲子将烘好的膜冲成圆形的正极片，准确称量极片的质量，并计算极片中活性物质的质量。将极片放入手套箱中干燥 4h 后再组装扣式电池。

正极片中活性物质质量(m)按下式计算：

$$m = m_0 \times 0.8 \tag{7.10}$$

式中，m——正极片中活性物质的质量，g；

m_0——正极片的质量，g。

以涂布法作制造磷酸铁锂正极片的典型制造方法如下：

将黏结剂 PVDF 溶解于 NMP，制成质量分数为 8%～10%的胶液。然后将磷酸铁锂正极材料、导电剂等精确称量后，按合适的比例配好，放于烧杯中搅拌，制成均匀分散的浆料，倾倒在固定于平面的铝箔上，用刮刀刮到适当的厚度。烘干后冲裁成合适大小的圆片。其中的活性物质含量按配料中的干物质量比例确定。

正极片经烘箱干燥后，放入手套箱继续干燥 4h 以上。

组装电池时，将在手套箱内干燥后的正极片、负极片(锂片)、电解液、隔膜在手套箱中组装成密封完好的扣式电池。

7.3.2　磷酸铁锂材料放电容量和首次充放电效率测试

将做好的模拟电池放在电池充放电测试系统上，可以测试其电化学容量和首次充放电效率。电池是通过放电对外做功的，因此一般用放电容量表征电池和材料的性能。在一定的放电倍率下，单位重量的电池材料放出的电量称为电池材料的重量比容量，其与温度、材料的纯度、粒度、使用条件等多种因素有关。第一次方法放电容量和充电容量的比值称为首次放电效率，其与材料形态、电池加工工艺、倍率等因素都有关系。

测量材料的放电容量，要用高精度的小量程测试仪(一般量程不超过 20mA)。

扣式电池一般用来测量材料的低倍率性能性能，如 0.05C、0.1C、0.2C、1C 等。测试前按照活性物质含量，设置好各倍率充放电电流和循环次数，启动电池测试系统，输入活性物质的质量。测试完成后，读取计算机软件自动给出的数据。

各倍率的充放电电流(I)按下式计算：

$$I = C_0 \times m_7 \times c \tag{7.11}$$

式中，I——各倍率的充放电电流，mA；

C_0——理论比容量，其值为 150mA·h/g；

c——充放电倍数；

m_7——活性物质的质量，g；

一般软件上会直接显示出首次放电效率值。首次放电效率定义为首次放电容量和首次充电容量的比值，即

$$\eta = \frac{C_2}{C_1} \tag{7.12}$$

式中，η——首次充放电效率；

C_1——首次充电容量；

C_2——首次放电容量。

首次充放电效率表征从磷酸铁锂中脱出的锂离子有多少能继续参与电化学反应。首次充放电效率实际上与很多的因素有关，如充放电倍率、浆料均匀度、正负极压紧程度、隔膜润湿程度、负极碳表面 SEI 膜形成的状态、负极添加的导电剂种类多少等。一般地，较好的磷酸铁锂材料 0.1C 首次充放电效率在 95%以上，0.2C 首次充放电效率在 92%以上。

图 7.8 为采用扣式电池测量的磷酸铁锂材料的首次充放电曲线。充放电曲线是表征磷酸铁锂材料性能的最重要指标。

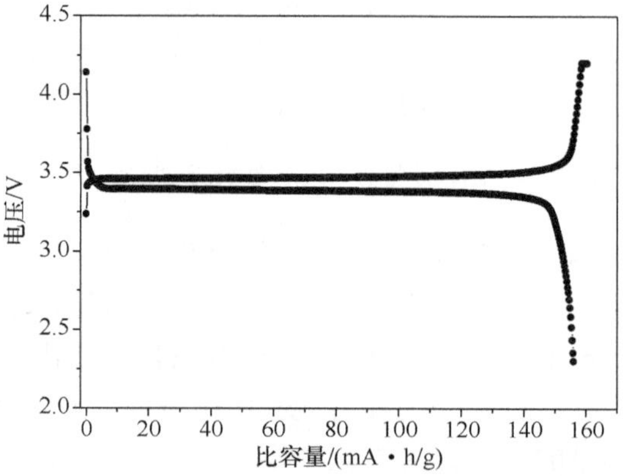

图 7.8　$LiFePO_4/C$ 复合材料在 0.2C 倍率下的首次充放电曲线

图 7.9 为采用扣式电池测量的磷酸铁锂材料在不同放电倍率下的放电曲线图。

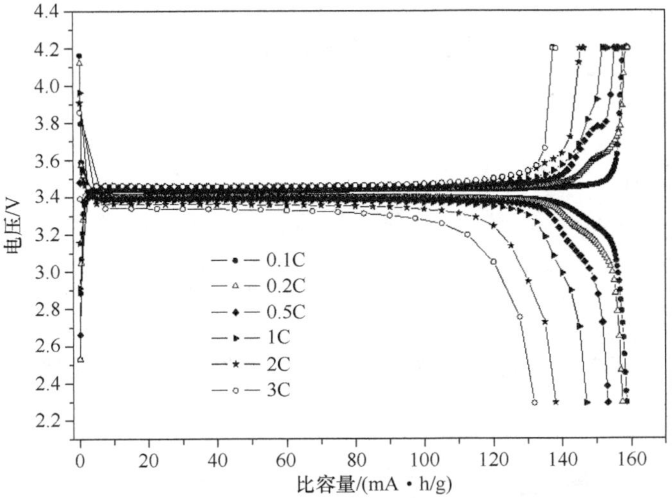

图 7.9　$LiFePO_4/C$ 复合材料在不同倍率下的充放电曲线

7.3.3　磷酸铁锂材料循环性能

磷酸铁锂材料的循环性能是指电池在反复充放电过程中容量、内阻等参数的变化情况，特别是容量。一般磷酸铁锂电池在开始循环阶段，容量有所增加，然后开始衰减。开始容量的增加是由电解液润湿条件改善、电池材料被活化等因素造成的。后续性能衰减越小，说明循环性能越好。一般采用的循环条件有低倍率循环（不大于 1C 充放电）和高倍率循环（大于 1C 充放电），如 1C/1C 循环就是指 1C 充电后，1C 放电条件下测量容量变化。常用的有 3C/3C、5C/5C、1C/10C 等循环条件。

利用磷酸铁锂材料制成的扣式电池通常能循环 200～300 次。因为负极锂片在充放电过程中会反复沉积金属锂，造成锂枝晶和金属锂的泥化，降低了电池体系的性能。经过结构改善的扣式电池模块可以做到 500 次以上的循环。

磷酸铁锂的循环性能主要靠全电池检测和验证。一般以第一个完整循环的放电容量为标准容量，测量后续循环的放电容量，以后续循环容量与标准容量的比值确定循环保持率。

测量循环特性一定要保持恒定的测量温度。对磷酸铁锂电池标准测量温度是 25℃，需要测量高温或低温循环时另外说明。利用扣式电池和全电池制成的磷酸铁锂电池循环曲线分别如图 7.10、图 7.11 所示。

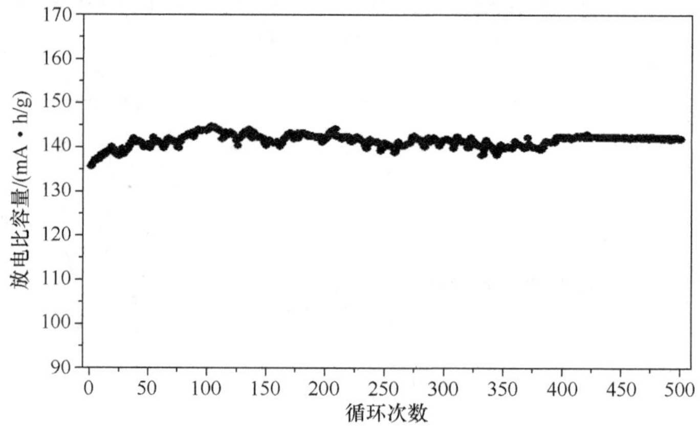

图 7.10　扣式电池模块制造的磷酸铁锂半电池循环曲线

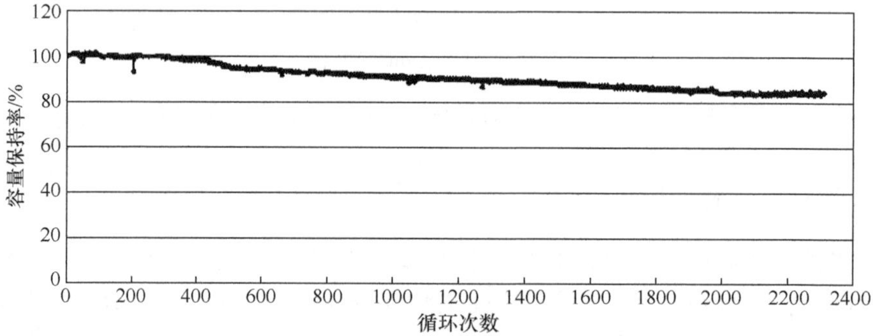

图 7.11　典型的磷酸铁锂电池循环曲线

7.3.4　磷酸铁锂材料电化学性能判断指标

容量　一般指重量比容量，简称比容量，单位一般为 mA·h/g。在电化学测试过程中，磷酸铁锂材料的容量指标是最重要的。扣式电池测量的是磷酸铁锂对金属锂的放电或充电容量，不能等同于实际电池制造过程中的容量发挥。在实际电池中，由于负极碳要形成 SEI 膜，需要消耗更多的锂离子，所以实际使用中的磷酸铁锂材料比容量偏低一些。例如，扣式电池测量的某种磷酸铁锂材料，0.2C 放电比容量为 150mA·h/g，1C 放电比容量为 138mA·h/g，实际的 18650 电池 1C 放电时，正极材料的比容量一般发挥到 130～135mA·h/g。一般地，需要根据磷酸铁锂材料的实际容量确定电池中使用的正极材料量，从而设计出符合要求的容量。正极材料容量越高越好。目前市场上容量比较高的材料是中国台湾立凯和加拿大 Phostech 公司的材料，0.2C 放电比容量都在 155mA · h/g 以上。

循环　磷酸铁锂电池的循环性能不仅和磷酸铁锂材料有关，也与体系配合有很大的关系。一般来说，循环性能用两个指标来判别：一是循环保持率，下降的速率越小越好。一般厂家判断容量保持率的标准是：2000 次循环容量保持率大于 80%，即容量衰减率小于 20%。有些厂家已经能够达到 4000 次循环容量保持率大于 80%。二是循环过程中容量的上升速度，越快达到最高容量值越好。电池厂都希望在 30～40 个循环内达到最大容量。如果经历 100 次循环后，容量还在继续上升，说明正极材料的活化速度较差。

中值电压　锂离子电池充放电过程中，电压是随时变化的，如充电过程中电压一直在升高，放电过程中电压一直在下降。即使在磷酸铁锂电池中，严格的“电压平台”也是不存在的。此时一般引入“中值电压”的概念。中值电压是锂离子电池充放电过程中的一个特征电压，一般指电池容量在 50%时的电压。不同厂家的材料、不同的放电倍率或不同的电池设计都会有不同的中值电压。一般来讲，中值电压越高，代表电压平台越高，电池的能量也就越高。中值电压在放电测试仪所带的软件上都有显示。为统一起见，一般所说的都是放电中值电压值。

电压压差　锂离子电池充放电时，由于极化现象的存在，电压曲线将出现分离。充电时电压最终上升到截止电压，放电时电压最终下降到截止电压。充放电过程中充电电压和放电电压之间的差值称为电压压差，其值反映了电池体系的极化程度。理想状态下(平衡状态下)，充电电压应该等于放电电压。实际上存在着电压压差，是由电阻极化、浓差极化、扩散极化等因素造成的。不同倍率下电压压差不同，倍率越大压差越大。电池材料中，电压压差越小，材料的性能越好。磷酸铁锂扣式电池 0.2C 充放电，50%容量时电压压差为 0.5V 之内是比较好的，如图 7.8、图 7.9 所示。

恒流/恒压容量比　这是一个专门用于表征充电过程的性能参数。锂离子电池充电时，需要先恒流充电，到达截至电压后再进行恒压(截止电压)充电，直到达到截至电流(一般为 0.02C)。恒流充电的容量和恒压充电的容量的比值称为恒流/恒压容量比。这个比值越大，材料的性能越好。它反映了材料是否容易到达平衡态，本质上反映了锂离子扩散是否容易。恒流/恒压容量比值较大时，放电曲线在尾段下降很陡，说明极化不严重；比值较小时，放电曲线在尾段出现很大的圆弧，说明极化现象较严重。对比图如图 7.12 所示。

放电平台　一般指放电曲线中电压与电流呈线性关系的部分，不包括曲率急剧增大的部分。如图 7.12 所示，放电平台是指 P 点左边的部分，呈现出典型的平台特征。放电平台可以用于表征电池和材料的平衡特性、放电特性。

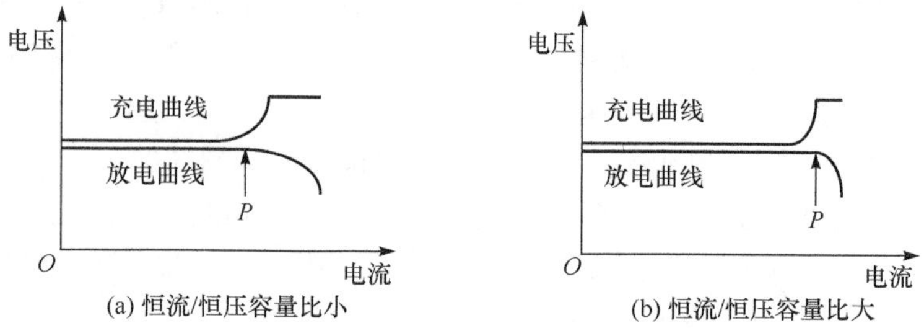

图 7.12 磷酸铁锂电池恒流/恒压容量比说明示意图

7.4 磷酸铁锂材料实际应用评价

在实验室检验了磷酸铁锂材料的性能后，就要进行下一步：锂离子电池的制造。磷酸铁锂材料的很多性能都需依靠全电池进行检测。磷酸铁锂材料的实际应用评价包括材料的加工性能评价(包括制浆性能、浆料稳定性能、涂布加工性能、压实加工性能等)和电化学容量评价(包括实际容量发挥、倍率性能、自放电性能、低温放电性能、高温储存性能、磷酸铁锂材料在电池内稳定性能)。以下分别介绍评价方法。

7.4.1 磷酸铁锂材料制浆性能

磷酸铁锂材料首先要制成浆料才能进行涂布。浆料一般包含磷酸铁锂材料、导电剂、黏结剂、溶剂等。对磷酸铁锂材料制浆性能的要求如下：

容易分散 容易与溶剂润湿，容易与导电剂混合均匀，不会团聚成微球，不会出现成分的偏聚和团聚。

没有大颗粒 磷酸铁锂中大颗粒会严重恶化涂布质量，因此磷酸铁锂中必须去除大颗粒，一般容许的最大颗粒直径为 30～40μm。大颗粒可以通过刮板细度计检测：将浆料放在刮板细度计上刮涂，观察划痕出现的位置即为最大颗粒尺寸。

容易过筛 浆料制造完成后，一般需要通过 150～250 目的筛网进行过滤，以防杂质进入。浆料需要过滤速度快、容易穿过滤网、不堵塞筛面。

黏度适中 磷酸铁锂浆料的固含量一般在 40%～50%，黏度在 8000～10000mPa·s。过低的黏度容易造成磷酸铁锂浆料的沉降，过高的黏度又会影响浆料的过滤和涂布性能。一般认为，相同的固含量下，磷酸铁锂材料的比表面积越大，浆料的黏度越高。比表面积增大，需要的胶含量较多才能粘得住活性物质颗粒和导电剂。实际上黏度值还与固含量、表面能等因素有关。一般需要测出所用的材料黏度随固含量的变化关系。图 7.13 为作者课题组测量的磷酸铁锂浆料中固含量和浆料黏度的关系(旋转黏度计测量,黏结剂为 HSV 900)。

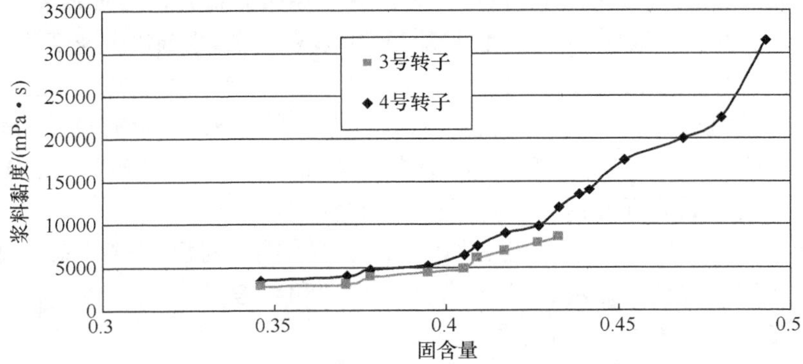

图 7.13　磷酸铁锂浆料中固含量和浆料黏度的关系

水分含量低　磷酸铁锂具有较大的比表面积,较钴酸锂、锰酸锂高一个数量级,会从空气中吸收大量的水分。据测定,烧结后的磷酸铁锂经过气流粉碎后,水分含量会迅速上升到 0.2%以上,筛分后会达到 0.5%左右,潮湿的夏天水分含量更高。如果直接投料,磷酸铁锂中的水分会迅速与 PVDF 反应形成凝胶,黏度大大增加。因此,很多工厂需要限定磷酸铁锂中的水分含量。一般国内厂家出厂标准中,磷酸铁锂中水分含量小于 0.5%。而某些要求高的电池厂限定磷酸铁锂中水分含量小于 0.05%。磷酸铁锂中的水分可以通过 100℃以上温度的烘干去除。烘干温度不能太高,以防磷酸铁锂中的二价铁氧化。

7.4.2　磷酸铁锂材料浆料稳定评价方法

磷酸铁锂材料制成浆料以后,不可能马上使用,需要一段时间的存放,此时需要磷酸铁锂浆料中的固体物质具有良好的悬浮稳定性。在浆料的固体物质中,导电剂颗粒小,密度低,容易稳定悬浮,黏结剂溶解于溶剂,磷酸铁锂就成为控制浆料稳定的主要因素。

测量磷酸铁锂浆料稳定性的方法是:将浆料倒入透明的容器中(试管、比色皿、量筒等),密封好,在室温放置。一般存储 7 天后,不出现明显的分层,则浆料稳定性较好。有的磷酸铁锂材料在 24h 以内就出现明显分层,说明其稳定性差,在制浆后不耐存储。

7.4.3　磷酸铁锂材料涂布加工性能

磷酸铁锂浆料一般涂布在 16～25μm 厚的电池级铝箔上。需要采用较精密的涂布设备保证涂布精度。涂布量一般用面密度表征,分为双面面密度和单面面密度,是指单位面积涂布浆料固含量的重量(不包括铝箔),单位为 g/m^2。浆料涂布后烤干,裁取样片称量。一般双面涂布面密度在 $300g/m^2$ 左右的,涂布误差量控制

在 $5g/m^2$，涂层厚度波动在 $\pm 3\mu m$ 以内。

涂布加工性能判断有以下内容：首先是观测涂布后极片的表面质量，包括：

烘干后表面有无龟裂　龟裂不仅和磷酸铁锂材料有关，也与烘干速度、极片走料速度、出风量、回风量、浆料配方、黏结剂类型等因素有关，需要优化有关的工艺参数。

观察表面是否光滑　过多的大颗粒，以及材料的团聚，会影响极片的表面光滑程度，也会影响极片性能。一般来说，涂布后表面光滑，制成的电池性能较好。光滑的极片经辊压后表面光泽度高，容易控制制程过程。

表面质量　观察是否有气泡、凸起、分层、露铝箔、划痕、波纹、涂布拖尾等缺陷。涂布车间一般要做好看板，供操作人员培训和参考。

其次是涂层牢固度测定，有两种方法：

胶带剥离法　用普通的透明胶带粘住涂布好的极片表面，以 90°角度掀起撕开，大部分涂层留在基体上，说明涂层的黏结比较牢固。如果大部分被粘到胶带上，说明涂层牢固度较低。

揉搓法　将涂布好的极片用双手轻微揉搓。如果仅是出现裂纹而没有活性物质的脱落，说明涂层牢固度较好；如果出现大量的脱落，说明牢固度差。

7.4.4　磷酸铁锂材料压实加工性能

磷酸铁锂材料涂布后，经过干燥去除掉溶剂和水分，随后进行压实加工。压实加工的目的是增加涂布层的致密度。一方面，材料致密后电导率得到改善，极化减小，电化学性能变好；另一方面，极片体积得到缩小，在相同的空间可以得到更多的活性物质。但极片的压实程度不能过高。压实密度过大时，极片会发脆，在后续加工过程和工序中发生断片。

压实密度一般指涂布层的密度，计算公式是

$$\rho=\sigma /(L_1-L_2) \tag{7.13}$$

式中，ρ——压实密度，g/cm^3；

σ——面密度，g/m^2；

L_1——极片厚度，μm；

L_2——铝箔厚度，μm。

磷酸铁锂的材料形貌对压实密度有较大的影响。一般来说，具有球形微观形貌的材料压实密度较大，具有针状、片状或不规则形貌晶粒的材料压实密度较小。

极片的压实是用对辊机进行的。对辊机的压力、走速、钢辊表面状态、加工精度等都对压实密度有影响。通过调整对辊机的压力可以得到不同压实密度的极片。最佳压实密度的判断标准是：将压好的极片对折后展开，如果不发生断裂和物料脱落，可以继续增加压实密度。如果极片发脆，对折后发生断裂，需要减小压实密度。

在磷酸铁锂电池体系中，正极片压实密度一般控制在 $2.1\sim2.3g/cm^3$。

7.4.5　磷酸铁锂材料实际容量发挥

在磷酸铁锂全电池体系中，磷酸铁锂材料容量的发挥与半电池不同。半电池体系中负极锂相当于是无限的，可以保证正极磷酸铁锂材料中的锂离子充足。而在负极以碳为主的全电池体系中，负极 SEI 膜的形成、部分不可逆锂碳化合物的形成需要消耗锂离子，这样就降低了正极的比容量。一般电池设计中，负极都是过剩的，就更降低了正极的比容量。

在实际电池中，一般以 0.5C 放电的数据表征标准比容量。按照正极极片面密度、面积大小、固含量中活性物质的比例，计算出活性物质含量，即可计算出实际电池中磷酸铁锂容量的发挥。1C、2C 等不同倍率放电容量同样计算。

以某厂制造的 18650 电池为例，正极片涂布双面面密度 $300g/m^2$，浆料固含量中磷酸铁锂材料含量为 93%，极片宽度为 5.6cm，长度为 75cm，0.5C 放电容量为 1600mA · h，则活性物质磷酸铁锂的比容量 C 为

$$C = 1600 / (300 \times 5.6 \times 75 \times 0.93 \times 10^{-4}) = 136.5 (mA \cdot h/g) \quad (7.14)$$

7.4.6　磷酸铁锂材料倍率性能

磷酸铁锂材料的倍率性能，是指磷酸铁锂材料制成电池后，在不同倍率放电的特性。同样的材料，采用不同的电池制造体系和工艺，会具有不同的倍率性能发挥。一般的功率型磷酸铁锂电池可以实现 20C 的放电，经过特殊设计可以实现 40C 以上倍率的放电。曾有文献提出可以实现 100C 倍率的放电[3]。

倍率性能可以用不同倍率下的放电容量、电压平台等参数进行表征。在同样的放电倍率下，电压平台越高越好。图 7.14 是磷酸铁锂电池在不同放电倍率下的比容量及其循环特性曲线[4]，图 7.15 是实际制造的 18650-1600 容量型磷酸铁锂电池在不同倍率下的放电曲线。

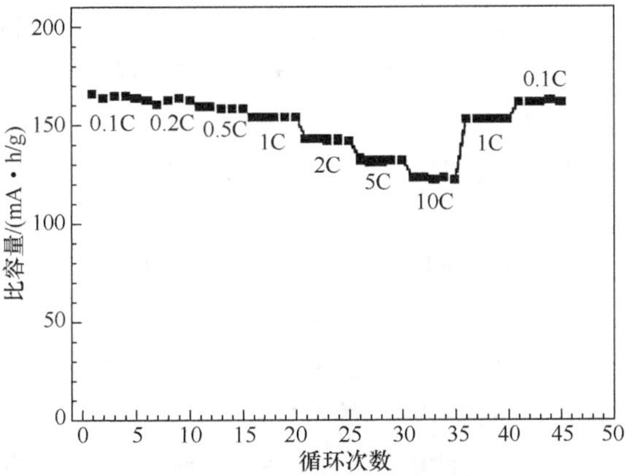

图 7.14　循环与比容量/倍率关系图[4]

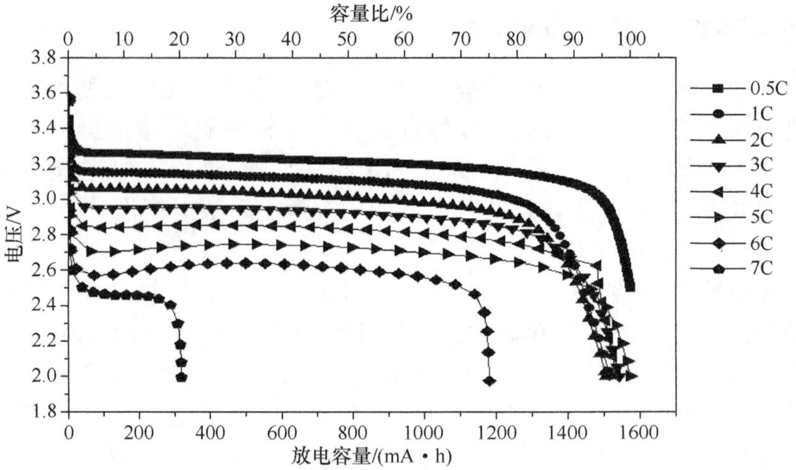

图 7.15　不同倍率下 18650-1600 容量型磷酸铁锂电池放电曲线

7.4.7　磷酸铁锂材料自放电性能

磷酸铁锂电池在存储过程中，其容量会随着放置时间的延长而减少，这个现象称为电池的自放电。自放电的判断指标有两个：可恢复容量和不可恢复容量。可恢复容量是指电池自放电容量降低后，再充电可以恢复的容量比例值；不可恢复容量也称为不可逆容量，是指自放电后不可能通过充电恢复的容量比例值。

总自放电一般采用如下方法测量：将电池充满电后，在室温(25℃)下放置 28 天后，以 0.5C 放电测量其容量值。与初始容量的差值除以初始容量即为总自放电率。行业内提到的自放电率一般指该参数。将放电后的电池 0.5C 充满电后再次放电，其与初始容量的差值除以初始容量即为不可逆自放电率。例如，电池充满电后按规定的条件存放，容量减低到初始容量的 95%，再次充满电后放电。只能放出初始容量 98%的容量，则总自放电率为 5%，不可恢复容量为 2%。

国内还有厂家采用测量电池电压降的方法替代容量测试，需要针对不同型号的电池建立电压降与容量的数据库；也有厂家用容量保持率和容量恢复率替代自放电率和不可逆自放电率。其关系是

$$容量保持率(\%)=1-自放电率 \tag{7.15}$$

$$容量恢复率(\%)=1-不可逆自放电率 \tag{7.16}$$

因存储放置时间较长，有时生产现场采用高温加速的方法来测量自放电，如用 55℃、7 天的存储时间替代室温、28 天的存储。

自放电与磷酸铁锂材料的性能、配合体系、电池制造工艺有关。例如，磷酸铁锂材料的铁溶解度大、比表面积大、杂质含量高、化学稳定性差，则自放电率较高；

选用的碳负极、电解液体系不合适，也会造成较大的自放电；电池制造过程中粉尘多、极片毛刺大、隔膜孔隙率高，也会造成较大的自放电。

7.4.8　磷酸铁锂材料低温放电性能

磷酸铁锂材料的主要缺点之一就是低温性能较差，这也是多年来磷酸铁锂被认为受到应用限制的主要原因之一。不同厂家或者不同工艺制备出来的磷酸铁锂材料，低温性能有非常大的差异。现在对磷酸铁锂材料还没有标准的低温评价方法，只能将其制造成全电池，测量全电池的低温性能，以评价磷酸铁锂材料的低温性能。

磷酸铁锂低温性能不高的原因是，磷酸铁锂材料具有完整的橄榄石晶体结构，锂离子有一维的扩散通道，即只能通过〈111〉方向扩散；同时，磷酸铁锂中的晶体缺陷较少，缺乏自由移动的间隙原子和空穴，致使其电导率很低(材料的体电导率 $10^{-9} \sim 10^{-7}$ S/cm)，因此磷酸铁锂材料具有非常低的锂离子扩散系数(锂离子扩散系数为 $10^{-18} \sim 10^{-15}$ cm^2/S[5])和电子电导率。当材料的特征晶体尺寸较大时，锂离子来不及迁移足够的距离，特别是低温情况下这种现象更加明显。磷酸铁锂材料的低温性能改善，主要手段在于减少其晶粒尺寸。例如，利用水热法制造的磷酸铁锂材料，具有平板结构，在平板的厚度方向上具有 100nm 量级的尺寸，可以极大地减少锂离子从体内扩散到电解液/晶体表面的距离，因此具有比较高的低温放电效率。有一些研究者利用纳米技术制造的磷酸铁锂也有比较好的放电性能，但是由于比表面积太大，容易造成加工性能变差。如何在纳米结构、加工性能和低温放电性能之间达成平衡是目前研究者极为关注的问题。图 7.16 为水热法制备的磷酸铁锂材料微观形貌显微照片。

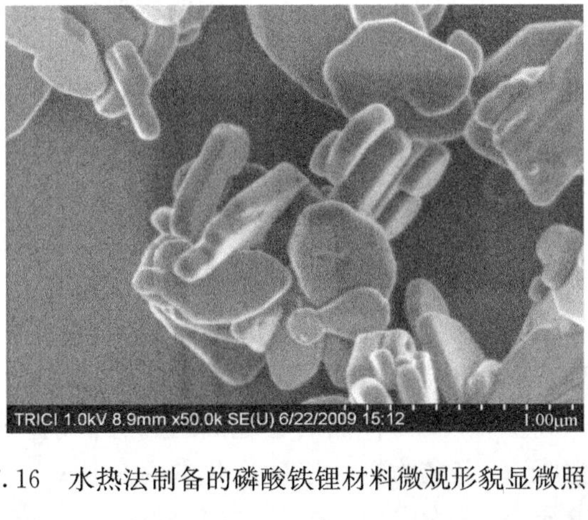

图 7.16　水热法制备的磷酸铁锂材料微观形貌显微照片[6]

磷酸铁锂材料的低温性能测量方法是：将磷酸铁锂材料制成电池，充满电，在不同的温度下恒温到温度平衡后(经历 10h 以上),按照不同的倍率放电,测定其放电容量。与室温放电容量的比较,定义为低温放电容量效率。一般地,扣式电池以室温 0.2C 容量为标准容量,全电池以室温 0.5C 容量为标准容量。需要测量 0℃、−10℃、−20℃、−30℃、−40℃下的 0.2C、0.5C 放电容量。图 7.17 为典型的磷酸铁锂电池低温放电曲线。

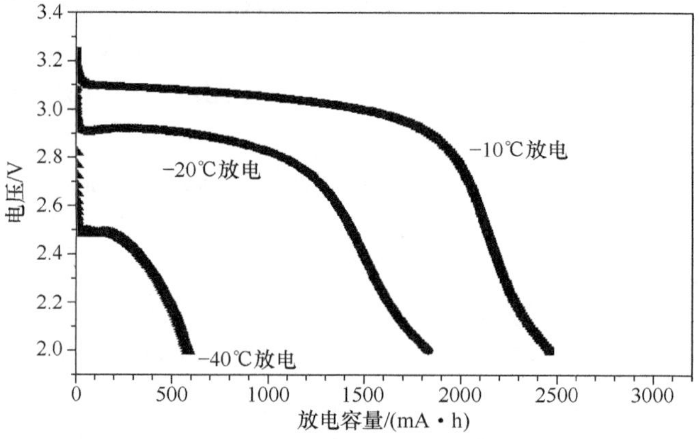

图 7.17　26650-3400 型磷酸铁锂电池低温放电曲线[7]

图 7.17 中,电池在 25℃、0.5C 放电容量为 3432mA·h。在−10℃、0.2C 放电容量为 2460.6mA·h,放电容量效率为 71.7%;在−20℃、0.2C 放电容量 1832.4mA·h,放电容量效率为 53.4%;在−40℃、0.2C 放电容量 581.3mA·h,低温放电容量效率为 16.9%。

以上测试的条件是假定负极材料的低温性能远远好于正极材料。实际情况也是如此。有文献也做过相关的测试,证明低温性能主要由正极材料决定。因此,电池体系的低温性能可以认为就是磷酸铁锂材料的低温性能。

7.4.9　磷酸铁锂材料高温储存性能

单纯的磷酸铁锂材料在很宽的温度范围内不会发生变化,其耐温可以达到 800℃以上。在制成电池以后,磷酸铁锂与电解液直接接触,在电化学作用下,在高温下有可能与电解液成分发生反应,造成高温的容量衰减。

磷酸铁锂材料高温存储性能测试项目包括:

存储后的电压降,定义为存储后开路电压的下降幅度;

存储后的内阻升高值,定义为存储后电池内阻与存储前内阻的差值;

存储后的厚度膨胀率,定义为极片厚度变化的百分比;

存储后的中值电压,定义为电池放电的中值电压;

存储后的容量保持率,定义为存储后电池放电容量与储存前容量的比值;

存储后的容量恢复率,定义为存储后电池放电、再充电后,第二次放电的容量与储存前电池容量的比值。

不同的厂家,高温存储有不同的标准,常用的判定标准有:

电池充满电后,在 55℃下放置 7 天,取出后测量各种参数;

电池充满电后,在 60℃下放置 7 天,取出后测量各种参数;

电池充满电后,在 85℃下放置 48h,取出后测量各种参数。

典型的技术要求是:

60℃储存 7 天:电压降≤0.15V;容量保持率≥90%;容量恢复率≥95%;厚度变化率≤5%;内阻变化率≤10%。

85℃储存 48h:电压降≤0.15V;容量保持率≥80%;容量恢复率≥85%;厚度变化率≤10%;内阻变化率≤20%。

7.4.10 磷酸铁锂材料在电池内稳定性能

制成磷酸铁锂电池后,磷酸铁锂在电池内的稳定与否决定着电池的诸多性能,如自放电率、高温稳定性等。磷酸铁锂材料可能存在的失稳途径有:

(1) 磷酸铁锂与电解液中的微量氢氟酸反应;

(2) 磷酸铁锂微量溶解于电解液中的有机溶剂;

(3) 在电化学势作用下,磷酸铁锂中的 Fe^{2+} 和杂质离子发生电化学迁移,沉积到隔膜或负极表面,堵塞了锂离子通道;

(4) 在微短路点磷酸铁锂和负极碳作用,放电并发生反应;

(5) 反复充放电过程中,磷酸铁锂材料因内应力发生晶粒破碎和材料脱落。

磷酸铁锂电池有一个显著的特点,即经过高温储存或长时间循环后,隔膜和负极碳表面经常有黑点出现。特别是隔膜上非常明显,可以看到出现大量直径小于1mm 的小黑点。黑点与电池的自放电相关。自放电越大的电池,隔膜上的黑点越多。表 7.2 为隔膜黑点的元素分析结果,经能谱判定,黑点部位含大量的铁离子,质量分数接近 90%。表 7.3 为正常隔膜部位的元素分析结果。

表 7.2 隔膜黑点部位元素成分分析[8]

元素	质量分数/%	摩尔分数/%
C	0.63	2.80
O	0.33	1.10
Fe	93.70	89.89
P	0.44	0.76
Cl	1.97	2.97
Cu	2.94	2.48

表 7.3　隔膜正常部位元素成分分析[8]

元素	质量分数/%	摩尔分数/%
C	91.96	94.61
O	1.32	1.02
F	6.72	4.37

据此可以判定，隔膜黑点处有单质铁存在，造成正负极连通，会导致电池的自放电现象发生。一般可以以满电态电池经高温 55℃储存 7 天后隔膜上黑点的面密度来判定磷酸铁锂材料的溶铁性能。

有人认为，隔膜黑点是因为磷酸铁锂中单质铁存在造成的，但一直没有实验证据。作者课题组经过多年研究，没有发现磷酸铁锂中的单质铁(0 价)，因此认为是磷酸铁锂中的铁离子溶解后，在隔膜和负极沉积造成的。铁离子溶解性能的判定见第 8 章。

关于磷酸铁锂电池循环衰减的原因还没有很清晰的说法，一直没有人给出原因。高丽敏[9]经过研究认为，磷酸铁锂电池循环过程中，由于磷酸铁锂晶粒内部的应力，会导致磷酸铁锂晶粒的破碎，从而脱离极片的导电网络，造成电化学性能的下降。观察长时间循环后的磷酸铁锂晶粒，可见到明显的晶粒破裂、断裂。典型照片如图 7.18 所示。

图 7.18　循环后的磷酸铁锂晶粒破碎照片[9]

从实际电池的解剖结果来看，循环后的磷酸铁锂电池中负极性能衰减比较大。特别是循环 1000 次以上的电池，负极脱落非常严重，而正极形态基本完好。因此，负极是造成电池容量衰减的主要原因。如果用具有零应变的钛酸锂体系作负极，磷酸铁锂电池可以循环达到接近 1 万次。因此，如果要获得具有良好循环性能的电池体系，负极应该是主要控制因素。根据作者课题组长期的应用证明，正负极体系的良好配合是电池具有良好循环性能的最重要保证。

参考文献

[1] 世界工厂网. 供应振实密度测试仪. http://product.ch.gongchang.com/d2312433.html, 2010,[2013-03-04]

[2] 天津量诺科技发展有限公司. 扣式电池模块测试系统之扣式电池模块. http://www.liangnuo.com/product/2012-02-09/2.html,2012,[2013-03-04]

[3] Kang B,Ceder G. Nature,2009,458:190-193

[4] Wang G,Liu H,Liu J,et al. Advanced Materials,2010:1-5

[5] 阮艳丽. 磷酸铁锂正极材料的应用基础研究. 天津:天津大学博士学位论文,2006

[6] 赵霞. 高放电倍率 $LiFePO_4$ 的合成及掺杂效应研究. 天津:河北工业大学硕士学位论文,2009

[7] 温海华. $LiFePO_4$ 低温性能研究. 天津:河北工业大学硕士学位论文,2012

[8] 邢军龙. 磷酸铁锂电池的自放电研究. 天津:河北工业大学硕士学位论文,2013

[9] 高丽敏. 磷酸铁锂材料的循环特性研究. 天津:河北工业大学硕士学位论文,2010

第 8 章　磷酸铁锂材料其他特征性能分析

在磷酸铁锂材料的实际应用过程中，除了常规性能必须检测以外，还需要测量一些特定的性能，为材料性能评价、电池制造过程提供参考。随着科技的进步，某些原来只能用全电池才能测量的参数现在已经可以用简便的方法来测定，如磷酸铁锂材料的循环性能，特别是对碳循环性能，已经可以用特殊设计的扣式电池进行评价，大大简化了测量操作工艺。本章主要介绍针对磷酸铁锂材料的一些非常规性能测试方法，以及测试和分析的结论，供研究和应用单位的同行参考。

8.1　磷酸铁锂材料的电化学性能分析

8.1.1　磷酸铁锂材料的循环伏安法测量

循环伏安法(cyclic voltammetry)是一种常用的电化学研究方法。该法控制电极电势以不同的速率，随时间以三角波形一次或多次反复扫描，电势范围能够使电极上交替发生不同的还原和氧化反应，并记录电流-电势曲线。根据曲线形状可以判断电极反应的可逆程度，中间体、相界吸附或新相形成的可能性，以及耦联化学反应的性质等。常用来测量电极反应参数，判断其控制步骤和反应机理，并观察整个电势扫描范围内可发生哪些反应及其性质如何。对于一个新的电化学体系，首选的研究方法往往就是循环伏安法[1]。

如以等腰三角形的脉冲电压加在工作电极上，得到的电流-电压曲线包括两个分支：前半部分电位向阴极方向扫描，电活性物质在电极上还原，产生还原波(图形上为还原峰)；后半部分电位向阳极方向扫描，还原产物又会重新在电极上氧化，产生氧化波(图形上为氧化峰)。因此，一次三角波扫描，完成一个还原和氧化过程的循环，故该法称为循环伏安法，其电流-电压曲线称为循环伏安图。如果电活性物质可逆性差，则氧化波与还原波的高度不同，对称性也较差。循环伏安法中电压扫描速度可从每秒数毫伏到 1 伏。

循环伏安法是一种很有用的电化学研究方法，可用于电极反应的性质、机理和电极过程动力学参数的研究，其判断依据是：

(1) 电极可逆性的判断。循环伏安法中电压的扫描过程包括阴极与阳极两个方向，因此从所得的循环伏安图的氧化波和还原波的峰高和对称性中可判断电活性物质在电极表面反应的可逆程度。若反应是可逆的，则曲线上下对称；若反应不可逆，则曲线上下不对称。

（2）电极反应机理和历程的判断。循环伏安法还可研究电极吸附现象、电化学反应产物、电化学-化学偶联反应等。

循环伏安法的用途：

（1）判断电极表面微观反应过程；

（2）判断电极反应的可逆性；

（3）确定无机制备反应条件；

（4）判断有机合成的合成条件；

（5）判断前置化学反应(CE)的循环伏安特征；

（6）判断后置化学反应(EC)的循环伏安特征；

（7）判断催化反应的循环伏安特征。

图 8.1 是阮艳丽分别用不同锂源，即碳酸锂(Li_2CO_3)、氢氧化锂($LiOH \cdot H_2O$)、乙酸锂(CH_3COOLi)合成磷酸铁锂样品的循环伏安特性曲线。可以看出，各样品的循环伏安曲线都存在一对氧化还原峰，分别对应着锂离子在其中的脱出和嵌入过程。对于可逆反应而言，氧化还原峰之间的电势差越小，表明该反应的可逆程度越高。从图中标出的电势数值可以看出，由 Li_2CO_3 合成磷酸铁锂的氧化还原峰间的电势差 φ_p 为 0.334V(3.621～3.287V)，而由 $LiOH \cdot H_2O$ 和 CH_3COOLi 合成样

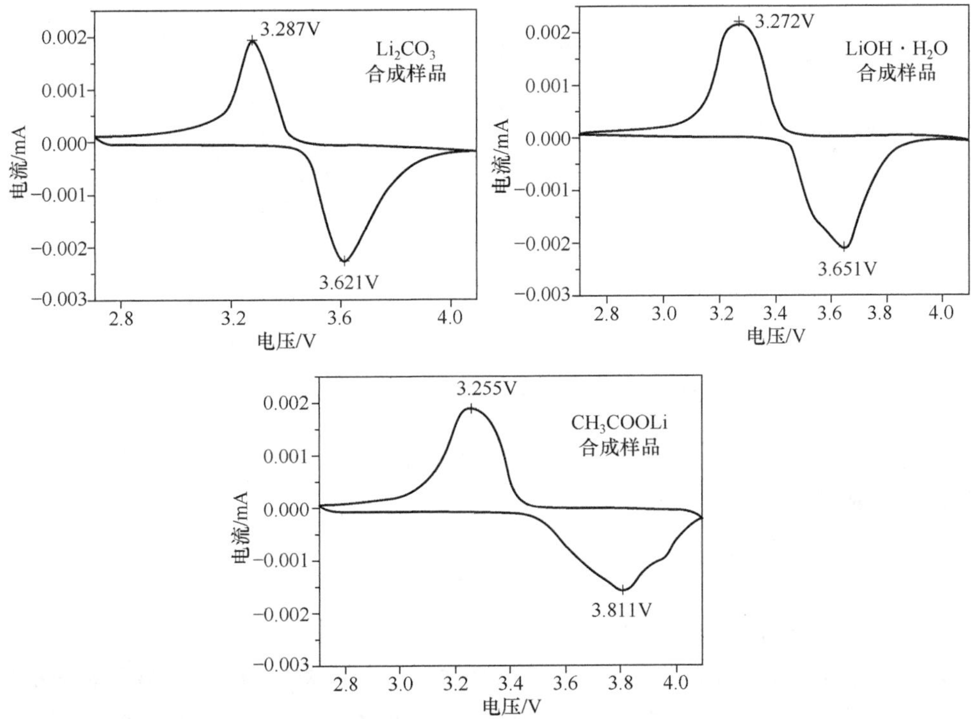

图 8.1　用不同锂源合成的磷酸铁锂材料的循环伏安曲线[2]

品的 φ_p 分别为 0.379V 和 0.556V。尤其是由 CH_3COOLi 合成的样品，氧化峰与还原峰明显不对称，并在氧化峰的较高电压处出现了肩峰。与其放电平台出现阶跃现象相同，这预示着锂离子在该样品中的扩散并不顺畅。从循环伏安曲线看，由 Li_2CO_3 合成的样品具有较高的可逆性，预示着该材料具有良好的充放电循环性能。

图 8.2 为郅晓科作的磷酸铁锂样品的典型循环伏安曲线。曲线存在一对尖峰，分别对应锂离子在磷酸铁锂中的嵌入和脱出过程。从图 8.2(a)中可以看到，磷酸铁锂电极的氧化还原峰形对称，氧化峰电流值(I_{pa})略大于还原峰电流值(I_{pc})，同时氧化峰和还原峰面积几乎相等，说明所合成的磷酸铁锂材料具有良好的脱嵌锂可逆性。其中，图 8.2(b)为样品在不同扫描速率下的循环伏安曲线。随着扫描速度的增大，电流峰形发生变化，扫描速率越大，峰电流越大。氧化峰和还原峰分别向正、负方向偏移(如箭头所示)，其峰值电压间距 ΔV 增大。这是因为锂离子在磷酸铁锂中的扩散速度比较小，扫描速率较快时，电极表面的锂离子来不及扩散，极化增大造成的，同时说明锂离子固相扩散为材料放电的主要控制步骤。

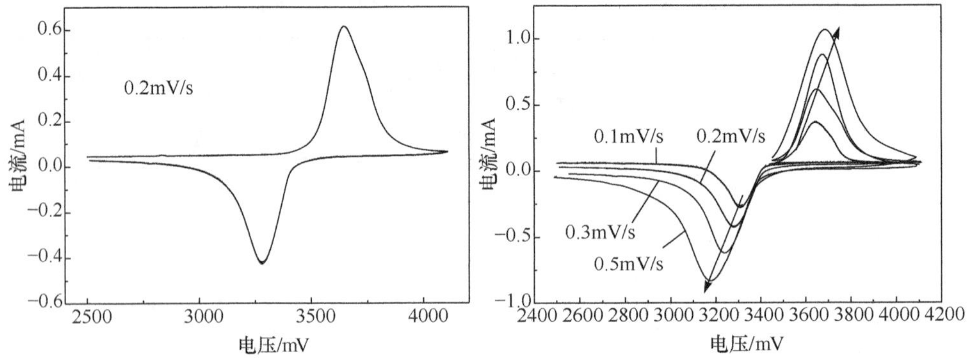

(a) 常规扫描速率　　(b) 各种不同扫描速率

图 8.2　磷酸铁锂样品的循环伏安曲线[3]

图 8.3 是在研究最佳碳添加量时，碳含量为 10%时 $LiFePO_4$/C 样品的循环伏安曲线。其循环伏安曲线上存在一对强的氧化还原峰，这表明在该电位下 $LiFePO_4$/C电极发生了较强的锂离子脱出/嵌入反应。阳极扫描过程中，锂离子从磷酸铁锂正极材料中脱出，与此相对应的是循环伏安曲线上 3.61V 处的氧化峰。与该氧化峰对应的还原峰出现在 3.25V 处。此时，氧化还原峰之间的电位差 φ_p 为 0.36V。在第二次循环过程中，氧化还原峰之间的电位差值减小，这暗示着电极的可逆性得到了提高。从第二次循环扫描到第五次，样品的循环伏安曲线重现性很

好，尤其是还原峰，几乎完全重合。这说明电极具有较好的循环稳定性。由于磷酸铁锂正极材料的锂离子固相扩散系数及电子电导率均较低，考虑到这一点，尽管上述电化学过程具有 0.3V 的氧化还原电位差，但仍然可以认为该材料具有良好的动力学特性。

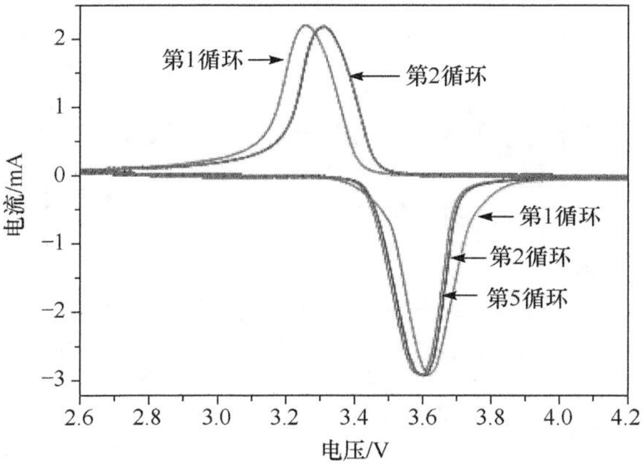

图 8.3　10%碳含量的 $LiFePO_4$/C 样品的循环伏安曲线[2]

8.1.2　磷酸铁锂材料的交流阻抗谱测量

交流阻抗谱是常用的一种电化学测试技术。该方法具有频率范围广、对体系扰动小的特点，是研究电极过程动力学、电极表面现象及测定固体电解质电导率的重要工具。它是基于测量对体系施加小幅度微扰时的电化学响应，在每个测量的频率点的原始数据中，都包含了施加信号电压(或电流)对测得的信号电流(或电压)的相位移及阻抗的幅模值，从这些数据可以计算出电化学响应的实部与虚部。阻抗谱中涉及的参数有阻抗幅模($|Z|$) 、阻抗实部(Z')、阻抗虚部(Z'')、相位移(H) 、频率(X) 等变量，同时还可以计算出导纳(Y) 和电容(C) 的实部与虚部，因而阻抗谱可以通过多种方式表示，每一种方式都有其典型的特征，根据实验的需要和具体体系，可以选择不同的图谱形式进行数据解析[4]。

在 650℃合成碳含量分别为 0.9%、2%、3.1%和 5%的四个磷酸铁锂复合材料，分别标注为 L1、L2、L3 和 L4。图 8.4 为该磷酸铁锂样品的交流阻抗谱图。高频区半圆代表材料的电荷转移阻抗 R_{ct}，从图中明显看出，样品 L1、L2、L4 和 L3 的电荷转移阻抗从约 80Ω 依次减小至 25Ω，充放电过程中电荷转移阻抗的减小有利于克服该过程中的动力学限制，能够使磷酸铁锂活性颗粒的在高倍率充放电时嵌/脱锂深度得到提高，从而改善材料的电化学性能。低频区的斜线代表 Warburg 阻抗，即锂离子在活性物质本体扩散的阻抗。

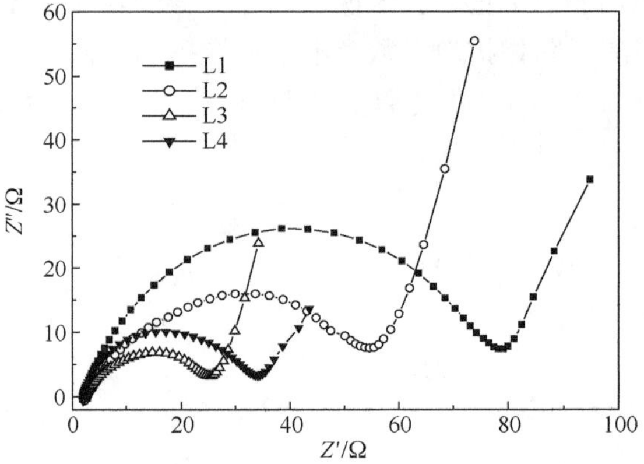

图 8.4　磷酸铁锂样品的交流阻抗谱图[3]

L1、L2、L3、L4 分别代表碳含量为 0.9%、2%、3.1%和 5%

Warburg 系数 σ_w 可以由下式获得：

$$Z_{re}=R_e+R_{ct}+\sigma_w\omega^{-1/2} \tag{8.1}$$

式中，Z_{re}——阻抗的实部；

R_e——电解液产生的阻抗，Ω；

R_{ct}——电荷转移阻抗，Ω；

ω——低频 Warburg 阻抗的角频率，s^{-1}。

由于 R_e 和 R_{ct} 都是常数，因此由阻抗图的低频区的斜线测得阻抗的 Z_{re} 与 $\omega^{-1/2}$ 作图，求其斜率即可得到 σ_w。

样品的锂离子扩散系数可由下式求得：

$$D=0.5\left(\frac{RT}{AF^2\sigma_w C}\right)^2 \tag{8.2}$$

式中，R——气体常数，8.314J/(mol·K)；

T——热力学温度，298.5K；

A——电极面积，1.33cm²；

F——法拉第常数，96500C/mol；

C——锂离子摩尔浓度。

图 8.5 给出了不同碳含量 $LiFePO_4$/C 样品 Z_{re} 和 $\omega^{-1/2}$ 关系图。由图可知，样品 L3 具有最低的 Warburg 系数，仅为 $10.35\Omega\cdot cm^2/s^{1/2}$。由式(8.2)计算，得到四个样品的锂离子扩散系数，分别为 $8.24\times10^{-13}cm^2/s$(L1)、$6.74\times10^{-13}cm^2/s$(L2)、$3.17\times10^{-12}cm^2/s$(L3)和 $2.43\times10^{-12}cm^2/s$(L4)。样品 L3 锂离子扩散速

率最高。这是由于样品 L3 表面被导电碳均匀包覆，有效提高了材料的电导率，使得锂离子的嵌入和电子的补偿可以发生在活性物质表面同一点，降低了材料电化学极化。样品 L4 锂离子扩散速率低于 L3，可能是由于其过高的碳含量造成碳层过厚，增大了锂离子扩散阻力。

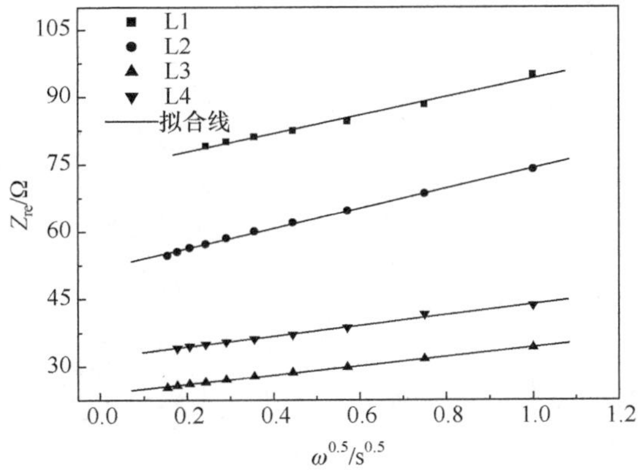

图 8.5　样品 Z_{re} 和 $\omega^{-1/2}$ 关系图[3]

L1、L2、L3、L4 分别代表碳含量为 0.9%、2%、3.1% 和 5%

采用交流阻抗谱还可以测定交换电流密度 i_0。当电极反应处于平衡时，电极反应的两个方向进行的速率相等，此时的反应速率叫做交换反应速率。相应的按两个反应方向进行的阳极反应和阴极反应的电流密度绝对值叫做交换电流密度。交换电流密度在电化学反应体系中是一个重要的指标。其测定方法很多，交流阻抗法(EIS)是较常见的一种方法。交流阻抗以小振幅的电信号对体系扰动，一方面可避免对体系产生大的影响，另一方面使扰动与体系的响应之间近似呈线性关系，这就使测量结果的数学处理变得简单。同时，交流阻抗谱可以清晰地将电极过程的各单元步骤区分开来，由此可以得到更多的动力学信息及电极界面结构的信息。

交流阻抗法测定磷酸铁锂电极的交换电流密度基本原理如下：

电荷转移电阻 R_{ct} 可以表示为

$$R_{ct}=\frac{d\eta}{di} \tag{8.3}$$

式中，η——电化学极化过电势；

i——法拉第电流。

在平衡电势附近(过电势小于 10mV)时，单电子反应的 Butler-Volmer 公式为

$$i=i_0\left[\exp\left(-\frac{\alpha F}{RT}\right)\Delta\varphi-\exp\left(\frac{(1-\alpha)F}{RT}\Delta\varphi\right)\right] \tag{8.4}$$

式中，R——气体常数；

T——热力学温度；

F——法拉第常数。

式(8.4)可以简化为

$$i=i_0\left(\frac{F}{RT}\eta\right) \tag{8.5}$$

上式 η 对 i 求导得

$$R_{ct}=\frac{d\eta}{di}=\frac{RT}{Fi_0} \tag{8.6}$$

交换电流密度 i_0 与电荷转移电阻 R_{ct} 具有反比关系，i_0 越大，R_{ct} 就越小，电化学反应可逆性越高。

图 8.6 是满电状态下磷酸铁锂样品的交流阻抗谱图。由图可知，此时电极的阻抗图谱由高频区一个压缩半圆以及低频区一条倾斜直线组成。其中高频半圆代表电荷转移阻抗 R_{ct}，低频直线代表锂离子在活性物质中扩散所产生的 Warburg 阻抗。其等效电路如图 8.7 所示。其中 R_e 代表电解液电阻，R_{ct} 为电荷传递电阻，W_0 则为锂离子在活性物质中扩散所产生的 Warburg 阻抗，由于电极表面的粗糙度、吸附层及溶液导电性引起的弥散效应，我们引入常相位元件 CPE1 代表界面双电层电容。根据等效电路图，采用 Zview2 软件可以对测试数据进行很好的拟合，如图 8.6 所示。

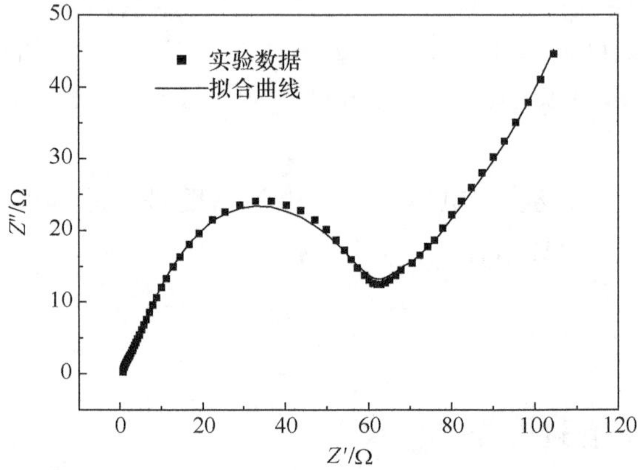

图 8.6　磷酸铁锂样品满电状态下的交流阻抗谱[3]

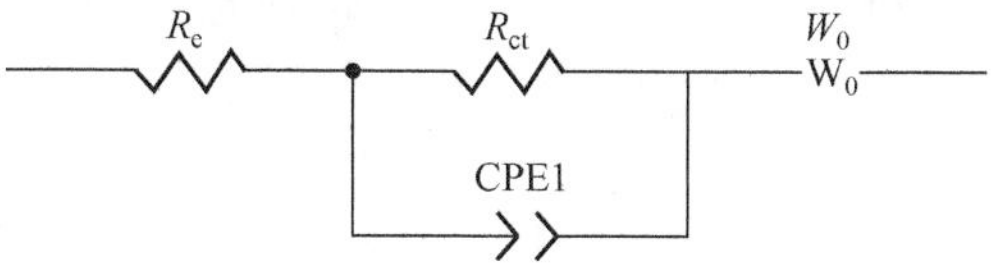

图 8.7　磷酸铁锂样品交流阻抗谱的拟合等效电路

为了考察不同荷电状态下的电极过程，对不同脱锂状态下的模拟电池进行交流阻抗测试。图 8.8 是不同脱锂状态下磷酸铁锂样品的交流阻抗谱。由图可知，随着锂离子脱出量的增加，电极整体阻抗先减小后增大，并且阻抗图在高频及中频区域内分别出现两个压缩半圆，低频区域内的直线也出现了不同程度的倾斜。这是因为随着充电的进行，电解液与活性物质发生作用，在电极表面形成 SEI 膜。高频区内的压缩半圆反应的正是锂离子在 SEI 膜中扩散所产生的阻抗。由此可见，放电时电极发生的过程为：锂离子从电解液中扩散迁移到 SEI 膜的相界面，首先吸附在 SEI 膜界面，然后锂离子通过 SEI 膜并发生电荷迁移，最后锂离子向活性材料体相内部扩散，脱出反应为上述逆过程。根据以上分析，提出等效电路图如图 8.9 所示，并以 Zview2 软件对实验结果进行拟合。其中 R_e、R_{ct}、CPE2 和 W_0 物理意义同上，而 R_f 和 CPE1 则分别代表活性物质表面 SEI 膜电阻和膜电容 C_f。

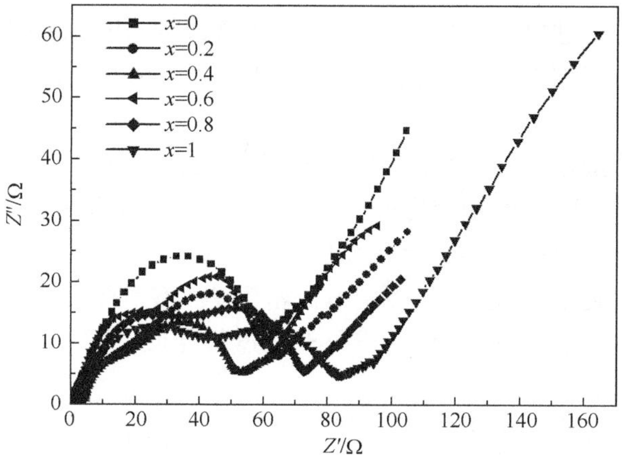

图 8.8　磷酸铁锂样品不同脱锂状态($Li_{1-x}FePO_4$)下的交流阻抗谱[3]

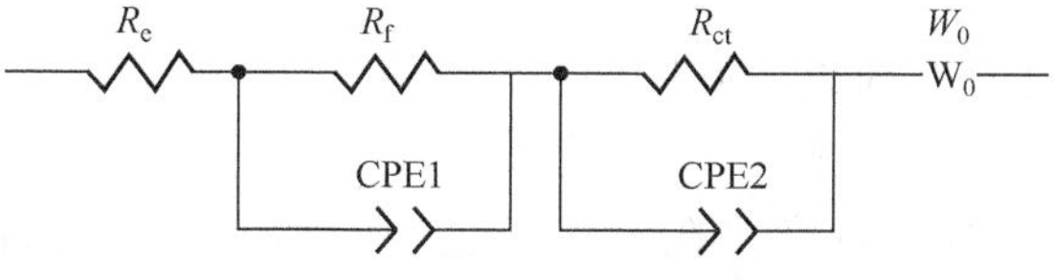

图 8.9　$Li_{1-x}FePO_4$ 样品交流阻抗谱的拟合等效电路

图 8.10 给出了不同脱锂状态下磷酸铁锂电极的 R_{ct} 值和根据式(8.4)计算得到的 i_0。

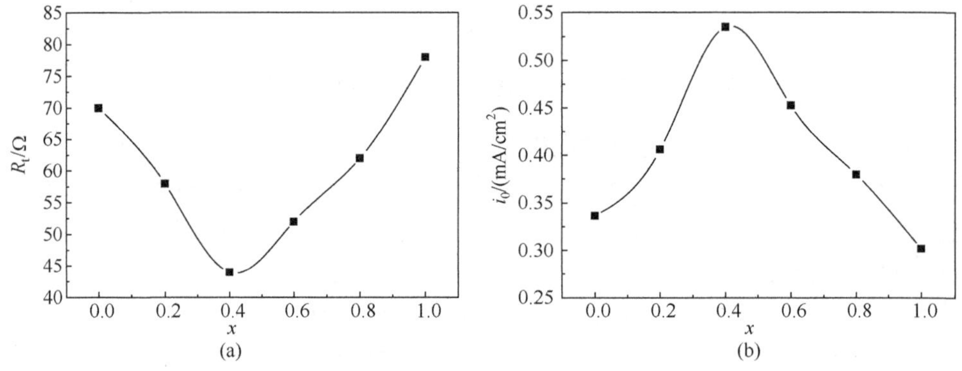

图 8.10　$Li_{1-x}FePO_4$ 电极不同脱锂状态下的 R_{ct} 值和交换电流密度 i_0[3]

由图 8.10 可知，$Li_{1-x}FePO_4$ 的交换电流密度值为 0.3018～0.5350mA/cm²，且随着锂含量的减小，电极的交换电流密度呈现先增大后减小的趋势，并在 $x=0.4$～0.5 附近达到最大值。这是因为材料的交换电流密度反映的是平衡状态时电极的反应能力，其大小与电极反应的可逆性相关。当电极开始充电时，随着锂离子脱出量的增加，活性物质开始得到活化。同时根据 Mosaic 充放电模型，伴随锂的脱出，拓扑式反应的进行，锂离子扩散路径增多，极化降低，电极反应更接近于可逆反应，$Li_{1-x}FePO_4$ 的交换电流密度也随之增大。$x=0.4$～0.5 时，电极处于充电中期，电极反应最接近于可逆反应，交换电流密度达到最大值。在充电后期，锂离子脱出时扩散距离增加，所受阻力变大，电化学极化迅速升高，产生较大的过电位，电极反应偏离可逆过程，交换电流密度也随之迅速减小。当 $x=1$ 时，充电过程终止，电化学极化达到最大值，致使交换电流密度达到整个充电过程中的最低值。放电过程材料的交换电流密度变化规律与充电过程相似。

8.2　磷酸铁锂材料的电子显微镜微观形貌分析

8.2.1　磷酸铁锂材料的扫描电子显微镜微观形貌分析

磷酸铁锂材料的微观形态对其性能影响至关重要。例如，分析其粒径，特别是一次粒径的大小，可以判断出磷酸铁锂材料的容量、倍率甚至低温性能；分析其晶粒形状，可以判断其堆积密度的大小；分析其碳包覆的形态，可以判断其电导率、堆积密度和与电解液的浸润程度。在显微形貌的观察手段中，扫描电子显微镜因为操作便捷、使用方便、分析结果准确，可以直接附带能谱和元素分析等功能，得到了广泛的应用。很多有实力的厂家甚至将 SEM 检测列为必测项目。

对磷酸铁锂材料进行 SEM 分析，可以得到以下信息：

(1) 团聚态和一次粒径颗粒大小；

(2) 颗粒分布状态；

(3) 晶粒形状和亚结构；

(4) 晶粒间碳分布；

(5) 晶间杂质。

图 8.11 为采用不同工艺方法合成的磷酸铁锂材料的 SEM 图像。

(a) $FePO_4$合成的磷酸铁锂

(b) FeC_2O_4合成的磷酸铁锂

(c) Fe_2O_3合成的磷酸铁锂

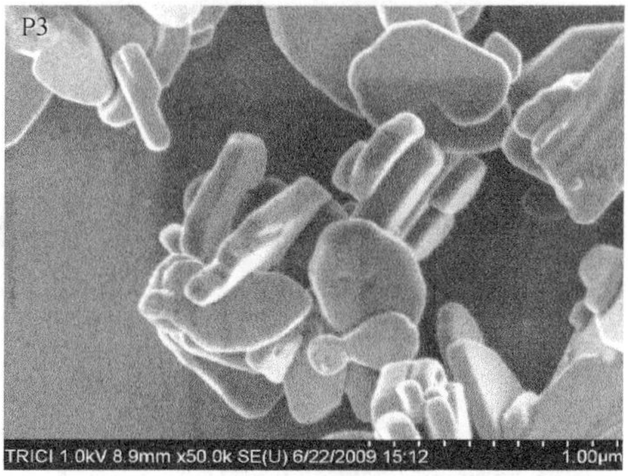

(d) 水热法合成的磷酸铁锂

图 8.11　不同体系合成 $LiFePO_4$/C 材料 SEM 图像[5]

从图 8.11 可见，采用不同体系合成的磷酸铁锂材料具有不同的相貌特征。磷酸铁法制备的材料呈单个球形，晶粒尺寸大小不一，晶粒间可见明显的碳分布。草酸亚铁法制备的材料呈互相联结的片层状，片层之间也有碳分布。氧化铁法制备的材料一次颗粒较大，堆积密度高，因锂离子扩散距离长，预计容量不高。水热法制备的材料具有片层结构，预计具有良好的倍率和低温性能，但其接触点少，预计堆积密度低，内阻会稍大一些。

8.2.2 磷酸铁锂材料的透射电子显微镜微观形貌分析

一般磷酸铁锂材料观察微观形貌时，多使用扫描电子显微镜。但用扫描电镜观察磷酸铁锂存在一些不足之处：

(1) 分辨率不够。一般采用 SEM 观察到 2 万～3 万倍以上时，图像就开始模糊，细节不能清晰分辨；

(2) 不能通过衍射给出晶体结构信息。

(3) 对磷酸铁锂表面碳包覆层精细结构的观察无能为力，也不能观察磷酸铁锂材料的纳米结构。

在这些方面，透射电子显微镜具有独到的优势。因此，如果需要观察材料的细微结构，透射电子显微镜是必不可少的工具。

图 8.12 为利用 PEG2000 为碳源制造的纳米磷酸铁锂材料的 TEM 图谱。可以清晰地看到，磷酸铁锂晶粒直径在 50nm 左右，呈标准球形。在磷酸铁锂晶粒之间分布着大量的裂解碳。由于裂解碳的存在，大幅度降低了材料的堆积密度。

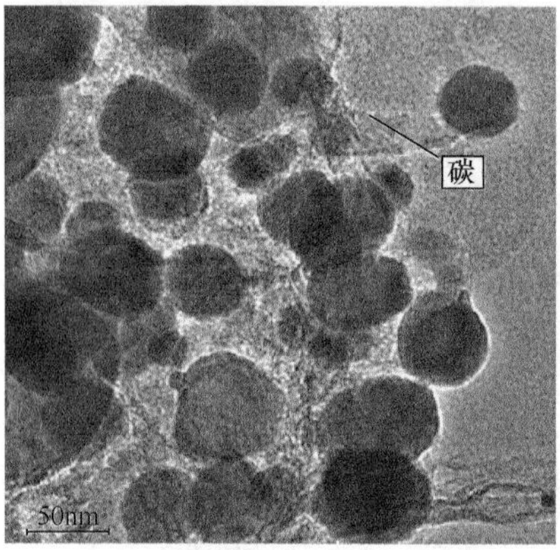

图 8.12 利用 PEG2000 为碳源制造的纳米磷酸铁锂微观形貌[6]

图 8.13 是利用 TEM 研究碳含量对碳包覆形态的影响。

(a) 0.9%C (b) 3.1%C (c) 5% C

图 8.13 不同碳含量 $LiFePO_4/C$ 的 TEM 图谱[3]

从图中可以清楚看出，导电碳较少时，不足以实现对磷酸铁锂颗粒完全包覆，可导致材料粒径过大。当碳含量增加到 3.1%时，导电碳均匀完整地包覆在磷酸铁锂表面，电子就可以直接被传导到活性物质各处，减小电化学极化，同时能有效阻止颗粒的长大，减小锂离子扩散路径。而样品 C 碳含量过高，导电碳在实现对磷酸铁锂完全包覆的同时，还形成了大量碳的团聚体，降低材料密度，也会影响材料的放电容量。可见适中的碳含量才能确保碳层对活性物质的完全均匀包覆，并进而获得颗粒微小、粒径分布均匀的 $LiFePO_4/C$ 复合材料。

图 8.14 为水热法制备的磷酸铁锂材料的透射电子显微镜照片。其中图(a)为水热合成时加入葡萄糖的磷酸铁锂样品的电子显微照片，图(b)为图(a)样品经过了包覆碳处理的磷酸铁锂样品的电子显微照片，图(c)为水热反应时不加入葡萄糖的磷酸铁锂样品的电子显微照片，图(d)为图(c)样品经过了包覆碳处理的磷酸铁锂样品的电子显微照片。可见，图(a)样品表面附着一层葡萄糖裂解产生的焦糖，在随后的烧结过程中变成均匀分布的碳包覆层。从图 8.14(b)可以看出，碳包覆层仅有几个纳米厚。这样尺度和结构只能用 TEM 来观察。特别是图 8.14(d)，用 TEM 可以清晰地看到晶粒间的精细结构、晶粒的堆积方式以及碳的包覆状态。

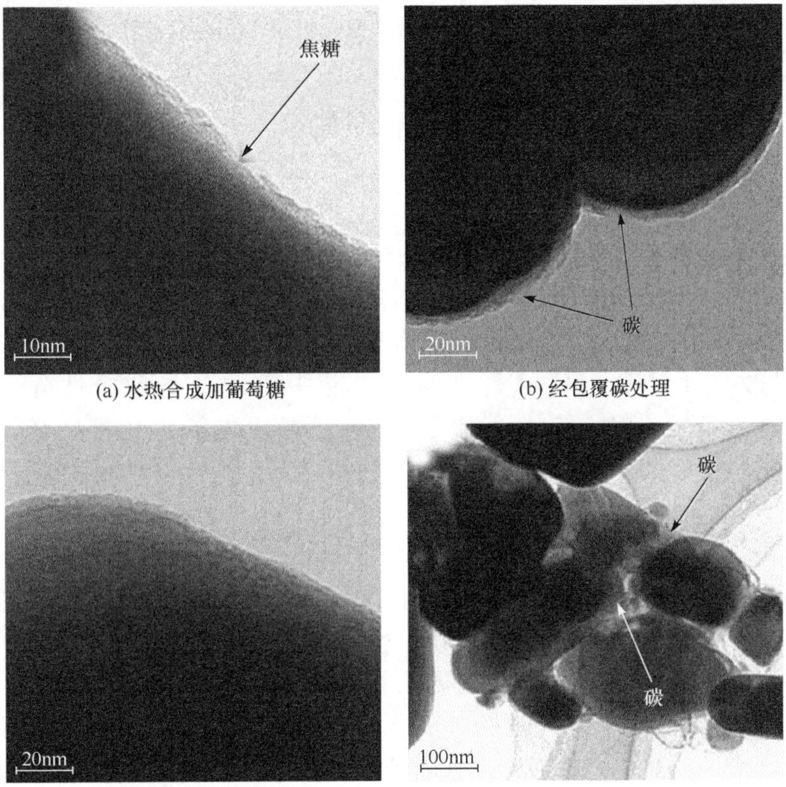

(a) 水热合成加葡萄糖　(b) 经包覆碳处理

(c) 水热反应不加葡萄糖　(d) 图(c)样品包覆碳

图 8.14　水热法制备的磷酸铁锂材料的 TEM 形貌[7]

图 8.15 为 Kima 等利用高分子量的 PVB(聚乙烯醇缩丁醛)制备的磷酸铁锂材料的透射电子显微镜照片。其中图(a)对应的样品为没有 PVB 的磷酸铁锂样品；图(b)对应的样品为添加了 5%PVB 的磷酸铁锂样品。可见，与图(a)样品相

比，图(b)样品表面附着一层厚度约 5nm 左右的裂解碳，这层裂解碳可以使材料具有优良的放电性能。他们研究发现材料的放电比容量达到 167.5mA · h/g，几乎达到了理论容量。这种薄层碳的精细结构只能通过 TEM 来观察和发现。

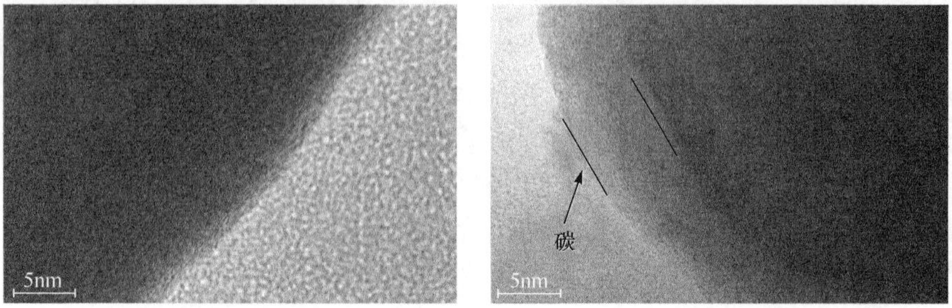

(a) 没有添加PVB样品　　(b) 添加了5%PVB的样品

图 8.15　利用 PVB 制造的酸铁锂材料的 TEM 表面碳层[8]

8.3　磷酸铁锂材料的表面能

8.3.1　表面能测试原理

利用不同原料、不同工艺制造的磷酸铁锂材料具有不同的表面能量状态，因而其加工性各不相同。$LiFePO_4/C$ 材料的表面能量状态可以用表面自由能来表示。一般地，表面自由能表示为色散分量 γ^d 和极性分量 γ^p 之和。实验发现，不同热解条件可以改变 $LiFePO_4/C$ 材料表面自由能中色散分量和极性分量的比值 (γ^d/γ^p)，γ^d/γ^p 值较大时，有利于粉体与聚偏氟乙烯的结合，与铝箔黏着牢固，从而提高材料的加工性能。而 γ^d/γ^p 值较小时，材料的加工性较差，与铝箔黏着不牢固，容易脱落。

一般地，固体的表面自由能(又称表面能，solid surface energy)是指生成单位面积的新固体表面所需做的可逆功。固体和液体在形成新表面时情况不同。对于液体，由于分子的可动性，形成新表面时分子在瞬间皆可达到平衡位置，其表面张力等同于表面能，表面张力可以直接通过毛细上升法、最大压泡法和滴重等进行测试，而固体表面的原子或分子的可动性小，故而固体的表面张力和表面能常常不同。固体在表面原子总数保持不变的条件下，可以因弹性形变而使表面积增加，所以固体的表面能中包含了弹性能。表面张力在数值上已不再等于表面自由能，直接计算或估算表面能很困难。由于固体表面的非流动性，表面上的原子组成和排列的各向异性，导致固体表面能随着表面区域的不同而改变。因此，需要在固体表面多次测量取平均值。

根据 Young 方程，液体在固体表面上的接触角是 γ_{sv}、γ_{sl} 和 γ_{lv} 的函数：

$$\gamma_{sv}=\gamma_{sl}+\gamma_{lv}\cos\theta \tag{8.7}$$

式中，γ_{sv}、γ_{lv}分别是液体的饱和蒸汽平衡时，固体和液体的表面张力(或表面自由能)；γ_{sl}是固体与液体间的界面张力。θ和γ_{lv}均是可测的数值，只要用另一方程(理论的或经验的)将γ_{sv}和γ_{sl}联系起来，即可求得γ_{sv}、γ_{sl}。根据界面张力的现代理论，已发展了估算固体表面能的几种理论，如WORK方法、Wu方法、YGGF方法、酸碱理论和Schultz方法等。每种理论均有一定的适用范围，其中Wu方法适用于低能体系。本节选择Wu方法作为计算固体表面能的理论依据：

$$\gamma_{sl}=\gamma_{sv}+\gamma_{lv}-\frac{4\gamma_l^d\gamma_s^d}{\gamma_l^d+\gamma_s^d}-\frac{4\gamma_l^p\gamma_s^p}{\gamma_l^p+\gamma_s^p} \tag{8.8}$$

将式(8.7)与式(8.8)联立，得

$$\gamma_{lv}(1+\cos\theta)=4\left(\frac{\gamma_l^d\gamma_s^d}{\gamma_l^d+\gamma_s^d}+\frac{\gamma_l^p\gamma_s^p}{\gamma_l^p+\gamma_s^p}\right) \tag{8.9}$$

在式(8.8)、式(8.9)中，上标d和p分别表示色散作用和包括氢键作用在内的极性作用；表面能γ与表面能分量间的关系依不同的方程而不同，对于Wu方法有

$$\gamma=\gamma^d+\gamma^p \tag{8.10}$$

通过两种或两种以上测试液的接触角数据，即可计算出固体的表面能。

实验中，接触角采用表面张力测量仪进行测量，主要是测量液滴切线与固体界面之间的夹角。然后计算磷酸铁锂样品表面张力。测试液分别为丙酮、乙醇、乙二醇和甲酰胺。得到接触角后，采用Wu公式计算磷酸铁锂表面能中的极性分量和色散分量。将待测液的接触角数据代入Wu公式，即可计算出材料的表面能及其组成，极性分量(polar)和色散分量(disp)之和即为磷酸铁锂表面能(surface energy)。

8.3.2　表面能测试数据分析

表8.1列出了用于测试粉末接触角的探测液的表面张力及其分量的值。表8.2为不同烧结温度和时间的$LiFePO_4$/C粉末接触角的实验数据。表8.3是根据$LiFePO_4$/C粉末接触角的实验数据计算出粉末表面自由能。表8.4显示了$LiFePO_4$/C粉末表面自由能、比容量和电导率的关系[9]。

表8.1　探测液的性能参数(20℃)

探测液	丙酮	甲酰胺	乙二醇+水(1∶1)	乙醇
γ/(mJ/m²)	25.2	56.9	57.9	22.1
γ^d/(mJ/m²)	22.1	23.5	20.0	17.5
γ^p/(mJ/m²)	3.1	33.4	37.9	4.6

表 8.2　$LiFePO_4$/C 粉末接触角

T/℃	t/h	丙酮/(°)	甲酰胺/(°)	乙二醇+水(1∶1)/(°)	乙醇/(°)
700	3	62.7	78.2	74.8	79.3
700	5	64.3	87.2	85.9	64.2
700	7	34.5	85.8	74.2	56.5
700	10	57.4	86.2	83.9	65.9
600	5	51.7	86.8	86.2	74.9
750	5	60.2	87.4	84.1	67.5

表 8.3　$LiFePO_4$/C 粉末的表面自由能

T/℃	t/h	γ/(mJ/m²)	γ^d/(mJ/m²)	γ^p/(mJ/m²)	RQ
700	3	26.9	9.5	17.4	0.9997
700	5	21.4	9.3	12.1	1.0000
700	7	21.7	11.5	10.2	1.0000
700	10	21.8	12.6	9.2	0.9896
600	5	22.8	8.3	14.5	0.9960
750	5	21.3	10.0	11.3	0.9853

注:RQ 表示非线性关联系数。

表 8.4　$LiFePO_4$/C 粉末表面自由能、比容量和电导率

T/℃	t/h	γ^d/γ^p	σ/(S/cm)	0.2C/(mA·h/g)	1C/(mA·h/g)	5C/(mA·h/g)
500	3	0.325	2.1×10^{-6}	130	122	90
600	3	0.477	3.4×10^{-5}	135	130	97
700	3	0.546	5.2×10^{-4}	139	134	105
700	5	0.769	7.8×10^{-3}	141	137	121
700	7	1.127	3.5×10^{-2}	145	140	130
700	10	1.370	3.9×10^{-2}	146	142	131
750	10	1.392	3.7×10^{-2}	145	136	117

根据表 8.4 可知,磷酸铁锂表面自由能中色散分量与极性分量的比值(γ^d/γ^p)随着煅烧时间的延长和煅烧温度的提高而增加。在 700℃时,煅烧时间从 3h 延长到 7h,γ^d/γ^p从 0.546 增加到 1.127;当煅烧时间延长至 10h 时,γ^d/γ^p的提高比较慢,但仍增加了 25.7%。随着 γ^d/γ^p的增加,材料的加工性能越来越好。但随着煅

烧时间的延长，产物的粒度增加，比表面积减小，部分粒子结块，影响材料的电化学性能。而烧结时间过短，则材料结晶不完全，电化学性能较差。因此，判断最优的合成工艺条件，还需要综合判定材料的各个性能指标。

根据表 8.4 可知，电导率随着煅烧时间的延长和煅烧温度的提高而增加。煅烧温度为 700℃，煅烧时间从 3h 延长到 7h，电导率从 10^{-4} S/cm 数量级提高到了 10^{-2} S/cm 数量级；但当煅烧时间大于 7h 后，电导率随着时间的延长几乎没有变化；煅烧时间 3h 时，温度从 500℃提高到 700℃，电导率从 10^{-6} S/cm 数量级提高到了 10^{-4} S/cm 数量级；但当温度大于 700℃时，温度的升高对电导率几乎没有影响。从材料的综合性能判断，700℃烧结 7h 的产品可以满足要求。

工业化涂布实验结果也证实了以上的分析，采用碳包覆条件为 700℃、3h 样品，涂布后极片上容易出现裂纹，而采用 700℃、7h 烧结的样品，表面光滑。

需要说明的是，利用表面能理论判断材料加工性能，还只是一个经验性技术手段，需要进行进一步的深入研究。

8.4　磷酸铁锂材料的铁溶解性测量

磷酸铁锂材料在使用中，会因为电解液的浸泡而发生溶解。测量其中的铁含量即可判断溶解量的多少。铁的溶解对电池性能有恶化作用：溶解下来的铁离子会在充放电过程中沉积到负极和隔膜上，形成负极褐斑和隔膜黑点，造成微短路，从而形成自放电。应用和实验证明，磷酸铁锂材料的铁溶解越多，隔膜黑点越多，电池的自放电越严重。因此，对磷酸铁锂来说，溶解越少越好。本节提供磷酸铁锂铁溶解性的判断方法。

8.4.1　磷酸铁锂材料在常温水中的溶解性

磷酸铁锂在水中的溶解性能是最常用到的。具体操作步骤是：

(1) 取 50mL 烧杯，用去离子水冲洗三次，烘干至恒重。

(2) 称取 1g $LiFePO_4$/C 材料与 19g 去离子水，放入烧杯中混合，然后加入不超过 1mL 无水乙醇以润湿材料。其中磷酸铁锂与水的比例可以调节，以效果明显者为佳。

(3) 用磁力搅拌器搅拌 4h 后停止，用双层保鲜膜将该烧杯密封，再用橡皮圈套紧，静置 7 天。

(4) 将烧杯中的液体抽滤去除磷酸铁锂粉体，得到溶有铁的澄清溶液。

(5) 通过比色法观察溶液的颜色。色泽越深，铁的溶解越多。

图 8.16 为不同厂家样品的铁溶解情况[5]。

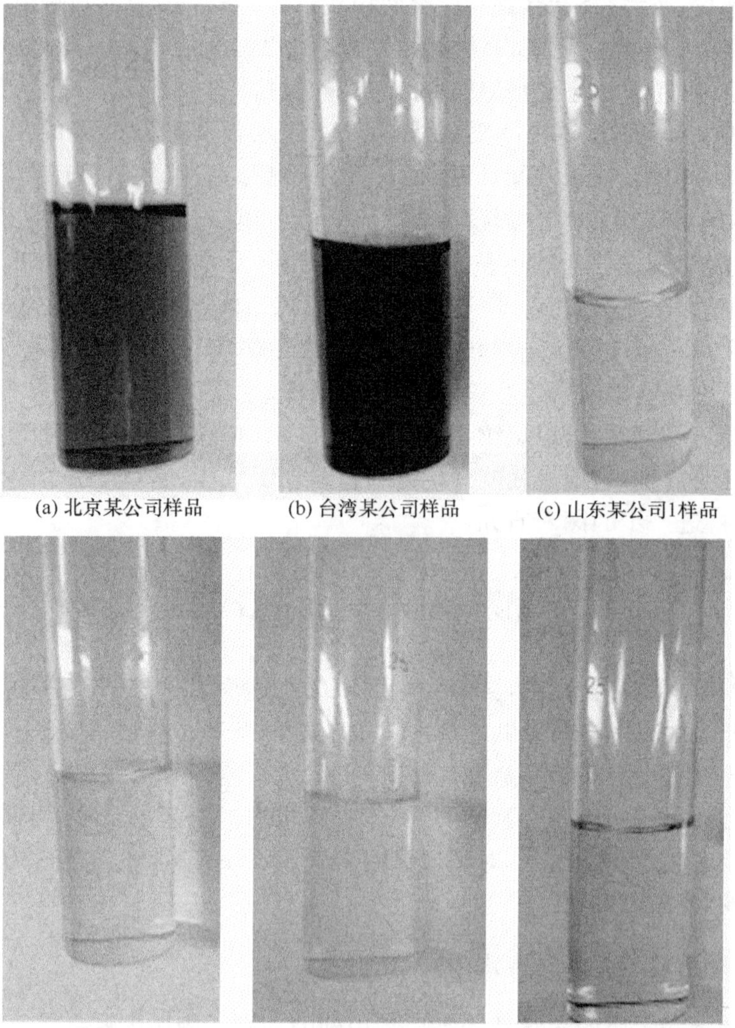

(a) 北京某公司样品　(b) 台湾某公司样品　(c) 山东某公司1样品

(d) 天津某公司样品　(e) 深圳某公司样品　(f) 山东某公司2样品

图 8.16　不同厂家磷酸铁锂水浸泡后过滤液图片[5]

8.4.2　磷酸铁锂材料在高温水中的溶解性

为了加速磷酸铁锂材料的测量效果，可以在较高的温度测量磷酸铁锂在水中的溶解性能。具体操作步骤是：

(1) 取磷酸铁锂成品料约 10g，110℃烘烤 2h 除去水分，放入干燥器中降温至室温。

(2) 取磷酸铁锂料各 5.0g，分别放入两个三角瓶中进行平行实验，各加入

95mL 去离子水，搅拌均匀后密封。可以加入少量无水乙醇以润湿物料。

(3) 将三角瓶放入烘箱，在 55℃恒温放置 12h。

(4) 经过 55℃、12h 放置后，将三角瓶放在平台上静置 12h，观察上清液颜色。

(5) 用真空泵过滤，观察滤液的颜色，如图 8.17 所示。

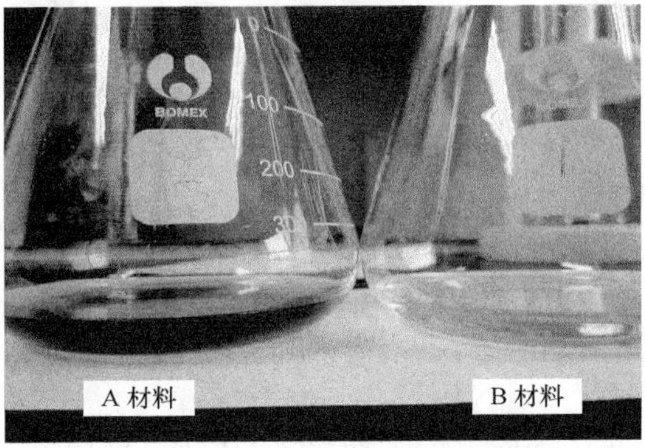

图 8.17　高温后的水浸材料滤液颜色

从图 8.17 可见，本实验中 A 材料滤液为褐色有点浑浊，B 材料滤液呈透明的淡黄色，说明 A 材料溶解性较大。

可以检测滤液中的铁含量，结果是：A 滤液中含铁量为 0.01%，B 滤液中含铁量为 0.005%。换算到 5g 磷酸铁锂材料，发现 A、B 材料在高温下铁的溶出率分别为 0.44%和 0.22%。

8.4.3　磷酸铁锂材料在高温电解液中的溶解性

磷酸铁锂材料在使用中实际是和电解液接触的。测量磷酸铁锂在电解液中的溶解性能更接近于实际效果。使用电解液测量时，浓度可以提高。典型的操作步骤是：

(1) 取磷酸铁锂成品料 50g，在 110℃烘烤 2h 去除水分，放入干燥器中降温至室温。

(2) 以下操作在干燥手套箱中进行。取磷酸铁锂料约 20.0g，放入三角瓶中。用注射器取 40mL 电解液，注入三角瓶。注意电解液的液面必须覆盖材料表面。密封三角瓶瓶口。

(3) 将三角瓶取出，放入烘箱，在 55℃恒温放置 12h。

(4) 经过 55℃、12h 放置后，将三角瓶放在平台上静置 12h，观察上清液颜色。

(5) 用真空泵过滤，观察滤液的颜色，如图 8.18 所示。

(6) 滤液也可以进行铁含量测量，以确定其中溶出的铁元素。

图 8.18　高温后的电解液浸材料滤液颜色

8.5　磷酸铁锂材料的谱学特征

8.5.1　磷酸铁锂材料的红外光谱测量

磷酸铁锂材料的性能可以由红外吸收光谱(FTIR)进行分析。采用红外吸收光谱法分辨率较高,可以比 XRD 分析更精确地判断物相成分。例如,郅晓科研究了利用磷酸铁法合成磷酸铁锂过程中,采用 350℃和 400℃烧结磷酸铁锂前驱体的红外吸收光谱,如图 8.19 所示。

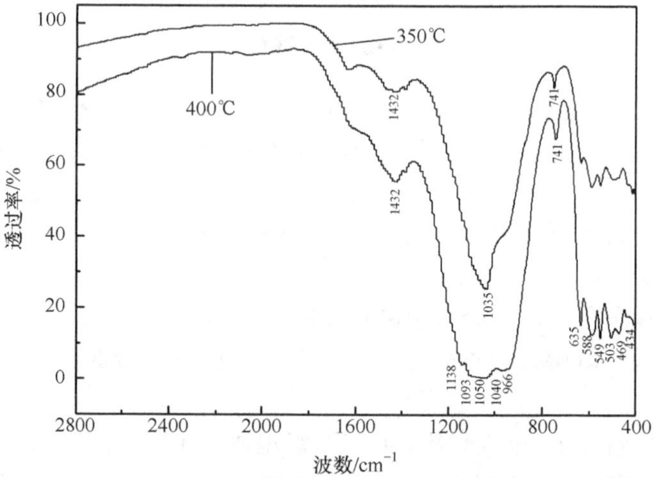

图 8.19　350℃和 400℃合成 $LiFePO_4$/C 样品的 FTIR 图谱[3]

可见,350℃烧结的样品已具有磷酸铁锂的红外吸收特性,但其红外活性不高,

仅在 $1035cm^{-1}$ 处存在一强吸收峰，对应 PO_4^{3-} 的反对称伸缩振动(ν_3)。另外，样品在 $1422cm^{-1}$ 和 $741cm^{-1}$ 处的吸收峰分别归属于 CO_3^{2-} 的伸长振动和磷酸铁晶体中 P—O—P键的对称伸缩振动，由此可知，350℃时样品仍存在大量未反应的前驱体。由于锂离子的进一步嵌入，使得 400℃合成样品的红外活性更高，样品的红外振动频率和强度都发生了变化，尤其是在 900～$1200cm^{-1}$ 的磷酸铁锂强吸收谱带，增加了 $966cm^{-1}$、$1050cm^{-1}$、$1093cm^{-1}$ 和 $1138cm^{-1}$ 四个吸收峰，分别对应 P—O 键的对称伸缩振动(ν_2)和反对称伸缩振动(ν_3)。同时样品在 $1040cm^{-1}$ 和 $434cm^{-1}$ 出现吸收峰，其中 $1040cm^{-1}$ 可归属于 Li_3PO_4 中 PO_4^{3-} 的反对称伸缩振动，而 $434cm^{-1}$ 为 γ-Fe_2O_3 的特征吸收峰，可归结为 Fe—O—Fe 键的弯曲振动。由此可以认定，400℃时样品中开始产生 Li_3PO_4 和 Fe_2O_3 杂相。

Li_3PO_4 和 Fe_2O_3 的存在表明前驱体发生了以下副反应：

$$3Li_2CO_3+2FePO_4 = Fe_2(CO_3)_3+2Li_3PO_4 \tag{8.11}$$

$Fe_2(CO_3)_3$ 十分不稳定，迅速分解为 Fe_2O_3 和 CO_2，即

$$Fe_2(CO_3)_3 = Fe_2O_3+3CO_2 \tag{8.12}$$

由于碳热体系的还原性与合成温度相关，合成温度越高，体系还原性越强。而低于 500℃时，整个体系的还原性较弱，因此 Fe_2O_3 未能被进一步还原。结合 XRD 分析发现，500℃合成的样品衍射峰强度迅速升高，各杂相峰强度相对减弱。这是由于体系的还原气氛在 500℃时开始增强，Fe_2O_3 逐步被还原为 FeO，进而与 Li_3PO_4 和 $FePO_4$ 发生反应，形成磷酸铁锂。合成温度上升到 550℃，体系强的还原气氛可以将 Fe_2O_3 完全还原，样品各衍射峰均与磷酸铁锂的标准谱图一一对应，没有杂相峰的存在，表明采用碳热还原法在 550℃下即可合成纯相的磷酸铁锂正极材料。图 8.20 给出了 450℃、500℃和 550℃所合成 $LiFePO_4$/C 样品的 FTIR 图谱。

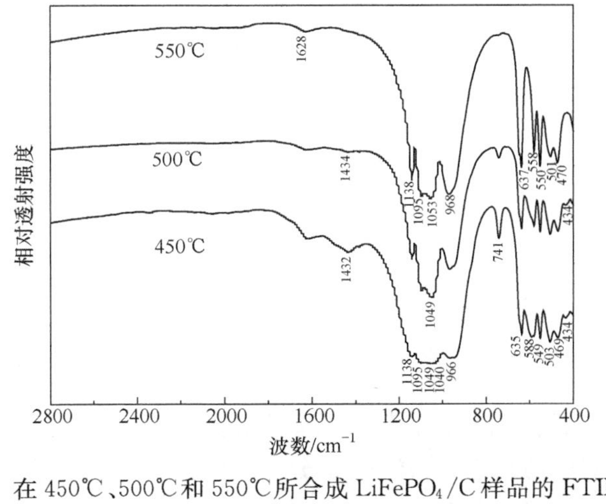

图 8.20　在 450℃、500℃和 550℃所合成 $LiFePO_4$/C 样品的 FTIR 图谱[3]

由图 8.20 可知，随着合成温度的升高，1432cm^{-1}（对应 Li_2CO_3）、1040cm^{-1}（对应 Li_3PO_4）、741cm^{-1}（对应 $FePO_4$）和 434cm^{-1}（对应 Fe_2O_3）处的吸收峰强度逐渐降低。当合成温度上升到 550℃时，四个杂相峰完全消失，样品为纯相的磷酸铁锂正极材料，其红外吸收主要分布于两个谱带，即强吸收（1138～968cm^{-1}）和中强吸收(637～470cm^{-1})。其中 1138cm^{-1}、1095cm^{-1}、1053cm^{-1}属于 P—O 键的反对称伸缩振动(ν_3)，而 968cm^{-1}则归属于 P—O 键的对称伸缩振动(ν_1)。637cm^{-1}、558cm^{-1}、550cm^{-1}、501cm^{-1}和 470cm^{-1}的吸收与 PO_4^{3-} 基团的弯曲振动(ν_2、ν_4)有关。以上分析表明，碳热还原 Fe_2O_3发生在 500～550℃。

葡萄糖是制造磷酸铁锂的重要碳源和还原剂。图 8.21 是不同温度下葡萄糖的裂解产物 FTIR 表征。

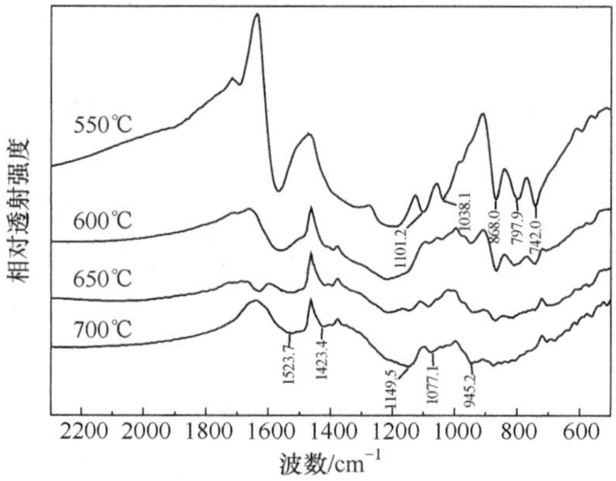

图 8.21　不同温度下葡萄糖裂解产物的 FTIR 图谱[3]

图中，600℃和 650℃合成的材料在 740～870cm^{-1}的吸收峰可以归结于 C—H 键面外弯曲振动峰，1030～1110cm^{-1}可以归结为—C—O—C 的伸缩振动，表明材料中仍含有大量 C—H 键和含氧集团。700℃和 800℃合成的材料 C—H 键逐渐消失，吸收峰主要为 C—C 振动，其中 1523.7cm^{-1}和 1423.4cm^{-1}处的峰可以归结为微晶石墨 C═C 环的振动，表明碳化程度随温度的升高而提高。由此可见，$LiFePO_4$/C 合成时的焙烧温度不仅影响到最终产物的结晶程度和粒径大小，同时决定了导电碳的成分与结构，并最终决定复合材料本身的电导率。结合放电容量、倍率等特性的测量，即可了解碳的形态对磷酸铁锂材料电化学性能的影响。

8.5.2　磷酸铁锂材料的拉曼光谱分析

拉曼光谱是一种散射光谱，其分析基于印度科学家拉曼(Raman)所发现的拉曼散射效应，即当光穿过透明介质时，被分子散射的光会发生频率变化。对与入射光频率不同的散射光谱进行分析，可以得到分子振动、转动方面信息，并应用于分子结构研究的一种分析方法。

在磷酸铁锂研究中，拉曼光谱分析可以研究导电碳的结构，采用拉曼光谱对不同碳源合成的 $LiFePO_4/C$ 复合材料进行测试，结果如图 8.22 所示。

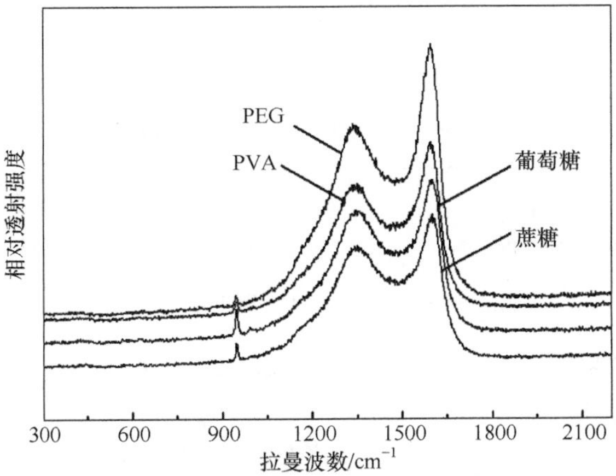

图 8.22　不同碳源合成的 $LiFePO_4/C$ 的拉曼光谱[3]

从图 8.22 可见，$950cm^{-1}$处的小峰为磷酸铁锂中 PO_4^{3-} 的伸缩振动。另外，在 $1350cm^{-1}$和 $1590cm^{-1}$处存在两个部分重叠的强吸收谱带，属于无定形碳膜的特征拉曼光谱。$1590cm^{-1}$主要对应于石墨化结构的 G 峰，而 $1350cm^{-1}$则对应于无序结构碳的 D 峰。碳的石墨化结构与 sp^2杂化轨道有关，sp^2杂化轨道与碳的电导率密切相关，sp^2成分比例越高，其电导率越高。而无序结构碳与 sp^3杂化轨道有关。实际上，拉曼图谱在 $1000\sim1700cm^{-1}$范围内是由几个代表不同杂化轨道的吸收谱带组成。为了更好地分析结果，对拉曼图谱进行高斯四峰拟合，结果如图 8.23所示。

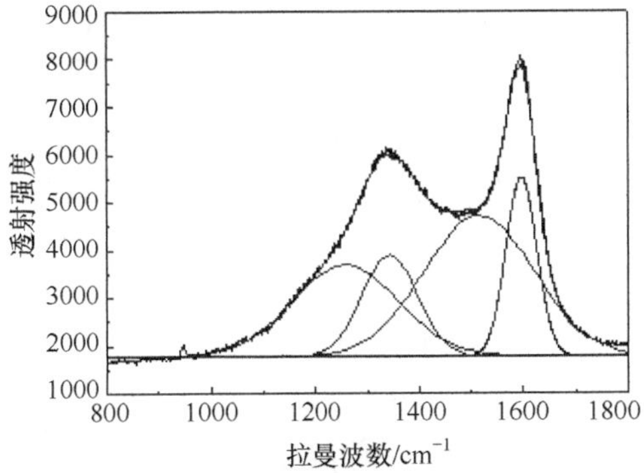

(a) 用蔗糖合成样品

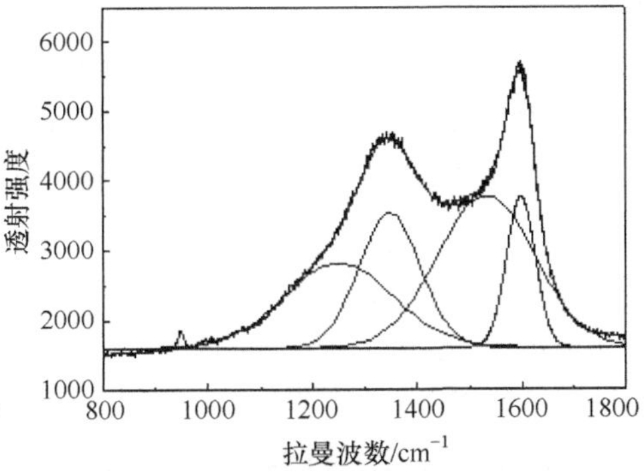

(b) 用葡萄糖合成样品

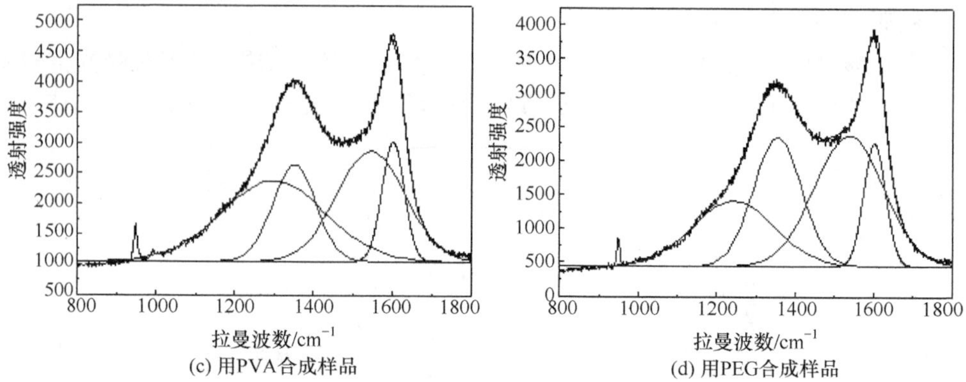

图 8.23　$LiFePO_4/C$ 的拉曼光谱拟合结果[3]

由图 8.23 中可以看出，拟合结果与所测拉曼光谱非常吻合。四个拟合峰位置分别位于 $1261cm^{-1}$、$1350cm^{-1}$、$1537cm^{-1}$ 和 $1599cm^{-1}$ 附近，其中 $1350cm^{-1}$ 和 $1599cm^{-1}$ 归属于由 sp^2 杂化轨道所对应的拉曼光谱，$1261cm^{-1}$ 和 $1537cm^{-1}$ 归属于由 sp^3 杂化轨道所对应的拉曼光谱。

sp^2 杂化轨道所占比例可用 sp^3/sp^2 表示，其值即为相应的所属峰的积分面积之比，即 $sp^3/sp^2=(I_{1261}+I_{1537})/(I_{1350}+I_{1599})$。具体数值见表 8.5。

表 8.5　不同碳源所制备样品的 sp^3/sp^2 值和电导率[3]

	蔗糖	葡萄糖	PVA	PEG
sp^3/sp^2	2.5	1.6	3.2	1.2
电导率/(S/cm)	1.7×10^{-2}	7.3×10^{-2}	4.9×10^{-3}	1.4×10^{-2}

由表 8.5 可知，以 PEG 为碳源合成的样品 sp^2 杂化轨道含量最多，表明 PEG 裂解生成的导电碳电子电导率最高。其次为葡萄糖合成的样品，sp^3/sp^2 为 1.5。而蔗糖和 PVA 裂解碳 sp^2 杂化轨道含量偏低，预示着这两种碳源不适合用作磷酸铁锂的表面包覆改性。表 8.5 同时给出了各样品的电导率。从中发现，PEG 制备的样品电导率并非最高，这是因为材料电导率还与碳包覆状态有关系。葡萄糖制备的样品电导率高达 $7.3\times10^{-2}S/cm$，表明材料可能具有优异的电化学性能和倍率性能。

图 8.24 为不同烧结温度合成的 $LiFePO_4/C$ 复合材料的拉曼光谱。

可以发现，随着烧结温度的升高，位于 $1350cm^{-1}$ 和 $1590cm^{-1}$ 处的两个无定形碳膜的特征峰都开始宽化，而位于 $950cm^{-1}$ 处 PO_4^{3-} 的伸缩振动峰的相对强度却在升高，表明烧结温度的提高有利于磷酸铁锂晶体的生长。各样品在 $2800cm^{-1}$ 附近均出现一个宽化峰，该峰与 C—H 键的伸缩振动有关。$2800cm^{-1}$ 处峰的强度随烧结温度的提高逐渐降低，表明高温合成的材料 C—H 键逐渐消失。图 8.23 同时给

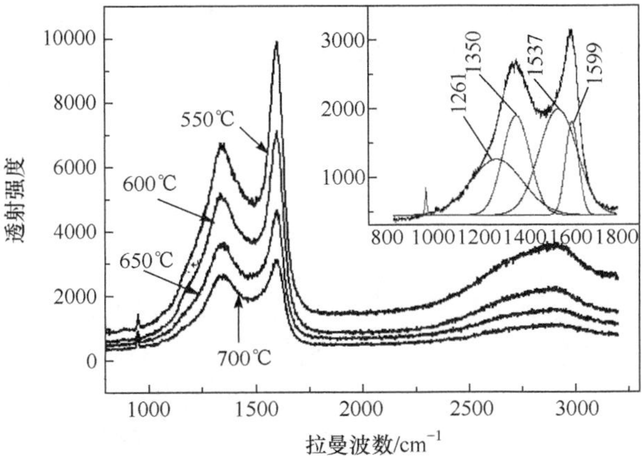

图 8.24　不同温度烧结的 $LiFePO_4$/C 材料拉曼光谱和高斯四峰拟合曲线[3]

出了样品拉曼光谱的高斯四峰拟合曲线。从图中可以看出拟合结果与所测拉曼光谱非常吻合，四个拟合峰分别位于 $1261cm^{-1}$、$1350cm^{-1}$、$1537cm^{-1}$ 和 $1599cm^{-1}$ 附近，分别对应 sp^3 和 sp^2 杂化轨道。对其他数据同样进行拟合处理以后，根据 sp^3 和 sp^2 杂化轨道各相应峰面积，计算出各材料的 sp^3/sp^2 比值分别为 2.8、2.1、1.5 和 1.1，表明随着碳化温度的升高，石墨化结构在导电碳中所占比例增大，有利于复合材料电导率和电化学性能的提高。

8.5.3　伏安极谱法测量不同价态铁含量

1922 年捷克科学家 Heyrovsky 发现不同物质在电极接触的溶液中如含有还原离子或离子团，电流就会按等级增加。这是分析化学领域中的一个重大发现，Heyrovsky 因此获得 1959 年诺贝尔化学奖。在此基础上发展而来的伏安极谱法分析成为电化学分析中重要的一种分析方法，也可以用来做磷酸铁锂材料的分析。

磷酸铁锂材料中的铁应该都是二价的。由于制造工艺等问题，经常残留三价铁。三价铁的存在会恶化磷酸铁锂材料的性能。要仔细区分三价铁和二价铁需要精密的实验手段。除了化学分析方法外，周燕研究了可以同时测定 Fe^{2+} 和 Fe^{3+} 含量的伏安极谱法技术[10]。她采用 Metrohm 797 型伏安极谱仪进行测量。在焦磷酸钠体系中，Fe^{2+} 和 Fe^{3+} 的氧化还原电位分别在 −0.3V 和 −0.8V 左右，伏安极谱法中峰高（电流）与物质浓度成正比，通过两次加入已知浓度的标准溶液，即可计算出样品中待测的 Fe^{2+}、Fe^{3+} 的含量，因此可以在一次扫描中同时分析出磷酸铁锂中 Fe^{2+} 和 Fe^{3+} 含量。

图 8.25 为标准溶液的伏安极谱图，图 8.26 为磷酸铁锂材料的伏安极谱图。表 8.6 为样品溶液中 Fe^{2+}、Fe^{3+} 的分析结果。实验确认了伏安极谱法的测量结

果，发现伏安极谱法可以准确测定磷酸铁锂中的 Fe^{2+} 和 Fe^{3+} 含量，从而判断铁的氧化度。该方法易操作、运行成本较低。

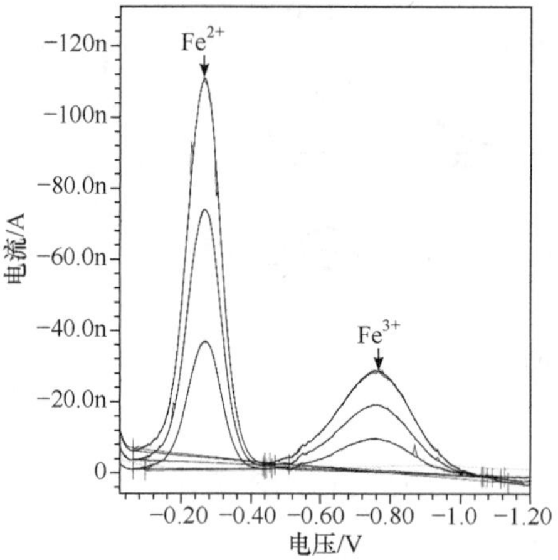

图 8.25　标准溶液的伏安极谱图

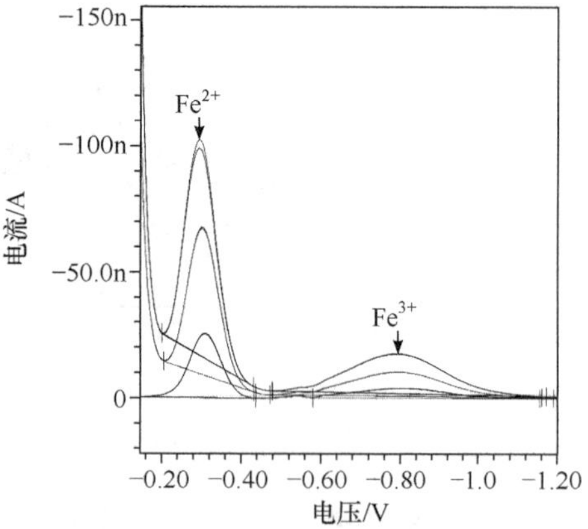

图 8.26　磷酸铁锂材料的伏安极谱图

表 8.6　磷酸铁锂材料样品中 Fe^{2+}、Fe^{3+} 分析结果[10]

待测离子	样品 1-1	样品 1-2	样品 2-1	样品 2-2
Fe^{2+}	338.519	344.934	335.055	333.460
Fe^{3+}	15.005	14.351	16.518	17.822

参 考 文 献

[1] 谭中印，周丹红. 电化学分析原理及技术. 大连：辽宁师范大学出版社，2001

[2] 阮艳丽. 磷酸铁锂正极材料的应用基础研究. 天津：天津大学博士学位论文，2006

[3] 郅晓科. 碳热还原法合成 $LiFePO_4$ 正极材料的工艺与性能研究. 天津：河北工业大学博士学位论文，2010

[4] 崔晓莉，江志裕. 上海师范大学学报（自然科学版），2001，30(4)：53-61

[5] 刘艳辉. 磷酸铁锂材料微观形貌特征与性能关系. 天津：河北工业大学硕士学位论文，2012

[6] Liang G，Zhi X，Ou X，et al. Materials Science Forum，2009，610-613：498-501

[7] Liang G，Wang L，Ou X，et al. Journal of Power Sources，2008，184：538-542

[8] Kima H，Kima J，Kimb W，et al. Journal of Alloys and Compounds，2011，509：5662-5666

[9] 赵霞. 高放电倍率 $LiFePO_4$ 的合成及掺杂效应研究. 天津：河北工业大学硕士学位论文，2008

[10] 周燕. 广东化工，2009，36(7)：316

第9章　磷酸铁锂材料制造电池技术

9.1　磷酸铁锂电池体系设计规范

对任何一款的锂离子电池，前期设计是首要的任务。设计的工作内容是确定锂离子电池的制造工艺。由于电池的性能主要由极片决定，电池的极片设计是电池制造过程中的核心环节。对磷酸铁锂电池来说也是如此。

极片参数设计主要包括三大部分，即活性物质含量参数、压实密度参数和正负极配比参数(CA比参数)。虽然，近几年在锂离子电池行业的技术中对该三种主要参数多次实验，并且总结出经验数值，一定程度上使制造设计有章可循，但是由于正负极原材料型号差异、配方差异等诸多原因，很难按照常规总结的经验参数设计出高品质合格电池。因此，在极片设计时，对关键参数的掌握显得尤为必要。本章对关键参数予以下述评价。

1. 活性物质含量参数

合理的正极活性物质敷料量是保证电池容量的前提，即在允许的误差设计范围内，尽可能接近电池设计的要求容量。偏离设计容量意味着产品的不合格或者成本的无效增加，造成经济损失。其中正确把握活性物质比容量发挥，又是整个容量设计环节的关键。

一般情况下，目前测试材料比容量发挥的常用方法是采用扣式电池测试。为了更真实反映比容量数值，也可采用以实际电池极片(正极或负极极片)为阴极，锂带为阳极，卷绕制成小型号圆柱半电池，对正负极片的容量进行测量。常规测试参数如表9.1所示。

表9.1　磷酸铁锂电池常规测试方法

体系	充电上限/V	放电下限/V	测试电流
磷酸铁锂(正极片)/锂离子	3.8(或4.2)	2.5	0.2C
石墨(负极片)/锂离子	0.005	3.0	0.2C

根据测试数据，计算正、负极极片活性物质比容量的实际发挥值，为电池极片活性物质含量设计提供参考依据。

2. 压实密度参数

电池极片的压实密度设计是否合理，不仅直接影响极片脆硬度、吸液量、电芯封装松紧度等，而且关系到电池内阻、容量、活性物质电化学性能发挥等。

一般情况下，制定合理的压实密度工艺参数，除了极片本身外观要求外，一定需要考虑压实密度与极片容量发挥，活性物质首次充放电效率发挥的一一对应关系，根据一系列对应数据，通过有效的数学拟合处理软件等手法，寻找最优的压实密度参数。

3. 正负极配比参数

正负极配比一般称为CA比，是指正极容量发挥与负极容量发挥的最合适、最安全、最有效的比例，该比例是电池设计的核心参数之一，也是决定整体电池容量发挥性能、循环性能、安全性能等的主要依据之一。目前，正负极配比参数的确定主要来源两方面：一方面是电池工程师的经验积累，也就是常说的经验值；另一方面是大量的、不同的电池CA比数据分析总结。但是，都存在一定程度的不足。

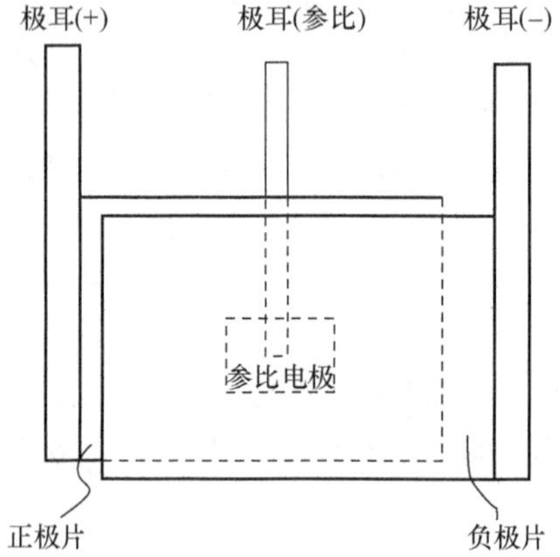

图 9.1　参比实验法装配结构

在经验数值和大量实验数据分析的基础上，采用参比电极测量技术，可以极大提高CA比例的准确性。参比电极技术能够从小量实验中短时间内获得CA比参数，是高质量电池设计的有效实验方法。参比电极装配结构如图9.1所示。

按照图9.1结构，组装成为三电极电池，在常规充放电过程中，分别监控正极、负极对参比电极电位，根据电极电位对应变化数值验证CA比参数，并可依据电位变化对正负极配比参数作出相应的调整，以满足最佳CA比设计。

确定了CA比后，就可以进行极片工艺参数设计。极片参数主要包括极片长度、宽度、涂布面密度、压实密度、厚度等参数。从外观看，锂离子电池极片一般由箔材、正反涂料区、露箔区、极耳组成。正极极耳和露箔区部分经过超声焊接后，贴有耐高温阻隔胶带，防止正负极短路以及发生副反应。极片结构如图9.2所示。

图 9.2　锂离子电池极片结构

不同应用领域和使用条件的磷酸铁锂电池需要不同的设计和制造方案。本章汇总几种不同类型的电池的设计方案，供读者在实际使用中参考。

9.1.1　钢(铝)壳卷绕式锂离子电池设计规范

1. 设计常识

1) 几个定义

固含量是指浆料中固体物料在浆料中所占的质量比例。磷酸铁锂浆料的固含量一般设计在 30%～60%，固含量一般需要随磷酸铁锂比表面积、导电剂比例、放电倍率、溶剂类型等因素的变化有所调节。

与锂离子电池极片相关的定义有：

正极的敷料量＝标称容量/正极材料的比容量

正极面密度＝正极的敷料量/正极敷料面积(分双面和单面面密度)

负极面密度＝负极的敷料量/负极敷料面积(分双面和单面面密度)

正极厚度＝正极双面密度/压实密度＋箔材厚度

负极厚度＝负极双面密度/压实密度＋箔材厚度

卷芯入壳松紧比＝(正极长度×正极厚度＋负极长度×负极厚度＋隔膜长度×隔膜厚度＋卷针的截面积)/电池壳内腔横截面积

2) 压实密度

正极材料：磷酸铁锂压实密度一般选择在 2.2～2.4g/cm^3。

负极材料：天然石墨一般选择为 1.7～1.8g/cm^3；

人造石墨一般选择为 1.6～1.7g/cm^3；

中间相炭微球石墨一般选择为 1.6～1.7g/cm^3。

3) 比容量

正极材料：按照扣式电池 1C 测试数据确定，一般为 130～140mA · h/g。

负极材料：按照扣式电池 1C 测试数据确定，

天然石墨一般选择为 330～340mA · h/g；

人造石墨一般选择为 310～320mA · h/g；

中间相炭微球石墨一般选择为 320～330mA · h/g。

4) 配方

以油性正极(以 NMP 作溶剂)和水性负极(以水作溶剂)为例，典型的磷酸铁锂电池正负极浆料配方如表 9.2、表 9.3 所示。

表 9.2　磷酸铁锂电池正极浆料配方

	正极浆料中固体物料配比				溶剂
材料	磷酸铁锂	KS-15	Super-P	PVDF	NMP
规格	135mA · h/g	—	—	HSV900	＞99.5%
比例/%	92.50	1.50	2.0	4.00	固含量：43～48

表 9.3　磷酸铁锂电池负极浆料配方

	负极浆料中固体物料配比				溶剂
材料	石墨	Super-P	CMC	SBR	水
规格	MAG-1	—	BVH8	50%	—
比例/%	95.0	1.0	1.5	2.5	固含量:40～50

需要说明的是:磷酸铁锂比表面积较大时,与箔材黏附性不好,可以适当加大 PVDF 胶含量或改变胶的型号以改善与集流体的黏结性能。

有时磷酸铁锂浆料制造过程中,会发生凝胶化,整个浆料像果冻一样,一般是由磷酸铁锂材料中的水分过多造成的。因此,磷酸铁锂制浆前一般需要烘干。典型的烘干工艺是空气气氛下 105～110℃,烘干 8h。此时磷酸铁锂氧化程度不大,不影响材料的基本性能。

2. 设计计算公式[1]

1）核算容量

设计容量＝要求的最低容量×设计系数　　(9.1)

其中,设计系数一般取 1.05～1.15。

2）隔膜和极片宽度

隔膜宽度＝电池壳高度－壳子底厚－盖板厚度－绝缘垫厚度
－(0.4～0.6mm)（余量）　　(9.2)

负极片宽度＝隔膜纸宽度－2mm　　(9.3)

正极片宽度＝负极片宽度－(1～2mm)　　(9.4)

说明:核算正负极片宽度后要去查找分切刀尺寸,最好有对应分切刀。箔材的选择也要依分切刀而定。例如,宽度为 40mm 的分切刀,一次分裁 8 片,则箔材尺寸应该为 40×8＋(10～15mm 余量)＝330～335mm。若没有合适的也可以选择 40×7＋(10～15mm)的箔材。

3）卷芯宽度

卷芯设计宽度＝电池壳宽度－两层壳壁厚－(0.5～1.5)mm（余量）　(9.5)

4）卷芯厚度

卷芯设计厚度＝电池壳厚度(图纸宽度)－两层壳壁厚－(0.5～0.7mm)(余量)
(9.6)

或者

卷芯设计厚度＝[规格厚度－(0.1～0.3mm)(余量)－两层壳壁厚]/1.08(膨胀系数)
(9.7)

5）卷尺宽度

卷尺宽度＝卷芯宽度－卷芯厚度－卷尺厚度－(1.5～2.5mm)(余量)　(9.8)

最后根据 2)～4)进行调整、确认。

6）估算卷芯/电芯最终尺寸

卷芯厚度＝正极片厚度×正极片卷绕圈数×2＋负极片厚度×负极片卷绕圈数×2＋隔膜厚度×隔膜卷绕圈数×4　(9.9)

卷芯宽度＝卷尺宽度＋卷尺厚度＋卷芯厚度＋(1～2.5mm)(余量)　(9.10)

最终电芯厚度＝卷芯厚度×1.08＋电池壳厚度＋(0.2～0.5mm)(余量)　(9.11)

7）胶纸贴法

负极耳上高温胶纸一般超出负极片≥1mm；

正极耳上高温胶纸一般超出正极片≥1mm。

具体值根据电池结构而定。

8）面密度精确度

面密度精确度小于4%。

9）辊压前后极片延伸问题

正极片辊压后极片延伸量为总长度的4%～6%，即总长度L×(1.04～1.06)为压片后长度。

10）隔膜长度

隔膜纸长度＝负极片长度×2＋卷芯外圈周长　(9.12)

11）注液量

注液量＝设计容量×(4.0～4.4)g/(A·h)　(9.13)

12）压片厚度

正极片厚度＝双面面密度/正极压实密度＋铝箔厚度　(9.14)

负极片厚度＝双面面密度/负极压实密度＋铜箔厚度　(9.15)

9.1.2 方形软包卷绕式锂离子电池设计规范

方形软包卷绕式锂离子电池设计按照以下步骤进行[2]。

1. 确定型号和客户需求

(1) 确定电池的型号和标准尺寸(以063048为例，尺寸为6.0mm×30mm×48mm)。

(2) 确认客户要求的容量和电池的放电类别(动力型、高温型、普通型)，以便确定所需要的材料。通常而言，电池所能达到的容量一般为：普通型＞高温型＞动力型。

(3) 材料的选用。对于高倍率的磷酸铁锂电池,需要选用功率型负极材料,并采用倍率配方进行设计。有高温或者低温要求的型号,电解液必须选用相应型号的电解液。

2. 卷芯设计

1) 容量设计

根据客户要求的最小容量来确定设计容量:

设计容量(mA · h)=要求的最小容量×设计系数

=正极涂布长度×正极涂布宽度×正极涂布双面面密度

×磷酸铁锂占固体原材料百分比×磷酸铁锂比容量 (9.16)

关于设计系数:

标称容量≤200mA · h,设计系数一般取 1.10~1.20;

标称容量≥200~350mA · h,设计系数一般取 1.08±0.02;

标称容量≥350mA · h,设计系数一般取 1.07±0.02。

2) 卷针的设计

卷针的宽度 W_j 按以下公式计算:

W_j=电芯宽度-卷针厚度-电芯厚度-1.7(根据实际情况而定) (9.17)

其中,卷针厚度按经验表确定。

3) 包装膜尺寸设计

包装膜膜腔长度、宽度和槽深按以下公式确定:

膜腔长度=成品高度-顶封宽度 (9.18)

膜腔宽度=成品宽度-1.2mm (9.19)

槽深 H 与电芯厚度的关系为

$$H=T-\alpha \tag{9.20}$$

式中,T ——电芯的厚度;

α——当型号为双坑(铝塑膜两面拉伸)电池时,α 取 0.2,当型号为单坑(铝塑膜单面拉伸)电池时,α 取-0.2。

4) 包装袋长、宽尺寸的确定

包装袋宽度:

对厚度≤5mm 的电池:

铝塑膜宽度=电池本体宽度+(45~50mm) (9.21)

其中，结果取5mm的整数倍为规格。

对厚度＞5mm的电池：

$$铝塑膜宽度=电池本体宽度+(55\sim60mm) \tag{9.22}$$

其中，结果取5mm的整数倍为规格。

铝塑膜包装袋长度：

$$铝塑膜长度=成品电池长度\times2+顶封宽度\times2 \tag{9.23}$$

5）极片的设计

$$隔膜宽度=卷芯高度=电芯高度-5mm \tag{9.24}$$

$$负极片宽度=电芯高度-7mm \tag{9.25}$$

$$正极片宽度=电芯高度-(8\sim9mm) \tag{9.26}$$

正极片长度设计原则：容量达到客户要求。

$$负极片长度=正极片长度-半圈长度 \tag{9.27}$$

$$隔膜长度=负极长度\times2+卷芯外圈周长 \tag{9.28}$$

6）面密度：

对容量型电池，一般正极双面面密度为280～320g/m²，负极双面面密度为130～150g/m²；

对功率型电池，一般正极双面面密度为200～220g/m²，负极双面面密度为90～110g/m²。

极片单位面积上以活性物质含量计算，负极容量∶正极容量=(1.05～1.2)，此即为CA比。

7）极片厚度的确定

为保证极片中活性物质的性能发挥，涂布后的极片要进行适当压片，一般根据材料的压实密度来确定不同面密度的极片的压片厚度。

一般负极压实密度1.4～1.7g/cm³，磷酸铁锂正极压实密度2.1～2.4g/cm³。按此压实密度确定极片压片厚度。

8）电解液量的确定

磷酸铁锂电池，电解液注液量按下式计算：

$$电解液注液量=设计容量\times(4.0\sim4.4)g/(A\cdot h) \tag{9.29}$$

容量较大的动力电池可以通过实验酌减。

9）极耳宽度

极耳宽度如表9.4所示。

表 9.4　卷绕式磷酸铁锂电池极耳宽度

极耳宽度/mm	适用容量范围/(mA·h)	备注
2	≤500	特殊型号除外
3	500～1500	—
4	1500～4500	—
5	4500～5500	—
8	≥5500	或快速充放电电池

10）电芯试卷

采用已初步确定的参数(卷针、极片长度、极片厚度等)制作极片进行试卷，根据试卷电芯的尺寸确定最终的方案。

11）电芯中心距规定

客户无要求时，根据 2)中选定的卷针宽度－极耳宽度－2 来预定，并通过试卷进行确认，最终结果按实际尺寸确定。如按卷针选定中心距≥44mm 需用错位卷针。

12）切边宽度和折边宽度

切边宽度一般控制在 3.2～4.5mm。切边和折边原则为：双折边根据生产实际情况确定，折边后不高于电芯表面；单折边最小热封宽度≥2.5mm，折边后不高于电芯表面(个别型号除外)。如客户无特殊要求均采用双折边。

9.1.3　卷绕式聚合物锂离子电池设计规范[3]

1）设计容量

根据客户需要的最小容量来确定设计容量：

$$设计容量=要求的最小容量\times设计系数 \tag{9.30}$$

其中，设计系数一般取 1.05～1.15。

2）极片方式

卷绕式聚合物锂离子电池电芯有竖卷式和横卷式两种卷绕方式。需要根据电池的宽度确定极片的设计方式，一般宽度＜20mm 的电池采用竖卷式，宽度≥20mm 的电池采用横卷式。

3）卷针的确定

卷针的宽度 W_j 由以下公式确定：

$$W_j=W-T-\lambda \tag{9.31}$$

式中，W——电池的宽度；

T——电池的厚度；

λ——卷芯与包装袋在宽度方向的空隙差值，一般取 2～3mm。

卷针厚度 T_j 由卷针的宽度决定，具体见表 9.5。

表 9.5　卷针的宽度

卷针宽度 W_j/mm	卷针厚度 T_j/mm
≤5.0	2.0
>5.0	1.0

4）卷芯尺寸的确定

（1）卷芯的厚度 T'：正负极片卷绕成的电芯卡紧后的厚度（不包括包装膜的厚度），一般是根据实际电池的厚度确定的，有以下关系：

$$T'=T-\Phi \tag{9.32}$$

式中，T——电池的厚度；

Φ——系数，一般取 0.7～0.9mm，具体数值根据电池的厚度决定。

（2）卷芯的宽度 w'：极片卷绕后的电芯的宽度，由以下公式确定：

$$w'=w_j+T_j+T'+\delta \tag{9.33}$$

式中，w_j——卷针的宽度；

T_j——卷针的厚度；

T'——卷芯的厚度；

δ——系数，一般取 0.5～1。

5）极片的设计

极片的宽度 W_a 根据卷绕的方式不同分别由以下公式确定（正、负极极片的宽度相同）：

$$\text{横卷：} W_a=L-\omega \tag{9.34}$$

式中，L——电池的长度；

ω——系数，根据电池的厚度决定，一般厚度≤3mm 的电池取 6.5～7.5mm，厚度>3mm 的电池取值 7.0～7.5mm。

$$\text{竖卷：} W_a=L-\varphi \tag{9.35}$$

式中，L——电池的长度；

φ——系数，一般取值 2.5～3.0mm。

试卷电芯正极极片长度 L_c 的计算：

$$L_c=C/C_c/\eta/S/W_a/2+2W_j+T'+8 \tag{9.36}$$

式中，C——电池的设计容量；

C_c——正极活性物质比容量；

η——配方中正极活性物质的含量；

S——正极涂布面密度；

W_a——极片的宽度；
W_j——卷针的宽度；
T'——卷芯的厚度。

试卷电芯负极极片长度 L_a 的计算：

$$L_a = C \cdot \zeta / C_a / \eta / S / W_a / 2 + 2W_j + B \tag{9.37}$$

式中，C——电池的设计容量；
ζ——负极容量的过剩系数，一般取 1.03～1.10；
C_a——负极活性物质比容量；
η——配方中负极活性物质的含量；
S——负极涂布面密度；
W_a——负极片的宽度；
W_j——卷针的宽度；
B——较正系数，一般为 3～5mm。

采用已初步确定的参数(卷针、极片宽度、极片长度)制作极片进行试卷，根据试卷电芯的尺寸来分析合适的长度、面密度，以确定最终的方案，必要时需再次试卷。

为保证极片中活性物质的性能发挥，涂布后的极片要进行适当轧片，一般根据材料的压实密度来确定不同面密度的极片的轧片厚度。不同材料的压实密度见表9.6 所示。

表 9.6　不同材料的压实密度

材料	压实密度/(g/cm^3)
磷酸铁锂正极材料	2.10～2.40
国产负极材料	1.45～1.65
进口负极材料 MCMB	1.60～1.80

6）隔膜尺寸的确定

隔膜的长度 L_s、宽度 L_t 根据卷绕方式分别由以下公式确定：

横卷：

$$L_s = 2L_a + 10\text{mm} \tag{9.38}$$

$$L_t = W_a + C \tag{9.39}$$

式中，L_s——隔膜的长度；
L_t——隔膜的宽度；
L_a——最终定下的负极极片的长度；
W_a——负极片的宽度；

C——系数，一般取 2.5mm，电芯厚度大于 5.5mm 时取 3.0mm。

竖卷：

$$L_s = 2\times L_a + 10\text{mm} + L/2 \quad (9.40)$$

$$L_t = W_a + C \quad (9.41)$$

式中，L_s——隔膜的长度；

L_t——隔膜的宽度；

L_a——最终定下的负极极片的长度；

L——电池的长度；

W_a——负极片的宽度；

C——系数，一般取 2.5mm，电芯厚度大于 5.5mm 时取 3.0mm。

7）包装袋的设计

根据卷芯的厚度 T' 确定铝塑包装膜的槽深 H，冲槽的深度最大不超过 5mm，卷芯厚度与槽深的关系：

$$H = T' - \alpha \quad (9.42)$$

式中，H——冲槽的深度；

T'——卷芯的厚度；

α——系数，一般取 0.1～0.4mm，其取值一般随卷芯厚度的增大而增大。

膜芯长度 L_X 和宽度 W_X 由下式确定：

$$L_X = L' + \beta \quad (9.43)$$

$$W_X = W - \gamma \quad (9.44)$$

式中，L_X——膜芯长度；

W_X——膜芯宽度；

L'——卷芯的长度；

W——电池的宽度；

β——系数，取值范围一般为 1.5～2.5mm；

γ——系数，取值范围一般为 1.35～1.75mm。

膜腔长度 L_Y、宽度 W_Y 由下式确定：

$$L_Y = L' + \alpha \quad (9.45)$$

$$W_Y = W - k \quad (9.46)$$

式中，L_Y——膜腔长度；

W_Y——膜腔宽度；

L'——卷芯的长度；

W——电池的宽度；

α——系数，取值范围一般为 2.0～3.5mm；

k——系数，取值范围一般为 1.2～1.5mm。

8）电解液量的确定

根据电池的设计容量确定电解液的加入量 M：

$$M=C/\xi \tag{9.47}$$

式中，C——电池设计容量，mA·h；

ξ——一般取 250～300mA·h/g。

9）极耳的选择

根据电池的宽度确定极耳的尺寸，参照表 9.7 进行选择。

表 9.7 电池尺寸与极耳尺寸的关系

电池宽度/mm	极耳宽度/mm
<20	2.0
≥20	3.0

9.1.4 叠片式聚合物锂离子电池设计规范[4]

1）设计容量

为保证电池设计的可靠性和使用寿命，根据客户需要的最小容量来确定设计容量。

$$\text{设计容量(mA·h)}=\text{要求的最小容量}\times\text{设计系数}\ c \tag{9.48}$$

其中，设计系数 c 一般取 1.03～1.10。

2）极片尺寸设计

根据所要设计电池的尺寸，确定单个极片的长度、宽度。

极片长度 L_p：

$$L_p=\text{电池长度}-A-B \tag{9.49}$$

极片宽度 W_p：

$$W_p=\text{电池宽度}-C \tag{9.50}$$

包尾极片的长度 $L_{p'}$：

$$L_{p'}=2L_p+T'-1.0 \tag{9.51}$$

包尾极片的宽度 $W_{p'}$：

$$W_{p'}=W_p-0.5 \tag{9.52}$$

其中，A——系数，取值由电池的厚度 T 决定，按照表 9.8 所示选择；

B——间隙系数，一般取值为 3.6～4.0mm；

C——一般取值为 2.5～2.6mm（适用于双折边）；

T'——电芯的理论叠片厚度，T'的确定见式(9.59)。

表 9.8　电池的厚度 T 与系数 A 的关系

T/mm	常规电芯 A	大电芯 A
≤3	4.5	4.8
3～4	4.8	5.0
4～5	5.0	5.2～6.0
5～6	5.2	5.4～6.0

叠片电池极片及包尾极片尺寸标注如图 9.3 所示。

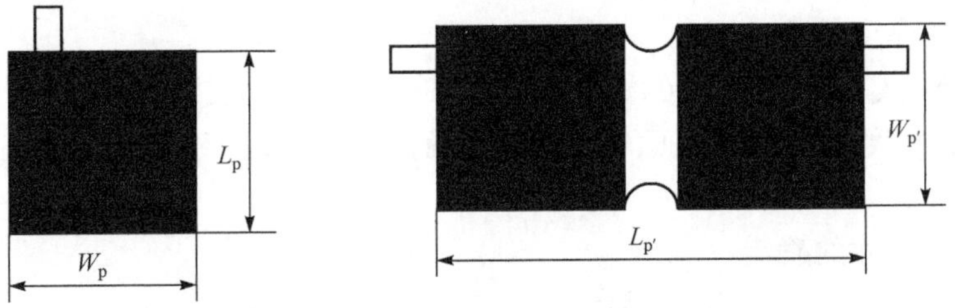

图 9.3　叠片电池极片及包尾极片尺寸标注

3）极片数、面密度的确定

确定极片的数量 N，并根据电池的设计容量来确定电极的面密度。电池的设计容量一般由正极容量决定，负极容量过剩。在进行理论计算时，一般磷酸铁锂正极活性物质的质量比容量取 130～135mA · h/g，负极活性物质的质量比容量取 300～320mA · h/g。

极片的数量 N、单个极片的面积 S、设计的正极容量 C_c、设计的负极容量 C_a 按以下公式计算：

$$N=(T-0.2)/0.35\pm 1 \tag{9.53}$$

计算时 N 取整，并根据面密度的值来调整 N：

$$S=L_p \cdot W_p \tag{9.54}$$

$$C_c=C_{c0} \cdot S \cdot N \cdot \rho_c \cdot \eta_c \tag{9.55}$$

$$C_a=C_c \cdot \upsilon=C_{a0} \cdot S \cdot N \cdot \rho_a \cdot \eta_a \tag{9.56}$$

式中，N——极片数量；

T——电池厚度；

L_p——极片长度；

W_p——极片宽度；

S——单个极片的面积；

C_c——设计的正极容量；

C_a——设计的负极容量；

C_{c0}——正极活性物质的质量比容量，一般取值为 130～135mA · h/g；

η_c——正极活性物质的含量；

ρ_c——正极极片的双面面密度，g/m^2；

υ——负极容量过剩系数，一般常规电池取值为 1.00～1.10；

C_{a0}——负极活性物质的质量比容量，一般取值为 300～310mA · h/g；

η_a——负极活性物质的含量；

ρ_a——负极极片的双面面密度，g/m^2。

4）极片厚度的确定

为保证极片中活性物质的性能发挥，涂布后的极片要进行适当轧片，一般根据材料的压实密度来确定不同面密度的极片的轧片厚度。不同材料的压实密度见表 9.6。

5）隔膜尺寸的确定

现在使用的隔膜的规格一般为厚度 0.016mm、0.020mm、0.022mm，隔膜的长度 L_s、宽度 L_t 由以下公式确定：

$$L_s=(L_p+0.5)\cdot(2N+2) \tag{9.57}$$

$$L_t=W_p+\Psi \tag{9.58}$$

式中，L_s——隔膜的长度：

L_t——隔膜的宽度；

L_p——极片长度；

N——叠片层数；

W_p——极片宽度；

Ψ——隔膜宽超出极片的长度，范围为 2.0～4.0mm，一般取 3.0mm。

6）包装袋的设计

槽深设计：根据叠片后电芯的厚度 T' 确定铝塑包装膜的槽深 H，为避免铝塑包装膜的二次拉伸，冲槽深度原则上等于叠片后电芯的厚度。

$$\begin{aligned}T'&=T_c+T_a+T_s\\&=h_c\cdot N_c+2h_{c1}+h_a\cdot N_a+2h_s\cdot(N_a+1)\end{aligned} \tag{9.59}$$

$$H=T'\pm0.1 \tag{9.60}$$

式中，T'——电芯的厚度；

T_c——正极片的总厚度；

T_a——负极片的总厚度；

T_s——叠成电芯后隔膜的总厚度；

h_c——单层正极片(双面涂布)轧片后的厚度；

h_{c1}——正极片(单面)轧片后的厚度；

h_a——负极片(双面)轧片后的厚度；

N_a——负极片的数量；

h_s——隔膜的厚度；

H——冲槽深度。

说明：以上计算针对单冲槽槽深设计，目前只能满足冲槽深度≤4.2mm 的情况，对于 4.2～5.0mm 槽深的情况，要依据生产上所能达到的实际尺寸设计。

膜腔的长度与电芯的长度有以下关系：

$$膜腔长度=电芯长度-A \tag{9.61}$$

其中，系数 A 取值由电芯厚度 T 决定，当

$T\leqslant 3$mm 时，对于常规电芯 A 一般取 4.5mm，大电芯一般取 4.8mm；

3mm$<T\leqslant$4mm 时，常规电芯 A 一般取 4.8mm，大电芯一般取 5.0mm；

4mm$<T\leqslant$5mm 时，常规电芯 A 一般取 5.0mm，大电芯一般取 5.2～6.0mm；

5mm$<T\leqslant$6mm 时，常规电芯 A 一般取 5.2mm，大电芯一般取 5.4～6.0mm。

膜腔的宽度与电芯的宽度有以下关系：

$$膜腔宽度=电芯宽度-B \tag{9.62}$$

其中，系数 B 一般取值 1.0～1.2mm。

7) 电解液量的确定

根据电池的设计容量确定电解液的加入量 M：

$$M=C/\xi \tag{9.63}$$

式中，M——电解液加入量；

C——设计容量；

ξ——一般取值为 250～300mA · h/g。

8) 极耳的选择

根据电池的宽度和容量来确定极耳的尺寸，可参照表 9.9 进行选择。

表 9.9　电池尺寸、容量和极耳尺寸的关系

电池宽度/mm	容量/(mA · h)	极耳宽度/mm
<20	—	2.0
≥20	<1200	3.0/4.0
	≥1200	5.0

9）叠片厚度设计计算公式

判定电芯厚度是否满足客户要求，可参照以下公式进行

$$T<h_c \cdot N_c+2h_{c1}+h_a \cdot N_a+2h_s \cdot (N_a+1)+N_a \cdot q+2h_p \tag{9.64}$$

式中，T——电芯厚度；

h_c——单层正极片（双面涂布）轧片后的厚度；

N_c——正极片的数量；

h_{c1}——正极片（单面）轧片后的厚度；

h_a——负极片（双面）轧片后的厚度；

N_a——负极片的数量；

h_s——隔膜的厚度；

q——膨胀系数，对磷酸铁锂约为 0.05mm；

h_p——包装膜厚度。

9.2 磷酸铁锂材料浆料制备技术

磷酸铁锂材料投入生产应用，第一个工序就是配料并制造正极浆料。浆料制备流程图如图 9.4 所示。

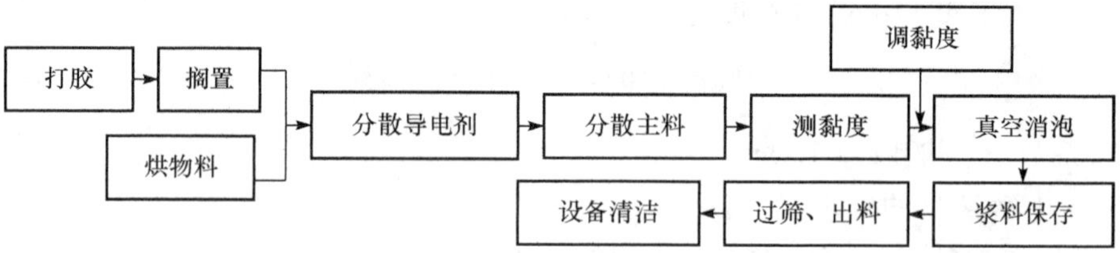

图 9.4 磷酸铁锂材料浆料制备流程图

9.2.1 物料烘烤

制造磷酸铁锂电池需要的物料磷酸铁锂、导电剂（Super-P，KS-15/KS-6）等需要分开烘烤以去除吸附的水分。即使物料是干燥的，投料剩余的物料在存放过程中，也会在空气中吸收水分，下次投料前仍需要烘烤。烘烤温度一般控制在 105～110℃，烘烤时间以 6～8h 为宜。PVDF（761A 及 HSV900）胶的烘烤温度在 80℃左右，烘烤时间在 4～6h 为宜。以上物料烘烤到时间后关闭加热，冷却到 45℃以下时方可取出进行配料。

烘烤的作用是去除水分。有条件的可以测量烘干前后的水分变化，以确定最优的烘烤工艺。图 9.5 为锂离子电池行业烘烤常用的三门烘箱。

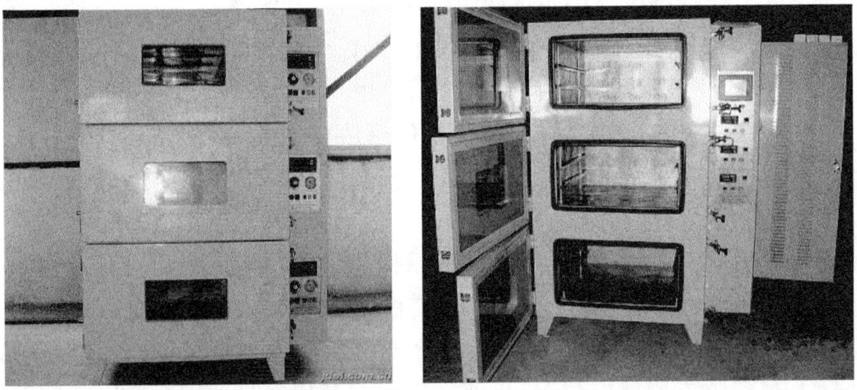

图 9.5　锂离子电池行业用三门烘箱[5]

9.2.2　打胶

用溶剂 NMP 溶解 PVDF 并制成均匀溶液的过程称为打胶。打胶用的设备为制浆机，又称打浆机、混合机等。主要部分为可抽真空的容器，内部有可以慢速旋转的搅拌桨叶和高速旋转的分散头。混合机的外观如图 9.6 所示。

图 9.6　锂离子电池浆料混合机[6]

打胶的过程如下：

(1) 确保电子秤准确，以保证配料精准。

(2) 下降搅拌桶，将搅拌桶拉出，关闭底部出料阀门，清洁、干燥搅拌桶。

(3) 按配料单称好规定的 NMP 量倒入搅拌桶内。

(4) 按配料单称好干燥后的 PVDF 干粉，用料勺缓慢地加入盛有 NMP 的搅拌桶内。

(5) 将搅拌桶推入机头正下方升降台，其上升到感应器感应位置。

(6) 启动低速公转正转搅拌，再启动高速分散搅拌，搅拌时间 20min 后停止，使搅拌桶下降，用硅胶板将搅拌桨、搅拌桶壁和桶沿上的干料刮干净刮至桶中。

(7) 再升起搅拌桶，启动低速公转正转搅拌，再启动高速分散搅拌，保证高、低速同时搅拌，抽真空，等真空度降到－0.08～－0.09MPa，保持真空度并关闭真空阀，搅拌 4h。

(8) 降下搅拌桶查看 PVDF 的溶解情况，若 PVDF 溶解完全，搅拌浆、桶壁之上无干料且溶液呈透明色，则可进行后续的工作。若有干料未溶解，完全刮料后再继续抽真空搅拌 2h。

(9) 搅拌好的胶液可暂时真空或使用保鲜膜密闭搁置，但 24h 内需使用。

9.2.3 加入导电剂和磷酸铁锂

胶液制好后，随后加入导电剂和磷酸铁锂，具体步骤如下：

(1) 破去真空，使搅拌桶下降，用硅胶板将搅拌浆、搅拌桶壁和桶沿刮干净。按规定的配比称好定量的导电剂(Super-P 或 KS-15 之类)缓慢加入母液中，然后使搅拌桶上升到感应器感应位置，接通循环水并开启循环水，启动低速公转搅拌，搅拌时间 10min 后停机，使搅拌桶下降，用硅胶板将搅拌浆、搅拌桶壁和桶沿的干料刮干净。升起搅拌桶，再次从低速到高速分散搅拌，同时开启真空泵抽真空，等真空度降到－0.08～－0.09MPa，保持真空度并关闭真空阀，搅拌时间 3h 以上。

(2) 破真空，关闭公转与分散开关，使搅拌桶下降，用硅胶板将搅拌浆、桶壁和桶沿刮干净。加入按规定配比称好的磷酸铁锂，分两次加入。第一次加入总量的 1/2，升起搅拌桶，低速公转搅拌 5min。第二次加入其余量，升起搅拌桶，低速公转搅拌 15min。

(3) 关闭搅拌，下降搅拌桶，用硅胶板将搅拌浆、搅拌桶壁和桶沿刮干净。升起搅拌桶，先启动低速公转，然后启动高速分散搅拌，同时开启真空阀门抽真空，等真空度降到－0.08～－0.09MPa，保持真空度并关闭真空阀门，搅拌 1h；然后高速分散搅拌 4h。

9.2.4 黏度调节

浆料需要调节到合适的工艺要求黏度，具体步骤如下：

(1) 破去真空，关闭公转与分散开关，打开搅拌桶加入配料单规定的 NMP。

(2) 启动低速公转正转搅拌，然后启动高速分散搅拌，抽真空，等真空度降到－0.08～－0.09MPa，保持真空度并关闭真空阀门搅拌 60min。

(3) 测试黏度。采用旋转黏度计，用 $3^{\#}$ 转子，12r/min 测量。磷酸铁锂浆料调节到 8000～12000mPa · s。

(4) 黏度调节。黏度合格可以直接消泡、过筛转涂布。若黏度不合格，可加入少量的 NMP 进行调节，操作方式同上述(2)、(3)内容，直到黏度达标。

(5) 若涂布不能及时进行，可将浆料在真空、低速公转搅拌状态下保存，但不要超过 24h。

9.2.5　浆料消泡

消泡的原理是：在真空状态下慢速搅拌，让液体内的气体逸出，防止影响涂布质量。

具体操作工艺如下：

关闭高速分散搅拌，低速公转搅拌，并开始抽真空，将真空抽到－0.08～－0.1MPa(真空度以真空表显示为准)保压，并保持低速公转 30min。抽真空后的浆料保持低速搅拌状态至出料。保持真空，严禁出现反复持续抽真空。

9.2.6　浆料过滤

打好的浆料需要过筛滤除杂质颗粒。一般采用 150～200 目筛网。筛网过细则过滤困难，过粗则不能去除微颗粒。

过滤的过程是：将浆料流进筛网，利用重力从筛网底部留出过滤后的浆料。为防止浆料沉淀或沉降，一般边过筛边涂布。过筛过程中持续采用低速公转搅拌。若不能及时过筛浆料，需要将筛网用保鲜膜盖住以防灰尘和浆料干燥结块。

工作结束后将搅拌桶、搅拌桨及加料工具清洗干净。关闭机器电源，擦拭干净设备。

9.3　磷酸铁锂浆料的涂布

涂布是将正负极浆料涂在铝箔或铜箔上并烘干的工艺过程。涂布工艺是磷酸铁锂电池制造的核心工序，其在很大程度上决定着磷酸铁锂电池的性能，因此操作过程中需要细心态度和充足的经验。

锂离子电池极片涂布机如图 9.7 所示。

图 9.7　锂离子电池极片涂布机外观[7]

涂布主要的操作工序如下：

(1) 员工必须佩戴好劳保用品，如手套、口罩等才能上岗。

(2) 每次开机前需要用布蘸乙醇擦干净所有传动辊，防止粉尘及颗粒落入浆料中或造成箔带褶皱及划痕。特别是用一台机器同时涂布正负极时，每次用毕都需要仔细清洁。

(3) 正确穿好牵引带，按设备操作规程正确操作涂布机，检查设备传动、加热、纠偏及张力等是否正常。

(4) 设定相关烘箱温度，若涂布速度设置较快，则需对应地增加各段烘箱温度，保证涂布极片被烘干。特别注意极片表面情况与干湿状况，过程中不可随意调整涂布速度。

(5) 仔细阅读工艺文件要求的涂布尺寸及面密度，在涂布机操作面板上进行相关参数的设定，检查无误后进行刀口的调试。

(6) 将挡板及料槽正确安装好，将符合工艺要求的铜箔或铝箔安装好。

(7) 确认浆料无异常，准备制作首件，首件要求试涂两次，检验项目包括：

① 铜或铝箔的面密度及外观；

② 极片面密度；

③ 极片干湿度；

④ 极片尺寸(包括涂布长宽及留白的长度、双面要求测量横纵向重合度)；

⑤ 极片外观；

⑥ 结合力。

要求居中涂布(涂料区居中在箔带中间)。同时要求无论首件还是过程控制，相关参数按中限控制。

(8) 涂布过程要求生产员工每 5min 进行厚度测量，检验员每 20min 进行巡检 1 次。不在范围内立即进行调整。

(9) 操作过程中轻拿轻放，进行工序转接时，要求将大卷单双面极片、铜箔、铝箔放到平铺有 3cm 厚以上的海绵上进行过渡，以防极片损坏，及时用钢管将大卷卷芯从海绵上过渡到铁架上。

(10) 涂布结束后，及时清理现场，关闭设备及风机电源，对相关设备进行保养。正极涂布时需打开回收 NMP 系统，涂布结束需关闭相关电源及开关。

涂布过程控制及检验标准如表 9.10 所示。

表 9.10　磷酸铁锂极片涂布过程控制标准

检验项目	参照工艺	检验标准	检验方法
面密度	工艺技术标准	在工艺技术标准范围内，首检及过程中按中限控制	取样 0.01m^2，烘干后极片称重记录 w_1，集流体称重记录 w_2，面密度等于 $(w_1-w_2)/0.01$
干湿度	无	要求单面不粘辊，双面失重 $(w_1-w_2)/w_1\times100\%<1\%$	目视或失重检验法，取样称重记录 w_1，120℃烘 30min 后称量记录 w_2
尺寸	工艺技术标准	参照工艺技术标准	用钢尺直接测量
外观	无	平整，色泽均一，无露箔、颗粒、划痕、褶皱等	目视，或取样进行辊压
双面横纵向重合度	工艺技术标准	对齐度控制在±0.5mm	用尖针插测
结合力	无	不掉料	辊压后 180°对折

9.4　磷酸铁锂极片的辊压

磷酸铁锂浆料涂布成极片后要进入轧制辊压工艺。其轧制过程是：电池极片由轧辊与极片间产生的摩擦力拉进旋转的轧辊之间，电池极片受压变形，并致密化。电池极片的轧制是正负极板上电池材料压实的过程，其目的在于增加正极或负极材料的压实密度。核心设备辊压机的外观如图 9.8 所示。

图 9.8　锂离子电池极片辊压机外观[8]

合适的压实密度可增大电池的放电容量，减小内阻，减小极化损失，延长电池的循环寿命，提高锂离子电池的利用率。但压实密度的过大或过小不利于锂离子的嵌入或脱出。因此，电池极片实施辊压时，轧制力不宜过大也不宜过小，应符合电池极片材料的特征。极片过压后，一般会出现极片上的材料剥落、粘辊、极片表面平直度差、极片硬化、吸液性差不良现象，导致极片分切时毛刺出现概率大、微短路、低电压、负极表面金属锂的析出和电池比容量下降等不良现象。因此，电池极片的轧制须满足下列几个条件：降低极片在轧制过程中的延伸量和宽展量，并减少微孔架构的破坏；保证极片轧制厚度一致性及极板平整度；减少极片在轧制后表面材料的反弹率；具有合适的轧制力。目前，轧制力的大小一般为经验值，由各厂家经实验给出。

影响电池极片轧机轧制厚度的因素主要有以下几项：轧制力、机座的刚度、轧辊因弯曲力和剪切力而引起的挠度、轧辊的形位公差精度、轧辊的弹性压扁、电池极片的原始厚度、轧制中心线的一致、张力、轧制温度、轧制速度。

实际生产中，辊压工序的操作过程如下：

(1) 合上电源总开关，打开设备电源开关，并启动正转按钮让辊轮转动。

(2) 试机运行，用蘸有乙醇的棉布擦拭压辊机辊轮表面 2～3 周，并将工作台面清理干净；检查辊压机运行是否正常。

(3) 调节至适合的间隙，开启设备的纠偏及张力系统。

(4) 将合格大卷极片，按设备走带示意图穿好极片，运行设备，进行试辊压 1～2 次，用千分尺测量其厚度是否达到工艺标准，以及极片边缘是否有变形等现象。同时进行脆性检查，将辊压后的极片进行模拟卷绕，用 3mm 卷针试卷绕，要求极片不透光、不断裂。

(5) 如不符合标准，则重新调机，若无法一次压到工艺要求，可考虑用两次压片，直到自检合格并报质量部门确认后，方可进行辊压操作。

(6) 检验合格后，进行连续辊压。

(7) 在辊压过程中，注意观察极片外观品质，如发现以下不良情形：极片起皱、起泡、发亮、表面不光滑、不平整、收卷不齐等，需进行相关调试。

(8) 在压片过程中，如发现辊压机辊轮表面有粉料或杂质，用蘸有乙醇的棉布将辊轮表面擦干净，乙醇挥发干燥后再生产。负极辊压 2～3 大卷后按照上述方法将辊轮擦拭干净再进行下一卷的辊压。

(9) 辊压时两侧空箔易产生褶皱，需将两侧空白箔带用分切刀进行分切。

(10) 要求作业员每 5min 抽测厚度，质检人员每 30min 巡检一次并填写相关作业记录。

(11) 要求辊压厚度按工艺要求中限进行控制。

(12) 辊压结束后及时清洁辊轮和工作台面。

9.5　化成与分容

磷酸铁锂极片辊压后，再经过分切、制片、卷绕、入壳、烘干、注液、封装、清洗、热封等工序，即可制成磷酸铁锂电池。制成电池后还不能实际使用，必须经过化成工序，电池才能储存、使用。化成的作用是在小电流下进行充电，使碳负极表面形成性能稳定的 SEI 膜。SEI 膜的性能直接决定了电池的倍率、自放电等性能，因此化成技术的稳定与否直接决定了电池的质量。化成后电池经过放电过程，测量电池的实际容量，把不同容量的电池分组，即为分容过程。

在化成前，必须保证电解液充分浸润电极。因此，制造好的电池一般需要在常温搁置 7 天以上。化成的工艺一般如下：

0.05C 恒流充电 60min→0.1C 恒流充电 60min→0.2C 恒流充电 240min。化成过程中，上限电压 3.65V。

锂离子电池分容一般在 0.2C 或 0.5C 放电电流下进行，以其到 2.0V 截至的放电容量为标准容量。

化成和分容过程都要通过设备来进行。图 9.9 为化成分容设备和车间。

(a) 化成柜[9]　　(b) 化成车间[10]

图 9.9　化成分容设备

锂离子电池化成过程中，电压会持续升高。并且随着电流大小的不同，呈现出不同的放电平台和拐点。分析其数据特征，可以对电池的反应过程和机理作出推断。例如，SEI 膜的形成过程、扩散极化、电阻极化、电解液不足、润湿不够等特点都可以在曲线上有所反应。一般的电池厂需要有针对性地进行相关数据库的建立，以指导生产过程。图 9.10 为典型的磷酸铁锂电池化成曲线。

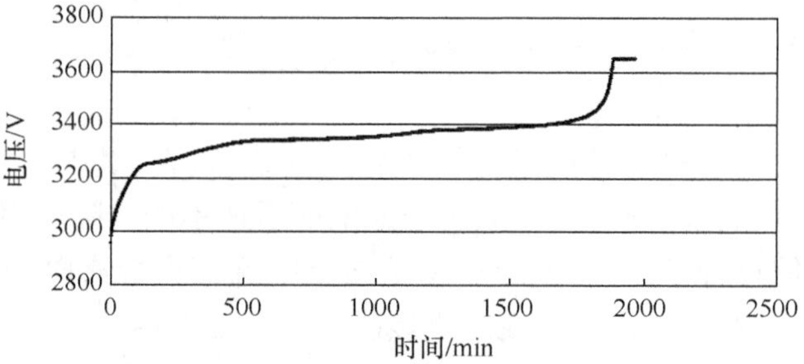

图 9.10　典型的磷酸铁锂电池化成曲线

9.6　后续举例

9.6.1　方形叠片式电池制造工艺

本节以专利 CN102290568A 为例，举例介绍 100A · h 磷酸铁锂电池制作工艺[11]。

该专利详细描述了 100A · h 磷酸铁锂方形电池的制造方法。其中在配料中正、负极浆料采用水系胶配方，不会产生污染，制备成的正、负极浆料无有机溶剂释放，符合环境保护要求，成本低，使用安全。与油性体系相比，水性体系的极片较为柔软，经得住多次卷绕。

100A · h 磷酸铁锂方形电池制作工艺包括以下步骤：配料、涂布、烘烤、辊压、电池极片制作、叠片操作、电池装配、热封、注液、化成、分容。

1) 配料

配制以水为介质的正极浆料，所需材料配方如下：

水系胶，3%～5%；磷酸铁锂，88%～94%；超导炭黑，0.5%～4%；导电石墨，1.5%～5%；锂盐，0.5%～1%。

将水系胶加入水中进行搅拌稀释，加入超导炭黑和导电石墨搅拌，最后加入磷酸铁锂和锂盐搅拌成浆料。同时配制以水为介质的负极浆料，所需材料如下：

石墨，91%～96%；羧甲基纤维素钠，1%～3%；超导炭黑，0.1%～2%；丁苯橡胶，2%～4%。将羧甲基纤维素钠加入水中搅拌，静置沉淀后，加入超导炭黑和石墨搅拌，最后加入丁苯橡胶搅拌成浆料。

2) 涂布

将过筛后的正极和负极浆料分别均匀地涂布在对应的正极集流体和负极集流体上，并留出未涂布区域作为极耳区。放入涂布机烘箱烘烤，此过程使用四段温度烘烤，正极片第一段烘烤温度为 55～65℃，第二段烘烤温度为 75～100℃，第三段烘烤温度为 75～100℃，第四段烘烤温度为 60～80℃。负极片第一段烘烤温度为

50～65℃，第二段烘烤温度为 60～90℃，第三段烘烤温度为 85～90℃，第四段烘烤温度为 60～80℃。正极集流体涂布的线速度为 4.5m/min，负极集流体为 5m/min，涂布完成后，对各极片进行切片。

3) 烘烤

将切片进行烘烤，在真空烤箱中烘烤 24h，真空度不低于－0.08MPa，烘烤温度为 100℃，每隔 2～4h 换气一次，换气后保持 30min，然后再次抽真空。烘烤时间结束，温度降至 45℃以下，将切片拿出烤箱，然后转到下一工序。

4) 辊压

辊压工序，将正极片辊压至厚度在 125～145μm，压实密度在 1.9～2.3g/cm^3；将负极片辊压至厚度在 85～100μm，压实密度在 1.3～1.6g/cm^3。

5) 电池极片制作

正极片裁切为带有一个极耳的矩形片，负极裁切为带有一个极耳的矩形片。正极片尺寸为 130mm×210mm；负极片尺寸为 140mm×220mm。

经裁片、贴胶纸后，将以上极片叠片后封装，制成 100A·h 磷酸铁锂电池。据专利介绍，该电池 2000 次循环具有超过 80％以上的剩余容量。

9.6.2　圆柱卷绕式 18650 电池制造工艺

18650 电池是目前应用最普遍的磷酸铁锂电池。由于这种电池可以通过全自动化生产线制造，其品质保证能力极为优秀，远远超过了手动加工为主的其他类型电池的品质。18650 电池一般采用镀镍钢壳作为外壳，耐压、耐机械变形的能力大大高于一般的铝壳和软包装电池。作为电动车用电池使用，可以保证其最大的安全性能。因此，美国 A123 公司一直坚持用 18650 电池串并联组合后制成电动车电池。

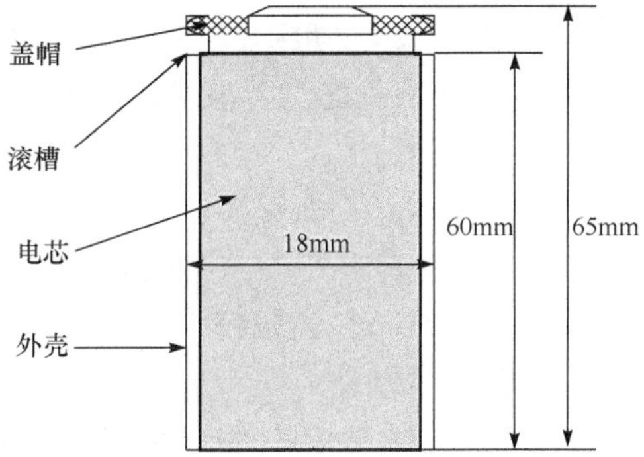

图 9.11　18650 型磷酸铁锂电池尺寸

圆柱形 18650 磷酸铁锂电池是采用卷绕式电芯制造的。电池外形的具体尺寸如图 9.11 所示。其中，电池外壳高度为 65mm，有效内腔高度为 60mm，外径为 18mm，钢壳厚度一般为 0.25mm。钢壳内的电芯负极通过极耳点焊在壳底上，正极也通过极耳点焊在盖帽上，组成盖帽为正极，外壳为负极的电池。

电池的加工工艺包括以下步骤：配料、涂布和烘烤、辊压、电池极片制作、卷绕、入壳点底、滚槽、真空烘干、注液、点焊盖帽、模具封口、清洗、热缩套封装、化成、分容。

1）配料

正极一般采用油性配方体系，所需材料配方如下：

磷酸铁锂，90%～95%；Super-P，1%～3%；导电石墨，1%～2%；PVDF（HSV900），3%～5.5%；固含量，45%～50%。

将PVDF加入NMP中通过搅拌打胶，分别加入Super-P和导电石墨搅拌，最后加入磷酸铁锂搅拌成均匀混合的浆料。黏度一般控制在6000～10000mPa·S。

负极一般采用水性配方体系，所需材料如下：

负极石墨，91%～96%；羧甲基纤维素钠（CMC），1%～3%；Super-P，0.1%～2%；丁苯橡胶（SBR），1%～3%。

将CMC加入水中搅拌溶解后，加入Super-P和负极石墨，搅拌均匀，最后加入SBR搅拌成浆料。物料中可以加入总质量0.1%的NMP，起到润湿物料的作用。

2）涂布和烘烤

将正极和负极浆料过150目筛，然后分别均匀地涂布在对应的正极集流体（铝箔）和负极集流体（铜箔）上，并留出未涂布区域作为极耳区。涂布后的极片进入涂布机烘箱烘烤。烘干使用多个温度段进行烘烤，一般正极片第一段烘烤温度为85～90℃，遵循逐渐升温的原则，后续几段的最高烘烤温度不能超过105℃。负极片第一段烘烤温度为50～65℃，后续几段的最高烘烤温度不能超过100℃。正极集流体涂布的线速度需要根据烘箱的长度进行调节，以完全烘干为准。涂布过程中面密度需要根据电池的技术要求来制定。一般容量型电池的正极单面面密度控制在140～160g/m^2，功率型电池的正极单面面密度控制在100～110g/m^2。涂布完成后收卷，继续在真空烤箱中烘烤24h，真空度不低于−0.08MPa，烘烤温度不超过100℃。

3）辊压

将极片通过滚压机，调整辊缝间隙和液压压力，压至规定的压实密度（一般正极在1.9～2.3g/cm^3，负极在1.3～1.6g/cm^3）。

4）电池极片制作

将极片分切成规定的宽度和长度，并点焊好正负极耳、贴好高温胶带。典型极片的规格如下：

正极：长度722mm，宽度57mm；

负极片：长度772mm，宽度58mm。

5）卷绕

按照正极片/隔膜/负极片/隔膜的顺序卷绕成电池电芯，正负极耳分别位于电芯的两端。

6）入壳点底

将卷绕好的电芯放入钢壳内，用长点焊针将负极极耳与钢壳焊在一起。

7）滚槽

将钢壳的规定位置滚出深度为 1.5～2mm 的槽，其作用是一方面能固定电芯，另一方面作为盖帽的支撑部位。

8）真空烘干

将滚槽后的电池电芯烘干。此时由于内部有隔膜，为防止隔膜遇热收缩，需要进行低温长时间加热。一般采用 80℃真空烘干 24～48h 的烘干制度。

9）注液

烘干后的电芯直接进入干燥室进行注液。为保证电芯充分吸液，一般需要加真空促进电解液被电芯吸收。

10）点焊盖帽

注液后，需要将盖帽和正极耳点焊在一起，由于正极部分为铝极耳，焊接性较差，一般采用激光焊接。

11）模具封口

焊好盖帽后，将盖帽放在钢壳内，进行模具封口。为保证密封效果，一般采用多次封口的方法，以保证密封精密和外形美观。

12）清洗

封口后的电池需要用乙醇溶液进行清洗，以去除残留的电解液。

13）热缩套封装

清洗后的电池套上热缩套，用热风加热，封装成成品电池。

14）化成、分容

电池搁置进行电解液充分浸润，然后将电池进行化成、分容。

根据不同的电池工艺要求、不同的厂家特点，18650 电池的制造工艺有较大的差异。表 9.11 为某厂家典型的容量型 26650-1500mA · h-3.2V 电池设计参数。表 9.12 为该厂家 26650-2200mA · h-3.2V 电池的分级入库标准。

表 9.11　某厂家 18650-1500mA · h-3.2V 电池设计参数

电池外径 /mm	电池高度 /mm	电池壳厚 /mm	有效内腔高度 /mm	—
18	65	0.25	60	—
正极比容量 /(mA · h/g)	正极压实密度 /(g/cm^3)	负极比容量 /(mA · h/g)	负极压实密度 /(g/cm^3)	设计松紧比
137	2.35	310	1.615	0.91

续表

内腔面积/mm^2	卷针直径/mm	内腔体积/cm^3	铝箔厚度/μm	铜箔厚度/μm
233.34	3	14839.44	16	10
正极双面密度/(g/m^2)	负极双面密度/(g/m^2)	正负极面密度比	正极压厚/μm	负极压厚/μm
306	144	2.125	146.21	99.16
正极片宽度/mm	负极片宽度/mm	正极涂料区长/mm	负极涂料区长/mm	两层隔膜厚度/mm
57	58	716.59	771.54	0.04
正极涂料量/g	负极涂料量/g	正极容量/(mA·h)	负极容量/(mA·h)	负正容量比
12.50	6.44	1635.28	1897.74	1.16
修正正极片长/mm	负极片长/mm	负极片内涂料区/mm	负极片外涂料区/mm	隔膜长/mm
722	772	767	722	1513.08

表 9.12　26650-2200mA·h-3.2V 磷酸铁锂电池分级入库标准

等级		容量/(mA·h)	内阻/mΩ	电压/V	直径/mm	高度/mm	外观
A	A1	>2260	≤60	3.85～3.95	18±0.3	65±0.3	电池外壳光洁平整，无锈斑及污渍、无刮痕、无凹凸变形；上盖封口无偏斜，密封圈无压斜，无漏液
	A2	2230～2260	≤60	3.85～3.95	18±0.3	65±0.3	
	A3	2200～2230	≤60	3.85～3.95	18±0.3	65±0.3	
	A4	2170～2200	≤60	3.85～3.95	18±0.3	65±0.3	
B	B1	2090～2170	≤60	3.85～3.95	18±0.3	65±0.3	
	B2	2030～2090	≤60	3.85～3.95	18±0.3	65±0.3	
C		1500～2030	≤100	3.60～3.95	18±0.3	65±0.3	电池外壳基本正常，不严重变形；密封圈可有压斜但不致造成短路，无严重漏液
D		<1500	低电压、高内阻、短路、断路、盖帽脱落、严重变形漏液发鼓及有其他严重缺陷				

参 考 文 献

[1] 电池论坛. 锂离子电池设计总结. http://club.battery.com.cn/thread-111871-1-1.html, 2011,[2013-03-17]

[2] 中国高科技行业工程师互动与分享社区. 卷绕式锂离子电池设计规范. http://bbs.ofweek.com/forum.php?mod=viewthread&tid=157647,2012,[2013-03-17]

[3] 电池论坛. 卷绕式聚合物锂离子电池设计规范. http://club.battery.com.cn/thread-146529-1-1.html,2012,[2013-03-17]

[4] 广州市金沅达电子科技有限公司. 叠片式聚合物锂离子电池设计规范. http://www.cnbjb.com/news_detail.asp?id=31,2011,[2013-03-17]

[5] 南京旭热机电设备有限公司. 锂电三门真空烤箱. http://www.jdol.com.cn/spzs/281479.html,2010,[2013-03-17]

[6] 广州市番禺区红运机械. 双行星混合机. http://1226827.sinomixer.com/product_detail_395937.html,[2013-03-17]

[7] 深圳浩能科技有限公司. 涂布机. http://www.power-cn.cn/company/info.asp?id=194346,2011,[2013-03-17]

[8] 邢台纳科诺尔极片轧制设备有限公司. 锂离子电池极片辊压机. http://www.naknor.com/productview.asp?pid=63,2012,[2013-03-17]

[9] 广州擎天实业有限公司. 化成柜. http://ic.newmaker.com/pro_8548.html,2012,[2013-03-17]

[10] 深圳市倍特力电池有限公司. 倍特力环境. http://www.betterpower.com.cn/article/beitelihuanjing_1.html,2010,[2013-03-17]

[11] 王波,逄高峰. 100A·h 磷酸铁锂方形电池及其制作工艺. 中国专利:CN102290568A

第 10 章　磷酸铁锂电池的主要应用领域

磷酸铁锂作为锂离子电池的正极材料，最大的优点是安全性好，同时具有锰酸锂、镍锰钴三元材料不具备的循环寿命长、材料成本低、原料来源丰富等优点。磷酸铁锂电池电压平稳、工作电压适中、与电解质系统相容性好、无毒、无记忆性、对环境不会造成污染，其比能量可以达到 100～130W · h/kg，是铅酸电池的 3～5 倍，氢镍电池的 1.5 倍。鉴于其诸多的优点，被认为是目前理想的电动交通工具电池、风能和太阳能储能电池、安全型家庭用后备电池[1]。

过去普遍认为，磷酸铁锂导电性不好，不能实现大功率放电。近年来，随着碳包覆技术和掺杂技术的成熟，磷酸铁锂电池的大倍率放电能力有了显著的提高。一般的商用磷酸铁锂电池都可以实现 20C 放电，有些厂家的产品可以实现 40C 放电，经过特殊设计可以具有 100C 放电能力，已经可以广泛应用在电动工具、航空航天、军事等众多需要高功率的特殊领域。

磷酸铁锂材料的低温性能不好，也是其主要的缺点之一。近年来，随着纳米化工艺和水热合成工艺的进步，磷酸铁锂材料的低温放电能力得到了很大的提高，已经接近三元材料的低温性能。利用磷酸铁锂材料制成的电池已经顺利通过了电动自行车、电动汽车的实际装车运行试验，同时开发了很多的辅助技术。利用磷酸铁锂制成的电池用于电动出租车已经在杭州、深圳运行了多年，取得了宝贵的运行经验。

经过几年的发展，我国国内的原料、加工设备产业都得到较大发展，如碳酸锂、氢氧化锂、草酸亚铁、磷酸铁等基础合成原料产能已经可以给我国的磷酸铁锂产业提供充分的支持。混料和加工设备也形成了门类齐全的产业群。最重要的是，各个锂离子电池厂家基本已经全面掌握了用国产磷酸铁锂材料制造电池的技术，几乎所有电池厂家都试制或生产过磷酸铁锂电池。因此，我国已经具有了雄厚的磷酸铁锂电池的产业化基础。

磷酸铁锂材料的缺点是电压平台低，比能量相比三元材料还有所不足。用于电动汽车时，其比能量要低 1/3 以上，但是其较高的安全性能可以弥补其不足。磷酸铁锂不宜用于小型的数码电子产品，而适用于对安全性要求高、循环寿命长的电池系统，如对安全性要求最高的电动汽车、对循环寿命要求较长的储能电池等体系。

本章将综述近年来的文献，对磷酸铁锂电池在交通工具、储能设备、电动工具以及军事方面等应用领域进行具体的介绍。

10.1　磷酸铁锂电池在电动交通工具方面的应用

10.1.1　我国对新能源汽车的政策

电动交通工具是我国磷酸铁锂电池产业应用的重要领域。从 2009 年开始，国家科学技术部、国家发展和改革委员会、国家工业和信息化部都开始代表国家层面对我国的新能源汽车产业进行支持。2009 年国家高技术研究发展计划(863 计划)新材料技术领域"磷酸铁锂正极材料规模化生产和应用关键技术研究"重点项目启动，北京北大先行公司获得资助。2010 年，国家 863 计划现代交通技术领域电动汽车关键技术与系统集成(一期)启动，列出了电动汽车(包括混合动力车和纯电动汽车)的 31 个课题方向予以支持。2012 年 11 月，国家启动了"2012 年度新能源汽车产业技术创新工程"项目，25 家汽车和电池企业获得支持。国家主要的支持政策列举如下：

(1) 十城千辆工程。由国家科学技术部、国家财政部、国家发展和改革委员会、国家工业和信息化部于 2009 年 1 月共同启动了"十城千辆工程"，主要内容是：通过提供财政补贴，用 3 年左右的时间，每年发展 10 个城市，每个城市推出 1000 辆左右的新能源汽车开展示范运行。电动汽车涉及这些城市的公交、出租、公务、市政、邮政等领域，力争使全国新能源汽车的运营规模到 2012 年占到汽车市场份额的 10%。这个目标实现还有很大的难度。

(2) 新能源汽车补贴政策。我国政府在 2010 年 3 月底推出私人补贴标准，补贴金额从 3000 元到 6 万元不等。根据 2010 年，国家财政部、国家发展和改革委员会、国家工业和信息化部联合下发的《关于印发"节能产品惠民工程"节能汽车推广实施细则的通知》，将发动机排量在 1.6L 及以下、综合工况油耗比现行标准低 20%左右的汽油、柴油乘用车(含混合动力和双燃料汽车)纳入"节能产品惠民工程"。消费者购买这类汽车，将获得中央财政按每辆 3000 元标准给予的一次性定额补贴，由生产企业在销售时直接兑付给消费者。新能源车的补贴范围以纯电动车和插入式电动车为主。纯电动车的补助从 3 万元到 6 万元，插入式电动车的补助从 1.5 万元到 5 万元。

以北京市为例，2010 年，北京市科委、财政局牵头编制了《北京市私人购买新能源汽车补贴试点方案》。根据该方案，北京市按照电池 3000 元/(kW·h)给予补助，插电式混合动力乘用车最高补助 5 万元/辆，纯电动乘用车最高补助 6 万元/辆。如果将中央和北京两级政府的补贴叠加，最高补贴额度有望达到 12 万元，预计能大幅度降低购买电动汽车的成本。同时购买电动汽车将不受北京限购政策的限制。北京市预计在"十二五"末，新能源汽车达到 10 万辆的规模。

(3)《汽车产业调整和振兴规划》。我国 2009 年 3 月发布的《汽车产业调整和振兴规划》中，对发展新能源汽车制定了大致目标：未来三年，中国将形成 50 万辆纯电动混合动力和普通型混合动力新能源汽车产能。到 2012 年，新生产汽车中将有 10%是节能与新能源汽车，新能源汽车产值有望达到 5000 亿元。

《汽车产业调整和振兴规划》明确提出，要“实施新能源汽车战略，推动纯电动汽车、充电式混合动力汽车及其关键零部件的产业化；掌握新能源汽车的专用发动机和动力模块（电机、电池及管理系统等）的优化设计技术、规模生产工艺和成本控制技术；三年内建立动力模块生产体系，形成 10 亿 A · h 车用高性能单体动力电池生产能力”。这对国内动力电池生产企业及电池管理系统供应商提出了不小的挑战。

（4）国务院发布《节能与新能源汽车产业发展规划（2012—2020 年）》。2012 年 7 月，国务院批准并公布了《节能与新能源汽车产业发展规划（2012—2020年）》。规划提出的目标是：

① 产业化取得重大进展。到 2015 年，纯电动汽车和插电式混合动力汽车累计产销量力争达到 50 万辆；到 2020 年，纯电动汽车和插电式混合动力汽车生产能力达 200 万辆、累计产销量超过 500 万辆，燃料电池汽车、车用氢能源产业与国际同步发展。

② 燃料经济性显著改善。到 2015 年，当年生产的乘用车平均燃料消耗量降至 6.9 升/百公里，节能型乘用车燃料消耗量降至 5.9 升/百公里以下。到 2020 年，当年生产的乘用车平均燃料消耗量降至 5.0 升/百公里，节能型乘用车燃料消耗量降至 4.5 升/百公里以下；商用车新车燃料消耗量接近国际先进水平。

③ 技术水平大幅提高。新能源汽车、动力电池及关键零部件技术整体上达到国际先进水平，掌握混合动力、先进内燃机、高效变速器、汽车电子和轻量化材料等汽车节能关键核心技术，形成一批具有较强竞争力的节能与新能源汽车企业。

④ 配套能力明显增强。关键零部件技术水平和生产规模基本满足国内市场需求。充电设施建设与新能源汽车产销规模相适应，满足重点区域内或城际间新能源汽车运行需要。

⑤ 管理制度较为完善。建立起有效的节能与新能源汽车企业和产品相关管理制度，构建市场营销、售后服务及动力电池回收利用体系，完善扶持政策，形成比较完备的技术标准和管理规范体系。

规划提到的主要技术目标是：

到 2015 年，纯电动乘用车、插电式混合动力乘用车最高车速不低于 100 公里/小时，纯电驱动模式下综合工况续驶里程分别不低于 150 公里和 50 公里；动力电池模块比能量达到 150 瓦时/公斤以上，成本降至 2 元/瓦时以下，循环使用寿命稳定达到 2000 次或 10 年以上；电驱动系统功率密度达到 2.5 千瓦/公斤以上，成本降至 200 元/千瓦以下。到 2020 年，动力电池模块比能量达到 300 瓦时/公斤以上，成本降至 1.5 元/瓦时以下。

相对目前磷酸铁锂电池组比能量只能达到 100～130W · h/kg 的现状，还需要有重大的技术突破。

10.1.2　我国主要汽车厂家的发展规划

本节对我国主要汽车厂家的发展规划进行统计和总结[2]。

国内汽车企业已将纯电动汽车和混合动力汽车确定为未来主流竞争型产品，在发展战略上予以了高度重视。一汽、东风、上汽、长安、奇瑞、比亚迪等都已投入了大量的人力、物力，部分车型已经实现小批量上市。

一汽集团目标　一汽集团计划到 2012 年建成一个年生产能力为混合动力轿车 1.1 万辆、混合动力客车 1000 辆的生产基地。该集团从 1999 年开始进行新能源汽车的理论研究和研制工作，并开发了红旗混合动力轿车性能样本。“十五”期间，一汽集团承担了国家 863 计划重大专项中“红旗牌串联方式混合动力轿车研究开发”任务，正式开始了新能源汽车的研发工作。从 2006 年开始，一汽集团在奔腾 B70 的基础上，进行混合动力化的技术研究，将原来的纵置发动机总成改成横置发动机总成，采用了横置发动机及双电机混联技术。同时，一汽集团还抓紧了对发动机、机电一体化变速器、整车控制网络、整车控制系统的研发，目前一汽混合动力轿车已经取得了 42%的节油效果，达到了国际先进水平。继 2008 年为北京奥运会提供了 12 台混合动力客车和 6 台混合动力轿车进行示范运行后，一汽集团积极参与 2009 年国家科学技术部新能源汽车试验运行项目，建立了“大连新能源汽车示范基地”，并中标大连和长春的示范运行，2009 年分别为大连、长春提供了 150 辆和 100 辆混合动力客车。目前，奔腾混合动力轿车的中试生产线已获一汽集团批准，正在建设中；混合动力轿车已初步形成批量生产能力。一汽“解放牌 CA6100HEV 混合动力城市客车”项目是国家 863 计划电动汽车重大专项资助项目，具有纯电动驱动、发动机单独驱动(同时充电)、联合驱动、电机启动发动机，以及滑行再生制动 5 种基本工作模式。该混合动力客车动力性和经济性达到国内领先水平，比传统客车节油 38%，排放降低 30%。红旗牌混合动力轿车 CA7180AE 是按国家 863 计划在国内率先完成的具有产业化前景的轿车，它建立在红旗轿车的基础上，具有良好的性能和操作平顺性。该款串联式的混合动力轿车属中、高档轿车，0～100km/h 的加速时间为 14s，比传统轿车节油约 50%，排放达到欧Ⅲ标准。奔腾 B70 混合动力版轿车采用油-电混合方式。动力系统采用双电机方案，混合度为 40/103，属于全混合(full-hybrid，也称重混合)构型。奔腾 B70 混合动力版轿车的成本是汽油版奔腾车型的 2～3 倍，实现量产后成本会逐渐降低，即使如此混合动力版奔腾上市后，售价肯定比现有奔腾车型高，但高出的价格不会超过汽油版奔腾车型的 30%。

上汽集团目标　2010 年推出中混混合动力轿车，2012 年上汽插电式强混轿车和纯电动轿车推向市场。在新能源汽车的研发上，上汽明确了以混合动力为重点，燃料电池为方向，同时加快替代产品的研发。混合动力汽车、燃料电池汽车、代用燃料汽车成为上汽集团新能源战略的三大重点。2010 年上汽荣威 750 中混混合动力轿车将投放市场，在上海世博会期间上汽投放 150 辆混合动力汽车在世博越江专线上运行。2012 年，荣威 550 插电式强混轿车上市。“申新动 1 号”混合动力客车由上汽工程院与上海交通大学等单位联合开发，具有自主知识产权。在申沃客车现有城市客车动力平台上，“申新动 1 号”采用一种并联式混合动力电动汽车驱动方案，使混合动力电动汽车在纯电动工况下空调、转向、制动等附件仍然能够正常工作而无需另加电动系统，同时利用超级电容，提高启动功率、制动能量回收效率，从而提高整车动力性能，降低燃油消耗。车长为 10m，宽为 2.5m，高为 3.2m，能容纳 76 人。荣威 750 中混混合动力轿车采用 BSG 系统（皮带传动的起动发电一体机），具备“智能停机零排放”和“环保与动力性兼备”两大突出特点，最高时速为 205km/h，最大续驶里程达 500km。作为上汽集团首款面向产业化的自主品牌混合动力轿车，荣威 750 中混混合动力轿车可实现综合节油率 20%左右。

东风集团目标 计划投入 330 亿，用 10 年时间来发展一系列包括混合动力汽车在内的环保汽车。从“十五”开始，东风集团每年投资上亿元研发电动汽车，再加上国家以及省市政府投资，共达 6 个多亿。目前东风集团在纯电动、混合动力、燃料电池等各种电动汽车的研发方面都独立掌握了核心技术，不依赖任何外力，实现自主知识产权。目前，东风汽车公司已完成新车型外观设计、关键零部件的设计生产、轿车总成等各方面工作，在 2012 年正式上市混合动力轿车。EQ7200HEV 混合动力轿车是国家 863 计划项目重大专项和东风汽车公司重大战略项目。该轿车以 EQ7200-Ⅱ车型（风神蓝鸟轿车）为基础，采用电控自动变速箱与创新型并联机电耦合的方案，配置直流永磁无刷电动机和镍氢电池，原计划在“十五”期间实现产业化。产业化后，整车成本比 EQ7200 轿车成本增加幅度不大于 30%。EQ61100HEV 混合动力客车由东风电动车辆股份有限公司联合北京交通大学、北京中纺锐力机电有限公司和湖南神州科技股份有限公司共同开发。EQ61100HEV 混合动力客车采用开关磁阻电机、康明斯 ISBe1504 缸共轨电喷柴油机、全新设计的车身底盘系统、电控自动变速箱和创新型并联机电耦合方案。在年产量达到 200 辆时，整车成本比装备 6CT 发动机汽车的增幅不大于 30%。

中国长安目标 未来 3 年内，形成不同档次、不同用途、搭载不同的系统的中混平台化、弱混规模化、强混产业化研发能力，覆盖商用车、A 级、B 级、C 级产品。2014 年将实现产销新能源汽车 15 万，2020 年达到新能源汽车产销 50 万辆以上。“十一五”期间，长安加大了对清洁能源汽车的投入，开展了多元化能源技术的探索性研究。长安在中度油电混合动力汽车、强度油电混合动力轿车等技术领域均有探索。长安首款混合动力轿车长安杰勋 HEV 已于 2009 年 6 月成功上市；首批 20

辆长安志翔混合动力出租车 2012 年 1 月正式在重庆投入运行。杰勋混合动力轿车的动力系统由长安自主研发的 1.5L 高效发动机和 13kW 永磁同步无刷电机组成，续驶里程大于 500km，整车动力水平和 2.0L 汽油发动机相当，整车油耗可以节约 20%以上。目前该车已于 2009 年 6 月正式上市销售。轻度混合动力版志翔百公里节油率将比同排量车型高 5%～8%，使新车最终实际油耗可以控制在 7.2L 以内。目前这一系列发动机还可以使用汽油和天然气两种燃料。动力方面，志翔搭载和现款相同的发动机，另外为了实现 Start/Stop 功能还将会增加一款电动启动机和 AGM 深度放电电池。中度混合动力志翔搭载一款最大功率为 130 马力的 1.5L 汽油发动机，这款发动机的最大扭矩为 131N·m。同时还将搭载一款最大功率为 13kW（18 马力）最大功率为 42N·m 的 ISG 电机，并且还有 6A·h 的镍氢电池。中度混合动力志翔轿车百公里综合油耗将会控制在 6.6L 左右，并在任何工况下排放都符合国Ⅳ标准。

奇瑞汽车目标　2010 年以后，奇瑞汽车旗下产品一半以上搭载不同程度的混合动力系统。从 2003 年开始到 2008 年，奇瑞主要进行混合与中度混合动力轿车以及节能环保系统的开发，并实现产业化；奇瑞已经在芜湖的出租车上进行了试用，油耗将降低 10%～30%，达到欧Ⅳ排放标准。从 2004 年开始，奇瑞主要进行强混合动力轿车的开发，并实现产业化。奇瑞混合动力轿车油耗目标达到 3L/(100km)，排放达到欧美法规。奇瑞 A5 BSG 是一款并联式弱混合动力轿车，采用燃油发动机、电力发动机互补工作模式，这两种动力源在汽车不同的行驶状态下分别或者一起工作，通过这种组合达到最少的燃油消耗和尾气排放，从而实现省油和环保的目的。与传统轿车相比，该车在城市工况可节省燃油 10%～15%，减少二氧化碳排放约 12%，而成本只增加 25%～30%。奇瑞 A5 ISG 混合动力系统由“1.3L 汽油机＋5 速手动变速器＋10kW 电机＋144V 镍氢电池”组成，电池系统采用由江森自控公司研发的“即插式”镍氢电池（Ni-MH），电机采用永磁同步电机并带有电机控制系统、逆变器以及 DC/DC 转换器。该系统使整车动力达到 1.6L 排量水平，同时燃油节省率达到 30%，并显著降低排放，达到欧Ⅴ标准。奇瑞 A3 ISG 搭载有 1.3L 473F 汽油发动机和 10kW 电动机。通过汽油发动机与电动发动机以扭矩叠加的方式进行动力混合，以提供整车最佳的动力运转效率与环保节能目标。奇瑞 A3 ISG 还具备 Stop/Restart 的怠速停起步启动的机能（BSG 功能），以降低在车辆停等红灯或暂停时的油耗支出与废气排放。风云 2 BSG 搭载 1.5L SQR477F 直列四缸发动机，配置 BSG 起步/停等一体式电动马达，在车辆停等红灯，驾驶员排入空挡时，会自动让引擎熄火进入待机状态，之后入挡起步瞬间会自动启动引擎。风云 2 BSG 车型耗油量平均可以比汽油 1.5L 车款降低约 5%～10%，最多可降低平均油耗达 15%。

比亚迪目标　遵循“自主研发、自主生产、自主品牌”的发展路线和“掌握核心技术、产业垂直整合”的发展战略，以双模电动车作为过渡、电动车作为终极目标，发展比亚迪新能源汽车。比亚迪 F6DM 双模电动汽车使用的动力电池是名为“ET-POWER”的磷酸铁锂动力电池，价格低廉，安全性能稳定。该车充电一次行驶 430km，最大功率 200kW，最高时速 160km/h，百公里耗电 151kW·h。该车在比亚迪电动汽车充电站快速充电 10min 可达 50%的电量，在家使用普通插座慢速充电，充满电也只需 9h。比亚迪 F3DM 双模电动车搭载 BYD371QA 全铝发动机，升功率达到 50kW，加上 75kW 的电机，比亚迪 F3DM 双模电动车输出总功率达 125kW，达到排量为 3.0L 发动机的动力输出水平。在纯电动的模式下，F3DM 双模电动车实现续航里程 100km，最高时速可达 150km/h，一次充满油和电，总续航里程可达 500km 以上。比亚迪近年来注重发展 E6 型纯电动汽车。2012 年 10 月，同英国伦敦出租车公司 Greentomatocars 签署协议，向英国出口 50 辆比亚迪 E6 纯电动车[3]。2012 年 12 月 27 日，比亚迪向深圳市公安局交付首批 500 辆纯电动 E6 警务用车。而在此之前，在深圳已有 300 台比亚迪纯电动出租车和 200 台纯电动大巴组成电动公共交通车队，总营运里程已突破 3600 万 km。在公交领域，深圳还将追加采购 500 台纯电动 E6 轿车投入出租车领域。比亚迪还宣布大型储能系统首次出货瑞士，并与陕西省榆林市政府签订协议，在当地投建 500MW 光伏电站建设项目。与此同时，比亚迪还在保加利亚成立海外第一个电动大巴合资公司，并在哥伦比亚组建当地首支纯电动出租车队[4]。

10.1.3 电动车辆用动力电源

电动车辆主要指以电池为动力的车辆，包括电动自行车、电动摩托车、电动汽车(轿车、公共汽车、小货车、厢货车等)等，广义的电动车还包括电动高尔夫球车、电动(残疾、老年人)代步车、电动轮椅、电动搬运车、电动滑板及电动儿童游乐车等。本节主要论述磷酸铁锂电池在电动汽车(包括纯电动汽车和混合电动汽车)领域的应用情况。

1. 电动汽车发展历程与意义

电动汽车的研发始于 1873 年的英国人 Davidson，后来开始应用于私用轿车、送货车及公共汽车[5]。电动汽车曾经在 19 世纪末的欧美等地区达到高潮，它比 1885 年德国人 Benz 发明的第一辆以汽油为燃料的内燃机汽车早 12 年。虽然在开始阶段二者的发展并驾齐驱，但是福特汽车公司于 1913 年开始大力生产后者，大大降低了成本并且性能不断提高。而电动汽车始终没有解决电池的比容量、功率及寿命等方面的问题，因此电动汽车的性能远不如内燃机汽车的性能，内燃机汽车开始垄断市场长达一个世纪。

20 世纪 70 年代各主要汽车制造厂商开始受到石油危机的冲击，又开始着手研制电动汽车，速度、续航能力都得到提高；但由于性能赶不上内燃机引擎汽车的发展及成本太高等原因，随着石油危机的解除，依然无法进入市场。近年来，因石油价格大幅度上升，内燃机汽车造成的空气污染也日趋严重，使用石油替代性能源（CNG、LPG、氢气、太阳能、甲醇、乙醇、电力等）的汽车开始受到各国政府的重视，其中电动力汽车被认为是最有希望的品种。目前许多汽车公司积极投入大量的人力、物力和财力，推动电动汽车的进一步发展。

随着能源消耗的逐年增加，二氧化碳的排放量也将增加，目前二氧化碳排放中，25%来自于汽车。至 2030 年，将由 2005 年的 281 亿 t 增至 423 亿 t。在我国，汽车排放的污染已经成为城市大气污染的重要因素。我国的二氧化碳排放目前已居全球第二，减排二氧化碳的压力将越来越大。近年来，我国的汽车行业发展迅速，已成为世界第四大汽车生产国和第三大汽车消费国。根据国务院发展研究中心估计，2010 年，我国的汽车保有量将接近 6000 万辆，2020 年将达到 1.4 亿辆，机动车的燃油需求分别为 1.38 亿 t 和 2.56 亿 t，为当年全国石油总需求的 43%和 57%。而我国的石油资源短缺，目前石油进口量以每年两位数字的百分比增长，2010 年进口依存度超过了 50%。图 10.1 为我国 2000～2040 年石油总需求和供应缺口预测。

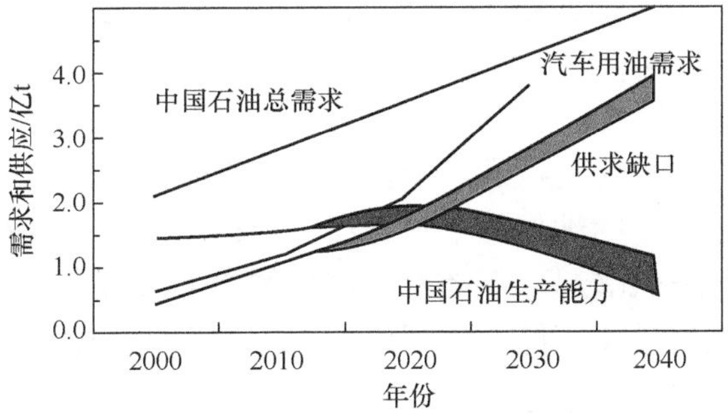

图 10.1　中国石油总需求和供需缺口

因此，大力发展新能源汽车，用电代油，是保证我国能源安全的战略措施，也是实现我国能源安全、环境保护及汽车工业实现跨越式发展、可持续发展的需要。

同传统内燃机引擎相比，电动汽车具有以下明显优势[6]：

(1) 低污染排放。电动汽车行驶时不会排放有毒气体，即“零”排放，因为它只以车载蓄电池为动力。目前大气污染特别严重，有相当一部分是内燃机汽车排放的尾气（含微颗粒、CO_2、CO、SO_2、NO_x等）造成的。另外，全球气候因大气中二氧化碳含量的增加而变暖，因此迫切需要零排放交通工具。据分析若所有的传统车辆均改为电动汽车，则可减少 99%的 VOC（挥发性有机化合物）和 CO_2 以及 50%的 NO_x等有害污染物。

(2) 低噪声、无废热。电动汽车行驶时的马达噪声远比传统车辆的引擎及排气管噪声要低，且不排出废热。

(3) 提高能源利用率并减缓能源危机。根据世界能源协会的估计，再过 60 年(甚至更短)，地球上的石油将会用完，而人工合成的燃料远不能满足现实要求。电动汽车使用的电能可通过多种方法(石油、煤、水力、风力、CNG、LPG、地热、核能、太阳能等方法)得到，促进能源多元化，减轻对石油的依赖，减缓能源危机的发生。电动汽车也可利用夜间用电低峰期充电，有助于电力供应平稳。

(4) 不会产生内燃机油污，耗油率为“零”。

(5) 寿命长，维修费用低，直接传动而使驾驶平稳且无歇停振动现象等。

目前，电动汽车存在的主要问题在于价格、行驶里程、动力性能等方面，而这些问题的解决都与电源技术密切相关。电动汽车用动力蓄电池与一般的启动蓄电池不同，它是以较长时间的中等电流持续放电为主，间或以大电流用于启动、加速或爬坡，因此具有如下特殊要求：

(1) 能量密度高，包括质量比容量和体积比容量；

(2) 功率密度和质量比功率高；

(3) 较长的循环寿命，工作时间可长达 10 年之久；

(4) 较好的充放电性能和快速充放电性能，耐过充电、过放电能力好，电池一致性好；

(5) 价格合理，使用维护方便，安全性能好。

就目前已有的蓄电池而言，锂离子电池尤其是磷酸铁锂电池在综合性能上优于其他蓄电池体系，可作为理想的牵引力动力，具有相当好的应用前景。虽然目前磷酸铁锂电池的价格还比较高，但随着生产量的扩大，价格将大幅度降低。考虑寿命等因素，锂离子电池的实际综合使用成本已经低于铅酸电池。

2. 磷酸铁锂电池成组技术

制成单体电池后，需要将单体电池进行串并联以组成电池组才能应用。锂离子电池没有自我限压功能，如果持续充电会造成电压的持续升高，从而造成电池的安全问题。电池组必须使用电池管理系统(battery managment system，BMS)，以防止电池出现过充电和过放电，提高电池的利用率，延长电池的使用寿命，监控电池的状态。

电池管理系统对电池成组管理的作用如下：

(1) 从电池安全性要求入手，通过对单体电池的保护，借助充电机和电机控制器等执行机构着重解决电池组的过充过放问题，即在动力锂离子电池的安全性方面构筑一道坚强防线。

(2) 通过对电池的电化学特性管理，采取适度内均衡方式以达到整组电池的初始一致性不提前被破坏，并使整组电池的循环寿命接近或达到组内单体电池寿命，解决电池成组后的寿命问题。

只有在保证动力锂离子电池的安全性和保障电池成组后循环寿命的前提下，才会使电池生产成本不断下降，以满足电池成组应用对新能源汽车的使用要求。也只有在人们真正开始重视电池管理系统的客观作用，在理论与实践不断的磨合中摸索出一套真正符合新能源汽车所要求的电池成组管理标准化体系，才能确保动力电池组在电动车上的合理应用。

电池的一致性会影响电池的安全和它的使用寿命，因此产品的一致性非常重要。由于电池材料及工艺等因素，电池内阻很难做到一致，不管电池厂设备多么精良，也不能保证所有的电池完全一致。即使通过分容挑选出的电池一致性再好，如果管理系统不好，也不能使成组的电池有良好的一致性，反而影响了电池寿命。因此，电池厂要把电池本身做好，而让管理系统去实现电池均一性的长期维持，这才是最重要的[7]。

动力电池及动力电池成组后的性能直接影响电动汽车动力性和使用经济性。对电池组和电动车辆进行性能分析、参数匹配及计算机仿真时都离不开电池及电池组的数学模型。现阶段相关文献关于电动汽车动力电池模型多描述的是各种影响因素和电池工作特性之间的数学关系。按照模型研究内容可以分为电池性能模型、电化学模型、不一致性模型、热模型等。根据模型对象可以分为电池单体模型和电池组模型。电池性能模型描述电池工作的外特性，是电动汽车系统仿真必不可少的环节；电化学模型基于电化学理论并采用数学方法描述电池内部的反应过程，主要描述电池的电压特性、电池电极、隔膜的电流分布、超电势变化等；电池热模型主要用于研究电池的生热、传热过程，包括一维模型、二维模型和三维模型。

现阶段在该方向的研究主要集中在如下三个方面：

(1) 环境状况对电池组电性能影响研究。研究不同温度和湿度等环境状况下，动力电池组电性能变化规律。包括恒温度场、定湿度状态和变温度场对电池组实际容量、能量、功率等电性能参数的影响规律，对电池组自放电、储存时间、漏电等参数的影响规律，根据电池组性能和电池组寿命之间的对应关系进一步研究电池组寿命对环境状况的灵敏度。

(2) 一致性对动力电池组性能和使用寿命影响研究。研究电池组单体之间容量、电压、内阻等一致性之间的相互关系，综合上述不一致因素得出不一致性综合参数，研究参数对电池组实际容量、功率、充放电效率和电池组寿命等的影响。

(3) 运用数理统计理论分析研究不同应用环境和使用工况下的电池组失效模式和寿命统计分布模型，以及根据电池组寿命分布模型进行电池组生存函数，预测电池剩余寿命[8]。

国内有不少单位研制了效果良好的BMS。例如，机械科学研究总院研制出了基于极端单体电池充电控制方法。该技术技术原理简单清晰，控制策略简便易行，控制对象明确，控制参数获得简单可靠，电池在任意均衡状态下，都不会发生单体电池过充电。该技术为动力锂离子电池的推广应用提供了新的、有效的解决方案。经过北京奥运电动大巴示范运营，证实效果良好[9]。

3. 国内用于电动汽车的动力锂离子电池组规格

目前，国内已有多家磷酸铁锂电池厂家开发了适用于电动汽车的动力电池组，应用领域涉及小型高尔夫球车、巡逻车、轻型货运汽车、小型轿车、电动大巴等多个系列的电动车。表10.1～表10.3为国内不同厂家制造的各个规格磷酸铁锂电池组参数。

表10.1 山东某公司制造的307.2V/100A·h磷酸铁锂电池组规格书[10]

产品型号307.2V/100A·h		
最大尺寸/mm		946×366×270×4
重量/kg		≤400
额定电压/V		307.2
额定容量/(A·h)		100
放电截止电压/V		2.5(任意一串)
充电保护电压/V		3.65(任意一串)
最大充电电压/V		350.4
最大充电电流/A		100
最大放电电流/A		200
额定放电电流/A		100
充电方法		CC/CV(专用充电器)
工作温度/℃	充电	0～45
	放电	−20～45
储存温度/℃		−15～35
1C循环寿命/次		2000

续表

产品型号 307.2V/100A·h
优点:超长使用寿命;超高安全性能;极高的能量密度 **关键特性**: 电池组管理系统具有过充保护、过放保护、过流保护、短路保护、过温保护等功能。保护板采用特殊的智能化均衡模式,有效保证了电池组在使用过程中的一致性,提高了电池组整体的使用性能 电池按标准充放电进行循环,寿命可达 3000 次以上,使用时间达到 6~8 年。产品从原材料、工艺、制程都进行了最严格的安全控制,即使在最恶劣的交通事故中也不会产生爆炸 相同规格的磷酸铁锂电池,体积是铅酸电池的 60%,重量是铅酸电池的 30% **主要应用于**:电动轿车

表 10.2　安徽某公司制造的 538V/350A·h 磷酸铁锂电池组规格书[11]

产品型号 538V/350A·h	
标称电压/V	538
工作电压范围/V	420~622
额定容量/(A·h)	350
过放保护电压/V	2.5(任一单体电芯)
过充保护电压/V	3.9(任一单体电芯)
最高充电电压/V	613(168×3.65)
满电开路电压/V	559~562 (充满静置 1h 后)
最大充电电流/A	350
充电时间(100A)/h	5~6
放电终止电压/V	420(168×2.5)
最大放电电流/A	600(≤10s)
过流保护电流/A	700(可设定)
1C 放电温升/℃	<25
工作环境温度/℃	充电 5~50 放电 −20~50
循环寿命/次	大于 1000(在 23℃,0.5C)
储存温度/℃	−20~25(一年内),−20~40(3 个月内)
质量/kg	~2500

表 10.3 山东某公司制造的 72V/100A·h 磷酸铁锂电池组规格书[12]

产品型号 RFE-24F100	
电芯种类	$LiFePO_4$
标称电压/V	72
标称容量/(A·h)	100
内阻/mΩ	≤40
循环寿命/次	≥1500
充电上限电压/V	87.6
放电截止电压/V	60
持续电流/A	100

4. 国内电动汽车示范项目

目前，北京、天津、合肥、深圳等地都建立了电动汽车试验线。山东青岛薛家岛智能充换储放一体化示范电站于 2011 年 7 月 11 日投入试运行，是世界上规模最大、功能最全、服务能力最强的电动汽车充换电站。截至 2012 年 8 月 1 日，该站累计服务车辆换电 35981 次，车辆累计行驶约 442 万 km，累计消耗电量约 465 万 kW·h，为电动公交车换电 3.5 万次。该站车辆单次换电平均行驶里程由原来的 90km 增加到 150km，最大行驶里程达到 211km，远远超出最初设计的 80km[13]。

2012 年 8 月 8 日，天津市公交集团引进的天津市首批 40 部纯电动公交客车正式投放运营一线，服役于 638 和 862 两条骨干公交线路。同时，首座电动汽车综合充换电站在津城正式投运。还首次实现光伏发电与充电系统之间无缝接入，能量转换效率可提高近 10%。截至"十二五"末，天津市电力公司计划在全市范围内规划建设充换电站 65 座，形成协调统一的三层智能充换电服务网络，满足天津市 7.2 万辆节能与新能源汽车发展目标的需求[14]。

广州市于 2010 年 11 月 8 日开通了 801 线路电动公交车(体育中心—大学城)，是广州唯一一条以纯电动大巴运营的公交线路，目前共有 26 台电动大巴循环运营。大巴的蓄电池采用北京理工大学电动车辆国家工程实验室技术，由广汽集团组织生产，每台车造价在 170 万～180 万元，其中电池成本超过 70 万元[15]。

2010 年 6 月 23 日，山东临沂焦庄充电站启用，山东临沂市首批搭载北京环宇赛尔磷酸铁锂电池组的 110 余台纯电动大巴一年安全行驶 225 万 km。400 天安全运营无故障[16]。

2011 年 11 月 16 日，西安高新区首批引进的两辆比亚迪 K9 纯电动大巴进行了试运营，电动大巴 4h 可充满电，可持续运行 250km，高新区共斥资 1 亿元从比亚迪汽车有限公司引进 50 辆 K9 纯电动大巴，投入高新区公交线路运营。K9 纯电动大巴车身长 12m,动力方面采用自主研发的磷酸铁锂铁动力电池,车顶安装有太阳能电池板,在行驶过程中可提供辅助续航动力[17]。

2012 年 7 月,北京在路上运行的纯电动大巴有两条线路,81 路和 84 路[18]。而早在 2008 年奥运会期间,中信国安盟固利公司就为奥运会制造"零排放"的纯电动公交车。后来,有 42 辆用于北土城开往北京南站方向的 84 路,其他车辆则用于终点站同样位于北土城的 81 路公交线。北京目前使用的纯电动公交采用的是磷酸铁锂电池,一台公交上搭载 3 个大的、7 个小的电池组。使用这种锂电池的电动车,运行成本也比普通汽车要低。锂电池充电 1～3h,能跑 250km 左右。图 10.2 为北京锂电公交大巴。

图 10.2　北京锂电公交大巴[18]

锂电电动车,最重要的是安全问题。比较有影响的锂电电动车事故有 2 个,分别是杭州出租车自燃事件和比亚迪的电动车事件。其中行业内重点关注的事故是深圳在 2012 年 5 月 26 日发生了一起严重的交通事故,一辆跑车与一辆比亚迪公司制造的纯电动汽车 E6 相撞,造成起火、燃烧、死亡 3 人的严重后果,引发了人们对磷酸铁锂电池的担忧。针对此情况,深圳市计量质量检测研究院组织、邀请国内电动汽车整车及动力系统、部件安全、结构安全、碰撞安全、电子电气安全、电动汽车动力电池、汽车交通事故鉴定、火灾调查、材料燃烧特性等领域的 13 名业内权威组成专家组对事故进行了鉴定。2012 年 8 月 3 日深圳市计量质量检测研究院通报了事故纯电动出租车质量鉴定,结论认为:"5 · 26"交通事故形态和严重性极为罕见;E6 出租车动力电池未发生爆炸,整车安全设计未见缺陷,不仅通过各项国家测试,还符合美国 FMVSS 标准。受两次严重碰撞影响,E6 车身后部及电池托盘严重变形,高压配电箱内的高压线路与车体间形成短路,产生电弧,引燃内饰材料及部分电池等可燃物质。但整个事故中 E6 出租车动力电池没有发生爆炸,72 节单体电池(占全部 96 节动力电池的 75%)未起火燃烧。动力电池系统在整车上的安装布局、绝缘防护及高压电系统设计合理。整车安全设计未见缺陷。在极端罕见的碰撞情况下，经历 30min 火烧、30min 水浸(消防救援)、扣车场日晒雨淋，E6 车内仍有 72 节单体电池(占全部电池的 75%)完好无损，仍可使用。参与燃烧的 24 节单体电池(占全部电池的 25%)，铝合金外壳和电池极板局部燃烧，但电池极板仍保持整齐、层次分明，没有爆裂现象。这说明比亚迪电池技术具备很高的安全性和稳定性。这份鉴定报告充分证明了磷酸铁锂电池的安全性，消除了公众对锂电池的担心[19]。

从电动汽车的发展历程、现状和未来看，磷酸铁锂电池必将成为电动车的主流动力源，是毫无疑问的。

10.1.4 启动电源

启动电池是每辆汽车上的必备装备，用于启动汽车发动机。自从汽车诞生以来，在汽车启动电池领域一直占据绝对地位的是铅酸电池，俗称“汽车电瓶”。铅酸电池的主要优点是价格低廉、原料易得、性能稳定可靠，因而被广泛使用。目前全世界汽车、摩托车启动电池中，99%以上使用的是铅酸电池。

铅酸蓄电池的缺点是：比能量低，重量大，在生产、使用和废弃过程中排放出大量有害物质如砷、铅、锑和硫酸等。随着近年人们环保意识的增强，铅酸电池的污染问题引起了越来越多人的高度重视，欧美、日本等国家和地区已经相继出台了法律规定禁止或限制铅酸电池的生产和应用。

采用磷酸铁锂电池替代铅酸蓄电池是电池研究者和生产者的迫切愿望。从理论上说也是可能的。磷酸铁锂电池不仅环保，寿命长，充放电速度快，而且用于汽车启动电池有节油、启动快、低温启动性能好等优势，被业界普遍看好。

据统计，中国现有机动车保有量近 1.8 亿台，其中汽车保有量为 7000 多万辆，每年新上市 1000 多万辆，需要更换启动电源的在 2000 万辆以上，市场规模可达几百亿，是一个具有成长性的，前景广阔的市场。全球机动车达到 6 亿辆以上，更具有产业发展的空间。

山东某厂家使用中华、沃尔沃等汽车，利用 13.2V/60A · h 磷酸铁锂电池进行了装车运行试验，试验结果发现磷酸铁锂启动电池具有比较大的优势，主要特点有：

(1) 电池充电速度快，使用中电压平稳；

(2) 循环寿命长，是普通铅酸电池的 10 倍；

(3) 自放电率小，仅为普通铅酸电池的 1/20；

(4) 充电速度快，是普通铅酸电池的近 18 倍；

(5) 点火放电电流达 220A，高低温启动性能好，−20～80℃正常启动；

(6) 具有特殊保护功能设计，当车因为电能不足不能启动点火时，按一下设置恢复键，即可启动发动机；

(7) 使用该电池能节油 5%左右；

(8) 能减少尾气有害气体排放；

(9) 电池可用容量大，可以达到 99%(铅酸电池一般为 50%～60%)；

(10) 重量轻，磷酸铁锂电池只有普通铅酸电池重量的 1/3，无需加水，彻底免维护[20]。

深圳某公司制造的磷酸铁锂启动电池主要参数如表 10.4 所示。

表 10.4　深圳某公司制造的磷酸铁锂启动电池主要参数[21]

名称	13.2V/20A·h 电瓶	产品型号	GP-1220RF
标准电压/V	13.2	标准容量/(A·h)	20
电瓶尺寸/cm	5×66×92	质量/kg	4
使用温度/℃	充电 0～45，放电 −20～75	—	

山东某公司针对国产摩托车市场，制造了摩托车用磷酸铁锂启动电池，具体性能指标如表 10.5 所示。

表 10.5　山东某公司制造的摩托车用磷酸铁锂启动电池主要参数

项目			指标	备注
2.1	电池型号		ZL04005-F	—
2.2	标称容量/(A·h)		5	0.5C 2A 放电
2.3	额定电压/V		13.2	—
2.4	质量/kg		～0.8	—
2.5	电池内阻/mΩ		≤80	AC 1kHz 交流阻抗值
2.6	外形尺寸	长/mm	≤145	具体见实物
		宽/mm	≤100	
		高/mm	≤60	
2.7	充电	标准充电电流/A	2	CC/CV
		最大充电电流/A	3.5	
		充电上限电压/V	14.6	
2.8	放电	标准放电电流/A	2.5	持续
		最大放电电流/A	40.0	持续
		放电终止电压/V	10.8	—
2.9	工作温度	充电温度/℃	0～45	—
		放电温度/℃	−20～55	
2.10	荷电保持能力(储存一个月)/%		≥95	—

续表

项目			指标	备注
2.11	保护板参数	过充保护电压/V	3.65±0.03	以单节计算 4节加倍
		过放保护电压/V	2.3±0.1	
		过流保护电流/A	≥40	可根据客户要求设置
		过流保护延时/ms	＜15	可根据客户要求设置
		保护功能	OK	—

10.1.5　电动自行车

中国是自行车王国。据中国自行车协会提供的数据，过去十余年间，国内电动自行车整体销售规模已达到近1.5亿辆的规模，行业年产值近600亿元，每年的增长幅度接近40%。数据显示，2010年电动自行车产量为2954万辆，销售总量超过2200万辆。2011年电动自行车行业产量为2600万辆，销售数据与2010年持平[22]。2011年天津电动自行车产量为1434万辆，占全国产量的55%[23]。

对于电动自行车来说，铅酸蓄电池作为主要动力之源，已经存在并发展了十余年之久。从电动自行车出现之始，铅酸蓄电池就被认为是最适用于这类产品的动力提供。然而，随着消费者对电动自行车产品在外观、重量等方面的要求逐渐提高，而铅酸蓄电池产品也逐渐显现出环境污染、体积大、重量重等问题而被部分消费者诟病。曝出的铅酸电池企业员工、周边居民血铅中毒事件，使铅酸电池的环境污染问题成为焦点。新国标《电动自行车通用技术条件(GB 17761)》严格规定和限制了电动自行车的参数，特别是重量，已经使铅酸电池越来越不适应产业的发展。因此，针对日益发展的中国电动自行车行业，需要寻求一条更为环保、低碳之路。再这方面，锂电池将获得一定的发展机遇。在技术方面，动力锂电池产品存在多个方面的优势，使得电动自行车更轻便、外观更时尚，这类产品受到城市消费者，特别是年轻群体的喜爱。2012年，采用锰酸锂作正极材料的36V/10A·h电池已经降价到550元/套，采用磷酸铁锂作正极材料的36V/10A·h电池已经降价到840元/套，相对铅酸电池具备了优势的竞争能力。

到2012年，锂电池应用于电动自行车已经较为普遍，在国内生产与销售的电动自行车产品当中，已经有超过几十万辆采用了锂电池作为动力驱动能源。如表10.6所示，2006年，国内锂电自行车产销量仅为4万辆左右；而到2010年，这一数字已经达到了12万辆。虽然电动车用锂电池在产销量上每年都在增长，但相对于铅酸蓄电池的份额，锂电自行车在所有电动自行车中所占的比例只有4%以下，处于较低的水平。中国电动自行车行业的发展趋势是用锂电池取代部分铅酸电池，因此锂电自行车预计将在1～2年内突破百万辆。2012年，天津比克、杭州万好万家、江苏益茂等大中型锂离子电池厂家都纷纷进军电动自行车电池，预计将会大幅度增加电池的生产能力和普及面。

表 10.6　中国锂电自行车 2006～2010 年产销情况[24]

年份	内销/万辆	外销/万辆	合计/万辆
2006	4	1	5
2007	8	5.5	13.5
2008	8	14.3	22.3
2009	10	19.84	29.84
2010	12	28.2	40.2

由于国外对电动自行车产品需求的特殊性，锂电自行车在国际市场的受欢迎程度高于国内。目前，国内有众多锂电池、锂电自行车生产企业将主要市场定位于国际市场。考虑到安全性问题，磷酸铁锂电池在外销市场中具有突出优越的地位。电动自行车整车企业中，力霸皇、新日、绿源、捷奥比、途尔、喜德盛、捷安特、宝岛等企业都以专业生产锂电自行车为方向，并着力开拓海外锂电市场，这部分企业的锂电自行车产品在国际市场的出口量占有较大比例[24,25]。

电动自行车用磷酸铁锂电池组典型产品参数如表 10.7 所示。

表 10.7　山东某公司制造的 24V/10A · h 磷酸铁锂电池组规格书[26]

产品型号 RFE-8F10	
电芯规格	8F10-001
标称电压/V	24
标称容量/(A · h)	10
尺寸/mm	110×75×390
质量/kg	3.5±0.5
标准放电电流/A	5±1
最大持续放电电流/A	20±1
放电截止电压/V	20
充电电压/V	29.2±0.2
标准充电电流/A	2±0.5

10.2　磷酸铁锂电池在储能电源领域的应用

储能电源的作用是，将火力、水力、太阳能、风能、地热、海洋能等发电系统产生的电能进行储存，需要时再以电能方式输出。储能的核心设备是各种化学电池。

储能电池可以用于电网调峰、不断电系统 UPS、家庭照明，以及通信、移动基站、电信、铁路运输、电力、金融、发电厂、计算机系统等领域，作为储能、保护、自动控制的备用电源等。

随着人类的能源短缺，储能电源成为人们研究的热点。目前，除铅酸电池、锂离子电池外，还有全钒液流电池、硫钠电池等应用于储能电池领域，但还存在不少问题。铅酸电池主要是大规模应用时存在污染危险，而全钒液流电池、硫钠电池还不很成熟，相比之下，具有安全性好、循环寿命长、资源丰富、性能稳定、比能量高等优点的磷酸铁锂电池成为最具有竞争潜力的储能技术。

下面主要对磷酸铁锂在储能电站系统、风光发电系统、移动基站系统等方面的应用进行说明。

10.2.1 磷酸铁锂储能电站经济性分析

随着城市经济的飞速发展，用电需求也随之较快增长。另外全球能源危机的日益加剧，需要大力发展分布式发电技术，而分布式能源具有间歇性和不可控性。大家都在关注和研究如何调整供电峰谷以及解决分布式发电功率波动不可控性。通过研究和实际运行分析表明，储能电站能够较好地解决上述问题。储能电站可以利用供电低谷储存电能，在高峰期释放电能，从而消除昼夜间峰谷差，使电力设备可以得到更有效的利用。另外在分布式电源渗透率较高的电力系统，储能电站通过储能系统的充放电，可以对分布式电源输出功率进行控制和调整，较好解决分布式电源的不可控以及功率波动较大的问题，促进可再生能源的应用和分布式发电技术的推广，降低对常规能源的消耗[27~29]。

储能电站在电力系统中有重要应用，在调峰调频、调节峰谷用电方面起到了非常大的作用。目前在国内储能电站主要有两类：抽水储能电站和电池储能电站。由于抽水储能电站一般建设在远离城市的偏远地区，对建设场地有特殊的要求，因此在人口密集的城市地区，只能应用大容量的储能电池构成储能电站[30,31]。

储能电站能有效地平衡电网负荷，可以很好地解决现有的电网在用电高峰时段无法满足用电需求的问题。储能电站的储能系统需要通过较多次数的充电和放电实现对供电峰谷的调节，以及功率波动的控制。因此，储能电站对储能电池的要求是：能量密度高、充放电限制少、运行模式多样、能量转换效率高、充放电循环次数多、使用寿命长。

储能电站主要由能量型储能电池构成，结合能量型储能电池的技术成熟度以及应用情况，以铅酸电池、镍氢电池、锂电池、液流电池为例进行成组计算。

在此参照一些储能电站的实际情况，模拟一个容量为 1MW×4h 的储能电站。考虑分别采用铅酸电池、镍氢电池、锂电池、液流电池单独构成这个储能电站。这 4 种电池主要技术参数如表 10.8 所示。

表 10.8　储能电池典型技术参数

<table>
<tr><th>类型</th><th>单体或单堆电压/V</th><th>充电截止电压/V</th><th>放电截止电压/V</th><th>单体容量/(A·h)</th><th>宽×深×高/(mm×mm×mm)</th><th>单体质量/kg</th></tr>
<tr><td>铅酸电池</td><td>2</td><td>2.35</td><td>1.85</td><td>3000</td><td>496×363×373.5</td><td>173</td></tr>
<tr><td>镍氢电池</td><td>1.2</td><td>1.5</td><td>1</td><td>100</td><td>140×32×151</td><td>2</td></tr>
<tr><td>锂电池</td><td>3.2</td><td>2.5</td><td>3.6</td><td>450</td><td>450×71×283</td><td>14</td></tr>
<tr><td rowspan="2">液流电池</td><td rowspan="2">50</td><td rowspan="2">64</td><td rowspan="2">40</td><td rowspan="2">40(kW·h)</td><td>电堆 700×700×1200</td><td>电堆 570</td></tr>
<tr><td colspan="2">电解液 2000L×2
电解液 1400L×2</td></tr>
</table>

以上 4 种电化学电池是目前技术相对成熟、应用比较广泛的储能技术。其主要的技术特性在表 10.9 中详细说明[32~35]。

表 10.9　储能电池技术特性

储能技术	技术优势	技术劣势	应用情况
铅酸电池	技术成熟 应用广泛 能量密度高	使用寿命短，一般 3～5 年 循环次数低于 1000 次 使用过程中存在污染 具有严重的记忆效应	广泛应用在汽车后备电源 也有在微网储能领域的应用
镍氢电池	绿色能源 技术成熟 能量密度高 镉镍电池的升级	单体电池容量小 价格方面相比锂电池无明显优势	混合动力汽车 纯电动汽车电源 电子设备电源 电动工具电源 储能电站
锂电池	充放电循环次数 2000～3000 次 使用寿命 10 年 能量密度高	电池材料相关技术存在技术瓶颈 价格较高 过充过放存在安全隐患	通信设备电源 电动汽车电源 储能电站
液流电池	电池容量大 充放电循环次数 13000 次左右 功率与容量功能模块化 能量转换效率高	体积、重量较大 技术不成熟、存在技术瓶颈 价格较高 在国内该技术仅处在研究阶段	目前应用不是很广泛，未来会在储能电站领域有较广泛的应用，国内暂时没有实际应用，仅有相关样品展示

以铅酸电池为例，根据储能电站 1MW×4h 的容量要求，进行电池成组的技术经济计算[36]。

由铅酸电池构成 1MW×4h 的储能电站，铅酸电池单体容量为 3000A·h，则总共需要铅酸电池单体 10^6W×4h/(2V×3000A·h)＝666.67 个，为了满足逆变器端口电压范围，需要串联 250 个单体电池，因此需要并联 666.67/250＝2.67≈3 组，因此实际需要电池总数为 750 个，一共并联 3 组，每组串联 250 个铅酸电池。

整个储能系统需要并联 3 组，每组串联 250 个单体电池，铅酸电池单体电压范围 1.85～2.35V，每组 250 个电池串联后电压范围在 462.5～587.5V 内。为了保证逆变器满足电池串联后电压范围，结合对逆变器厂家的调研情况，应该选择容量 500kV·A、电压范围 450～750V 的逆变器。由于储能电站的功率为 1MW，需要逆变器配置的总容量为 1000kV·A，因此需要采用 2 台 500kV·A 的逆变器并联使用。

储能电站的储能系统一般将电池放置在标准柜里。铅酸电池单体尺寸(宽×深×高)为 496mm×363mm×373.5mm，电池总个数为 750 个。将其放置在 800mm×600mm×2260mm 的标准柜里，每个柜体可以放置 4 层，每层放置 2 个铅酸电池。因此，750 个铅酸电池需要放置在 94 个标准柜中，铅酸电池单体重量为 173kg，总重量为 129.75 t。

以上的计算得到了铅酸电池构成储能电站的电池成组方案，对镍氢电池、锂电池、液流电池的计算过程在此不做赘述。各种储能电池构成储能电站的配置结果如表 10.10 所示。

表 10.10　储能电池成组情况

储能类型	充电截止电压/V	放电截止电压/V	电池串联数	电池并联数	电池总数	电池电压范围/V	标准柜配置个数	总重量/t
铅酸电池	2.35	1.85	250	3	750	462.5～587.5	94	129.8
镍氢电池	1.5	1	400	84	33600	400～600	75	67.2
锂电池	3.6	2.5	160	18	2880	400～576	72	40.3
液流电池	64	40	8	13	104	320～512	(占地面积 208m^2)	350.5

需要说明的是，由于液流电池设备体积较大且还有其他附属设备，因此在实际使用时只能计算其总占地面积。

根据以上提出的电池成组方案以及逆变器配置情况，结合储能技术的经济性，对以上 4 种电化学储能构成的储能电站进行技术经济性比较。

由铅酸电池组成储能电站，总体投资规模在四类电池中是最小的(50 万～150 万/(MW·h))，但是由于铅酸自身所固有的性能劣势，如循环寿命短、使用年限短、对环境存在污染等，因此目前在储能电站中还没有非常广泛的应用。

由镍氢电池构成的储能较锂电池投资要少(200 万～500 万/(MW·h))，但是镍氢电池单体容量较小，单体数量较多，容易发生电池不一致性及电池过充过放问题。

锂电池目前作为目前发展比较迅速的储能技术，应用较为广泛，但是由于锂电池价格相对较高(400 万～600 万/(MW · h))，由锂电池构成的储能电站总体投资较镍氢电池和铅酸电池高。

液流电池目前在国内技术不够成熟，价格比较昂贵(500 万～800 万/(MW · h))，因此由液流电池构成储能电站的价格在以上 4 种电池中是最高的。

从电池使用的角度而言，铅酸电池的全寿命有效充放电次数约为 1000 次，镍氢和锂电池约为 3000 次，液流电池约为 10000 次，所以总体考虑每次充放电循环的成本，不难看出刚好和成本的排序相反，即液流电池＜锂电池＜镍氢电池＜铅酸电池。

考虑到整体技术成熟度和投资、占地等因素，目前城市中的电池储能站一般会采用镍氢电池和锂电池构成其储能系统。因此，基于磷酸铁锂电池的特性，其在储能电站系统中必会拥有很大的发展前景。

10.2.2　风光发电系统储能

本节分成风力发电站储能系统和太阳能发电储能系统分别论述。

风力发电站储能系统　电力系统是一个动态平衡系统，发输变电与配用电必须时刻保持平衡。而风能是一种间歇性能源，且风速预测存在一定的误差，因此风电场不能提供持续稳定的功率，发电稳定性和连续性较差。在传统的电力系统中，任何微小扰动引起的动态不平衡功率都会导致机组间的电力振荡。大容量储能系统与风电机组结合，可以有效抑制或缓解风电的波动性，减小风电对电网的影响。而只要储能装置容量足够大而且响应速度足够快，就可以实现任何情况下系统功率的完全平衡，这是一种主动致稳电力系统的思想。由于这种与储能技术相关的稳定控制装置不必和发电机的励磁系统共同作用，因此可以方便地使用在系统中对于抑制振荡来说最有效的部位。同时，由于这种稳定控制装置所产生的控制量可直接作用于导致系统振荡的源头，对不平衡功率进行精确的补偿，可以较少甚至不考虑系统运行状态变化对控制装置控制效果的影响，因此装置的参数整定非常容易，对于系统运行状态变化的鲁棒性也非常好[37]。

风能作为一种清洁的可再生能源，越来越受到世界各国的重视。中国风能储量很大、分布面广，仅陆地上的风能储量就有约 2.53 亿 kW。近几年来，中国的并网风电迅速发展。截至 2007 年年底全国累计装机约 600 万 kW。2008 年 12 月，中国风电装机总量已经超过 1000 万 kW，位居世界第五，截至 2011 年 3 月中旬，我国风电累计装机容量达 4450 万 kW，风电建设的规模居全球之首。这也意味着中国已进入可再生能源大国行列。中国风力等新能源发电行业的发展前景十分广阔，预计未来很长一段时间都将保持高速发展，同时盈利能力也将随着技术的逐渐成熟稳步提升[38,39]。

在我国风电在建规模高居世界第一的同时，风电并网问题却始终制约着我国风电的健康发展。有数据显示，我国风电装机累计并网 3107 万 kW，但仍然有近三成风电没有并网。这是由于风能随机性和间歇性的特点，造成风电机组的出力频繁波动，从而风电场的出力可靠性差，风电比例过大，会使电网的调频、调峰压力加大，以及电网长距离送电的技术要求和运行成本急剧增大。因此，风电场大规模的并网接入对电力系统的运行也带来一些新问题，主要是：

(1) 风电的随机性及不可控性给电力系统规划和稳定运行带来新的挑战；

(2) 风电功率的波动特性与电网负荷的波动特性难以一致，使电网的调峰问题更加突出，对调峰容量和响应速度都提出了更高的要求；

(3) 由于风速变化，风电机组容易引起电网电压和功率波动问题，以及由其带来的无功电压控制和电能质量问题。

风电具有间歇性和波动性与电力系统需要实时平衡之间矛盾，使得并网风电的波动需要通过常规电源的调节和储能系统来平衡，成为长期困扰风电并网的主要难题。引入可普遍应用的大容量电池储能装置与风电场结合，弥补风力发电的波动给电网带来的各类影响，是一种合适的技术选择[40]。通过储能系统与风电系统的协调，不仅有效减小风电对电力系统的冲击和影响，提高风电出力与预测的一致性，保障电源电力供应的可信度，还可以降低电力系统的备用容量，提高电力系统运行的经济性，提高电力系统接纳风电的能力。

储能系统如果在商业上有利可图，将迅速迎来巨大的市场空间。国电电力曾经组建专门机构研究实现风电平滑入网，其结果认为：储能容量要配到风电装机容量的 20%～30%。如果按照截至 2010 年年底的风机累计装机容量 41827MW 来计算，我国储能行业仅风电就潜藏着 8365.4～12548.1MW 的市场。

太阳能发电系统储能　随着我国“十一五”、863 计划、“MW 级并网光伏电站系统”项目研究进展深入，与城市景观和建筑相结合的 MW 级并网光伏电站、大型荒漠并网光伏电站相继建成。电站的成功建成，标志着中国已掌握 MW 级光伏电站设计集成技术，具备相应的电站建设能力；随着电站建设，还攻克了光伏阵列自动跟踪技术、太阳能集热技术、电网低压和高压并网以及系列化并网逆变控制技术。

我国 2011 年新增太阳能光伏发电装机容量约 220 万 kW，当年新增量位居世界第三，占全球太阳能光伏发电新增装机的 7%左右。截至 2011 年年底，中国太阳能光伏发电累计装机量达 300 万 kW，较 2010 年增长了三倍多。

近年来，国家出台光伏上网电价及诸多政策，以尽快打开国内光伏市场。光伏电站投资将是未来行业新的亮点。从光伏主产业链的角度来说，电站仍然是投资回报率最高的部分，随着组件价格的下跌，光伏电站的投资回报率将达到很高的水平，目前由于上游利润的进一步挤压，下游电站在政策扶持的情况下或将成为获得未来稳定现金流的来源。

另外，近两年太阳能光热发电也逐渐升温，进入投资者和战略决策者的视野。目前我国西部很多城市都在酝酿上马光热发电项目，国家在产业指导目录中将光热发电列为新能源鼓励类中的第一项，对于光热发电系统设备的产业化而言是重大利好，而随着相关设备规模化生产，光热发电成本也将在“十二五”期间不断下降[41]。

太阳能电站产生的电能相对平稳，可以实现直接上网。但对于一些独立的太阳能电站依然需要储能系统。特别是一些边远地区和非联网地区，储能电站具有重要的意义。太阳能储能电站具有充放电倍率低、周期长等特点，非常适合磷酸铁锂电池应用。

李正鹏等[42]用最大输出功率为 40W 的单晶硅太阳能电池板对容量为 10A · h、充电电压为 3.65V 的单芯磷酸铁锂电池进行充电实验测试。实验结果表明，采用设计的充电电路能够很稳定有效地对单节铁锂电池进行充电，充电效率达到 80%。磷酸铁锂电池可以循环充放电高达 2000 次，使用寿命可以达到 7～8 年，大大提高了太阳能光伏发电设备的整体使用寿命，因此采用磷酸铁锂电池作为太阳能光伏发电的储能设备具有很好的应用前景。

表 10.11 为上海某公司提供的太阳能发电储能用磷酸铁锂电池规格。

表 10.11　上海某公司太阳能发电储能用磷酸铁锂电池规格书[43]

电池型号 SS12V/80A · h		
产品技术指标		
序号	技术参数	产品指标
1	标称容量/(A · h)	80(0.5C 2A 放电)
2	额定电压/V	12
3	质量/kg	12.5
4	电池内阻/mΩ	≤40(AC 1kHz 交流阻抗值)
5	外形尺寸/mm	210×175×231(长×宽×高)
6	充电标准	充电电流 20A，最大充电电流 30A，充电上限 15.2V
7	放电标准	放电电流 20A，最大放电电流 40A，放电终止电压 9.2V
8	工作温度/℃	充电 0～45；放电 −20～55
9	荷电保持能力/%	≥95(储存一个月)
10	保护板参数	充保护电压 3.8V±25mV(以单节计算，累计加倍)，过放保护电压 2.3V±80mV，过流保护电流≤40A，过流保护延时<20ms，保护功能合格

续表

电池型号 SS12V/80A・h			
产品测试规范			
序号	项目	测试方法	检验要求
1	放电容量	电池完全充电后 1h 内，用 20A 恒流放电至电池的两端电压为 9.2V 时，记录放电时间	放电时间 ≥240min
2	大电流放电性能	电池完全充电后 1h 内，用 40A 恒流放电至电池的两端电压为 9.2V 时，记录放电时间	放电时间 ≥120min
3	高温性能	电池完全充电后，放入(55±2)℃的高温箱中恒温 2h，然后在同一温度下以 20A 电流放电至 9.2V，记录放电时间	放电时间 ≥220min
4	低温性能	电池完全充电后放入(−20±2)℃的低温箱中恒温 16～24h，然后在同一温度下以 20A 电流放电至 9.2V，记录放电时间	放电时间 ≥140min
5	循环性能	电池完全充电后搁置 30min，然后以 20A 恒流放电至 9.2V，搁置 30min。重复上述步骤直到连续两个循环的容量剩余低于 60%，测试终止	—

2011 年，由国家财政部、国家科学技术部和国家电网公司共同启动的国家风光储输示范项目一期工程在河北省张北县开始建设，建设风电 100MW、光伏发电 50MW、储能 20MW，总投资约 33 亿元，由国网新源控股有限公司具体实施。其中储能系统由 5 套组成，1 套为液流电池系统(液流电池系统的规格为 2MW×4h，由普能公司提供)，另外 4 套为磷酸铁锂电池系统，分别由比亚迪、ATL、中航锂电和万向提供。这是我国第一次大规模公开招标建设磷酸铁锂储能电站项目，具有重大的示范意义。磷酸铁锂电站相关规格如表 10.12 所示。

表 10.12　张北地区磷酸铁锂储能电池系统规格

单位	规格	要求
比亚迪股份有限公司	6MW×6h	能量型储能系统，双向变流器按电池系统额定输出功率的 1.5 倍配置
东莞新能源科技有限公司	4MW×4h	能量型储能系统，双向变流器按电池系统额定输出功率的 1.5 倍配置；除上述储能系统功能外，本标段要求具备孤岛运行功能
中航锂电(洛阳)有限公司	3MW×3h	功率型储能系统，双向变流器按电池系统额定输出功率的 2 倍配置
万向电动汽车有限公司	1MW×2h	功率型储能系统，双向变流器按电池系统额定输出功率的 2 倍配置

10.2.3　移动基站系统

现代社会手机已经成为人们的必备通信工具。手机信号几乎覆盖了无论是城市还是荒野的任何角落。手机信号的传输依赖于通信基站。而通信基站中，电池是核心的电能保障者。传统的通信基站电池都是铅酸电池。据统计，到 2011 年底，中国电信、中国移动、中国联通三大运营商的移动基站共有 135 万个左右，基站蓄电池总价为 945 亿元。每年大约有 10%的站点需要更换蓄电池，采购成本至少需要 94 亿元。而移动基站的数量还在以每年 20%～30%的速度增加[44]。

阮勇等[45]分析了传统铅酸电池的缺点，认为：

(1) 传统铅酸蓄电池对环境温度要求比较高。目前室内宏基站的站址选择越来越难，室外一体化基站开始大规模建设，传统的铅酸蓄电池对环境温度要求比较高的特点造成传统的铅酸蓄电池很难适应室外高温等恶劣天气。另外，除了铅酸蓄电池外，室内宏基站的其他设备对环境温度的适应范围都比较宽，机房空调就是为了给铅酸蓄电池提供适当的环境温度。为了节能减排，目前已开发出蓄电池保温箱等蓄电池专用的小型空调设备。如果能找到一种对环境温度要求不高的电池作为后备电源，不仅能解决室外一体化基站后备电源的问题，而且还能省掉机房专用空调，这样既节省了工程初期购买空调的投资，也节省了基站运行时的大量电费开销。

(2) 传统铅酸蓄电池对机房面积和承重要求高。室内宏基站设备中，电源设备占比最大，而电源设备中体积和占地面积最大的就是蓄电池。室内宏基站的机房大多采用民房，根据结构专业的统计计算，民房的承重设计一般为 150～200kg/m^2，而铅酸蓄电池对机房的承重要求不低于 400kg/m^2，所以在现有的民房内摆放铅酸蓄电池都需要经过加固处理。这样一方面加大了工程量，另一方面也加大了选址的难度(有些站点的业主不愿意对机房进行改造)。另外，目前通信设备逐步向小型化、分散化的方向发展，末端设备的功耗越来越小，要求后备电池的体积更小，重量更轻。

(3) 传统铅酸蓄电池的高倍率放电性能较差。目前电网质量越来越完善，很少出现市电大面积长时间停电的状况，而基站的停电往往是由于市政项目的频繁建设所造成的短时间频繁停电，这需要蓄电池短时间大电流高倍率放电，而传统铅酸蓄电池的高倍率放电性能较差。

(4) 蓄电池没有纳入监控系统。蓄电池还剩余多少容量不清楚。

(5) 传统铅酸蓄电池会对环境造成污染。传统的铅酸蓄电池在生产制造和使用后期，如果处理不当会对环境造成污染。

另外，铅酸电池运行过程中的逸出的微量硫酸蒸汽会腐蚀电气设备。

行业内一直希望有新的电池技术出现替代铅酸电池。近年来，磷酸铁锂电池正在逐渐走入人们的视野，开始逐步走入通信行业。在三大运营商中，中国移动对磷酸铁锂电池的应用相对较多。而目前，影响磷酸铁锂电池大规模使用的原因，主要是价格过高以及对可靠性的担心。

从性能上来看，磷酸铁锂电池寿命比铅酸电池长得多，铅酸电池平均循环寿命在充放电 300 次左右，而磷酸铁锂电池则可以达到 2000 次以上。此外，磷酸铁锂电池更加安全，不会出现爆炸，而且可以实现大电流快速充放电。同时，磷酸铁锂电池更耐高温，电热峰值可达 350～500℃，在实际应用中，可以取消电池恒温箱的使用。磷酸铁锂电池是锂离子电池家族中最安全的高比能量电池。磷酸铁锂电池的放电电压非常平稳，一般为 3.2V，放电后期(主要指剩余的 10％容量)电压变化较快，截止电压一般为 2.5V。环境温度特别是低温会对磷酸铁锂电池的放电容量产生影响：－20℃的放电容量是常温容量的 45％，－10℃是常温的 65％，－5℃是常温的 80％，0℃是常温的 90％，0～20℃的放电容量变化非常小。磷酸铁锂电池的低温性能优于铅酸蓄电池。近年来，由于电力供应紧张，全国经常出现拉闸限电的情况，对移动基站电源提出了更高的要求。铅酸电池不耐深充放，如果进行深度充放电很快就会损坏。而磷酸铁锂电池就能充分发挥其可以耐深充放的特点。

2010 年年底，中国移动集团河南省公司启动对磷酸铁锂电池的集中采购招标，这也是中国移动范围内对此产品的首次集中招标。此前河南移动已经对磷酸铁锂电池进行了小规模试用，效果良好。据了解，此次针对磷酸铁锂电池的招标实际是由中国移动委托河南移动进行，采购的产品将不仅限于在河南移动应用[46]。

2012 年 3 月 6 日，中国电信发布了中国电信集团公司及其下属子公司和分公司 2012 年度对磷酸铁锂基站电池的采购需求，共约 3703 组 48V 电池；2012 年 4 月 12 日，中国移动通信集团江苏有限公司发布了 2012 年磷酸铁锂电池组(采购金额 1500 万)采购项目预审公告。2012 年，中国移动广西分公司开始采购移动基站用磷酸铁锂电池，哈尔滨光宇电源股份有限公司等 8 家电池厂入围。从以上消息可以看出，磷酸铁锂材料正在逐步进入通信基站电源领域。

2012 年，蔡雪峰[47]介绍了上海中兴派能公司将磷酸铁锂电池应用于通信基站的一个案例。该站位于新疆维吾尔自治区，典型的无市电孤岛站，采用 4750W 太阳能板发电，包括太阳能控制器，功率约 750W 负载设备，2 组 1000A · h 铅酸电池做后备电池，油机做备用电源。经过两年多的使用，原有 2000A · h 电池损坏严重，只能为负载提供约 15h 供电，因此每天都会发生基站倒站的情况，需要每天运送油机至站点发电 2h。2011 年 9 月，备用电池改用磷酸铁锂电池后，该基站保障能力得到极大提高。该方案采用中兴派能 48V/1200A · h 铁锂电池组替换原有铅酸电池，经过 2011 年 9 月～2012 年 3 月共 6 个月的使用后，运行状况良好，未发生基站倒站的情况。

比亚迪公司也在深圳移动和惠州移动进行了磷酸铁锂电池的通信基站应用实

验。结果证实，通过试点体现出磷酸铁锂电池优异的高温性能，并建议大力推广磷酸铁锂电池[48]。

据测算，如果把中国移动现有的普通铅酸电池全部替换成磷酸铁锂电池，按每组电池 6 万元计算，市场规模高达 800 亿元，是一个具有巨大发展潜力的产业，值得业内给予高度关注。

表 10.13 列出了典型的通信基站用磷酸铁锂电池组的性能参数。

表 10.13　浙江某公司通信基站用磷酸铁锂电池组性能[49]

1. 单体电池	
名称	参数
电源类型	磷酸铁锂电池
电池型号	LJY-LMFP80Ah-P
单体电池容量/(A · h)	80
单体电池能量/(W · h)	256(3.2V×80A · h)
单体电池工作电压范围/V	2.5～3.65
单体电池最高充电电压/V	3.65
单体电池尺寸/mm	148×48×327(长×宽×高)
单体电池重量/kg	2.56±0.05
能量密度/(W · h/kg)	100
2. 电池组	
名称	参数
电池组规格	48V/240A · h
电池组组成	3 并 16 串
电池组工作电压范围/V	40～58.4
电池组总能量/(kW · h)	11.52
电池组工作环境温度/℃	−20～65

电池组说明：

1. 基站电池组采取 3 并 16 串组电池模块组合的方案，每个电池模块由 48 个 80A · h 单体串并联组合成 48V 240A · h 的标准模块
2. 电池组外引线采用专用连接器。左右电缆线连接器后部小插件为 BMS 通信线插件
3. 单个电池箱具备 IP45 级的防护，禁止淋水
4. 电池管理系统安装在电池组左边。内置插件口可连接单体电池均衡线
5. 电池组采用膨胀螺丝固定地面方式

10.3　磷酸铁锂电池在电动工具方面的应用

电动工具是指以电能作为动力的加工工具。过去大部分电动工具采用有线结构，利用市电作动力。近年来，随着轻量化、集成化技术和电池技术的进步，采用电池为动力的电动工具越来越多。目前，我国电动工具的年产量占世界电动工具产量的 70%，出口量已占年产量的 88%，电动工具出口金额约占世界电动工具出口金额的 40%。

可充电式电动工具产量逐年大幅增长，对可充电池的需求量显著提高。据有关信息，电动工具对电池的年需求量已经增至约 5 亿只。过去电动工具用到电池时，首选的是镉镍电池，因为其可以实现 100C 以上的倍率放电。但是镉镍电池因污染严重，应用受到很大限制，尤其在民用领域已经很少见到。因此，世界各国都在致力于开发具有比能量高、循环寿命长和对环境友好等显著优点的电动工具用绿色环保型锂离子电池。

目前，电动工具用锂电池的正极材料主要有三元材料、锰酸锂材料和磷酸铁锂材料。锂离子单体电池规格主要有 18650、22430 和 22650 等规格，电池一般都经过串并联组合使用。电动工具正常使用时电流较大，使用时还经常碰到堵钻、卡钻等异常情况，这时电流急剧增大，所以电动工具用锂离子电池与一般数码类电池要求不同。电池要求除了具有高倍率连续放电性能，还必须具有更高倍率的脉冲放电性能。对电动工具电池的要求是：具有高功率、长寿命、高安全、高一致性、高荷电保持率等特征[50]。实际上，锂离子电池高的比能量就意味着高的危险性，所以安全问题一直制约着锂离子电池的应用。

磷酸铁锂为正极材料的锂离子电池因放热峰值低、耐过充电电压高、安全性能好、在高温下仍具有高功率、循环寿命长等特点，已具有了较明显的综合性能优势。同时，因磷酸铁锂制造所用原辅材料资源丰富、生产成本低廉，具备了明显的成本优势。磷酸铁锂电池虽放电平台稍低，但其综合性能指标明显优于其他锂离子电池，是目前便携式电动工具用电池的最佳选择，磷酸铁锂电池已成为动力型电池发展的主要方向。

从 2005 年开始，天津力神电池股份有限公司一直给美国 A123 公司和 Valence公司代工加工磷酸铁锂电池，主要的应用领域就是电动工具，开创了国内磷酸铁锂材料应用的先河。2007 年，江苏某公司制造了电动工具用 18650 单体电池，可以连续 30A 放电，10C 循环寿命 500 次以上，适用工作温度 −10～50℃[51]。2008 年，浙江某公司研制了用于电动工具的磷酸铁锂 18650 锂离子电池。该电池容量为 1300mA · h、可以 10～20C 倍率持续放电。该电池具有良好的电化学性能，充放电平台十分平稳，充放电过程中结构稳定，具有特别长的使用寿命。从

2009 年起，国内多家公司相继推出了电动工具专用磷酸铁锂电池，涉及圆柱形、方形、软包装等多个类型。

电动工具用磷酸铁锂电池的主要市场在国外。2006 年，全球最大的电动工具大厂 B&D 推出 1 款 799 美元的电动工具新产品(DCX 6401 Combo Kit)，拉开了磷酸铁锂热潮的序幕。从此，磷酸铁锂被人们熟知，也迅速扩大到交通工具、储能电池等众多的应用领域。

从今后的发展方向来看，随着电动工具产业的发展，磷酸铁锂电池的应用会越来越普遍，替代传统的镉镍电池是不可阻挡的趋势。

10.4　磷酸铁锂电池在其他方面的应用

磷酸铁锂电池由于具有优良的特性，在很多方面展现了巨大的应用潜力。

在变电站应用领域，杨家源等[52]提出，可以用磷酸铁锂电池制成直流电源系统。他们认为，随着变电站系统智能化和高度自动化的发展趋势，对直流电源系统提出了更高的要求，铅酸电池由于其自身不耐高温，过度放电，早期失效，以及需要大量的维护工作等缺陷，阻碍着变电站的现代化进程。磷酸铁锂作为锂离子电池的正极材料，其安全性能和循环寿命超过其他材料，此外还具有无毒、无污染、原材料来源广泛的特点。将磷酸铁锂电池运用至变电站的直流系统中是可行的，而且将可以大大提高电力系统运行的可靠性和稳定性。在变电站领域使用磷酸铁锂电池的优点如下：

(1) 磷酸铁锂电池在长期浮充状态下，本身容量变化较小。利用此特性，在保证直流电源安全性前提下，实施在线不完全容量充放电检验，实现变电站直流蓄电池组免维护安全运行。

(2) 解决变电站蓄电池安全问题，取消专用蓄电池室。

(3) 解决变电站蓄电池废弃处理问题。

需要做的工作如下：

(1) 按单体磷酸铁锂电池电压重新配置系统；

(2) 开发适应磷酸铁锂电池的充电模块，以适应磷酸铁锂电池管理；

(3) 开发磷酸铁锂电池并联单元结构组件；

(4) 开发磷酸铁锂电池管理系统。

王洪等[53]分析磷酸铁锂电池在 110kV 变电站直流系统中的应用条件。电池容量采用传统的铅酸蓄电池容量计算的方法，同时考虑到磷酸铁锂电池的特性参数，计算结果具有较大的裕量，完全可以满足设计要求。磷酸铁锂电池作为动力电池，对冲击电流的适应性有本能的优势。

李瑾等[54]就常规性能、温度特性、寿命特性、倍率放电性能将铅酸电池和磷酸铁锂电池做了对比，从性能、购置成本、使用维护成本、安全性和废弃处理等方面分析了磷酸铁锂电池在变电站系统应用的可行性，他们认为，从变电站系统发展的趋势——高度自动化和站用电源一体化分析，磷酸铁锂电池将逐步替代铅酸电池成为主力二次备用电源。目前，上海电力公司在全国率先开创将磷酸铁锂电池用于变电站系统的研究试点。新的磷酸铁锂电池系统额定值为 112V/100A · h，电池自身带有管理系统 BMS(battery manager system)，BMS 对每节电池电压、电池温度在线检测，有过压、欠压、过温报警接点输出，有充放电自动均衡功能。该系统已于 2009 年 6 月份进站实际运行。

苏适等[55]针对微型网中的磷酸铁锂储能电池进行了研究。微网中储能装置由 432 支单体 180A · h、3.2V 磷酸铁锂电池构成两并 216 串，额定容量 248kW · h、额定电压 691.2V 的电池堆，接入微网 400V 侧 I 段母线。他们在对比分析磷酸铁锂电池与其他动力电池性能差异的基础上，以在某智能微网中的应用为例，阐明了储能系统配置的结构、功能及原因，并针对运行中出现的现象加以解释，解释了电池电压跳变的原因，同时验证了均衡效果，保证储能堆的正常运行。

罗倩倩等[56]提出了利用磷酸铁锂电池作为大功率 LED 驱动电源的技术方案。他们分别对 1W 和 3W 的 LED 光源进行放电实验测试。实验结果表明，采用磷酸铁锂电池能够很稳定地对 LED 光源进行放电，而且放电持久，预计使用寿命可以达到 7～8 年，大大提高了 LED 照明设备的整体使用寿命，因此采用磷酸铁锂电池作为 LED 光源的供电装置具有很好的应用前景。

纪彬等[57]提出，可将磷酸铁锂电池应用于宽带系统。他们分析发现，在积极推进"光网城市"和"宽带大提速"的战略过程中，传统接入机房已经无法满足数量多、分散广的光缆接入需求。而室外机柜由于占地面积小、使用灵活方便等因素，得到了大规模推广应用，但作为 FTTN 接入方式的 EPON 设备电源保障成为必须攻克的一道难题。目前 EPON 设备主要从民用电网或农电网取电，供电质量参差不齐，电压波动、频率抖动、电网谐波严重的情况非常普遍，一旦供电中断，设备随之停止运行，导致一个片区数十个甚至数百个节点的通信网络中断，直接影响用户的语音、宽带、ITV 等业务，不但影响业务收入，而且造成一定的负面影响。他们选择了三种品牌的 10A · h 磷酸铁锂电池对实际应用设备按照实际负荷进行放电实验，经测试，能够放出 100%电量。对磷酸铁锂电池的综合评价是：耐高温、循环寿命长、无污染、体积小。他们认为，磷酸铁锂电池将逐步代替传统的铅酸蓄电池在宽带领域中得到广泛应用。

近年来，磷酸铁锂电池应用领域还扩展到军事、航空、航天领域。放眼展望，预计磷酸铁锂电池将在众多的领域发挥越来越重要的作用。

参考文献

[1] 殷宪国. 硫磷设计与粉体工程,2011,(5):5-9
[2] 周庆磊. 国内主要汽车企业混合动力战略及产品. http://auto. 163. com/10/0410/21/63UKLC5F00084AIR. html,2010,[2013-03-24]
[3] Shi M. 比亚迪 E6 电动车批量出口至英国市场. http://auto. gasgoo. com/News/2012/10/24114652465260120116232. shtml,2012,[2013-03-24]
[4] 杨小林,王传福. 底部突围. http://auto. enorth. com. cn/system/2013/01/05/010483935. shtml,2013,[2013-03-24]
[5] 杨林. 上海汽车,1997,(8):32-33
[6] 吴宇平,万春荣,姜长印,等. 锂离子二次电池. 北京:化学工业出版社,2002
[7] Liu Y. 动力电池成组技术是电动汽车产业化发展关键. http://www. escn. com. cn/2012/0401/259737. html,2012,[2013-03-24]
[8] 王震坡. 新材料产业,2007,(8):37-39
[9] 钱良国. 机械工程学报,2009,45(2):2-11
[10] 久力锂电. 307. 2V 100A · h 磷酸铁锂电池组. http://www. sdjiuli. com/ProductShow. asp? ArticleID=350,2012,[2013-03-24]
[11] 合肥国轩高科动力能源有限公司. 南通纯电动通勤车. http://www. hfgxgk. com/product/list. asp? product_id=87,2012,[2013-03-24]
[12] 山东润峰集团新能源科技有限公司. 72V 100A · h 电动汽车电池. http://www. realforce. com. cn/product/html/? 16. html,2011,[2013-03-24]
[13] 英大网. 薛家岛电动汽车充换电站从示范建设到示范运行. http://www. indaa. com. cn/dwxw2011/zhxw/201208/t20120806_1101861. html,2012,[2013-03-24]
[14] 杜娟,马雨彤,陈涛,等. 天津市首批 40 部纯电动公交客车投运 体验新公交. http://news. enorth. com. cn/system/2012/08/09/009795665. shtml,2012,[2013-03-24]
[15] 杨涛,傅豪,黎宇文. 电动汽车大规模上路需市场引擎给力. http://wo. cs. com. cn/html/2011-08/02/content_249889. htm? div=-1,2011,[2013-03-24]
[16] 李涛. 纯电动公交运营安全纪录刷新. http://www. people. com. cn/h/2011/0909/c25408-2032332707. html,2011,[2013-03-24]
[17] 杨勇. 西安首批电动大巴试运营. http://house. ifeng. com/news/detail_2011_11/17/10709049_0. shtml,2011,[2013-03-24]
[18] 朴丽娟. 北京纯电动公交大调查 市民都说好. http://carschina. com/yejie/changjiaxinwen/20110311216326. html,2011,[2013-03-24]
[19] 中材网. 比亚迪:关于 526 重大交通事故纯电动出租车质量鉴定结论的公告. http://www. cfi. net. cn/p20120803002507. html,2012,[2013-03-24]
[20] 一呼百应网. 磷酸铁锂,磷酸铁锂启动电池. http://www. youboy. com/s40324160. html,2011,[2013-03-24]
[21] 深圳市硕晶泰科技有限公司. 磷酸铁锂启动电池. http://www. sooshong. com/207337/

offerdetail-641343. html,2012,[2013-03-24]
[22] 中商情报网. 2011年中国电动自行车产销量规模. http://www. askci. com/news/201201/09/1500_05. shtml,2012,[2013-03-24]
[23] 前瞻网. 2011年天津电动自行车产量为1434万辆. http://www. qianzhan. com/regieconomy/detail/143/20120111-a8b0bfeca9b727f9. html,2012,[2013-03-24]
[24] 全球电动车网. 2011年中国电动自行车用锂电池行业发展报告. http://www. qqddc. com/html/news/201111/news_22178. html,2011,[2013-03-24]
[25] 全球电动车网. 2011年中国电动自行车用铅酸蓄电池行业发展报告. http://www. qqddc. com/html/news/201111/news_22179. html,2011,[2013-03-24]
[26] 山东润峰集团新能源科技有限公司. 24V 10A·h磷酸铁锂电动自行车电池组. http://www. realforce. com. cn/product/html/?14. html,2012,[2013-03-24]
[27] 丁明,徐宁舟,徐锐. 电力系统自动化,2011,35(2):66-72
[28] 张文亮,丘明,来小康. 电网技术,2008,32(7):1-9
[29] 田军,朱永强,陈彩虹. 电气技术,2010,(8):28-32
[30] 张厚升,赵艳雷. 电力自动化设备,2010,30(8):95-99
[31] 曾杰. 广东电力,2010,23(11):1-5
[32] 郭炳焜,徐徽,王先友,等. 锂离子电池. 长沙:中南大学出版社,2002
[33] 陈洪超,李相东. 军事通信技术,2001,22(1):55-58
[34] 赵平,张华民,王宏,等. 沈阳理工大学学报,2009,28(2):1-5
[35] 杨根生. 湖南电力,2008,28(3):59-62
[36] 陆志刚,刘怡,雷金勇,等. 第十三届中国科协年会第15分会场——大规模储能技术的发展与应用研讨会论文集,天津,2011:1-5
[37] 胡春雨,陈强,李武峰,等. 第十三届中国科协年会第15分会场——大规模储能技术的发展与应用研讨会论文集,天津,2011:117-121
[38] 闫涛,惠东. 河北电力技术,2009,28(3):17-20
[39] 张华民. 电源技术,2007,31(8):587-591
[40] 袁琦. 电力电容器与无功补偿,2009,30(5):30-42
[41] 萧函,李胜茂,沈宏文,等. 2013—2017年中国太阳能发电站投资分析及前景预测报告. http://www. ocn. com. cn/reports/2009991taiyangnengfdz. htm,2012,[2013-03-24]
[42] 李正鹏,黄冬. 硅谷,2011,(11):61
[43] 马可波罗网. 12V 80A·h储能太阳能充电磷酸铁锂电池组. http://china. makepolo. com/product-detail/100066923197. html,2013,[2013-03-24]
[44] 唐来达. 移动通信基站蓄电池能耗智能管理及修复技术. http://www. zte. com. cn/cndata/magazine/zte_technologies/2011/1_11/magazine/201101/t20110125_212541. html,2011,[2013-03-24]
[45] 阮勇,吴罡,滕达. 邮电设计技术,2011,(3):73-76
[46] 贾晓涛. 通信用磷酸铁锂电池:等待电动汽车. http://tech. qq. com/a/20110411/000227. html,2011,[2013-03-24]

[47] 蔡雪峰. 通信电源技术,2012,29(1):102-103
[48] 李志华,唐志雄. 电源世界,2011,(8):54-56
[49] 北极星光伏论坛. [太阳能电池]中宇锂电铁电池通信基站应用案例分析. http://guangfubbs.bjx.com.cn/thread-32694-1-1.html,2012,[2013-03-24]
[50] 王兴威,陈睿,唐琛明,等. 电动工具,2011,(5):5-10
[51] 唐深明,沈晓峰. 电动工具,2007,(3):1-4
[52] 杨家源,赖秋. 云南电力技术,2011,39(5):45-47
[53] 王洪,林雄武,李丽,等. 电源学报,2011,37(9):1693-1697
[54] 李瑾,张宇,李景霖,等. 华东电力,2009,37(10):1693-1697
[55] 苏适. 云南电源技术,2012,40(1):98-102
[56] 罗倩倩,李正鹏. 2011,148(12):95-96
[57] 纪彬,徐继明,郑昕,等. 信息通信技术,2012,(2):63-68

第 11 章　锂离子电池其他正极材料展望

磷酸铁锂材料的出现，为大型锂离子电池的广泛应用奠定了材料学的基础。众所周知，锂离子电池的安全性问题一直是制约行业发展的核心和关键问题。即使是国外发达国家，材料性能稳定，加工设备精良，也不能完全保证锂离子电池的安全性。鉴于目前我国锂离子电池加工水平还不高，磷酸铁锂正适合了我国的国情，大幅度提高了电池的安全性。虽然磷酸铁锂电池还没有广泛应用，在锂离子电池生产量中比例很低，对其发展前景也有较大争论，但不可否认，在大型动力和储能电池领域，磷酸铁锂电池还是强有力的竞争者。

磷酸铁锂材料从 1997 年被报道以来，经历了十多年的发展才逐渐被行业认可。近年来，陆续出现了一些新的正极材料体系。这些材料是否能成为今后的主流正极材料还不得而知。从锂离子电池正极材料领域来看，钴酸锂材料因良好的综合性能，占据着数码产品电池用量第一的位置。在动力电池领域，三元材料因其比能量较高、相对价格较低，应用量远远超过磷酸铁锂的用量。前述提到的都是传统正极材料。本章针对锂离子电池正极材料的后续发展方向，结合相关文献对新出现的一些正极材料体系做综述性介绍。主要包括：磷酸钒锂（$Li_3V_2(PO_4)_3$）、磷酸锰锂、硅酸铁锂、硼酸铁锂、富锂层状正极等新发现，以及还没有得到广泛应用的正极材料。

11.1　磷酸钒锂正极材料

磷酸盐系锂离子电池正极材料的开发是当前的研究热点。其中，磷酸钒锂具有价格低、比容量高、放电电压高、循环寿命长等优点，成为近年来研究较多的正极材料。磷酸钒锂有多个放电平台，平均电压较高，材料的理论能量密度可达 500mW·h/g，具有较高的电子离子导电性、理论充放电容量及充放电电压平台，被认为是一种极具竞争优势和应用前景的动力锂离子电池正极材料[1]。

11.1.1　磷酸钒锂材料的结构

磷酸钒锂具有单斜和菱方两种晶型，两者都有相同的网状结构单元 $V_2(PO_4)_3$，不同的是金属八面体 VO_6 和磷酸根离子 PO_4 四面体的连接方式以及碱金属存在的位置[2]。单斜晶体结构的磷酸钒锂具有更好的锂离子脱嵌性能，因此研究较多。以单斜晶系磷酸钒锂作为锂离子正极材料最早见于 Nazar 课题组报道[3,4]。该化合物属于 P2/m 空间群，其晶胞参数如表 11.1 所示，晶胞结构如图11.1 所示。

表 11.1　磷酸钒锂的晶胞参数[5,6]

a/nm	b/nm	c/nm	β/(°)
0.8662	0.8624	2.3104	90.452

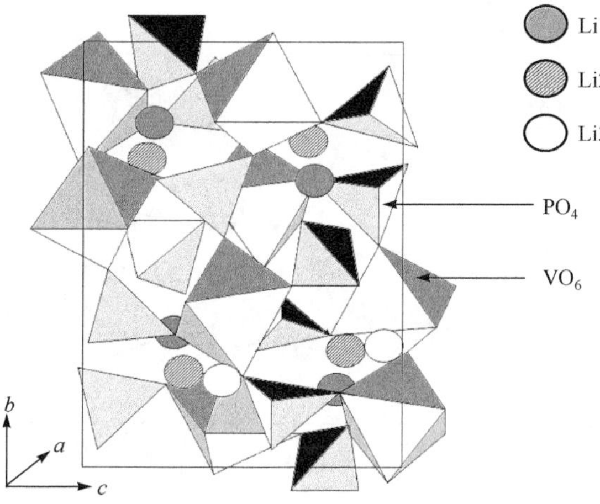

图 11.1　磷酸钒锂的晶体结构及锂原子的配位环境[7]

单斜磷酸钒锂中，PO_4 四面体和 VO_6 八面体通过共用顶角的氧互相连接，具有灯笼状结构基元。每个金属 V 原子被 6 个 PO_4 四面体所包围，同时 PO_4 四面体被 4 个 VO_6 八面体所包围。这种构造形成了三维的网状结构，Li 处于这个框架结构的孔穴里，3 个四重的晶体位置为 Li 所占据，导致在一个结构单元中有 12 个 Li 的位置。在敞开的三维空间结构中像 PO_4^{3-} 这样的大阴离子替代了氧原子的位子，使结构更加稳定，并且锂离子离子可以在其中更快地移动，这样使其具有很好的电化学和热力学稳定性以及比较高的比容量[3,6]。

11.1.2　磷酸钒锂材料的电化学性能

磷酸钒锂正极材料的充放电特性与其他正极材料不同。随着晶胞单位中锂离子的脱嵌量不同而出现多个充放电平台，其充放电反应如下：

$$Li_3V_2(PO_4)_3 \xrightarrow{充电} Li_{3-x}V_2(PO_4)_3 + xLi \tag{11.1}$$

$$LiV_2(PO_4)_3 + 2Li \xrightarrow{放电} Li_3V_2(PO_4)_3 \tag{11.2}$$

在 3.3～4.3V、3.3～4.5V、3.3～4.8V(对于 Li/Li^+)电化学窗口之间，材料的充放电曲线分别如图 11.2 所示。可以看出，在 3.3～4.3V 电压范围内分别有 3

对充电(3.61V、3.68V 和 4.09V)和放电(3.56V、3.65V 和 4.03V)平台，典型地反映了材料在 $LiV_2(PO_4)_3$ 和 $Li_3V_2(PO_4)_3$ 之间的相变过程，且分别对应着锂在 $Li_{3-x}V_2(PO_4)_3$ 中的脱出与嵌入数量：$x=0\sim0.5$、$0.5\sim1.0$ 和 $1.0\sim2.0$[8]，此时样品的理论比容量为 133mA·h/g[2,5]；而在电压范围为 3.3～4.8V 时，充电曲线在 4.55V 左右出现的斜台反映了第 3 个锂的脱出，而在此过程中离子/电子浓度很低，使得电导率大幅下降，所以第 3 个锂的脱出在动力学上最为困难，此时材料的理论比容量可达 197mA·h/g[2,5]。

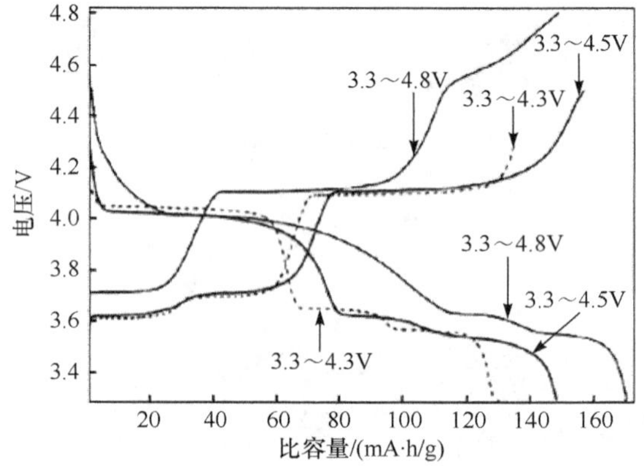

图 11.2 $Li_3V_2(PO_4)_3$样品的典型充放电曲线图[9]

和当前研究较热的正极材料磷酸铁锂相似，$Li_3V_2(PO_4)_3$具有能量密度高(理论能量密度达 500mW·h/g[10])、原料丰富、环境污染较小、热稳定性优良等优点。但其理论比容量(理论比容量达到 197mA·h/g)较磷酸铁锂(理论比容量 170mA·h/g)高，同时其电压平台较多，更适合于用作电池容量的电压指示，因此普遍认为磷酸钒锂有可能成为下一代锂离子电池正极材料，尤其在大电流放电方面的应用价值极高。此外磷酸钒锂的 P2/m 型空间结构群，使得锂离子能在晶格中实现三维扩散，优于磷酸铁锂的一维扩散模式[11]。由于离子半径差别小，且具有特殊的三维离子通道，锂离子能更好地脱嵌，因而有更好的循环性能、优异的热稳定性和安全性。但由于磷酸钒锂的三维结构使金属离子相隔较远，降低了电子迁移率，导致电子导电率低，影响材料的快速充放电及倍率性能，也严重阻碍了磷酸钒锂的大规模应用。要实现磷酸钒锂的工程化应用必须解决其导电性差的问题。

11.1.3 磷酸钒锂材料的制备方法

目前合成磷酸钒锂方法主要有高温固相法、碳热还原法、溶胶-凝胶法、微波合成法、水热合成法、流变相法等。

高温固相法 是合成金属氧化物锂盐的常用方法，根据所用还原剂的不同，可分为氢气还原法和碳热还原法。氢气还原法制造磷酸钒锂所选用的主要原料是：V_2O_5、Li_2CO_3、$NH_4H_2PO_4$或$(NH_4)_2HPO_4$[12]。首先将各种原料按化学剂量比混合均匀，混合均匀后，置于惰性气氛条件下，在 300～350℃预焙烧 4～8h，除去反应中生成的水和氨气，消除水和氨气对高温反应的影响，然后将预焙烧产物在一定压力下压制成片状，再将片状物在氢气或氢气-惰性气体混合气氛下高温(≥850℃)反应 8～16h，冷却后再将产物研磨混合均匀，压制成片状，再重复高温焙烧的操作。

Saidi 等[6]利用纯氢气还原剂，制备出单斜结构磷酸钒锂，该材料在 3.0～4.3V 电压范围、0.05C 倍率下的比容量达到了 125mA · h/g；而在 3.0～4.8V 电压范围、0.05C 倍率下，可逆比容量达到了 170mA · h/g。

碳热还原法　选用的原料与氢气还原法接近，只是用碳代替氢气作为还原剂，碳作为还原剂的主要好处是可以为磷酸钒锂晶相的形成提供成核点，从而抑制了磷酸钒锂晶核的长大，有利于获得颗粒较小的样品，并且残留的碳有助于提高材料的电导率。碳热还原法按加热步骤可分为一步加热法和两步加热法，区别在于前者是将前驱体直接在高温下煅烧，而后者是对前驱体进行低温预处理后再高温煅烧。Wang 等[13]和 Tang 等[14]均对这两种加热方式进行了对比研究，发现采用两步加热法的样品，首次放电容量略高于一步加热法，但二者的循环性能和倍率性能差别很小。因此，从简化制备工艺角度而言，一步加热法具有更强的实用性和发展潜力。同时，通过对不同烧结温度下材料电化学性能的研究，可以确定出具有最优性能的最低合成温度。在这方面，刘民忠等[15]以 $LiOH \cdot H_2O$、V_2O_5、$NH_4H_2PO_4$和乙炔黑为原料，通过碳热还原法合成磷酸钒锂和富锂的锂离子电池正极材料 $Li_{3+x}V_2(PO_4)_3$($x=0.02, 0.04, 0.05, 0.06$)。利用 XRD、SEM 和电化学测试对 $Li_{3+x}V_2(PO_4)_3$进行研究表明：所合成的试样均为单斜晶系结构，无杂相存在；SEM 测试发现，掺锂可以明显改善磷酸钒锂一次颗粒表面的结构和形貌；电化学性能测试表明，随着掺锂量的提高，试样的循环性能变好。研究发现，$Li_{3.04}V_2(PO_4)_3$具有较高的初始比容量(充电比容量为 131mA · h/g，首次放电比容量达 123mA · h/g)和良好的循环性能，并且电荷转移阻抗减小，交换电流密度增大。Barker 等[16]以 V_2O_5、$NH_4H_2PO_4$、Li_2CO_3为原料按照化学计量比与过量 25%的乙炔黑混合均匀，通过预焙烧除去水和氨气后，再混合后压制成片状，在氩气气氛下，在 600℃焙烧 8h，然后在 850℃焙烧 8h，冷却后即可得 $Li_3V_2(PO_4)_3$/C 复合材料，该材料在 3.0～4.3V电压范围内、0.05C 倍率下比容量为 130mA · h/g。

溶胶-凝胶法　是把反应物溶解于水中形成均匀的溶液，加入有机络合剂将金属离子固定，通过调节 pH 使其形成固态凝胶，经过干燥、研磨、热处理等过程制得所需材料。Huang 等[4]于 2002 年首次以 V_2O_5凝胶、CH_3COOLi、$NH_4H_2PO_4$及碳凝胶为原料，通过溶胶-凝胶法制备出电化学性能优异的含碳量为 15%的

$Li_3V_2(PO_4)_3$/C复合材料，在 3.0～4.3V 的电压范围内、0.2C 倍率下可获得 132mA·h/g 的比容量，在 5C 倍率下放电容量达到了理论值的 95%，并维持优异的循环性能，200 次循环后容量基本没变化。在 3.0～4.8V 电压范围内、1C 倍率下锂离子可以全部脱嵌，可逆放电比容量达到了 180mA·h/g(相当于理论比容量的 91%)。Liu 等[17]以 $V_2O_5 \cdot nH_2O$ 水凝胶、Li_2CO_3、$NH_4H_2PO_4$和高比表面积的炭黑为原料，通过溶胶-凝胶法合成出了纳米结构 $Li_3V_2(PO_4)_3$/C 复合物材料和富锂的锂离子电池正极材料 $Li_{3+x}V_2(PO_4)_3$(x=0.02,0.04,0.05,0.06)。通过溶胶-凝胶法制备出了具有单斜结构和高容量、高循环性能的 $Li_3V_2(PO_4)_3$电池材料，首次放电比容量 167.1mA·h/g，循环 50 次后的放电比容量为 160.1mA·h/g。溶胶-凝胶法优点是：原料获得分子水平上的均匀性、缩短了反应时间、降低了反应温度、避免了高温杂相的出现、产物的纯度较高、掺杂元素均匀分布、均一性好、比表面积大、初始充放电容量高、循环性能好；缺点是：工艺烦琐、费时耗能、成本高、工业化实施成本较高、不利于大规模生产。

微波合成法　是将原料与微波场相互作用，微波接受体吸收微波并转变成热能，从材料的内部开始对其整体进行加热，实现快速升温。在这方面，李丽等[18]将一定量的 $LiOH \cdot H_2O$、V_2O_5、H_3PO_4和蔗糖($C_{12}H_{22}O_{11}$)通过球磨混合均匀，烘干后埋入石墨粉中，在功率为 800W 的家用微波炉中高火加热 15min，通过碳热还原合成磷酸钒锂。充放电测试表明，在电压范围为 3.0～4.3V 和 3.0～4.8V 时，$Li_3V_2(PO_4)_3$正极材料具有较好的电化学性能。在电压范围为 1.5～4.8V 时，$Li_3V_2(PO_4)_3$正极材料循环性能较差。这种方法设备简单、易于控制、所需时间短，极大地提高了工作效率和降低了能耗。但目前采用该法制备的 $Li_3V_2(PO_4)_3$材料循环性能较差，难以实际应用，因此有待更深入的研究。

水热合成法　是指在温度为 100～1000℃、压力为 1MPa～1GPa 条件下，通过原材料在水溶液中发生化学反应来制备样品的合成方法[1]。在亚临界和超临界水热条件下，反应处于分子水平且反应易于进行，因而水热反应可以替代某些高温固相反应来合成物相均一、粒径较小的材料。Liu 等[17]以 V_2O_5、Li_2CO_3、H_3PO_4和草酸为原料，利用水热法合成出了直径为 60nm、长为几百纳米到 1μm 的磷酸钒锂纳米带。其实验过程是：首先将原料溶解到 45mL 的蒸馏水中，混合均匀，然后将其倒入 50mL 的聚四氟乙烯内衬的高压釜中，在 180℃下保温 24h，冷却到室温后进行抽滤，并水洗，真空干燥箱中 80℃下干燥 24h。用这种方法制备的磷酸钒锂，不仅实现了低温合成，节约了能源，而且样品具有非常好的电化学性能：在 0.5C、1C、2C、5C 和 10C 倍率下放电比容量分别为 141.6mA·h/g、136.1mA·h/g、134.6mA·h/g、124.8mA·h/g 和 101.1mA·h/g，并且均在多次循环后容量保持率依然很高。这种材料具有较高的高比率放电容量，主要归结于纳米带结构可以将其电子传输和离子扩散的距离限制在纳米带的半径范围内。通过水热合成法制备的磷酸钒锂样品粒径均匀、比表面积大，并且电化学性能良好。但水热合成法对反应压强及温度要求较高，在制备过程中通常需采用造价高昂的高温高压设备，因而增加了材料的生产成本，这也成为阻碍水热合成法工业化发展的主要因素。

流变相法　作为一种新型有效的软化学法，也是锂离子电池正极材料的一种新型合成方法。其过程是将固相反应物初步混合后，向其中加入适量溶剂，形成均一的流变体系，然后在适当反应条件下制备前驱体。李丽等[18]以 $LiOH \cdot H_2O$、NH_4VO_3、$NH_4H_2PO_4$和柠檬酸等为原料采用流变相法合成了磷酸钒锂化合物。当合成温度为 800℃时，磷酸钒锂材料不仅具有单斜结构的纯相，晶体颗粒分布在 200～500nm 范围，而且在颗粒表面包覆了一层碳，有利于材料导电率的改善；另外，在 3～4.3V 充放电电压范围内，具有较高的可逆比容量和优良的循环性能。在 0.1C 倍率下首次放电比容量为 122.8mA · h/g，经 30 次循环后，比容量仍有 120mA · h/g。若对该材料进行进一步改性，提高其倍率放电比容量，改善其循环性能，则该材料可望用于动力锂离子电池的正极材料。流变相法可在较低温度下使固体反应物处于流变状态，增强固体粒子间的有效接触，并克服了原料混合不均匀、反应温度高和反应时间长等缺点，有利于形成新相，避免了杂质相的生成，并且该法设备简单，操作方便，可适合大规模生产，另外制备出的材料具有颗粒细、分布均匀等特点。

11.1.4　磷酸钒锂材料的改性研究

磷酸钒锂具有高的电位、理论比容量、良好的循环性能和环境友好性，但是该材料的电导率较低，高倍率充放电时比容量过低。为解决这一缺陷，必须对材料进行改性，设法提高锂离子及电子的传导率。目前常用的方法主要有如下几种。

表面碳包覆　通过对磷酸钒锂的表面碳包覆[19]改善材料的导电性、提高容量和放电电位平台。包覆碳可以使材料颗粒更好地接触，从而提高材料的电子电导率和容量，同时可以显著提高磷酸钒锂电化学性能，其原因可能如下：

(1) 有机物在高温惰性的条件下分解为碳从而增加其导电性；

(2) 产生的碳微粒达纳米级，可细化产物粒径，扩大导电面积，对锂离子扩散有利；

(3) 碳还起还原剂的作用，可以避免 V^{3+} 被氧化。

通过对应用碳包覆固相法合成锂离子电池磷酸钒锂正极材料的电阻和电化学性能测试表明，碳包覆磷酸钒锂材料可避免颗粒团聚，减小颗粒尺寸，提高材料电导率，改善其电极的电化学性能。陈权启等[20]利用 V_2O_5、$LiOH \cdot H_2O$、H_2O_2、$NH_4H_2PO_4$与柠檬酸为原料，通过溶胶-凝胶法合成了碳包覆的 $Li_3V_2(PO_4)_3$复合正极材料(CC-LVP)。在 800℃下制备的碳包覆样品的电子电导率高达 9.81×10^{-5} S/cm，约为高温固相氢气还原法制备的未包覆碳磷酸钒锂(CF-LVP)的 1 万倍。测试结果表明，碳包覆材料的电化学性能远优于未包覆碳的样品。在 3.0～4.3V 电压范围内，以 0.1C 和 2C 倍率充放电时，碳包覆的磷酸钒锂分别具有为 128mA·h/g 和 109mA·h/g 的比容量。

掺杂金属离子 掺杂 Mg^{2+}、Al^{3+}、Ti^{4+}、Zr^{4+}、Nb^{5+} 和 W^{6+} 等金属离子[21]，可以提高晶格内部的电子电导率和锂离子在晶体内部的化学扩散系数，从而提高材料的电导率。掺杂的高价金属离子半径都小于 Li^+ 和 V^{3+}，但很接近 Li^+，故取代的是晶格中锂的位置。Sato 等[10]合成的 $Li_{2.9}V_{0.95}Zr_{0.05}(PO_4)_3$ 有着与磷酸钒锂相同的充放电平台，但其充放电循环特性明显优于磷酸钒锂。杨改等[22]采用溶胶凝胶/碳热还原法合成了球形锂离子电池正极材料磷酸钒锂及其掺杂不同金属离子（Al^{3+}、Cr^{3+}、Y^{3+}、Ti^{4+}）的衍生物，并在常温下对掺杂不同金属元素的磷酸钒锂材料进行了充放电测试。测试电流为 0.5mA，充放电电压为 3.0～4.8V。表 11.2 列出了纯相磷酸钒锂与掺杂不同金属离子各样品的电化学性能对比。

表 11.2 不同金属离子掺杂材料的电化学性能对比

材料	比容量/(mA·h/g)		
	首次充电	首次放电	第 80 次放电
$Li_3V(PO_4)_3$	155.0	140.0	118.5
$Li_3V_{1.9}Al_{0.1}(PO_4)_3$	178.0	152.0	123.0
$Li_3V_{1.8}Al_{0.2}(PO_4)_3$	171.0	144.5	96.4
$Li_3V_{1.9}Cr_{0.1}(PO_4)_3$	152.0	140.0	115.4
$Li_3V_{1.8}Cr_{0.2}(PO_4)_3$	147.0	135.0	110.7
$Li_3V_{1.9}Y_{0.1}(PO_4)_3$	159.5	148.4	109.7
$Li_3V_{1.8}Y_{0.2}(PO_4)_3$	158.5	136.8	78.7
$Li_3V_{1.9}Ti_{0.1}(PO_4)_3$	174.9	158.5	123.9
$Li_3V_{1.8}Ti_{0.2}(PO_4)_3$	156.9	139.1	97.7

由表 11.2 可以看出，与纯相磷酸钒锂材料相比，掺杂后材料的电化学性能均有明显改善。

材料复合技术[23] 是由两种或两种以上不同性质的材料通过物理或化学的方法，在宏观上组成具有新性能的材料。各种材料在性能上互相取长补短，产生协同效应，使复合材料的综合性能优于原组成材料，进而满足各种不同的要求。郭孝东等[24]以固相法制备出了磷酸铁锂-磷酸钒锂（LFVP）复合正极材料，实验发现该材料以磷酸铁锂和磷酸钒锂的晶形结构为主，其中有少量的杂质成分；该材料颗粒粒度较细、粒度分布窄且均匀，颗粒表面光滑、碳包裹状况良好，同其他方法制备的复合材料比较，在碳含量接近的情况下具有较优的电导率。

图 11.3 是复合正极材料 LFVP 在 0.1C 倍率放电的循环性能和各个倍率下

的平均容量。在 0.1C 倍率放电时首次放电比容量达到 194.5mA·h/g，循环 15 次之后放电容量保持率为 98.13%，这说明其循环稳定性较高，适合实际化应用；随着倍率的增加其放电容量有所下降，在 1C 时有 140mA·h/g 完全可以满足当前锂离子电池的要求，当达到 10C 高倍率放电时仍然有 120mA·h/g 左右，这足以达到很多大电流放电领域的要求。为了进一步考察材料的循环稳定性，在 1C 倍率下进行了 1000 次循环后，其比容量仍然有 120mA·h/g 左右，这更充分说明 LFVP 是适合实际应用的。而且上面放电数据都远远高于磷酸铁锂和磷酸钒锂单独使用时的效果。

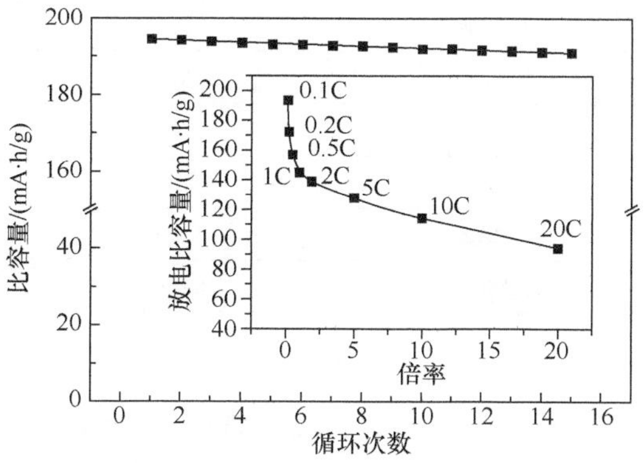

图 11.3　复合材料的电化学性能

综合看来，磷酸钒锂正极材料具有原材料来源丰富、环境友好、比容量高、循环性能及安全性能好等特点，有可能替代市场主流材料 $LiCoO_2$ 及新型动力锂离子电池材料 $LiMn_2O_4$、$LiFePO_4$，成为下一代的锂离子电池正极材料。虽然通过不同的方法制备磷酸钒锂及改性掺杂来提高磷酸钒锂的电化学性能已经取得了很好的效果。但是，磷酸钒锂的制备方法耗能仍然比较高，难以实现产业化，性能还难以满足实际需求。因此，在未来的工作中，应要优化材料的制备方法，对相关合成方法工艺流程进行改进，从而优化制备工艺、简化反应流程、降低反应能耗和减少制备成本，实现磷酸钒锂正极材料的工业化应用。

11.1.5　我国发展磷酸钒锂正极材料的意义

钒主要赋存在磁铁矿、磷酸盐岩、含铀砂岩和粉砂岩矿床中，还有大量的钒存于铝土矿和含碳物质中(如石油、煤、油页岩和焦油砂中)。全球钒资源的 98%来自于钒钛磁铁矿。钒钛磁铁矿的储量很大，主要集中在少数几个国家和地区，如俄罗斯、中国、南非等。此外，新西兰、澳大利亚、挪威、芬兰、美国、加拿大等国家也有少量钒钛磁铁矿。除钒钛磁铁矿外，其他含钒资源主要是磷岩矿、含铀砂岩和粉砂岩矿等，这些矿床的总量分别都超过 6000 万 t。此外，铝土矿、含碳质原油、煤、油页岩及沥青砂等矿物中都含有少量的钒。世界钒储量约 16000 万 t。其中南非占 46%，俄罗斯占 23.6%，美国占 13.1%，中国占 11.6%，其他国家总和不足 6%。由于钒往往作为副产品或共生产品回收，故当前公开发表的已探明世界钒矿储量并不完全可以反映实际资源状况。但是在当前技术条件下，世界上能够从磁铁矿资源中大量回收钒的国家只有俄罗斯、南非和中国等少数几个，这些国家是全球钒供应的主要来源。世界钒金属储量分布如表 11.3 所示。

表 11.3　世界钒金属储量分布[25]

国家或地区	金属量/万 t	所占比例/%	备注
南非	7360	46.0	—
俄罗斯	3776	23.6	—
美国	2096	13.1	主要在铀矿中
中国	1856	11.6	不含石煤矿
其他国家和地区	912	5.7	—
世界总计	16000	100	—

中国钒资源极其丰富，是全球钒资源储量大国。全国 10 多个省市(区)都有钒矿物，但主要集中在四川攀枝花地区和河北承德地区，尤其是攀枝花地区的钒资源相当丰富，已探明的钒钛磁铁矿储量近 100 亿 t，五氧化二钒储量为 1578 万 t，约占全国储量的 55%，世界储量的 11%。另外在河北承德地区，高铁品位钒钛磁铁矿(铁含量大于 30%，五氧化二钒含量大于 0.7%)已探明储量 2.6 亿 t，其中保有储量 2.2 亿 t；低铁品位钒钛磁铁矿(铁含量大于 10%，五氧化二钒含量大于 0.13%)已详细勘查确定的储量为 29.6 亿 t，总共约占全国储量的 40%。中国丰富的钒资源对经济发展的保证程度比较高。特别是近年来随着大量地质储量表外低品位钒钛磁铁矿的开发利用，可回收利用的钒资源量还在逐渐增加。另外中国还拥有丰富的石煤钒资源，石煤钒矿的含钒量与世界非石煤钒矿资源总储量相当。

鉴于我国的钒金属储量的优势，大力发展磷酸钒锂正极材料，有利于替代市场主流材料，成为下一代的锂离子电池正极材料。

11.2　磷酸锰锂正极材料

磷酸锰锂($LiMnPO_4$)也具有橄榄石结构，作为锂离子电池的正极材料，磷酸锰锂中的 Mn^{3+}/Mn^{2+} 电对在 4.0V(对于 Li/Li^+)附近能实现锂离子脱嵌，获得 4.0V 平台的容量，从而提高电池的能量密度，因而引起了人们的极大兴趣。

磷酸锰锂于 1997 年被 Goodenough 课题组的 Pahdi 等[26]首次报道，理论容量和磷酸铁锂相同，为 170mA · h/g。当时论文报道磷酸锰锂的结果并不理想，比容量不到 10mA · h/g，但他们发现在 $LiFe_xMn_{1-x}PO_4$ 固溶体中，随着铁含量的增加，Mn(Ⅱ)-Mn(Ⅲ)的反应活性逐渐增强。2002 年，索尼公司的 Li 等[27]报道了该材料的研究工作。在他们的实验中，纯磷酸锰锂样品比容量能够达到 160mA · h/g。

磷酸锰锂具有与磷酸铁锂相同的理论比容量，但是其电压平台为 4.1V(对于 Li/Li^+)，比磷酸铁锂高出 0.7V，因此理论能量密度高出磷酸铁锂约 20%左右，且能在现有电解液体系中使用，使得磷酸锰锂具有潜在的高能量密度的优点。因此，这种材料具有较高的研究价值。可以预见，一旦磷酸锰锂材料的研发取得突破，不仅能够抢占磷酸铁锂的市场份额，而且能够挤压锰酸锂和三元材料的市场空间，打破目前正极材料的市场格局。目前，磷酸锰锂材料在全球范围内仍处于研发阶段，没有实施量产的先例，这主要是由于其还存在一些应用问题，且没能找到一种合适的低成本规模化生产方法。

11.2.1　磷酸锰锂材料的结构

磷酸锰锂具有与磷酸铁锂相同的橄榄石结构，理想的橄榄石结构磷酸锰锂由 1 个变形的六面体密堆积氧构架组成，属于正交晶系，空间点群为 Pmna，其结构示意图如图 11.4 所示。Li 和 Mn 分别位于其中的 1 半八面体点，即 4*a* 和 4*c* 位置，1/8 的四面体点是 P，沿着 *b* 轴是锂离子优先扩散的方向，单胞参数为 $a=1.0431nm$，$b=0.60947nm$，$c=0.4736nm$，不同的文献报道的有所不同。晶体的空间骨架由 MnO_6 八面体和 PO_4 四面体构成，其中 P 位于四面体位置，其中 3 个 P—O 键长度相同，是 0.1546nm，另一个是 0.1526nm。而金属元素 Mn 和 Li 则分

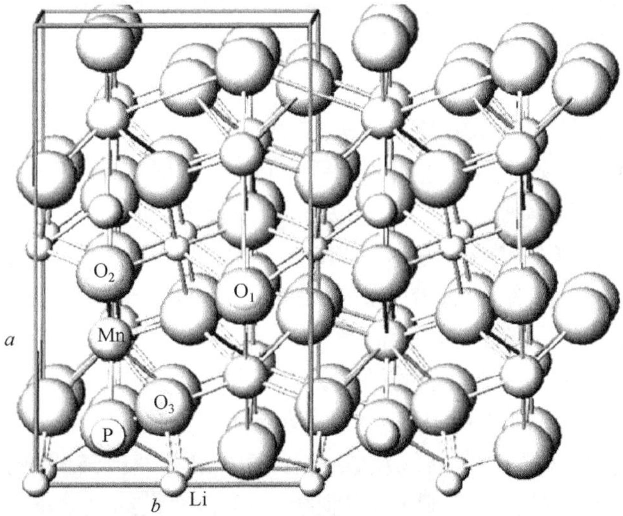

图 11.4　磷酸锰锂的结构示意图

别位于在八面体空隙中。晶体结构格中 ac 面的公共角连接起来形成八面体 MnO_6，而 a 轴方向的共边长链形成八面体 LiC_6。一个 MnO_6 八面体与两个 LiO_6 八面体和一个 PO_4 四面体共边，而 PO_4 四面体则与一个 MnO_6 八面体和两个 LiO_6 八面体共边。所以在这种结构中没有连续的八面体 MnO_6 共边而形成的网络结构，使得结构中没有电子导电的通道；同时，由于 PO_4 四面体结构非常稳定，它占据在八面体之间限制了晶格体积的膨胀和收缩，从而在充放电过程中使得锂离子的脱嵌运动受到影响，造成磷酸锰锂材料极低的电子电导率和离子扩散速率。

11.2.2 磷酸锰锂材料的性能研究

磷酸锰锂的充放电反应如下：

充电反应：

$$LiMnPO_4 \longrightarrow MnPO_4 + Li^+ + e^- \tag{11.3}$$

放电反应：

$$MnPO_4 + Li^+ + e^- \longrightarrow LiMnPO_4 \tag{11.4}$$

Li 等[27]研究了磷酸锰锂在充放电过程中的稳定性，以差热扫描量热仪分析发现：材料在 130～380℃ 的放热量约为 290J/g，而在同样的条件下，$LiNiO_2$ 和 $LiCoO_2$ 的放热量分别为 1600J/g 和 1000J/g。这个结果从一个侧面说明，磷酸锰锂作为正极材料具有较好的安全性能。Chen 等[28]研究了磷酸锰锂正极材料的稳定性发现：磷酸锰锂本身的热稳定性能优越，比磷酸铁锂要好，但脱锂产物 Li_xMnPO_4 ($x<0.16$)是热不稳定的，256℃时的放热量达 884J/g，与 $LiCoO_2$ 同等条件下的放热量相当。他们认为：由于 Mn 的 Jahn-Teller 效应导致晶格变形，造成晶体结构不稳定；同时，Mn 对磷酸根的分解析氧存在一定的催化作用。比较不同粒径磷酸锰锂材料的放热量发现，材料粒径越小，放热量越大。Ong 等[29]以第一性原理计算证明了这一结果。

磷酸锰锂的磁性能是 Mn 离子特殊层状排布的结果，这种排布可能具有占据层内位置的 Mn-Mn 交换相互作用。低于 Neel 温度时，层间交换作用导致三维磁有序。在 bc 面上 Mn 离子形成二维四方晶格，Mn-Mn 最小距离 0.392nm。沿着 a 轴，层间 Mn-Mn 距离大得多，为 0.562nm，大的 Mn-Mn 距离会导致弱的 Mn-Mn 交换相互作用。橄榄石结构的磷酸锰锂是准二维的 Mn 离子堆积，含有重要的层间交换。bc 面上不是所有的 Mn 离子都处于相同的水平，由于 Mn 层是褶皱的，导致 MnO 八面体在不同的方向上的倾斜。这种结构支持准二维的二价锰离子($S=5/2$)的反铁磁结构，并且具有相当大的层间交换相互作用。与此相比，磷酸铁锂的磁性能却不同，在磷酸铁锂中共线反铁磁有序更加强烈。磷酸锰锂中的各种缺陷可以导致弱铁磁性能的出现。磷酸锰锂的 Neel 温度大约是 35K。图 11.5 显示了磷酸锰锂材料的磁性随着温度的变化。

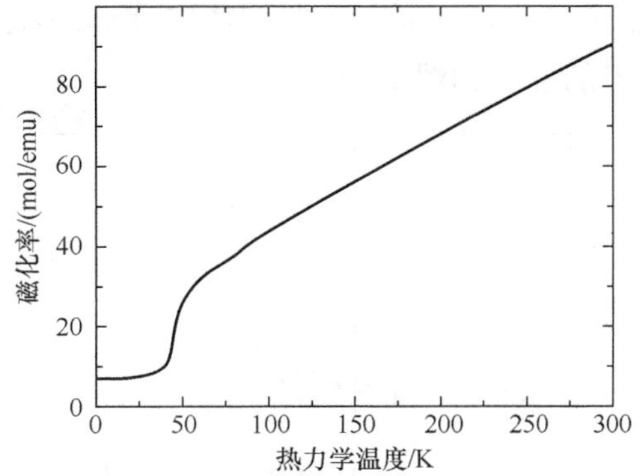

图 11.5　不同温度下合成的磷酸锰锂材料的磁化率随温度的变化

11.2.3　磷酸锰锂材料的制备方法

目前,制备磷酸锰锂的方法有高温固相合成法、水热合成法、溶胶-凝胶法、离子热法、多元醇法、喷雾热解法等。

固相合成法　是材料制备中最为常用的一种方法,也是早期合成磷酸锰锂的主要方法。基本思想就是选用含有磷酸根、锂元素及锰元素的盐为原料,按照一定配比混合均匀后在高温下烧结,烧结气氛可以是氩气,也可以是氮气。选择原材料的原则是烧结后不引入杂质成分或者杂质相。依据需要及烧结的气氛,可以在原材料中加入适量的含碳有机物或者直接加入碳材料,达到包覆碳或者保护成品材料、控制成品粒度的目的。固相合成法的特点是工艺简单,易于工业化生产,但是得到的产物颗粒粒径大小及分布不易控制,而且温度过高时易结块。Li 等[27]对可充放电的磷酸锰锂进行了报道,通过掺入导电炭黑获得了较高容量的磷酸锰锂材料,放电比容量为 140mA · h/g,最佳煅烧温度为 500℃。王志兴等[30]采用固相法研究不同合成温度对磷酸锰锂性能的影响,结果表明,在 600℃煅烧的样品放电比容量最高。秦明[31]采用 Li_2CO_3 为锂源,H_3PO_4 及 $NH_4H_2PO_4$ 等均匀混合物为起始物,在保护气体的气氛下经预烧和研磨后高温合成。XRD 分析表明,用固相法加热到 400℃,样品有明显的 $Mn_3(PO_4)_2$ 和 Li_3PO_4 杂相;加热到 600℃时,样品有少量杂相;加热到 800℃时,样品获得了纯相的磷酸锰锂。由 SEM 图像看出,固相法获得的样品形貌随着温度的升高颗粒会变的粗大,导致锂离子的扩散路径增大,从而影响电化学性能。对比用固相法在三种温度条件下合成的物相和微观形貌,可以看出在 600℃时合成的磷酸锰锂大小均匀,形状规则,粒度较小(100～200nm),有相对较好的组织形态。对 600℃时合成的磷酸锰锂进行充放电测试,结果表明,材料能可逆充放电,且首次放电比容量接近 100mA · h/g,但样品的高倍率放电性能差,循环容量衰减快,性能有待提高。对其进行交流阻抗测试发现,随着放电的进行，电化学反应阻抗不断增大，说明荷电量越高，界面电化学反应速率越快。磷酸锰锂材料的性能如图 11.6 所示。

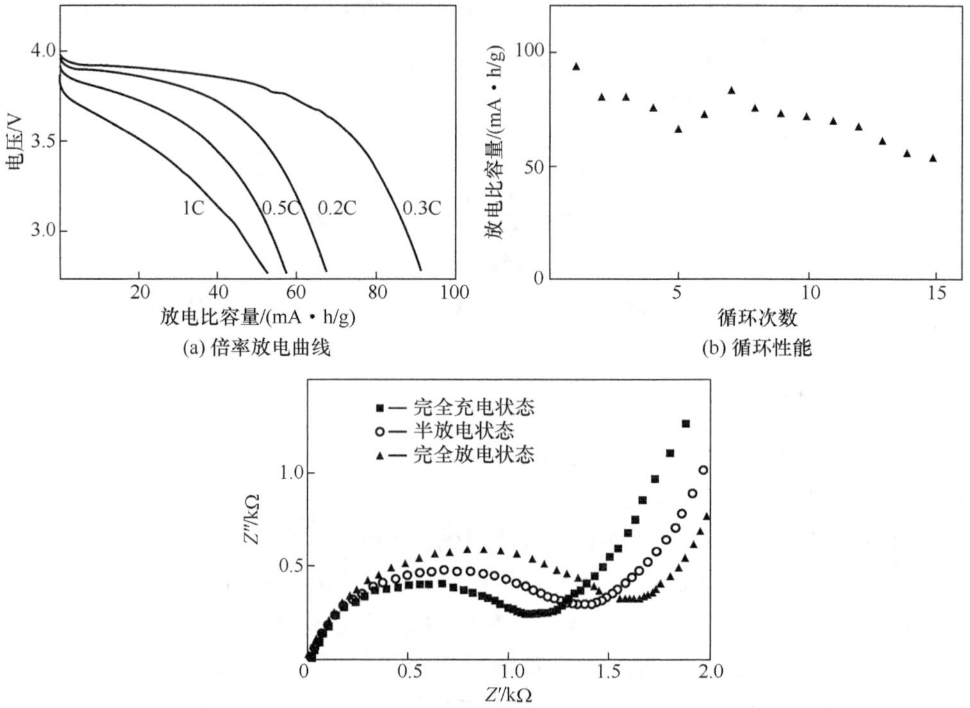

(a) 倍率放电曲线　　(b) 循环性能

(c) 交流阻抗图谱

图 11.6　合成磷酸锰锂的性能分析

杨新等[32]以间苯二酚甲醛树脂作碳源，由固相法合成 $LiMnPO_4/C$ 复合材料，研究不同合成温度和时间对产物形貌、结构及电化学性能的影响。结果表明，600℃热处理 3h 制得的 $LiMnPO_4/C$ 粒径细小且分布均匀，一次颗粒粒径 100～300nm。0.02C 下首次放电比容量达到 121.6mA·h/g，充放电循环 20 次仍可维持在 110mA·h/g 以上，0.1C 下放电比容量为 110mA·h/g，1C 能维持在 60mA·h/g 以上。

高温固相法操作流程简单，易于工业化，是制备锂离子电池正极材料比较成熟的方法，但是还是存在很多缺陷，特别是在合成橄榄石结构的磷酸锰锂晶体时需要多次煅烧和研磨来确保产品的均匀度，但反复的热处理会影响到产品的颗粒大小，不利于得到性能优良的材料。

水热合成法　合成温度一般在 150～220℃，反应在密闭高压反应釜中进行。该方法的优点是产物颗粒尺寸分布均一，常常可以合成出具有特殊形貌的材料。Wang 等[33]详细地描述了溶剂热合成方法，实际上也是属于水热合成方法。使用的原料是一水氢氧化锂、磷酸、一水合硫酸锰、十六烷基三甲基溴化铵(CTAB),按照化学计量比混合后溶于甲醇/水混合溶剂,然后在高压釜中 240℃加热 12h,冷却后得到白色磷酸锰锂沉积物。将沉积物与葡萄糖混合,在 700℃氩气中烧结 5h,达到包覆碳的目的。Chen 等[34]用水热法合成了磷酸锰锂材料,将 $MnSO_4 \cdot H_2O$、H_3PO_4、LiOH 溶解在去离子水中,其物质的量的比为 1∶1∶3,用抗坏血酸作还原剂,研究发现,当反应温度大于 175℃时,锂位和锰位未出现错位。Fang 等[35]在 120～200℃用水热法合成了磷酸锰锂,结果表明,不同的反应温度对锰在锂位错位的含量和晶格体积都有影响。当反应温度升高,晶胞参数 a 和 c 减小,晶胞参数 b 保持不变,导致晶体体积收缩,同时锰错位的含量逐渐减少。如果过量的锰占据在锂位,锰在一维通道上阻止了锂的扩散,严重影响了磷酸锰锂的电化学性能。当在 120℃、160℃、200℃反应时,锰错位含量的减少分别为 8.84%、2.87%、1.74%,放电比容量不断增加,而且极化作用减小。梵文研[36]将 $LiOH \cdot H_2O$(AR)与 $MnPO_4 \cdot H_2O$按化学计量比 1∶1.5 称量,混合,加入 1gVc(AR)或 PEG1000 或 GLC 和 60mL 蒸馏水,180℃水热反应 24h,冷却后取出,抽滤洗涤,烘干,研磨后备用。实验结果表明,12h、24h 均能合成纯相磷酸锰锂。合成时间为 24h 时效果较好。在确定了最佳水热时间后,选用锂锰物质量比值为 1、1.5、3、6 分别进行反应,结果表明锂锰物质的量比为 1.5 时,效果较佳。确定了最佳反应时间和锂锰物质的量比后,选用不同的温度进行实验,结果表明,水热温度为 180℃时,实验合成效果较好。水热合成法具有操作简单、物相均匀、粒径小等优点,但所需设备要求耐高温高压,成本比较高,不适合大规模生产。

溶胶-凝胶法　是将锰源、锂源、磷源配成溶液,加入一定量的络合剂,并不断搅拌,得到均匀的溶胶溶液,然后经过加热蒸发得到透明凝胶状晶体。通过控制反应条件使产物的纯度和结晶粒度提高。溶液中可容纳不溶性组分或不沉淀组分是该合成方法的优点,但缺点在于产品干燥后体积收缩较大,合成时间长,工业化难度大及粉体材料的烧结性不好。Drezen 等[37]采用 $CH_3COOLi \cdot 2H_2O$、$Mn(CH_3COO)_2 \cdot 4H_2O$和 $NH_4H_2PO_4$为原料,乙醇酸为螯合剂,溶解在去离子水中。浓硝酸调节溶液的 pH 在 4 以下,60～75℃加热到凝胶,随后在 520℃和 600℃下进行煅烧,一次颗粒大小为 140～220nm,球磨以后颗粒大小减小为 130～190nm,在 C/100 和 C/10 下可逆比容量达到 156mA·h/g 和 134mA·h/g。Weglikowska等[38]同样采用上述材料,乙醇酸作为螯合剂,浓硝酸调节溶液的 pH 在 1.5、80℃下反应 24h,在此期间当溶液蒸发至原来的 1/8 时,加入多壁碳纳米管,350℃热处理 5h,0.1C 下放电比容量达到了 150mA·h/g。杨新[39]采用的合成方法是:以柠檬酸作为络合剂,按 Li_2CO_3∶$Mn(Het)_2$∶$NH_4H_2PO_4$∶$H(ct)_2$=1.025∶1∶1∶x(x=0,0.5,1,2),将上述物质分别溶解在一定量的去离子水中,采用浓 HNO_3或者浓氨水调节溶液的 pH 分别为 0.5、1.5、2.5、3.2 和 3.7,待溶液澄清后于 60℃下搅拌并且蒸发溶剂至黏稠。将得到的黏稠物质于 120℃下干燥，最后取出于 $Ar-H_2$(氢气的体积分数为 10%)气氛下分别于 500℃、520℃、550℃、600℃下煅烧 3h。得到的测量结果如图 11.7 所示。

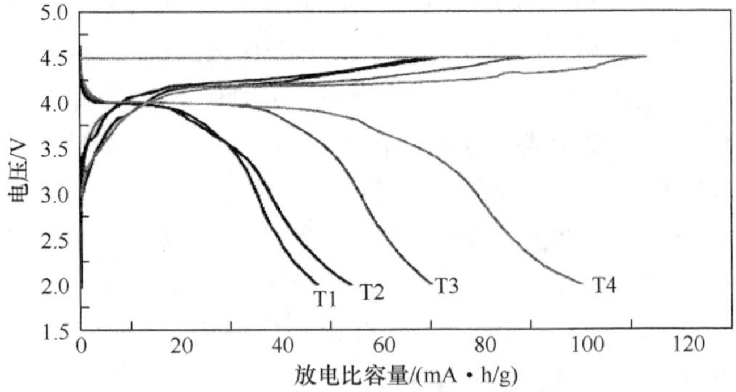

(a) 不同温度下制备的磷酸锰锂的首次放电曲线

(T1：500℃；T2：520℃；T3：550℃；T4：600℃)

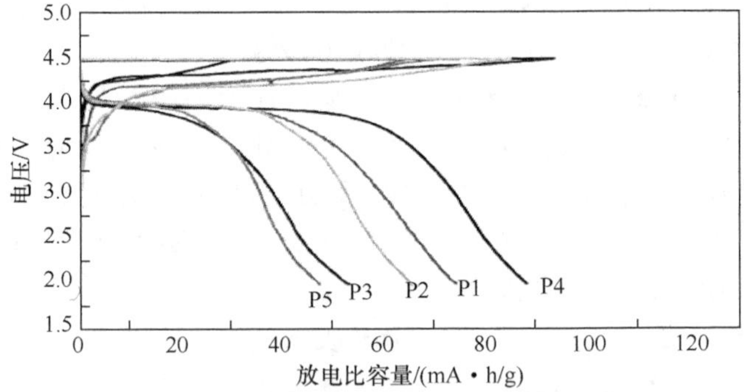

(b) 不同pH制备的磷酸锰锂首次放电曲线

(P1：pH=0.5；P2：pH=1.5；P3：pH=2.5；P4：pH=3.2；P5：pH=3.7)

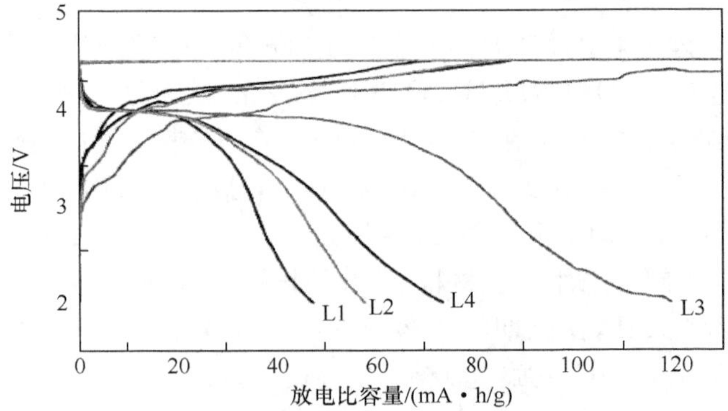

(c) 不同柠檬酸用量制备的磷酸锰锂的首次放电曲线

(柠檬酸/Mn：L1 =0：1；L2 =0.5：1；L3 =1：1；L4 =2：1)

图 11.7　不同温度、pH 及柠檬酸用量对溶胶-凝胶法制备磷酸锰锂材料充放电性能的影响

离子热法　离子热法[40]采用离子液体作为反应介质在液相条件下制备材料。与水热法和溶剂热法相比，离子热法的突出特点是可以在常压下进行材料合成。2009 年，Recham 等[41]报道了离子热法用于合成正极材料磷酸铁锂；2011 年该课题组报道了同样的方法用于合成磷酸锰锂材料[42]，其可逆比容量接近 100mA · h/g。李学良等[43]将等摩尔的乙醇胺和乳酸以无水乙醇为溶剂在室温下反应 12h，除去溶剂后在 60℃的真空干燥箱中处理 12h，即得到所需的离子液体反应介质。在常温常压下将 H_3PO_4、$Mn(CH_3COO)_2 \cdot 4H_2O$ 和 $LiOH \cdot H_2O$ 按化学计量比 1∶1∶3配料，用乙醇胺乳酸盐作为离子热合成的反应介质在 180℃、常压下反应 12h。反应结束后冷却至室温，通过离心分离、去离子水和无水乙醇反复洗涤，将分离出的沉淀产物烘干得到磷酸锰锂。再将沉淀产物与一定量的蔗糖(质量分数为 12.0%)球磨混合 4h 后，在高纯 N_2保护下在 500℃、600℃、700℃热处理 3h，得到 $LiMnPO_4/C$ 正极材料。

多元醇法　多元醇法可以获得纳米结构层片状形貌的磷酸锰锂[44]。由于层片状结构进一步缩短了锂离子扩散路径，因此提高了倍率放电性能，0.1C、1C 放电比容量达到 141mA · h/g 以及 113mA · h/g。在经过 200 次循环后，仍保存了原始比容量的 95%。图 11.8 是该材料的 SEM 图像。

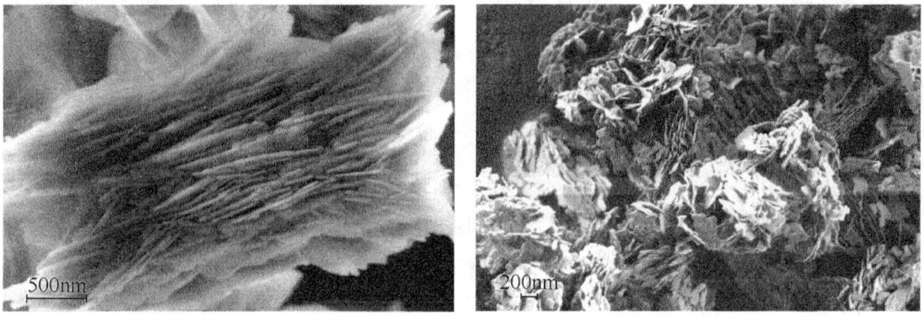

(a)　(b)

图 11.8　多元醇法合成磷酸锰锂的 SEM 图像

喷雾热解法　是液相中合成材料的一种方法，主要步骤是将反应物配成溶液，再以超声或蠕动的手段，用载气将溶液喷到高温反应器中。该方法操作简单，但合成材料的结晶度一般较低，需要结合后续热处理进行优化。Bakenov 等[45,46]以喷雾热解的方法合成了磷酸锰锂，所得材料的粒径为数十纳米，0.05C 首次放电(2.5～4.4V)，湿法球磨所得样品的比容量约 153mA · h/g，干法球磨所得样品的比容量约为 70mA · h/g。Oh 等[47]以超声喷雾热解的方法合成了磷酸锰锂材料，在 650℃下合成的样品的 C/20 首次放电(2.7～4.5V)比容量为 118mA · h/g。Doan 等[48]采用 $LiNO_3$、H_3PO_4 和 $Mn(NO_3)_2 \cdot 6H_2O$ 为原料溶解在去离子水中，以 $N_2+3\%H_2$ 为携带气体，于 400～800℃下喷雾裂解得到磷酸锰锂材料；随后与适量的乙炔黑以 500r/min 混合球磨 12h，500℃下进行热处理得到 $LiMnPO_4/C$，在室温 0.05C 下首次放电比容量只有 70mA · h/g，55℃下提高到 140mA · h/g；在升高温度的条件下，2C 高的充放电倍率下显示出良好的电化学性能。Bakenov 等[46]同样采用上述原料各物质的浓度为 0.2mol/L，以 $N_2+3\%H_2$ 为携带气体，在 400℃下喷雾裂解得到磷酸锰锂前驱体，将其与 10%的炭黑以 800r/min 球磨 6h，最后在 500℃下热处理 4h 得到 $LiMnPO_4/C$。当充电至 4.9V 时，室温下 0.05C、0.1C 的放电比容量分别为 153mA · h/g、149mA · h/g，三电极模式下 1C 和 5C 的放电比容量分别为 120mA · h/g 和 91mA · h/g；当温度升高到 50℃时，1C 和 5C 下的放电比容量则分别为 132mA · h/g 和 80mA · h/g。由上可见，采用喷雾干燥结合机械球磨的方法，是制备具有优异性能磷酸锰锂材料的有效方法。但是这种方法操作工艺复杂，成本较高。

11.2.4　磷酸锰锂材料的改性研究

由于纯磷酸锰锂离子传导率和电子传导率都低，决定了它的大电流放电性能差，直接用作锂离子电池的正极材料有很多缺点。由于磷酸锰锂电导率差，只有磷酸铁锂的千分之一，几乎属于绝缘体的范畴。研究表明，通过对这类电极材料的形貌控制和表面改性，可有效改善其导电性和电化学性能。前者与合成方法有很大的联系，通过控制材料的结晶度、晶粒大小及形貌来实现；后者可通过材料表面改性（表面包覆导电层）和离子掺杂来达到改性的目的。综述文献，可以发现该材料的电化学容量和材料的碳含量及材料的颗粒大小密切相关，基本的规律是适当增加碳含量以及降低颗粒度可以明显提高放电容量。人们采用溶胶-凝胶（或水热）法合成纳米级磷酸锰锂、金属离子掺杂、碳包覆等方法，通过降低颗粒尺寸和表面改性提高其电导率，可以使磷酸锰锂具有 0.1C 倍率放电时高达 140mA · h/g 的电化学容量。

表面包覆　磷酸锰锂具有极低的电子电导率，在大电流放电的情况下容量衰减严重，为了提高材料的电导率和活性颗粒的利用率，通常在其表面包覆一层导电性的物质。其表面包覆导电层一般分为两种方法：一是在表面包覆碳；二是在其表面修饰易导电的金属。其中表面包覆碳容易实现且成本低廉。包覆碳的方法一般是在合成磷酸锰锂过程中加入碳源，然后在高温密闭条件下煅烧，碳源分解，分解后的碳附在磷酸锰锂颗粒的表面。常用的碳源一般为有机碳源，包括葡萄糖、环糊精、柠檬酸、蔗糖及各种高分子聚合物（聚乙二醇、聚丙乙烯）。表面包覆碳的好处有以下几个方面：作为还原剂，防止在高温下 Mn^{2+} 氧化；防止颗粒团聚，限制颗粒的增长；增强颗粒之间的电导率。李学良等[43]通过离子热法制备的 $LiMnPO_4/C$，通过 X 射线衍射、扫描电子显微镜和透射电子显微镜表征了材料的相态和形貌，采用充放电法研究了材料的电化学性能。结果表明：磷酸锰锂的晶相为橄榄石型；

材料颗粒的尺寸主要分布在150～300nm；较高温度下获得的$LiMnPO_4/C$材料表现出较好的电化学性能，在0.05C下放电比容量达114.0mA·h/g，10次循环后比容量仍保持在102.3mA·h/g。

金属离子掺杂　离子掺杂是稳定材料结构、提高材料电子或离子导电性的常用方法，离子掺杂可分别在锂位掺杂和锰位掺杂，这两种掺杂都能明显改善电子电导率。到目前为止，关于磷酸锰锂的锂位掺杂还没有相关的文献报道。Chen等[49]利用水热合成正极材料$LiMn_xM_{1-x}PO_4$(M=Mg,Ni,Cu,Zn)，在充放电过程中，Mg^{2+}、Ni^{2+}、Cu^{2+}掺杂增加了向脱锂相的转变，且Mg^{2+}掺杂改善了脱锂相材料的稳定性。当充电20h后，$LiMn_{0.9}Mg_{0.1}PO_4$的比容量为120mA·h/g，而磷酸锰锂的比容量仅为80mA·h/g，这证实了Mg掺杂改善材料的电化学性能。刘爱芳等[50]研究发现，掺杂不同的金属，如铁和钒，对磷酸锰锂的晶胞体积大小影响不大，但是导电性、可逆容量和稳定性能显著提高，获得可逆比容量达118mA·h/g的掺杂金属离子的$LiMnPO_4/C$复合正极材料，表明金属离子复合掺杂结合碳包覆的改性方法提高了磷酸锰锂的电化学活性，如果能进一步降低颗粒的尺寸，磷酸锰锂的放电容量有可能进一步提升。该结果为进一步研究高放电电压的磷酸锰锂复合材料奠定了基础。陈亚芳[51]以聚乙二醇为碳源制得$LiMn_{0.95}Zn_{0.05}PO_4/C$、$LiMn_{0.95}Cu_{0.05}PO_4/C$，将其组装成电池进行充放电测试，测试结果如图11.9所示。

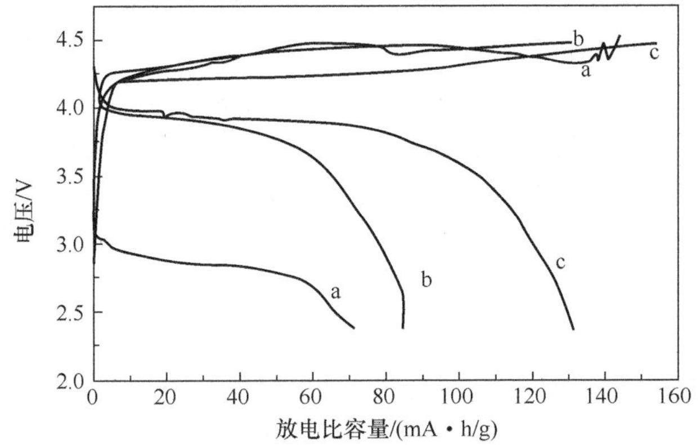

图11.9　两种离子掺杂及未掺杂的$LiMnPO_4/C$样品的首次充放电曲线图
(a:$LiMnPO_4/C$; b:$LiMn_{0.95}Cu_{0.05}PO_4/C$; c:$LiMn_{0.95}Zn_{0.05}PO_4/C$)

图中，曲线a、b、c分别是未掺杂材料$LiMnPO_4/C$、$LiMn_{0.95}Cu_{0.05}PO_4/C$、$LiMn_{0.95}Zn_{0.05}PO_4/C$三种材料在0.02C倍率下的充放电性能图，其充电比容量分别为142.2mA·h/g、131.4mA·h/g、154.3mA·h/g，放电比容量分别为71.3mA·h/g、84.8mA·h/g，131.7mA·h/g，可以看出，$LiMn_{0.95}Cu_{0.05}PO_4/C$、$LiMn_{0.95}Zn_{0.05}PO_4/C$两种材料有明显的放电平台，分别在4.2V、4.0V左右，比

较接近理论的平台电压值，且充电平台较稳，而未掺杂的 $LiMnPO_4/C$ 在刚开始放电时放电电压急剧下降到 3.0V 左右。由此可以看出，离子掺杂对磷酸锰锂材料的充放性能有明显的改善。

颗粒纳米化 改善磷酸锰锂材料的性能另一个途径是减少颗粒尺寸，因为锂离子在较大的颗粒中扩散的路径较长，导致材料的利用率不高。通过选择适当的合成方法，如共沉淀法、溶胶-凝胶法、水热法等，在合成过程中控制操作条件可制备均匀细小的颗粒，并达到纳米尺寸。Drezen 等[37]用溶胶-凝胶法合成 140nm 和 270nm 的磷酸锰锂，其放电比容量分别为 81mA · h/g、7mA · h/g。对比可见，颗粒尺寸的增加严重影响了其放电可逆容量。Delacourt 等[52]用沉淀法合成 100nm 的磷酸锰锂颗粒，相比尺寸为 1μm 的磷酸锰锂放电比容量为 35mA · h/g，其比容量增加到 70mA · h/g。材料达到纳米级水平，实质上是增大了材料的比表面积，同时纳米颗粒能够克服动力学问题，提高了材料中锂离子的表观扩散系数。提高材料的比表面积和减少材料的颗粒大小是改善材料的倍率性能的有效途径，但是纳米颗粒增加了表面反应活性和不可逆的副反应。

11.3 硅酸铁锂正极材料

2005 年以来，Nyten 等[53]相继报道了硅酸铁锂（Li_2FeSiO_4）的研究进展，因其价格低廉，环境友好，循环性能好，引起了国内外研究团体的广泛关注。硅酸铁锂具有原料资源丰富、价格便宜、无毒、无污染、热稳定性好、安全性高等优点[54]。硅酸盐与磷酸盐具有相似的化学稳定性能，且硅酸铁锂具有更低的 Fe^{2+}/Fe^{3+} 氧化还原电对的费米能级，使晶体结构更加趋于稳定，硅酸盐相对于磷酸盐具有较小的电子禁带和较高的电子电导率[55]。通过理论计算得到硅酸铁锂的电子禁带宽度为 0.15eV[56]。但硅酸铁锂电子电导率与粒子扩散系数相对来说也比较低，室温下即使以小电流充放电，其放电比容量都很难达到理论比容量。由于电解质的原因，Li_2MSiO_4 正极材料在实验中的电压只能在 5V 以内，而硅酸铁锂中只有硅酸铁锂与硅酸锰锂的充放电电位在 5V 以内，因此硅酸铁锂正极材料就成为研究的重点。硅酸铁锂有着良好的可逆性和循环性，但较其他硅系材料 Li_2MSiO_4（M＝Mn、Co、Ni）的缺点是理论容量低，所以如何提高 Li_2FeSiO_4 的理论容量成为一个重要的课题。硅酸铁锂材料的研究还有一个重要的意义，就是可以打破磷酸铁锂的专利垄断。

11.3.1 硅酸铁锂材料的结构和基本性能

硅酸铁锂具有与 Li_3PO_4 类似的晶体结构，是由结晶结构内的四氧化铁四面体和四氧化硅四面体构成的一维链状结构，如图 11.10 所示[57]。晶体属于正交晶系,空间群为 $Pmn2_1$,晶格常数 $a=0.62661$nm,$b=0.53295$nm,$c=0.50148$nm。在 Li_2FeSiO_4 结构中,所有原子都以四面体配位形式存在,氧原子以正四面体紧密堆积方式排列。

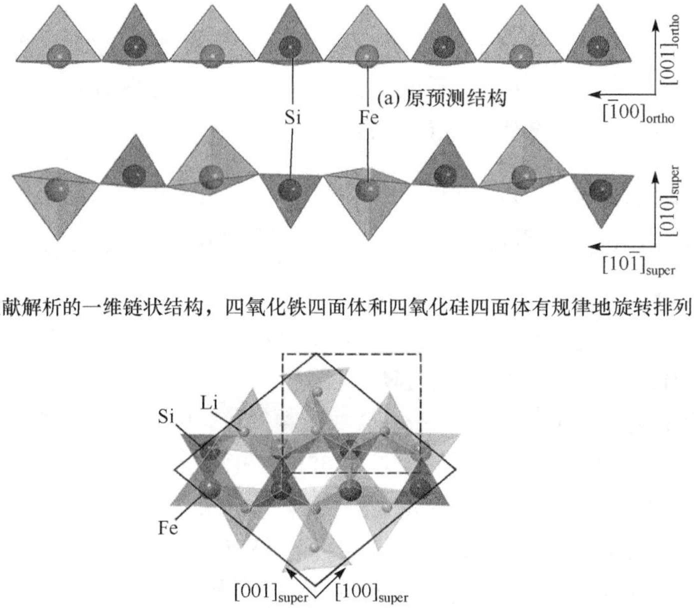

(a) 原预测结构

(b) 文献解析的一维链状结构，四氧化铁四面体和四氧化硅四面体有规律地旋转排列

(c) 显示基本的格子结构和结晶特征的超格子结构

图 11.10　Li_2FeSiO_4 结构示意图[57]

Li、Fe 与 Si 各自处于氧原子四面体中心位置,各自与 4 个氧原子分别形成 LiO_4、FeO_4 和 SiO_4 四面体结构,多个平行于 ab 平面的波状[$SiFeO_4$]层沿 c 轴方向通过 LiO_4 四面体连接构成 Li_2FeSiO_4。在层内每个 SiO_4 四面体四个角上的氧原子分别与相邻的 FeO_4 四面体共用,而每个 FeO_4 四面体四个角上的氧原子也分别与相邻的 SiO_4 四面体共用。锂离子则占用相邻[$SiFeO_4$]层之间的四面体位置,因此对于 LiO_4 四面体,其中 3 个氧原子位于同一[$SiFeO_4$]层,第 4 个氧原子则位于另一[$SiFeO_4$]层。由于 LiO_4 四面体通过共用顶点的方式沿 a 轴成行排列,使这种结构中具有便于锂离子嵌入/脱出的运动通道。

硅酸铁锂的理论比容量为 166mA · h/g,相对于金属锂的放电电压平台为 2.76V 左右。硅酸铁锂充放电过程中是两相共存的过程。随着锂离子的嵌入和脱出,材料在 $LiFeSiO_4$ 和 Li_2FeSiO_4 之间转换,即对应 Fe^{3+}/Fe^{2+} 的相互转换。Larsson 等[55]研究表明,硅酸铁锂是一种半导体材料,其电子禁带为 0.15eV,在室温下导电性较差;$LiFeSiO_4$ 的电子禁带为 1.1eV,在室温下基本上不导电。$LiFeSiO_4$ 和 Li_2FeSiO_4 有相同的空间群。Li_2FeSiO_4 的晶胞体积为 $0.1675nm^3$,

$LiFeSiO_4$的晶胞体积为0.1696nm^3，二者相差只有1.25%。在充放电过程中由于体积变化都很小，不至于造成颗粒变形和破裂，从而颗粒与颗粒、颗粒与导电剂之间的电接触在充放过程中不会受到破坏。因此，该材料可以具有较好的循环充放电性能。但硅酸铁锂的电子电导率远低于其他正极材料，在60℃时仅为2×10^{-12} S/cm；而且在充放电过程中，锂离子在硅酸铁锂和硅酸铁两相中的扩散系数也很小，因此充放电过程受低的电子电导率和低的离子扩散率控制，室温下即使以小电流充放电，其放电比容量都很难达到理论比容量。

11.3.2 硅酸铁锂材料的合成

目前，已报道的硅酸铁锂的制备方法主要有固相合成法、溶胶-凝胶法、水热合成法和微波合成法。

固相合成法 Nyten等[53]通过高温固相法以硅酸锂(Li_2SiO_3)、草酸亚铁($FeC_2O_4\cdot2H_2O$)和正硅酸乙酯($Si(OC_2H_5)_4$)为原料合成了Li_2FeSiO_4/C复合材料。最终合成的材料粒径在150nm左右。在60℃、C/16倍率、电压为2.0～3.7V的测试条件下，前2次充电比容量高达165mA·h/g(理论比容量的99%)，放电比容量为110mA·h/g左右；循环3次后充电比容量稳定在140mA·h/g左右，放电比容量稳定在130mA·h/g左右，呈现出了良好的充放电可逆性；循环10次后容量保持率为84%。这一现象与Larsson等[55]提出的结构转变理论是一致的。任冰等[57]、向楷雄等[58]采用固相法合成锂离子电池正极材料Li_2FeSiO_4/C，研究了合成温度对材料结构和电化学性能的影响。对不同焙烧温度下合成的Li_2FeSiO_4/C材料的电化学性能进行了研究。结果表明，650℃合成的Li_2FeSiO_4/C材料电化学性能最佳，在C/16的倍率下首次放电比容量达到144.8mA·h/g；10次循环后比容量仍保持有136.5mA·h/g。高温固相法具有设备和工艺简单，机械化程度高以及工艺操作简单等特点，但基于高温固相反应本身的限制，由于高温下长时间的热处理，导致产物粒度较粗，粒径分布范围广，电化学活性不足。因此，降低合成温度、缩短反应时间、减小粒径，是改善固相合成产物性能的关键。

溶胶-凝胶法 Dominko[59]提出以物质的量的比为1∶1的柠檬酸铁和硝酸铁的混合物、CH_3COOLi和SiO_2粉末为原料，将CH_3COOLi和铁(Ⅲ)离子混合物分别溶解于水后，将三者混合并置于超声水浴中搅拌1h，维持10h使其形成溶胶。将得到的溶胶在60℃干燥24h以上。经过研磨后将得到的粉末于700℃的惰性气氛下反应1h后冷却至室温得到Li_2FeSiO_4。制得的样品平均粒径在100nm左右，存在一定程度的团聚现象。C/2倍率下，循环10次后可逆容量保持率仍为75%。Wu等[60]以$CH_3COOLi_2\cdot2H_2O$、$FeC_2O_4\cdot2H_2O$和$Si(OC_2H_5)_4$为原料，丙酮为分散剂，少量的乙酸作为催化剂，于80℃回流搅拌24h；再以无水乙醇为分散剂，将得到的粉末与蔗糖通过高速球磨混合均匀，将无水乙醇挥发后得到的前驱体在氮气气氛下于 600℃保温 10h,得到 Li_2FeSiO_4/C,平均微晶尺寸在 60～120nm。在 1.5～4.8V 电压范围内,C/16 倍率下的首次放电比容量为 136mA · h/g;但在 2C 倍率下首次放电比容量仅为 80mA · h/g;循环 50 次后比容量衰减为 12.4%。此后 Gong 等[61]又提出了改进的水热-凝胶法合成 Li_2FeSiO_4/C。与前者不同的在于,采用易溶解的醋酸亚铁作为铁源,从而在前驱体的制备过程中实现原料在分子水平上的均相混合。XRD 分析表明,该材料为单一相结构,平均微晶尺寸在 40～80nm,在 30℃、1.5～ 4.8V 电压范围及 C/16 倍率下的首次放电比容量高达 160mA · h/g(理论值的 96%);循环 50 次后比容量几乎无衰减。同时在 2C、5C 和 10C 倍率下的首次放电比容量分别为 125mA · h/g、91mA · h/g 和 78mA · h/g,体现了材料良好的高倍率充放电性能。

水热合成法　水热合成法与固相法及溶胶-凝胶法相比,其流程简单,在工业应用中有很大优势,但大型耐高温高压反应器的设计制造难度大,造价高,而且通过此方法制备的材料结构中存在铁错位的现象,影响电化学性能。Dominko 等[62]以氢氧化锂和二氧化硅和四水合氯化亚铁为原料,将氢氧化锂和二氧化硅均匀分散于氯化亚铁溶液中后转移到不锈钢制的密闭高压釜中,于 150℃恒温反应 14 天,然后将得到的绿色粉末在氩气气氛下用蒸馏水反复洗涤,再 50℃干燥 24h 可得到 Li_2FeSiO_4 粉体。

微波合成法　微波是一种电磁波,在磁场中一些分子会被极化。尽管在微波频率下偶极子极化是一种重要的机制,但其在微波频率下不能对介电材料起加热作用。胡国荣等[63]采用机械球磨结合微波热处理合成了硅酸铁锂正极材料。微波合成法可以快速制备具有正交结构的硅酸铁锂材料,在 650℃时处理 12min,获得了纯度高、晶粒细小均匀的产物。该产物具有较高的放电比容量和良好的循环性能。在 60℃下,以 C/20 倍率进行充放电,首次放电比容量为 119.5mA · h/g,10 次循环后放电比容量为 116.2mA · h/g。与传统高温固相法相比,微波合成法制备的材料具有较高的纯度、均匀的形貌。微波合成硅酸铁锂正极材料过程升温快速、反应速率快、合成时间短、产率高,得到的颗粒粒度分布均匀,但合成得到的材料的电化学性能不是很理想,需要采取其他辅助措施或方法来改善其电化学性能。

11.3.3　硅酸铁锂材料的改性研究

影响硅酸铁锂的电化学性能的因素两种[64]:一是锂离子的嵌入/脱出发生在单个的活性硅酸铁锂颗粒内部,内部结构(与合成方法关系较大)严重地制约着离子和电子在单个颗粒里传导;二是电极的形态,如颗粒尺寸大小和分布、导电剂和黏结剂的成分、颗粒接触情况、电池工作温度等一系列条件的综合,都会影响电极的性能。

表面包覆是改善材料电导率的常用方法之一，一方面可增强粒子间的导电性，减少电池的极化；另一方面能为电极材料提供电子隧道，以补偿锂离子嵌脱过程中的电荷平衡。

掺杂也是稳定材料结构，改善材料性能的常用方法。对硅酸铁锂进行活性炭添加处理，只是提高了粒子间的导电性，但并不能提高硅酸铁锂晶粒的导电能力，而有选择地掺入某些金属离子，则有可能获得高的电子导电性与离子导电性。理论上分析，硅酸铁锂有望通过锂位掺杂和铁位掺杂来改善其倍率性能和循环性能。从目前的研究来看，效果最明显的是金属离子 Mn 的铁位掺杂改性，利用从＋2 价氧化到＋4 价，$Li_2Mn_xFe_{1-x}SiO_4$ 可以进行多于 1 个电子的反应：

$$Li_2^+(Fe_{1-x}^{2+}Mn_{2+x})SiO_4 \longrightarrow Li_{1-x}^+(Fe_{1-x}^{3+}Mn_x^{4+})SiO_4 + (1+x)Li^+ + (1+x)e^- \tag{11.5}$$

掺杂 Mn 元素及包覆 C，从而以 Li_2FeSiO_4、Li_2FeSiO_4/C 和 $Li_2Fe_{0.9}Mn_{0.1}SiO_4/C$ 为正极材料组装成扣式电池，在 1.5～4.8V 范围内以 C/16 的倍率进行充放电测试，得到的首次充放电性能曲线如图 11.11 所示。

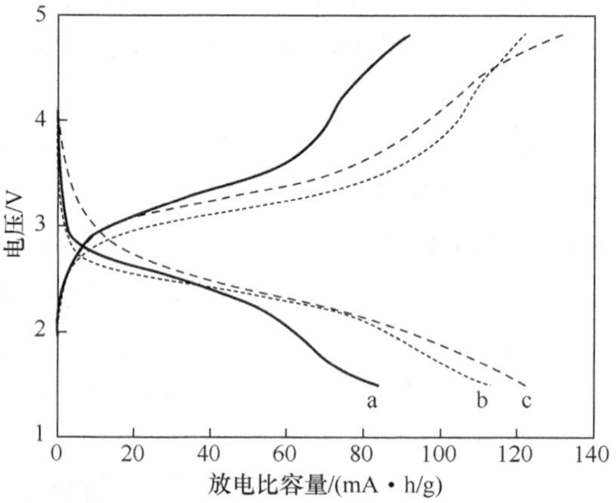

图 11.11 C/16 倍率下不同样品的首次充放电曲线

（a：Li_2FeSiO_4；b：Li_2FeSiO_4/C；c：$Li_2Fe_{0.9}Mn_{0.1}SiO_4/C$）

从图中可以看出：Li_2FeSiO_4、Li_2FeSiO_4/C 和 $Li_2Fe_{0.9}Mn_{0.1}SiO_4/C$ 都在 2.7V 左右出现充放电平台，但 Li_2FeSiO_4/C 和 $Li_2Fe_{0.9}Mn_{0.1}SiO_4/C$ 的放电平台较长，Li_2FeSiO_4/C、$Li_2Fe_{0.9}Mn_{0.1}SiO_4/C$ 和 Li_2FeSiO_4 的首次放电比容量分别为 112mA・h/g、122mA・h/g 和 83mA・h/g。与纯的 Li_2FeSiO_4 相比，Li_2FeSiO_4/C 和 $Li_2Fe_{0.9}Mn_{0.1}SiO_4/C$ 的放电比容量分别提高了 34.9%和 47.0%，表明少量的碳和锰离子的掺杂有利于提高材料的比容量。

在充电过程中，锂离子从材料中脱出，从而形成新的 $LiFeSiO_4$ 相，并形成相界面。在放电过程中，锂离子插入材料形成硅酸铁锂相。根据 Andersson 等[65]的理论，在锂脱嵌过程中，颗粒粒径越小，锂离子扩散路程越短，在颗粒中心附近的活性物质就越易利用。在 Li_2FeSiO_4/C 样品中，由于蔗糖在焙烧过程中能够充分碳化，形成高度分散的碳颗粒，分散在硅酸铁锂颗粒之间或包覆在颗粒表面，形成更小且均匀的 Li_2FeSiO_4/C 颗粒，减小了锂离子的扩散路径，有利于锂离子的嵌入和脱出，从而提高产物的电化学性能。而少量 Mn 离子的掺杂能够在一定程度上改善硅酸铁锂放电容量，是因为 Mn^{2+} (0.080nm) 取代四面体位上的 Fe^{2+} (0.076nm)，增大了晶胞体积，更有利于锂的脱嵌。

图 11.12 为 Li_2FeSiO_4、Li_2FeSiO_4/C 和 $Li_2Fe_{0.9}Mn_{0.1}SiO_4/C$ 样品在 C/16 倍率下的循环性能曲线。

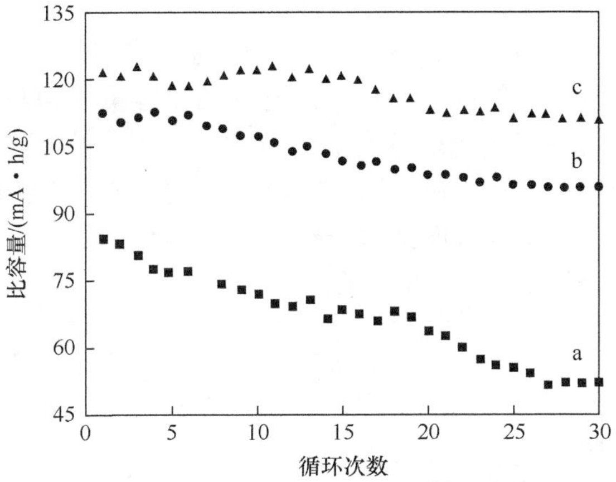

图 11.12　C/16 倍率下各样品的循环性能曲线

(a: Li_2FeSiO_4; b: Li_2FeSiO_4/C; c: $Li_2Fe_{0.9}Mn_{0.1}SiO_4/C$)

可见随着循环次数的增加，样品的比容量均逐渐下降，循环 30 次后，Li_2FeSiO_4 样品比容量由 83mA · h/g 下降到 51mA · h/g，容量衰减了 39%；而 Li_2FeSiO_4/C 样品的比容量变化较小，由 112mA · h/g 下降到 96mA · h/g，容量衰减仅 14%；$Li_2Fe_{0.9}Mn_{0.1}SiO_4/C$ 样品比容量从 122mA · h/g 下降到 111mA · h/g，容量衰减仅 9%，平均循环每次衰减 0.367mA · h/g。碳表面包覆改性对硅酸铁锂电化学性能的提高主要是通过提高活性物质颗粒之间以及活性物质与导电剂之间的接触，提高粒子间导电性并减少电池极化而实现的，但是这种表面改性方式对硅酸铁锂颗粒内部导电性的提高贡献不大。

硅酸铁锂是一种半导体，导带与价带之间的能级宽度约为 0.15eV，由于锰掺杂可导致晶体结构产生缺陷，增加了硅酸铁锂中 Fe^{3+} 与 Fe^{2+} 共存态的浓度[66]，从而在电池的充电过程中，Fe^{3+} 与 Fe^{2+} 的浓度比会发生变化，使得 Li_2FeSiO_4 晶体也在P型与N型之间发生变化。单独的Fe^{2+}和Fe^{3+}的导电性都比较差，掺杂后形成的Fe^{3+}与Fe^{2+}混合价态，可以有效地增强硅酸铁锂的导电性，从而使得材料的充放电性能与循环稳定性有所改善。

11.4 硼酸铁锂正极材料

2010年日本学者Yamada等[67]首次发表了关于硼酸铁锂($LiFeBO_3$)正极材料的电化学特性的研究论文。与磷酸铁锂相比，硼酸铁锂的优势在于：更大的比容量(约220mA·h/g)，更高的导电性(电导率约3.9×10^{-7}S/cm)，极小的体积变化率(约2%)。这一材料可作为磷酸铁锂的替代材料。从结构上来说，BO_3^{3-}的摩尔质量比PO_4^{3-}小得多(58.8g/mol<95g/mol)，且硼酸铁锂的结构能够同时提供锂离子电导和电子电导。但是这种材料有一致命的缺陷，就是对水和氧气都比较敏感。室温下少量的空气接触就会使得这个材料的比容量迅速降至70mA·h/g，对其商业化应用前景带来很大的障碍[68]。

Yamada等[67]用三氧化二硼、草酸亚铁和碳酸锂合成了硼酸铁锂($LiFeBO_3$)。硼酸铁锂材料用C/20充放电曲线，循环到20次，截止电压4.5V，放电截止电流1mA/g，其充放电性能如图11.13所示。

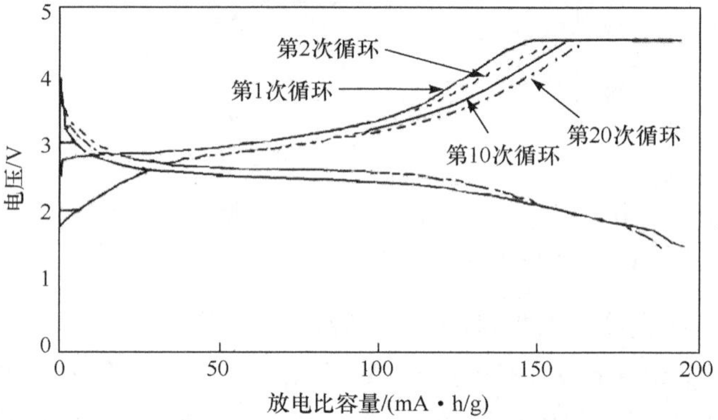

图11.13 $LiFeBO_3$正极材料的充放电性能

在国内，杨驰等以偏硼酸锂($LiBO_2$)和氧化铁(Fe_2O_3)为原料，采用固相还原法合成了正极材料硼酸铁锂，得出的产物是单一的硼酸铁锂相，表面光滑均匀，铁主要以二价形态存在。在1.5～4.5V循环，硼酸铁锂的首次放电比容量可达195.2mA·h/g，放电电压平台在2.2V左右。在600℃下，煅烧24h制备的硼酸铁锂的电化学性能较好，以0.5C循环50次，容量仅衰减2.9%。该合成方法是碳热还原法的一种，材料的前期制备过程不需要特殊惰性气氛保护，克服了以前相关研究中使用二价铁为原料的不足[68,69]。

硼酸铁锂正极材料在空气中暴露极易吸收空气中的水分从而对材料的电化学性产生很大影响。常用的解决办法是对材料表面进行包覆。针对这一点，杨驰等以偏硼酸锂和三氧化二铁为原料，采用固相反应合成了硼酸铁锂，并对该材料进行有机硅聚合物包覆保护处理，可以合成出具有电化学活性的锂离子电池用正极材料硼酸铁锂。材料的初始放电比容量达到 195mA · h/g 左右，0.5C 充放电循环 50 次后容量衰减只有 4.3%。用硅聚合物包覆后的硼酸铁锂对空气中氧和水分具有一定的抵御性能，这是由于硅聚合物包覆后，硼酸铁锂表面形成了一层保护膜，从而抵制了空气中氧和水分的侵害。表面上包覆的硅聚合物不必在正极材料使用时除去，可直接用于材料制浆时的黏合剂。图 11.14 为不同量聚合物包覆后的 0.5C 充放电循环曲线[70]。

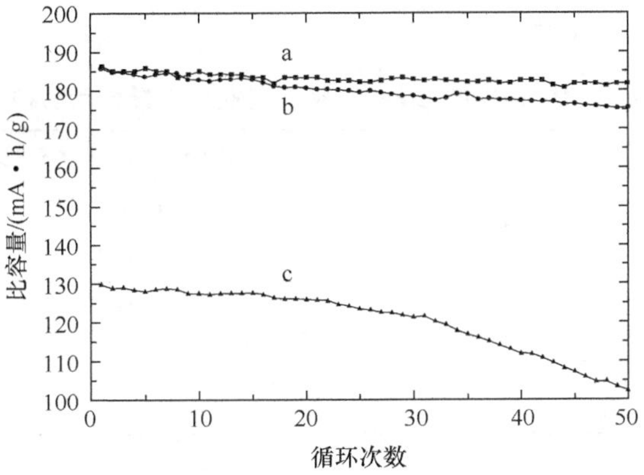

图 11.14　不同聚合物包覆量的 $LiFeBO_3$ 材料 0.5C 充放电循环曲线
(a:5%; b:3%; c:0)

可见利用聚合物包覆有效地改善了硼酸铁锂材料的性能。图 11.15 为硼酸铁锂首次和第 50 次充放电循环曲线。第 50 次循环时仍有 181mA · h/g 的放电比容量。

王洪等以草酸亚铁和偏硼酸锂为原料，采用固相反应合成了硼酸铁锂，并用乙丙共聚物(EPM)对该材料进行包覆保护处理，发现包覆 EPM 后的硼酸铁锂具有更好的电化学性能。5%EPM 包覆的硼酸锂首次放电比容量可达 190mA · h/g，0.5C 下充放电循环 50 次后容量衰减只有 4.2%。用乙丙共聚物包覆后的硼酸铁锂对空气中氧和水分具有一定的抵御性能。表 11.4 为不同量 EPM 包覆的硼酸铁锂材料经空气中暴露一定时间后的初始容量变化情况。可见包覆对硼酸铁锂材料的应用具有重要的作用[71]。

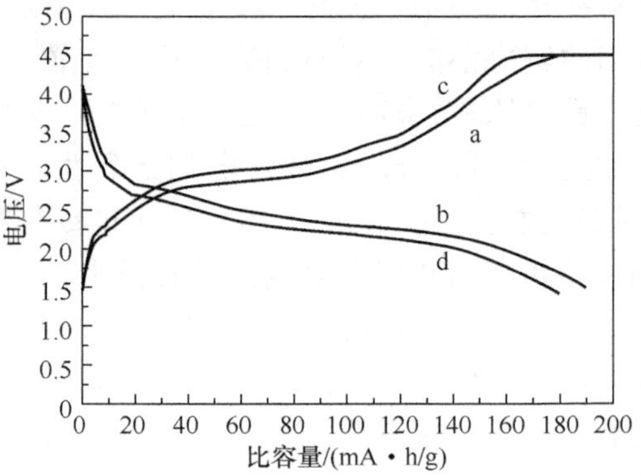

图 11.15　$LiFeBO_3$材料首次和第 50 次循环充放电曲线

(a 和 b:第 1 次充放电; c 和 d:第 50 次充放电)

表 11.4　EPM 包覆的 $LiFeBO_3$ 材料经空气中暴露后的初始容量

样　品	初始比容量/(mA · h/g)		
	暴露 0 天	暴露 1 天	暴露 7 天
未包覆样品比容量	193	106	32
3%EPM 包覆样品比容量	191	186	123
5%EPM 包覆样品比容量	190	187	156
6%EPM 包覆样品比容量	189	188	158

11.5　富锂层状正极材料

11.5.1　富锂层状材料的基本性能

正极材料与负极材料都是锂离子电池重要组成部分。目前锂离子电池负极材料比容量通常在 300mA · h/g 以上,而正极材料比容量始终徘徊在 150mA · h/g 以下。正极材料正在成为锂离子电池性能进一步提升的“瓶颈”。富锂层状结构正极材料 $Li_{1+x}A_{1-x}O_2$(A 为 Ti,Cr,Fe,Co,Ni,Mn 等多种金属原子的组合)是一类新型正极材料,其理论比容量超过 300mA · h/g,实际可利用比容量大于 200mA · h/g,成为发展能量密度(大于 300W · h/kg)锂离子电池的重要候选正极材料,近年来受到人们的广泛关注。这类材料可以用 $xLi_2MO_3 \cdot (1-x)LiM'O_2$(M 为 Mn,Ti,Zr 之一或任意组合,M′为 Mn,Ni,Co 之一或任意组合,$0 \leqslant x \leqslant 1$)形式表示。由于其组成与结构的特殊性,这类富锂层状正极材料的充放电机理也不同于其他含锂过渡金属氧化物正极材料[72]。

近年来,许多学者在探求新型锂离子正极材料的路上,将视线放在了高锂比正极材料上。特别是锰基锰/镍二元及锰基锰/镍/钴三元固溶体系的高锂比正极材料，以其优异的高比容量、高稳定性及相对低廉的成本而受到人们的关注。这类材料主要成分范围以富锂镍锰 $Li[Li_{1/3-2x/3}Ni_xMn_{2/3-x/3}]O_2$、富锂锰钴 $Li[Co_xLi_{(1/3-x/3)}Mn_{(2/3-2x)/3}]O_2$ 及三元材料 $Li[Co_yMn_xNi_{1-x-y}]O_2$ 等形式为主。其主要特点有：

（1）放电比容量高。传统的锂离子电池正极材料中，$LiNiO_2$ 的比容量最高，可达到 200mA·h/g，但因为合成条件苛刻而不易制备。而在近期研究中，合成的 $Li[Ni_{0.20}Li_{0.20}Mn_{0.60}]O_2$ 的比容量在 30 次循环后仍可高达 280mA·h/g，且可以保持较高的循环稳定性。

（2）可逆容量高，循环稳定性好。Jiang 等[72]在研究 $Li[(Ni_{0.5}Mn_{0.5})_xCo_y(Li_{1/3}Mn_{2/3})_{1/3}]O_2$（$x+y=2/3$，$y=1/12$，1/6）材料中发现，该富锂材料在 70 次循环后，仍保持了 85％的放电比容量。

（3）污染小。由于过量的 Li 的掺入，使得 Co、Ni、Mn 三种元素在材料中的比例减小，特别是 Co 和 Ni 的比例大幅减少，从而使富锂材料相较于传统锂离子电池正极材料的 $LiCoO_2$、$LiNiO_2$、$LiMn_2O_4$、$LiMnO_2$ 以及 L333 材料，都降低了对环境的污染。

（4）结构较稳定。Myung 等[73]在研究富锂材料 $Li[(Ni_{0.5}Mn_{0.5})_{1-x}Li_x]O_2$ 时发现，过量的锂定位于过渡金属层，且由于过量的锂的存在，提高了晶体结构的稳定性，具有优异的循环稳定性及化学稳定性。

（5）放电平台宽。在研究富锂材料 $xLi_2MnO_3\cdot(1-x)LiMn_{0.5}Ni_{0.5}O_2$ 时，Johnson 等[74]发现该材料在 2.0～5.0V 循环时，比容量可达到 250mA·h/g。

（6）缺点或不足。虽然富锂材料是一种有前景的材料，但也存在衰减严重等问题。例如，有些富锂材料虽然首次充放电比容量高达 288mA·h/g，但是经过一次循环后，表现出不可逆比容量高的性质，其放电比容量立即锐减至 110mA·h/g[75]。

富锂锰基镍/锰二元固溶体系 $Li[Li_{1/3-2x/3}Ni_xMn_{2/3-x/3}]O_2$ 可以看成是 Li_2MnO_3 与 $LiNiO_2$ 的固溶体系。Li_2MnO_3 也可以表示为 $Li[Li_{1/3}Mn_{2/3}]O_2$，对其进行 Ni 掺杂，就得到了 $Li[Li_{1/3-2x/3}Ni_xMn_{2/3-x/3}]O_2$ 系正极材料。其中，锂离子占据 3*a* 的位置，Ni^{3+}、Mn^{4+} 和部分过量的锂离子随机占据 3*b* 位置，O^{2-} 占据 6*c* 位置。3 种金属元素在材料中起着不同的作用，且它们各自的含量对材料的性质也有很大的影响。具体描述如下：

（1）Mn 的结构形态及作用机理。Mn^{4+} 有着良好的电化学惰性，不同于 Mn^{3+}。Mn^{3+} 在材料充放电循环过程中会参与电极的氧化-还原反应，随着时间的延续，在电极表面发生 Jahn-Teller 效应，从而导致电极材料变形，影响材料的电化学性能。Mn^{4+} 在循环过程中不参与氧化-还原反应，使材料保持着稳定的结构，这种稳定的层状骨架结构正是材料能长期稳定且高效工作的保障。研究表明，Mn

在材料中的含量很大程度上影响着材料的循环稳定性，当 Mn 含量在过渡金属总量中的比例小于 0.43 时，将会导致材料的循环稳定性变差[76,77]。

(2) Ni 的结构形态及作用机理。Ni 是材料的主要活性物质之一，在充放电过程中，主要是 Ni^{2+} 与 Ni^{4+} 发生相互转换。一般而言，Ni 元素的掺入更有利于材料在高放电倍率下保持较高的容量，但 Ni 含量也不是越高越好，超过最佳值，材料的性能会下降。Ni 含量对材料性能的影响大致如下：随着 Ni 含量的过分增加，材料的初始充放电容量减少；相对而言，低 Ni 含量材料的放电容量较高。从微观角度来看，产生上述现象的主要原因是：Ni 元素各价态的离子半径差异比较大。Ni^{2+} 半径和锂离子半径相差不大，在循环过程中容易发生 $3b$ 位置的 Ni^{2+} 和 $3a$ 位置的锂离子混排现象，导致了材料的充放电容量降低；在 Ni 发生氧化-还原反应的同时，由于 Ni 元素各价态的离子半径的变化较大，导致材料的结构不稳定[78]。

(3) 锂离子占据过渡金属位置对材料的影响。锂离子占据过渡金属位置，能够提高材料的容量。有人对 $LiNi_xMn_{1-x}O_2$ 材料进行了研究，其放电比容量大约在 140mA·h/g(2.8～4.6V)；采用富锂方式，如 $Li[Li_{0.2}Ni_{0.2}Mn_{0.6}]O_2$，其放电比容量可以达到 200mA·h/g(2.8～4.6V)。考虑到材料的充放电比容量主要由活性物质 Ni 的氧化-还原反应所产生，以 $Li[Li_{0.15}Ni_{0.275}Mn_{0.575}]O_2$ 和 $Li[Li_{0.2}Ni_{0.2}Mn_{0.6}]O_2$ 为例，它们的理论放电比容量应该分别为 167mA·h/g 和 126mA·h/g，然而实际比容量却远远大于理论比容量。关于这个现象，有研究发现：利用循环伏安法可以观察到非富锂的材料只存在一对在 3.8V 和 3.7V 处的明显的氧化还原峰，而富锂材料中除了上述的主峰外，在 3.3V 和 3.1V 处出现了微小的氧化还原峰，这可能是容量提高的原因所在。

图 11.16 为江西某公司提供的商业富锂锰系材料 SEM 图像[79]。

图 11.16　江西某公司产富锂锰系材料 SEM 图像

11.5.2　富锂层状材料的合成方法

目前，合成富锂层状正极材料的方法有共沉淀法、溶胶-凝胶法、水热法等。

共沉淀法　最常用的共沉淀体系有氢氧化物体系、碳酸盐体系和草酸盐体系。王绥军等[80]采用共沉淀法和固相法合成 $Li[Ni_xLi_{1/3-2x/3}Mn_{2/3-x/3}]O_2$（$x=1/5$，1/4，1/3）。利用 $NiSO_4$、$MnSO_4$与 LiOH 在水溶液中反应，调节 pH 和反应温度，共析出 $Mn(OH)_2$沉淀，再将生成的前驱体与 $LiOH \cdot H_2O$ 混合均匀，在高温下煅烧制成富锂正极材料。电化学测试表明，在 40mA/g、2.0～4.8V 下，电极材料首次放电比容量为 220mA · h/g，最后稳定在 200mA · h/g 左右。Lee 等[81]采用碳酸盐共沉淀法合成了前驱体（$Ni_{0.25}Mn_{0.75}$）CO_3，在将其与 $LiOH \cdot H_2O$ 混合并在 900℃下煅烧 20h 得到 $Li[Li_{0.2}Ni_{0.2}Mn_{0.6}]O_2$。在 20mA/g、2.0～4.6V 下，电极材料首次放电比容量为 265mA · h/g，经 50 次循环后比容量保持在 244mA · h/g 左右。

溶胶-凝胶法　Tang 等[82]以柠檬酸为螯合剂合成 $Li_{1+y}Ni_{0.5}Al_xMn_{0.5-x}O_2$。电化学性能研究表明，在 28mA/g、2.5～4.7V 下，$Li_{1.05}Ni_{0.5}Al_{0.05}Mn_{0.45}O_2$首次放电比容量为 192mA · h/g，经过 30 次循环之后的放电比容量为 188mA · h/g。Kim 等[83]以葡萄糖、PVA 为溶胶-凝胶剂合成的 $xLi_2MnO_3 \cdot (1-x)LiCoO_2$层状结构良好，电化学性能研究表明，在 100mA/g、2.0～4.6V 下，$Li[Li_{0.2}Co_{0.4}Mn_{0.4}]O_2$经过 50 次循环之后的放电比容量为 180mA · h/g，容量保持率 94%。

水热法　Huang 等[84]将 $LiOH \cdot H_2O$ 溶于去离子水中，然后逐滴加到注有 $MnSO_4$和$(NH_4)_2S_2O_8$的高压反应釜中，将其密封，在 180℃加热 48h，得到纳米尺寸的 $LiMnO_2 \cdot Li_2MnO_3$。电化学性能测试表明，在 200mA/g 放电电流下，电极材料的首次放电比容量达到 208mA · h/g，显示了较好的倍率性能。Lee 等[85]以 $Co_{0.4}Mn_{0.6}O_2$ 为前驱体，与 LiOH 在 200℃ 水热合成具有纳米线结构的 $Li_{0.88}[Li_{0.18}Co_{0.33}Mn_{0.49}]O_2$。在 240mA/g、2.0～4.8V 充放电条件下，经过 50 次循环之后的放电比容量高达 217mA · h/g，显示了良好的倍率性能。

其他合成方法　杜柯等[86]采用机械活化法对原料进行预处理，使得 $LiOH \cdot H_2O$、Ni_2O_3、Co_3O_4 和 MnO_2 充分混合均匀，然后高温固相合成锂离子电池正极材料 $Li[Li_{0.2}Mn_{0.54}Ni_{0.13}Co_{0.13}]O_2$。60mA/g 充放电时首次放电比容量达 248.2mA · h/g，循环 50 次后放电比容量保持率为 96.45%；15mA/g 充放电时，首次放电比容量为 212.8mA · h/g，经 20 次循环后比容量保持率为 96.54%，具有良好的循环稳定性。Sun 等[87]用喷雾干燥的方法合成的 $xLi_2MnO_3 \cdot (1-x)LiCoO_2$（$0.5 \leqslant x \leqslant 0.93$）层状结构良好。Kim 等[88]通过离子交换方法合成了纳米片状的 $Li_{0.93}[Li_{0.21}Co_{0.28}Mn_{0.51}]O_2$，也显示了较高的倍率性能和较好的循环性能。

11.5.3　富锂层状材料的改性研究

在首次充放电过程中，当充电电压大于 4.5V 时，O 会从晶格中脱出。在首次放电接近结束时，过渡金属离子具有较低的氧化态[89]，富锂正极材料具有较高的可逆比容量(一般在 250mA·h/g 以上)。但是，首次循环过程中的不可逆比容量损失也很大，通常在 40～100mA·h/g[90]，材料的比容量也比较低。导致高充电容量和低放电容量的原因在于，首次放电结束时，氧离子空位消失引起材料结构中阴阳离子的重排，产生无缺陷结构的氧化物 MO_2，每两个氧离子空位的消失，会导致 Li 层中一个阳离子位置及过渡金属层中一个阳离子位置的消失[91]。在随后的充放电过程中，只有部分 Li 位允许锂离子的可逆嵌入与脱出[90]。这是材料的内禀性质，不可能通过改变外部条件而阻止其发生。电极材料结构的这种变化不利于其充放电循环稳定性。此外，在高充电电位时电解液的氧化分解也是导致容量损失的一个重要原因[92]。最后，绝缘相 Li_2MnO_3 的存在降低了材料的电导率[93]，这是材料放电容量低的又一个原因。含有绝缘相且首次库伦效率低使富锂正极材料不能满足电动车等应用对锂离子电池高功率密度、高能量密度及长寿命等性能的需求。为此，必须对材料进行改性。常用改性方法有：

表面包覆改性 通过表面包覆实现表面改性的作用可以总结为两个基本方面:第一，利用包覆材料对电解液中酸性物质的抗腐蚀作用，通过表面包覆减小电解质与活性材料之间的接触面积，减轻电解液对电极材料表面的腐蚀，抑制充放电过程中活性材料表面的副反应;第二，表面改性提高了载流子的扩散速率，改善了电极材料倍率性能。这可能包括以下三种情况:①包覆材料自身具有较高的电子电导(如金属铝)或离子电导(如 Li_3PO_4)或两者兼备(如石墨)。经过表面包覆后，改性(复合)材料的电导率得到显著提高。②虽然包覆材料自身不是电子或锂离子良导体，但是在复合电极材料进行电化学循环时，它们会与锂离子形成优良的锂离子导体，如 $RuO \rightarrow Li_xRuO_y$，$Al_2O_3 \rightarrow LiAl_{1-x}MO_2$[94～97]。③表面包覆材料中的金属离子扩散到活性材料晶格内部，稳定了电极材料的结构。例如，用 $AlPO_4$ 包覆电极材料[90]后，经过电化学反应，Al 扩散到电极材料晶格内部与氧形成很强的 Al—O 键，抑制了电极材料结构中 O 离子空位的扩散，更好地保留氧离子空位，减少不可逆容量损失。同时，在电极材料表面生成优良的锂离子导体 Li_3PO_4。这一过程与利用 $AlPO_4$ 对 $LiCoO_2$ 进行表面改性生成 Li_3PO_4 过程一致[98]。在很多情况下，这几个方面又是互相关联的，包覆材料所起的作用也可能不止一个方面。但是，这种传统的表面改性方法也存在自身的缺点，如包覆材料本身的电子电导率低(如大部分的金属氧化物)或离子电导率低(如金属铝)，某些改性材料在抑制电解质对活性材料的腐蚀作用的同时又会因与电解质发生副反应而导致体系的稳定性降低(如 RuO)。因此，除了传统表面改性方法之外，人们还针对富锂正极材料自身的特殊性尝试了其他的改性方法。

表面酸处理 在首次充电过程中，富锂电极材料的充电曲线在 4.5V 左右出现一个很长的平台。这是由于材料中非电化学活性的 Li_2MnO_3 相被活化，在 Li 脱嵌的同时伴有 O 的析出所致。所以富锂电极材料存在着较大的首次循环不可逆容量损失。通过对富锂材料作酸处理，可以从 Li_2MnO_3 相中除去 Li_2O 并同时活化 Li_2MnO_3 相，减小首次循环过程中不可逆容量损失。研究发现，在 0.1mol/L 的 HNO_3 溶液（pH＝1）中浸泡富锂电极材料可以将其首次库仑效率提高至近 100%，但材料的循环性能变得更差。实际上，当作表面酸处理时，在 Li_2O 从 Li_2MnO_3 结构中脱出的同时，H^+ 和 Li^+ 之间发生离子交换，发生溶解和脱水过程，如下式所示[99~101]：

$$Li[Li_{1/3}Mn_{2/3}]O_2 + H^+ \longrightarrow Li^+ + H[Li_{1/3}Mn_{2/3}]O_2 \tag{11.6}$$

$$H^+ + 3H[Li_{1/3}Mn_{2/3}]O_2 \longrightarrow 2MnO_2 + 2H_2O + Li^+ \tag{11.7}$$

因此，虽然酸处理可以提高富锂材料的首次库仑效率，但酸处理破坏了富锂材料的表面结构，使循环性能变差。所以在实际应用中，表面酸处理并不是一种有效的改性方法。

氟掺杂改性　Kang 等借鉴以往 Kubo 等[102]对 $LiMn_2O_4$ 和 Naghash 等[103]对 $Li(Ni,Co)O_2$ 进行 F 掺杂改性的方法，对 $Li[Li_{0.2}Ni_{0.15}Co_{0.1}Mn_{0.55}]O_2$ 进行 F 掺杂改性[104,105]。掺杂后的电极材料在室温下经过 40 次循环后，容量几乎无衰减，而未掺杂的容量保持率则仅有 79%。在 55℃高温循环时，改性材料的容量衰减很慢，未经改性材料的容量衰减较快。这表明，F 掺杂可能是一种提高材料循环稳定性（包括高温情况下）的有效方法。关于 F 掺杂能提高电极材料电化学性能的机理，Kang 等推测，F 进入材料晶格内部取代了部分 O 位置，形成的强氟氧键，降低了在高电压下材料表面氧的活性，抑制了氧析出，提高了电极材料结构稳定性，从而提高了电极材料充放电循环过程中循环稳定性。除此之外，对改性前后比表面积阻抗测试结果表明，F 掺杂后的电极材料比表面积阻抗降低。这可能是由于 F 掺杂导致了过渡金属离子价态的变化，从而增加了电极材料表面电导率。F 掺杂可能还会影响电极材料中锂离子的传导[106]和 Li 与 Ni 之间互占位情况[103]。F 掺杂改性对富锂正极材料具体改性机理仍需探索。

预循环处理　Kumagai 等[107]研究 $Li[Li_{0.27}Co_{0.20}Mn_{0.53}]O_2$ 发现，在充放电过程中，电极材料表面会出现微裂纹。在研究材料 $Li[Ni_{0.17}Li_{0.2}Co_{0.07}Mn_{0.56}]O_2$ 时，Ito 等[108,109]也观察到了类似现象。Ito 等认为，如果直接充电至 4.8V，富锂正极材料表面产生的缺陷会引起材料表面结构扭曲。为此，在测试材料的电化学性能时，他们先将材料分别在 2.0～(4.5V、4.6V、4.7V、4.8V) 各循环两次，然后在 2.0～4.8V循环。经过这种预循环处理后，电极材料的循环效率和容量保持率都得到了很大提高：未经预处理的电极材料在经过 50 次循环后容量保持率仅为 68%，而经过预处理材料的容量保持率则达到 90%以上。Ito 等认为，预循环处理减轻了充放电过程中对电极材料的结构破坏，但具体机理仍需要进一步的探索。

11.5.4 富锂层状材料的发展前景

对层状富锂正极材料 $x\mathrm{Li_2MO_3} \cdot (1-x)\mathrm{LiM'O_2}$ 的结构、合成方法和充放电机理以及为改善材料的循环稳定性和效率所做的各种改性方法、效果、各自优缺点和相关机理的研究已有很多。然而存在的一个重要问题是，虽然各研究小组都声称在不同程度上提高了富锂材料的循环稳定性及其他方面的性能，但由于不同研究者使用的原始材料不同，评价的标准和内容也不同，对不同改性方法和不同改性材料的改性效果还需作进一步考证。特别是，由于对富锂正极材料的表面改性研究还较少、较晚，人们对其表面改性的机理研究还比较肤浅。虽然也有人在表面改性之后也提出了各种表面改性机理，但很多研究者所提的表面改性机理是建立在简单的表象之上，缺乏令人信服的实验或理论证据。因此，有必要对不同改性方法的改性效果进行更加全面、客观、公正的评价，同时对改性机理进行深入系统的研究。实际上，人们在更早时候对 $\mathrm{LiCoO_2}$ 和 $\mathrm{LiMn_2O_4}$ 等锂离子电池正极材料已经做了非常多的表面和体相改性研究，积累了非常丰富的表面改性与体相掺杂经验，对改性机理也有了非常深刻的认识，含锂过渡金属氧化物的富锂正极材料一定与 $\mathrm{LiCoO_2}$、$\mathrm{LiMn_2O_4}$ 有许多相似之处，因此以前的某些改性方法也完全可以借鉴到富锂层状正极材料的性能改善中。

11.6 正极材料后续展望

Xu 等对近年来出现的一些有应用潜力的正极材料进行了总结和综述，结果如图 11.17 所示[110]。可以看出，一些正极材料的进步历程以及磷酸铁锂与其他材料

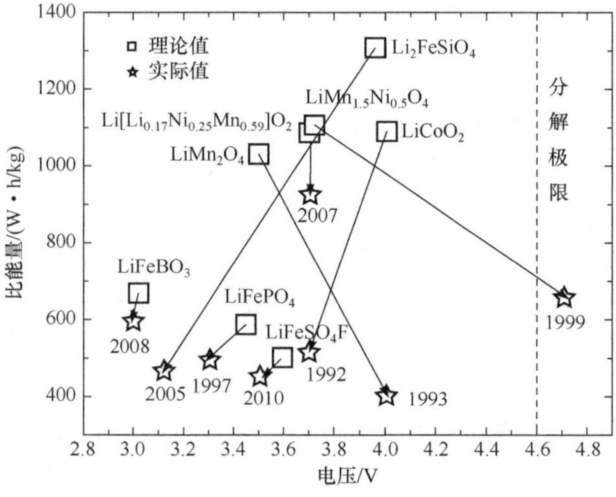

图 11.17 正极材料理论和实际比能量(不同时期)总结[110]

相比的弱点。

目前，中国动力和大容量锂电池产业发展主要有三条技术路线：磷酸铁锂系、锰酸锂系和三元材料体系。这三条技术路线各有优缺点。磷酸铁锂系是目前国内大多数企业采用的技术路线，安全性好，质量可靠性最高，价格也已经降低到合理的水平（已经有厂家可提供 6 万～7 万元/t，0.2C 放电比容量达到 150mA·h/g 的材料）；其缺点在于核心技术的专利在国外，存有知识产权隐患，产品一致性不容易控制。锰酸锂起步早，技术较为成熟，容易通过电压监控电池容量，价格低廉；其缺点是存在锰溶解，单体电池寿命短（500 次左右），耐高温性能差。三元材料体系的优点是体积比能量高、电压高、综合成本较低，在我国已经培育出配套产业群，形成大量的生产产能；缺点是用于大型电池依然存在严重的安全隐患。目前，各个路线还在处于激烈的竞争中，形势还不是很明朗。估计还要 2～3 年的时间才能形成各自适用的应用领域。2012 年，国内的磷酸铁锂市场需求不旺，大部分生产厂家还处于严冬中。因此，建议利用这段时间潜心研究，尽快进行技术升级和改造，提高工艺水平，迎接市场和周边环境的好转，为下一波动力电池应用的高峰做好准备。

参考文献

[1] 李月娇，洪亮，吴锋. 化学进展，2012，24(3)：47-53
[2] Cahill L S，Chapman R P，Britten J F，et al. Journal of Chemical Physics(B)，2006，110：7171-7177
[3] Yin S C，Grondey H，Nazar L F，et al. Journal of the American Chemical Society，2003，125(34)：10402-10411
[4] Huang H，Yin S C，Nazar L F，et al. Advanced Materials，2002，14(21)：1525-1528
[5] Saidi M Y，Barker J，Huang H，et al. Electrochemical and Solid-State Letters，2002，5(7)：A149-A151
[6] Saidi M Y，Barker J，Huang H，et al. Journal of Power Sources，2003，119-120：266-272
[7] Yang G，Ji H M，Liu H D，et al. Chemistry of Materials，2010，55：3669-3680
[8] Wang L，Huang Y D，Jiang R R，et al. Electrochimica Acta，2007，52：6778-6783
[9] Wang L，Jiang X Q，Li X，et al. Electrochimica Acta，2010，55：5057-5062
[10] Sato M，Ohkawa H，Yoshida K，et al. Solid State Ionics，2000，135(9)：137-142
[11] Padhi A K，Nanjundaswamy K S，Masquelier C，et al. Journal of the Electrochemical Society，1997，144(8)：2581-2586
[12] 杜晓永，何文，韩姗姗，等. 山东轻工业学院学报，2011，25(1)：9-27
[13] Wang L J，Zhou X C，Guo Y L. Chemistry of Materials，2010，195：2844-2850
[14] Tang A P，Wang X Y，Yang S Y，et al. Journal of Applied Electrochemistry，2008，38：1453-1457.
[15] 刘民忠，郭学益. 稀有金属材料工程，2009，38(7)：1184-1187

[16] Barker J, Saidi M Y, Swoyer J L. Journal of the Electrochemical Society, 2003, 150(6): 684-688
[17] Liu H W, Cheng C X. Electrochimica Acta, 2010, 55(5): 19-20
[18] 李丽，李国华，王石泉，等. 无机化学学报，2010，26(1)：126-131
[19] Brian L, Cushing B. Journal of Solid State Chemistry, 2001, 162(3): 176-181
[20] 陈权启，何伟春，王建明，等. 无机化学学报，2008，24(2)：181-190
[21] Chang S Y, Blocking J T, Chiang Y M. Nature Materials, 2002, (1): 123-128
[22] 杨改，应皆荣，姜长印，等. 清华大学学报(自然科学版)，2009，49(9)：121-124
[23] 屈超群，魏英进，姜涛. 无机材料学报，2012，27(6)：562-567
[24] 郭孝东，唐红，徐瑞，等. 高校化学工程学报，2012，26(3)：531-535
[25] 王秋霞，马化龙. 矿产保护与利用，2009，(5)：47-50
[26] Padhi A K, Nanjundaswamy K S, Goodenough J B, et al. Journal of the Electrochemical Society, 1997, 144(4): 1188-1194
[27] Li G H, Hideto A, Masayuki T. Electrochemical and Solid State Letters, 2002, 5(6): A135-A137
[28] Chen G Y, Richardson T J. Journal of Power Sources, 2010, 195(4): 1221-1224
[29] Ong S P, Jain A H. Electrochemistry Communications, 2010, 12(3): 427-430
[30] 王志兴，李向群，常晓燕，等. 有色金属学报，2008，18(4)：661-665
[31] 秦明. 锂离子电池正极材料磷酸锰锂合成方法的研究. 青岛：山东科技大学博士学位论文，2012
[32] 杨新，刘学武，刘贵昌，等. 电化学，2011，17(3)：306-311
[33] Wang Y, Yang Y, Hao H S. Solid State Communications, 2010, 150: 81-85
[34] Chen J J, Vacchio M J, Wang S J. Solid State Ionics, 2008, 178: 1676-1693
[35] Fang S H, Pan Z Y, Li L P. Electrochemistry Communications, 2008, 10: 1071-1073
[36] 梵文研. 电池工业，2011，16(5)：267-296
[37] Drezen T, Kwon N H, Bowen P, et al. Journal of Power Sources, 2007, 174(2): 949-953
[38] Weglikowska U D, Sato N, Yoshida J. Physical Status Solidi (B), 2009, 246(11-12): 2482-2485
[39] 杨新. 锂离子电池正极材料 $LiMnPO_4$ 的合成与表征. 大连：大连理工大学博士学位论文，2011
[40] Morris R E. Chemical Communications, 2009, 45(21): 2990-2998
[41] Recham N, Dupont L, Courty M, et al. Chemistry of Materials, 2009, 21(6): 1096-1107
[42] Barpanda P, Djellab K, Recham N, et al. Journal of Materials Chemistry, 2011, 21(27): 10143-10152
[43] 李学良，刘沛，肖正辉，等. 硅酸盐学报，2012，40(5)：758-761
[44] Takahashi M, Toblim S, Takei K, et al. Solid State Ionics, 2002, 148(34): 283-289
[45] Bakenov Z, Taniguchi I. Electrochemistry Communications, 2010, 12(1): 75-78
[46] Bakenov Z, Taniguchi I. Journal of Power Sources, 2010, 195(12): 7445-7451

[47] Oh S M, Oh S W, Myung S T, et al. Journal of Alloys and Compounds, 2010, 506(1): 372-376
[48] Doan N L, Bakenov Z B, Taniguchi I. Advanced Powder Technology, 2010, 21(2): 187-196
[49] Chen G Y, Wilcox J D, Richardsona T J. Electrochemical and Solid-State Letters, 2008, 11 (11): A190-A194
[50] 刘爱芳,刘亚菲,胡中华,等. 功能材料,2010,41(7),1144-1146
[51] 陈亚芳. 锂离子电池正极材料磷酸锰锂的合成及改性研究. 武汉:武汉工业学院博士学位论文,2011
[52] Delacourt C, Poizot P, Morcrette M. Chemistry of Materials, 2004, 16: 93-99
[53] Nyten A, Ali A, Armand M, et al. Electrochemistry Communications, 2005, 7(2): 156-160
[54] Dominko R, Bele M, Goupil J M, et al. Chemistry of Materials, 2007, 19(12): 2960-2969
[55] Larsson P, Rajeev A, Nyten A, et al. Electrochemistry Communications, 2006, 8(5): 797-800
[56] Nishimura S, Hayase S, Kanno R, et al. Journal of the American Chemistry Society, 2008, 130(40): 13212-13213
[57] 任冰,许云华,杨蓉,等. 热加工工艺,2009,38(14):41-47
[58] 向楷雄,郭华军,李新海,等. 功能材料,2008,39(9):1455-1457
[59] Dominko R. Journal of Power Sources, 2008, 184: 462-468
[60] Wu S Q, Zhu Z Z, Yang Y, et al. Computational Materials Science, 2009, 44: 1243-1251
[61] Gong Z L, Li Y X, Yang Y. Electrochemical and Solid State Letters, 2008, 11(5): A60-A63
[62] Dominko R, Conte D E, Hanzel D, et al. Journal of Power Sources, 2008, 178(2): 842-847
[63] 胡国荣,曹雁冰,彭忠东,等. 物理化学学报,2009,25(5):1004-1008
[64] Cushing B L, Goodenough J B. Solid State Sciences, 2002, 4(11-12): 1487-1493
[65] Andersson A S, Thomas J O. Journal of Power Sources, 2001, 97/98: 498-502
[66] Chung S Y, Bloking J T, Chiang Y M. Nature Materials, 2002(2): 123-128
[67] Yamada A, Iwane N, Harada Y. Advanced Materials, 2010, 22(32): 3583-3587
[68] 杨驰,王洪,郭春泰,等. 电池,2011,41(4):193-195
[69] 杨驰,王洪,郭春泰,等. 北京大学学报(自然科学报),2011,47(6):1155-1158
[70] 王洪. 应用化学,2011,28(7):821-825
[71] 吴承仁,赵长春,王兆翔,等. 化学进展,2011,23(10):2038-2044
[72] Jiang J R. Electrochimica Acta, 2006, 51: 3413-3416
[73] Myung S T, Komava S. Chemistry of Materials, 2006, 18: 1658-1666
[74] Johnson C S, Kim J S. Electrochemistry Communications, 2004, 6: 1085-1091
[75] Hong Y S, Park Y J. Solid State Ionics, 2005, 176: 1035-1042
[76] Chen Y, Wang G X, Konstantinov K, et al. Journal of Power Sources, 2003, 119-121: 184-188
[77] Kim J M, Chung H T. Electrochimica Acta, 2004, 49(21): 3573-3580
[78] Park Y J, Hong Y S, Wu X L, et al. Journal of Power Sources, 2004, 129(2): 288-295
[79] 江西江特锂电池材料有限公司. 富锂锰基正极材料. http://www.jiangteld.com/ProductShow.asp? ID=108,2012,[2013-03-24]

[80] 王绥军,赵煜娟,赵春松,等. 高等学校化学学报,2010,30(12):2358-2362
[81] Lee D K,Park S H,Amineb K,et al. Journal of Power Sources,2006,162(2):1346-1350
[82] Tang A,Huang K. Chemistry and Physics,2005,93(1):6-9
[83] Kim J M,Tsuruta S,Kumagai N. Electrochemistry Communications,2007,9(1):103-108
[84] Huang X K,Zhang Q S,Chang H T,et al. Journal of The Electrochemical Society,2009,156(3):A162-A168
[85] Lee Y J,Kim M G,Cho J. Nano Letters,2008,8(3):957-961
[86] 杜柯,周伟瑛,胡国荣,等. 化学学报,2010,68(14):1391-1398
[87] Sun Y C,Xia Y G,Noguchi H,et al. Journal of Power Sources,2006,159(2):1353-1359
[88] Kim Y J, Hong Y S, Kim M G, et al. Electrochemistry Communications, 2007, 9(5): 1041-1046
[89] Wu Y,Manthiram A. Solid State Ionics,2009,180:50-56
[90] Wu Y, Murugan A V, Manthiram A. Journal of the Electrochemical Society, 2008, 155: A635-A641
[91] Kim J S,Johnson C S,Vaughey J T,et al. Chemistry of Materials,2004,16:1996-2006
[92] Wu Y,Manthiram A. Electrochemistry and Solid-State Letters,2006,9:A221-A224
[93] Liu J,Wang Q Y,Reeja-Jayan B,et al. Electrochemistry Communications,2010,12:750-753
[94] Morita M,Fujisaki T,Yoshimoto N,et al. Electrochimica Acta,2001,46:1565-1569
[95] Ulihin A S,Slobodyuk A B,Uvarov N F,et al. Solid State Ionics,2008,179:1740-1744
[96] Armand M,Dalard F,Deroo D,et al. Solid State Ionics,1985,15:205-210
[97] Ohzuku T,Sawai K,Hirai T. Journal of the Electrochemical Society,1990,137:3004-3010
[98] Appapillai A T,Mansour A N,Cho J,et al. Chemistry of Materials,2007,19:5748-5757
[99] Paik Y,Grey C P,Johnson C S,et al. Chemistry of Materials,2002,14:5109-5115
[100] Tang W P,Kanoh H F,Yang X J,et al. Chemistry of Materials,2000,12:3271-3279
[101] Benedek R,Thackeray M M. Electrochemical and Solid-State Letters,2006,9:A265-A267
[102] Kubo K,Arai S,Yamada S J,et al. Journal of Power Sources,1999,81:599-603
[103] Naghash A R,Lee J Y. Electrochimica Acta,2001,46:2293-2304
[104] Kang S H,Thackeray M M,et al. Journal of the Electrochemical Society,2008,155:A269-A275
[105] Kang S H,Amine K. Journal of Power Sources,2005,146:654-657
[106] Kubo K,Fujiwara M,Yamada S. Journal of Power Sources,1997,68:553-557
[107] Kumagai N,Kim J M,Tsuruta S,et al. Electrochimica Acta,2008,53:5287-5293
[108] Ito A,Li D,Ohsawa Y,et al. Journal of Power Sources,2008,183:344-346
[109] Ito A,Li D,Sato Y,et al. Journal of Power Sources,2010,195:567-573
[110] Xu B,Qian D,Wang Z,et al. Materials Science and Engineering,2012,73:51-65

未来10年中国学科发展战略

生物医学工程学

国家自然科学基金委员会生命科学部

科学出版社
北京

图书在版编目(CIP)数据

未来10年中国学科发展战略·生物医学工程学/国家自然科学基金委员会生命科学部编．—北京：科学出版社，2012

（未来10年中国学科发展战略）

ISBN 978-7-03-033432-9

Ⅰ.①生… Ⅱ.①国… Ⅲ.①生物医学工程-学科发展-发展战略-中国-2011～2020 Ⅳ.①R318-12

中国版本图书馆CIP数据核字（2012）第014464号

丛书策划：胡升华　侯俊琳

责任编辑：牛　玲　孙　青／责任校对：刘小梅

责任印制：赵　博／封面设计：黄华斌　陈　敬

编辑部电话：010-64035853

E-mail：houjunlin@mail.sciencep.com

科学出版社出版

北京东黄城根北街16号

邮政编码：100717

http://www.sciencep.com

北京凌奇印刷有限责任公司印刷

科学出版社发行　各地新华书店经销

*

2012年4月第　一　版　开本：B5（720×1000）

2025年2月第五次印刷　印张：19 1/4

字数：370 000

定价：86.00元

（如有印装质量问题，我社负责调换）

战略研究组

组　长	龙　勉	研究员	中国科学院力学研究所
副组长	冯雪莲	研究员	国家自然科学基金委员会生命科学部
成　员	孔德领	教　授	南开大学
	戴建武	研究员	中国科学院遗传与发育生物学研究所
	蒋田仔	研究员	中国科学院自动化研究所
	陆祖宏	教　授	东南大学

秘书组

组　长	龙　勉	研究员	中国科学院力学研究所
副组长	薛　淮	副处长	中国科学院院士工作局
成　员	孔德领	教　授	南开大学
	戴建武	研究员	中国科学院遗传与发育生物学研究所
	蒋田仔	研究员	中国科学院自动化研究所
	陆祖宏	教　授	东南大学
	李人卫	副研究员	国家自然科学基金委员会生命科学部

序言

俞梦孙　陶祖莱

生物医学工程学科是一个大跨度、多学科、深入交叉（结合→融合）的新兴学科领域。作为一门独立的学科，其方法学特征是工程科学的原理与方法和生命科学的原理与方法有机结合；研究对象是各层次（从生物大分子、分子器件、细胞、亚细胞结构到个体整体，乃至群体）生命运动与变化的规律；目的在于定量阐明生命活动和生物学过程，发展先进的概念、方法、技术乃至装备，用以维持、促进人的健康，开发人的潜能。近半个世纪以来，生物医学工程学科无论在深度还是广度上都取得了重大的进展，不仅极大地推动了生命科学和医学的进步，而且深刻地改变了生物医学工程和医疗器械产业的结构和面貌，是近50年来发展最快、成果极丰的一个学科领域。

如果说50余年前，医学进步的迫切需求（主要是诸如心脑血管疾病、癌症等非传染性慢性疾病的早期诊断技术和新型诊疗方法）和医疗器械产业发展的需求，促成了生物医学工程学科的兴起；那么，21世纪医学的变革，必然导致生物医学工程内涵和发展方向的重大改变。时至今日，生物医学工程学科的进步能够多层次、跨尺度地发现生命活动和生物学过程中力学-生物学-化学耦合的新现象和新规律，发展具有友好界面和生物相容性的新型生物材料，实现具有生物学表型和功能的人工组织乃至器官的工程化构建，提供越来越清晰的生物医学图像和影像，研发适用于诊断和治疗的生物电子器件和装置。可以说，生物医学工程学科已成为现代生命科学和医学不可或缺的重要组成部分。

生物医学工程学科自身以及相关学科的飞速发展也带来了其内涵的不断拓展和更新。当前，以生物力学、生物材料、组织工程、生物医学影像和生物电子学为代表的分支构成了生物医学工程学科国际发展主流，同时也成为我国生物医学工程学科的主要分支。在此背景下，国家自然科学基金委员会在与中国科学院合作开展的“2011～2020年中国学科发展战略研究”中，专门布局开展生物医学工程学科发展战略研究。在综合分析生物医学工程学科地位、国内外态势、现状基础上，提出了我国未来5～10年生物医学工程学科的学科布局，优先资助、重大交叉、国际合作交流领域，以及保障措施等。无疑，在生物医学工程学科发展面临重大机遇的今天，国家自然科学基金委员会支持、组织这一战略研究是具有远见卓识的。

由黄家驷院士创导、冯元桢院士推动，中国生物医学工程学科起步于20世纪70年代末，30余年来取得了长足的进展，主要体现在两个方面：一是中国生物医学工程学科经历了从跟踪到“走自己的路”，并致力于解决自己所面临的重大问题的转变；二是受过良好交叉学科训练的新一代学科领军人才已在国际学术领域崭露头角，并取得了话语权。该书体现了他们的共识和思路。

“问渠哪得清如许，为有源头活水来。”真正的创新，在于解决重大实际问题的努力之中。

前言

本书的撰写是基于《关于国家自然科学基金委员会与中国科学院合作开展“2011～2020年中国学科发展战略研究”的联合工作方案》和《国家自然科学基金“十二五”发展规划制定工作方案》而展开的。其基本原则是突出前瞻性、战略性、科学性和普及性。

1）前瞻性是指研究报告立足现在、着眼未来，展望到2020年我国各学科的发展趋势，谋划未来10年促进各学科均衡协调可持续发展的战略思路和政策措施。

2）战略性是指研究报告将科学内部的发展规律与外部的国家需求有机地结合起来，不仅凝练和把握重要的学术方向，而且从战略高度探索符合科学规律的资助管理与人才培养机制。

3）科学性是指研究报告建立在数据支撑和事实分析的基础上，必要时借助文献计量指标等分析工具以及比较研究方法，力图从宏观到微观等多个层面深入了解各学科的国内外研究现状与发展趋势。

4）普及性是指研究报告既面向科学界也面向普通公众，通过简明扼要且通俗易懂的语言使得深奥的科学道理易于理解，以达到促进公众理解科学、争取社会各界支持基础研究的目标。

本书的研究和撰写最初始于2009年4月17日，根据国家自然科学基金委员会与中国科学院合作开展“2011～2020年中国学科发展战略研究”的安排、成立了“脑与认知和交叉学科战略研究组”，并于2009年5月7日召开了第一次战略研究组全体会议，其中交叉学科（生物医学工程）小组由龙勉（牵头）、孔德领、戴建武、蒋田仔等组成，分别牵头生物力学、生物材料、组织工程、生物医学影像等分支的发展战略研究。在2009年8月27日的第二次战略研究组全体会议上，战略研究组决定邀请陆祖宏牵头生物电子学分支的发展战略研究，以更加全面体现生物医学工程学科的发展态势。自2009年5月起，各分支牵头人分别通过会议研讨、调研函调研、数据库查询等不同形式，组织国内同行专家开展充分的调查研究和发展战略讨论，逐步形成报告初稿。初稿形成后在各分支专业委员会（分会）、战略研究组全体会议及学科小组会议、国家自然科学基金委员会生命科学部咨询委员会等不同层次、不同范围内广泛地征求专家意见，历时一年半，几经修改，最终形成本书。在这一年半的时间里，调研组共召开了六次全体会议（召开时间分别为2009年5月7日、2009年8月2日、2009年9月20日、2009年10月18日、2010年3月16日和2010年10月26日）和三次专题会议（召开时间分别为2010年7月2日、2010年9月2日和2010年9月10日）。尽管如此，本书仍可能存在遗漏和不完善之处，希望广大读者批评指正。

本书在撰写过程中，得到了国家自然科学基金委员会生命科学部和中国科学院生命科学学部的大力支持、生物医学工程学战略研究组的具体指导。承担撰稿任务的专家50人[①]，分别为：生物力学：陈槐卿、陈维毅、邓小燕、樊瑜波、冯西桥、霍波、姜宗来、李良、张西正、杨力、龙勉*；生物材料：陈强、樊春海、冯喜增、顾忠伟、顾忠泽、黄楠、黄岩谊、蒋兴宇、马宏伟、刘昌胜、刘宣勇、吕晓迎、王均、孔德领*；组织工程：陈冰、李晓光、王常勇、解慧琪、赵冬梅、戴建武*；生物医学影像：范勇、高上凯、胡德文、刘冰、刘勇、宋明、田捷、尧德中、于春水、曾绍群、张祥松、左年明、蒋田仔*；生物电子学：付德刚、高兴亚、顾忠泽、李小俚、吕晓迎、钱伟平、王志功、陆祖宏*。参与调研的专家更是不胜枚举，因篇幅关系，恕不一一罗列。此外，中国科学院力学研究所吕守芹、陈娟两位同志承担了大量的会议组织、记录和校稿的工作。在此一并致谢。

龙　勉
生物医学工程学战略研究组组长
2011年5月20日

① 以按姓氏汉语拼音为序
*表示分支牵头人和分报告汇总人

摘要

现代生物医学工程崛起于20世纪60年代。自1954年第一例肾移植手术成功后，人工器官的概念正式被承认，并成为生物医学工程的主要研究方向之一，主要包括关节植入体、植入式假肢，以及心脏起搏器、人工心脏瓣膜、人工血管等。此后，生物医学工程研究迅速拓展，研究方向日益增多。时至今日，生物医学工程学科的定义已较为清晰，其内涵是应用物理（力学）、化学、数学等基础学科及电学、光学、材料学、计算机科学、信息科学等工程学科的原理和方法来研究生物学和医学问题，定量认识生命现象和生物学过程的基本规律，理解、改变或控制生物系统（人或动物），提升人类健康保障与重大疾病诊治水平。其研究内容正在逐渐扩展，主要包括生物力学、生物材料、组织工程与再生医学、康复工程与人工器官、生物医学影像、生物电子学（生物信号检测和处理、生物系统建模等）以及介入医学，放射医学，核医学，医学超声，生理建模、仿真和控制，医学信息学，人工智能等。其从业人员也日益增加。据美国国家工程院估计，目前，美国有3万多名生物医学工程技术人员任职于医药卫生的各个领域，在美国大学和研究机构中已设立了90多个生物医学工程系科或部门。

成立于2000年的美国国立卫生研究院（NIH）下属国立生物医学影像学与生物工程学研究所（NIBIB）于2007年公布了第一份针对未来3～5年发展目标的战略研究报告（*Strategic Plan* Ⅰ）。报告指出，生物医学工程与物理科学已在过去的近半个世纪中推动了生物医学领域的革命性进步并将继续对医学实践产生重大影响。例如，复杂的成像技术将减小对探查术的需求，植入性器件使用持续增加并已成为治疗心率失常、关节失效、神经功能损伤的有效手段。上述革命性进步带动了医疗器械和诊断产业的蓬勃发展，销售产值已接近2000亿美元；同时，大约7%的销售收入又反过来用于研发，从而进一步刺激了新的诊断、治疗手段的持续发展。生物医学工程作为一个充满活力的学科，已在美国大学中建立了65个以上的系科，而工程和物理科学的系科对生物医学领域的关注度也在持续上升。生物医学工程和医学影像领域将基于化学、电学、力学等交叉领域工程师和科学家的贡献进一步提升。医学影像目前已成为各种疾病诊断和治疗不可或缺的工具。相对于20世纪早期医学影像的缓慢发展和有限进步，最近40年成像技术的改进和发明则进展神速，发明于100多年前的传统X射线技术已被超声、放射性同位素以及光学成像、X射线计算机断层成像、磁共振成像（MRI）等技术所替代。此外，医学成像方法仍在不断被拓展，已跨越了整体、器官、细胞、亚细胞、分子乃至原子水平的可视化。因此，生物医学工程和医学影像的发现已对人类健康产生巨大影响，其学科的成熟也为重大科学进步带来了机遇。其未来发展的重点一是探索各种高新技术的潜力以提升医疗技术的可操作性和适应性，提高医学保障的质量；二是进一步认知医学影像、工程科学和物理科学在预防、诊断和治疗以下6类疾病中的潜力：婴儿死亡、癌症筛查、心血管疾病、糖尿病、艾滋病和免疫性疾病。

经过近一个世纪的快速发展，尤其是近30年来随着生物学相关知识和数据的快速积累，工程科学和物理科学已深入到生物医学领域的各个方面。几乎每一个工程科学的分支学科都可以在生物医学领域找到其感兴趣且可发挥其所长的研究内容，因而也不断催生新的交叉研究领域，如生物图像与光学、生物医学机器人学、心血管工程学、细胞与分子工程学、计算生物学、生物信息和系统生物学、神经工程学、整形与康复学、呼吸工程学、组织工程与生物材料学等①。以上交叉研究方向的迅速融合和研究内容的日益深入，使得生物医学工程成为近年来发展最快的学科之一。

21世纪的医学应该是预防与个体化医学，同时必须认识疾病的分子基础，而生物医学工程在转移医学中（尤其是将新知识转化为临床方案）将起重要的基础作用，尤其是脑-机接口、力学生物学、再生医学、分子医学、微流控系统、纳米颗粒等新学科分支和新技术的出现（引自美国NIBIB所长Dr. Roderic Pittigrew于2009年7月27日在第四届世界华人生物医学工程学会上题为"*Bioengineering in the 21st Century Healthcare*"的报告）。作为方兴未艾的交叉学科，生物医学工程学正在加速更新着人们对于生命活动机制的认识，同时在个体化医疗、疾病早期诊断等方面推动着相关技术的不断发展。以发展微损伤和低成本、高效率的治疗手段为目标，同时鼓励多学科的交叉研究以及从临床实践中寻找问题和方向，并提倡将生物医学工程的研究成果应用于工业及临床实践中，是当前生物医学工程学的主要发展趋势。

结合国际生物医学工程学科发展态势②，未来5～10年，我国生物医学工程学科的战略目标为以下8个方面。

1）深化生物力学、生物材料、组织工程、生物医学影像、生物电子学等方面的基础科学问题研究，为生物医学工程学科乃至相关产业发展提供新概念、

① 参见美国生物医学工程学会2009年夏季年会摘要集。

② 参见NIBIB 2007年第一期战略发展报告。

新思想和新方法。

2）发展分子水平的疾病早期诊断方法，使之可以准确预测疾病的发生并于先期采取相应的防治措施。例如，可用分子影像和高通量技术筛选评估致病基因。

3）发展智能传感器，利用源自目标生物组织的化学或生理信号，在正确的时间和位置释放正确剂量的药物。例如，葡萄糖活化胰岛素给药系统可以有效地替代糖尿病患者的胰腺功能。

4）发展工程化生物活组织，使之可以生长并发挥正常功能，从而使由心脏病、肾衰竭、关节炎、创伤或其他因素所导致的受损组织或器官得以修复和再生。组织工程的发展可减小重复手术的概率，并克服当前人工器官和关节的限制。

5）发展微损伤的、影像引导的或机器人辅助的微观手术技术，并使之成为外科治疗的标准手段。

6）发展远程医学以大大扩展医学服务范围。应着力发展便携式诊断设备使之在农村等条件简陋的地方即可无损地采集生理、生化信息以及图像数据，并将此类信息通过国内或国际医疗网络实时地传至健康诊疗中心。

7）发展个体医疗技术，可以针对每一位患者的基因特征进行药物选择。

8）发展新的方法来加快对复杂生物系统内各单元之间定量关系的理解，并从基因到器官，再到整体的不同尺度对现有信息进行整合，以最终用来预测生物学和病理学事件的发生和发展。

Abstract

Definition

Biomedical engineering (BME) is an interdisciplinary field that applies the principles of basic sciences (physics, mechanics, chemistry, and mathematics) and engineering sciences (electronics, optics, material, computer, and information) to investigate biological and medical questions, to quantify life phenomena and biological processes, to understand or manipulate biological systems, and to promote human health and clinical diagnosis and prognosis of diseases. It mainly includes the branches of biomechanics, biomaterials, tissue engineering and regenerative medicine, rehabilitation engineering and artificial organs, biomedical imaging, bioelectronics, as well as interventional medicine, radiology, nuclear medicine, medical ultrasound, physiological modeling and control, medical informatics, and artificial intelligence.

Working Process

The Research on the Development Strategy of BME 2011-2020 was initiated jointly by National Natural Science Foundation of China (NSFC) and Chinese Academy of Sciences (CAS). The Survey Group of Biomedical Engineering (SG-BME) was launched on April 17, 2009 and the first meeting was held in Beijing on May 7, 2009. The SG-BME was first formed by Drs. Mian Long, Tianzi Jiang, Jianwu Dai, and Deling Kong, who serve as the coordinators in the respective branches of biomechanics, biomedical imaging, tissue engineering, and biomaterial. At the second meeting held on August 27, 2009, Dr. Zuhong Lu was invited to join in the SG-BME, responsible for coordinating the study on the bioelectronics branch. Since May 2009, each coordinator has organized the various types of mini-symposiums, questionnaire surveys, and data mining. Upon the extensive discussions with relevant colleagues, a draft report was formed for each branch and integrated into a summarized report. From then on, one and a half year was taken to distribute the report to the experts in the fields for critical reading, and the returned comments and suggestions were then incorporated into this finalized Strategic Report. Nonetheless, the imperfections or even mistakes may still exist in the report, and further comments and suggestions are more than welcome.

Contents

The Strategic Report aims, upon the historic courses and current status of BME field, the present demands of human health and disease treatment, and the frontiers of interdisciplinary subjects, to propose the mainstream research directions, the preferentially-supported branches, and the key interdisciplinary subjects of BME field in the next five to ten years. It includes seven chapters: Chapter Ⅰ outlines the strategic position of BME field in national science and technology. Chapter Ⅱ introduces the BME subject characteristics and future perspectives. Chapter Ⅲ illustrates the current status of BME field. Chapter Ⅳ, Ⅴ, and Ⅵ propose respectively the future layout of BME field, the preferentially-supported branches and key interdisciplinary subjects, and the international collaboration and exchanges in the next five to ten years. Chapter Ⅶ presents the policies to support biomechanics, biomaterials, tissue engineering, biomedical imaging, and bioelectronics. This Strategic Report serves as a reference book for scientists and postgraduate students in BME field as well as for other researchers or administrators in related fields.

Main Points and Conclusions

Characteristics of BME

1) BME is indispensible in life science and clinical medicine. A line of reasoning has contributed to the emergence of BME field. The primary reason is attributed to the growing attention on human health accompanied with social civilization. The secondary reason lies in the urgent demand to integrate the life science and engineering science when the modern spectrum of diseases varies, and the techniques and instruments for disease diagnosis and treatment are newly

developed. In the past five decades, BME merged into almost every field of life science, human health, and medical science, from the discovery of new life phenomena to the quantification of biological processes, from the mass data analysis to the development of new medicines, and from the medical science to the clinic medicine. The progresses on BME have profoundly modified the life science and clinical medicine themselves and would promote the future directions of their development and transformation. In this regard, the development of life science and clinical medicine can not make it today without require the engagement of BME.

2) BME is embodied in national innovation capacity in human health and disease treatment. Aiming at the disease prevention, diagnosis, and treatment, as well as the rehabilitation and health promotion, BME develops its own conceptual framework, integrates the knowledge from molecular to organic levels, and promotes the innovative methodologies of biotechnology, biomaterial, biocybernetics, implantation, artificial organs, medical instrument, and informational products. Since 1990s, BME has become the innovative resource in the progress of medical instrumentation and the development of translational medicine where the competitive forces of BME industries serve as a symbol of the innovation capacity in developed countries. Nowadays not only BME promotes the development of various health-related industries (*e.g.*, medical instrumentation industries), but it also significantly reforms the industries themselves. By integrating human subjects (patients and physicians) and instruments into a holistic system, BME focuses on their inter-coordination, highlights the clinical solutions on the viewpoint of systems engineering, develops, proper medical instruments, and reaches the goal-of-medicine.

3) BME is characteristic from interdisciplinary combination to merged integration of modern sciences and technologies. BME itself is the outcome of interdisciplinary combination and it has grown up with basic sciences (physics, mechanics, chemistry, and mathematics) and engineering sciences (electronics, optics, material, computer, and information). Nowadays more and more investigators and engineers with interdisciplinary training are qualified in biomedical science and engineering, which compels the BME transition from interdisciplinary combination to merged integration. Such the transition is quite important since it enables BME scientists and engineers to propose the critical issues in the mainstream of life and medical sciences, to develop the core techniques and instruments from different perspectives, and to solve the medical

problems using quantitative theories, methods, and technologies. Meanwhile, new branches have emerged in the life and medical sciences such as mechanical biology, physical biology, chemical biology, and mathematical biology as well as tissue engineering, regenerative medicine, interventional medicine, and surgical planning.

4) BME is contracted as engineering science. BME has features of engineering science. It aims at solving practical problems, seeking universal principle, and implementing preset (though finite) goal in the most contracted way. Thus, not only should BME meet the needs of medical progress and serve as the important link with social security system, but it also would help to cut down the medical expenses and promote the sustainable development of health cares.

Strategies of BME

National BME strategies in next five to ten years are suggested:

— To understand the basic issues in biomechanics, biomaterials, tissue engineering, biomedical imaging, and bioelectronics, and to provide the new concepts, ideas, and methods for BME and related industries.

— To develop the novel approaches of early diagnosis at molecular level (*e. g.*, molecule imaging and high-throughout gene screening techniques) to provide the accurate prediction of disease emergence and propose the preventive measures in advance.

— To design the smart biosensors (*e. g.*, glucose-activated insulin delivery system) to apply chemical or biological signals of target organs or tissues in controllable release of medicines in proper doses at correct timing and location.

— To engineer the functional living tissues or organs to repair and regenerate the impaired tissues or organs induced by heart attack, renal failure, arthritis, wounding, or other factors and to lower the possibility of surgical rerun and overcome the limitations of artificial organs and man-made joints.

— To promote the minimally-invasive, image-navigated, or robot-assisted operation techniques as standard protocols in micro-surgical treatments.

— To establish the remote-or tele-medicine network to expand the medical services from urban health care center to rural and remote regions for intact collection of physiological and biochemical signals and imaging data.

— To apply the individualized medical care approach into providing the gene-based medicine prescription for each specific patient.

— To further the understandings in the integrity of a complex biological system in multi-scales from gene to organ and to unity to predict ultimately the occurrence and development of biological and pathological processes.

Preferentially-Supported Subjects of BME in Next 5 to 10 Years

(1) Biomechanics

Mechanobiology and mechanochemistry at molecular and cellular levels:

1) Quantification between mechanical properties and specific interactions of biomacromolecules.

2) Theoretical simulation, functional prediction, and experimental validation of structure-function relationship of biomacromolecules.

3) Dynamics of protein assembly and synergy of protein machinery.

4) Dynamic behaviors of subcellular elements (i. e., cytoskeleton and organelles) and assembly and remodeling of subcellular structure.

5) Quantification between mechanical properties of cells and cell-cell or cell-extracellular matrix interactions.

6) Impacts of applied forces on cell development, proliferation, secretion, differentiation, and apoptosis.

7) Hierarchical information integration from molecules, subcellular elements to cells.

8) New concepts, technologies, and methods in molecule and cellular biomechanics.

Biomechanical bases of human health and severe diseases:

1) Biomechanics in bone-muscle system, respiratory system, and sensory system and their applications in tissue-organ impair and repair.

2) Cardio- (cerebral-) vascular mechanobiology along with its application in treatment of circulatory system diseases.

3) Key biomechanical issues in engineered living tissue and organ construction.

4) Cellular and molecular biomechanics and their application in physio-pathological processes (i. e., tumor metastasis).

5) New biomechanical concepts, methods, and technologies in rehabilitation engineering, surgical planning, and individualized medicine.

Micro-or nano-scale biomechanics and bionic mechanics:

1) Biomechanics of (stem) cell and underlying molecular mechanisms.

2) Nano-dynamics inside a cell in physiopathology.

3) Micro-nano-scale biological fluid mechanics and biorheology.

4) Biomaterial mechanics and bionic and sport biomechanics.

5) Biomechanical bases of nano-biotechnology and -biomaterials.

(2) Biomaterials

Modification of tissue repair materials and their properties in tissue regeneration:

1) Key signaling molecules and microenvironment factors in the process of tissue regeneration.

2) Bio-molecules targeting specific receptors or ligands on cell surface to capture tissue cells and stem cells.

3) Microenvironment appropriate for cell migration and adhesion upon joint molecules and extracellular matrices required for the interaction between cells and materials.

4) Growth factors for regulating tissue generation, regeneration, and repair.

5) New methods for evaluating the safety and function of biomaterials at molecular level and verifying the effect of biomaterials.

Bio-unctionalization of biomaterial surface and interface and their interaction with organisms:

1) Molecular mechanisms in dynamic interactions between biomaterial surface and tissue/cells.

2) Rules and mechanisms of interactions between biomaterials and immune system of organisms.

3) Functional transition design and construction of contact interfaces between materials and tissue/cells.

4) Bio-functionalization of the surface of cardiovascular implant materials.

5) Correlation between active modification of biomaterial surfaces and induced tissue regeneration.

6) Micro/nano structure of biomaterial surfaces and their interactions with organisms.

7) Advanced technologies for characterizing the surface of biomaterials at molecular or even sub-molecular level and *in situ*/real-time interface quantitative tracking technologies.

Biocompatibility of biomaterials:

1) Criteria optimization for evaluating the biocompatibility of biomaterials.

2) New methods and techniques in testing the biocompatibility of biomaterials.

3) Molecular mechanisms of interactions between biomaterials and organisms.

4) Rules and mechanisms of action of biomaterials in immune system.

Biomaterials for disease diagnosis and treatments:

1) Highly efficient, directional, and controllable immobilization of bioactive molecules onto electrode surface as well as the design and fabrication of bioactive interfaces.

2) Biomimic materials for fabricating bioactive interfaces of biosensors and the role of immobilized bioactive materials in electron transfer of electrode reaction.

3) Screening of specific markers and their sensitive molecules in disease diagnosis.

4) Usage of biosensors for drug screening in disease treatment and their mechanisms of action.

5) Sensitive capability and drug release of drug coating materials.

6) Improvement of the efficiency of drug delivery system through the development of biomaterials and drug delivery technologies.

7) Improvement of the cell selectivity of drug delivery and of the diagnostic accuracy and treatment efficiency of serious diseases.

Biological effect of nano biomaterials:

1) Signal transduction pathways and gene expression spectrums of cells interacting with nano-biomaterials.

2) Changes of physiological effects of nano-biomaterials in blood circulation, immune and metabolic organs/systems and the mechanisms of interaction between nano-biomaterials and target organs, cells, or molecules.

3) Advanced technologies in characterization and *in situ*/real-time detection of biological effects of nano-biomaterials.

(3) Tissue Engineering

Biological bases of stem cells and methodology of stem cell differentiation:

1) Microenvironment and regulatory network of stem cell self-renewal and differentiation.

2) Non-biological factors such as mechanical, chemical, spatial factors affecting stem cells.

3) Synergy mechanisms of multi-growth factors and inducing factors on stem cell differentiation.

4) Biological foundation of germ cells and regulatory mechanisms of embryonic development.

5) Stem cell differentiation.

6) Mechanisms and new technologies of somatic cell dedifferentiation and re-differentiation.

7) Retrogression mechanisms of human organs.

8) Safety and ethical problems concerning with stem cells and related technologies.

Functionalization of scaffolding materials:

1) Extracellular matrix functions of somatic cells.

2) Complex scaffold biomaterials.

3) Coupling of scaffold materials with inducing factors.

4) Spatial arrangement optimization and aperture control of scaffold materials.

5) Biocompatibility of scaffold materials.

6) CAD scaffold prototyping technologies.

Construction of engineered tissues:

1) Self-organizing mechanisms of tissue cells.

2) Time efficiency concerning with tissue construction.

3) Precise spatial positioning of different cells in intricate tissues.

4) Nurture environment of artificial tissues.

5) Mass production technologies of tissues with materials and cells.

6) Mass cell preparation with bioreactors.

7) Development of *in vitro* mechanical devices.

8) Bioreactors used in cultivation of engineered tissues.

Safety assessment, standard criteria, and storage technologies of tissue engineering products:

1) Preclinical assessment of raw materials.

2) Safety assessment of scaffold materials, primary cells and growth factors.

3) Clinical validation on engineered tissues.

4) Approval and supervision over products coming into the market.

5) Effects of sterilization methods on bioactivity of engineered tissues.

6) Storage and transportation methods of tissue engineering products.

(4) Biomedical imaging

Bases of molecular imaging applications:

1) Novel theories on molecular imaging and theoretical models based on different tissue properties.

2) Sifting, preparing, and function assessment of novel molecular probes.

3) Molecular markers and imaging principles of high spatiotemporal resolution as well as the features and transportation rules of functional signals.

4) Localization, quantitative analysis, processing and visualization of molecular images of multi-target and multi-modal images.

5) Pharmacokinetics and its bioactivity assessment along with its application in novel medicine research.

6) Fundamental research on new molecular imaging devices.

Critical medical imaging bases of serious diseases:

1) Critical imaging characterization and pathologies of serious diseases.

2) Novel medical imaging technologies for early diagnosis, preclinical diagnosis, and prognosis of serious diseases.

3) Functional and metabolic imaging and post-processing as well as *in vivo* imaging theories and methods applied in clinical diagnosis and treatments of diseases at molecular and cellular level.

Theories, methods and applications of brain-computer interface:

1) Nerve mechanisms applicable in brain-computer interface research.

2) Neural signal extraction and processing.

3) Compatibility and robustness of brain-computer interface to plasticity change of neural system.

4) Mechanisms and technologies of neural feedback in brain-computer interface.

5) Neural signal extraction technologies compatible with different environments and targets.

(5) Bioelectronics

Implantable bio-electronic devices:

1) Design and manufacture of integrated circuit chip of biological implant devices.

2) Biological electrode and functionalization of its surface.

3) In vivo energy supply technologies of long-life bio-electronic devices.

4) Biomedical signal analysis and processing.

Biofuel cells:

1) Screening and optimization of electrogenesis microbes.

2) New electrode design, optimization, and preparation.

3) Metabolism and electron transfer properties of biofilms.

4) System design of battery structure.

Information integration of systematic biology:

1) Interactions of different biological components and the systematic structure in the order and hierarchy.

2) Cross-talk samong different components and integration of biomolecule information on statics and dynamic, local and global, individual and popularized patterns.

Neuroinformatics:

1) Working mechanisms of the brain upon bioelectronics.

2) Inter-correlation of different nerve systems, their information processing mechanisms, and the links with brain diseases.

3) Relationship between electroencephalogram oscillation mode and cognition.

4) Mechanisms of neural network electronic stimulation with micro-/nano-electronic technologies.

5) Implanted brain signal sensors and novel computational model and data processing methods.

6) Mathematical models of brain control along with their stability and robustness.

7) Dynamic properties of brain nerve systems and related control theories and methods.

8) Brain stimulation methods of brain control and their parameters selection and optimization.

9) Propagation process of stimulation in brain tissue and its impact on neural network.

10) Relationship between stimulation parameters and mathematical models of brain control.

Policies and measures for BME development

As an emerging interdisciplinary field, BME development calls for substantial supports from government, industries, and public communities in various aspects of basic sciences, talent workforces, academic environment, and international collaborations. Appropriate policies and measures are required to strengthen the basic sciences in BME, to develop new concepts, ideas, methods, techniques, and therapies in life science and clinical medicine, and to accelerate the development of related fields and industrial applications. Specialized education programs for young BME generation should be well organized to have students and post-graduate student trained in both life/medical sciences and basic/engineering sciences. In addition to the State Key Laboratory of Bioelectronics found in Southeast University, a few more BME State Key Laboratories in such branches in biomechanics, biomaterials, tissue engineering, and biomedical imaging needs to be established to meet the needs of the scientific development in interdisciplinary fields and the innovation capacities in human health and medical care in China. International collaborations in BME are encouraged to share the common interests, promote the scholar exchange, and organize the bilateral symosiums with worldwide communities.

目录

第一章

生物医学工程学总论

第一节　生物医学工程学的战略地位

生物医学工程学源于生命科学发展和临床医学实践的需求，其内涵是应用力学、物理化学、数学等基础学科以及电学、光学、材料学、计算机科学、信息科学等工程学科原理和方法来研究生物学和医学问题，定量认识生命现象和生物学过程的基本规律，理解、改变或控制生物系统（人或动物），提升人类健康保障与重大疾病诊治水平。作为一个与人类健康及重大疾病密切相关的新兴交叉学科，当今生物医学工程学科呈现其独特的战略地位和研究特点。

（一）生物医学工程是生命科学和医学不可或缺的重要组成部分

生物医学工程的兴起有多方面的原因。根本原因是随着社会物质文明的进步，人们对健康的关注与需求不断增加；其次是随着疾病谱的变化，疾病诊断、治疗技术和装备的发展，要求生命科学与工程科学有机结合。近 50 年来，生物医学工程已深入到生命科学、健康与医学的各个领域，从生命现象的发现到生物学过程的定量化，从海量组学数据的分析到新药创制，从临床医学到医学基础，生物医学工程深刻改变了生命科学和医学本身，而且预示着生命科学进步和医学变革的方向。从这个意义上看，没有生物医学工程就没有生命科学和医学的今天。

（二）生物医学工程是国家创新能力在人类健康与重大疾病领域的重要体现

以疾病的预防、诊断和治疗，以及患者的康复、增进人类健康为目的，生物医学工程发展了基本概念，创造了从分子到器官的知识，提出了生物技术、材料、过程、植入体、人工器官、器械和信息技术领域的创新方法。自20世纪90年代以来，生物医学工程已成为现代医疗器械生产技术创新和进步的主要原动力并将推动转移医学的发展，而创新能力则成为发达国家生物医学工程产业技术竞争力的标志。生物医学工程不仅推动了与健康相关的众多产业（医疗器械产业）的发展，而且使它发生了质的变化，最根本的是把人（使用对象和使用者）和医疗器械看成一个系统整体，强调两者间的相互协调与依存作用，进而采用系统工程的观念、强调临床解决方案的系统性以研究发展所需要的医疗器械，实现预定的医疗目的。

（三）生物医学工程体现出现代科学技术从相互交叉走向有机结合的特征

生物医学工程学科本身即是学科交叉的产物，自出现伊始，就在与力学、物理、化学、数学等基础学科以及电学、光学、材料、计算机、信息等工程学科的交叉中不断发展、壮大。随着越来越多受过生物医学和工程科学交叉训练的研究人才的不断涌现，当今生物医学工程学科呈现从相互交叉走向有机结合乃至融合的特点，逐步具备了从不同学科角度提出生命科学和医学重要科学问题和关键技术，并采用自身学科特有的理论、方法和技术予以解决的综合能力，出现诸如力学生物学、物理生物学、化学生物学、数学生物学以及组织工程、再生医学、介入医学、手术规划等新的学科分支。

（四）生物医学工程具有工程化的简约特征

生物医学工程在作为生命科学和医学不可或缺的组成部分的同时，仍保持着工程科学的特征。以解决实际问题为目的，在有限目标范围内寻求规律，并以最简约方法实现既定（有限）目标。因此，生物医学工程不仅应满足医学进步的需要，而且作为整个社会健康保障系统的一个重要环节，还应该也必须有助于医疗费用的控制和健康与医疗事业的可持续发展。

第二节　生物医学工程学的发展规律与发展态势

当前，生物医学工程学科的研究主要包括生物力学、生物材料、组织工程、生物医学影像、生物电子学等分支，其主要发展趋势可概括如下。

一、生物力学

生物力学是研究生物与力学有关问题的科学，即运用力学原理、理论和方法深化对生物学和医学问题的定量认识，从而理解生命体的运动与变化规律，量化生命介质的结构-功能关系。其内容包括：①分子-细胞生物力学；②力学生物学；③骨骼-肌肉生物力学；④血流动力学；⑤生物流变学；⑥组织工程与再生医学中的生物力学；⑦临床医学与康复工程中的生物力学；⑧生物材料力学与仿生力学等主要内容。生物体的一个重要特征是时时处于运动和变化之中，而阐明力学环境对此过程的影响是生物力学研究的基本目标。目前生物力学的研究内容已经由传统的组织/器官水平的力学描述向细胞/分子水平的力学-生物学耦合研究深化，并发展出大量独特的实验技术。在基础研究层面，已在DNA和蛋白质的力学行为、分子马达动力学机制、受体-配体相互作用、细胞力学行为、细胞与基质或细胞间相互作用等诸多方面取得了重要进展；在应用研究层面，组织工程与再生医学、临床医学与康复工程的生物力学研究也在不断深入，并促进了许多临床应用新技术的发展，逐渐成为保障人类健康的有力手段。目前在力学环境对生物体的耦合效应方面已积累了大量知识和数据，迫切需要定量化、模型化的研究对之进行总结、归纳和提炼，进而为此学科的持续发展奠定坚实的研究基础。

二、生物材料

生物材料是一类用于对生物体进行诊断、治疗、修复或替换其病损组织、器官或增进其功能，而不对生物体产生不良影响的材料。近20年间，材料设计、机械加工、纳米科学、医学等相关领域的新技术带动了生物材料研究的发展。生物材料的研究范畴更为宽泛和深入，基本上涵盖了传统的人工器官的研究范畴。其中植入生物材料的研究更加关注材料的生物活性及其与周围组织的结合；药物控释系统在肿瘤靶向治疗、基因治疗方面的应用获得了巨大成功；生物识别器件的新技术为生物传感器的研究和应用带来了变化；纳米生物材料与药物控释系统、生物传感器以及植入生物材料的密切结合，极大地促进了相关生物材料研究的发展；而微流控芯片和表面图案化是最近几年刚刚发展起来的研究方向，势必为生物医学工程的发展带来重要的变革。以上方面的共性科学问题是材料与生物体相互作用的表面与界面问题。因此，目前生物材料研究的主要内容包括：①生物活性材料；②生物材料的表面与界面问题；③药物控释系统；④生物识别器件；⑤纳米生物材料；⑥微流控芯片和表面图案化等方面。生物材料的研究一直是从初级到高级、从简单到复杂的发展过程。以组织修复材料为例，由于生物体的复杂性，生物组织的修复过程涉及多种生命物质的共同作用。针对传统的人工生物材料普遍没有生物响应能力这一问题，人们正在试图借鉴环境敏感材料的特点，设计对体内微环境具有响应特性的生物活性材料，使其在进入体内后能在较短时间内与周围组织、细胞建立信号联系，并构建出有利于新生组织生长的局部环境。

三、组织工程

组织工程是指应用生命科学与工程学的原理与技术，在正确认识哺乳动物的正常及病理状态下组织结构与功能关系的基础上，研究和开发适用于修复、维护、促进人体各种组织或器官损伤后的功能和形态的生物替代物。其内容包括：①种子细胞；②信号分子；③支架材料；④工程化组织构建与生物反应器等主要内容。生命科学研究与材料科学研究的紧密结合产生了组织工程学，人们利用工程学和生命科学的原理和方法，对细胞在体外进行定向诱导，使其分化为具有特定功能的特定细胞，将其种植于天然或人工合成的具有良好生物相容性和可降解性的聚合物支架上，复合移植于体内组织器官缺损部位，达到重建、维持或改善因疾病或创伤引起的组织结构或功能丧失的目的。通过广泛吸收现代科学的新发现，充分利用现代高科技技术，组织工程正在以极其令人瞩目的速度强有力地推动着现代医学科学迈向另一个巅峰。目前，软骨、骨、皮肤、角膜、血管、肌腱、心脏、乳腺、肝脏、胰腺等领域的组织工程学研究已取得了初步成就，有些产品已开始临床应用。

四、生物医学影像

生物医学影像是利用影像设备获取生物体的形态、生理、功能和代谢等信息的科学。它的发展取决于数据获取手段（成像设备）的发展和数据分析方法的发展，两者之间为相互促进的关系。当今的生物医学影像技术主要分为X射线成像、X射线计算机断层成像（CT）、磁共振成像（MRI）、超声成像、单光子发射计算机断层成像（SPECT）、正电子发射计算机断层成像（PET）、光学成像等。目前，图像和信号等原始数据的获取手段以及数据分析与处理方法已经取得了长足的进步，开始从单纯提供生物体的形态信息向同时提供生物体的形态、生理、功能和代谢等信息转变，从单一模态成像向多模态信息融合转变，从宏观成像向宏观与微观融合的多尺度成像转变。生物医学影像学的各学科之间，特别是放射医学和核医学之间的交叉渗透越来越多，相互之间的依赖性逐步加强，多学科的相互合作正在促进更多新的生物医学成像技术和新兴领域出现，其中包括分子影像学、脑-机接口、脑连接组学等。

五、生物电子学

生物电子学研究生命体相关的各种电磁现象及其机制、生物医学信息获取和处理方法、生物电子器件、生物医学系统建模和分析以及各种生物电相关的应用。其内容包括：①生物信息传感和分析；②生物医学植入器件；③生物电现象及其应用等。当前，随着基因组与蛋白质组等组学的迅速发展、生物信息学与系统生物学的不断深化以及大规模计算技术的不断成熟，生物电子学研究在分子、蛋白质、细胞、功能组织和整体等各个层面上展开，研究内容较广，热点更新较快；集成电路技术、微机电系统（MEMS）技术的发展使得各种新型的生物传感器、植入式生物电子器件开始应用于临床实践；而现代无线通信技术和计算机网络技术将有可能使目前的医疗模式产生巨大的变化。同时，工程化集成是生物电子学的重要发展趋势。例如，植入式电子器件，包括可植入信号探测与激励微电极阵列的设计与实现、信号再生芯片的设计与制造、可长期连续工作的无线供电子系统的设计与实现、专用芯片与神经微电极和无线供能子系统等单元的混合集成、体内可植入器件相关材料的表面改性及生物相容性、密封封装材料的制备及生物学评价、信号分析与处理等多个方面。此外，单分子晶体管、分子导线、分子存储、分子开关等新型分子器件的研发将推动生物芯片的微纳制备技术、新型分子器件的建模和分析、脱氧核糖核酸（DNA）计算的生物芯片、生物芯片的功能集成系统以及各类仿生芯片技术的发展，并将在信息器件、能源和环境等方面发挥重要的作用。

第三节　我国生物医学工程学的发展现状

我国生物医学工程研究源于 20 世纪 70 年代，经过 30 余年的快速发展，已在学术方向、研究内容和人才队伍等诸多方面呈现出日渐繁荣的趋势，并在生物力学、生物材料、组织工程、生物医学影像和生物电子学等领域取得了重要进展，迄今已在 30 多所大学设立了生物医学工程一级学科博士点和 8 个生物医学工程国家重点学科，而设立生物医学工程本科专业的院校已超过 100 所。

我国生物力学领域研究发展起步较早，发展很快。近10年来，在受体-配体相互作用动力学与生物大分子力学-化学耦合、血管以及骨-关节力学生物学、人体骨骼-肌肉系统计算机建模、个体化心血管介入治疗的手术规划、胆道及肝脏流变学与中药药理的血液流变学等基础研究及其在组织工程与再生医学、临床医学与康复工程中的应用方面取得了原创性进展，同时在生物材料力学、生物黏附及仿生材料、动物运动生物力学等方面开展了卓有成效的工作。一批重要成果发表在 *Nature*、*Nature Mater.*、*PNAS*、*Biophys. J.*、*J. Biol. Chem.*、*Cardiovas. Res.* 等国际生物力学领域主流期刊和生物医学领域重要期刊上。同时，国际合作和交流日益活跃，青年人才不断涌现，已有4人获国家杰出青年科学基金资助。

我国生物材料领域研究发展迅速，开始跨入国际先进水平，成功地登上了国际舞台。特别是经过10余年的努力，我国生物材料研究已从较为分散和重复发展成为相对集中于21世纪生物材料科学与工程发展的方向和前沿，从单纯的跟踪、模拟发展到了原始创新。例如，在硬组织修复材料、材料的表面修饰、抗凝血高分子材料、血液净化材料、新型医用金属材料以及生物活性物质控释载体和系统等方面，我国原创性的工作已受到国际瞩目。在多次具有影响力的生物材料国际大会上，上述工作均被邀请作大会报告。在论文方面，2003～2007年全球17个生物医学工程学科发表论文共16 142篇，其中材料科学和生物材料占22.8%，我国学者发表论文276篇，数量名列全球第三。

我国组织工程领域研究正式起步于1994年，进展顺利，在组织工程肌腱构建、组织工程皮肤制备、组织工程骨构建与材料结合、亚全能干细胞可塑性、干细胞分离纯化技术、新型血液调控因子、种子细胞扩增技术、血液代用品制备工艺、神经损伤再生套管等项目中均有明显的原始创新。组织工程相关支撑技术，如产品的低温保存技术、生物反应器技术、种子细胞库建立等均有突破。多种干细胞分离纯化、大规模扩增、定向诱导技术也取得明显突破，相关的产品研发有4项已通过中国药品生物制品检定所认证，其中“原始间充质干细胞治疗血液肿瘤注射液”已获得临床批文，并已开始Ⅰ期临床试验。组织工程皮肤获得了我国第一个由国家食品药品监督管理局（SFDA）颁发的组织工程产品注册证书，这标志着我国组织工程产品开始进入产业化阶段。

我国生物医学影像领域研究近年来取得了长足的进步。在MRI、光学成像和分子影像等方面初步建立了成像设备研制、理论算法研究和活体动物实验等一支较为完整的学术和科研队伍。MRI方面，磁共振影像的后处理研究（如分割、配准技术）已经达到了国际领先水平。光学成像方面，已在生物芯片成像、光学相干层析成像、声光谱成像、双光子激发荧光成像、二次谐波成像、光学层析成像、相干光谱成像、扩散光学成像、光学分子成像、光学功能成像、认知光学成像、高光谱成像等方面取得了系统性的研究成果，开发研制了具有自主知识产权的方法与仪器，其中有些已经产业化。分子影像方面，在理论算法研究方面取得了较高水平的研究成果，并在成像设备和生物实验方面取得重要进展。

我国生物电子学领域研究发展迅速，不断创新。在生物信息检测技术方面发展了具有自主知识产权的新一代 DNA 测序技术，研制成功 4 台产品化的高通量 DNA 测序仪并开发了相关的测序试剂，单次运行通量可达到 100 亿个碱基信息。在生物植入器件方面开展了“人工视网膜”、“植入式中枢神经功能恢复微电子治疗器件”、“动物行为遥控”等研究，并发展了可用于脑卒中、脊髓损伤、整形重建、尿失禁、阻止血栓形成、减轻慢性疼痛等的生理信号输入与输出（BION）器件。在生物电池方面，利用酶或微生物作为催化剂，将化学能直接转化为电能的生物电化学装置，包括微生物燃料电池和酶燃料电池；在产电微生物的筛选、利用体液或血液中的代谢物，如葡萄糖和乳酸等作为燃料产生电力等方面取得重要进展。

第四节　我国生物医学工程学的发展布局

我国生物医学工程学科的发展布局应围绕重大科学和技术问题进行，包括以下方面。

（一）面向学科前沿和国家需求凝练重大科学问题、设立重点研究方向

基于生物医学工程领域国际的发展趋势和国内的研究现状，立足国家在人类健康与重大疾病等方面的科技布局，面向《国家中长期科学和技术发展规划纲要（2006—2020 年）》中有关发展“交叉学科和新兴学科”、开展“生命过程的定量研究和系统整合”等的需求，我国生物医学工程学科需要进一步围绕重大科学问题，不断提升自身的研究水平。主要包括以下几个方面。

1）生物力学方面重点关注分子-细胞生物力学、力学生物学、骨骼-肌肉力学、血流动力学、生物流变学以及组织工程与再生医学中的生物力学、临床医学与康复工程中的生物力学、生物材料力学、仿生力学。

2）生物材料方面重点关注生物活性材料、生物材料表面与界面、药物控释系统、生物识别器件、纳米生物材料和微流控芯片与表面图案化。

3）组织工程方面重点关注组织工程的自体细胞移植、同种异体细胞在组织工程研究中的作用、应力与组织工程化构建、支架材料、工程化组织的收缩、工程化组

织的收缩和特定组织工程产品的产业化。

4）生物医学影像方面重点关注生物医学影像的数据获取、数据分析和应用研究等关键流程节点。

5）生物电子学方面重点关注生命电现象及其生物学机制、电磁场和生物体的相互作用、生物医学传感器、生物医学信息的处理和分析、植入式生物电子器件、医学电子学和医疗仪器、生物医学系统的建模和分析、神经信息技术和系统、生物电池和分子电子学和生物计算。

（二）发展先进的概念、技术和方法，建立较为完整的研究体系

生物医学工程学科兼有基础和工程双重属性，具有独特优势，可为生命科学和临床医学提供新的概念、技术和方法。我国生物医学工程学科需要进一步针对重大技术瓶颈问题，不断提升自身的技术创新能力。应鼓励在生物力学、生物材料、组织工程、生物医学影像和生物电子等方面建立定量、可控、系统、整合的研究方法和手段，发展适应于不同生物学过程和医疗目的的新型技术、器（部）件、仪器和装置，提升我国生物医学研究和临床医学水平。

（三）进一步深化学科融合，促进交叉人才培养

生物医学工程学科本身作为一个交叉学科，需要进一步促进其从交叉到融合的转型。需要深入推进高校、各科研院所乃至企业界的科技合作，通过制定相关政策鼓励不同学科间的学术交流。需要充分发挥优势团队的领导带头作用，主导学科发展方向，综合各学科的优势力量。需要引进和培养一流的生物医学工程领军人才，加强交叉型人才的培养和年轻队伍的建设，鼓励国外的优秀人才回国发展。

第五节　我国生物医学工程学优先发展领域与重大交叉研究领域

结合重大理论问题、国际研究动向和国内现有研究基础，以下领域在今后的若干年内可以考虑优先资助。

（一）分子-细胞的力学-化学与力学-生物学

分子的力学-化学耦合作用可使蛋白质分子将化学能转化为机械能，调控生物大分子间的识别与组装动力学；分子力学研究不仅可以深化对生物大分子相互作用规律的定量认识，也可为蛋白质药物活性表位设计和功能评价提供新方法。力学刺激还可影响细胞的迁移、增殖、分化及凋亡等诸多生物学响应，正如生长于空间微重力环境的细胞具有与地面迥异的结构、表型和功能。细胞力学-生物学耦合研究不仅可定量认识细胞-细胞、细胞-表面相互作用的基本规律，同时还是组织工程、再生医学、介入治疗等的重要科学基础。

重要研究方面：

1）生物大分子力学性质与生物大分子间相互作用的定量关联；

2）生物大分子结构-功能关系的理论模拟、功能预测与实验验证；

3）蛋白质组装动力学与蛋白质机器的协同作用；

4）亚细胞组元（细胞骨架、细胞器等）动力学行为与亚细胞结构的组装和重建；

5）细胞力学性质与细胞-细胞、细胞-基质相互作用的定量关联；

6）作用力对细胞发育、增殖、分泌、分化和凋亡的影响与调控；

7）生物大分子-亚细胞-细胞间跨尺度信息整合；

8）分子-细胞定量化研究的新概念、新技术和新方法。

（二）人类健康与重大疾病的生物力学基础

作为活的生命体，人体内各组成部分（如系统、器官、组织、细胞、分子等）无不处于运动和变化过程之中，而运动和变化所导致的力学作用是生命体生物学响应的重要影响因素。从生物力学的视角看，人体健康与体内力学环境息息相关，而生物力学研究已经可以针对影响人类健康的许多重大疾病提出相关的重要科学问题，并给出相应的诊治方法和建议。

重要研究方面：

1）骨骼-肌肉系统、呼吸系统、感觉系统生物力学及其在组织-器官创伤和修复中的应用；

2）心（脑）血管力学生物学及其在循环系统疾病中的应用；

3）组织-器官工程化构建的关键生物力学问题；

4）细胞-分子生物力学及其在肿瘤转移等病理生理过程中的应用；

5）基于康复工程、手术计划和个体化医疗的生物力学新概念、新方法和新技术。

（三）微纳尺度生物力学与仿生力学

作为生物力学向微观深化的重要分支，在微纳尺度上开展生物力学研究不仅可以认识细胞、亚细胞乃至生物大分子的力学与流变学行为，加深对力学环境下细胞-亚细胞-分子的生物学响应机制的理解，而且还在纳米材料、微纳机器或装置、药物释放等方面具有广阔的应用前景，为优化材料结构和提高材料性能、研制新一代人造飞行器和水下航行器提供了重要的科学依据和仿生学启迪。

重要研究方面：

1）（干）细胞生物力学及其分子机制；

2）生理病理学中的细胞纳米动力学；

3）微纳尺度生物流体力学与生物流变学；

4）生物材料力学与仿生、运动力学；

5）生物纳米技术与生物材料的生物力学基础。

（四）组织修复材料的活性修饰及其组织再生特性研究

进入21世纪，生物材料的研究进入将生物技术应用于生物材料，利用生物学原理设计和制造具有生物结构和功能的材料的新阶段。但是，如果对支架材料进行生物活性修饰，如细胞外基质、信号分子、生长因子等，使材料能够诱导组织的形成、再生和快速修复，使组织的构建在体内完成。这种具有组织诱导性的生物材料的优点是不需要在体外培养细胞和组织工程构建，容易实现产品化和应用，便于储存和运输。因此，对生物材料进行活性修饰，使组织修复材料具备组织诱导活性，使（体外）组织工程构建能够在体内完成，这是生物材料和组织工程研究的新策略。

重要研究方面：

1）认识组织再生过程中的重要信号分子和微环境因素，是对生物材料进行活性修饰的理论基础；

2）针对组织细胞和干细胞表面的特征受体与配体，寻找相应的靶向分子，实现材料对组织细胞和干细胞的捕捉；

3）根据细胞与材料之间相互作用所需要的连接分子和细胞外基质，为细胞的迁移和黏附创造适宜的微环境；

4）发挥生长因子在细胞分化、组织形成过程中的作用，对组织的形成、再生和修复实现调控；

5）分子水平评价生物安全性和功能的新方法的建立及其有效性验证。

（五）生物材料表面与界面的生物功能化及其与生物体的相互作用

生物材料与生物体之间的相互作用发生在生物材料的表面和界面上，因此深入开展生物材料的表面和界面研究，能为我们更好地了解生物材料与生物体的相互作用，为构建和设计新型生物材料提供科学指导和依据。硬组织植入体材料的表面结构组成和生物活性影响植入体与骨组织和肌肉组织的连接；心血管植入材料表面的功能化修饰决定材料的血液相容性和形成内皮的能力；植入式生物传感器表面的性质影响蛋白质的非特异性吸附，决定传感器的灵敏度和使用寿命；纳米药物的传递过程涉及纳米颗粒表面的分子和基团与细胞膜表面受体、穿膜肽等相互作用的问题；材料表面的纳米化、图案化对细胞的黏附、形态、增殖、分化和功能产生影响。从近几年生物材料研究的发展趋势看，生物材料表面和界面问题日益得到重视，有望成为新一代生物材料的主要研究方向。

重要研究方面：

1）在分子水平和动态过程中认识生物材料表面与组织（细胞）相互作用的分子机制；

2）生物材料与机体免疫系统的作用规律与机制；

3）材料与组织（细胞）接触界面的功能性过渡设计与构建；

4）心血管植入体材料表面的生物功能化；

5）生物材料的表面活性修饰与诱导组织再生的关系；

6）生物材料表面纳米/微米结构及其与生物体的相互作用；

7）分子乃至亚分子层面的先进表征技术和原位/实时的界面定量追踪技术。

（六）生物材料的生物相容性

随着人们生活水平和对生活质量要求的提高以及材料科学的发展，越来越多的生物材料在生命科学和临床医学中得到应用，因此材料的生物相容性研究尤为关键。

重要研究方面：

1）生物相容性评价标准的完善；

2）生物相容性评价新技术、新方法；

3）生物材料与生物体相互作用的分子机制；

4）生物材料在免疫系统中的作用规律与机制。

（七）用于疾病诊断和治疗的生物材料

疾病的快速诊断与治疗是公共卫生和临床医学的重要内容。与传统生化检测方法相比，在新发传染性疾病跟踪和处理以及临床诊断中，生物传感器具有实时在线、自动化程度高、现场分析、快速检测的优势。同时，疾病的诊治与药物分子的体内输送系统密切相关。因此，今后应该发展兼具分子诊断的多功能药物输送系统，特别是环境响应性智能高分子载体材料；解决生物活性大分子药物输送的效率问题；加强靶向纳米载药系统在重大疾病治疗与诊断中的应用和基础研究。

重要研究方面：

1）生物活性物质在电极表面的高活性、定向可控固定化及生物活性界面设计与构建；

2）仿生材料构建生物传感器活性界面，电极反应中固定化生物活性材料在电子转移中的作用；

3）疾病检测过程中特征标志物及其敏感分子筛选；

4）生物传感器在疾病治疗中的药物筛选及其作用机理探讨；

5）具有传感功能的药物包衣材料的传感功能及药物释放的实现；

6）如何通过发展生物材料和药物输送技术，提高药物输送系统的功效；

7）如何提高药物输送的效率和细胞选择性，提高重大疾病的诊断准确性和治疗有效性。

（八）纳米生物材料的生物学效应

纳米材料已经渗透到生物材料的各个领域，如植入和介入医用纳米材料、组织工程和再生医学纳米材料、新型药物和基因控释载体纳米材料及高效生物诊断纳米材料等，其中的一个共性问题就是纳米材料的生物学效应问题，也是纳米生物材料的研究难点之一。这一基本问题的解决有助于深刻理解纳米生物材料的作用规律和功能，为构建和设计新型纳米生物材料提供科学指导和依据。

重要研究方面：

1）纳米生物材料与细胞相互作用的信号转导通路及基因表达规律；

2）纳米生物材料在血液循环、免疫、代谢等器官/系统中的生理效应变化规律，纳米生物材料与靶器官、靶细胞或靶分子相互作用的机制；

3）纳米生物材料生物学效应的先进表征手段及原位/实时检测技术。

（九）揭示干细胞全能性的生物学基础及掌握干细胞的定向分化方法

细胞是一切组织器官的功能基础，是人体组织的基本单元。要在分子水平上揭示干细胞全能性的生物学基础问题，理解生物环境如何指导细胞形成组织器官，揭示物理、化学及生物等因素如何影响细胞对环境的应答，从而形成具有特定结构和功能的人体组织，实现基础理论的突破，指导人工组织的构建。在此基础上，掌握高效的干细胞定向分化方法，为人工组织的构建提供充足的细胞保障。另外，不可忽视干细胞外的细胞来源技术，新技术的发展必然在干细胞研究的基础理论得到突破后有更深入的发展。其关键科学问题包括干细胞自我更新及分化的调控网络，物理、化学、生物及空间等因素对干细胞特性的影响，干细胞在人体内自组织的机制等。其发展目标是全面理解干细胞的生物学基础，为指导人工组织及人工器官的构建提供理论依据。

重要研究方面：

1）干细胞自我更新及分化的微环境及调控网络；

2）力学、化学及空间等非生物因素对干细胞特性的影响；

3）多种生长因子及诱导因素对干细胞分化的协同作用机理；

4）生殖细胞的生物学基础及胚胎发育的调控机制；

5）干细胞的定向诱导分化；

6）体细胞去分化及再分化的机理及新技术；

7）人体器官退行性病变的机制；

8）干细胞及相关技术的安全及伦理问题。

（十）支架材料的功能化

早期应用于组织工程的生物材料一般成分简单，主要起到支架和塑型作用，往往是一些惰性材料，只提供细胞生长的框架。而现在应用于组织工程领域的生物材料，对其期望已不单纯是只起到支架作用，人们意识到材料的单一成分和惰性性质已不能满足复杂的组织构建需求。在结构需求方面，需要多种成分的共同作用达到一定的力学强度及适宜的韧度，而且需具有一定的功能性作用，能够模拟体内细胞外基质的环境，为细胞生长提供一定的空间信息以及诱导因素。功能性的生物材料是组织工程生物材料的发展方向。长远看来，这种生物材料能够为细胞提供更好的组织再生环境，短期内又可以作为再生医学领域在体原位修复的功能单元，实现组织工程长期发展和短期效益的结合。其关键科学问题包括对人体组织细胞外基质的功能研究，支架中多种生物材料成分复合的配比和融合，支架材料对功能诱导因子的偶联和吸附，支架材料成分的合理空间布局及孔径的控制，支架材料与细胞的相容性问题等。其发展目标是建立可供细胞生长的有效的空间构架，为细胞生长、组织再生提供有效的空间及诱导环境。

重要研究方面：

1）多成分复合材料的研制，用以提供组织中不同细胞生长的需求；

2）基于计算机辅助设计的支架快速成型技术；

3）支架材料的功能化研究。

（十一）工程化组织的构建

获得具有完整结构和功能的组织，以代替人体缺损或丧失功能的组织，是组织工程这一学科的理想。倘若能像生产机器零部件一样工程化生产人体组织和器官，将是人类医学史上一场具有划时代意义的革命。虽然这一理想的实现还存在诸多障碍，但目前的理论和应用研究都不断向人们展示实现这一理想的可能性。目前在组织工程构建这一领域，国内外都取得了一些成绩，如皮肤、软骨、骨、角膜、肌腱、韧带、神经等组织的初步获得及产业化，复杂脏器（如血管、食道、膀胱、尿道、人工肝支持装置、人工心脏、人工肾等）人工器官的初步探索。既然要实现组织构建的工程化，在基础生物医学理论指导下的工程化运作就非常关键。其关键科学问题包括组织细胞的自组织机理，组织构建的时效问题和快速成型，复杂组织中不同细胞的精确空间定位，人工构建组织的培养环境等。其发展目标是实现人工组织和人工器官的工程化生产，实现与临床应用的有效对接。

重要研究方面：

1）基于计算机建模和离散-堆积原理的大规模直接材料制备技术及细胞打印技术；

2）大规模细胞制备的反应器；

3）体外力学装置的研发；

4）模拟体内环境“培养”工程化组织的反应器等。

（十二）组织工程产品的安全性评估、标准化的建立及产品保存技术

判断任何一种应用于人体的治疗药物或器械的好坏，安全性是首要考虑的因素。国内外传统医药体系对临床药物或植入器械等都建立有完整严格的考察评估体系，组织工程产品当然也无可例外。但是该类产品本身就是一个新事物，

存在其特殊性，涉及器械、药物和生物制品的评价，所以对于其安全性评估及标准化的建立各国都还处在探索阶段。但是安全性评估及标准化的建立又是十分重要和必要的，它将直接影响组织工程产品的推广和应用，在某些领域甚至影响其研发，所以对这一领域的发展同样不容忽视。另外，工程组织是一种活的“人体元件”，不同于现存的任何一种医疗药物或器械，需要一整套特殊的包装、储存及运输系统，必须在保证细胞和组织活力及功能的前提下，发展低成本的包装储运方法，以使组织工程产品真正走入市场。其关键科学问题就是符合何种标准的组织工程产品才是对人体有效和安全的。其目标是建立一套完整、合理、科学的评价体系以指导组织工程的研发和临床应用。

重要研究方面：

1）临床前对组织工程产品的原料来源的评价；

2）支架材料、种子细胞及生长因子的安全性评价；

3）工程组织的临床研究，包括免疫安全性等；

4）临床产品的上市监督；

5）灭菌对工程组织活性的影响；

6）组织工程成品的保存及运输方法等。

（十三）分子影像成像的应用基础

分子影像学是传统医学影像技术与现代分子生物学相结合形成的一门新兴学科，是在细胞和分子水平上应用无创伤性影像学技术对活体生物过程进行定性或定量可视化的一门科学。分子影像是利用目前已有的医学影像技术，在分子细胞水平上对生命体内部生理和病理变化过程进行的无损伤的在体成像，具有传统影像成像手段所不具有的无创、实时、特异、在体、动态、分子细胞水平、高时空分辨率等独特优点。从宏观上来讲，分子影像可以为研究特定基因功能、生物体生长发育、疾病发生发展和药物作用效果及动力学变化等提供信息获取和分析处理的有效的新方法、新手段和新设备。分子影像可以为发病机理、临床诊断、病情监测和疗效评估的研究提供定性、定位、定量信息。此外，分子影像也可以加快新型药物的研发速度，缩短预临床研究时间，减少药物研发的资金投入。

重要研究方面：

1）分子成像新理论及基于不同生物组织特性的理论模型；

2）新型分子探针的筛选、制备及功能评价；

3）高时空分辨的分子标记与成像机理、功能信号特性和传输规律；

4）分子图像（包括多靶点、多模态图像）的定位、定量分析、处理及其可视化；

5）体内药代动力学与生物活性评价及其在创新药物研发中的应用；

6）分子成像新设备的基础研究。

（十四）临床重大疾病的关键医学影像基础

重大疾病，如精神心理疾患、心（脑）血管疾病、肿瘤等凸显，成为严重影响人们健康，造成我国沉重社会负担的主要原因之一，其早期诊断、预测及预后判断是当今临床医学亟待解决的难题。医学影像作为当今医学发展最为迅猛的学科，是生物学、医学、物理、电子信息技术等学科的综合与交叉，其发展对临床医学的各个分支的发展起到了巨大的作用，使“个体化”医学的实现成为可能，已经从最初的观察疾病形成的终极效应向提前预测转化。医学超声在疾病诊断和治疗中也具有重要地位。超声波在生物组织中的传播规律是超声生物学响应的理论基础，组织结构改变和血流动力学异常所致的信号差异是医学超声诊断的生物学基础，而超声所致的热凝固、声空化（声孔效应、声化学效应、声致电泳效应）、声致细胞破碎和生物力学等效应是医学超声治疗的物理基础。因而，医学超声在临床医学中展示出广阔的前景。医学影像既能用于诊断与鉴别诊断，又能通过与分子生物技术结合，用于观测疾病发生发展过程中细胞和分子水平的生理过程，探究疾病的发生机理，实现疾病的早期预警、早期诊断和评估。

重要研究方面：

1）重大疾病的关键影像学表征与发病机理；

2）医学影像新技术的临床诊断（含早期诊断）与亚临床诊断、预后评估；

3）脑功能影像学网络特征（包括静息态成像）及药物治疗后改变；

4）功能和代谢成像与后处理、在体分子与细胞水平成像理论与方法在疾病临床诊断和治疗中的应用；

5）超声波在多层、非均一生物组织中的传播规律及其在疾病诊治、药物输运与控释中的应用。

（十五）脑-机接口技术的理论和方法及其应用

脑-机接口是神经科学和信息科学等多学科交叉渗透的一项前沿技术。目前，利用脑-机接口技术已经可以实时地控制机械手臂的空间三维运动、重建眼睛所看到的简单灰度图像以及实现简单的与外界环境的信息交互操作等。脑-机接口技术最直接的应用可能是为很多残疾和患有神经系统疾病的患者，提供一种新的与外界进行交互的方式，从而改善他们的生活质量，减轻他们对社会和家庭其他成员的依赖。因此，脑-机接口与神经反馈和康复工程有很内在的联系。另外，脑-机接口技术在军事和国家安全等领域也有着重要的应用前景。发展脑-机接口技术的几个最基本的问题是：①可用于脑-机接口的神经机制研究；②神经信息的提取和处理；③脑-机接口技术对神经系统可塑性变化的适应性和鲁棒性；④脑-机接口中的神经反馈机制与技术。

重要研究方面：

1）发展适应不同应用环境和目标的神经信息采集技术，包括侵入式和非侵入式系统的信号采集、图像重建以及传输等的相关软硬件设备和平台；发展针对具体应用以及适应不同个体的脑信号分析处理技术，包括脑区及脑网络的定位和选择、脑活动的特征描述以及数学建模分析等；

2）开展脑-机接口与神经系统可塑性相互影响的研究，发展脑-机接口信息提取与处理的自适应技术与评价方法；开展脑-机接口中的神经反馈机制与技术研究，发展和改进有关的学习理论与方法；

3）开展可得到脑-机接口信号的相关神经机制的研究，探索脑-机接口的新模式；开展针对脑-机接口技术应用的新思路、新概念的研究，发展在新应用背景和新系统构架下的脑-机接口技术。

（十六）人类脑连接组学及脑网络组学研究

人脑是自然界中最复杂、最高效的信息处理系统，探索人脑信息处理的过程是脑认知研究的核心内容。一方面，脑的高级功能不是单个神经元或单一脑区孤立完成的，而是由许多脑区交互作用来实现的；因此，从网络的角度来研究人脑的结构和功能，揭示脑对神经信息的处理机制是非常必要的。另一方面，随着对重大脑疾病研究的深入，发现无论是局部性脑损害（如脑卒中、脑肿瘤、局部脑创伤等）还是弥漫性脑损害（如精神分裂症、阿尔茨海默病等），对脑结构和脑功能的影响都不是限定于局部脑区的，而是波及多个相关区域。因此，为明确脑疾病对脑结构、脑功能以及行为影响的规律，发现重大脑疾病早期诊断、预后判断及疗效评价的生物学标志，也非常有必要从网络的角度对人脑进行研究。随着技术的发展，特别是各种影像技术（MRI、脑电磁图、PET、光学成像等）的发展，为无创地研究人脑提供了新的契机，也为脑网络的研究提供了必要条件。利用高时空分辨率成像技术和现代计算技术，建立不同脑区交互作用的脑网络模型及其动态演化规律，将为理解脑的信息加工过程及脑的高级功能开辟新的途径。启动和开展宏观和系统水平上的脑网络研究，也将有利于微观和宏观不同层次研究工作的衔接和整合，促进信息科学、神经科学和临床医学等不同学科的综合交叉，提升我国在脑科学领域的研究水平，对创新型国家建设和提高人民健康水平等国家需求有重大的战略意义。

重要研究方面：

1）采用扩散磁共振成像（dMRI）、（静息态）功能核磁共振成像（fMRI）和脑电图/脑磁图（EEG/MEG）等方法，在宏观水平上的研究包括解剖结构连接（纤维连接）、功能连接（通过同步或相干实现功能整合）以及因果连接（连接网络中的信息流向分析）三个方面；

2）研究不同人群（不同年龄、不同种属、不同疾病状态）和不同种群（人、猕猴、鼠）脑网络模式的异同及脑网络模式的生理和病理意义。

（十七）植入式生物电子器件

植入式生物电子器件是21世纪生物医学电子发展的一个重要方向。植入式器件可保证对处于自然的生理状态条件下生物体的各种生理、生化参数进行连续的实时测量与控制。采用植入式测量装置后体内的各种信息不需经皮肤测量，大大减少了各种干扰因素，因此可得到更加精确的数据；便于对器官和组织的直接调控，能获得理想的刺激和控制响应，有利于损伤功能的恢复和病情的控制；可以用来治疗某些疾病，如癫痫和瘫痪等；用来代替某些器官的功能，如肾脏、四肢、耳蜗和视网膜等。虽然植入式电子系统因其在生物医学中突出的作用而受到各国学者的高度重视，各种新颖的植入式系统也层出不穷，但是真正成熟的植入式微电子器件产品尚为数不多。因此，要加强我国植入式器件的研究和创新，提升植入式器件的性能，并以此引导传统植入式器件产业的技术更新和产品换代，推动我国植入式器件产业的发展。植入器件的研究包括植入器件电路设计，植入式器件的供能、电极设计，植入式器件生物相容性、信号分析和处理等。

重要研究方面：

1）植入器件生物集成电路芯片的设计与制造；

2）生物电极及其表面功能化；

3）长寿命生物电子器件的体内供能技术；

4）生物医学信号分析与处理。

（十八）生物电池

生物燃料电池在生物电子学领域中是一个新的极具发展潜力的研究方向，

在生物传感器、生物植入器件等领域都有重要的应用前景。目前，国际上生物燃料电池研究已取得了很大的进展。生物燃料电池中，产电微生物能够在厌氧条件下完全把有机物氧化成二氧化碳，把氧化过程中产生的电子通过电子传递链传递到电极上产生电流。生物电池产电的过程可以看做是将微生物的氧化呼吸链延伸到细胞外的外界环境的过程。其核心是利用酶或微生物加速及促进燃料底物的电子通过电极进入外电路，这些底物包括废水中的复杂有机物、可再生的生物质以及生物体本身的生物分子等。生物燃料电池的研究重点主要集中在提高电池输出功率密度和寿命、降低电池成本等方面。

重要研究方面：

1）产电微生物的筛选、优化；

2）新型电极的设计、优化与制备；

3）生物膜代谢及电子转移特性的研究；

4）电源结构的系统设计。

（十九）系统生物学的信息整合

随着生物信息检测技术的发展，人们能够在分子层次上获得细胞和组织的大量生物分子信息。生物信息的分析和知识挖掘方法的研究，受到国际学术界越来越多的重视，这蕴藏着巨大的机遇。系统生物学就是要实现不断产出的海量生物学数据和生物学知识与以生物信息学为基础的新生物学的整合。各种生命组学技术正在成为现代分子生物学新的实验技术平台。

重要研究方面：

1）获取基因组的动态信息以及基因调控网络；

2）数据搜集、整理和分析，以及编码方式和调控规律；

3）各个组分间的次序和层次结构及其稳定相互作用的机制。

（二十）神经信息学

神经信息学是一门新兴的交叉学科，该学科用先进的生物电子技术，研究中枢和外周神经系统，并操控其行为乃至增强其功能。该学科横跨计算神经科学、实验神经科学、临床神经病学、神经组织信号处理、微纳米技术、电子工程学和科学计算等领域。通过集成微纳米、信息和微系统的前沿技术，提高对人类包括大脑、脊髓和外周神经在内的神经系统工作机制的认识，同时开发对脑疾病和脊髓损伤等疾病的诊断、治疗和康复有帮助的实用产品，促进国内与神经疾病相关的医疗器械行业的发展。

重要研究方面：

1）基于生物电子学的脑工作机制；

2）神经网络相互的关系、信息处理的机制以及与脑疾病发生之间的联系；

3）脑电振荡模式与认知的关系；

4）脑深度刺激控制脑疾病，以及神经网络电刺激的机理及临床应用；

5）植入式脑信号感知器，以及新的计算模型和数据处理分析方法；

6）控制脑的数学模型及其稳定性和鲁棒性（尤其是实时跟踪能力）；

7）脑神经网络的动力学特性，以及相关的控制理论和方法；

8）控制脑的脑刺激方法选择和系统设计；

9）脑刺激参数的选择和优化过程；

10）刺激在大脑组织中的传播过程及其对神经网络的影响；

11）刺激参数与控制脑数学模型的关系。

（二十一）复杂医学系统的电子信息学

中医在中国五千年的历史中起着非常重要的作用，它是中华文化遗产中的一块瑰宝。而针灸则是中医的重要组成部分，其完整的理论体系、独特的风格和确切的疗效，享誉国际医林，并已被100多个国家应用于临床。近几年来，重视调动机体自身抗病能力的针灸疗法更加受到中外医学界的重视。然而，经络学一直缺乏解剖学支持和物理学基础。研究者尝试了一系列的方法，从声、光、电到磁、波、离子、气体，从二维平面到三维立体空间等不同角度进行了探索，并提出过多种假说，但均未获得一致的认可和肯定。

重要研究方面：

1）通过制作专用针灸针作为信号刺激和探测电极以及设计专用刺激信号编码和波形，利用信号全方位追踪方法，在人体中探测信号传递最畅通（衰减最小）的路线，与中医给出的经络相对比，发现两者之间的关系；

2）使用人体电信号刺激和探测技术获得身体不同深度多部位和多方位的电信息，其结果可同时符合西医的分析和中医的综合判断的原则，有望从理论和实验两个方面验证经络学说。

第六节　我国生物医学工程领域的国际合作与交流

我国生物医学工程从起步至今始终保持良好的国际合作态势，与国际同行建立了较好的交流基础。各种系列双边或多边生物医学工程研讨会已逐渐具有学术影响力和品牌效应，海外杰出青年基金的合作等实质性科研合作也取得较好的成效。开展国际合作研究和学术交流可以促进我国生物医学工程研究者对国际发展形势的理解，从而增强自身的国际竞争力。我国科学家与国际同行的交流应该是多方面的，可以包括以下几个方面。

（一）进一步开展有针对性的国际合作

针对我国生物医学工程学科的特色、优势以及薄弱、不足，开展“强-强、弱-强、强-弱”合作。应重点鼓励在以下领域的针对性合作：分子-细胞层次的定量化和可视化技术，基于成像的人体局部与整体建模，体内精细血流流场成像、模拟与预测，再生医学与康复工程的生物力学基础与评价，生物材料力学与仿生力学的结构、性能与优化（生物力学）；新一代生物活性材料设计、表面纳米化、微纳技术与生物传感器、高通量生物分子信息检测（生物材料）；种子（干）细胞、细胞-材料三维相互作用、复杂功能器官构建、组织工程国际化标准（组织工程）；生物医学影像的计算理论与方法、分子影像、重大脑疾病早期诊断、预后判断和疗效评价的影像学生物标志以及脑连接组、脑-机接口（生物医学影像）；生物医学植入式特种集成电路芯片、生物电极及其表面功能化、体内长寿命生物电子器件的供能技术（生物电子学）。

（二）进一步加强生物医学工程研究的实质性合作

应鼓励具有良好合作基础的国内外研究团队承担我国和合作国的重大国际合作项目，增大对国际合作项目的资助强度，通过联合研究在人才培养、成果共享、技术支持、方法创新等方面做到互利、双赢。同时，为顺利开展深层次的、实质性的国际交流和合作，应提供更加灵活多样的模式，并与国家其他引智计划既区别又联系。

（三）进一步扩大人员交流、加强人才引进

应充分利用不同渠道扩大不同层次的人员交流，积极向国外优秀研究机构派出有潜力的研究生、博士后和青年研究人员，并鼓励其学成后回国发展。同时，应在生物医学工程学科前沿和新生长点积极引进国外优秀青年人才甚至资深专家，争取未来5～10年在上述优先领域有所突破。

（四）进一步提升我国生物医学工程研究的国际学术地位

应继续办好系列双边或多边生物医学工程研讨会，扩大已有的品牌效应。积极申办、办好生物医学工程学科重大国际会议，提升我国生物医学工程学科的影响，造就我国在国际上的知名学者。在双边和多边学术交流基础上，合作开展具体的重大项目联合研究，争取有所成就。

第七节　我国生物医学工程领域发展的保障措施

作为新兴交叉学科，生物医学工程学科的发展尤其需要政府、企业乃至公众的大力支持，并从基础研究、人才队伍、环境建设等方面提供有力保障。

一、基础研究的保障措施

相比于其他传统优势学科，生物医学工程的学科基础还相对较薄弱，基础研究急需加强。同时，生物医学工程新概念、新思想、新方法、新技术以及新诊治手段的出现及其在人类健康与重大疾病方面的应用也催生着新的基础科学问题。当前，各国将生物医学工程领域作为基础研究的重点与热点，并与纳米技术、微纳系统、分子影像等高新技术以及组织工程、再生医学、康复工程、生物材料等应用领域进行统筹规划，安排与布局了大量的基础研究项目。

我国生物医学工程研究整体起步较早，具有长期的科学积累，在某些方面已具有较高水平的工作积累和相当的国际影响力。因此，加强生物医学工程基础研究不仅有助于未来5～10年提升我国本学科的学术水平、进一步扩大国际影响力，而且还对相关领域的发展起到促进作用，对相关应用领域的发展产生重要的引领作用。建议的具体措施包括以下几个。

（一）加强重大项目和重大研究计划的顶层设计，凝练具有创新性的科学问题，组织不同学科领域研究人员开展交叉性研究

应有计划地在分子-细胞层次的力学-生物学耦合、生物材料的表面界面生物功能化及其与生物体的相互作用、工程化组织构建、分子影像成像的应用基

础、临床重大疾病的关键医学影像基础以及生物分子信息的高效检测等优先发展领域安排一批重大、重点项目，整合国内现有研究力量，吸引相关交叉学科优秀人才，在有限目标下实现创新与突破。应对生物医学工程学科基础研究进行倾斜，适度增加自由申请项目数与资助强度。针对非共识项目相对较多的特点，适当增加生物医学工程学科小额资助项目的比例和学科评审组专家的人数，将有助于培育和保护创新性思想，鼓励自由探索。

（二）尝试设立双（多）首席科学家制，从制度上提倡和鼓励交叉、合作乃至融合

应积极鼓励研究人员开展交叉学科研究，以实现生物医学工程研究所需的不同学科、不同实验室间的合作。建议针对交叉研究项目设立双（多）首席科学家（PI）或多 PI 制，即申请交叉项目必须由来自不同学科不同研究团队的两（多）位 PI 共同申请，参与项目的每位 PI 享有同等的权利和义务，并且采取切实的措施保证每个参与单位的利益，从制度上鼓励科学家开展交叉学科研究工作，推动交叉学科发展，并逐步与国际同类研究资助接轨（美国自然科学基金委员会 2001～2008 年对多 PI 项目的资助率稳定在 18％～25％，与 21％～29％的单 PI 项目的资助率相差不大）。

（三）探讨特定的评估体系评价生物医学工程研究成果，为生物医学工程学科发展提供相对客观、公正的评价环境

应综合考虑生物医学工程的学科特点，建立相应的人才评价和成果评估体系，从科研成果是否对本学科发展做出了贡献、是否推动了传统学科进步、是否对相关应用领域产生了重要影响等角度进行全方面评价，规避并逐渐消除因门户之见可能导致的学术壁垒和评估歧义，提高交叉性合作成果（如联合署名的论文、与产业界共同研发的应用基础成果）的认可度。

二、人才队伍的保障措施

当前，国内生物医学工程领域人才的学术背景或偏重于力学、电学、化学、光学以及工程科学，或偏重于生物学及医学，迫切需要培养大批受过生物学、医学和工程科学交叉训练的研究人员。同时，生物医学工程人才成长因知识结构要求高、研究方法独特、出成果周期较长，导致其科学训练时限相对较长。因此，应针对其学科特点制定相应措施以促进优秀人才的脱颖而出和青年人才

的健康成长。

（一）提高生物医学工程学科人才板块的资助率

建议对生物医学工程学科的人才基金（国家杰出青年科学基金、青年科学基金）给予适度倾斜，以利于在科研实践中发现和培育人才。加强后续跟踪，通过对优秀项目的连续支持（青年科学基金与面上项目、国家杰出青年科学基金与重点项目间的衔接），进一步促进优秀青年人才的成长。同时，探讨设立专门培训多学科交叉人才基金的可能性，以期通过学科交叉突破单一学科和单一模式的局限，鼓励新兴前沿学科的纵深探索，促进理、工、医、农等多学科的交叉融合。

（二）加强生物医学工程优秀研究团队建设

应积极鼓励创建生物医学工程“创新研究群体”，并针对生物医学工程学科队伍相对较小、优秀人才不够集中的现状，尝试跨单位组建具有学术互补的交叉群体。应对目前国内同一方向的人才队伍进行适度整合，逐渐建立不同研究团队的特色和优势，避免重复布局、分散资源。应针对生物医学工程学科多层次、多系统、多学科的特点，加强与相关生物学和临床医学研究团队间的实质性合作，逐步提高对人类健康与重大疾病、医疗器械、新药创制等重大需求中的生物医学工程问题联合攻关的能力。

（三）强化生物医学工程后备人才培养

应重视对研究生、博士后和青年研究人员的科学训练，培养其对生物医学工程研究方法学的理解和独立从事生物医学工程研究的能力。应针对生物医学工程学科知识更新很快的特点，认真归纳和总结最新研究成果，编写相关教材和专著。应鼓励青年后备人才积极参与国内外学术交流，通过评选优秀论文等方式提升他们对学术研究的自信心。应注重来自于其他相关学科新生力量的培育，通过组织生物医学工程专题讲座、暑期学校和高级讲习班激发其对生物医学工程学科的科学兴趣。

三、环境建设的保障措施

当前，我国生物医学工程已建立了生物电子学国家重点实验室（东南大学）

和一批省部级重点实验室，但尚未在生物力学、生物材料、组织工程和生物医学影像等布局国家重点实验室或国家工程研究中心，这与生物医学工程学科的重要性、前沿性和国内良好的工作基础不相称。同时，生物医学工程的发展强烈依赖于新概念、新技术和新方法，尤其是原创性的定量化技术和方法，而我国目前更多的是利用国外的成熟技术，缺乏相应的研究基地。因此，需要加强研究基地建设，大力支持方法学研究，鼓励原创性概念。

（一）加强生物医学工程基础研究基地建设

建议尽快在生物医学工程相关分支领域布局3～5个国家重点实验室，以适应生物医学工程学科快速发展的需求，完善国家重点实验室的学科布局；针对生物医学工程学科队伍相对较小的现状，可尝试在优秀人才相对集中的地域、跨单位组建优势互补的国家级研究基地。同时，进一步推动在条件成熟、特色明确的单位建立生物医学工程不同研究方向的部门重点实验室，促进生物医学工程学科重点突出、均衡发展。

（二）强化生物医学工程方法与技术的进步

应重视与产业界密切相关的生物医学工程与技术基地建设，形成10～15个国家级旨在开发具有自主知识产权产品的重要研究基地，鼓励生物医学工程国家工程研究中心和国家工程实验室的建设，为人类健康和疾病防治提供关键与共性技术和良好的软件、硬件基础。

（三）提升生物医学工程研究的装备水平

应鼓励生物医学工程新技术、新方法和新装备的原创性研究，通过增大仪器专项资助等方式加强我国在生物医学工程与技术方面的自主创新能力。积极争取不同渠道资源，进一步提升现有装备水平，并注重已有装备的二次开发和升级换代。

◇参考文献◇

中国科学技术协会，中国生物医学工程学会．2009．2008～2009生物医学工程学科发展报告．北京：中国科学技术出版社

BMES. 2009. Proceedings of Annual Scientific Meeting of BMES，Pittsburgh，USA

Enderle J D，Blanchard S M，Bronzino J D. 2005. Introduction to Biomedical Engineering. Boston：Elsevier Academic Press

NIBIB. 2006. Strategic Plan of National Institute of Biomedical Imaging and Bioengineering. NIH Publication Number 05-5611

The Whitaker Foundation. 2009. History of Biomedical Engineering. from the official website of Whitaker Foundation. http：//bmes. seas. wustl. edu/WhitakerArchives/glance/history. html [2009-09-16]

第二章

生物力学

第一节 战略地位

生物力学是研究生物与力学有关问题的科学，其基本内涵是运用力学原理、理论和方法深化对生物学和医学问题的定量认识，从而理解生命体的运动与变化规律，量化生命介质的结构-功能关系。生命体始终处于力学环境之中，其生物学过程受到不同力学环境的调控，表现为多因素、非线性、交互作用等基本特征。生物力学在定量认识生命现象和生物学过程，发展疾病诊治的新概念、新技术和新方法等方面起到了关键和重要作用。作为力学学科的一个新兴分支，将力学的基本原理和方法应用于生命体的研究，在复杂环境、多尺度、多场耦合等方面极大地丰富和发展了力学学科的内涵，拓展并赋予了力学学科新的生命力。作为生物医学工程乃至生物工程的基础，将理论模型、数值模拟、实验测定、结构预测、功能验证等研究思想、方法论和新技术应用于生物医学不同尺度的定量化研究，有力地推动了生物医学工程仪器与医疗器械的研发，提升了新药研制的能力，并促进了组织工程、再生医学、康复工程等新兴应用领域的出现和发展。因此，生物力学学科在推动力学、物理学、生物学、医学等相关学科和医疗器械、新药研制、组织工程、再生医学、康复工程等高新技术的发展上具有重要地位。

生物力学在实现我国总体科学发展布局和落实《国家中长期科学和技术发展规划纲要（2006—2020年）》中具有重要意义，并在国民经济社会发展、国防安全的需求方面具有重要前景。《国家中长期科学和技术发展规划纲要（2006—2020年）》提出的发展“交叉学科和新兴学科”、开展“生命过程的定量研究和系统整合”和“科学实验和观测方法、技术和装备的创新”等科学前沿问题研究的需求，与生物力学学科密切相关。国家在医疗器械、新药研制等方面的科技布局需要生物力学新概念、新方法和新技术的推动，并将进一步促进国家“蛋白质”、“纳米”、“发育与生殖”等重大研究计划的实施需求。同时，作为生物医学与力学交叉的新兴学科，生物力学学科的发展带动了与人类健康、疾病诊治相关的新技术和新装备的进步，无论是在医疗器械还是在新药研制，在组织工程、再生医学、康复工程还是在手术规划、计算机辅助手术、个体治疗方面，生物力学均将发挥重要的作用。

生物力学的战略地位具体体现在以下几个方面。

（一）生物力学是生物医学工程乃至生物工程的学科基础

1. 分子-细胞生物力学

分子-细胞生物力学既是宏观生物力学研究向微观深入的必然，也是实现力学学科与生物医学学科从交叉到融合之发展目标的必经之路。分子-细胞力学研究主要关注分子-细胞层面力学-化学、力学-生物学耦合规律，包括不同力学环境下生物大分子结构与功能，生物大分子相互作用与组装，不同力学环境下细胞的生物学响应，细胞对作用力的感受、传递、转导机制及其与周围环境的相互作用，以及亚细胞组元（细胞器）动力学过程及其调控规律等。其科学意义和战略地位主要体现在：①作为宏观生物力学的深化，可阐明力学环境下组织与器官重构、重建和整合的分子-细胞机制；②作为与分子-细胞生物学的有机契合点，可定量研究生物学前沿领域（如结构生物学、蛋白质组学、干细胞生物学、系统生物学等）的主流问题；③作为生物医学工程的科学基础和方法学平台，可在临床医学方面（如分子医学与影像、药物设计与评价、组织工程、再生医学等）发挥重要的基础作用。

2. 力学生物学

力学生物学是基于“应力-生长关系”，主要研究力学环境对生命体健康、疾病或损伤的影响，以及生命体的力学信号感受和响应机制，阐明机体的力学过程与生物学过程，如生长、重建、适应性变化和修复等之间的相互关系，从而发展有效的新诊治技术，促进生物医学基础与临床研究的发展。人体许多组织包含力学刺激敏感的细胞，如骨内的骨细胞、软骨内的软骨细胞、心脏内的心肌细胞、血管中的内皮细胞、肾脏中的上皮细胞等，而力学生物学的核心即是细胞水平的力学传导过程，即细胞感受和响应力学信号的规律。力学生物学研究的不断深入还可促进临床医学工程的发展，如正畸牙移动、牵引成骨、动脉支架、人工心脏瓣膜，以及用于治疗糖尿病、肌肉萎缩和骨质疏松的新技术和新方法等。

3. 骨骼-肌肉生物力学

骨骼-肌肉生物力学主要应用力学原理，结合生物医学知识与技术，研究人体和动物骨骼、软骨、肌肉、肌腱和韧带的力学性质、结构特征和系统功能，为临床医学提供指导，并已在生物学、医学、工业乃至人们的日常生活中做出了许多具有划时代意义的贡献。例如，骨骼肌收缩本构模型，用于描述和分析在载荷下软骨响应的两相和三相理论的建立；骨结构对系统和局部载荷的适应性理论（骨的应力-生长关系理论、骨折固定的应力遮挡效应）；用于骨关节运动控制的刚体三维旋转瞬时中心概念的提出；计算机辅助手术计划和机器人辅助手术的实施等。同时，骨骼-肌肉生物力学在运动和健身器材的设计、运动员的训练（包括高效训练和运动损伤防护）、环境和工作条件的改善、工作和交通的安全性等方面发挥了较大的作用，并在骨科、康复医学、运动医学、整形和颌面外科、口腔科等方面得到越来越多的研究与应用。

4. 血流动力学

血流动力学的兴起是生物医学进步的需要。在人类基本上战胜、控制了多种传染性疾病的同时，与人寿命延长有关的疾病（如心脑血管疾病）依然严重地威胁着人类的健康和生命。2007 年我国居民主要疾病死亡率构成中，心脏病和脑血管病合计占 34.3 %（城市）和 35.4 %（农村），均居城乡居民主要疾病死亡率的首位（《2008 年中国卫生统计年鉴》）。疾病治疗的巨额费用已成为家庭、社会和国家的沉重负担。而上述疾病的诊断和治疗要求对与其有关的病理生理过程有更准确的、定量的认识。例如，动脉粥样硬化总是发生在动脉血管的弯曲、分枝部位，而其血管组织与其他部位并无根本差别。显然，粥样斑块的形成和发展与当地的血流动力学因素密切相关，因而对这种关联和规律的研究就成为血流动力学的重要课题。深入了解心血管病理生理过程中的力学机制，为心血管疾病的预警、诊断、防治以及人类健康保障和干预等方面提供新思路，具有十分重要的理论和实际意义。

5. 生物流变学

生物流变学着重研究生物系统的流动特性、变形性及其在生命活动中的作用。在生物体的生命活动过程中，所有的组织、细胞均受到由细胞自身和细胞外环境所产生的力学作用，普遍具有流变特性和流变现象。生物体的流变学特性与其体内细胞的增殖、分化、识别、通信、物质运输、能量转换和细胞免疫等重要功能以及细胞的衰老、死亡等生物学过程有密切的关系，是机体细胞及组织器官的结构与功能发育和维持的必要条件之一，同时也在生物个体疾病的发生发展过程中具有重要的作用。随着在整体、细胞、亚细胞乃至分子结构水平的大量深入研究，生物流变学为人类认识复杂生命现象的本质，揭示生物体生长发育的很多重要进程，以及疾病的发生发展规律提供了重要的信息。

（二）生物力学是组织工程与再生医学、临床医学与康复工程、生物材料设计与仿生工程等领域的应用基础

组织工程与再生医学中的生物力学是应用生物学和工程学的原理，研究开发能够修复、维持或改善损伤组织功能的生物替代物，构建缺失或功能损害的组织和器官，使其具备正常组织和器官的结构和功能。在工程化组织的构建过程中，生物力学环境是必要因素之一，它可以促进体外三维培养细胞的黏附、生长和发育以及组织的功能化、诱导干细胞的定向分化、表达新的基因和蛋白质、产生新的生长因子，并促进工程化组织的生长，而力学环境的缺乏将可能致使所构建的组织只有表型而没有功能。同时，生物力学也是评价生物支架材料与工程化组织力学性能的基本手段。另外，体内的骨、软骨、血管、肌腱、韧带、心肌、皮肤等人体组织与器官的修复、重建、再生也需要适当的力学刺激。因此，组织工程与再生医学的发展为生物力学的研究提供了新平台，而生物力学则成为推动组织工程与再生医学发展的重要因素。

临床医学与康复工程中的生物力学是探索重要疾病发病机理、发展新的诊断与治疗方法、促进医疗器械产业化的重要基础，是生物力学服务于人类健康的直接表现。一方面，生物力学在人体各个系统重要疾病的研究中均占有重要的地位。动脉粥样硬化、高血压、冠心病、心脏瓣膜疾病等重要疾病机理的探索依赖于现代心血管血流动力学研究（心血管系统复杂流场、浓度场计算与分析、血管改建的模拟等）的进步；骨重建与生长的理论则已经成为骨质疏松新疗法、骨外科手术方案优化、口腔正畸、修复新技术，以及矫形、整形评价预测等医学实践的基本指导原则之一；在呼吸、感觉、消化等系统的重要疾病研究中，生物力学研究同样具有重要的影响。同时，定量化、微创化、个体化已经成为现代临床医学和康复工程的重要理念，是提高疗效、缩短疗程、减少医患矛盾的重要途径，其实现程度不仅和计算机辅助设计与制造、计算机图像识别与三维重建等技术的进步相关，也与生物力学的发展和应用水平密不可分。另一方面，医疗器械，特别是无源医疗器械的开发和使用，涉及众多的生物力学问题，如人工器官、植入体的疲劳、失效及周围组织的改建问题，假肢、矫形器的应力分析及优化设计问题等。据估计，我

国每年发生医疗器械不良事件至少在4万件以上，不仅造成巨额经济损失，更直接危害到患者的生命安全。生物力学研究对于保障上述医疗器械的可靠性、提升我国医疗器械的性能和水平具有重要的意义。因此，重视和发展临床医学与康复工程中的生物力学研究和应用，不仅可以推动生物医学工程学学科的发展，还将直接推动医疗水平的进步和医疗器械等产业的发展，具有重要的科学意义和社会、经济价值。

生物材料力学与仿生力学涉及生物、物理、化学、材料、力学与工程学等多学科交叉研究领域，对于新型材料制备、微纳米技术、机器人技术、先进制造技术的研究都有巨大的推动作用。随着实验观测技术与数值仿真技术的不断发展，可以从不同的时间尺度与空间尺度来认识天然生物材料以及动物的运动，探寻其原理与机制，为仿生提供思路。经过长期的生命演化与优胜劣汰，自然界形成了种类繁多、形式多样、性质迥异的生物材料，它们大多具有精巧的多级结构，跨越了宏观、细观（介观）、纳观、分子/原子等多重尺度，从而使得生物体在形态与功能，能量与物质的吸收、转化、代谢，运动方式与行为，器官感知、信息传递与处理、行为调控，环境的适应等各个方面得到优化与发展。正因如此，天然生物材料的多尺度力学与仿生研究日益受到力学、材料、物理、化学、生物学等各领域和工业应用部门的关注。生物材料力学与仿生力学近年来受到了世界各国的高度关注，并成为先进国家重点发展的重要方向之一。美国国家自然科学基金会、英国科技白皮书、德国研究与技术部发展规划、日本文部省均明确要在该领域加大投入，进行重点支持。我国也已经对这一领域予以关注。

（三）生物力学是载人航天工程以及药物设计与评价等国家重大需求的学术基础

生物力学研究还将在国家重大需求中发挥积极的学术基础作用。例如，国家载人航天工程、空间站等重大计划的实施需要对航天员的生理状况进行监测，并提供相应的对抗措施，其基本学术问题是人体如何响应（微）重力环境，而地基和空间的生物力学与工程研究将有助于在整体、系统、器官、组织、细胞乃至分子水平上认识这一基本的生物学过程，从而为对抗措施的设计提供基本科学依据。又如，新药创制是我国重大科技专项，而加强生物技术类药物的研发是加快我国新药创制的重要途径之一。对于蛋白质相互作用与组装动力学的定量认识将有助于提高蛋白质活性表位设计的准确性，缩短药物候选物的筛选周期，提高药物-靶标活性预测的准确性。

第二节　发展规律和发展态势

生物力学研究始于20世纪60年代。被誉为“现代生物力学之父”的著名华裔力学家冯元桢教授（Y. C. Fung）于60年代初期辞去在加州理工学院的终身教授职位，转而在加利福尼亚大学圣迭戈分校筹建生物工程系，从而开创了生物力学研究领域。美国著名流变学家A. L. Copley教授几乎在同一时期转向生物流变学研究，推动了血液及体液流变学研究的开展。生物力学研究的重要性和兴趣性不仅吸引了众多资深科学家加入到该领域，而且还培养了一批受过良好交叉训练的青年生物力学学者。目前，生物力学的学科基础涵盖生物学、医学、农学、力学、物理学、化学、数学等多个学科；研究内容包括从整体、系统、器官到组织、细胞、分子等各个层次；研究方法和技术涉及理论模型、数值计算、离体实验、动物实验、临床验证等。

生命科学与包括力学在内的基础和工程科学交叉、融合，目前已越来越成为当今生命科学的研究热点，同时也是力学学科的新生长点。目前，美国至少在44所著名研究型大学相继成立了65个以上的生物（医学）工程系（科），并招聘了一批具有生命科学与基础和工程科学交叉训练的青年教授。美国健康卫生署不断加大在生物医学工程领域的投入，于2000年成立了第20个研究所——国立生物医学影像学与生物工程学研究所（NIBIB）；同时，美国国家自然科学基金会在佐治亚理工学院成立了组织工程研究中心，Whitaker基金会也相继在约翰·霍普金斯大学、麻省理工学院、加利福尼亚大学圣迭戈分校等成立了生物（医学）工程研究所。在这一前沿热点领域，资深的中青年华裔科学家十分活跃，具有较高的学术地位与较大的学术影响。成立于2002年的世界华人生物医学工程师协会已在中国台北、中国北京、泰国曼谷和中国香港召开了4次学术大会，其规模和影响日益增大。

一、发展规律

当前，以分子-细胞生物力学和力学生物学为代表的新兴学科领域发展势头强劲，以骨骼-肌肉生物力学、血流动力学、生物流变学为代表的传统优势领域的研究继续深入并与人类健康问题密切结合，基于组织工程与再生医学、临床医学与康复工程的生物力学以及生物材料力学与仿生力学的研究体现出强大的应用潜力和前景。同时，生物力学新概念、新技术与新方法始终是研究关注的重点。

（一）分子-细胞生物力学

与其他生物力学研究领域类似，分子-细胞生物力学研究也经历了描述整体行为、考察单元特性、综合各个单元性质、深化对整体行为理解的发展途径，进而发展出可描述跨尺度耦合、非均匀介质、非线性、时间相关的多种理论、实验及模拟方法，已逐渐形成独特的研究分支。在单分子结构变化、分子间相互作用、多分子聚合物力学性质，以及在细胞（亚细胞组元）力学性质、细胞-细胞间和细胞-胞外基质间相互作用等不同尺度的动态响应研究方面，人们正在实践着“分析-归纳-再分析-再归纳”这一渐近式方法论，并不断积累数据，以期最终对分子-细胞层次的力学-化学、力学-生物学耦合关系予以清晰阐述。

分子生物力学关注单分子力学、分子间相互作用动力学、分子间组装动力学等过程，强调生物大分子的力学-化学耦合。细胞的生物学功能通常由生物大分子的结构变化所决定，而这时连续介质力学的概念已不能用于定义分子结构变化所引起的力和变形；同时，生物大分子对光、电、温度、酸碱性、力等物理化学刺激的响应行为也大大不同于宏细观尺度的材料行为。因此，人们正在借助统计力学、化学反应动力学的相关概念和方法试图发展相应的理论模型来描述生物大分子的力学行为。一些新的生物力学实验技术，如原子力显微镜、光镊、磁镊、生物膜力探针、微管吸吮等，可实现对单分子运动、变形、力的产生和响应的测量。分子动力学模拟、分子对接等方法不仅可用于单分子力学性质模拟，而且还可用于研究蛋白质相互作用与组装的结构基础。此外，生物大分子大多在特定力学环境下发挥功能。例如，血流剪切所致的白细胞在内皮细胞上的滚动可在选择素-配体分子键上施加数十皮牛的外力，表现出较强的力学-化学耦合。上述单分子技术及相应理论模型可量化力作用下生物大分子的结构改变和动力学特性。

细胞生物力学发展经历了单细胞力学、细胞间或细胞-基底间相互作用、亚细胞组元动力学等过程，强调细胞（亚细胞）的力学-生物学耦合。细胞力学性质及其对力学刺激的感受和响应在细胞生物学功能中发挥着关键作用。细胞对力学刺激的响应非常复杂，通常可分为两个部分，一是细胞内承力结构的变形（传递），二是生物化学信号响应（转导），后者可引起力致细胞表型改变。人们需要知道外力在经过细胞膜后是如何在胞内结构间传递的，以便将细胞外载荷与胞内蛋白质及其复合物或细胞器上所受的作用力联系起来。然而，仍缺乏定量测量外力在细胞内不同结构间传递的实验方法。研究外力在细胞-基质和细胞-细胞间传递和转导有助于理解作用力对细胞功能的调控（如外力作用下整合素受体的变形和构象改变可导致细胞适应其当地的力学环境）。此外，细胞还可发生主动变形和运动，但其力学描述仍很困难。尽管关于细胞骨架组元动力学和力学性质已有大量文献报道（如肌动蛋白的聚合和交联），但由于细胞骨架结构是动态的，将上述数据整合为一个统一的力学模型仍是细胞力学的巨大挑战。

（二）力学生物学

近10余年来，随着生物力学研究深入到细胞分子水平，应力-生长关系以及细胞力学信号转导等成为研究的焦点，促进了生物力学学科自身的不断发展，并逐渐形成力学生物学这一新兴的研究领域和重要的学科发展前沿。力学生物学主要研究力学环境下组织-细胞生长、重建、适应性变化和修复等之间的相互关系。其特点是将生物医学研究的精细化与力学研究的定量化有机结合，体现学科交叉和综合。传统的生物力学主要是研究力学环境和因素在人体组织-细胞的运动、结构与功能方面所起的作用，而力学生物学是研究人体组织-细胞在生长、维持、适应过程中细胞对力学环境的主动响应。力学生物学的研究结果将更加突出其生物学意义，充分体现生物力学研究发现和发明并重的特点，在解决关键科学问题，明确力学因素在人类健康和疾病发生发展中作用的同时，致力于发展相关的新技术和新方法，紧密联系临床诊治，提出具有力学生物学特色的新思路。

（三）骨骼-肌肉生物力学

支承人体的骨骼-肌肉系统（骨骼、肌肉、肌腱、韧带和关节等）是人类进行活动的主要组织结构。骨骼-肌肉生物力学的发展可以追溯到远古时期，近10余年随着新的实验技术和分析方法的出现，现代骨骼-肌肉生物力学研究得以快速发展并拓展出新的研究方向。宏观基础研究（骨与软骨力学、肌肉力学、关节力学、肌腱与韧带力学）和应用研究（骨折固定、人工关节、人体运动学建模、矫形外科等）取得重大进展，同时也深入到细观领域（肌丝收缩理论、骨细胞力学）。

目前，骨骼-肌肉生物力学研究分为两大类：一是对骨骼-肌肉系统整体结构特征和功能的研究；二是对各种组织的细观-微观力学性质、多尺度性质的连接以及力学-生物学耦合关系进行精细研究（如肌肉力学、骨力学等），其最终目的是为宏观建模服务。研究方法上，骨骼-肌肉生物力学既包括上述各种组织从细观到宏观的生物学力学特性测试分析，以及从组织到整个骨骼-肌肉系统的生物力学建模，又包括与上述模型相结合的各种骨折固定器械、运动器械、康复活动及器械、日用品的系统建模分析。作为生物力学学科最主要的应用基础分支之一，骨骼-肌肉生物力学最终要通过建模，分析诸如人体整体或局部运动与受力特点，优化骨折固定方法，设计康复医疗器械与根据人体运动学特点设计更舒适、更安全的日用品和交通工具（如鞋、鞋垫、坐椅、笔、气囊等），优化运动训练方法等，为临床医学、运动科学和日常生活服务。同时，新的研究工具不断完善，有助于从更深、更精的层面去分析骨骼-肌肉系统和组织。通过先进的实验技术与分析方法可量化在体骨骼、肌肉、肌腱、韧带和关节的作用力，有助于建立更完善的模型。利用计算机模拟辅助生物力学分析并结合计算机图像分析技术来阐明患者解剖与病理的个体差异。骨骼-肌肉生物力学研究还有助于提高生活质量，维持健康，提升创伤护理质量，指导骨与关节畸形和退行性病变的治疗。

（四）血流动力学

血流动力学兴起于20世纪60年代中后期。其进步和新的重要发现与研究手段（新方法、新技术）的进步、创新是密不可分的，实验研究在血流动力学研究中占有特殊地位。例如，动脉粥样硬化好发于人体动脉系统的某些局部部位，如腹主动脉、颈动脉、冠状动脉和外周动脉，即动脉血管的分叉处、弯曲处、血管狭窄处等血管几何形状发生急剧变化的部位。血流在上述部位受到极大干扰而产生流动分离及涡漩区。血流动力学因素在这种局部性现象中起非常重要的作用。而在诸多血流动力学因素中，由流动产生的壁面剪应力则是其关键因素。早期动脉粥样硬化的原发部位起始于血流紊乱和低壁面剪切力区以及血流缓慢流动区，而血流急速、剪应力场均一单向的区域则不易产生动脉粥样硬化。尽管动脉粥样硬化局部性现象的机理目前尚不清楚，但血流的扰动是导致动脉粥样硬化局部性现象的根源已成为不争的事实。为研究其机理，首先需对人体内动脉树各部位的血流流场进行深入的研究。早期工作由于研究手段的局限性，导致所得结果与体内真实的血流流场有很大差距。随着医学图像技术、计算机数值模拟等方法和技术的应用，这一领域的工作仍在继续深化。新方法、新技术的应用不仅在推动血流动力学研究的长足发展方面起至关重要的作用，而且使得将所获得的重要结果应用于临床医学成为可能（如心血管介入治疗）。

（五）生物流变学

生物流变学和血液流变学最初着重研究生命体生物学现象的宏观流变特性，

如血液、体液的流动特性，血液黏度与血浆黏度等。随着科学研究的逐步深入以及新的先进技术和方法的出现，生物流变学研究已深入到组织、细胞、亚细胞乃至蛋白质和DNA水平；同时也从单独研究体液、细胞、血管的流变特性，发展到研究体液、细胞、血管流变学特性的相互作用及其对生命活动的协同影响。其主要分支——血液流变学建立了自身的理论体系，发展了独特的研究手段和方法，已在宏观血液流变学、细胞血液流变学、分子血液流变学等不同层次上开展了大量研究，并将理论研究成果应用到临床医学，形成了临床血液流变学，为心脑肺血管病、糖尿病、肾脏疾病以及其他多种疾病的发病机理、诊断和治疗提出了新理论、新思路和新方法。与此同时，生命体其他系统中的流变学研究也得到长足的发展，尤其是近10年来，生物流变学将细胞-分子生物学方法与流体力学方法相结合，利用激光、超声、荧光示踪剂等新技术，通过光谱成像系统、活体显微镜系统、荧光寿命成像显微镜、实时共聚焦激光显微镜等，实现了无创观察活体或离体细胞及组织的流变学行为，并可分辨细胞结构（细胞核、细胞骨架），涉及结缔组织（如软骨和角膜基质）流变学、脑组织流变学、骨组织流变学、血管发生的流变学、肿瘤细胞发生与迁移的流变学等。同时，改进的活体显微镜系统与荧光示踪剂相结合，不但可直观监测细胞、组织和体液的流变行为，同时也可用于定量评价药物治疗（包括传统中医药和针刺疗法）在改善体内血流动力学参数，抑制血栓形成和肿瘤微循环等方面的效应。

（六）组织工程与再生医学中的生物力学

随着干细胞、生物材料和工程化组织构建技术在现代医学基础研究和临床中的应用，促使组织工程与再生医学显示出良好的发展前景。生物力学研究可以在分子、细胞、组织、器官等不同层次上探讨生物大分子和细胞的生物力学规律及其在细胞诱导、分化、组织器官发育形成方面的作用等。在解决组织工程与再生医学的问题中，生物力学可模拟体内的生理力学环境，研究力学刺激对工程化组织的构建、细胞的诱导与分化、组织与器官的再生等过程的影响和调控，定量评价工程化组织和再生组织的力学性能以及运动与结构功能，并推动组织工程技术的发展和成熟，促进组织工程的规范化和标准化。在组织工程与再生医学中开展分子、细胞、组织、器官水平的生物力学研究，最终目的是要获得相关的生物力学规律，从器官、组织层面解决人体组织缺损、修复、再生等实际临床问题。通过与计算机仿真、生物信息、图像采集分析、生物材料、生物反应器等多学科相互交叉、融合，进一步促进生物力学的发展。

（七）临床医学与康复工程中的生物力学

临床医学和康复工程中的生物力学研究和应用贯穿于生物力学学科诞生、发展的整个历程，其发展规律和研究特点与生物力学学科其他分支一致。同时，作为交叉学科，它还与计算、制造、信息、医学等其他相关学科的发展规律和水平相适应。其主要特点有以下几个方面。

1. 对生理、病理现象的描述和模拟更接近真实

随着测量技术、建模仿真技术和计算能力的快速发展，对生理、病理现象进行更加接近真实状况的描述和模拟是临床医学与康复工程生物力学研究的重要特点。近年来，国内外对心血管系统、骨骼-肌肉系统、口腔颌面结构等的描述和模拟，不仅在几何构型、组织生物力学特性和复杂边界条件等方面可以更加接近真实的状况，而且已经开始用于模拟、预测和评价治疗方案的效果，包括各种无源医疗器械与人体的相互作用和响应。在康复工程中，对假肢、矫形器等进行评价的方法已经由传统的多刚体模型发展到仔细考虑真实的组织生物力学特性，并考虑各个系统的相互作用。

2. 多层次、多系统的相互联系更加紧密

传统的临床医学与康复工程生物力学研究主要是在个体、器官、组织等层次对现象进行描述和模拟。随着研究的深入，从细胞、分子等层次描述生理、病理现象的机理成为研究热点。然而，近年来人们发现，单个层次、孤立系统的研究远远不能真实地刻画人体各个系统复杂的生理、病理现象，因此，综合考虑多层次、多系统的相互影响，是目前临床医学与康复工程中生物力学研究的发展方向和特点。以骨重建的模拟和仿真为例，早期的一些模型均是基于结构优化理论或现象描述的，随着细胞生物力学和力学生物学的发展以及计算技术的进步，近年来基于生理机制描述骨重建的模型逐渐成为研究和应用的热点，不仅在个体、器官、组织等层次上注重几何特征、组织特性的真实性，而且还充分利用了细胞层次的研究成果，并综合考虑了神经调节、激素等其他因素的影响。这种基于多层次、多系统的模型可以更好地描述和模拟人体各个系统的生理、病理现象。

3. 多学科的交叉融合更加重要

作为交叉学科，生物力学的发展与计算、制造、信息、医学等其他相关学科的发展相互制约、相互促进。这一特点在临床医学与康复工程的生物力学研

究与应用中体现得尤其充分。以骨外科、口腔正畸、修复治疗方案的生物力学评价和优化为例，实现其建模仿真和最终治疗方案的优化不仅与计算生物力学的发展相关，也与影像技术、在体检测技术、三维重建与可视化技术等密切相关。又如，无源医疗器械生物力学可靠性的评价和检测，不仅与力学生物学、生物力学检测与模拟技术相关，也与材料科学、制造技术的进步密切相关。可以这样说，在临床医学和康复工程中，只有将生物力学研究和应用与相关的学科进行充分的交叉融合，才能真正满足实际需求。

4. 衔接理论研究与实际应用的相关研究更显必要

尽管目前对生理、病理现象的描述和模拟可以更加接近真实，然而，已有描述和模拟并不能直接用于临床医学和康复工程中，其原因在于：首先，对生理、病理现象进行描述和模拟一般采用具有代表意义的几何特征、组织力学特性等典型参数，尽管在理论分析时很有效，但由于人体个体之间的差异巨大，当需要对个体进行定量分析时，这样的描述和模拟显然不能被接受；其次，生理、病理现象的描述和模拟过程往往比较复杂且耗时巨大。例如，一些有限元建模和应力分析过程需花费几个月的时间，这在临床医学与康复工程中显然也不能被接受。因此，为了使生物力学能真正应用于临床医学与康复工程，不仅需使对生理、病理现象的描述和模拟尽可能接近真实，还必须考虑实际应用已有描述和模拟的可能性和实现方法。如果缺少从理论研究到实际应用的衔接环节的相关研究，生物力学是无法直接服务于临床医学与康复工程的。目前，国内外已在研究已有描述和模拟的工程化方法，并开发了相应的软硬件系统。可以预见，在临床医学与康复工程巨大实际需求的激励下，随着在体检测技术、建模仿真技术和计算能力的快速发展，这样的研究将越来越多，并发挥越来越重要的作用。

（八）生物材料力学与仿生力学

生物材料力学与仿生力学的研究范畴十分广阔。随着微纳米测试技术的进步，人们掌握了越来越先进的手段用来观察、测量、分析和表征在更微小尺度上的材料结构、特性和功能，也发展了越来越多的技术以制备微纳米结构和系统。一方面，在微纳米尺度上生物材料的各种性质与现象均是各种作用力的结果，力学在生物材料的微纳米仿生领域起着至关重要的作用；另一方面，发生在不同尺度上的现象和性质往往具有不同的主导因素或物理机制，如经典固体力学一般忽视的表面能、范德华力、静电力、毛细力和卡西米尔力等，在微纳米尺度力学中则可能成为主导因素。因此，在研究不同尺度的问题时，尤其是对于复杂的生物材料与组织，力学面临着大量颇具挑战性的科学问题，其中之一就是对天然生物材料的多尺度力学及其仿生的研究：

1）天然生物材料的多级结构、化学组分、多尺度力学行为与功能适应的本质关联；

2）天然生物材料在微纳米尺度下的形成机理、结构优化适应性与力学原理；

3）天然生物材料在不同尺度下的热力学原理，揭示其中能量的耗散机制及其与结构、材料的相互作用；

4）天然生物材料在不同尺度下各组分之间以及与环境之间的相互作用；

5）天然生物材料不同尺度上各种功能的有机统一；

6）生物体表面的多级结构及其物理机理，包括生物材料表面的接触、黏附、摩擦磨损、表面稳定性与形貌等方面；

7）仿生材料与仿生结构的性能与功能的设计和多目标优化。

近年来，生物材料力学与仿生学的发展，一方面是基于学科发展的宏观背景，各种更为精细的微米-纳米显微观测与表征手段（如原子力显微镜、微纳米压痕测量技术、原位透射电子显微镜、三维 X 射线显微镜等）、大规模计算能力尤其是并行计算技术等的迅速发展，使得天然生物材料多尺度力学的系统研究成为可能；另一方面也是学科发展的迫切需求，如先进材料的多功能、多层次、智能化的优化设计，微器件和系统的多功能优化设计等，均通过仿生学的研究得到启示和灵感。同时，与微制作、微流控、微模式化等技术相结合，可在微米-纳米尺度上发展表面性质可控的新概念、新方法、新技术乃至新器件，应用于生物传感器、生物芯片、医用生物材料、药物（缓）控释等领域。

二、发展态势

（一）分子-细胞生物力学

在分子生物力学领域，生物大分子（尤其是蛋白质和核酸）结构-功能关系的力学-化学耦合理论与实验研究已成为当前的研究热点，人们开始认识到力和变形对生命物质化学基础的重要性。在单分子生物力学方面，DNA 伸展、弯曲和扭曲的力学行为，蛋白质结构域的变形和去折叠，分子马达产生的力和运动等已经成为生命科学的前沿。同时，力学因素对生物分子间相互作用的影响也日益成为热点领域，对受体-配体、肌动-肌球蛋白、核酸与蛋白质等相互作用的认识将深刻地改变人们对生命体主动行为的理解。而多亚基/复杂蛋白质的组装动力学、蛋白质机器的协同运动、蛋白质功能性网络的形成，将为后基因组时代对蛋白质功能的研究开拓崭新的领域。目前，基于统计力学和化学反应动力学已提出多种理论模型用于描述单分子力学行为、分子间相互作用和蛋白质组装动力学，并发展了原子力显微镜、光镊、磁镊、生物膜力探针、微管吸吮、荧光共振能量转移、平行流动腔等独特的定量实验技术，分子动力学模拟等方法也被用于模拟外力作用下生物大分子结构改变及其动态演变过程。在较大尺度的多分子聚合物生物力学方面，连续介质力学还可与化学动力学或统计力学偶联使用，从而可对微管、微丝、胶原纤维、蛋白多糖、丝蛋白等（超）大分子和多分子聚合物整体力学性质加以描述，有助于逐渐填补分子尺度与亚细胞/细胞尺度间的空白，并从信息整合角度阐明力学环境下细胞响应的生物化学过程改变。

细胞周围环境对细胞所施加的力学刺激可引起诸多生物学响应，如细胞迁移、生长、分化等，但细胞感受和响应力学刺激的机制并不十分清楚。目前对单个细胞整体力学性质仍没有统一的描述，不同细胞类型、实验方法甚至不同实验室常常得到离散性很大的结果。尽管对活细胞力学性质的测量结果难以清晰描述，但可获得一些具有普遍性的结论。例如，细胞的皮层和细胞骨架网络区域的剪切模量具有明显不同的频率依赖性。同时，人们正力图建立可以准确预测细胞刚度、非线性效应、动力学非均匀性且理想情况下与已知的信号转导途径相一致的理论模型，并用于解释细胞迁移、力转导等生物学过程，最新进展包括张力完整性模型、软玻璃态流变学、虫状链模型、玻璃样虫状链模型等。但上述进展仍不足以形成对细胞力学性质及其生物学响应的清晰描述，因此人们正试图改变细胞力学性质的测量方法，目标是发展高时间、空间分辨率的示踪技术及三维重建技术，发展新的数学模型以描述细胞这种成分不均匀、结构及相互位置可动态改变的材料。除了单个细胞整体力学性质的预测，人们对外力作用下细胞生物化学行为的改变（即力学信号转导）也做了大量研究。已经确认的事实包括以整合素分子为主的黏附斑复合物可能是将胞外基质变形传递到细胞内部的主要载体，其他可能的细胞膜上的力学信号感受分子包括牵张敏感离子通道、透明质酸受体 CD44、磷脂结合蛋白 Annexin V 以及初生纤毛等。力学信号如何由黏附斑传递到细胞核进而影响转录因子及基因表达的信号转导途径则更为复杂。例如，钙离子作为重要的信号分子参与了力学刺激下众多胞内信号转导的路径。细胞除了自身可对外界力学刺激产生生物学响应外，还可通过分泌细胞因子或 ATP、PEG2 等信号分子将影响传递到其相邻细胞，从而将力学刺激的作用扩展为细胞的群体性生物学响应。应该指出的是，如何准确预测外力作用下细胞的变形以及清晰地描述其生物化学反应，并将两者加以定量化关联仍是目前迫切需要加以解决的关键问题。

（二）力学生物学

力学生物学作为新兴的研究领域，近年来日益受到国际同行的重视。2002年6月创刊的专业期刊 *Biomechanics and Modeling in Mechanobiology* 由 Springer 出版社出版发行。2006年8月在德国慕尼黑召开的第五届世界生物力学大会设立了血管壁和细胞、微纳米尺度、组织工程三个力学生物学专题。同年10月在美国芝加哥召开的美国生物医学工程年会也设立了多个力学生物学主题，如心脏力学生物学、心脏瓣膜力学生物学、脉管系统的力学生物学、细胞迁移的力学生物学、细胞-基质界面的力学生物学、细胞骨架的力学生物学以及力学转导与肺损伤等。我国也已经分别于2005年和2008年举行了两次有关力学生物学的学术研讨会。国际同行以心血管为主要研究对象，在单独的或与平滑肌细胞联合培养的血管内皮细胞对流体切应力的力学生物学响应方面做了大量而深入的工作。此外，近年来人们在（干）细胞力学-生物学耦合关系研究方面做出许多令人振奋的工作，如发现基质弹性可显著影响骨髓间充质干细胞的分化方向，且这一研究正在逐渐成为细胞生物学研究的主要方向。

（三）骨骼-肌肉生物力学

国外骨骼-肌肉生物力学研究起步较早，对骨骼和肌肉系统整体以及各种组织的研究也更为深入细致。在系统整体结构性能方面，人体安全防护是目前研究的热点。例如，在人体碰撞模型中考虑了肌肉活性，并用实验对该活性模型进行了评价，有利于建立更精确的人体模型；对人体做了有限元碰撞仿真，目的是为汽车的安全防护设计提供科学依据；此外，还有大量针对人体局部系统的研究，如肩关节、膝关节、肘关节和腕关节等，也是热点所在。另外，一套针对骨骼-肌肉系统的商业化“虚拟互动的肌肉骨骼系统”（VIMS）可从结构水平对静态和动态模型进行可视化，并综合生物力学分析及图形化建模来研究骨骼、关节和软组织的力学性能。以上信息与人体组织符合的模型（包括假体植入物、内固定系统、功能康复锻炼装置）以及功能强大的计算平台联合在一起，形成一个可在不同边界及加载条件下开展静态、动态、动力学、应力及应变分析的应用软件系统及数据库，提供包含长骨几何形状与尺寸、骨及软组织的材料性能以及骨骼-关节-肌肉系统功能活动及受力状况的丰富资料。上述资料与数据可以随时修改、更新和扩展，应用软件也可让众多的终端用户进行生物力学分析合作与交流。

在单一组织生物力学研究方面，对骨的静态及动态力学性质已有较为透彻的研究，在整体建模时该部分能做到较好地符合实际。关于韧带、肌腱等组织的研究论文每年以成百计，不同部位的结构有变化，对不同的人得到的结果不同，因而其力学特性的实验数据离散性较大，同时由于使用的分析模型不同，所获得的力学参数也不同。其代表性工作包括关节韧带与肌腱力学特性、损伤发生的原因及防治措施的研究。骨骼肌是整个骨骼-肌肉系统中力学性质最难确定的材料，这是因为其存在独一无二的活性。目前，骨骼肌的活性模型仍以Hill模型和Huxley模型为基础，两者一为整体宏观模型，一为局部细观模型。尽管两者均还称不上完善，但仍为大多数人采用。近年来，人们也正在试图考虑肌动/肌球蛋白横桥的概率模型与肌肉的宏观力学性质相关联，以建立跨尺度的力学-生物学耦合的肌肉力学理论框架。对骨骼-肌肉系统及其神经损伤后康复的研究涉及单一组织和人体整体系统，其研究成果已可解决常见的、有时甚至是少有的临床问题。

（四）血流动力学

目前血流动力学的研究主要集中在4个方向：①更加具体、精细化的体内血流流场研究；②动脉系统血流流场的数值模拟；③个体化心血管介入治疗的手术规划；④动脉粥样硬化斑块生长、破裂机制及高风险斑块的预测。

研究方向①和②的主要动机仍然是心血管疾病（动脉粥样硬化）局部性的发病机理。如果能真正阐明动脉粥样硬化局部性现象的血流动力学机理，就有可能设计出与之对应的干预措施以防止或延缓疾病的发生。为此，需要首先了解体内血流流场的真实情况（如人体主动脉内血流流场的三维图谱），但这一问题至今并未完全解决。体内血流流场具体、精细化的研究不但能有助于揭开动脉粥样硬化局部性现象之谜，还有助于器官移植、心血管介入治疗的手术规划以及心血管疾病的药物治疗（虽然心血管疾病的生物学机制一般存在于细胞和分子层面，但宏观血流动力学环境对微观生物学机制会产生极其重要的影响）。研究方向③是将动脉粥样硬化局部性现象研究成果应用于临床的一个典型范例。人们提出了个体化心血管介入治疗的手术规划的计算机优化设计，其最终目标是：采用医学成像技术、计算机图形处理、计算机数值模拟等手段，对每一个需要进行心血管外科或介入手术治疗的患者进行手术方案优化设计，以使其术后的血流流场达到最佳的血流动力学状态。个体化心血管手术的计算机优化设计不仅仅局限于动脉旁路搭桥术，它还将包括其他心血管外科或介入手术，如血管内支架的植入、动脉瘤的手术治疗等。随着医学成像技术，计算机图形处理以及计算流体动力学（CFD）的发展，目前已可以通过MRI来获得个体动脉的几何形状参数，再由计算机图形处理对其进行三维重建得到真实的三维几何模型，然后使用CFD软件建立其有限元模型，并以此为基础对其进行术前和术后的血流动力学计算机数值模拟。因此，现有技术已可对心血管外科或介入手术进行个体化计算机优化设计，向临床医生提出包括搭桥血管几何形状、位置、物理特性等参数的定量数据，以使术后重建的心血管部位的流场尽可能地满足最佳血流动力学要求，从而得出优化的手术方案，其目标的实现将会对心血管介入手术具有革命性的意义。研究方向④是目前血流动力学研究领域的热门课题，不仅具有重要的理论意义，更具有潜在的应用价值。动脉粥样硬化是心脑血管疾病的主要病理基础，然而，动脉粥样硬化斑块的破裂和血栓的形成才是导致猝死的重要原因。最新研究发现，动脉粥样硬化斑块具有自适应生长特性且具有稳定生长趋向，而流动剪应力和压力在斑块的形成和破裂中具有不同的作用机制。目前国外这方面的研究仍处于初始阶段，许多关键的问题还未获解决：建立可靠的动脉粥样硬化斑块动物模型，斑块形成-生长-破裂的无创图像观察，获取斑块内部应力、应变等各种参数的新方法和新技术，从获取的参数中解读其间的规律，揭示不同应力在动脉粥样硬化斑块生长过程中的具体作用机制。

此外，血流动力学研究还关注复杂血管网内入口流动、流动分叉与生物大分子传质过程，脑血流及其调节规律，血流动力学与肿瘤血管发生、肿瘤生长与转移的关联以及对药物输运的影响，人工心瓣的血流动力学分析等问题。

（五）生物流变学

随着基因组学、蛋白质组学的深入研究，以及光谱成像、活体显微镜系统、荧光寿命成像显微镜、实时共聚焦激光显微镜和荧光示踪剂等新技术的开发，生物流变学已由宏观研究向微观研究发展，探讨生理和疾病条件下细胞、大分子和DNA水平的流变学特性变化，以及上述变化如何导致机体宏观的生物流变学特性的改变和与机体正常功能维持和疾病发生的密切关系。最新进展包括：血细胞与血管内皮表面的相互作用，活化分子信号途径对红细胞血液流变特性的作用，循环功能紊乱时血液流变学特性和微循环，载荷对软骨细胞、成骨细胞和破骨细胞分化的作用，应力纤维在细胞对力学刺激响应中的作用，血流中的肿瘤细胞与局部细胞黏附因子以及与宿主细胞（如血小板、白细胞和内皮细胞）间的相互作用等。

同时，生物流变学还从原先侧重血液黏度与血浆黏度的观点转向重视血液、血流与血管的相互作用，尤其重视这种相互作用所行使的功能：①重新认识血液稀释疗法和血液黏度在维持微循环和组织功能中的作用，改善出血性休克恢复所需要的血容量、血氧携带能力和血液黏度；②微血管中无细胞层对机体微血管网络功能的作用；③体外与体内血液流变学行为的差异；④高危心血管疾病患者红细胞流变学特性与左心室几何形状的演变（发展）；⑤脑组织的流变学研究；⑥正常情况或病理情况下血管内壁与血液之间的相互关系。此外，还需保证生物流变学方法的规范化和标准化，开发新的、高技术含量的监测方法和技术。未来生物流变学的研究将通过数值模拟和动物实验进行定量因果分析，从不同水平上探讨生物体的流变学特性与其体内细胞的增殖、分化、识别、通信、物质运输、能量转换和免疫等重要功能以及细胞衰老、死亡的密切关系，为揭示生物体生长发育的重要进程以及疾病的发生发展规律提供重要的信息，为临床诊断、治疗疾病提供新方法。

（六）组织工程与再生医学中的生物力学

组织工程与再生医学已成为当前国内外生物力学、生物学和医学关注的焦点和研究的热点之一，并提出了新的“组织科学与工程”概念，即利用力学、物理学、化学、生物学和工程学方法控制和调控细胞的聚集行为。人们在功能化组织工程和力学生物学方面的研究发现力学因素在组织工程化器官、组织构建过程中起着十分重要的作用。例如，采用加有胞外基质重构凝胶和鸡胚抽提物的液态Ⅰ型胶原作为支架材料，新生大鼠心肌细胞作为种子细胞，通过对所构建的心肌条带施加力学拉伸刺激，可构建出工程化心肌组织，并可采用有限元方法考察力学刺激对组织工程化软骨构建的影响。组织工程生物反应器是组织工程研究的重要平台之一，可从生物力学、三维培养、传质、环境条件等方面开展研究。应注重新颖实验装置和生物反应器的设计，精确控制干细胞和始祖细胞的快速增殖以及化学和力学环境，实现工程化组织的三维生长和功能。此外，还需要从细胞水平上认识细胞-细胞和细胞-表面的相互作用规律，从分子水平上认识力学和生物学环境如何指导细胞组装并维持复杂群体和功能化三维组织的机理，研究细胞如何对力学信号产生应答，了解细胞-力学环境的相互作用，测试工程化组织生物相容性及其与宿主整合后的力学性能，对工程化组织进行体内和体外功能评价。可采用计算生物力学方法，通过计算机模拟来仿真组织、器官重建过程，建立预测细胞、组织、器官功能的生理学、生物学和力学模型，探索组织工程与再生医学中力学环境与生长的机理用于工程化组织构建，促进从机理上理解细胞、组织和器官的功能。

（七）临床医学与康复工程中的生物力学

临床医学与康复工程中的生物力学研究和应用始终是生物力学关注的热点

之一。当前研究和应用所覆盖的范围更加广泛，已涉及临床医学与康复工程中的各个领域和人体的各个系统。除了在传统的心血管系统、骨骼-肌肉系统等方面仍然有大量的研究在继续进行外，近年来有关呼吸系统、神经系统、感觉系统、消化系统、生殖系统等方面的生物力学研究与应用增长十分迅速。同时，综合考虑多层次、多系统相互影响，充分利用多学科的交叉融合，已成为上述研究和应用的重要特点之一。

当前工作更加重视从理论研究到实际应用衔接环节的研究，并已在相关研究基础上开发出了较有影响力的产品。国外临床医学与康复工程的生物力学研究者们一贯重视将理论研究的结果服务于实际应用需求，直接产生社会和经济效益，既使得其研究目标性更强、定位更准确，同时也对医疗器械等行业的发展起到了重要的支撑作用。近年来，国外一些有影响的生物力学团队已将生物力学工程科学研究和产品开发作为其发展重点之一，并已在各领域开始出现较有影响力、逐渐被认可和接受的产品。已有产品既包括手术及治疗方案的生物力学评价，也包括无源医疗器械的优化设计和可靠性评价；既包括分析软件，也包括专用的检测硬件。一些关键共性技术，如个体化建模技术、在体测量和检测技术等也取得了较大的进展。

（八）生物材料力学与仿生力学

近年来，生物材料力学与仿生学发展迅速，尤其是天然生物材料的多级结构、不同尺度的力学行为以及仿生研究方面受到了越来越多的关注，最新进展包括生物材料的微纳米结构、力学与物理性能、强韧化激励、自然演化历程、仿生材料制备技术等方面。

生物材料的表面浸润与黏着接触问题不仅吸引了科学家的浓厚兴趣，也被建筑、汽车等工业领域高度关注。通过对荷叶表面的微纳观结构及其与液滴相互作用的研究可实现超疏水和自清洁特性。利用二氧化硅、二氧化钛纳米颗粒、硅树脂以及碳氟化合物制备材料的表面涂层等可获得具有仿生微纳米结构和类似荷叶表面自清洁功能的表面。对芦苇与灯心草茎秆的多级结构及其力学行为的研究可仿生制备出轻盈的工业用纤维编织复合材料。通过对木组织以及肌腱纤维不同尺度力学行为的研究发现，木组织半纤维素与肌腱纤维蛋白多糖可形成承剪能力较强的界面聚合物，因而成为木组织中的纤维素微丝与肌腱中的胶原蛋白微丝的增强基底。贝壳、牙齿和骨组织等生物材料中的生物矿物质晶体特征尺度均在纳米或亚微米量级且具有很大的长细比，这对提高材料的力学性能起关键作用。动物及昆虫的超强黏附能力源于动物及昆虫脚部表面、特征尺度为几百纳米到几个微米的多级结构，通过对壁虎、蜘蛛、苍蝇等动物及昆虫脚部黏附问题的生物力学研究，人们对动物和昆虫不同尺度上的黏附机理的理解日益深刻，并开始探索相应的仿生应用研究，许多研究成果已经开始转化为具有广泛应用价值的新技术。

生物材料力学与仿生学研究源于对生命体在微纳米尺度上力学行为的系统实验和观察，通过不同尺度上生物材料的结构、成分、功能与性能之间的力学建模，以及跨层次、跨尺度关联的理论分析与计算模拟，揭示生物材料和器官的多种生物特性的本质，进而为疾病的预防与治疗、材料和器件的仿生制备等提供新的视角与思路。因此，生物材料力学与仿生力学的研究需要借助于力学、物理、化学、生物、材料等领域中多种不同的实验和理论分析方法，并需要发展新的实验技术与表征手段，而且与工程应用的联系也非常密切。

第三节 发展现状

我国生物力学研究始于20世纪70年代末期，来源于两个发展契机：一是在1978年制订的全国力学学科发展规划中，生物力学被首次列入力学发展规划，其内容涉及生物流体力学、胆道流变学、呼吸力学、血流动力学、生物固体力学等；二是1979年生物力学奠基人冯元桢教授回国讲学，开设生物力学讲习班，直接推动了我国生物力学研究的发展，并促成了国内首批生物力学工作者赴冯元桢实验室进行短期学习。80年代以来，一批资深的力学、物理学、医学、生物学工作者逐渐加入到生物力学研究行列中，通过加强与国外学者（尤其是华裔科学家）之间的学术交流，建成了我国早期的生物力学研究基地（武汉、重庆、北京等），并逐步在相关大学、科研机构陆续建立了生物力学研究团队。1981年和1986年分别建立生物力学硕士点和博士点（重庆大学和成都科技大学），1988年建立国家级生物力学重点学科（重庆大学），1991年建立教育部生物力学重点实验室（重庆大学）。进入90年代，随着我国首批独立或与国外联合培养的生物力学博士完成学业，独立开展研究工作，一批在国内外受到过良好交叉训练的青年生物力学工作者加入到这一队伍中，我国生物力学研究进入快速发展时期。21世纪以来，国际合作和交流日益活跃，青年人才不断涌现，已有4人获国家杰出青年科学基金资助，我国生物力学学科蓬勃发展，方兴未艾。

一、我国生物力学领域的基本现状

在2005年3～4月对我国生物力学领域现状进行调研的基础上，2009年5～

6月再次对我国生物力学领域发展动态进行了最新调研。共计发出128份调研函，回收48份，回收率为38%；其中基本队伍回收率为64%，拓展队伍回收率为26%（基本队伍和拓展队伍的定义见“研究队伍”），具有一定的代表性。调研结果如下。

（一）研究队伍

基本队伍是指主要研究方向为生物力学且具有较长期研究经历和科学积累的研究团队，由260人的固定人员（指具有固定职位的研究人员）和661人的流动人员（指博士后、研究生和项目聘用人员）组成，分别比2005年增长了47.7%和94.4%，其比例从1∶2提高到1∶2.5。固定人员中具有博士学位的比例为70.4%（其余大多具有硕士学位），男性与女性比例为2∶1（表2-1）；年龄主要分布在30～50岁，约占总人数的77%（其中30～40岁年龄段比40～50岁年龄段多33%），表明2000年以后完成研究生教育的人员已成为科研的主力军；副高级及以上职称科研人员为176人，占总人数的67.7%，比2005年增长了30.4%（表2-1），显示已有更多研究人员能够在生物力学领域独立地开展工作；地域分布主要集中在北京、上海、成都、重庆、长春、西安、太原、广州、天津等大学及科研院所，排位在前十的单位其固定人员占总人数的80.4%（表2-2），研究基地相对集中。流动人员快速增加预示着我国生物力学研究队伍不断壮大且逐渐年轻化。调研还表明，生物力学研究人员主要来自于高校力学系或生物工程系/学院和科研院所，还有约20%的科研人员来自医疗系统（临床医院未全面统计）。

表2-1　生物力学研究队伍的职称、学位、性别与研究方向分布

职称		基础队伍*	拓展队伍
固定人员	正高级	98（79）	46
	副高级	78（56）	44
	中级及以下	84（41）	46
	合计	260（176）	136
流动人员	项目人员及研究生	661（340）	314
学位（固定人员）	博士	183	90
	硕士	57	38
性别（固定人员）	男	174	101
	女	86	35
研究方向*	组织与器官系统力学	120（80）	47
	细胞-亚细胞-分子力学	98（58）	52
	生物材料、仿生力学及运动生物力学	65（50）	50
	生物流变学	54（34）	16

注：括号内数据为2005年的调研数据；*一人可有多个研究方向。

表 2-2 主要生物力学基地的地域分布*

单位	人数	单位	人数
上海交通大学	30	西安交通大学	13
四川大学	29	太原理工大学	13
首都医科大学	28	北京大学	10
重庆大学	27	华南理工大学	8
北京航空航天大学	22	中国科学院力学研究所	7
清华大学	19	军事医学科学院卫生装备研究所	7
吉林大学	18	第三军医大学	5

*仅统计基本队伍的固定人员。

拓展团队是指主要研究方向为生物力学相关领域且从事与生物力学相关工作的研究团队（包括高校、科研院所和临床医院），尤其是获得过生物力学领域国家自然科学基金委员会项目支持的团队，包括 136 人的固定人员和 314 人的流动人员，其比例为 1∶2.3。固定人员中具有博士学位的比例为 66.2%（其余绝大多数具有硕士学位），男性与女性比例为 3∶1；副高级及以上职称科研人员为 90 人，占总人数的 66.2%（表 2-1）。上述数据表明，近 5 年越来越多的力学、物理、材料、信息、生物、医学等领域相关人员逐渐涉足或加入生物力学研究。

（二）研究方向

我国当前生物力学研究涵盖了国际生物力学领域的主要前沿研究方向（表 2-1），主要集中在：①组织与器官生物力学；②细胞-亚细胞-分子力学；③生物材料力学与仿生力学及运动生物力学；④生物流变学等方面。基本队伍中从事研究方向①和②的研究人员分别为 120 人和 98 人，分别比 2005 年增长 50.0% 和 69.0%，表明宏观生物力学研究仍居主流，而微观生物力学增幅较大，发展迅速；同时，从事研究方向③和④的研究人员分别为 65 人和 54 人，分别比 2005 年增长 30.0%和 58.8%，表明这两个研究方向具有增长活力。值得注意的是，拓展队伍中从事微观生物力学研究的人员（方向②为 52 人）与两个宏观生物力学方向（方向①和③分别为 47 人和 50 人）持平甚至略高，表现出微观和宏观生物力学对相关研究人员的吸引力相近。同时，宏观-微观结合的趋势也较为明显，如骨骼-肌肉力学、血流动力学、生物流变学以及组织工程、再生医学、康复工程等的研究必须在多尺度上予以综合考虑。

（三）科研产出

通过网络检索［中文科技期刊数据库（维普）和 Web of Science（SCI）］和调研函回收两种方式对我国生物力学研究人员在 2004 年 1 月至 2008 年 12 月的

论文发表情况进行了调研。对调研函回收数据的统计分析表明，我国生物力学研究人员2004～2008年总计发表论文1744篇，其中SCI收录论文占44.8%（781篇），JCR分领域前15%论文占9.1%（158篇）。与2005年调研结果相比，1995～2004年共10年内总计发表科研论文1529篇，且只有约5%发表于国际学术杂志。因此，近5年来论文数量和质量上均有较大的提高，一批独立或合作的研究工作发表在*Nature*、*Nature Mater.*、*Biophys. J.*、*J. Biol. Chem.*、*Cardiovas. Res.*、*J. Cell Biol.*、*J. Biomech.*、*Ann. Biomed. Engi.*、*Bioinformatics*、*Biomaterials*、*J. Mech. Phys. Solids*、*Nano Lett.*、*Nanotechnol.*等高影响度的国际主要学术期刊上。此外，还出版专著（章节）102部（章），发表国际会议摘要667篇，授权专利115项。

同时还应该看到，我国生物力学研究与国外同行相比仍有较大差距。以4个国内及3个国外生物力学主流期刊为例，分析调研结果（表2-3），表明2004～2008年我国生物力学研究人员在上述期刊上发表的论文数分别为723篇（检索数据）和201篇（调研数据）（后者远小于前者主要是由于调研覆盖范围和回函率的局限），其中发表在国际期刊上的比例分别仅为8.7%和11.9%。虽然造成这种现状的原因是多方面的，但研究者科研训练、科学选题、学术批评、经费投入等方面的不足应是主要原因。此外，典型国际期刊比例（8.7%）远低于前述SCI收录论文比例（44.8%）的调研数据还从另一个侧面体现了本学科的交叉性，即研究成果除发表在生物力学主流国际期刊外，还多发表于相关生物学科的专业期刊上，可扩大和提升生物力学研究在生物医学主流领域的认可度。

表2-3　2004～2008年我国生物力学研究人员发表论文统计*

期刊名称	论文数（网络）**	论文数（调研函）
中国生物医学工程学报	121	20
生物医学工程学杂志	201	82
医用生物力学	330	67
力学学报（中文版）	8	8
Journal of Biomechanics	44	15
Journal of Biomechanical Engineering	11	2
Biophysical Journal	8	7
合计	723	201

*统计数据包括基本队伍和拓展队伍的固定人员；**网络检索数据来自于中文科技期刊数据库（维普）和Web of Science（SCI）。

（四）科研经费

对2004～2008年科研经费的调研表明（表2-4），我国生物力学研究团队从国家自然科学基金委员会、科学技术部和其他渠道共计获得389项科研项目支持，总经费达 21 034 万元，人均获得 1.5 个项目、79.1 万元支持，初步具备了开展科学研究的基本经费支持条件。

表 2-4　2004～2008 年生物力学领域资助情况

资助来源	项目数/项	经费金额/万元
国家自然科学基金委员会	209	7 308
科学技术部	38	6 691
其他	142	7 035
合计	389	21 034
人均*	1.5	79.1

* 以副高级及以上人员数为基数（含基本队伍和拓展队伍共计 266 人）。

国家自然科学基金是我国生物力学研究的重要经费来源。2004～2008 年，国家自然科学基金委员会生命科学部（表 2-5）和数理科学部（表 2-6）共计资助 209 项各类项目，总经费达 7308 万元，人均经费 27.5 万元。资助项目数从 2004 年的 34 项增至 2008 年的 53 项，增长 55.9%；除自由申请类项目（含面上项目和青年科学基金项目）195 项（占 93.3%）外，还包括重点类项目（含重点、重大国际合作和仪器专项）8 项、国家杰出青年科学基金（含海外杰出青年基金）4 项，表明生物力学领域的研究项目和青年人才的竞争力逐渐增强。

表 2-5　2004～2008 年国家自然科学基金委员会生命科学部资助生物力学领域的情况汇总

（单位：项）

年＼类别	面上项目	青年科学基金项目	地区科学基金项目	重点项目	重大国际合作项目/科学仪器基础研究专款项目	国家杰出青年科学基金	海外及港澳学者合作研究基金项目	合计
2004 年	13	3					1	17
2005 年	14	1	1	1				17
2006 年	10	4						14
2007 年	11	5		1				17
2008 年	20	5			1			26
小计	68	18	1	2	1		1	91

表 2-6　2004～2008 年国家自然科学基金委员会数理科学部资助生物力学领域的情况汇总

（单位：项）

年＼类别	面上项目	青年科学基金项目	地区科学基金项目	重点项目	重大国际合作项目/科学仪器基础研究专款项目	国家杰出青年科学基金	海外及港澳学者合作研究基金项目	合计
2004 年	11	6						17
2005 年	14	6			1		1	22
2006 年	21	2		1			1	25
2007 年	19	5	1	2				27
2008 年	18	7		1		1		27
小计	83	26	1	4	1	1	2	118

在装备建设方面，对近 5 年来科研装备投入经费的调研表明，我国生物力学 45 个研究团队从教育部、中国科学院等多个渠道共计获得 116 项科研装备项目支持，现有固定资产 20 009 万元（仅统计 50 万元及以上的仪器和装备），从而极大地提升了我国生物力学研究的硬件水平和技术方法。

二、近年来生物力学不同学科分支的发展动态

（一）分子-细胞生物力学

分子-细胞生物力学是我国生物力学的相对优势领域，其研究工作与国际研究水平相当。研究方向主要集中在蛋白质相互作用动力学、生物大分子力学-化学耦合、生物大分子相互作用理论模拟与结构基础、单分子力学以及细胞力学信号转导、细胞力学-生物学耦合、干细胞生物力学、单细胞力学与亚细胞动力学等方面，与国际学术前沿与热点领域一致。中国科学院力学研究所、上海交通大学、四川大学、重庆大学、北京航空航天大学、华南理工大学、太原理工大学、军事医学科学院卫生装备所、北京理工大学、北京大学等是我国分子-细胞生物力学研究的重要基地，此外，还包括电子科技大学、清华大学、中国人民解放军第三军医大学、中国人民解放军第二军医大学、中国科学院物理研究所、中国科学院化学研究所、中国科学院应用物理研究所、中国科学院生化与细胞研究所、华中科技大学、复旦大学等交叉团队。近年来的主要进展包括以下几个方面。

1. 蛋白质相互作用动力学

对细胞表面黏附分子相互作用开展了系统而深入的受体-配体反应动力学研究，在研究内容和研究方法方面有较大创新，与国际上主要研究团队合作密切。已（正在）开展的工作包括：分子表面表征（分子取向与长度、载体刚度与粗糙度等）对 P-选择素 PSGL-1 相互作用反应动力学的影响；L-选择素水解断裂对其与 PSGL-1 相互作用动力学的调控规律；PSGL-1 特定氨基酸突变影响其与选择素相互作用动力学行为；利用热涨落方法直接测量 L-和 P-选择素与 PSGL-1 结合动力学参数；利用气体驱动微管吸吮技术量化有核细胞表面的 β_2-整合素-ICAM-1 相互作用反应动力学；利用量化的抗体-抗原动力学参数评价抗 CD20 人源化嵌合抗体候选物的设计和功能等。此外，还开展了受体二聚化（或寡聚化）影响其与配体相互作用反应动力学及其调控下游信号转导，DNA 与组蛋白、抗癌药物相互作用动力学，利用分子信标测量 DNA 与乳酸脱氢酶的相互作用等相关研究。上述研究有助于深入认识诸如炎症反应、肿瘤转移、血栓形成等病理生理过程中调控细胞黏附行为的分子机制，而且对受体-配体相互作用结

构-功能关系的研究可为药物的研发提供基础数据和定量方法。

2. 生物大分子力学-化学耦合

在作用力调控生物大分子相互作用方面开展了卓有成效的研究工作，取得了国际本领域同步的研究成果。已（正在）开展的研究工作包括：首次获得 P-选择素-PSGL-1 相互作用“逆锁键”存在的实验证据；量化物理因素（接触速度、接触时间、加载率等）对 P-选择素-PSGL-1 键解离的影响；发现探针刚度是影响低加载率下 P-选择素-PSGL-1 键解离的主要因素；阐明剪切流动下由 β_2-整合素和 ICAM-1 相互作用介导的白细胞-黑色素瘤细胞间聚集与解聚的动力学；分析重力（或细胞再黏附作用）对 E-选择素介导的细胞黏附行为的影响；解释由 vWF 介导的血小板流动增强型黏附的分子机制等。此外，还揭示了超大血管蛋白 vWF 的力致酶切作用机制，考察了剪切流动下血小板 GPⅡb/Ⅲa 受体和 $\alpha_v\beta_3$ 整合素对宫颈癌细胞在内皮层上的黏附、迁移和侵入过程的作用，量化了 DNA 与蛋白质相互作用力谱，刻画了力敏感钾离子通道的力学门控机制。上述工作对深入认识生物大分子力学-化学耦合规律具有重要基础意义和潜在应用价值。

3. 生物大分子相互作用理论模拟与结构基础

针对受体-配体相互作用动力学与力学-化学耦合开展了理论建模与分子动力学模拟，并在结构域、氨基酸乃至原子水平上深入探讨了影响生物大分子功能的结构基础。已（正在）开展的研究工作包括：进一步发展基于小系统动力学的概率模型及其与细胞两体碰撞理论、分子力学-化学本构方程的耦合；开展受体-配体、抗体-抗原介导的细胞聚集与解聚、黏附与脱黏的动力学建模；提出剪切流动下黏附分子介导的细胞滚动与暂态黏附理论模型；应用分子动力学模拟手段，分析外力作用下单个 P-选择素分子拉伸和 P-选择素-PSGL-1 复合物解离的构象改变，特定结构域调控复合物解离的作用以及剪切流场下复合物解离动力学；结合同源建模方法揭示关键氨基酸及其构象对水通道蛋白水分子通透性的影响机制；结合分子对接方法预测内向整流型钾离子通道的力学门控机理；提出抗菌肽活性与分子柔性的定量相关性。此外，还建立了 P-选择素-PSGL-1 复合物自由能计算的新方法，利用布朗动力学和分子动力学等方法对 DNA 与蛋白质或抗癌药物相互作用、生物马达蛋白动力学等系统进行模拟和分析，发展了整合应力纤维力学性质、受体-配体分子键和基底性质的理论模型并分析基底周期动态应变条件下分子键复合体的稳定性。上述理论与模拟工作不仅可以解释实验现象，还能够预测内在机制。

4. 单分子力学

在单分子力学操控、单分子力学性质等方面开展了具有国际水平的研究工作，发表一批高质量的学术论文。已（正在）开展的研究工作包括：量化外力作用下单个DNA分子压缩动力学和去螺旋动力学；实现单个DNA分子及其图式的力学操控；获得电荷驱动的分子水泵；表征单个生物马达蛋白的动力学行为。此外，还应用粗粒化分子动力学方法考察了丝蛋白分子的构象转变以及HIV蛋白酶阻断剂的结合行为。

5. 细胞力学信号转导

开展了大量力学刺激下细胞的力学信号转导研究，取得了重要研究成果。已（正在）开展的研究工作包括：力学刺激下骨细胞网络内钙信号响应与传递的定量规律，细胞外基质弹性对肝卵圆细胞分化方向的影响；不同比例壳聚糖/脱细胞真皮复合膜的制备及对HaCaT细胞增殖的影响；激光照射引发的肥大细胞内钙信号和脱颗粒动力学的模型；周期性张应变频率依赖的血管平滑肌细胞h1-calponin表达中Rac及Rho-GDI alpha的作用；机械拉伸下皮肤成纤维细胞与角质化上皮细胞增殖与分化的调控规律与信号转导途径；剪切应力下低密度脂蛋白（LDL）浓度极化与联合培养的人脐血管内皮细胞和平滑肌细胞对低密度脂蛋白吸收关系的研究；剪切黏度对微血管内皮细胞血管舒缩因子表达、细胞黏弹性和能量耗散的影响；人前十字交叉韧带成纤维细胞中基质金属蛋白酶的表达；大鼠前交叉韧带损伤后关节组织对关节液中金属蛋白酶升高的贡献等。上述工作有助于深入理解细胞对力学信号的感受机理、转导途径和生物学响应。

6. 干细胞生物力学

开展了大量力学刺激对干细胞分化影响的研究，了解了许多新的生物学现象。已（正在）开展的研究工作包括：干细胞与宿主组织功能性的力-电整合机理；肿瘤血管发生、发展的细胞学、力学、分子生物学规律；干细胞力学响应和力学效应；力学信号在干细胞中的传递和转导；力学刺激对三维条件下干细胞的影响；力学刺激对在体干细胞的影响；压应力对骨髓间充质干细胞成骨分化早期成骨和破骨生成能力的影响；机械拉伸诱导骨髓间充质干细胞向肌腱成纤维细胞定向分化；拉伸刺激促进脂肪间充质干细胞向心肌样细胞分化；应用基因芯片技术筛选大鼠骨髓间充质干细胞向弹性软骨方向分化相关基因；骨髓间充质干细胞在模式化表面的分化；流动剪切力对大鼠骨髓间充质干细胞微管骨架的影响等。上述工作有助于深入认识力学刺激与生化微环境对干细胞分化、迁移和增殖的单独和协同影响机理，并对干细胞作为组织工程与再生医学的种子细胞提供重要理论基础。

7. 单细胞力学与亚细胞动力学

在细胞水平着重研究了单细胞力学行为与疾病的相关性。已（正在）开展的研究工作包括：获得单个关节软骨细胞黏弹性及其与骨关节炎和年龄的关联；探寻单个膀胱癌细胞弹性与膀胱癌早期诊断的相关性；发展基于细胞骨架结构的单个细胞有丝分裂理论模型并对其进行实验验证。在亚细胞水平发现单个线粒体力学行为与单个有核细胞类似；建立单个细胞有丝分裂过程的线粒体动力学模型并获得准三维的分裂与融合演化过程；刻画单个细胞内生物膜管网络中的力学。上述工作有助于深入理解单个细胞（细胞器）的力学和动力学行为，阐明其潜在的临床应用价值。

（二）力学生物学

我国力学生物学研究起步较好，在血管力学生物学和骨关节力学生物学研究等方面取得了一些令人瞩目的新进展，其水平与国际先进实验室接近，部分工作处于国际领先水平。上海交通大学、四川大学、北京航空航天大学、重庆大学、中国科学院力学研究所、军事医学科学院卫生装备研究所、北京大学和清华大学等是我国力学生物学研究的重要基地。近年来的主要进展包括以下几个方面。

1. 心血管力学生物学

心血管病是危害人类生命健康最严重的疾病之一。探讨心血管病发病机理，从而更有效地防治心血管病是国家重大需求。血管重建是心血管病共同的发病学基础和基本的病理过程。心血管力学生物学研究要从基因-蛋白质-细胞-器官-整体不同层次上综合探讨血管的“应力-生长”关系，以血管重建为切入点，着眼于力学环境对心血管系统的作用，阐明力学因素如何产生生物学效应（即血管活性物质的变化）而诱导血管重建，研究心血管信号转导通路和力学调控途径，血管活性多肽的功能及其分子网络调控机制，寻找力学因素对心血管作用的潜在药物靶标和新的生物标记物。从细胞分子水平深入了解心血管活动和疾病发生的本质，为寻求防治心血管疾病的新途径奠定力学生物学基础。心血管力学生物学研究还应用流体力学理论、生物信息和控制理论，结合先进的流场测试、医学影像技术、动物实验、力学模型及数值模拟，研究人体主要血管的血流动力学及力学因素与血管组织生物效应的关系，采用心血管系统建模与定量分析相结合的策略，建立精确规范的新无创检测和分析技术，以期成为心血管功能的临床辅助诊断和预警指标体系。心血管力学生物学研究不仅对于揭示正常血液循环的生物力学机理，认识心血管生长、衰老的自然规律，而且对于阐明心血管疾病的发病机理以及提供诊治的一些基本原理乃至心血管新型药物和新技术的研发，均具有重要的理论和实际意义。

我国在心血管力学生物学领域最新的进展主要有以下几个方面。

(1) 血管力学-蛋白质组学研究

蛋白质组学研究的是在特定时间或环境条件下某个细胞或某个组织所表达的全部蛋白质，同时也是近年新兴的强有力的寻找药靶的技术平台。然而，血管蛋白质组学研究尚不多见，将这种新技术引入到细胞“应力-生长”行为领域的研究也未见报道。我国在国际上率先开展了血管力学-蛋白质组学研究，在完成高血压大鼠主动脉蛋白质组学研究、建立血管蛋白质组学研究的技术平台基础上，开展了低切应力诱导血管重建的差异蛋白质组学研究。

(2) 周期性张应变频率对血管平滑肌细胞（VSMC）的影响及其机制

作为血管壁主要细胞成分之一，VSMC 由收缩表型向合成表型的转化是导致血管重建发生发展的重要环节。在体的 VSMC 主要受脉动血流产生的机械张应力作用。周期性张应变加载由频率、幅度和时间三个重要参数构成。周期性张应变加载幅度和时间对细胞功能的影响国内外已有不少报道，但加载频率对 VSMC 功能的影响尚不清楚。我国率先研究了不同频率的周期性张应变加载对体外培养 VSMC 的排列和表型转化的影响及其机制。

(3) 流体切应力诱导内皮细胞 IL-8 表达上调的信号转导途径

研究结果表明，低切应力和 IL-8 在动脉粥样硬化斑块的形成过程中起关键性作用，并且多条信号转导途径参与此复杂过程。

(4) 力敏感 BK 通道的门控机制

离子通道作为一种镶嵌于细胞膜脂质双分子层中形成亲水孔道的跨膜糖蛋白，在细胞信号转导中具有非常重要的作用。BK 离子通道是一种依赖于 Ca^{2+} 的 K^+ 通道，也是一种力敏感的离子通道，它将细胞膜电特性与细胞信号系统联系在一起，在细胞功能实现中起重要的作用。我国率先应用膜片钳、基因克隆、定点突变技术就心肌细胞 BK 通道的力学门控机制进行了初步的探索。

2. 前交叉韧带损伤及修复的力学生物学

前交叉韧带（ACL）是膝关节中重要的稳定结构组织，ACL 断裂后无法自身愈合，其移植重建术后效果不佳，所以 ACL 修复一直是医学界的难题。将 ACL 损伤研究与整个关节腔的力学-化学内环境相结合，研究机械力刺激与 ACL 损伤修复的机理关系。通过建立复制大鼠 ACL 瞬时扭转损伤模型的力学装置研究了 ACL 机械力损伤后关节腔内韧带、滑膜和软骨组织金属蛋白酶（MMP）等因子的变化以及相互作用，发现 ACL 机械力损伤后关节腔内韧带、滑膜和软骨组织分泌 MMP 的变化促进了关节液中 MMP-2 的升高，尤以滑膜为甚，这是导致 ACL 损伤后无法自身愈合的重要原因。体内外实验结果证实，ACL 损伤后 MMP 和组织型金属蛋白酶抑制剂（TIMP）的表达变化影响机体内新组织生成和旧组织降解的平衡，而这个平衡对ACL损伤后修复过程非常重要。另外，ACL的修复和再生不是孤立的，在关节腔这个微环境中所有组织都在发挥作用，特别在急性损伤初期调节关节腔内环境对ACL的修复至关重要。

3. 骨和软骨组织工程的力学生物学

通过研制细胞基底应变加载装置研究了力学作用下细胞生物学响应的需求，可广泛应用于间充质干细胞、成骨细胞、破骨细胞、骨细胞、软骨细胞等组织工程中细胞力学的研究。开展了组织工程支架材料的研究，通过冷冻干燥相分离方法制备出了壳聚糖海绵状支架材料，并对其进行了基本性能测试，发现该支架具有良好的孔隙结构并与细胞有良好的相容性。以生物衍生松质骨为支架，将成骨细胞接种在支架内部进行培养，直接在复合体上施加力学载荷，可观测到力学环境促进成骨细胞的增殖。开展了应力、应变诱导骨髓间充质干细胞定向分化成骨细胞过程中信号转导机制的初步研究，以鸡蛋膜作为组织工程支架材料同大鼠骨髓间充质干细胞（BMSC）复合培养构建组织工程化骨，发现BMSC向成骨细胞分化并分泌矿化基质、表达Ⅰ型胶原和碱性磷酸酶（ALP）。利用自行研制的旋转式生物反应器对成骨细胞与珊瑚-羟基磷灰石（CHA）复合物进行培养，发现成骨细胞-CHA复合物中细胞增殖明显，染色呈弱阳性反应，表明自行研制的旋转式生物反应器可为构建组织工程骨提供良好的生物学环境。考察了灌注式生物反应器中流体应力和物质输运两个重要的微环境因素分别对大段组织工程化骨构建的作用，发现适当的流体剪切应力促进细胞的增殖和活性，而流体剪切应力超过一定范围后对细胞的增殖和活性具有抑制作用。在一定的流体剪切应力范围内，较大的剪切应力促进人骨髓间充质细胞的成骨分化，提高了组织工程化骨的整体性能。适当增加灌注速度有利于组织工程化骨的构建，超过一定范围的灌注速度将对组织工程化骨的构建产生不利作用。

4. 其他力学-生物学耦合进展

开展细胞水平的力学-生物学耦合与协同效应研究。已（正在）开展的研究工作包括：静态拉伸载荷对皮肤成纤维细胞与角质化上皮细胞共培养迁移行为的影响；血管内皮细胞糖萼力传导的理论模型及实验验证；流动细胞黏附过程中拥挤效应的理论建模；血管平滑肌细胞对内皮细胞基因表达及其血管形成的影响；组蛋白去乙酰化酶调节血管平滑肌细胞的分化与细胞外基质合成；低剪切力上调内皮细胞 *PIGF* 基因及蛋白质表达的细胞内信号转导途径分析；流体剪切力诱导血管内皮细胞IL-8受体表达变化；低切应力诱导血管平滑肌细胞迁移和凋亡中Rho-GDIα的作用；Rac1参与调节IL-8诱导的血管内皮细胞迁移；生理切应力调节与血管平滑肌细胞联合培养的内皮细胞迁移；血流作用下肿瘤细胞侵袭转移的分子-细胞力学机理等。上述工作表明细胞力学-生物学耦合机制是目前国内的重点研究方向之一。

（三）骨骼-肌肉生物力学

目前，我国骨骼-肌肉生物力学研究正在逐渐崛起，并朝着专一化、精细化方向发展，逐步与国际先进水平接近。与国际先进水平的差距主要体现在系统总体性能研究较少，精细研究不足，部分研究采用的数学和力学分析欠缺。上海交通大学、北京航空航天大学、香港理工大学、太原理工大学、军事医学科学院卫生装备研究所和清华大学等是我国骨骼-肌肉生物力学研究的重要基地。近年来的主要进展包括以下几个方面。

1）开展了人体骨骼-肌肉系统计算机建模方面较系统的研究。其重点开展的“中国力学虚拟人”研究以中国标准人体为仿真对象构建个体骨骼-肌肉系统参数化几何模型，通过输入人体参数转换为具体研究对象的系统模型；通过运动捕捉系统可将测得的人体运动转换为系统模型的运动；通过运动、动力学分析和肌肉力计算可获得关节力和肌肉力。该模型同时作为人体全身骨骼-肌肉系统的有限元模型，可开展全身或局部骨骼的有限元分析。上述成果对临床医学、医疗器械设计、人机工程学、体育与艺术科学、人身事故分析等具有重要的意义。作为“中国力学虚拟人”迈向国际化的第一步，组建了“中国力学虚拟人国际专家委员会”，并开展了中国、英国、瑞典和瑞士联合参与的力学虚拟人足部合作计划，由欧洲提供技术，在中国建立足部生物力学仿真实验台。

2）在人体局部（足部、脊柱）骨骼-肌肉系统建模方面开展了大量研究，其成果已应用于诸如鞋、袜及鞋垫的设计方面。对腕部进行了生物力学模型分析，研究了正常腕部载荷传递和关节接触应力分布情况以及腕横韧带切除对腕部生物力学的影响；此外，还对骨折固定及口腔矫形开展了实验与建模分析。对膝关节进行了建模分析，通过实测下蹲过程中膝关节所受力矩，并结合模型参数计算了肌肉受力，据此研究了一个步态运动周期内及下蹲过程中膝关节的接触应力。在骨科临床上做了大量研究，涉及人工椎间盘的生物力学与临床应用、骨折固定与预后分析以及应力遮挡效应的实验研究等。

3）运动生物力学中涉及骨骼-肌肉生物力学研究较多，表现为近年来来自体育系统的相关论文占有相当比重，该类研究大多就地取材，对运动员运动系统整体性能进行比较和评价，以确定最佳训练方式，实用性较大，如对短跑运动员下肢肌肉的耐力测试和建模及对优秀女子垒球手投掷动作的运动学分析等。来自于数学、力学或者计算机的研究人员还对运动系统整体及各种组织开展了精确分析。例如，利用振动理论对机器人骨骼-肌肉系统工程模型进行分析，并提出一种通过控制振动达到提高机器人运动精度和缩短达到稳态时间的方法。此外，对残肢与接受腔进行三维重建及力学分析，旨在研究残肢与接受腔的生物力学交互作用，为假肢接受腔的设计提供科学依据；建立足踝部有限元模型的目的是研究胫后肌腱功能不全和第一跖列不稳的静态生物力学变化，并已初步应用于临床实践；应用国外开发的 Virtual Muscle 软件对不同性状和运动状态的骨骼肌进行仿真也得到了很好的模拟结果。在上述研究中，力学是主要的理论依据和分析方法，同时还需采用有限元分析软件和数据处理软件。

（四）血流动力学

目前，我国血流动力学研究在更加具体、精细化体内血流流场方面还亟须加强，在个体化心血管介入治疗的手术规划和动脉粥样硬化斑块生长、破裂机制与高风险斑块的预测等方面的研究刚刚起步，从事动脉系统血流流场的数值模拟方面研究的单位较多，但自主创新能力仍有待于进一步提高。北京航空航天大学、北京工业大学、山东大学、北京大学、复旦大学、四川大学和华南理工大学等是我国血流动力学研究的重要基地。近年来的主要进展包括以下几个方面。

1. 个体化心血管介入治疗的手术规划

该研究评估了将动脉系统旋转流动现象应用于临床的可能性。近年来，已开始尝试将旋动流原理用于临床医学实践。例如，在动脉血管搭桥方面已提出应该把搭桥术后宿主血管内是否产生旋动流以及旋动指数的大小作为判断搭桥质量的一个指标；开展了将动脉系统旋动流原理用于心血管介入治疗和器械设计的研究工作，旨在解决小口径人造血管的急性血栓堵塞和搭桥手术后血管内膜增生而引起的血管再狭窄问题以及腔静脉滤器植入后的血栓堵塞问题和血管内支架植入后的再狭窄问题。研究表明，在心血管介入治疗和器械设计中引入旋动流确实可明显改善局部血流流场，达到抑制小口径人造血管的急性血栓形成和搭桥手术后血管内膜增生的目的。

在基于血流动力学数值仿真技术的心血管手术优化设计方面已经做了较为深入的前期铺垫工作，已积累了一定的科研成果和经验。通过采用计算机数值仿真的方法对旁路搭桥转流术治疗 DeBaKey 动脉夹层瘤的血流动力学的研究，有助于弄清该转流术治疗 DeBaKey 动脉夹层瘤的力学机理和血流动力学有效性问题，从而提出更为科学的手术方案。

2. 动脉粥样硬化的脂质传输过程及斑块生长、破裂机制与高风险斑块的预测

该研究从脂质传输角度研究动脉粥样硬化局部性现象的血流动力学成因。

胆固醇及其他脂体（如 LDL）在血管壁内的沉积是动脉粥样硬化进程中的初发事件，且 LDL 向动脉壁内的传输并不受血管内皮细胞上 LDL 受体的调节，许多 LDL 主要是通过内皮细胞间隙渗透至血管壁内。显而易见，这类脂蛋白向血管壁内的渗透与传输完全取决于脂蛋白在动脉血管内壁表面的浓度，脂蛋白在血管内壁表面浓度越高，渗入血管壁内的脂蛋白将越多。由于血管内浓度极化现象的产生，在整个人体动脉血管树中，即便有害脂质本体浓度均一，其在血管内壁表面浓度并不一定均一。受到局部血流流场的影响，在血流滞止区、涡漩缓流区以及低剪切率流动区，致动脉粥样性脂质的壁面浓度会高于动脉树中的层流高速血流区，因此，致动脉粥样性脂质的壁面浓度的局部差异是引发动脉粥样硬化局部性的一个重要因素，且其对疾病的影响程度也许甚于壁面剪切力。据此开展的有关血流动力学与动脉系统物质传输相关性的研究工作取得了许多重要成果，并仍在继续深入研究。

在动脉粥样硬化斑块生长、破裂机制及高风险斑块的预测方面取得了一些可喜的成果，其目的是揭示流动剪应力和压力在动脉粥样硬化斑块生长过程中的具体作用机制。目前国内外这方面的研究还处于初始阶段，尚未解决的关键科学问题有：建立可靠的动脉粥样硬化斑块动物模型，观察斑块形成-生长-破裂的无创图像，获取斑块内部应力、应变等各种参数的新方法和新技术，解读所获取参数的变化规律等。

3. 其他研究进展

我国在血流动力学其他研究方向的进展包括以下几个方面：针对生物黏弹性流体的流动和传质，利用拓扑结构分析和数值方法，研究了血液在复杂血管网内流动的分叉现象及其对大分子传质的影响；针对脑血流及其调节问题，进行了颅内压仿真及分析；在动脉瘤和动脉粥样硬化、肿瘤血管数值生成、肿瘤生长及转移、肿瘤血流动力学和药物输运、抗血管生成治疗的数值模拟等方面开展了相关研究；开展了人工心瓣中的摩擦、血液与人工器官间的摩擦等生物力学研究；研究了小波分析理论在生物医学信号和医学图像处理中的应用和血管入口流动等问题。

（五）生物流变学

我国生物流变学曾在国际学术界产生过重要影响，胆道及肝脏流变学、中药药理的血液流变学等原创性工作获得国内外学术界的认可。当前，与人类健康、生命活动息息相关的细胞流变特性仍是目前生物力学领域关键问题之一。影响细胞流变特性的环境因素包括化学、力学、电学与磁学等，探讨上述因素影响下细胞流变特性变化及其机理具有重要的临床意义。中国中医科学院中药研究所、四川大学、重庆大学、北京大学等是我国血流动力学研究的重要基地。近年来的主要进展包括以下几个方面。

1. 开展了力学环境下药物与生命体相互作用的分子/细胞流变学机制的特色研究

研究人员多年来采用药理学、血液流变学及微循环学等方法研究活血化瘀中药，并将其研究结果与临床结合，提出了“生物力药理学”的新观点。主要研究生物力学因素对于正常与病理状态下细胞信号转导、细胞功能以及细胞间相互作用的影响，以探讨血流剪应力与血压在血循环和血管生物学中的作用为突破点，揭示与动脉粥样硬化、炎症反应、血管新生、病毒感染等重要生理与病理过程相关的生物力学效应，研究调控生物力学因素（包括运动调控）以及力学调控与药物的联合干预在重大疾病（心脑血管、肿瘤等）预防与治疗中的作用。具体工作包括：在细胞培养等方法中加入模拟生理与病理条件控制相关的生物力学因素；诠释中医气血理论与活血化瘀治疗原则；运动与姜黄素对大鼠内皮细胞功能的影响；锻炼及川芎嗪对大鼠内皮细胞分泌炎症细胞因子的生物力药理学影响。

2. 对人体血液触变性和黏弹性进行了长期、系统的研究，并将研究成果应用于临床医学

研究人员考察了血细胞与内皮细胞相互之间的黏附规律及影响因素，揭示了流体切应力对血管内皮细胞中IL-8蛋白和基因表达的影响，Rho蛋白活性的变化规律，并对其信号转导途径开展了深入分析，从而了解血流动力学因子调节血管生理和病理的分子生物学机制。此外，还从整体和细胞分子水平研究了机械应力与骨质疏松大鼠成骨细胞、破骨细胞的生物流变特性变化，为骨质疏松发病机理的研究提供了实验依据。

3. 在细胞流变学方面开展了长期的研究并取得了重要成果

研究人员通过机械拉伸方法研究在力学刺激下附着于基底膜上的细胞骨架方向性聚集和解聚响应以及Rho蛋白活性对这一响应的影响。利用微磁珠扭转的细胞微流变学方法发现了细胞骨架动力学遵循两种完全不同的动力学行为，即在低频（生理学频率）下细胞动力学主要取决于细胞骨架结构的重构和所谓的软玻璃态流变学，而在高频率范围下肌动蛋白纤维的热涨落主导细胞动力学，首次证实了细胞骨架的快动力学行为源于细胞骨架蛋白聚合物的动力学行为，为进一步解释细胞的力学和流变学行为提供了重要依据。同时，还研究了神经

细胞在三维条件下的电生物物理特性、电压依赖性钙通道功能、三维神经网络构建；考察了三维条件下药物高内含筛选模式的建立、细胞与微纳米拓扑结构的相互作用、细胞流变学与离子通道功能的生物力学等；在人工红细胞血液代用品及其在组织工程、生物物理、临床医学工程中的应用研究方面也进行了深入研究。此外，还对单细胞流变学特性、血细胞微流变学等方面进行了系统的研究。例如，基于细胞质黏弹性对心肌细胞钙火花的影响，进行了钙火花反常扩散的理论建模与数值模拟研究。

（六）组织工程与再生医学中的生物力学

中国科学院力学研究所、北京航空航天大学、上海交通大学、军事医学科学院卫生装备研究所、吉林大学、太原理工大学、重庆大学、四川大学、清华大学、天津大学等研究团队在组织工程与再生医学中的生物力学研究方面做了大量的工作，取得了一批重要科研成果。近年来的主要进展包括：基于流场分析和流体动力设计的模型化和地基研究结果，发展了应力可控、3 类 4 种旋转式细胞/组织生物反应器；针对空间细胞生长对营养物质的需求，研发了物质输运可控的片流逆流式生物反应器，并通过我国第 22 颗返回式卫星的空间实验验证了其可靠性和适用性；发现了力学环境对可降解支架材料降解动力学影响的现象；研发了适用于工程化组织构建（具有动态压缩和直接灌注功能）且接近生理条件下的心肌、血管、软骨的生物反应器以及相应的细胞力学实验装置；研制了可用于空间搭载、并在施加力学刺激的条件下开展细胞培养的智能空间生物舱实验平台；研究了不同层厚软骨的力学响应、软骨骨化受流体静压力与剪应力作用影响的仿真等；考察了组织工程化血管构建中的生物力学问题；利用自行设计的细胞加载装置对骨髓间充质干细胞诱导分化以及在力学刺激下对成骨细胞、软骨细胞进行了力学生物学机理的探索，并从力学生物学角度对力学载荷作用下在体骨重建机制方面开展了大量研究；在长骨表面再造仿真、骨质疏松症力学-生物学耦合的计算机模拟和有限元分析、骨折内固定后骨重建等方面开展了许多重要工作；研究了力学环境对韧带中成纤维细胞生命活动影响、关节韧带中成纤维细胞所受的力学作用效应及其对 ACL 韧带修复中各种细胞因子的可能影响。

（七）临床医学与康复工程中的生物力学

在临床医学和康复工程方面，生物力学研究和应用的重要性已经初步得到了行业和产业界的认同。在医疗器械产业、康复工程领域制定的中长期发展规划中，生物力学已经被列为关键共性技术之一。北京航空航天大学、上海交通大学、香港理工大学、太原理工大学、首都医科大学、大连理工大学、四川大学、重庆大学、北京大学等是我国临床医学与康复工程生物力学研究的重要基地，此外还包括吉林大学、北京工业大学、四川大学、重庆大学等相关研究团队。近年来的主要进展包括：在无源医疗器械优化与可靠性检测、口腔正畸与修复仿真、计算机辅助手术的生物力学评价、康复辅具设计与康复功能评价、个体化在体检测与测量技术、超重和失重等极端条件下的人体损伤及防护等方面开展了大量的研究，在相关行业内已具有较大影响力。在骨质疏松和骨外科手术的生物力学研究等方面取得了较大的进展，在心血管疾病的机理方面取得了较显著的成果，所承担的力学虚拟人项目在国内外也具有一定的影响力。系统开展了康复领域的生物力学研究，所建立的足部有限元模型被认为是近年来国际上最好的模型，有着重要的影响力。在膝关节损伤的建模与仿真等方面也取得了进展，有关青光眼的发病机理和新治疗方案的生物力学研究已在眼科领域具有一定的影响力，在听觉器官生物力学的研究方面已形成一定的特色。此外，还分别在骨重建理论研究、心血管系统建模、口腔正畸生物力学机理等多个方面取得了一些进展。

与国外临床医学和康复工程生物力学研究相比，国内仍然存在差距和不足。首先，研究和应用的覆盖面总体来看依然比较狭窄，尽管有个别研究团队已经开始在呼吸系统、神经系统、感觉系统、消化系统、生殖系统等新领域开展生物力学研究，但短期内还无法成为生物力学发展的新增长点，一些研究团队之间的研究存在较多的重叠，无法形成自己的特色和优势；其次，尽管来自临床医学、康复工程领域以及医疗器械产业的研究人数增加迅速，然而其研究人员整体的生物力学研究水平较低，对生物力学整体发展状况和趋势不甚了解，对所研究的科学问题和工程问题提炼得不够准确，一些研究还在低水平重复国外或国内其他团队以前的研究；再次，对理论研究到实际应用衔接环节研究的重视程度不够，在重要的关键技术和共性技术方面，还没有取得重大突破，也没有形成在国内外具有重要影响力的独立知识产权的产品和应用实例，使得尽管行业和产业界对生物力学的重要性已经有初步的认同，但对于其应用并不具有充分的信心，临床医学与康复工程生物力学研究和应用应当具备的重要社会、经济价值不能充分体现。

（八）生物材料力学与仿生力学

我国在生物材料力学与仿生力学方面虽然起步较晚，但进展非常迅速，特别是近年来已经得到了一些令人鼓舞的结果，但是总体而言我国在该领域的研究仍处于初级阶段。清华大学、北京航空航天大学、中国科学院力学研究所、北京理工大学、中国科技大学等是我国生物材料力学与仿生力学研究的重要基地。近年来的主要进展包括以下几个方面。

1. 在生物材料力学方面

通过对珍珠母中有机质界面的显微观察，证实了在有机物基质中矿物桥的存在，并通过分析和实验证实了纳米尺度的矿物桥对珍珠母有机质界面的强度和韧性有重要影响。对蚕丝、蚕茧、蜘蛛丝等生物材料和生物结构的多尺度力学性质进行了系统的实验研究，发现了一些有趣的现象。例如，蚕茧在不同厚度方向上均具有优化性能和结构，从而很好地实现抵抗外界载荷的能力。利用微纳米仿生力学的思想，成功制备了多种纳米尺度的生物纤维材料，在组织工程等领域具有很好的应用前景。对骨骼、贝壳等天然矿物复合材料进行了深入研究，发现贝壳、骨骼等生物材料的优良性能归因于其精巧的纳米结构，矿物晶体和蛋白质的纳米尺寸使上述生物材料获得了最优化的强度、韧性和稳定性。提出了拉伸-剪切链模型，可以很好地揭示天然生物材料的强韧化机理，对不同生物材料相似纳米微结构给出了很好的理论描述，揭示了生物材料中矿物质和蛋白质的载荷分配规律，即矿物纳米晶体在生物纳米材料中承担拉压载荷，而蛋白质基底通过剪切变形在矿物晶体之间传递载荷。考虑牙本质小管的影响，应用细观力学方法研究了牙本质材料的非均匀、各向异性本构关系，基于此模型所做的预测与实验结果符合较好。

2. 在生物黏附及仿生材料方面

发现生物大分子间的黏附及与基底的黏附对外界环境的变化（力、温度等）非常敏感，结合黏附接触力学及断裂力学，从力学角度分析了外界环境的变化对黏附的影响，并发现存在一个临界的环境变化，使得生物大分子之间或与基底之间的黏附失效。对壁虎、蚱蜢等仿生研究发现，各向异性组织是此类动物及昆虫脚部的共同特征之一，解释了各向异性在实现爬行运动中的作用，揭示了黏附与脱黏的交替机制，为设计超强的人工黏附材料及适合任意表面行走的微型机器人提供了理论参考。此外，通过简单的力学模型，给出了生物材料基本单元缺陷不敏感的特征尺度。研究了骨的微观结构，并进行了仿生骨复合材料的研究。对竹、木等生物复合材料的细观结构进行了分析。研究了蜣螂壳的表面微结构，发现其具有很好的耐磨损和防黏附性能，并进行了仿生应用。对绿金龟子等昆虫甲壳的微观结构进行了研究，对其中一些典型微结构建立了力学模型，以说明其强韧化机理。基于仿生设计原理，制备了具有表面微纳米结构的超高温陶瓷，发现其微纳米表面可以显著提高材料的抗热冲击能力。研究了牛角等角蛋白材料的微纳米结构、力学性能和生物学功能之间的联系，发现牛角在微米尺度上具有精巧的波浪状结构，可提高断裂韧性和抗冲击能力。

3. 在动物运动生物力学方面

我国学者在昆虫飞行的起源与姿态控制之间的关系、果蝇和蜂蝇机动飞行的实物观测和飞行控制、昆虫机动飞行和自由飞行的建模与实验等方面取得了有重要影响的成果。此外，还深入研究了鱼类群游时相互干扰的水动力学，拍动翅产生推力的流体力学机制等问题，提出了鱼类用头部作为控制舵面的新观点。

除上述8个方面的基础研究外，我国生物力学工作者还在开拓空间生物力学与工程、发展生物医学工程的新概念和新方法，提供新的临床诊治仪器和装备，促进新药设计、筛选与开发等方面，为人类健康保障做出了重要贡献。

三、存在的问题

对照国际生物力学的发展前沿，目前我国生物力学发展存在的问题主要有以下几个方面。

1）宏观生物力学研究需要进一步加强。目前我国在骨骼-肌肉力学和血流动力学领域与国际先进水平相比有较大差距。在基础研究层面，不仅难以实现对整体性能的系统描述和对各种组织的精细研究，而且除极个别研究团队外，尚未全面跟上国际上从器官-组织到细胞-分子水平跨尺度研究的最新发展动态。究其原因，一方面是诸如大型建模和有限元分析软件等方法和手段的欠缺；另一方面是研究人才和积累不足，真正从事前沿基础研究的队伍较少。在应用层面，尽管在计算机辅助手术、手术规划和个体化医疗等医学实践需求的驱动下，我国宏观生物力学领域正积极推动与临床医学相结合的研究，但相比之下对临床医学的贡献与国外有相当的差距。其原因主要是基础与临床结合仍不够紧密，规范、可靠且适用的方法和手段积累不够，生物力学工作者与医生的交叉、融合有待加强，以及研究经费和人员投入明显不足等。如何进一步从临床实际出发开展理论与实验研究，是我国宏观生物力学今后将面临的主要问题。

2）生物力学新技术和新方法有待于进一步积累。新兴学科研究的深入与相关关键技术和方法的发展密不可分。目前我国生物力学研究的技术和方法多采用国外本领域的成熟方法或沿用力学的已有方法，原创性、概念性的技术和方法较少，从而影响和制约着我国在本领域的创新、发展。缺乏创新思维和探索勇气是一个重要原因，而技术性和方法性工作难以得到认可也是原因之一。如何针对生物力学交叉学科的特点建立相应客观和公正的评价体系，从政策上鼓励原创性的新概念、新技术和新方法的探索是今后应面对的重要课题。

第四节　学科发展布局

一、总体发展战略布局

根据国际生物力学前沿领域的发展趋势和国内生物力学学科的研究现状，立足于国家在医疗器械、新药研制等方面的科技布局，面向《国家中长期科学和技术发展规划纲要》中有关发展“交叉学科和新兴学科”、开展“生命过程的定量研究和系统整合”的需求，我国生物力学学科未来5～10年的总体布局是：以实现科学原始创新、推动跨越式发展为战略目标，兼顾生物医学工程、生物工程、力学、物理等相关学科发展需求，发展与人类健康相关的组织工程与再生医学、临床医学与康复工程以及生物材料与仿生的新概念、新技术和新方法，在基础研究、临床应用、人类健康等生物力学相关领域取得重要进展乃至重大突破。重点发展方向包括8个方面：①分子-细胞生物力学；②力学生物学；③骨骼-肌肉力学；④血流动力学；⑤生物流变学；⑥组织工程与再生医学中的生物力学；⑦临床医学与康复工程中的生物力学；⑧生物材料力学与仿生力学。以下对8个重点发展方向的布局背景和意义予以简要说明。

二、分学科及交叉学科发展布局和重点发展方向

（一）分子-细胞生物力学

人体始终处于力学环境之中，其生物学过程受到不同力学环境的调控，表现为多因素、非线性、交互作用等基本特征，需要在微观层次定量认识其耦合规律。分子的力学-化学耦合作用可使蛋白质分子将化学能转化为机械能，调控生物大分子间的识别与组装动力学。分子力学研究不仅可以深化对生物大分子相互作用规律的定量认识，也可为蛋白药物活性表位设计和功能评价提供新方法。同样，细胞不仅处在复杂的生物化学环境中，也处在不同的生物力学环境中，细胞力学可阐明细胞如何感受、修饰、并对细胞环境的物理特性做出响应；细胞之间通过化学和物理信号来进行交流，从而参与胚胎发生、创伤愈合、炎

症反应、肿瘤转移等一系列的生物过程；细胞对力学刺激的响应在内环境稳态和许多疾病中非常关键，力学刺激可诱导干细胞分化为不同的功能细胞，生长于空间微重力环境的细胞具有与地面迥异的结构、表型和功能；细胞力学-生物学耦合研究不仅可定量认识细胞-细胞、细胞-表面相互作用的基本规律，同时还是组织工程、再生医学、介入治疗等的重要科学基础。因此，在生物大分子相互作用、亚细胞动力学过程、细胞整体生命活动及其调控规律等方面开展定量化和模型化研究，可为认识生命现象、保障人类健康提供新概念和新方法。在分子-细胞水平定量刻画并揭示生物学过程的力学调控途径，为相关疾病的介入治疗和创新药物设计提供新的解决方案，成为今后的研究重点，也是世界各国竞争的焦点，形成了分子-细胞生物力学这一新的快速发展的研究领域。

综上所述，建议在分子-细胞生物力学方向的具体布局包括：①分子-细胞的力学-化学与力学-生物学；②(干)细胞生物力学及其分子机制；③生理病理学中的细胞纳米动力学；④微生物流体力学。

（二）力学生物学

与分子-细胞生物力学和传统的器官-组织生物力学研究所不同的是，力学生物学侧重于从基因-蛋白质-细胞-组织-器官-整体等不同尺度上探讨“应力-生长”关系，关注力学环境对生命体健康、疾病或损伤的影响，研究生命体的力学信号感受和响应机制，并最终试图阐明机体的生长、重建、适应性变化和修复等之间的相互关系，以利于发展有效的新诊治技术，促进生物医学基础与临床研究的发展。心血管力学生物学以血管重建为切入点，着眼于力学环境对心血管系统的作用，阐明力学因素如何产生生物学效应（即血管活性物质的变化）而导致血管重建，研究心血管信号转导通路和力学调控途径、血管活性多肽的功能及其分子网络调控机制，寻找力学因素对心血管作用潜在的药物靶标和新的生物标记物，最终从细胞分子水平深入了解心血管活动和疾病发生的本质，为从生物医学工程的角度寻求防治血管疾病的新途径奠定力学生物学基础；主要采用流体力学理论、系统生物信息和控制理论、先进的流场测试和医学影像技术，同时将宏观与微观相结合、动物实验与力学模型及数值模拟相结合，研究人体主要血管的血流动力学及力学因素与血管组织生物效应的关系，心血管系统建模定量分析与生物医学实验相结合，建立精确规范的新无创检测和分析技术，以期成为心血管功能的临床辅助诊断和预警指标体系。值得注意的研究方向还包括人体组织和系统（如骨骼、肌肉、消化道、气道等）的力学生物学。例如，力致骨重建即是力学生物学的一个重要研究方向，当前的研究方向应精细考察骨内干细胞、成骨细胞、破骨细胞、骨细胞等不同细胞对力学刺激的响应机制及相互作用过程，阐明调控力学信号转导的分子途径，并在不同时间尺度上研究影响力致骨形成和骨吸收的生物学响应参数。

综上所述，建议在力学生物学方向的具体布局包括：①心血管力学生物学；②骨重建力学生物学；③其他组织-器官力学生物学；④力学生物学的应用。

（三）骨骼-肌肉力学

骨骼-肌肉系统由骨骼、韧带、肌腱和肌肉组成，骨骼与其他坚硬的结构以韧带相互连接，与肌肉系统以肌腱连接。骨骼是人体的主要承力和运动结构，肌肉系统为人体的运动提供动力。骨骼-肌肉系统不仅支撑和移动人体，同时还提供了其他器官与生理系统存在的基本结构。因此，当骨骼-肌肉系统发生结构、机能改变时会导致非常严重的疾病，如骨折、关节损伤、后背痛、骨质增生、佝偻病等。骨骼-肌肉生物力学是传统的研究方向，有长达百年的历史。与其他生物力学的分支研究方向一样，近年来也沿着力学-生物学耦合、宏观与微观结合这一趋势发生转变。因此，骨力学方面应该着重研究力致骨重建的生物学机制、力学刺激作用下各类骨细胞在不同时间尺度上的生物学响应等；肌肉力学方向应着重研究神经脉冲与肌肉纤维中钙离子浓度变化的动态关系，肌动/肌球蛋白横桥分子相互作用与肌肉收缩的定量关系，分子反应动力学与连续介质力学的多尺度连接等；同时，在器官水平考察骨骼-肌肉的相互作用规律，如足、手、面颚、肩、髋、脊柱、膝等；还应重视应用新的骨骼-肌肉力学研究结果服务于运动生物力学。

综上所述，建议在骨骼-肌肉力学方向的具体布局包括：①骨骼系统力学及其与生物学的耦合；②肌肉系统力学及其与生物学的耦合；③骨骼-肌肉的相互作用关系；④基于骨骼-肌肉系统力学-生物学耦合机制的运动生物力学。

（四）血流动力学

血流产生的不同应力（剪切应力、压力、血管的周向牵张应力）在动脉粥样硬化斑块的形成和破裂中具有不同的作用机制，对其进行研究不但具有重要的理论意义，更具有潜在的应用价值。复杂流场、复杂应力与动脉斑块形成、发展和破裂的关系，以及相应力学生物学的机理仍不清楚，而血流动力学因素与血管栓塞、动脉硬化的关系也尚待阐明。血流动力学可从力学、生物学、医学的角度，以特异性、靶向性、无创性的新技术和新方法研究心脑血管疾病的发生和发展规律及其机理。血流动力学不仅在阐明动脉粥样硬化等动脉疾病的发生和发展过程中发挥关键作用，还可帮助医生在心脑血管疾病的手术、介入治疗过程中充分考虑血流动力学因素，以保证手术的长期有效性。例如，可研究血管支架、人工血管、人工心室等心血管人工器官和植入物的生物力学；还可在研究心脑血管疾病局部性发病机理的基础之上，考察这些疾病的局部性现象与血流流场的相关性，以建立人体血液循环系统的整体血流动力学理论。同时，肿瘤内血管发生及其血流动力学目前是血流动力学与临床结合的一个重要契合点，应该在获得相对真实的毛细血管网络拓扑结构基础上对肿瘤内的血流动力学进行详细计算和分析，以期加深对肿瘤的复杂生理特性的理解，同时可利用黏弹性介质内的物质扩散模型考察肿瘤内的药物输运过程和规律。

综上所述，建议在血流动力学方向的具体布局包括：①心血管血流动力学与心血管植入物及人工器官的生物力学优化设计；②动脉粥样硬化斑块生长、破裂机制；③心血管介入治疗规划；④心脑血管病发病和防治中的力学问题；⑤血流动力学在肿瘤（血管）发生中的临床应用研究。

（五）生物流变学

既往的宏观血液流变学侧重关注血液黏度对于血循环的影响，现代的血液流变学关注血流与血管相互作用机理及其医学意义。未来发展布局应该继续沿着从宏观流变学向微观流变学发展的趋势，将可视性研究技术与基因组学、蛋白质组学相结合，探讨细胞、亚细胞和大分子的流变学行为及其如何导致机体整体功能的变化，揭示疾病发生发展的本质。探讨大分子、细胞、组织、体液和脉管系统间的相互作用对机体生物流变学行为的影响，在继续深入研究血液流变学的基础上，进一步深入探讨机体其他系统的流变学行为。重视流变学研究方法的规范化和标准化，开发新的、高技术含量的、可视性的研究方法。将生物流变学研究与临床疾病的诊断治疗紧密结合，提供新的诊断、预防和治疗手段。以血流剪应力的生物学效应为基础，近年来我国研究人员在国际上提出生物力药理学这一新研究方向，其一方面侧重研究生物力学因素对于药效的影响，另一方面则反过来研究药物对于体内有关生物力学因素的影响。针对哮喘等呼吸系统疾病，应着重研究包括气道平滑肌细胞流变学行为及其在受到外界物理、化学信号的刺激下的响应，以及与哮喘病的生理病理学关系等。另外一个值得注意的研究方向是基于生物材料的生物流变适应性来设计和制备生物材料与支架材料，发展相关技术用于研制工程化的生物活性纳米纤维支架材料，以获得功能化的人工韧带等生物材料和医用组织替代物。同时还应重点研究软组织损伤修复等的病理生理机制以及探索组织修复相应的流变学技术和方法，以及组织修复中的生物流变学研究（如力学微环境与细胞的归巢、分泌及分化等）。

综上所述，建议在生物流变学方向的具体布局包括：①生物力药理学；②细胞流变学及其信号转导和分子调控；③心脑血管疾病的生物流变学调控机制；④哮喘与气道平滑肌生物流变学；⑤生物流变适应性材料及其应用；⑥软组织生物流变学及其损伤与修复机理。

（六）组织工程与再生医学中的生物力学

组织科学与工程是在组织工程概念上更广泛意义上的拓展，主要研究内容是利用力学、物理学、化学、生物学和工程学方法控制和调控细胞的聚集行为。从生物力学角度讲，即是从细胞和分子水平上了解力学和生物学环境如何指导细胞组装并维持复杂群体和功能化三维组织的机理，构建三维工程化组织。需要了解细胞在构建并维持组织过程中如何从微环境中获取信号并做出响应；还需阐明生物材料的支架功能和组织基质环境，促进更有效的组织设计和工程化；同时建立预测（生理学、生物学、力学）的计算机模型，用于工程化组织的构建及模型化研究，推动从机体水平分析理解细胞、组织和器官。另一个值得注意的研究方向是设计新颖的生物反应器，精确控制干细胞和始祖细胞的快速增殖以及化学和力学环境，以实现组织的三维生长和功能。在组织修复方面，要着重研究组织损伤与修复机理和基因调控机制，发明和构建人工红细胞等生物材料和医用组织替代物；研究力学刺激下细胞生物学响应以及细胞与材料表面间的相互作用，同时考察力学微环境对干细胞生长、增殖、分化及迁移的调节及相关规律等。

综上所述，建议在组织工程与再生医学中的生物力学方向的具体布局包括：①(干)细胞-表面相互作用及其调控规律；②力学环境与工程化组织表型与功能的表征；③工程化组织临床整合的生物力学机制；④定量、可控的细胞-组织三维培养的新方法和新技术。

（七）临床医学与康复工程中的生物力学

未来5～10年临床医学与康复工程中的生物力学，首先应着重开展关键技术和共性技术方面的研究，发展个体化建模、在体测量和检测等关键技术，并将已有的理论研究成果尽快转化为实际应用，形成具备独立知识产权的产品。其次应进行多层次、多系统、多学科交叉融合的研究，以弥补单层次、单系统、单学科的研究远不能真实地描述人体各个系统复杂生理、病理现象的不足（在临床医学和康复工程中尤其如此），在这方面的研究有望取得新的发现和进展。

同时，还应着重开展新系统、新领域的生物力学研究，鼓励在呼吸系统、神经系统、感觉系统、消化系统、生殖系统等新领域开展的生物力学研究与应用，丰富生物力学研究对象，从而成为生物力学发展的新的增长点。

综上所述，建议在临床医学与康复工程中的生物力学方向的具体布局包括：①无源医疗器械产品优化设计及生物力学可靠性评价；②计算机辅助手术中的生物力学评价；③新型辅具设计与康复评价、训练新方法的生物力学研究；④人工器官及植入物的优化设计和评价技术；⑤口腔生物力学与力生物学；⑥生物力学在重大疾病中的应用。

（八）生物材料力学与仿生力学

自然界的生物材料种类繁多、形式多样、性质迥异、功能全面。生物材料基本单元的尺度一般从纳米到微米不等，其性能涉及生命活动的各个层面。天然生物材料的性能和功能很大程度上取决于其精巧的多级结构。生物材料在微纳米尺度上其结构与性能之间的关联为纳米科技的发展提供了无穷无尽的创新源泉，为纳米材料制备、结构优化、性能改进等各方面提供了自然界的答案。基于此，寻求自然界法则，解读自然界在不同尺度上的奥妙，对其进行模仿并将其应用于先进材料的开发和生产、微纳米器件与结构的制备等领域。另外，长期的生物进化促使飞行和游动生物发展了各具特色的空中飞行和水中游动能力，其整体功能趋于优化。生物飞行和游动蕴藏着丰富的力学和生物学机理，也为发展新一代人造飞行器和水下航行器提供了重要的科学依据和仿生学启迪。因此，飞行和游动生物高效能运动的力学机制已成为目前和今后的研究重点，同时也是世界各国竞争的焦点。同时，与微制作、微流控、微模式化等技术相结合，可在微米-纳米尺度上发展表面性质可控的新概念、新方法、新技术乃至新器件，应用于生物传感器、生物芯片、医用生物材料、药物（缓）控释等领域。

综上所述，建议在生物材料力学与仿生力学方向的具体布局包括：①生物材料及其仿生的力学机制；②飞行与游动的生物运动力学；③生物纳米技术中的力学问题；④生物材料中的生物力学。

除了以上 8 个研究方向外，还应关注以下新的研究趋势。

1）空间生物力学：研究空间微重力环境下细胞的响应和功能改变机理，区分重力的直接与间接作用。认识失重或超重环境对骨骼-肌肉组织的损伤规律，非惯性力对血液循环血流量、血压分布的影响，阐明（微）重力所致人体血液循环系统和免疫系统改建、骨丢失机制，发展相应的应对措施和技术。发展基于生物力学工程与技术的可适用于心肌、血管、韧带、软骨、骨等细胞/组织三维培养的新型空间生物反应器。

2）动植物生长发育和代谢过程中的生物力学问题：阐明力学刺激对植物细胞生物学行为的影响及其分子机制，认识动物生长发育和代谢过程中的力学问题及应用。

三、国家重点实验室等平台建设计划需求分析

建立生物力学国家重点实验室的需求来自于以下方面：一是适应国家中长期科技发展的需求。《国家中长期科学和技术发展规划纲要（2006—2020）》提出发展“交叉学科和新兴学科”、开展“生命过程的定量研究和系统整合”、“科学实验和观测方法、技术和装备的创新”等科学前沿问题研究的需求，与生物力学学科密切相关。同时，生物力学新概念和新方法也将进一步促进国家“蛋白质”、“纳米”、“发育与生殖”等重大研究计划的实施。二是生物力学学科发展需求。我国生物力学学科经过30余年的发展，研究方向与国际前沿领域一致并具有特色，在某些方面具备国际竞争力和具有一定国际影响，在研究基地、人才队伍、技术方法、装备水平等方面已有较好的基础，具备了组建生物力学国家重点实验室的条件。生物力学国家重点实验室的成立将对进一步深化学科建设、引领我国本领域的未来发展起到积极的推动作用。三是人类健康与疾病诊治的需求。作为生物医学与力学交叉的新兴学科，生物力学学科的发展带动了许多新技术和新装备的进步，无论是医疗器械还是新药研制，无论是组织工程、再生医学、康复工程还是手术规划、计算机辅助手术、个体治疗，生物力学均将发挥重要的促进和推动作用。

当前，我国尚未布局生物力学国家重点实验室，这与生物力学学科的重要性、前沿性和国内良好的工作基础不相称。同时，生物力学的发展强烈依赖于新概念、新技术和新方法，尤其是原创性的定量化技术和方法，而我国目前更多是利用国外的成熟技术，缺乏相应的研究基地。因此，需要加强研究基地建设，大力支持方法学研究，鼓励原创性概念。为适应生物力学学科的快速发展，建议尽快布局生物力学国家重点实验室，以完善国家重点实验室的学科布局；针对生物力学学科队伍相对较小的现状，可尝试在优秀人才相对集中的地域、跨单位组建优势互补的国家级研究基地；另外，推动在条件成熟、特色明确的单位建立生物力学不同研究方向的部门重点实验室，促进生物力学学科重点突出、均衡发展。

第五节　优先发展领域与重大研究领域

一、遴选优先发展领域的基本原则

未来5～10年生物力学学科优先领域的遴选原则是：①符合国际发展态势的重大或重要前沿科学问题；②我国生物力学学科具有长期积累、工作基础和相对优势的重点研究方向；③满足国家重大需求或具有重要应用前景的应用基础领域。重大交叉领域的遴选还需注意跨领域、跨学科交叉与融合的必要性和可行性。依据“凝练创新方向、夯实研究基础、锻炼研究队伍”的指导思想，在上述8个重点研究方向基础上，提出以下优先发展领域及重大交叉研究领域的建议。

二、具体优先发展领域

（一）人类健康与重大疾病的生物力学基础

作为活的生命体，人体内各组成部分（如系统、器官、组织、细胞、分子等）无不处于运动和变化过程之中，而运动和变化所导致的力学作用是生命体生物学响应的重要影响因素。从生物力学的视角看，人体健康与体内力学环境息息相关，而生物力学研究已经可以针对影响人类健康的许多重大疾病提出相关的重要科学问题，并给出相应的诊治方法和建议。基于影响国人健康的相关重大疾病以及我国生物力学研究的相对优势领域，目前在该优先领域可开展的研究工作包括：①骨骼-肌肉系统、呼吸系统、感觉系统生物力学及其在组织-器官创伤和修复中的应用；②心（脑）血管力学生物学及其在循环系统疾病中的应用；③组织-器官工程化构建的关键生物力学问题；④细胞-分子生物力学及其在肿瘤转移等病理生理过程中的应用；⑤基于康复工程、手术计划和个体化医疗的生物力学新概念、新方法和新技术。具体内容简述如下。

1. 骨骼-肌肉系统、呼吸系统、感觉系统生物力学及其在组织-器官创伤和修复中的应用

1）骨骼-肌肉系统的生物力学研究。在整体、组织、细胞、分子等不同尺

度上，利用分子-细胞生物学、力学建模、数值模拟、动物实验等相关技术，研究力学刺激与骨重建之间的定量关系；以组织工程为平台，探索三维培养条件下各种骨细胞的网络关系，研究物质输运、生长因子、生物材料等对骨组织生长的调控机制；结合体外细胞实验和动物实验，阐明何种力学刺激形式会更有利于骨重建，以及力学信号由整体骨传递到骨细胞，进而调控骨细胞的生物学响应的定量关系及分子途径；着重研究神经脉冲与肌肉纤维中钙离子浓度变化的动态关系、肌动/肌球蛋白横桥分子相互作用与肌肉收缩的定量关系、分子反应动力学与连续介质力学的多尺度连接等；在器官水平考察骨骼-肌肉的相互作用规律，如足、手、面颚、肩、髋、脊柱、膝等，并重视应用新的骨骼-肌肉力学研究结果服务于运动生物力学。

2）呼吸系统的生物力学研究。从细胞、组织、器官到个体多个尺度下的气道收缩和高反应性的机制；非平衡态生物力学原理在气道平滑肌和肺树突状细胞等生理病理过程中的作用；气道平滑肌和肺树突状细胞等在受到应力、应变刺激时的物理响应规律，以及这些现象与哮喘病的生理病理学关系；气道平滑肌细胞收缩时骨架结构与功能的变化对气道自发扩张的影响，气道平滑肌收缩的运动蛋白对细胞骨架重构的效应；依据生理参数评价心肺功能并进而控制呼吸机肺通气参数的机理研究；建立基于生物流变学的病理生物学调控机制，并探索有关疾患的相应的预防对策和治疗方法与技术，为研制新型诊断和治疗仪器、发现和研制新药物和新剂型，提高我国生物医药科技的自主创新能力提供科学基础。上述研究将为理解哮喘病理现象，发现新的药物靶标、新的临床防治技术和有效防治提供理论基础。

3）听觉/视觉感觉系统的生物力学研究。锤骨固定对鼓膜、镫骨底板振动的影响及发病机理和治疗方法；外耳、中耳和内耳的声固耦合分析，外耳道、镫砧关节和内耳液体对传声机制的影响；耳蜗腹侧椎体神经元的简化模型以及中耳听骨链系统的力学分析等；眼内血管系统的血液流变学问题；眼内软组织与其间液体的流固耦合问题；巩膜、角巩膜、角膜、视网膜和筛板等软组织材料的力学性质；胶原纤维发生退行性变化对巩膜弹性性质的影响及矫治方法等。

2. 心（脑）血管力学生物学及其在循环系统疾病中的应用

1）心（脑）血管力学生物学研究及应用。心（脑）血管信号转导通路和力学调控途径；血管活性多肽的功能及其分子网络调控机制；力学因素对心（脑）血管作用潜在的药物靶标和新的生物标记物；血流动力学及力学因素与血管组织生物效应的关系；心血管系统建模、定量分析和无创检测技术。

2）动脉粥样硬化斑块的生物力学成因研究及应用。建立可靠的动脉粥样硬化斑块动物模型，实现斑块形成-生长-破裂的无创图像观察，获取斑块内部应力、应变等各种参数的新方法和新技术，从获取的参数中解读其间的规律，揭示不同应力在动脉粥样硬化斑块生长过程中的具体作用机制；血流动力学因素与动脉粥样硬化形成的关系，特别是动脉循环系统中切应力及脂质浓度对动脉粥样硬化形成、发展以及向不稳定斑块转变的影响及其机理；人工血管替换，血管支架介入的血流流场，血管壁力学性质变化的计算机数值模拟和植入物结构优化；支架内再狭窄，特别是血管重构与内膜增生状态下血流动力学因素对内皮细胞、平滑肌细胞的力学生物学行为的影响与机理。

3）高血压和糖尿病发病的生物力学机理研究。在高血压和糖尿病发病机理研究中，力学刺激被视为不可或缺的影响因素。血管网需要不同类型的细胞间通信以准确地调控血管的功能，而完成此调控功能的一种模式是通过流体剪切应力作用下释放如一氧化氮和前列腺素等旁分泌分子，同时，血管网内细胞通信的补充模式是经由间隙连接（由连接蛋白组成）实现细胞与细胞之间的直接耦合。与随血液流动而移动的细胞调节因子相比，细胞内的钙信号会在逆血流方向上传递，因此会造成血管收缩反应的逆流传导，进而参与调节血管网内的舒缩状态。另外，在炎症反应过程中，在内皮细胞连接蛋白缺乏的情况下，附着其上的白细胞会减少，因而血流下白细胞的黏附依赖于连接蛋白。上述研究将有助于了解剪切应力调节血管生理功能的机制，进而有助于阐明高血压和糖尿病的病理生理学机制。

3. 组织–器官工程化构建的关键生物力学问题

1）干细胞生物力学研究。干细胞力学响应和力学效应；力学信号在干细胞中的传递和转导；力学刺激对三维条件下干细胞的影响；力学刺激对在体干细胞的影响。

2）支架材料生物力学研究。利用分子自组装技术、纳米技术、表面模式化技术和分子生物学技术等制备具有仿生、形状记忆、智能、抗非特异性蛋白吸附等生物学功能的可降解生物材料；采用电纺纳米纤维方法制作工程化的生物活性纳米纤维支架材料，以应用于间充质干细胞移植或模拟肌腱基质中细胞黏附和基质合成，获得功能化的生物材料和医用组织替代物；量化生物材料和医用组织替代物在体内、体外的生物化学特性（基因、基质蛋白表达等）、结构与组织特性（免疫组织化学、组织学）、生物力学特征（应力–应变曲线、拉伸强度、降解动力学等）；发展基于天然红细胞生物力学和流变学特性的人工红细胞重构技术，以及利用人工重构红细胞定位制导“人工细胞”药物载体进行定位靶向施药的方法和技术。新型抗血栓和再狭窄的药物/细胞血管内支架以及小口径人工血管等。

3）工程化组织构建的生物力学研究。了解细胞在构建并维持组织表型过程中如何从微环境中获取信号并做出响应；阐述生物支架材料的功能和组织基质环境，促进更有效的组织设计和工程化；建立预测（生理学、生物学、力学）计算机模型，以用于重复构建工程化组织，推动从机体水平分析理解细胞组织和器官；设计新颖的细胞/组织生物反应器，精确控制干细胞和始祖细胞的快速增殖以及化学和力学环境，实现组织的三维生长和功能；从系统水平上阐明力学刺激对生命体组织的结构和功能的影响，以更全面地了解组织（器官）的发生、再生、发育过程。

4. 细胞-分子生物力学及其在肿瘤转移等病理生理过程中的应用

1）肿瘤相关黏附分子的反应动力学。细胞黏附分子（选择素或整合素与其配体）间相互作用介导了肿瘤转移的生物学过程，因此，定量描述分子间结合和解离的二维反应动力学参数（分子结合时的正反应率和解离时的负反应率）可确定分子反应发生的可能性、快慢和分子键的亲和性，有助于定量理解肿瘤转移的病理生理过程。现有定量测量技术，如微管吸吮、原子力显微镜、微悬臂梁等均是从分子键解离过程出发描述分子间反应动力学，故需重点发展二维正反应率的直接测量方法。

2）外力作用下肿瘤相关黏附分子与配体相互作用的结构基础。肿瘤细胞的黏附和转移由细胞表面的黏附分子与配体复合物的结合与解离来决定，而要调控此类复合物的结合强弱，首先必须知道复合物在力作用下分子结构的变化。分子动力学模拟的方法可在非平衡态定性地解释力作用下分子复合物特定结构的演化过程；同时，原子力显微镜、光镊等分子力学测试技术与荧光共振能量转移、量子点等荧光技术结合，将有可能实现力作用分子复合物结构演变的实验测量。

3）肿瘤细胞黏附与转移动力学。肿瘤细胞黏附和转移过程中涉及其与基质以及其他细胞的相互作用，免疫细胞可通过与肿瘤细胞发生相互作用而成为肿瘤转移和恶化的可能帮凶（如黑色素瘤细胞与内皮细胞直接黏附的能力很弱，白细胞有时会充当黑色素瘤细胞与内皮细胞接触和黏附的桥梁而提高其转移能力），并有可能介导肿瘤的跨内皮迁移。因此，研究肿瘤细胞与其他相关细胞间的黏附特性及分子调控规律，将成为未来清晰描述肿瘤黏附和转移机制的基础知识。

5. 基于康复工程、手术计划和个体化医疗的生物力学新概念、新方法和新技术

1）无源医疗器械产品优化设计及生物力学可靠性评价。无源医疗器械的产品在医学领域中应用极为广泛，如血管支架、人工心瓣、人工关节等人工器官

和植入器械，以及假肢、矫形器等康复辅具。由于这些器械不是依赖于外部的能量来源，而是通过自身与人体的相互作用来发挥效力，因此对其生物力学性能可靠性的研究极为重要。同时，医疗器械产业界对生物力学的重要性已经比较认同，这也为开展该类研究提供了良好的契机。

2）计算机辅助手术中的生物力学评价。目前，计算机辅助手术和导航系统已经应用于临床并逐渐被接受，但我国的该类产品层次和市场认可度不高。生物力学评价对骨科、口腔正畸修复等有重要意义，但现有的计算机辅助手术和导航系统并不具备该功能。我国很多生物力学课题组已经研究和建立了各种模型，把这些模型用于计算机辅助手术系统，将有助于形成有特色的、有竞争力的计算机辅助手术产品。

3）新型辅具设计与康复评价、训练新方法的生物力学研究。人口众多的残障人数量、即将到来的老年化社会使我国康复工程面临巨大的需求。生物力学是康复辅具设计、康复功能评价、康复治疗的重要基础，然而，目前我国康复工程方面的生物力学研究基础十分薄弱，中高端的产品几乎完全被国外品牌垄断，因此，开展这方面的生物力学研究具有重要的社会和经济价值。

4）人工器官及植入物的优化设计和评价技术。探索人工器官、植入物的生物力学特性评价和测试技术；开展纳米生物安全性研究，包括生物医学材料纳米颗粒在细胞、组织、器官中的扩散、传递及生物安全性研究。

5）口腔生物力学与力生物学。研究口腔正畸、修复、颌面外科领域的生物力学；研究应力与牙周改建、牙移动的关系；研究口腔矫治器、植入体的生物力学。

（二）微纳尺度生物力学与仿生力学

作为生物力学向微观深化的重要分支，在微纳尺度上开展生物力学研究不仅可以认识细胞、亚细胞乃至生物大分子的力学与流变学行为，加深对力学环境下细胞-亚细胞-分子的生物学响应机制的理解，而且在纳米材料、微纳机器或装置、药物释放等方面具有广阔的应用前景，为优化材料结构和提高材料性能，研制新一代人造飞行器和水下航行器提供了重要的科学依据和仿生学启迪。基于影响国际重要发展动态以及我国生物力学研究的相对优势领域，目前在该优先领域可开展的研究工作包括：①（干）细胞生物力学及其分子机制；②生理病理学中的细胞纳米动力学；③微纳尺度生物流体力学与生物流变学；④生物材料力学与仿生、运动力学；⑤生物纳米技术与生物材料的生物力学基础。具体内容简述如下。

1.（干）细胞生物力学及其分子机制

细胞不仅处在复杂的生物化学环境中，也处于不同的力学环境中。细胞间通过生化信号和力学信号进行通信，从而参与胚胎发生、伤口愈合、炎症反应、血栓形成以及肿瘤转移等病理生理过程。细胞对力学刺激所做出的响应对稳定生理内环境起关键作用，阐明细胞力学行为及其分子基础不仅可以认识力学刺激下细胞生物学响应和分子反应的机制，而且还为理解诸多病理生理过程提供新的视野。

主要研究内容包括：

1）（单个）细胞力学特性，包括正常和异常状态下细胞变形、迁移能力的改变及其对生物学功能的影响；

2）力学刺激下细胞的生物学响应，包括外力作用下细胞间聚集、黏附动力学行为，不同力学刺激下细胞增殖、分化与凋亡改变；

3）细胞力学行为的分子基础，包括细胞骨架拓扑结构、细胞骨架关键蛋白对细胞力学行为的影响，骨架蛋白相关基因受力学信号的调控，细胞与分子结构与功能间的关联；

4）细胞对力学信号的转导机制，包括细胞表面蛋白或跨膜蛋白构象变化对力学信号的感受、传递和转导，生化信号和力学信号耦合的信号转导途径；

5）细胞力学的新理论、新方法和新技术。

2. 生理病理学中的细胞纳米动力学

近年来，运用现代物理学方法研究细胞微观生命现象的新兴研究领域——细胞纳米动力学为揭示疾病病理机制提供了新的思路和技术手段，并在解释某些重要的细胞功能上取得了重要进展，成为当今国际上生命科学研究新的重要前沿和可能引发重大突破的热点之一。面对这一趋势，针对我国重大疾病防治的需求，建立细胞纳米动力学检测的关键技术基础和理论体系具有十分重要的科学意义和应用价值。

主要研究内容包括：

1）细胞纳米动力学的新概念和新方法；

2）细胞及亚细胞结构特别是其骨架系统和胞内生物大分子的特异性纳米动力学规律和机理；

3）细胞纳米动力学对二维和三维环境中细胞运动规律的作用机理及其在外源性因素，特别是力学因素作用下的生物学响应规律和机理；

4）细胞纳米动力学在细胞分化、迁移、凋亡、癌变等生理病理过程中的作用机理及其分子调控基础。

3. 微纳尺度生物流体力学与生物流变学

血液、组织液、淋巴液、细胞液等生物流体在生殖生长、新陈代谢、细胞分化、信号转导等重大生命活动中起着重要作用，生物流体的力学与流变学行为跨及纳米（亚细胞，单分子)、微米（细胞)、宏观（器官、组织）等不同尺度，具有复杂的、跨尺度特征。

主要研究内容包括：

1）纳米、微米尺度的生物流体力学研究，包括细胞肌质网内的钙离子流动，微管生长与生长因子的输运，剪应力对基因敲除小鼠的血管内皮细胞生长的影响，微尺度的生物传热；

2）心脑血管疾病中细胞流变学调控机制研究，包括外界力学环境变化以及血管病变等因素所导致的血管内皮细胞黏弹性、细胞骨架结构的变化及其黏附分子与配体分子间相互作用的动力学变化，不同流型下黏附、滞留等流变学行为和微环境中力学-化学相互作用对细胞归巢、增殖、分化行为及其血管生成活性的影响，心肌组织前体细胞的生物流变学行为；

3）软组织生物流变学及其损伤与修复机理研究，包括软组织损伤和修复的生物流变学机制以及探索组织修复相应的防治技术和方法，组织修复中力学微环境与组织细胞的归巢、分泌及分化，力学环境下软组织（如前交叉韧带等）损伤与修复机理和基因调控，力学刺激下组织细胞生物学响应及其与材料表面间的相互作用。

4. 多尺度生物材料力学与仿生、运动力学

自然界的生物材料种类繁多、形式多样、性质迥异、功能全面。天然生物材料的性能和功能很大程度上取决于其精巧的多级结构，尤其是在微纳米尺度上其结构与性能之间的关联为纳米科技的发展提供了无穷无尽的创新源泉，为纳米材料制备、结构优化、性能改进等各方面提供了自然界的答案。基于此，寻求自然界法则，解读自然界在不同尺度上的奥妙并进行模仿，应用于先进材料的开发和生产、微纳米器件与结构的制备等领域。另外，长期的生物进化促使飞行和游动生物发展了各具特色的空中飞行和水中游动能力，其整体功能趋于优化。生物飞行和游动蕴藏着丰富的力学和生物学机理，也为发展新一代人造飞行器和水下航行器提供了重要的科学依据和仿生学启迪。飞行和游动生物高效能运动的力学机制，已成为目前和今后的研究重点，也是世界各国竞争的焦点。

主要研究着重于生物材料的多级结构、多尺度物理和力学行为与功能适应的本质关联：

1）生物材料力学研究，包括生物材料在不同尺度下的结构、组分、性能和功能的优化适应性与物理机理，生物材料能量的转化和耗散机制及其与结构、材料的相互作用，生物材料物理和力学性能在不同尺度上的实验测量与表征，生物材料不同尺度上各种功能的有机统一，生物体表面的多级结构及其物理机理，生物材料实现其基本生物功能和性能的主导机制；

2）仿生力学研究，包括仿生材料与仿生结构的性能与功能的设计和多目标优化，拍动飞行的空气动力学、能耗和拍动运动的节能机制以及稳定性与控制，昆虫、尺寸小的鸟和蝙蝠机动飞行的控制，大气湍流的影响和拍动飞行的抗风机制，鱼类游动的水动力学、力能学及节能机制以及机动运动的控制。

5. 生物纳米技术与生物材料的生物力学基础

生物纳米技术将纳米技术和生物技术相结合，产生了诸如生物纳米材料、芯片技术、纳米机器、纳米探针等新技术，在生物医学、环境科学等诸多领域具有重要的应用前景，如生物医用材料的设计、生物材料与组织的界面设计、细胞三维支架材料的设计、医用纳米机器或装置研发、疾病的精确定位治疗、药物设计与药物输运和释放以及生物大分子和细胞的精确操作和控制等。阐明生物纳米材料的表面结构与性质、力学性质与行为、表面与靶标相互作用等关键生物力学问题是上述新兴技术成功实施的前提。

主要研究内容包括：

1）生物纳米材料的生物力学基础，包括纳米材料的自组装机理、实验技术和模拟方法，纳米材料的毒性和生物相容性，生物大分子和纳米材料粗粒化建模的理论和新方法；

2）生物纳米材料与靶标的相互作用规律，包括纳米材料与细胞的相互作用规律，材料与生物大分子的相互作用机理，药物分子与病毒蛋白的作用表位；

3）生物纳米材料、表面结构与功能分子组装等在药物缓释、控释技术中的作用，包括纳米材料与药物分子的相互作用，药物封装（纳米管或其他封装纳米材料）和药物释放的分子机理，可控的药物释放，纳米药物的靶向释放的机理和相关药代动力学规律，药物新剂型的检测与生物安全性等评定方法。

三、重大交叉领域

生物力学的重大交叉领域为分子-细胞的力学-化学与力学-生物学。

人体始终处于力学环境之中，其生物学过程受到不同力学环境的调控，表现为多因素、非线性、交互作用等基本特征，需要在微观层次定量认识其耦合规律。基于国内外最新发展态势，在生物大分子相互作用、亚细胞动力学过程、细胞整体生命活动、细胞群体行为及其调控规律等方面开展分子-细胞的力学-生物学与力学-化学的定量研究，可为认识生命现象、保障人类健康提供新概念和新方法。同时，该研究领域可整合生命科学与数理科学的相关研究力量，通过跨领域、跨学科的交叉与融合实现科学目标，培养交叉人才。

分子的力学-化学耦合作用可使蛋白质分子将化学能转化为机械能，调控生物大分子间的识别与组装动力学；分子力学研究不仅可以深化对生物大分子相互作用规律的定量认识，也可为蛋白质药物活性表位设计和功能评价提供新方法。力学刺激还可影响细胞的迁移、增殖、分化及凋亡等诸多生物学响应，正如生长于空间微重力环境的细胞具有与地面迥异的结构、表型和功能。细胞力学-生物学耦合研究不仅可定量认识细胞-细胞、细胞-表面相互作用的基本规律，同时还是组织工程、再生医学、介入治疗等的重要科学基础。

主要科学问题：

1）生物大分子力学性质与生物大分子间相互作用的定量关联；

2）生物大分子结构-功能关系的理论模拟、功能预测与实验验证；

3）蛋白质组装动力学与蛋白质机器的协同作用；

4）亚细胞组元（细胞骨架、细胞器等）动力学行为与亚细胞结构的组装和重建；

5）细胞力学性质与细胞-细胞、细胞-基质相互作用的定量关联；

6）作用力对细胞发育、增殖、分泌、分化和凋亡的影响与调控；

7）生物大分子-亚细胞-细胞间跨尺度信息整合；

8）分子-细胞定量化研究的新概念、新技术和新方法。

第六节　国际合作与交流

国际合作与交流是我国生物力学研究的特色，从起步伊始贯穿始终。据不完全统计，我国5位学者担任世界生物力学理事会（WCB）理事（其中1位中国内地学者担任执委）、3位学者担任国际生物流变学会理事（其中1位中国内地学者担任副主席），1位中国内地学者担任国际刊物《细胞-分子生物工程》亚洲区主编（Asia editor），《分子-细胞生物力学》和《生物流变学杂志》编委。尤其值得一提的是，旨在深化双方实质性合作、推动我国生物力学青年人才培养的“中-美双边生物力学系列研讨会”已召开4届（2001年北京、2004年上海/北京、2007年广州、2010年重庆），所有报告人均由双方共同邀请，保证了会议的高质量，同时大量青年学子、研究生的积极参与对培养新一代生物力学研究者也起到了重要促进作用，各种专题的圆桌讨论会在如何成为一个独立研究者、如何撰写项目申请书和学术论文、如何开展双赢的学术合作等方面提升了研究者的科学训练水平。每届研讨会均得到中美双方自然科学基金委员会的经费支持，已成为中美生物力学领域颇具影响力和品牌效应的交流平台，并取得了良好成效。迄今已有5位海外学者与5位国内学者合作，获得国家自然科学基金委员会海外杰出学者基金的支持。

我国生物力学的国际合作与交流在未来5～10年应着重关注以下几个方面。

（一）分子-细胞生物力学

目前，分子-细胞生物力学领域的发展瓶颈在于外力传递和转导过程中细胞膜表面分子、细胞骨架、胞内信号分子的结构变化及其蛋白质相互作用与组装动力学的实验数据十分缺乏，因而难以对力学信号转导途径及细胞动态响应、生物大分子反应动力学及力学-化学耦合等规律进行统一描述。与国外相比，我国在实验技术创新能力方面的不足严重制约了研究工作的进展。因此，应在如下领域积极开展国际合作与交流：

1）可探测微小区域结构演化的荧光方法，如荧光共振能量转移技术可探测1～10纳米量级的分子结构变化，其与力学刺激作用相结合，可发展为研究生物大分子动态响应的有力工具；

2）具有更高时空分辨率、并与基质材料结合更好的位移探针。例如，通过改变量子点表层质子海绵的化学组成可精确控制量子点与siRNA的结合紧密度，从而实现siRNA在细胞内运动的实时观测；

3）在力致基因改变的信号转导途径方面，国内在相关基因筛选与敲除、实验动物培养与动物模型建立等方面与国外相比仍有较大差距，应加强相关的国际交流。

（二）力学生物学

目前国内的力学生物学研究已经取得长足进步，并在血管力学生物学、骨骼力学生物学方向取得一些研究成果，但与国际上该方向的前沿科研水平仍有差距。为促进国内力学生物学的发展服务于人类健康，应在如下方面积极开展国际合作与交流：

1）力学生物学的研究选题需基于临床需求以及相应的生物学过程，应对科研方向选取进行认真归纳、提炼，从而使科研成果能迅速转化为临床应用技术；

2）力学生物学的研究特点是力学-生物学耦合、宏观-微观多尺度关联，应通过合作获得更多的相关知识，以使国内的相关研究进一步深入发展；

3）力学生物学研究的输出通常为生物学响应，应在研究方案的设计方面加强交流，以使研究结果对当今的生物学发展真正有所帮助。

（三）骨骼-肌肉生物力学

目前，国内骨骼-肌肉生物力学研究因在实验手段（包括加载与应力测试技术、图像采集与分析技术等）方面有不足，导致在建模分析方面与国外有较大差距。从需求上看，各国关节置换数量每年均以两位百分数增长，但由于人工关节的磨损问题，使得一次关节置换只能使用10年左右，国产的使用年限相对更短，因此，亟须加强基础接触面摩擦学以及针对个体的关节力学建模分析研究。在体育运动方面，骨骼-肌肉生物力学研究在提高我国运动员成绩，防止运动损伤方面所做的贡献还很有限，与发达国家有较大差距，这一方面需要加强人体局部与整体的建模（需要有较好的图像采集与分析技术），另一方面需要更多的专业生物力学工作者专注于此。因此，骨骼-肌肉系统的建模分析技术应成为开展国际合作与交流的优先领域。

（四）血流动力学

目前，国内从事心（脑）血管血流动力学的研究人员不多，大多工作还处于跟踪和验证水平，与国外有较大的差距。未来应着重加强国际合作的优先领域为：

1）体内精细血流流场的医学成像技术；

2）基于医学成像技术的个体化血流流场的数值模拟以及个体化心血管介入治疗的手术规划；

3）动脉粥样硬化斑块生长、破裂机制及高风险斑块的预测。值得一提的是，心（脑）血管血流动力学的临床应用是未来发展的必然趋势，但目前这类临床的应用研究还比较少，仍处于初级阶段，许多工作还停留在概念设计的阶段。应加强我国在该方面的研究，力争将研究成果直接应用于临床，形成具有自主知识产权的医疗器械和产品。

（五）生物流变学

经过20多年的努力，我国生物流变学研究从无到有，并取得了多方面的进步，在国际生物流变学和血液流变学学术界占有一定的地位。2005年5月在重庆召开的第12届国际生物流变学大会暨第5届国际临床血液流变学大会，表明我国生物流变学研究工作已与国际接轨。未来国际合作的优先领域应为细胞、分子流变学及其在临床医学中的应用。为了进一步推动我国生物流变学的发展，必须与国际先进的生物流变学实验室开展实质性的合作与交流，通过选派青年研究人员到上述实验室进修或开展合作研究，进一步提升我国在国际前沿和新生长点的研究水平。

（六）组织工程与再生医学中的生物力学

基于国内外组织工程与再生医学相关生物力学的研究现状，未来国际合作的优先领域应为骨组织工程、血管组织工程、计算生物力学等，注重在干细胞及其诱导分化技术、支架材料构建与表面功能化方法、工程化构建组织的功能评估与临床整合以及标准化等方面的深层次交流。可通过联合申请国家自然科学基金委员会的海外及港澳学者合作研究基金、重大国际合作项目，与国外同行开展合作研究。

（七）临床医学与康复工程中的生物力学

在临床医学与康复工程生物力学方面，近年来国内外华人在生物力学界已建立了非常密切的交流和合作。未来 5～10 年除继续巩固和保持这种势头外，还需要进一步在我国研究基础相对薄弱的康复工程生物力学相关领域开展深层次的、实质性的交流和合作并予以优先资助和扶持，尤其是加强手术规划、计算机辅助手术和个体化医疗的生物力学基础，无源医疗器械及康复辅具的优化设计和生物力学评价等方面的深度合作。

（八）生物材料力学与仿生力学

生物材料力学研究在先进材料、微纳器件与系统、新型药物与诊治技术等方面具有广阔的应用前景，仿生力学研究则可以为新型材料和结构的优化设计与制备、先进制造技术、新一代仿生器（如人造飞行器、水下航行器、机器人）等提供重要的科学依据和仿生学启迪。未来应重点开展国际合作的优先领域包括：

1）生物材料（如矿化复合材料、生物软物质、生物膜与纤维）的多级结构、性能与功能之间关系的多尺度力学表征与模拟；

2）基于生物学原理的仿生材料、结构与机械设计；

3）动物运动（如爬行、飞行、游动、跳跃、奔跑）的生物运动力学及其仿生应用；

4）表面微纳米尺度结构与表面的功能化及其生物学效应；

5）生物材料、组织和器官的优化、修复与功能性适应的微纳米机理；

6）微纳尺度下的生物传热与传质。

第七节 保障措施

一、基础研究的保障措施

当前，各国将生物力学作为生物（医学）工程领域的重点与热点，并与纳米技术、微纳系统、分子影像等高新技术以及组织工程、再生医学、康复工程、生物材料与仿生等应用领域进行统筹规划，安排与布局了大量的基础研究项目。我国生物力学研究整体起步较早，近期发展较快，在某些方面已具有较高水平的工作积累和相当的国际影响力，研究工作方兴未艾。因此，未来5～10年加强生物力学基础研究不仅将有助于提升我国生物力学学科的学术水平，进一步扩大国际影响力，而且还将对生物医学工程领域其他学科的发展发挥基础支撑作用，对相关应用领域的发展产生重要的引领作用。建议的具体措施包括以下几个方面。

1. 加强重大项目和重大研究计划的顶层设计，凝练具有创新性的科学问题，组织不同学科领域研究人员开展交叉性研究

应有计划地在分子-细胞力学-化学与力学-生物学领域安排重大项目，在人类健康与重大疾病的生物力学基础领域、微纳尺度生物力学与仿生力学领域安排一批重点项目，整合国内现有研究力量，吸引相关交叉学科优秀人才，在有限目标下实现创新与突破。应对生物力学交叉学科基础研究进行倾斜，适度增加自由申请项目数与资助强度。针对交叉学科非共识项目相对较多的特点，适当增加生物力学学科小额资助项目的比例和学科评审组专家的人数，将有助于培育和保护创新性思想，鼓励自由探索。

2. 设立双（多）PI制，从制度上提倡和鼓励交叉、合作乃至融合

应积极鼓励研究人员开展交叉学科研究，以实现生物力学研究所需的不同学科、不同实验室间的合作。建议针对交叉研究项目设立双PI或多PI制，即申请交叉项目必须由来自不同学科、不同研究团队的两（多）位PI共同申请，参与项目的每位PI享有同等的权利和义务，并且采取切实的措施保证每个参与单位的利益，从制度上鼓励科学家开展交叉学科的研究工作，推动交叉学科发展。

3. 探讨特定的评估体系评价生物力学研究成果，为生物力学学科发展提供相对客观、公正的环境

应综合考虑生物力学的学科特点，建立相应的人才评价和成果评估体系，从科研成果是否对本学科发展做出了贡献、是否推动了传统学科进步、是否对相关应用领域产生了重要影响等进行全方面评估，规避并逐渐消除因门户之见可能导致的学术壁垒和评估歧义，提高交叉性合作成果（如联合署名的论文、与产业界共同研发的应用基础成果）的认可度。

二、人才队伍的保障措施

当前，国内生物力学领域人才来源的学术背景或偏重于工程科学，或偏重于生物学及医学，迫切需要培养大批受过生物学、医学和工程科学交叉训练的研究人员。作为生物学和医学及力学交叉的学科，生物力学人才成长因知识结构要求高，研究方法独特，出成果周期较长，导致其科学训练时限相对较长。因此，应针对其学科特点制定相应措施以促进优秀人才的脱颖而出和青年人才的健康成长。

1. 提高生物力学学科人才板块的资助率

建议对生物力学学科的人才基金（国家杰出青年科学基金、青年科学基金）给予适度倾斜，以利于在科研实践中发现和培育人才。加强后续跟踪，通过对优秀项目的连续支持（青年科学基金与面上项目、国家杰出青年科学基金与重点项目间的衔接），进一步促进优秀青年人才的成长。同时，探讨设立专门培训多学科交叉的人才基金的可能性，以期通过学科交叉突破单一学科和单一模式的局限，鼓励新兴前沿学科的纵深探索，促进理、工、医、农等多学科的交叉融合。

2. 加强生物力学优秀研究团队建设

应积极鼓励创建生物力学“创新研究群体”，针对生物力学学科队伍相对较小、优秀人才不够集中的现状，可尝试跨单位组建具有学术互补的交叉群体。应对目前国内同一方向的人才队伍进行适度整合，逐渐建立不同研究团队的特色和优势，避免重复布局，分散资源。应针对生物力学学科多层次、多系统、多学科的特点，加强与相关生物学和临床医学研究团队间的实质性合作，逐步形成对人类健康和疾病、医疗器械、新药创制等重大需求中的生物力学问题联合攻关的能力。

3. 强化生物力学后备人才培养

应重视对研究生、博士后和青年研究人员的科学训练，培养其对生物力学研

究方法学的理解和独立从事生物力学研究的能力。应针对生物力学学科知识更新很快的特点，认真归纳和总结最新研究成果，编写相关教材和专著。应鼓励青年后备人才积极参与国内外学术交流，通过评选优秀论文等方式提升学术研究的自信心。应注重对力学、医学、生物学等相关学科新生力量的培育，通过组织生物力学专题讲座、暑期学校和高级讲习班激发其对生物力学学科的科学兴趣。

三、环境建设的保障措施

当前，我国尚未布局生物力学国家重点实验室，这与生物力学学科的重要性、前沿性和国内良好的工作基础不相称。同时，生物力学的发展强烈依赖于新概念、新技术和新方法，尤其是原创性的定量化技术和方法，而我国目前更多是利用国外的成熟技术，缺乏相应的研究基地。因此，需要加强研究基地建设，大力支持方法学研究，鼓励原创性概念。

1. 加强生物力学基础研究基地建设

建议尽快布局生物力学国家重点实验室，以适应生物力学学科的快速发展，完善国家重点实验室的学科布局；针对生物力学学科队伍相对较小的现状，可尝试在优秀人才相对集中的地域，跨单位组建优势互补的国家级研究基地。同时，推动在条件成熟、特色明确的单位建立生物力学不同研究方向的部门重点实验室，促进生物力学学科重点突出，均衡发展。

2. 促进生物力学方法与技术的进步

应重视与产业界密切相关的生物力学工程与技术基地建设，形成2～3个国家级旨在开发具有自主知识产权产品的重要研究基地，鼓励生物力学国家工程实验室和国家工程研究中心的建设，为人类健康和疾病防治提供关键与共性技术和良好的软硬件基础。

3. 提升生物力学研究的装备水平

应鼓励生物力学新技术、新方法和新装备的原创性研究，通过增大仪器专项资助等方式加强我国在生物力学工程与技术方面的资助创新能力。积极争取不同渠道资源，进一步提升现有装备水平，并注重已有装备的二次开发和升级换代。

四、国际合作的保障措施

我国生物力学从起步至今始终保持良好的国际合作态势，与国际同行建立了较好的交流基础。2001 年起举办的四届系列中-美双边生物力学研讨会、海外杰出青年基金的合作等均取得较好的成效。建议未来国际合作的具体措施包括以下几个方面。

1. 进一步加强生物力学研究的实质性合作

应鼓励具有良好合作基础的国内外研究团队积极申请并承担我国和合作国的重大国际合作项目，增大对国际合作项目的资助强度，通过联合研究在人才培养、成果共享、技术支持、方法创新等方面做到互利、双赢。同时，为顺利开展深层次的、实质性的国际交流和合作，应提供更加灵活多样的模式，并与国家其他引智计划既区别又联系。

2. 进一步扩大人员交流、加强人才引进

应充分利用不同渠道扩大不同层次的人员交流，积极向国外优秀研究机构派出有潜力的研究生、博士生和青年研究人员，并促进其学成后回国发展。同时，应在生物力学学科前沿和新生长点积极引进国外优秀青年人才甚至资深专家。

3. 进一步提升我国生物力学研究的国际学术地位

应继续办好“中-美双边生物力学系列研讨会”，扩大其已有的品牌效应，并探讨其与国际最新动态的适应性。积极申办在国内召开“世界生物力学大会”等本学科重大国际会议的机会，提升我国生物力学学科的影响，造就我国在国际上的知名学者。在双边和多边学术交流基础上，发展具体的重大项目并开展联合研究，争取有所成就。

◇参考文献◇

Adams M A，Dolan P. 2005. Spine biomechanics. J Biomech，38（10）：1972～1983

Ateshian G A，Friedman M H. 2009. Integrative biomechanics：A paradigm for clinical applications of fundamental mechanics. J Biomech，42（10）：1444～1451

Babalola O M，Bonassar L J. 2009. Parametric finite element analysis of physical stimuli resulting from mechanical stimulation of tissue engineered cartilage. J Biomech Eng，131（6）：061014

Baskurt O K. 2008. In vivo correlates of altered blood rheology. Biorheology，45（6）：629～638

Chen P Y，Lin A Y，Lin Y S，et al. 2008. Structure and mechanical properties of selected biological materials. J Mech Behav Biomed Mater，1（3）：208～226

Currey J D. 2002. Bones：Structure and Mechanics. Princeton：Princeton Uni Press

Deguchi S，Sato M. 2009. Biomechanical properties of actin stress fibers of non-motile cells. Biorheology，46（2）：93～105

Engler A J，Sen S，Sweeney H L，et al. 2006. Matrix elasticity directs stem cell lineage specification. Cell, 126 (4): 677～689

Friedman M H, Giddens D P. 2005. Blood flow in major blood vessels-modeling and experiments. Ann Biomed Eng, 33 (12): 1710～1713

Genthon N, Vuillerme N, Monnet J P, et al. 2007. Biomechanical assessment of the sitting posture maintenance in patients with stroke. Clin Biomech (Bristol, Avon), 22 (9): 1024～1029

Hoffman B D, Crocker J C. 2009. Cell mechanics: Dissecting the physical responses of cells to force. Annu Rev Biomed Eng, 11: 259～288

Hrapko M, van Dommelen J A, Peters G W, et al. 2008. Characterisation of the mechanical behaviour of brain tissue in compression and shear. Biorheology, 45 (6): 663～676

Jung H J, Fisher M B, Woo S L. 2009. Role of biomechanics in the understanding of normal, injured, and healing ligaments and tendons. Sports Med Arthrosc Rehabil Ther Technol, 1(1): 9

Kilner P J, Yang G Z, Mohiaddin R H, et al. 1993. Helical and retrograde secondary flow patterns in the aortic arch studied by three-directional magnetic resonance velocity mapping. Circulation, 88 (5 Pt 1): 2235～2247

Kulig K, Burnfield J M. 2008. The role of biomechanics in orthopedic and neurological rehabilitation. Acta Bioeng Biomech, 10 (2): 3～14

Kuusela E, Alt W. 2009. Continuum model of cell adhesion and migration. J Math Biol, 58 (1～2): 135～161

Martin I, Smith T, Wendt D. 2009. Bioreactor-based roadmap for the translation of tissue engineering strategies into clinical products. Trends Biotechnol, 27 (9): 495～502

Morbiducci U, Ponzini R, Grigioni M, et al. 2007. Helical flow as fluid dynamic signature for atherogenesis risk in aortocoronary bypass. A numeric study. J Biomech, 40 (3): 519～534

Sacks M S, Merryman W D, Schmidt D E. 2009. On the biomechanics of heart valve function. J Biomech, 42 (12): 1804～1824

Salazar Vázquez B Y, Martini J, Chávez Negrete A, et al. 2009. Microvascular benefits of increasing plasma viscosity and maintaining blood viscosity: Counterintuitive experimental findings. Biorheology, 46 (3): 167～179

Sarikaya M. 1999. Biomimetics: Materials fabrication through biology. Proc Natl Acad Sci U S A, 96 (25): 14183～14185

Scherge M, Gorb S N. 2001. Biological Micro and Nano-Tribology. New York: Springer-Verlag

Stoecker U, Telley I A, Stussi E, et al. 2009. A multisegmental cross-bridge kinetics model of the myofibril. J Theor Biol, 259 (4): 714～726

Zhu C, Bao G, Wang N. 2000. Cell Mechanics: Mechanical response, cell adhesion, and molecular deformation. Annu Rev Biomed Eng, 2: 189～226

Zimmermann W H, Melnychenko I, Eschenhagen T. 2004. Engineered heart tissue for regeneration of diseased hearts. Biomaterials, 25 (9): 1639～1647

第三章

生物材料

第一节 战略地位

生物材料与人民群众的生命健康和生活质量等切身利益密切相关，是全社会关注的热点，也是构建社会主义和谐社会的重要内容。随着人们自我保健意识的提高、人口老龄化的进程不断加快，我国医疗服务的需求随之增长，对疾病诊治的医疗器械的需求量也同期增量上行。我国作为人口大国，医疗保健服务人口基数大，医疗费用近 10 年平均增长率近 20%，远远高于同期国民经济增长率，已逐渐成为社会和公民的沉重负担。另外，中国的医疗器械市场，高端医院市场被具有技术优势的国外企业统治，低端医院市场的竞争者主要为本土企业。但是，本土企业凭借其显著的成本优势、强劲的市场认可度及自身的努力，也在一天天的发展壮大，不仅在低端市场保持巨大的份额，也加快了对高端市场的渗透。因此，在推动本土企业发展的过程中，对医疗器械等生物材料进行更加深入系统的研究，开发出具有自主知识产权的性能优良的产品，具有非常重要的社会意义和显著的经济效益。

我国政府从“七五”以来，6 个五年科技发展计划一直将生物医学材料和植入器械列为国家重点发展的高技术新材料，特别是“十五”以来，发展医疗器械和生物医学材料更成为满足全民医疗保健基本需求，建设稳定、和谐的小康社会的一项重要迫切的任务，空前加大了对生物医学材料研发的支持力度。生物医学材料已连续被列为“十五”、“十一五”的国家重点基础研究发展计划（以下简称“973”计划）项目；《国家中长期科学和技术发展规划纲要（2006—2020 年）》的第 51 项优先主题——“先进医疗设备与生物医用材料”强调开发人体组织器官替代等新型生物医用材料；国家自然科学基金委员会 1999～2009 年在生物材料领域资助项目的数量逐年上升；2005 年 10 月香山科学会议指出了“借助于现代科学技术的发展，如何使受损的组织器官获得完全再生或在体外复制出所需要的组织或器官进行替代性治疗，不仅具有重要科学价值，而且还有巨大的应用前景。”这些都体现了国家对开展新型生物材料研究的必要性和迫切性的充分认识。

生物材料的研究与开发对国民经济和社会的发展具有极其重要的意义，目前的发展态势已可以与信息和汽车产业在世界经济中的地位相比。在科学技术部、教育部和国家自然科学基金委员会等相关部门的支持下，经过我国生物材料领域科学家们的刻苦攻关，近几年来，我国生物材料方面取得了突飞猛进的进步，已从较为分散和重复建设，成长为相对集中于 21 世纪新型生物材料科学与工程发展的方向和前沿；从单纯的跟踪、模拟进入到原始创新，新成果和新材料层出不穷，国际地位迅速提升。我国在新型生物材料方面的研究，基本与国际先进水平同步，在组织诱导性生物材料、钛合金表面改性、抗凝血高分子材料、生物矿化、血液净化材料、新型医用金属材料及生物活性物质控释载体和系统等方面，我国原创性的工作已受到国际瞩目。具体来说，我国在生物材料学科现阶段发展的总体态势以及在国际竞争中的地位如下。

一、植入材料与器械

人工器官是用人工材料制成的能部分或全部代替人体自然器官功能的机械装置。近年来，用生物材料开发出来的医疗器械和人工器官，如人工关节、人工喉、人工耳蜗、人工心脏瓣膜、人工角膜、人工皮肤、医用手术缝合线、用于引导/诱导组织再生的组织引导再生材料等已成功地用于临床，修复了不少病损器官使其恢复功能，使传统方法无法解决的病例得到了有效的治疗或缓解。另外，一些更为复杂的内脏器官，如人工心脏、人工肺、人工肝、人工肾等也用于临床，在挽救危重患者、为脏器移植争取时间方面起到了越来越重要的作用。近 20 年来，心血管植入与介入器械在我国已经获得临床广泛应用，救治了近百万严重心血管疾病患者。而且这些产品的开发和生产作为一个新兴产业将产生巨大的经济和社会效益。根据中国医疗器械行业协会的报道，2005 年，全球人工关节市场销售总额达 94 亿美元；2008 年，增至 123 亿美元；2009 年全球人工关节市场销售总额超过了 140 亿美元。目前，我国 2000 万心血管病患者中每年即需要 24 万套人工心脏瓣膜、上百万套血管支架和上万套心脏辅助装置，而实际人工心脏瓣膜、血管支架应用量仅分别为 1.5 万套和 16 万套，只有少量昂贵的进口心脏辅助装置应用，市场的需求空间巨大。我国作为发展中国家，虽然近年来在生物材料的各个领域得到长足发展，但是我国产品的市场占有率却很低。目前我国生物医用材料及其制品占世界市场的份额不足 3%，而其中心血管生物材料与植入/介入器械占据的份额则更低，技术含量高的高端产品目前以进口为主，缺少自主创新产品。

二、药物控释系统

生物活性物质（以下简称“药物”）输送系统的载体材料——生物材料的研究是探索重要疾病诊断与治疗新方法的重要基础，是直接面向改善和提高我国人民生活质量需求的基础和应用研究，对提高我国医疗产业的竞争力和促进我国国民经济的发展具有重要意义。利用生物材料将药物输送到所需部位，并按特定时间和时间间隔控制药物的释放，有助于在治疗允许范围内维持和稳定药物的浓度，增强药物使用的顺应性，提高药物的生物利用率，并降低药物的毒副作用；利用生物材料输送药物并控制药物的释放还能提高药物输送的靶向性，增强药物（如多肽、蛋白质、核酸药物等）的生物利用率和疗效，发展新型疗法，并有可能解决细胞对药物的耐药性等问题；同时，药物的控制释放也用于组织工程和再生医学领域，并与医学成像相结合，在疾病的诊断、治疗、组织修复和再生等研究和应用领域发展迅速。

三、生物识别器件

生物传感器是利用生物特异性识别过程来探测基因、抗体、病毒粒子、环境毒素、生物武器等的传感检测器，可实现对待测物质实时、快速检测。生物传感器中的关键部分是生物识别器件，主要是指固定生物识别分子、发生分子识别反应的敏感元件。而敏感元件的表面修饰及其生物识别分子的固定是生物传感器的核心研究内容，是生物材料研究的一个重要方面。

生物传感器研究是一个学科高度交叉的领域，综合了生物技术、信息技术、纳米科学、界面科学等众多领域及光声电色等各种技术，因而一直受到相关学科研究者的高度重视。特别是人类基因组计划实施以来，生物芯片的研究与应用吸引了各个领域的研究人员涉足生物传感器研究领域，世界各国均对生物传感器与生物芯片（即阵列化生物传感器）的研究进行了高强度的投入。近年来，我国在生物传感器领域的研究和发展非常迅速，根据生物传感器领域的权威期刊 *Biosensors & Bioelectronics* 最新数据统计，我国已经取代了美国成为该领域发表文章数量最多的国家。2008 年 5 月，世界上规模和影响最大，内容最广泛的生物传感器学术会议——第十届“世界生物传感器大会 Biosensors 2008 暨纳米生物传感器国际专题研讨会”在中国上海国际会议中心成功召开，这也是该会议首次在中国举办，这是我国科研工作对生物传感器领域贡献突出和我国生物传感器产业蓬勃发展的必然结果。

四、纳米生物材料

作为纳米科技重要组成部分的纳米生物材料领域已经在世界范围内引起了高度重视，取得了许多重要进展。近年来我国纳米生物材料的研究工作主要集中于骨组织工程支架材料的制备与改性，形成了稳定的研究队伍，取得了令人瞩目的成绩，部分成果在国际上处于领先地位。此外，纳米生物材料将会使介入性诊断和治疗向微型、微量、微创或无创、快速、功能性和智能化的方向发展。纳米生物材料作为基因载体是今后很长时间的研究重点。纳米生物复合材料广泛存在于整个生物体（如竹、贝壳、骨和牙齿）中，但真正人工合成的纳米生物复合材料较少，模拟人体组织成分、结构与力学性能的纳米生物活性仿生医用复合材料是一个非常重要的研究方向。同时某些纳米材料有着独特的生物效应，构成了新型纳米生物材料，为传统生物材料注入新的活力。

五、表面图案化和微流控芯片技术

在生物医学工程领域，两个重要技术——表面图案化和微流控芯片技术特别值得关注。表面图案化已经成为生物医学工程领域的一个重要基础研究手段。近年来，随着生物微纳米技术的迅速发展，新工具和新方法的产生，精确控制表面特性已经逐步变为可能。现代微纳加工技术已经能轻易地制备出和细胞尺寸相匹配的表面图案，高精尖的技术甚至能制备出和信号分子分布相匹配的表面图案，即从几十个微米量级到几十个纳米量级的图案。这些图案化表面已经在新的分子机理探索和现象发现中发挥了积极的作用。更进一步，高等动物的器官是由多种细胞在三维空间有序排列形成的，如果能首先在二维平面上精确地将多种细胞图形化，控制细胞生长、迁移就能更为真实地模拟体内微环境，并为将来在三维空间控制多种细胞，进而为用体外模型模拟组织器官功能打下基础。

微流控芯片技术作为新兴的技术，最近几年来在许多领域的样品准备、操作及分析等多方面表现出了巨大的潜力。例如，高通量集成的微流控芯片利用合适的微加工技术、使用合适的材料、应用合适的微流控功能单元，整体结合组成多功能、高通量的流体物质输运芯片器件。利用微流控技术所制备的复杂集成微流控芯片不但可以实现许多化学和生物学实验的自动化操作与检测，而且可以大大降低样品用量，提高实验通量，保持并行反应的条件，减少实验过程废物废料产生等。微流控芯片实验室不仅仅是一种实验条件的微型化措施，更重要的是它提供了一种全新的实验方法，使许多以前无法完成或者很难完成的实验得以实现。这一技术上的进步与创新对相关学科起到了巨大的协助与推动作用。

综上所述，表面图案化和微流控芯片技术是生物医学工程研究工作中的重要技术手段。同时，它们对其他基础学科和应用性较强的学科的发展也有着重要的作用。

综合来看，虽然近 30 年来，已开发出几十种生物材料应用于组织修复、药物释放等领域，但对于极为复杂的人体组织、器官而言，传统的生物材料由于没有活性，呈异物状态存在于体内，不能成为人体组织的一部分并参与正常的新陈代谢活动，只能完成简单的修复和填充，因而尚难以满足临床治疗的需求，这是目前生物材料面临的严峻挑战。

鉴于我国目前高技术含量的生物医用材料和制品市场已基本为进口产品所占据，高技术生物材料产业体系尚未形成；而作为学科前沿研究的生物活性材料在国际上尚起步不久；因此，立足生物医用材料科学前沿，以跨越式发展新一代生物材料为重点，提升生物材料的性能和竞争力，并以此引导传统生物材料产业技术更新和产品换代，是推动我国生物材料产业发展、满足人民健康需求和提高医疗质量的迫切需求，并且对培育国民经济新的增长点具有重要的战略地位。

第二节　发展规律和发展态势

一、生物活性材料

生物活性材料是指具有能与人体介质产生可控的、组织生长或恢复所需的反应，增进细胞活性或新组织再生，加速促进人体组织和器官功能的修复和重建的生物材料。生物活性材料或是由于它们的显微结构、表面电荷、链的形成而表现出生物活性；或是可以作为活性物质的载体；或是可以从其自身构成的基体及通过酶解、水解等机制控制释放活性物质而起着诱导或调节生物活性的作用。生物活性材料具有的这些特殊的生物学性质，非常有利于人体组织的康复，因而已成为生物医用材料研究和发展的一个主要领域。

生物材料的发展经历了从惰性生物材料到生物化生物材料再到生物活性材料的发展过程，惰性生物材料关注材料与组织细胞无界面作用，生物化生物材料关注改善材料与组织细胞亲和性，关注界面间的相互作用。而生物活性材料不仅关注材料与组织细胞的亲和性，还关注材料本身的成型、力学性能和降解能力等。可以看出，早期惰性生物材料筛选原则中的无毒、不致免疫、不致凝血、不致癌、无刺激等，即生物安全性，逐渐形成了生物相容性的概念。良好的生物相容性是指生物医学材料在生物体内静态与动态变化的过程中，能耐受宿主各系统作用而保持相对稳定，不被排斥和破坏的生物学性质。2002 年，Hench 教授在 *Science* 期刊上提出了第三代生物材料的概念，即材料兼具生物活性和降解性，可以指导或激发正常的细胞生理活动，调节组织再生和重建过程中的细胞黏附、迁移、生长、分化和凋亡，从而实现组织的修复。这类材料植入人体内的损伤部位，将会帮助机体组织修复和重建。

再生医学的主要研究目标是以尽可能小的创伤修复尽可能大的缺损。但是目前临床上用于组织修复的生物材料由于存在生物活性不足、降解性能不理想等问题，植入体内后难以与宿主组织之间达到生物性融合，并且材料的降解与组织再生修复速度难以匹配，因此使得目前组织再生生物材料的临床修复效果并不十分理想，严重地制约着其在临床上的推广应用。究其原因，上述几个问题的核心都涉及材料活性。正是由于目前的生物材料普遍缺乏生物活性，不能对体内环境产生应答，材料与再生组织及周边的微环境之间没有信息的交流通道，因此组织修复过程基本是一种被动的“充填”过程，不能“主动修复”。生物材料之所以缺乏生物活性，不能促进组织形成，除材料本身特性外，关键是不具有诱导组织形成的生物化学信号分子等。赋予材料生物活性，使其可以引导促进组织再生的主要策略有：①将细胞或生长因子引入到生物材料中，以促进诱导体内细胞增殖、分化等；②将导致生物活性的基因直接引入到材料中；③对材料进行修饰导入生物活性化基团。这三个方面都是生物材料领域近年来的研究热点。

生物体是非常复杂的开放体系，其内部和环境间进行着复杂的物质、能量和信息的传输和转换，组织修复是涉及多种生命物质及组织和细胞共同作用的复杂过程。因此生物活性材料的研究正从单因素的活性化转向多因素的协同作用。以引入生长因子活性化为例，在生理条件下，生长因子在体内除了直接作用外，还有间接促进生长效应、各因子之间及因子与细胞外基质微环境间的协同作用和拮抗作用，在这些共同作用下完成组织的修复再生。因此相关的研究将逐渐从某一活性因子的单一研究转入到多因子、因子与细胞外基质的协同作用研究。

模拟生物体再生修复特点对材料进行仿生设计是构建生物活性材料的基本思路。目前的生物材料普遍没有生物响应能力，不能对体内环境产生应答，材料与再生组织及周边的微环境之间没有信息交流的通道，因此大多只能充当载体或是填充的作用。与此形成强烈对照的是，当自体组织被植入缺损部位后可以很快地感知“外界”环境，与周围组织、细胞建立信号联系及物质交换，介导细胞及各种蛋白物质的黏附，主动参与整个组织的修复过程，具有很强的生物应答能力。传统材料不可能兼备这些复杂而独特的功能。在材料构建上，借鉴环境敏感材料的特点，设计对体内微环境具有响应特性的生物活性材料，使其在进入体内后能在较短时间内与周围组织、细胞建立信号联系，构建出有利于新生组织生长的局部环境，将为活性材料的设计开辟一条新的途径。

传统生物医用材料的时代即将过去，与生物技术相结合、赋予材料生物活性，使材料能与人体组织产生可控的相互作用，通过激发或调控组织再生和重建过程中的细胞黏附、迁移、生长、分化和凋亡等生理活动，增进细胞活性或新生组织的再生功能，从而帮助机体实现组织的修复和再生，已成为21世纪生物医用材料科学发展的方向，并正在对生物材料产业产生越来越大的影响和效应。

在活性材料的设计思路上，传统的思路多集中在材料领域，较少地考虑材料与生物体的相互作用。在未来的研究中，打破学科的界限，多学科交叉，结合生物学、材料学及临床医学的相关研究，从复杂科学角度对原本独立分散的体系进行集成，深入探索生物材料在不同空间尺度和时间段内与生物活性分子、细胞、组织的动态多重相互作用显得非常重要，也是生物活性材料发展的趋势。在生物活性材料的设计手段上，为满足材料兼具理化和生物学等多方面特性，“复合杂化”正成为构建材料的研究趋势。“复合”既包括多种材料组分的复合，也包括材料与生物活性成分的复合，还包括多种新技术，如纳米技术、生物基因技术与传统材料的融入和结合。

二、生物材料的表面与界面问题

生物材料生物相容性研究是生物材料研究中贯穿始终的基础科学问题。其研究的目的是弄清生物医用材料的结构、物理化学特性、材料表面形貌等与生物体间的相互作用关系，阐明其作用机理，指导新材料的开发、筛选和应用，为生物材料从现阶段“可接受”水平过渡到真正安全应用创造条件。随着医学、材料学的发展，生物材料日益丰富，应用部位、应用方式日趋多样，使得生物相容性表现出高度的特异性，即对不同材料、不同作用位点、不同作用方式，其生物相容性研究的重点有所不同。生物材料生物相容性研究的关键是，在生物材料与人体组织接触的高特异条件下，研究生物材料的表面和界面问题。生物材料的表面和界面问题已经成为生物材料研究的最基本的科学问题，对生物材料的活性、功能和生物安全性起决定作用。

首先，植入材料的研究经历了由完全惰性到具有一定活性，再到向“生物诱导性”的发展。早期对植入材料的要求是，在匹配被替换组织力学性能的基础上尽可能少地引起宿主免疫反应，减少材料表面与组织和血液的相互作用。例如，在金属表面加涂惰性涂层、惰性高分子材料、氧化铝等惰性陶瓷等。这些惰性表面实际上不能避免与组织和血液的非特异性相互作用，不具有仿生特性，导致了无法形成有效的组织结合或者凝血和血管再狭窄等，这成为植入器械或人工器官失败的重要原因。随着科学的进步，对植入生物材料表面所致生物活性和生物相容性差、细胞和基因毒性、凝血和再狭窄的分子机制的揭示日益深入，人们开始研究具有一定表面活性的生物材料。例如，在植入体表面加涂具有生物活性的羟基磷灰石涂层、生物活性玻璃涂层、硅酸钙涂层、固定抗凝血生物分子、表面培养内皮细胞等。虽然目前硬组织植入体和心血管材料的生物相容性和血液相容性有了很大提高，但现阶段硬组织植入体平均寿命只有10～15年，远不能满足患者需求。长期临床结果表明，硬组织植入材料骨再生能力差或再生缓慢，以及细菌感染是现阶段导致植入失败的主要原因。而如何保证固定分子的活性，实现其在体内的长期稳定性则是目前心血管材料表面改性面临的一个重要课题。种植的内皮细胞在植入时刻和植入后初期的脱落也成为心血管材料体外内皮化研究的技术瓶颈。因此，针对目前硬组织植入体和人工心血管等生物材料存在的问题，科学家们提出了“生物诱导性材料”的第三代生物材料的概念。目前生物材料表面和界面研究的最新进展分别是具有诱导骨组织生长和诱导内皮化的表面设计和构建。

其次，生物材料表面生物学性能表征逐渐由宏观向微观转变，植入体与体液、蛋白质、细胞、组织间交互作用的表面与界面科学问题日渐突出。从世界生物材料大会论文摘要关键词出现的频率来看，“生物材料表面”（biomaterial surface）2008年已跃居大会关键词出现频率之首。由此可见，表面与界面相关微观机制的研究将成为解决植入体相关问题的关键，该研究将促使人们从生物学角度设计和制造植入体。从分子水平研究材料表面特征与蛋白质、细胞、细菌等的交互作用已经成为重点研究内容。硬组织植入体和心血管生物材料表面与界面基础研究的任务在于揭示生物材料表面与体液及相邻组织、细胞、生物分子间的相互作用规律，揭示相关机理，提出表面功能化设计的理论依据与原则，为实施表面改性/修饰提供依据。近年来生物材料表面与界面基础研究有如下热点：① 生物活性物质/目标细胞在修复界面处的生物应答行为及响应机制，特别是材料—再生组织—周边的微环境间的信息交流（重要信号分子）在组织修复再生过程中的重要作用；② 生物材料表面的微纳米有序结构对生物应答行为及响应机制的影响。

再次，为满足植入材料生物学性能多方面的要求，“复合”将成为植入体的研究趋势。"复合"即包括多种材料的复合及材料与生物分子的复合，也包括新技术的融入及生物材料功能的复合。单一一种材料往往无法满足复杂高级结构人体组织的需要，因此植入体表面材料成分复合是研究关注的重点。纳米技术、基因修饰技术与常规技术的融合将推进"生物诱导性"植入体表面的研究进程。纳米生物材料的尺度与人体一些结构特征尺度接近，可唤起适当细胞的反应，使组织再生更容易，进而改善植入体的使用效果，延长植入体的使用寿命。因此，近年来生物材料表面纳米化已成为生物医用材料研究的热点领域之一。另外，研究表明，一些生物活性因子能促进细胞增殖、分化和细胞间充质合成，对组织修复的启动、调控和改建有重要作用，如成人骨髓间充质干细胞能被诱导分化为成骨细胞和软骨细胞。这些都促进了材料与生物分子之间的复合，并将革命性地推进"生物诱导性"植入体的研究。心血管生物材料应用环境复杂，其功能需求往往是不同功能的同时体现。例如，人工心脏瓣膜同时需要具有抗凝血、抗菌、防钙化功能，血管支架同时需要抗增生、抗凝血和内皮化功能。因此，实现心血管生物材料表面的复合功能设计是心血管生物材料表面与界面研究发展的又一重要趋势。研究的核心在于：材料表面设计原则的建立必须基于对植入材料与多元的生物组织（细菌、血液、血管）、细胞（内皮细胞、平滑肌细胞）、蛋白质及各种信号分子的协同作用机制的充分认识。心血管生物材料表面复合功能的实现要求综合多种表面改性技术手段，因此加强心血管生物材料表面工程技术加成/集成的基础研究，也是心血管生物材料表面工程发展的重要趋势之一。

同时，由于生物材料的质量和安全是"人命关天"的大事，因此必须加强生物材料生物相容性评价和管理，建立有关法律、具体规定、实施标准及管理条例。为了保障生物材料和医疗器械在临床上应用的安全有效性，国际上一些发达国家和地区，如美国、澳大利亚、日本和欧洲等都已相继制定了适应本国国情的评价和试验标准，但起步相对生物材料的研发较晚。我国于 2000 年 4 月 1 日正式实行《医疗器械监督管理条例》，并将 ISO10993 系列文件的绝大多数先后等同转化为我国的国家标准 GB/T 16886 系列，对医疗器械进行分类管理，根据生物材料或医疗器械的使用要求，选择不同的评价体系和标准。

对于不断涌现的新型生物材料，必须根据生物材料的不同选择不同的评价试验和方法，在生物学评价实验中发展体外实验，采用灵敏、特异、先进的检测手段，优化并减少实验动物数量，遵循由简到繁，从体外到体内，施行分段淘汰的方法，并以建立材料对分子、细胞、机体互作的系统性评价为生物材料评价的发展趋势和最终目的。

三、药物控释系统

20世纪60年代以来，对药物输送系统的研究和应用经历着从宏观到微米尺度，再到纳米尺度的发展趋势。早期对药物释放的研究着重于利用生物材料发展具有“零级释放”特性的控释体系和装置，使药物以恒定的速度释放，从而维持药物在病灶部位或血浆中的浓度，以达到长效和减小毒副作用的目的。随着类固醇、多肽和蛋白质等强效药物的发展，利用生物材料，特别是生物可降解和相容性好的高分子生物材料为药物输送系统的研究，逐渐发展到对“持续释放”药物的微米级输送体系（如微球和微囊）的研究，并通过包括口服、吸入等多种方式持续释放具有药理活性的药物。所采用的典型生物可降解高分子包括聚乳酸、聚乳酸-聚乙醇酸共聚物、聚乙二醇（PEG）和聚乳酸的嵌段共聚物等。七八十年代开始，高分子键合药和PEG化药物的发展和临床研究将药物输送的研究推进到了纳米尺度，而高通透性和滞留效应（enhanced permeability and retention，EPR）的发现则进一步证明纳米尺度的药物载体可以将药物运载到血管壁疏松的实体瘤组织，从而为利用纳米颗粒将药物通过被动靶向的方式输送到病灶部位提供了理论依据。目前，包括自组装高分子纳米胶束、纳米凝胶、脂质体、无机纳米颗粒等大量的纳米药物输送体系的研究蓬勃发展，并在临床研究和应用上取得了很大的成功。此外，利用生物材料发展药物载体，通过表面修饰，利用受体-配体等的相互作用，发展主动靶向的纳米药物输送体系是近些年药物输送研究的前沿和热点，并在针对包括肿瘤、中枢神经系统疾病、病毒性疾病等的药物输送方面取得了飞速的发展。

与此同时，“表面控制”的药物释放体系也取得了快速发展，其中典型的代表是药物洗脱性心血管支架。利用生物医用高分子材料在心血管支架表面涂层，使其表面持续释放雷帕霉素、紫杉醇等药物，抑制平滑肌细胞在支架表面的增殖，从而避免心血管的再狭窄，这种药物控释技术在临床应用上取得了巨大的成功。此外，“表面控制”的药物释放系统在胃肠道、眼、鼻腔等的给药中也有广泛的研究和应用，最近它与组织工程支架的研究结合紧密，被用于调节或控制支架材料表面细胞的黏附、增殖和分化。

随着对生命现象的不断认识，新兴生物技术和新型生物技术药物不断涌现，药物输送的研究除了解决小分子药物输送的问题外，同时也被迅速推进到解决极具潜能的生物活性大分子药物的输送问题，这些生物活性大分子药物包括生物活性多肽、蛋白质和疫苗、反义核酸、质粒DNA和siRNA等。由于生物活性大分子药物发挥功能的特点往往不同于小分子药物，对药物输送的研究也不再仅仅局限于“缓慢”或“持续”释放的研究，药物的胞内释放、药物活性的保持和功能的发挥成为药物输送研究新的前沿和热点。此外，基于生物材料的药物输送体系的研究也不断与先进医学显影技术结合，从单一功能向多功能、智能化、仿生方向发展。药物输送系统的构建，特别是纳米药物输送系统的研究也不再只关注药物的释放，对精确控制细胞的摄取和摄取的特异性、组织和细胞定位、胞内和体内命运和功能的研究也不断促进药物输送的研究向更加“生物化”和“个性化药物”的方向发展。

四、生物识别器件

生物识别器件是指用固定化的生物分子（如酶、抗原、抗体、核酸、激素等）或生物体本身（如细胞、细胞器、组织等）作为分子识别元件，与适当的信号转换元件结合，组成对被分析物进行高选择性、快速、灵敏检测的生物传感器。它通过各种物理、化学转换器捕捉待测物质与识别元件之间的反应，然后将反应的程度用离散或连续的数字电信号表达出来，从而得出被分析物的浓度。由于生物传感器涉及生物化学、物理、医学、电子技术等多个学科，这种交叉学科在理论上和技术上均有许多新的问题有待探索和开发，在应用上则有极为宽广的领域可以进行开拓。生物识别分子可以是酶、蛋白质、DNA、抗体、抗原、生物膜等，这些识别分子易于失活，造成传感器信号衰减是目前的主要弊端，提高传感器的稳定性和寿命是生物传感器研究的主要方向。

生物传感器可实时检测生物大分子之间的相互作用，借助于这一技术动态观察抗原-抗体、细胞因子-细胞因子受体等生物分子之间结合与解离的平衡关系，可较为准确地测定生物分子亲和力及药物作用靶点。生物传感器方法无需标记试剂，较常规方法省时、省力，结果也更为客观可信。随着微加工技术和纳米技术的进步，生物传感器的微型化、智能化与集成化也是其发展趋势之一。

作为一种先进的检测方法和科学研究手段，生物传感器目前的研究主要是以实际检测和科研需要为导向，注重多学科交叉，充分吸收各学科最新研究成果，在保持生物传感器固有优点的基础上，实现高灵敏、特异性、高稳定性、重现性、长寿命、便携式生物传感器，推动更多生物传感器向商品化转化。在普遍实现了生物信息的常规分析以后，更快、更准、更灵敏，尤其是原位（包括细胞内）、无创、实时单分子水平分析，是下阶段国内外科学家们竭力追求的目标。

五、纳米生物材料

广义地说，可用于生物体系、具有纳米效应的材料统称为纳米生物材料，主要包括植入和介入医用纳米材料、组织工程和再生医学纳米材料、新型药物和基因控释载体纳米材料及高效生物诊断纳米材料等。纳米生物材料具有与一般材料不同的独特理化性能（小尺寸效应、表面效应、界面效应和量子隧道效应）。虽然物质组成未发生变化，但是机体产生的生物学效应（性质和强度）可能发生本质的改变。纳米粒子粒径小，能穿透组织间隙被细胞吸收，即使脂/水分配系数小，也完全有可能通过简单扩散或渗透的形式通过肺血屏障或经皮吸收进入体内。纳米材料除了比较容易进入人体外，还可能比较容易透过生物膜进入细胞内或进入线粒体、内质网、溶酶体、高尔基体等细胞器内，并且和生物大分子发生结合或催化化学反应，使生物大分子和生物膜的正常结构发生改变，从而对机体产生一定影响。其安全性的研究重在研究其特殊的理化性能带来的潜在危害。

随着认识水平的提高和技术的发展，纳米生物相容性评价的研究也逐步深入。目前对纳米生物相容性的评价仍主要集中在细胞水平和整体水平上，随着分子生物相容性概念的提出，在分子水平研究纳米生物材料生物相容性是研究的热点和重要内容。纳米生物相容性评价有如下研究特点：①大部分研究方法是从一般生物材料生物相容性评价试验中借鉴而来，对纳米生物材料特殊物理化学性质的针对性不强；②评价由整体水平深入到分子水平，动物实验周期长，费用昂贵，而细胞学实验虽有简便、快速、灵敏等优点，但其对生物体的作用往往首先从对生物大分子的影响上表现出来。所以现在纳米生物材料生物相容性评价已经开始向基因、蛋白质水平深入。

六、微流控芯片和表面图案化

微流控技术在过去的 20 多年内，已经从早期的单一功能、单一结构单元（如十字形电泳芯片、双 T 形电泳芯片等）的概念性研究过渡到更加具有实用性的“芯片实验室”（lab-on-a-chip）研究阶段。一个芯片不仅仅承担了样品的分离与分析功能，更多意义上实现了对样品操作的自动化与集成化，从而完成高通量的工作。例如，利用玻璃材料制备的微流控电泳芯片，已经可以实现大量基因序列的并行测序操作，而利用聚二甲基硅氧烷（PDMS）制备的多层液压阀大规模微流控芯片已经可以在一平方英寸[①]空间内制备几千个独立的反应室，每个反应室的体积处于纳升量级，比传统的生物技术实验小 3～4 个数量级。最近美国科学家通过微流控技术使用大量重复的反应腔室进行细菌遗传变异研究、利用重复可控反应室并结合液压薄膜进行转录因子与基因结合能的势能谱研究

① 1英寸≈2.54厘米，后同。

等，这都体现了生物医学工程研究的新特点。

许多高集成度的微流控芯片，可以根据需求进行合理设计，实现在芯片上排布成百上千个阀门和独立反应空间，并做到准确地分别控制，实现高通量的实验检测。一个非常有代表性的应用是利用大规模集成微流控芯片，半自动化地实现蛋白质晶体生长条件的筛选、扩散条件摸索及原位晶体培养，改变了原来耗时冗长、操作枯燥繁杂的晶体培养方式，大大加快了速度，而所用时间减少至少一个数量级。与此相似，微流控技术已经渗透到公共卫生、药物开发、集成光学、化学工程、细胞培养等众多领域，推动了相应学科的发展。在实际应用领域，微流控技术已经成为生化分析检测、重大疾病检测、食品安全监测、出入境生物安全检查及国家安全监测等方面的重要发展方向。

从研究本身的特点出发，微流控芯片是一个迅速发展的跨学科研究领域。在国际上这一领域最活跃的科学家大体上可以归于分析化学、微机电系统、流体力学、机械工程、生物医学工程等学科。而集成化的微流控芯片则在生物医学工程领域得到了最佳体现。无论是从产前诊断、基因测序还是从系统生物学层面上研究分子相互作用网络，集成化的微流控芯片都发挥了其他方法难以实现的功能。微流控芯片对于大规模的精细反应及筛选过程具有明显的优势：高通量和低消耗。这两个优势的体现往往需要生命科学领域和医学领域的研究者来提出问题，而由芯片的制备者来加以实现。

微流控技术除了能够为基础科学的研究带来全新的工具和视角外，还是一类极有前途的新型实用技术，在生物医学领域具有重要的推广价值。目前国际上已经有数十家利用微流控技术的高科技公司。许多公司，包括 Agilent、ABI、Bio-Rad 等，均有利用微流控技术的芯片器件销售。高通量的微流控芯片器件实现商品化的还不是很多，其中具有代表性的是位于美国加利福尼亚州旧金山附近的 Fluidigm 公司，他们的产品涵盖了晶体结晶、基因测序辅助、产前诊断等多个领域。基于目前生命科学和医学研究的需求，高通量地针对单个细胞的检测和分析技术是我们进一步了解生命过程、疾病发生及治疗的重要手段。在基于微流控芯片形式的细胞分析平台上，实现时间与空间的分辨具有很大的灵活性。通过细胞的定位，不同的细胞可以被分布到芯片的不同位置，通过定点的刺激（化学的或者是物理的）来实现高通量的细胞受激响应研究。利用大规模集成微流控芯片可以很成功地进行细胞受激响应、调控的长时间研究，以及利用反馈机制来了解细胞间通信对细胞生长的调节机制，得到在常规规模下无法或者很难得到的结果。美国哈佛大学的科学家利用微流控芯片锁定单个细胞，在单分子层次上研究了单细胞内蛋白质的随机表达。这一技术成功地示范了微流控芯片技术在低表达量蛋白质的研究中可能具有的诱人前景。美国科学家在 PDMS 芯片上利用集成微阀和微小尺度小流体层流的特性，实现了对细胞悬液中单个细胞的溶膜及细胞内钙流的测量和受体介导的钙离子测量等针对单细胞的分析。随后还报道了利用微流控芯片对单个细胞内部化学成分的分析，实现了对分析试剂的定量输运，以及被检测物质的化学修饰和后期分离与激光诱导荧光分析。另外，利用微流控芯片进行细胞的分选也从最初的概念型装置发展到近期出现的具有实用价值的流式细胞分选芯片设计，其通量和效率已经接近实验室的应用阶段，有望成为实用型的芯片实验室装置。

表面图案化可以分为两个方面的内容：①表面图案的制备方法学；②利用表面图案进行的细胞行为研究。在1990年以前，由于受微加工技术的限制，表面图案的制备方法学发展缓慢，制备方法比较单一。只有为数不多的几个课题组在用机械微加工的方法或利用天然材料的微纳尺度特性进行细胞行为研究。随着自组装单层技术的成熟，在借鉴了半导体工业中成熟的光刻技术以后，表面图案的制备方法学得到很大的发展。在过去的20年间，各种技术手段和各种材料都被用于制备各类表面图案，多得无法进行综述和分析总结。这里仅以哈佛大学Whitesides教授课题组为例，分析表面图案化在过去20年间的发展规律。他们通过发展和完善以软印刷技术为代表的表面图案化技术，包括微接触印章技术和基于微流控的图案化技术，实现了精确、独立地调控影响细胞行为的生化信号和拓扑结构等各项因素，并在1993～2009年发表有关表面图案化的论文240篇（表3-1；不完全统计）。其中在*Science*、*Nature*上发表的论文共22篇，集中在1995～2002年，高峰期出现在1999年（表3-2）。

表3-1 Whitesides教授课题组1993～2009年发表的有关表面图案化的论文

年份	1993	1994	1995	1996	1997	1998	1999	2000	2001
论文数/篇	8	12	18	20	18	21	30	20	15
年份	2002	2003	2004	2005	2006	2007	2008	2009	
论文数/篇	23	11	9	10	7	7	10	7	

表3-2 Whitesides教授课题组发表在*Science*、*Nature*上有关表面图案化的论文

年份	1996	1997	1998	1999	2000	2003	2004	2005	2008
论文数/篇	2	2	3	5	2	2	2	2	2

由表3-1和表3-2可知，从课题的提出到出现论文的高峰期大约有6年的时间。由于以关键词进行检索的不准确性，这里没有给出除Whitesides教授课题组之外的情况。按不完全统计和经验判断，整个表面图案化学术圈的论文高峰期出现在2000年左右，相较Whitesides教授课题组有3年的滞后期。由于图案化方法学的发展日趋成熟，1999年以后该课题组在这个领域发表的论文数量有较快的下降。另外，从论文发表的期刊的影响因子上判断，高影响因子的论文发表时间基本和论文发表的高峰期吻合。由于图案表面化的最初设想是为研究细胞行为服务，从表3-2可知其发展规律和表3-1基本一致。另外，细胞研究的周

期性更长，所涉及的研究内容更为细致，直接导致了在图案化表面进行细胞研究的论文数量要远远少于图案化方法学论文的数量。但从高影响因子论文所占的比例看，对细胞行为的研究（21%）较方法学研究（9%）高许多。从数据上判断，二维细胞图案化虽然有了一定的应用，然而平面结构相对于细胞在体内微环境仍然比较简单。微流控技术和三维细胞培养系统及细胞图案化相结合，将能更加精细地调节细胞微环境（基质、信号分子等），实现更大程度的体内模拟。

第三节　发展现状

一、总体状况

国家的大力持续支持使我国生物材料学科发展迅速，开始跨入国际先进水平，并成功地登上了国际舞台。特别是经过10余年的努力，我国生物材料研究已从较为分散和重复发展成为相对集中于21世纪生物材料科学与工程发展的方向和前沿；从单纯的跟踪、模拟进入了原始创新。例如，在硬组织修复材料、材料的表面修饰、抗凝血高分子材料、血液净化材料、新型医用金属材料及生物活性物质控释载体和系统等方面，我国原创性的工作已受到国际瞩目。在多次具有影响力的生物材料国际大会上，上述这些工作均被邀请作大会报告。在论文方面，2003～2007年全球17个生物医学工程学科发表论文共16 142篇，其中材料科学和生物材料占22.8%，我国学者发表论文276篇，数量名列全球第三。

生物材料领域的标志性期刊是*Biomaterials*，2004～2009年该期刊的影响因子从3.80上升到7.37，近年来的拒稿率超过80%。因此，统计我国科学家发表在*Biomaterials*上论文的数量，能够反映出我国生物材料领域的研究水平和队伍现状。如表3-3所示，我国发表在*Biomaterials*期刊的论文数量占全部论文的11%左右，2008年有显著上升，共发表80篇，达到15.8%。这一数据表明，我国从事生物材料研究的队伍（规模、水平和整体实力）已经成为国际生物材料舞台上的一只主要力量。

表3-3　*Biomaterials*期刊论文统计

年份	2004	2005	2006	2007	2008	2009
影响因子	3.80	4.70	5.20	6.26	6.65	7.37
全球发表论文数/篇	628	773	636	526	505	751
我国发表论文数/篇	70	77	75	60	80	77
我国所占比例/%	11.1	10.0	11.8	11.4	15.8	10.2

Journal of Controlled Release 是药物和基因控制释放方面最重要的期刊，2004～2009 年该期刊的影响因子从 3.30 上升到 5.95。对该期刊论文发表情况的统计能够比较准确地反映出我国科学家在这一研究领域的整体状况。如表 3-4 所示，近几年我国发表在该期刊的论文数量始终保持在 6%左右，2009 年达到 7.8%。目前我国正在加大对医药行业基础研究和药物研发的投入，相信在今后几年我国生物材料和药剂科学家发表在该期刊上的论文数量会有显著提高。

表 3-4　*Journal of Controlled Release* 期刊论文统计

年份	2004	2005	2006	2007	2008	2009
影响因子	3.30	3.70	4.01	4.76	5.69	5.95
全球发表论文数/篇	308	376	343	283	322	282
我国发表论文数/篇	13	26	24	18	20	22
我国所占比例/%	4.2	6.9	7.0	6.4	6.2	7.8

微流控芯片和表面图案化是近年来新生的一个研究领域，正在给生命科学各个领域的研究手段带来革命性的变化。2001 年前后创刊的 *Lab on a Chip* 期刊的影响因子上升迅速，2009 年该期刊的影响因子已经达到 6.31。表 3-5 总结了近 6 年来的论文发表情况，2008 年以前我国科学家每年发表论文 12 篇左右，约占全部论文的 4%，2009 年发表了 20 篇，表现出快速增长的趋势。

表 3-5　*Lab on a Chip* 期刊论文统计

年份	2004	2005	2006	2007	2008	2009
影响因子	5.05	5.27	5.82	5.87	6.48	6.31
全球发表论文数/篇	133	210	269	309	452	473
我国发表论文数/篇	5	12	11	12	13	20
我国所占比例/%	3.8	5.7	4.1	3.9	2.9	4.2

与生物材料的其他研究方向相比，我国在生物传感器领域的研究具有明显的优势，这一点可以从生物传感器方面最重要的期刊 *Biosensors & Bioelectronics* 的论文统计看出来。如表 3-6 所示，我国在该期刊发表的生物传感器方面的论文2007～2008 年达到全部论文的 1/3，2009 年更跨越到 63.3%。随着各国对食品安全、疾病诊断、流行性病毒监测的重视，生物传感器的研究和应用将日益加强，*Biosensors & Bioelectronics* 期刊的影响因子从 2004 年的 3.25 上升到 2009 年的 5.43。

表 3-6　*Biosensors & Bioelectronics* 期刊论文统计

年份	2004	2005	2006	2007	2008	2009
影响因子	3.25	3.46	4.13	5.06	5.14	5.43
全球发表论文数/篇	169	162	111	240	214	256
我国发表论文数/篇	23	24	30	74	68	162
我国所占比例/%	13.6	14.8	27.0	30.8	31.8	63.3

在代表最高水平的 *Nature* 系列期刊包括 *Nature Materials*、*Nature*

Medicine 和 *Nature Biotechnology*，每年全世界发表的生物材料相关的论文大约 20 篇，但是，中国内地生物材料研究领域的学者在 *Nature* 系列期刊发表的论文还极少，这说明我们的高水平创新成果与发达国家还有差距。

在项目资助方面，据不完全统计我国近年来资助生物材料相关的“973”计划项目 10 余项（表 3-7）。以四川大学承担的两个项目为例，1999 年立项的“生物医用材料的基本科学问题研究”和 2005 年得到滚动的“组织诱导性生物医用材料的基础研究”项目，每个项目设立了 6 个子课题，由四川大学、武汉大学、南开大学、西南交通大学、清华大学、浙江大学、华南理工大学、武汉理工大学、苏州大学、南京大学、北京理工大学、中国科学院上海硅酸盐研究所等单位承担。1999 年以来该项目发展了 10 余个生物材料研究团队，培养了 100 多名中青年生物材料科学家，包括中国工程院院士、多位国家杰出青年科学基金获得者和教育部长江学者。形成了一只以四川大学为龙头的主力军，对成功申报 2012 年第九届世界生物材料大会在中国成都举办发挥了重要作用。

表 3-7　近 10 年来我国在生物材料相关领域的“973”计划项目立项情况

立项时间/年	1999	2005	2006	2007	2009
项目数/项	3	3	2	1	1

从生物材料研究队伍来看，四川大学拥有国家生物材料研究工程中心，浙江大学、武汉大学、南开大学、东南大学、清华大学、上海交通大学、华南理工大学等一批院校在生物材料方向都建立了省部级重点实验室，华东理工大学、暨南大学等建有省部级工程研究中心，具有稳定的研究队伍。

表 3-8 和表 3-9 列举了国家自然科学基金委员会生命科学部提供的项目资助信息。生物医学工程学科在生物材料及生物传感器等方向的资助逐年增加，特别在 2006 年和 2008 年有两次提高，比上一年分别提高约 70%和 50%。另外，根据 2009 年资助情况的统计，国家自然科学基金委员会生命科学部资助生物材料相关的面上项目和青年基金项目约 101 项，在 2008 年 82 项的基础上又大幅增长。国家自然科学基金委员会材料与工程学部自主的面上项目和青年科学基金项目数量与 2008 年相当。最主要的变化表现在国家自然科学基金委员会化学学部高分子学科，2009 年在生物材料方向自主项目达 60 项，比 2008 年的 25 项多一倍以上，而且还有 2 项重点项目。从表 3-9 的数据来看，2004 年以后，和生物材料相关的重点项目显著高于 2004 年之前的几年。这一现象表明，近两年我国生物材料的研究队伍成长较快，有了很好的研究积累。

表 3-8　国家自然科学基金委员会生命科学部面上项目与青年科学基金资助项目数量　（单位：项）

年份	2000	2001	2002	2003	2004	2005	2006	2007	2008	2009
项目数	11	12	27	24	31	26	42	46	82	101

表 3-9 国家自然科学基金委员会生命科学部 4 类大项目资助情况汇总(单位：项)

年份 项目类别	2000	2001	2002	2003	2004	2005	2006	2007	2008
杰出青年					1		1	1	
海外合作									1
重点项目				1		1	1	1	
仪器专项	1				1		1	1	
合计	1	0	0	1	2	1	3	3	1

由于有一大批生物材料科学家来自于材料科学和化学领域，他们侧重于从材料科学和化学的理论和技术角度研究生物材料的科学问题，因此，生物材料领域的研究还分别从国家自然科学基金委员会材料与工程学部和化学学部获得了经费资助。从表 3-10 列举的数据可以看出，这两个学部对生物材料领域的资助项目也是逐年递增，最显著的变化是 2008 年材料与工程学部在一个年度资助的青年重点项目达 9 项。

表 3-10 近年来国家自然科学基金委员会材料与工程学部、化学学部对生物材料领域的资助情况汇总

学部	项目类别	2005	2006	2007	2008	2009
材料与工程学部	面上项目	27	39	34	40	49
	青年重点项目	0	2	3	9	1
化学学部	面上项目	11	13	19	25	60
	青年重点项目	0	1	0	0	2

在人才方面，生物材料领域的教育部长江学者和国家杰出青年科学基金获得者的人数还不足 10 位，因为作为交叉学科的生物医学工程与一些基础生物学相比有它的劣势。建议国家自然科学基金委员会从生物医学工程的战略意义出发，加强本学科领军人才的培养，逐渐发展若干支生物材料的创新团队，促进我国生物材料研究与产业化的整体发展。

二、近年来生物材料不同学科分支的发展动态

（一）生物活性材料

生物材料发展的主要前沿方向是生物降解性和生物活性统一的生物活性材料。尽管在生物材料的制备及其活性化方面进行了大量的研究，由于人体结构的复杂性，目前尚不能制备出一种生物降解性和生物活性高度统一的生物材料。在不考虑供区来源限制的前提下，自体组织修复仍是目前临床上修复最为理想的方法。其主要原因在于自体组织存在具有分子可识别的结合位点和通畅的“信号交流”通道，植入缺损部位后即可感知“外界”环境，与周围组织、细胞

建立信号联系并进行物质交换，介导细胞及各种蛋白物质的黏附，主动参与组织修复的整个过程，具有很强的“生物应答性”。其实，这也正是目前无生命生物材料难以在本质上调控组织再生的瓶颈所在。如何赋予材料生物识别功能是生物活性材料构建的核心。

2005年，“973”计划项目“组织诱导性生物医用材料的基础研究”立项，提出了“生物材料组织诱导”理论。通过对材料进行活性修饰、或负载生长因子、或负载基因，从而调控细胞向特定组织的分化，以赋予材料组织诱导性。相关的研究在2008年第八届世界生物材料大会上被列为大会报告，表明我国生物材料研究已开始对国际生物材料科学产生重要影响。细胞生长因子是体内创伤愈合的重要调节剂，是真正刺激、激活细胞、调控细胞/组织生长的动力源泉，也是构建生物活性材料的重要成分。在构建生物活性材料的多种策略中，充分利用机体自我康复的功能，设计装载信号分子的材料，通过材料控释生长因子诱导间充质细胞向特定组织细胞分化，最终形成特定组织。这种原位诱导组织再生的思路避开了模拟体内环境进行体外培养细胞的既复杂又耗时的过程，将成为一条有可能取得突破的有效途径，已得到极大的关注。原位组织再生过程模拟机体自身创伤自愈合过程，利用体内原有的细胞，依赖生物材料的“生物活性”和人体微环境的“生物反应器”，促使体内的干细胞或成体细胞迁移，在生物材料表面黏附、生长和分化，在材料被降解的同时，完成对组织的修复。以人体组织创伤自愈合为模拟目标的组织原位再生对生物材料的性能依赖性极高，尤其它要求材料的逐渐降解与组织的重建再生相匹配。

在骨组织工程材料构建方面，在诸多的生长因子中，骨形态发生蛋白（BMP）是目前唯一能够单独异位诱导骨组织形成的局部生长因子，并具有促进修复骨折损伤部位及牙齿内部骨组织的能力。目前纯化的人和牛BMP已经用于临床，而采用基因工程技术已经能生产出纯度高、活性稳定的重组人骨形态发生蛋白（rhBMP），并且已开始临床研究。近年FDA已批准了分别含有rhBMP-2和rhBMP-7的两种骨修复材料。我国也有相关的产品取得了国家食品药品监督管理局的注册批件，实现了临床应用。在骨不连、骨缺损的治疗中表现出优良的疗效，有诱人的产业化前景。这种现状使硬组织修复的研究相对于其他组织器官具备一定的特殊性，负载骨形态发生蛋白质生长因子的生物活性材料在硬组织修复领域更容易得到应用。同时，相对而言，我国在该领域的研究与世界先进水平差距较小，并且已拥有具有自主知识产权的BMP生产能力，已进入临床试验阶段。加大投入和开发力度，完全有可能在研究和应用方面达到国际先进水平。

在生物材料活性化的成果方面，华东理工大学教育部医用生物材料工程研究中心开展了装载rhBMP的具有诱导成骨活性的可降解硬组织修复材料的研究，并将其用于硬组织的原位引导再生，为开发出具有自主知识产权的新型组织再生活性生物材料奠定了基础。在“组织再生生物降解材料的活性化基础研究”中，通过对几种生物降解材料进行活性化设计、修饰和组装，构建出几种兼具体内降解和原位诱导成骨性能的新型生物材料，探索生物可降解材料活性化新手段、新方法及同配伍生物活性因子的相关机理，为可降解材料的活性化修饰提供科学依据，为活性生物材料用于原位再生的临床应用提供理论依据。在“调控骨组织原位再生修复材料的关键科学问题研究”中，进一步提出模拟创伤自愈合机制，从仿生的思路构建几类适于骨组织原位再生的生物活性材料，同时开展具有自主知识产权的生长因子 rhBMP-2 的基因工程构建、生长因子微囊化，以及携载和缓释生长因子、具有高生物活性和成骨诱导性的骨修复材料研究，为推动组织诱导型骨修复材料的应用打下基础。

近年来，生长因子的协同作用越来越引起人们的关注。以骨修复为例，目前的研究大多局限于单一骨生长因子（如 BMP）在诱导成骨中的作用及其作用机理，而缺乏对多种生长因子及生长因子同细胞外基质微环境在骨形成局部调节中相互作用及其机理的研究。国家自然科学基金委员会资助了“仿生细胞外基质的类肝素材料与骨形态发生蛋白的协同作用研究”。这是从材料与生长因子相互作用的角度，用材料的手段调控生长因子与细胞膜表面受体和配体之间的特异性分子识别，进而影响细胞的行为和功能的新思路，为组织修复生物材料的仿生构建提供新方法。

在小口径心血管组织工程支架构建方面，如何通过对小口径血管支架材料的结构设计、组装和表面功能化修饰，将与血管相关的生长因子和生物活性物质复合到可生物降解的高分子支架材料中，构建血管再生微环境，使支架材料具有快速诱导内皮形成的功能，是实现抗凝血功能化表面，解决小口径血管长期通畅性问题的关键。我国科学家正在尝试多种创新手段，开展组织诱导性小口径血管材料的研究，包括以可生物降解高分子为主要骨架，通过设计合成两性高分子，并通过控制两性离子的电荷密度达到抗凝血效果；将肝素及血管内皮生长因子（VEGF）固定到血管材料上，并保持 VEGF 的生物活性，实现抗凝血和血管内皮化过程，发挥新生血管内皮的功能；在血管材料表面固定内皮细胞或内皮干细胞（EPC）特异抗体，如 CD34，或者以共价键固定 EPC 特异多肽或特种疏水蛋白，当材料植入体内后可捕捉外周血中的内皮祖细胞，加速血管内皮的形成，实现组织工程血管的功能化。

虽然我国在骨修复生物材料方面取得了一系列重要成果，但是目前的组织修复无论是体表还是内脏，仍然主要停留在纤维化修复（瘢痕愈合）的解剖修复层面上，离人们所希望的“再生出一个完整的组织器官”差距较远。在成果转化方面，我国与美国、欧洲、日本等国家和地区相比还存在着相当大的差距。目前我国生物材料产业仅占世界市场份额的3.43%；人均医疗器械消费仅5.46美元，远低于美国309.77美元和欧洲122.59美元的水平；我国医疗器械与药品市场之比为1：3.47，远低于国际上1.2：1的水平；产品进出口贸易额2006年虽已达105.5亿美元，顺差达31.90亿美元，比2000年分别增长了242%和580.4%，但是大宗出口品为技术低端的药棉、纱布、手套、按摩器具等，而大宗进口的是技术高端的产品。国内大城市医院基本不用国产高端、中端产品，二级、三级医院50%以上为进口品，昂贵的进口品大大增加了国家和人民医疗费用的负担。从这一角度来说，大力发展生物医用材料已是我国社会经济发展的当务之急。

（二）生物材料的表面与界面问题

我国2004～2009年通过各种方式对一大批相关项目进行了立项资助，通过“973”计划项目“组织诱导性生物医用材料的基础研究”及其前期“973”计划项目“生物医用材料的基本科学问题研究（1999～2004年）”等的资助，在硬组织植入材料方面：发现多孔羟基磷灰石陶瓷，其他磷酸钙陶瓷及Ca-P材料可诱导骨形成，并且其诱导成骨作用与材料学因素和动物种系相关；发现并证明磷酸钙陶瓷诱导骨形成必需的骨诱导信号分子可来自于陶瓷孔壁对体内内源性骨诱导信号分子（如BMP）的富集，发现材料对体内蛋白质的吸附受其组成及结构的影响等，这些均具有国际影响。但从2008年第八届世界生物材料大会上世界各国论文摘要评审得分情况来看，来自我国的论文摘要并未进入前十，这说明我国生物材料相关的长期持续研究项目仍然较少，研究水平与发达国家还有差距，生物材料领域的发展还需长期系统资助。

在硬组织植入体材料研究方面我们还存在以下问题。除了关注材料的“生物活性”外，关注其他生物性能及相关机理的较少，极少探索多种生物性能的协同作用。例如，通过对国家自然科学基金委员会1999～2008年立项情况初步检索发现，与植入体“生物活性”相关的立项项目有28项，而与植入体“抗菌性”相关的立项项目仅6项。综合考虑“生物活性”和“抗菌性”的项目为0。还有，除了钙、磷元素研究较多外，其他生物相容元素（如硅、锌、锶）的研究很少开展。1999～2008年仅发现1项有关钙、磷以外其他元素的硬组织植入体材料研究项目“锶磷灰石多孔陶瓷孔隙结构因素与材料生物活性之间的相关性研究”。由于生物材料影响细胞分化及组织形成的具体机制依然不确定，还需要材料学与生物学、医学的更密切合作，从分子水平研究硬组织植入体表面及界面的反应过程，并尝试生物学、医学的研究思想在硬组织植入体表面及界面实现的途径。

心血管生物材料研究的风险较大，投入较高，研究周期长，长期以来我国心血管生物材料表面改性研究的队伍规模尚较小，研究投入也不高。但进入21世纪以来，该研究领域的发展较快，通过长期持续的研究，逐步发展了对无机及高分子材料表面抗凝血机制的深入认识和先进的抗凝血表面改性技术。已经初步形成了一支基本覆盖了心血管生物材料表面工程领域所有研究方向的学科队伍，并在国际上形成了一定影响。虽然我国学者2007年发起组织了生物材料表面与界面国际会议并成为系列性国际会议，担任生物材料表面改性的多个国际会议主席、国际委员会主席，多次在国际学术会议上做邀请报告。但是与美国、日本、西欧等国家和地区相比，我国的研究投入显著偏低，在研究的深度、广度上仍然存在差距，需要在今后的5～10年进一步加强。

我国在心血管生物材料表面与界面的研究主要集中在以下方面：

1）生物材料表面离子束与等离子体表面改性；

2）生物材料表面微图形制备；

3）生物材料表面固定功能分子；

4）生物材料表面生长内皮细胞。以上研究主要来自于“973”计划项目和国家自然科学基金委员会的资助。

在两个连续“973”计划项目“生物材料的关键科学与技术问题（1999～2004年）”和“组织诱导性生物材料的关键科学问题（2005～2010年）”中，分别设立了“抗凝血材料的关键科学与技术问题”和“抗凝血生物化表面的设计与构建”子课题，培养了西南交通大学、南开大学和南京大学三支从事心血管植入材料抗凝血问题研究的队伍，相继获得了国家杰出青年科学基金、国家自然科学基金委员会重点项目及大批面上项目的持续资助。在心血管植入/介入生物材料方面取得了长足的进展，部分方向已跻身国际前列。西南交通大学通过长期持续的研究，在获得对无机功能薄膜抗凝血机制深入认识的基础上，将氧化钛抗凝血功能薄膜的基础性研究成果应用于心血管植入/介入器件的表面改性，发展出抗凝血抗增生多功能表面改性的血管支架并实现成果转化，进入了临床应用，实现了多学科交叉、基础研究与应用的并重发展；南京大学发展了聚氨酯高分子材料表面构建磺铵两性离子的抗凝血生物材料；浙江大学采用磷酯酰胆碱对聚合物表面改性，显著改善了聚合物的抗凝血性能；南开大学发展了血液相容性良好、适用于全血灌流的吸附树脂，实现了血液净化吸附树脂的国产化和推广应用，获得了国家科技进步奖二等奖。

在开展以上研究并取得相应成果的同时，我国在该领域涌现出多位世界级的中青年学科或学术带头人，培养出了一批具有多学科交叉背景的创新型学术骨干，这为进一步发展我国心血管生物材料表面与界面学科方向奠定了坚实的基础。然而，就目前临床所用的高端心血管植入/介入产品来看，还主要依赖于进口。因此，继续加强本学科领域的投入，发展具有自主知识产权的新一代产品，是本学科发展的当务之急。

从客观上分析，尽管研究者非常重视心血管生物材料表面与生物体作用过程中的基本科学问题，但是，这一研究要求深度的学科交叉，许多基本科学问题很难在短时间内探明。心血管生物材料表面与界面研究属于风险大、投入高、研究周期长的系统工程。但是长期以来，我国在该研究方向的规划、投入和建设还不足，特别是研究队伍有待加强，研究人员需要持续资助以维持研究的延续性和深入性。目前取得的阶段性研究成果还没有被很好地应用到心血管植入器械的表面改性中，原因主要在于研究过程中大学科交叉与合作存在一定障碍，影响了心脑血管系统植入/介入器械的应用与产业化。对这些问题的克服还需要国家在相关领域进行中长期部署、规划、引导及扶持。

由于生物材料的质量和安全非常重要，而目前生物学评价试验的方法和评判依据主要参照现行的相关标准文件，但材料科学和医学科学的迅猛发展，各种类型的医用产品不断问世，现有的标准或方法还不能适应安全性评价的要求。例如，血液相容性评价还缺乏较系统的试验方法，特别是材料对血栓形成和凝血作用机理的研究；对生物可降解性材料包括组织工程用的支架材料的降解性能评价还缺乏完整的标准和方法；生物材料对机体免疫系统作用的评价研究还几乎是空白；针对生物材料检测特点的亚急性、亚慢性和致癌性评价方法至今还没有建立；现行的生物学评价体系中，体外评价试验与体内评价试验之间的关联性如何；体内评价试验外推到人体应用的可信度究竟有多少；采用分子水平的研究结果与整体、细胞水平研究结果之间有无内在联系；对目前在同一评价实验中所建议的几种方法，如细胞毒性试验如何正确选择、它们之间的关系如何、某些检测指标的灵敏度和实际意义之间的问题、浸出液试验中的浸出条件与结果的关系等；生物学评价试验的结果与人体应用实况的解释问题。

此外，标准推荐的方法基本只涉及生物学和医学领域一些最基础的理论和技术，并非一定代表当今生物学和医学领域中最先进、最有效和最适合的检测手段，因此对有些潜在的危害在现行标准体系下还无法检出。目前生物材料生物学评价标准中的试验方法包括动物整体、细胞和分子三个水平。动物实验最接近实际应用，能真实全面地反映材料作用于机体后的总体情况，因此动物体内植入仍是研究生物材料与机体反应的主要手段，其缺点在于成本高昂，实验复杂耗时而且繁琐，不容易控制个体差异和干扰因素，而且因为小动物与人体的巨大差异，实验结果不一定能很好地外推到人类，此外，实验动物使用数量问题也是制约其应用的关键。细胞学实验相对于动物实验来说更为快速、简便和经济，而且容易实现标准化，其中的细胞毒性实验是最常用的方法，但是不能很好地模拟真实的应用情况。

虽然借助已建立的动物实验和细胞实验方法可以直接观察材料是否对机体

和细胞产生影响，对材料的生物相容性做出评价，但不能进一步揭示材料对机体和细胞的作用机理，只能回答“是什么”，而不能回答“为什么”的问题。事实上，生物材料植入人体后，对生物体的作用往往首先从材料的基本组分（分子、离子、化学基团等）对生物体的基本结构——核酸、蛋白质等生物大分子（也叫“生物学终点”，bio-endpoint）的影响上表现出来，然后再引起细胞学和组织学变化。也就是说，细胞水平乃至整体水平的变化是由机体分子水平上的改变引起的。所以，只有在分子水平上对生物材料的影响进行深入研究，才能揭示材料与机体相互作用的机理。因此，生物材料分子生物相容性研究方法将比细胞学方法更为快速、更为灵敏，对于研究生物材料生物相容性的机理具有更重要的意义。近年来，国内外学者已经利用分子生物学方法对生物材料进行分子生物相容性评价，使评价方法从整体水平和细胞水平深入到了分子水平，并取得了相当的进展。这些研究采用现代分子生物学技术研究了生物材料在分子水平上对细胞产生的影响，为生物材料的生物相容性评价提供了更加灵敏有效的手段，但是这些传统的生物分子学方法偏重于研究单个或部分基因、蛋白质的变化，费时、费钱、工作量大、难于自动化，而且无法从整体基因和蛋白质出发来认识生物材料在分子水平上对机体产生的影响。生物材料分子生物相容性研究只有将目标对准整个基因组和蛋白质组，从整体水平去考虑各个基因、蛋白质之间的相互关系，了解它们的协同作用，才能阐明生物材料生物相容性的机理。

在生物材料表面和界面研究平台和团队建设方面，目前国内从事生物材料表面和界面研究的单位主要有四川大学、西南交通大学、中国科学院上海硅酸盐研究所、东南大学、西安交通大学、南开大学、华南理工大学和清华大学等高校和研究所，研究方向主要集中在硬组织植入体和心血管材料两个方面。

四川大学国家生物材料工程研究中心在钛表面与界面研究领域集中于表面微纳米结构的设计、优化及其生物学性能的研究，着重于研究钛表面微纳米结构与生物系统间的相互作用。近年来该中心在该领域承担“973”计划、国家高技术研究发展计划（以下简称“863”计划）、科技支撑等计划多项，以及国家自然科学基金委员会等项目10余项。基于这些项目的支持，在生物医用钛表面微纳米结构的生物学性能及其机理、表面结构的设计与应用、相关产品的开发与临床应用等方面都取得较好的成绩。发展了多种表面微纳米结构的设计和制备方法；提出了表面微纳米结构对其生物学性能的影响机制；通过优化表面微纳米结构实现材料-骨组织界面间的高强度生物活性结合及材料-皮肤组织界面间的生物密封；开发出了新型人工髋关节并应用于临床。近年来发表相关学术论文100余篇，2007年获得国家自然科学奖二等奖。

西南交通大学的生物材料团队近20年在心血管生物材料方向上持续开展了

离子束与等离子体表面改性、生物相容性/血液相容性评价、诱导内皮化、表面微图形化、表面功能分子固定等研究；先后承担“973”计划、“863”计划等国家重大项目和10多项国家自然科学基金项目。在Ti-O薄膜的抗凝血性能方面获得重大突破，获得四川省科技进步奖一等奖；开发出了冠脉支架创新产品；组织承办了“生物材料表面与界面国际会议”；申请与获得授权专利20余项，参与5本著作编写，国际会议邀请报告20余次，发表SCI收录论文100余篇，研究进展发表在美国*Encyclopedias of Biomaterials and Bioengineering*。

中国科学院上海硅酸盐研究所从20世纪70年代末开展生物材料表面改性研究以来，在生物材料等离子体表面改性、生物材料表面纳米化、生物活性化及抗菌化等方面取得了较突出成绩，并成立了专门从事生物材料表面和界面研究的团队。承担了包括国家“973”计划项目和国家自然科学基金委员会项目在内的一系列国家和地方科研项目。迄今已发表相关学术论文150余篇，其中在*Biomaterials*上发表论文16篇，并应邀在材料领域著名综述性期刊*Materials Science and Engineering R-Reports*上发表相关综述论文，出版了*Biomaterials Fabrication and Processing Handbook*、*Biomaterials and Surface Modification*和《生物医用钛材料及其表面改性》等专著。采用等离子体喷涂技术所制备的氧化铝（Al_2O_3）、氧化锆（ZrO_2）涂层曾用于临床，并获国家发明奖三等奖。采用等离子喷涂技术制备了钛及羟基磷灰石涂层，并获上海市科技进步奖二等奖，2003年以来已经生产人工髋关节涂层逾30 000套，供有关厂商投放市场。

东南大学生物电子学国家重点实验室专门建有生物/纳米材料及其生物相容性研究平台，并承担了多项“973”计划、“863”计划等国家高技术项目，国家自然科学基金等国家级、省部级项目，在生物相容性研究领域开展了生物医用材料分子相容性评价新方法和新技术研究、基于基因表达谱、蛋白质组学和生物信息学技术的生物材料与机体相互作用的机理研究、天然羟基磷灰石提取和纳米级制备与生物相容性研究、纳米相应组织修复用天然复合材料制备与生物相容性研究、体内植入微电子系统材料制备及其生物相容性研究等。在国内首先把基因表达芯片技术和生物信息学方法用于镍离子的细胞毒性机理研究，进一步率先在国内采用基因组学和蛋白质组学方法开展了纳米粒子与细胞作用机理的研究并取得了有意义的研究成果，为使生物分子相容性研究进入快速、简便、灵敏、可靠、以机制和定量研究为主的“信息生物学”模式，提升生物材料领域的相关科学理论打下了基础。已在*Biomaterials*上发表相关研究论文，其中一篇被作为“Leading opinion paper”发表。参与的“生物材料分子生物学评价方法研究”获浙江省科技进步奖二等奖。

华南理工大学采用微弧氧化、电化学、等离子喷涂等技术在钛合金表面原位构建出微纳米多级结构生物活性膜层，研究材料的多级微纳结构与宿主细胞黏附、迁移、分化及增殖的依存关系及材料界面微环境（组成、纳米尺度微结构及生物力学性质等）对蛋白质吸附和构象的影响和规律；在体外构建生物活性钛基骨修复材料/细胞界面应力作用模型，研究应力作用下宿主的生物响应特性、硬组织修复材料表面的宿主组织细胞对应力的生理生化反应现象及力学信号在材料/细胞界面传导机制。相关研究获授权国家发明专利 5 项，发表相关论文 30 余篇，教育部提名国家科技发明奖 1 项，广东省科学技术奖 1 项。

清华大学自 1990 年以来开展了离子束和等离子生物材料表面改性研究，在等离子和载能束与材料相互作用机理、等离子和载能束与细胞等生物体作用机理、离子束增强沉积改善人工关节 Ti/HA 界面结合力、CN 材料和 DLC 表界面细胞反应研究和医用镁合金表面改性研究等方面取得了一些有影响的成果，发表了一系列的研究论文。

西安交通大学在硬组织植入体表面改性方面也开展了一系列研究，采用电化学沉积、等离子喷涂、水热合成制备了羟基磷灰石涂层，并对其结构、残余应力、结合强度及生物学性能进行了系统研究。此外，采用微弧氧化技术在医用钛合金表面制备了一系列的涂层，探讨了涂层形成机理、结构、结合强度及生物学性能。在国内外期刊发表论文 120 余篇，授权发明专利 7 项，获陕西省科学技术奖一等奖 1 项。

南开大学生物活性材料实验室长期以来开展血液净化吸附树脂研究，所关心的关键科学问题是材料表面的分子识别与吸附。通过对大孔吸附树脂表面进行特异性配基的修饰和固定，获得对血液中复杂致病物质的专一性或高选择性清除，有效治疗红斑狼疮、类风湿关节炎等免疫性疑难疾病，以及急性肝衰、肾衰、脓毒症、急性药物中毒等。该实验室的研究特色是创制适用于全血灌流的吸附树脂，而国外普遍采用血浆吸附。由于血浆吸附设备复杂，治疗费用高，不适合我国国情。然而，全血灌流树脂要求材料具备优良的血液相容性。在“973”计划项目资助下，该实验室不仅深入开展了材料表面分子识别的基础研究，为血液净化吸附树脂的研究提供了理论基础，还开展了大孔树脂表面的抗凝血问题研究，解决了多种树脂的血液相容性，开发出 10 余种医用吸附树脂，形成了两个系列、6 个产品，最近三年产销树脂柱 20 多万只，临床治疗药物中毒、肝肾衰竭和系统性红斑狼疮患者 20 余万人次。几年来获得授权专利 6 项，其中美国发明专利 1 项，新申请专利 10 余项，发表 SCI 收录论文 100 余篇。2007 年获得何梁何利奖，2009 年获得国家科技进步奖二等奖。此外，该实验室近年来还开展了小口径人工血管研究，承担了“973”计划项目子课题、国家杰出青年科学基金项目、国家自然科学基金委员会重点项目以及多项面上项目。采用血管支架活性修饰、生长因子复合、载基因支架、内皮干细胞捕捉等先进手段，努力解决血管材料的凝血问题和内皮化问题，立足于组织诱导性生物材料的研究策略，创制新型的小口径血管材料。

（三）药物控释系统

传统而又典型的药物输送和药物控制释放系统是用于优化已经市场化的药物，提高其疗效和生物利用度，提高机体对药物的耐受性，或改善给药途径，提高药物使用的顺应性。与此同时，在新药研制包括候选新药的过程中，药物输送系统在增强难溶性新药候选化合物等诸多方面也具有重要作用。而近年来，新兴生物技术和生物技术类药物的高速发展使药物输送系统在一些极具潜能的生物活性药物的开发中扮演着必不可少的角色。

利用生物材料进行药物输送的研究可以使一些“老药”焕发新春，如一种用于癌症治疗的广谱性血管增生抑制剂 TNP-470 的口服生物利用度很差，半衰期短，但将它键合到聚乙二醇单甲醚和聚乳酸嵌段共聚物末端并制备成纳米高分子胶束后，药物更容易通过小肠吸收并选择性地在肿瘤部位累积，从而显著抑制肿瘤的生长和转移。利用生物材料进行药物输送更有助于新兴药物的研发，这些新兴药物中最典型的包括多肽、蛋白质和疫苗、寡核苷酸、DNA 和 DNA 疫苗、siRNA 分子。这一类研究工作近几年十分活跃，获得国际药学界和制药公司的广泛关注，其中以核酸类药物的输送研究尤为突出。例如，利用脂质材料作为载体的核酸脂质颗粒（SNALP）可以将针对 ApoB 的 siRNA 通过静脉注射输送到体内，显著降低 ApoB 蛋白、血清胆固醇和低密度脂蛋白的水平。在药物载体材料的研究上，国际上开始采用高通量方法筛选合适的载体材料，如通过通量化学合成建立富含结构变化的大型载体材料库，可以方便高效地筛选出合适的载体材料。药物输送载体材料还具有由单一传输功能向兼有多种功能的载体发展，如可同时控制小分子药物和生物活性大分子药物的输送，或可携载药物分子和用于诊断和显影的分子，或同时具备主动靶向等功能；同时，药物输送体系也从宏观尺度向微观纳米尺度、从组织水平向细胞和分子水平快速发展。

近些年我国对药物输送及其相关生物材料的研究十分重视，在 2006 年和 2008 年先后召开的“生物大分子药物高效化的基础研究”（第 282 次）、“纳米药物与纳米生物学前沿”（第 293 次）、“肿瘤纳米技术与纳米药物”（第 331 次）香山科学会议中均对药物输送的研究进行了讨论。“十一五”的纳米科学重大研究计划在导向性药物输送的基础研究、脑疾病、艾滋病和癌症治疗的基础和应用研究、改善难溶性药物功效的应用基础研究等方面先后立项，支持基础性和应用基础性药物输送的研究。2007 年“973”计划项目“导向性纳米载药系统及其在脑部疾病治疗与诊断中的应用基础研究”立项；2009 年又分别立项“基因靶向治疗的应用基础研究”和“基于纳米技术的药物新剂型改善肿瘤治疗效果的应用基础研究”。国家自然科学基金委员会也对药物输送生物材料的研究给予了重点支持，先后在聚合物胶束作为多功能药物载体的研究、肿瘤靶向药物和 siRNA 输送载体的研究、智能性可生物降解高分子材料的研究等多个方向给予了重点项目资助。

近几年我国大陆科学家在药物输送及药物输送生物材料的研究方面取得了显著进步，在国际上已经具有一定的影响。例如，中国科技大学研究人员采用噬菌体展示技术筛选到一个由 11 个氨基酸组成的能高效帮助蛋白质类药物透皮的短肽，将该肽与胰岛素在生理盐水中简单混合并涂于糖尿病实验大鼠的皮肤上，即能产生良好的降糖作用。该肽还能帮助人生长激素透皮，由此推测它可能对蛋白质类药物有通用性。该肽促进胰岛素透皮的活性具有高度氨基酸序列特异性，通过短暂打开皮肤屏障起作用，并显示毛囊有可能是透皮的通道。研究论文发表在 *Nature Biotechnology*，并入选 2006 年度中国基础研究十大新闻。中国科学院生物物理研究所研究人员用聚乙二醇衍生化磷脂溶入水中后，与传统抗肿瘤化疗药物阿霉素自组装形成直径 10 纳米至 20 纳米的输送载体，提高了阿霉素在肿瘤组织中的富集和对深层组织细胞的渗透，增强其抗肿瘤效果并降低毒性，其结果发表在 *Journal of the National Cancer Institute*。该研究成果被评选为 2007 年中国十大科技进展新闻。

（四）生物识别器件

DNA 生物传感器是目前生物传感器领域的热点之一。如何实现传感器识别分子的固定化、如何提高传感器的灵敏度和特异性、开拓新型的信号转换技术是该领域的关键问题。目前的研究主要集中在优化电极结构及固定技术提高 DNA 的固定效果；结合其他技术及先进材料等，获得更高灵敏度的检测；继续深入研究其在临床基因诊断、药物筛选等方面的应用；寻求其他技术与 DNA 电化学生物传感器的结合，拓展其研究应用领域方面；这些方面的进展都有望成为 DNA 传感器的潜在创新点，为实现人工智能化、微型化、商品化奠定基础。在国家自然科学基金委员会、中国科学院等支持下，中国科学院上海应用物理研究所研制了新型的电化学 DNA 纳米生物传感器，这一生物传感器具有高灵敏度和高特异性，研究水平达到了国际先进水平，在生物医学领域显示出了广泛的应用前景。

核酸适配体（aptamer）传感器是近年来新型的生物传感技术，研究十分活跃。与其他分子识别物质相比，核酸适配体具有高特异性、高亲和力、可识别的目标分子范围广、可体外筛选、化学合成、分子质量小，不仅具有良好的稳定性，而且可反复变性、复性，进行重复利用的特点。根据检测信号的不同，已发展了光学适体传感器、电化学适体传感器等。荧光适体传感器研究主要致力于开发新的荧光信号物质，探索新的检测原理，寻找新的检测方式。电化学发光适体传感器的研究进展缓慢。这是因为电化学发光标记物的种类有限，合成电位较低、发光效率强、可重复使用的发光标记物，研制性能稳定的电化学发光适体传感器，是电化学发光适体传感器研究的一个方向。电流型电化学适体传感器，主要为标记型适体传感器，具有灵敏度高的优点，在电化学适体传感器中研究较多。目前，在电化学适体传感器研究方面人们主要致力于寻找稳定的固定化方法和灵敏的电化学标记物，探索新的检测原理。非标记型电化学适体传感器主要有阻抗型、压电型等。近年来因这类传感器简单、方便，得到人们的特别关注，已成功应用于蛋白质组学、病毒检测、疾病诊断和环境检测等方面。

早期的免疫传感器主要是通过 QCM、SPR、IAsys 等研究抗原-抗体之间的相互作用，近年来发展了电化学免疫传感器，目前主要有两种方法。

1）标记法：主要采用酶、荧光物质、电活性化合物等进行标记，抗体与抗原反应过程通过电化学、光学等手段进行检测，同时对浓度信息加以化学放大（酶标记），从而实现高灵敏检测目标物。该类传感器的原理主要有夹心法和竞争法，前者是在样品中的抗原与传感界面上的抗体结合后，再加标记的抗体与样品中的抗原结合，形成夹心结构；后者则是用标记的抗原与样品中的抗原竞争结合传感界面的抗体。

2）非标记法：是在抗体与其相应抗原识别结合时直接转变成可测信号。这类传感器在结构上可进一步分为结合型和分离型两种。前者是将抗体或抗原直接固定在传感器表面上，传感器与相应的抗体或抗原发生结合的同时产生可测信号；后者是用抗体或抗原制作抗体或抗原膜，当其与相应的配基反应时，膜电位（或其他物理参数）发生变化，测定膜电位的电极与膜是分开的。非标记法避免了抗体或抗原的标记步骤，简化了传感器制备过程，所得传感器的造价低廉，而且可以节省时间，是免疫传感器发展的主要方向。

酶传感器是最早的生物传感器，到目前为止，基于酶催化反应的电化学生物传感器经历了 3 个阶段，即以氧为中继体的电催化、基于人造媒介体的电催化和直接电催化。其中第三代酶传感器是研究的重点，这类传感器是在无媒介体存在的情况下，利用酶与电极间的直接电子传递设计制作的酶传感器，目前实现第三代传感器的关键是要缩短电子隧道距离。利用交叉学科方法将纳米材料在光、电、磁等方面的特殊功能有机地结合运用于电极界面，制备高灵敏、高稳定、微型化的酶电极，在分子和原子水平上进行实时、现场和活体监测是酶电极研究的另一重点内容。

近年来美国提出了“NBIC 会聚技术”（nano-bio-info-cogno）的概念，是纳米、生物、信息和认知——当前迅猛发展的四大科学技术领域的有机结合与融合。这一全新概念一经提出即引起了世界各国研究者与科研管理机构的密切关注。中国科学界也迅速做出反应，如中国科学院、国家自然科学基金委员会都召开了以NBIC为主题的讨论会。“NBIC会聚技术”代表着世界科学研究与开发新的前沿领域，其发展对于人类社会的发展与国家竞争力的提高有至关重要的作用。值得注意的是，生物传感器正是这四大领域会聚的典型例子。

在传感器研究领域，从事生物传感器研究的科研机构主要有清华大学、浙江大学、北京大学、南开大学、南京大学、中南大学、复旦大学、华东理工大学、东南大学、湖南大学、中国科学院长春应用化学研究所、中国科学院微生物所、中国科学院武汉病毒所、中国科学院上海应用物理研究所、山东省科学院生物研究所等单位。可见我国已经拥有了较大规模的生物传感器研究队伍。仅2007年就有三项“973”计划项目立项，分别是“生物单分子和单细胞的原位实时纳米检测与表征方法”、“人工纳米生物机器构筑与生物医学应用的基础研究”和“微纳生物医学传感器及超敏感探测相关基础研究”。2009年又立项“仿生分子识别技术在生物医学应用的基础研究”。

生物膜与膜生物工程国家重点实验室成立于1988年，依托于中国科学院，下设膜生物物理与膜生物技术（清华大学分室）、离子通道与受体分子生物学（北京大学分室）。北京大学分室主要从事细胞膜离子通道及细胞信号转导的研究、神经递质与受体的分子生物学研究和生物膜结构与功能的研究。有多名教育部长江学者和国家杰出青年科学基金获得者，2002年获得国家自然科学奖二等奖。

中国科学院长春应用化学研究所电分析化学国家重点实验室是2001年科学技术部批准建设的国家重点实验室，已经成为我国电分析化学的重要研究基地之一。实验室以电分析化学和电化学的基础研究为主要研究方向，瞄准分析化学发展的前沿领域，重点研究电分析化学基础理论，生命、信息和材料科学中的分析化学研究，以及分析化学中交叉学科新方法，发展分析化学的新原理、新方法和新技术。在生物膜的电化学模拟，液/液界面电分析化学，化学修饰电极和酶电极的基础研究，模拟生物膜的电化学研究，综合电化学分析仪研制，ECSTM和针尖研制等方面的研究工作取得重要进展。获国家自然科学奖2项，中国科学院自然科学奖2项，省部委奖7项，国际奖2项。发表论文1000余篇。申请专利42项，获权16项。研究队伍有中国科学院院士，第三世界科学院院士，中国科学院“百人计划”和国家杰出青年科学基金获得者。

浙江大学生物传感器国家专业实验室成立于1991年，主要研究和开发生物医学领域中的传感器和检测技术，兼顾其他相关行业的传感器及检测技术。实验室在长期教学和科研的基础上形成了自己的特色，不仅从传感器本身的发展，而且从系统整体的角度研究传感器技术及其信息处理，结合功能材料、微电子技术等多种学科，从信息整体角度来研究发展微型和超微传感器、阵列式传感器和智能传感器，从而获得传统方法难以获得的信息；同时应用模式识别和人工神经网络等信息处理技术开展多维信息的深度加工，以期深刻理解所研究对象的本质，促进传感器的进一步发展。经过 30 年的持续发展，培养了一支医学、工学、理学等多学科交叉、基础扎实的科研队伍。

南开大学生物活性材料教育部重点实验室从事新型监测、诊断材料及纳米生物学技术研究，侧重于生物体相关物质、体内药物传感器的开发，以及可用于生物大分子作用机理研究的新型生物传感技术及光、电化学生物传感器方面的研究。构建了基于细胞因子和受体相互作用及活血化瘀中药有效成分作用机理研究的新型生物传感技术。揭示了 TNF-α/sTNFR-I、ET-1、IL-1α/ sIL-1R I 是赤芍 801 作用靶点，同时也可作为测量其药理活性及作用机理的指标。初步构建一种可用于方剂有效组分作用机理研究的新方法，取得了原创性研究成果。近年来取得国内外技术专利 10 余项，发表学术论文 300 余篇。

南京大学生命分析化学教育部重点实验室将分析化学与生命科学、材料科学、环境科学和临床医学交叉结合，围绕生命科学中测试新原理、新方法和新技术开展工作，在纳米生物分析化学、微纳流控生物分析、免疫分析新方法、细胞分析化学、分子电子器件与药物分析化学等方面取得系列性成果，3 年发表 SCI 论文 238 篇（其中 IF≥3.0 的刊物有 178 篇，IF≥5.0 的刊物有 65 篇，IF≥7.0 的刊物有 13 篇），授权专利 16 项，这些成果发展了生命分析化学的新原理、新方法，丰富了分析化学基本原理和相关学科的内涵，得到了广泛引用，产生了国际影响，为生命科学研究、临床诊断、新药开发、卫生防疫与监督、食品安全和其他突发事件等的分析检测提供了新的技术与有力工具。2007 年获国家自然科学奖二等奖 1 项，2006 年获何梁何利科学与技术进步奖 1 项。

东南大学生物电子学国家重点实验室以生物信息材料与器件、生物信息获取和传感、生物信息系统和应用为主要研究方向。研究内容涉及分子（纳米）有序材料及其制备、分子有序结构的组装与表征、分子/纳米器件、生物/纳米材料及其应用、植入式电子器件、单分子与单细胞检测、生物传感器、微阵列芯片技术、微流体生物芯片、生物信息学、仿生信息处理系统及应用、脑信息系统的建模和应用等。实验室已经建立了生物/纳米材料及其生物相容性研究平台，单细胞和单分子研究检测平台，微阵列芯片及后基因组技术研究和应用平台，微纳结构组装、加工和综合表征平台，生物信息分析和生物计算平台，生物电子器件开发和综合应用平台 6 个创新研究设施和专有技术体系。实验室拥有中国工程院院士 1 名，长江学者特聘教授 2 名，国家杰出青年科学基金获得者 2 名，形成了一支包括信息、电子、生物医学、化学和物理及计算机等不同学科研究背景的多学科交叉的年轻科学家群体，并于 2001 年获国家自然科学基金委员会“创新研究群体科学基金”资助。在国际重要的学术刊物包括 *J. Am. Chem. Soc*、*Angew. Chem. Int. Ed*、*Nucleic Acids Res*. 等上发表 SCI 收录学术论文数百篇。

湖南大学化学生物传感与计量学国家重点实验室在纳米构造与超小型生物

传感器，亚细胞生化测量与监测、微流控生物芯片、多通道模式滤光传感器，表面等离子体共振生物传感、新型电、光化学传感器，新型生物与免疫传感技术，敏感膜与传感器界面的构建与表征技术，分子印迹体声波仿生传感器，药物声波离子敏化传感等方面，取得了一批具有国内领先水平、在国际上有一定影响的科研成果。近年来，在实时生物医学成像和活细胞监测，单分子操作、检测和显微成像，分子信标 DNA 探针，生物传感器界面设计与构造技术，核酸蛋白质等相互作用过程和机理研究，纳米碳管生物传感器等方面又取得了一些具有国际先进或领先水平的成果。实验室现有中国科学院院士 2 人，以及国家杰出青年科学基金获得者和教育部“长江学者奖励计划”特聘教授。实验室所发表的 SCI 源期刊收录论文逐年增加，2007 年达 140 篇以上。

山东省生物传感器重点实验室研制出 10 余种生物传感器产品，在国内外发酵、食品、医药、体育、科研等领域广泛应用。实验室主要致力于采用生物技术、先进分析技术及自动控制技术，开展固定化酶电化学生物传感器及其相关技术的研究；发展纳米、光纤、压电晶体生物传感器及生物芯片技术；研制和开发有特色的先进分析仪器、仪表、生物反应系统的控制技术及设备，建立生物过程检测与控制的技术研究和服务平台。

综上所述，我国已建立了很多生物传感器相关实验室，基本覆盖了生物传感器研究的各个领域，但是大多数生物传感器的研究还只局限于实验室研究阶段，这一领域的多数研究者都瞄准生物传感器中敏感元件的研究，而在传感器信号转换新原理、新技术方面的投入明显不足，致使性能优良的敏感元件无法与相应的电路元件匹配，使得具备商品化条件的敏感元件的研究停滞不前，造成产业化推进速度还比较缓慢，这主要是因为目前的学科交叉主要致力于传感器敏感元件的制备，而在传感器整体的投入力量不足，在产学研结合方面还存在很大的问题。

（五）纳米生物材料

近年来纳米生物材料的研究工作主要集中于骨组织工程支架材料的制备与改性，形成了稳定的研究队伍，关键技术都拥有自主知识产权。可用于临床的人工骨替代物，已完成了整个制备工艺的研究，具备了产业化的条件。并且根据骨组织工程多孔支架制备工艺的需要，自行设计了一批专用设备，在实现前期目标的同时，也为今后的进一步发展奠定了坚实的基础。

在纳米生物安全性方面的研究，美国 2004 年开始将纳米安全性评估列入重点研究计划，其中 NNI 资助 10 亿美元进行纳米科技对健康、环境的影响及应用研究。相关安全性方面的研究主要包括：①纳米材料在细胞和分子水平上与机体相互作用机理的体外和模型研究；②纳米材料与环境的相互作用；③纳米材料在环境中的迁移、分布和转归规律；④纳米材料潜在的暴露、危害和工作场所防护装置的研究。美国纳米科技毒理学项目资助的纳米材料的安全性研究包括二氧化钛、量子点通过皮肤和呼吸系统暴露偶吸收、分布及健康效应；纳米碳管的吸入暴露的控制方法。曼彻斯特、华盛顿大学和明尼苏达大学共同参与研究了纳米材料的理化特性和毒理学特征的关系，希望能够建立基于纳米结构特征的纳米材料毒性、有益性（salutary）和生物相容性的计算机预测模型。

欧洲联盟（以下简称欧盟）研究资助的计划主要包括：纳米安全计划旨在搜集相关纳米材料的危害信息，评估消费者在使用，生产工作场所在生产、处理和使用纳米材料时的潜在危险性，提出规范管理和降低危险的方法；纳米皮肤计划旨在研究和发展评价皮肤对纳米材料进入机体屏障的有效性和纳米颗粒在皮肤的生物学活性；纳米病理学旨在建立诊断方法研究纳米颗粒导致疾病的病理学机制以判定其病理学意义；空气传播纳米颗粒污染导致健康危害的多学科研究旨在研究发展新的筛检工具评估暴露空气传播污染的健康危险性，调查危害的成分和毒理学作用。以上研究项目多已完成。进一步的研究包括：Nanotox项目旨在建立纳米材料应用的欧洲标准，法规、伦理、政策规范的指导方针和建议；“纳米安全”项目旨在发展综合系统来评估纳米科技的潜在危害，尤其是作业场所、消费者的健康安全和环境保护。项目重点：在研究检测、表征、危害评估技术和纳米科技应用的安全生产程序；纳米颗粒-危害计划旨在建立5种纳米颗粒数据库，通过体内和体外研究评估其经呼吸和经口暴露的毒性；聚合物在继发的有机气溶胶的研究目标为获得评估纳米尺度的污染对人类健康的影响基准，并评估气溶胶聚合作用对空气质量和气候的影响。

我国近年来开始重视纳米生物材料的研究，据不完全统计，“973”计划项目除了2006年立项的“人造纳米材料的生物安全性研究及解决方案探索”和“生物医学纳米材料对细胞作用的研究”，2007年立项的“纳米材料在再生医学和器官修复应用的机理研究”外，2008年又启动3个项目：“纳米生物材料的合成、组装及在生物医学领域的应用”、“应用纳米技术解决新型抗艾滋病药物的若干关键科学问题”和“纳米技术改善难溶性药物功效的应用基础研究”。

（六）微流控芯片和表面图案化

微流控芯片（microfluidic chip）技术近几年来也频繁以“芯片上的实验室”（lab-on-a-chip）名称出现在科学文献中。这一名称的变换折射出了目前微流控技术领域的发展趋势，即研究的主体逐渐从单一功能的简单芯片向具有多个功能有机整合的复杂芯片转变。在过去的20年内，微流控技术逐渐成为了分析化学领域的重要发展方向，而最近微流控芯片在生物医学工程领域的应用成为这一技术自身优势的最有力展示。现代微流控芯片利用日渐成熟并广泛使用的微加工技术在硅片、玻璃、高分子等多种材料或这些材料的复合体上制备微型通道以供流体物质从中输运。这些通道的尺寸通常为10～10^4微米，非常适合生物医学工程领域的许多研究主体，如细胞和生物大分子等。微流控芯片不仅可以加深人们对微观尺度下（亚微米到百微米量级）生物现象的理解，同时为生物医学及其相关实验提供了一个新颖而有效的平台。

微流控芯片技术的发展明显体现了两条重要的主线：一条是以强调微尺度下流体运动特性及加工工艺的特点来实现生物医学工程领域中传统技术与方法难以完成的任务；另一条是通过减少样品和试剂用量同时结合简便的操作方法来实现低消耗、高通量的生物检测或医学诊断，形成具有实际应用意义的芯片形式产品。

我国的微流控芯片研究早期集中于毛细管电泳芯片的制备和应用研究。这一类芯片基本上是利用传统玻璃（或氧化硅）基底的微加工工艺，通过湿法或者干法刻蚀技术制备出微沟道，然后通过键合方法组合成四周封闭的微流通道。这一类芯片在电泳分离上发挥了重要的作用，但是仍然存在一些重要的细节问题。华中科技大学、武汉大学、南京大学、浙江大学、中国科学院大连化学物理研究所、中国科学院化学研究所等单位在微流控电泳芯片上做出了不错的工作。但是，对于生物医学工程这一微流控芯片研究的重要应用领域而言，电泳芯片只是微流控技术强大应用背景的一小部分。近年来，越来越多的实验室和研究人员逐渐将研究重点转向电泳之外的研究领域，为微流控技术与生物医学工程的结合应用创造了条件。

浙江大学在微流控样品获取和自动化控制方面取得了很好的成绩，所开发的“缺口管”进样系统为解决小体积的样品采集与分离提供了一个创新性的方法。中国科学院大连化学物理研究所、华中科技大学、中国科学院化学研究所及清华大学的研究团队在芯片电泳方面做出了许多创新性成果，并设计了小型化的样机设备。南京大学和复旦大学的多个研究团队将酶反应体系和电泳芯片结合，为生物分析提供了实验和理论基础。国家纳米科学中心的研究团队在细胞图案化和细胞迁移方面做出了很有特色的工作。北京大学的研究团队在微量液体分配上实现了创新性的设计。

和国际上微流控芯片发展的整体状况相比，我国在本领域的发展还处于相对落后的状态，科技论文数量虽然有所上升，但是质量和国际先进水平还有不小的差距。国际上利用微流控芯片进行生物医学工程相关的研究所涉及的领域很广，从技术上看，主要的趋势可以归纳为以下几类：

1）利用微尺度下低雷诺数流体的层流特性进行不同位置的化学环境控制，这样的可控芯片可以用于细胞生物学的研究，也可以形成特定的浓度梯度，还可以用于细胞的特定分离等。这一类芯片在制备上往往不存在太大的难度，而应用上却是丰富多彩的。例如，美国科学家利用简单的层流性质进行胚胎的发育调控研究、筛选并富集高质量的精子、了解干细胞分化等研究。近年来我国科学家在这一方面的工作和国际先进水平相比取得了不错的进步，但是在应用方面还有很大差距。

2）利用简便的软刻蚀方法通过合理设计的芯片结果进行高通量和自动化的微量液态样品处理，这一类芯片在复杂的细胞微环境控制、多步反应操作、单细胞操纵与分析、微量生物分子合成与富集、细胞内容物分析、生物分子相互作用分析、快速医学诊断等方面均有重要的应用前景。我国科学家在这一方面的研究在最近几年有了飞速发展，在多层软刻蚀技术制备的集成化芯片方面，北京大学、国家纳米科学中心、中国科学院大连化学物理研究所、中国科学院深圳先进技术研究院、复旦大学、厦门大学等多家单位都取得了不错的初步结果，但是在芯片制备水平和所研究科学问题的深度上并没有达到世界先进水平，这一领域是微流控芯片在生物医学工程方面最重要的应用，我国研究人员最近的进展速度有望使这一方面的工作在可以预期的将来晋级国际先进行列。

3）通过非相溶液体制备基于液滴形式的微流控芯片，这一类芯片的特点是可以和许多生物学和化学反应相结合，应用于大规模的检测或者是特定材料的制备中。例如，利用这样类型的芯片测定蛋白质反应的动力学、观察并筛选微型蛋白质晶体、制备特定微球型材料、包裹并进行单细胞分析与分离等。我国科学家在这一领域的工作相对较少、影响较小；武汉大学、中国科学院大连化学物理研究所、香港中文大学、北京大学等科研机构在此类结构的芯片上做出过一些有特点的工作，但是距离国际先进水平尚有差距。

4）利用微流控芯片进行细菌和细胞的原位培养与观测，了解小拷贝数体系中生物体间的相互作用和通信过程，这一类型的研究通常是典型的基础科学研究。例如，在微培养室内观察细菌间的群体效应和相互通信过程并通过操纵来调节其信号转导通路、利用特定的微流控限域手段进行不同细胞的共培养并观察其运动过程、细胞间接触与非接触条件下的信号通信及迁移、干细胞在特定环境条件下的可控分化、大规模的药物刺激过程等。我国科研人员在这个领域的跟进速度很快，但是高水平的工作仍然不多。国家纳米科学中心、北京大学、清华大学、中国科学院大连化学物理研究所、南京大学、浙江大学、中国科学院上海微系统与信息技术研究所（简称微系统所）等单位均开展了这一领域的研究，在细胞迁移、细胞微环境控制、细胞图案化及细胞受力刺激的研究方面，国家纳米科学中心做出了创新性的工作。在少量细胞药物刺激响应和以线虫作为模式生物的芯片筛选研究中，中国科学院大连化学物理研究所近期的工作值得重视。

5）利用微流控芯片反应体积小、反应完成度高、反应时间短的一些特点开展的生物传感器和检测器件的研究。国际上这一方面的研究明显趋向实用化。

例如，利用微流控技术进行液体输运而通过核酸识别进行的流感等传染性疾病的检测芯片、利用多个集成单元精心设计而进行的体液分析的芯片等。我国科研人员这一方向的研究除少数团队的结果外，与国际先进水平相比差距较大。国家纳米中心、浙江大学、南京大学、东北大学、中国科学院大连化学物理研究所等单位的研究人员发表了一些针对疾病诊断和环境检测方面的结果，但是距实际应用阶段还有不少距离。

总体而言，我国对微流控芯片领域的研究处于起步阶段，虽然经过了不短时间的摸索，但是在直接面对生物医学工程应用方面并没有大的突破。从国际上近年的发展可以看出，这一领域越来越依托生命科学和医学领域问题的提出。和国际先进水平相比，我们的任务还很艰巨。我们不但缺乏基本的原创性的突破，也缺少成功应用实例。

我国在微流控芯片研究方面的支持力度正在加大，从2008年开始，国家自然科学基金委员会支持了重大项目“微纳流控生化分析集成系统的研究”；而在此之前科学技术部“973”计划也开始了两次针对微流控技术的支持，如2007年立项的“微流控学在化学和生物医学中的应用基础研究”。而国家自然科学基金委员会和科学技术部在其他项目中对微流控技术的支持也是持续和不断加大的。在全国绝大多数的高等院校和科研机构内，均有科研人员在从事微流控芯片的研究。由于长年来微流控芯片被归类于化学学科的分析化学专业，所以真正从事生物医学工程研究的科研人员所申请的经费数目不多。随着生命科学和医学所面临的问题挑战性增加，微流控芯片作为一个重要的解决手段，不断受到国内生物医学工程领域研究人员的重视。

到目前为止，以培养细胞为目标的表面图案化技术主要分为两类：一类是通过表面修饰形成细胞黏附生长的化学信号图案化区域，使细胞选择性地黏附形成图案；另一类是通过可移除的物理障碍将细胞限制在图案化的区域生长，形成细胞图案。基于上述这两种原理，各种细胞图案化技术相继出现并得到发展。表面图案化方法主要分为三类：微加工技术（如光刻）、非常规法制备微纳结构（如软刻蚀、皱纹技术等）、自组装（如嵌段聚合物自组装）。

光刻技术是半导体产业中的成熟技术，主要用于在基底表面形成光刻胶的几何图案。将基底暴露于表面修饰材料（如蛋白质等），后者通过吸附形成与光刻胶互补的图案。把基底浸入到有机溶剂中将光刻胶洗脱，这样就在底面上形成表面修饰蛋白的图形，细胞就会按照已修饰的图形黏附和生长，形成细胞图案。光刻技术以其较高的精确度成为在固体表面上进行图案化的主要手段。但是，光刻过程需要洁净空间和昂贵的设备并且对实验者要求较高，限制了其在生物技术方面的广泛应用。此外，光刻加工过程中用到的化学溶剂容易使生物大分子变性，使它们失去活性。

非常规法制备微纳结构应用最为广泛的是软刻蚀（soft lithography）。软刻蚀技术首先通过光刻技术制备高分子聚合物［如聚二甲基硅氧烷（polydimethylsiloxine，PDMS)］印章，然后使用各种“墨水”来复制相应的微米甚至纳米尺度的结构。相比于光刻，软刻蚀的优点在于：①印章制作过程更简便，可重复使用。②相容性好，“墨水”可以是小分子，如硫醇分子；大分子，如梳型高分子、蛋白质等。此外，PDMS 的弹性可以使其容易在曲面和外形可变的基底上进行图案化，透明、自发荧光低的特点更使得某些样品可以直接在光学显微镜下观察。软刻蚀的这些优点使它正成为细胞图案化的主要方法，常用到的有微接触印刷、微流控图案化及模板图案化。

微接触印刷（microcontact printing，μCP）技术最早用来转移硫醇到金表面，形成图案化的自组装单层膜（self-assembled monolayer，SAM）。微接触印刷的使用范围不仅仅局限于金表面，在聚乙二醇修饰的玻璃和二氧化硅表面同样可以使用。如上所述，传统的微接触印刷只能形成一种或两种分子图案，只有使用多级印章才可以形成多种分子的图案，但其制备过程相对比较复杂。微流控图案化是利用 PDMS 模板与底面接触后形成的微流管道引导信号在表面吸附形成图案，信号分子以溶液的形式通过毛细作用或用注射泵进入微流管道。该方法的优点是无需对修饰在表面的分子进行干燥，适合敏感分子（如不稳定的蛋白质或酶）的表面图案化，缺点是形成的图案一般是连续分布的，这就限制了图案形状的多样性。

常见的用于细胞图案化的“模板”材料是 PDMS。具有透孔的 PDMS 模板在与基底紧密接触后，透孔处的底面就被暴露出来并被用于细胞的黏附。模板图案化是一种不需要对基底进行化学修饰也可进行细胞图案化的方法，但该方法制作圆形、方形等简单图案比较容易，边角比较多的图案在 PDMS 的剥离过程中易损坏。

在利用光刻技术和非常规法制备微纳结构进行表面图案化方面，我国许多高校和科研院所进行了有益的尝试，发表了大量有关方法学的文章，如清华大学、吉林大学、复旦大学、浙江大学、国家纳米科学中心、中国科学院长春应用化学研究所和中国科学院苏州纳米技术与纳米仿生研究所等，但从事细胞行为研究的单位不多。

为了更好地模拟现实中多种细胞共存的情况，科学工作者开发了更复杂的图案化方法。例如，哈佛大学 Whitesides 教授课题组利用复杂的多层 PDMS 微流管道，在二维表面上实现了多种不同细胞的精确有序化控制。利用这种方法可以在二维表面形成不连续的细胞图案（尺寸在百微米左右），其中最底层为细胞黏附层。当上层的三维微流管道与最底层接触时，管道内部的细胞被管道侧壁所限制而停止迁移和分裂，将管道揭去之后，细胞就可以自由地迁移和增殖。这种方法可用于构建细胞相互作用模型，研究如血脑屏障、胚胎发育等问题。此外，芝加哥大学 Mrksich 教授课题组利用硫醇的自组装单层膜也将两种细胞有序排列在金片表面。先利用硫醇在金片表面图形化一种细胞，然后用电激活原来不能黏附细胞的“惰性”区域，使得整个金表面都可以被细胞黏附，再放入第二种细胞。与之类似，最近科学家们开发出很多使细胞图案化的新方法。例如，利用微流技术和带有图形的基底来控制多细胞分布，或者利用自组装单层膜结合薄膜技术，并通过离心使图形化的细胞快速贴壁，从而在时间和空间上对细胞进行控制。

上述通过操纵空间位置来调控多细胞体系的方法在体外组织重建等领域中有很广的应用前景，如肝脏、皮肤、血管、肌肉及其他的组织。体外模拟体内研究的最终目的是可以应用于组织工程，但是若把上述体系移植入体内还存在一定的障碍。大多数的细胞图案化技术都是以硅、金或玻璃为基底，若使细胞从基底上脱附并且维持原有的结构还是一个较大的技术难题。于是人们开始了以生物材料为基底进行细胞图案化的研究，以求基底可以在体内直接降解。壳聚糖和明胶具有较高的生物相容性并在生物医学领域有了广泛的应用，研究证明在壳聚糖和明胶膜上可以进行人微血管内皮细胞的图案化。将纤维原细胞和人微血管内皮细胞在壳聚糖基底上图案化以后共培养会产生毛细管状的结构。在这些方面清华大学、复旦大学、浙江大学、国家纳米科学中心、中国科学院化学研究所和中国科学院苏州纳米技术与纳米仿生研究所等开展了一些工作。

综上所述，细胞图案化在生物材料和生物医学工程中已有广泛的应用。其发展趋势是从二维平面的实验系统向三维的组织结构转变，实现组织中的几种细胞以最佳的数量和位置在体外共培养，且在体外获得并维持它们在体内的正常功能。我国在表面图案的制备方面取得了很多的成果，在某些技术上已经处于前沿领先的地位。但在研究图案化表面的细胞行为方面，我们的研究工作还基本处于起步阶段。从国际上近年的论文发表情况来看，关于二维表面图案制备的工作越来越少，在这一类表面上进行细胞行为研究也一直没有取得大的突破。三维支架的制备、对细胞的动态控制和对多细胞的共培养等工作正在受到越来越多的关注。在这方面我国的研究队伍总体偏小，仅在2009年受“973”计划支持的“面向组织修复与替代的纳米生物材料的研究”项目中有部分表面图案化的研究工作。

第四节 学科发展布局

一、总体发展战略布局

生物材料与人民群众的生命健康和生活质量等切身利益密切相关，是全社会关注的热点，也是构建社会主义和谐社会的重要内容。世界各国都在争相发展生物材料学科，加快基础研究向产业发展的步伐。我国要想建立生物材料学科的战略地位，争取在世界生物材料领域占有一席之地，必须持续地投入大量的人力和资源，并结合本学科发展规律、国家科技发展需求和人才队伍建设需求制定均衡、协调、可持续发展的政策。

1. 从政策上支持生物材料学科的发展

国家继续加大对生物材料学科的投入，紧紧围绕我国经济社会发展的热点难点问题，实施一批重大科技项目和前瞻性科技项目，有力地促进我国医疗产业结构的调整升级和经济社会的和谐发展。

2. 深入推进高校和各科研院所的科技合作与交流

生物材料学科是一个多学科高度交叉的研究领域，因此制定相关政策，鼓励不同学科、不同科研单位的学术交流与合作势在必行。同时要充分发挥优势团队或学校的领导带头作用，让他们主导学科发展方向，结合各学科的优势力量，促使我国生物材料领域的发展走向一个新的高度。

3. 招揽一流生物材料学科专家、培养一流生物材料学科人才

生物材料学科要持续有效地发展，人才队伍的建设必不可少。在生物材料领域要支持和培养更多的两院院士、教育部“长江学者奖励计划”特聘教授、国家杰出青年科学基金获得者、教育部“新世纪优秀人才”等。同时要加强年轻队伍的建设，鼓励国外的优秀人才回国发展。鉴于生物材料学科多学科高度交叉的特点，特别要注意吸引那些非生物材料学科的人才。

二、学科发展布局

（一）生物活性材料

组织的损伤修复与重建是临床医学和生物材料领域的研究热点。具有调控细胞行为和组织再生过程的活性材料是模拟人体损伤自愈合过程，使受到创伤的机体组织或器官获得再生能力的关键。如何赋予材料生物活性及材料生物降解性的控制是构建生物活性材料的核心问题，也是未来生物材料领域的总体发展趋势。

在生物材料活性化修饰的几种策略中，体外培养活体细胞涉及模拟体内环境的复杂技术及时限性、免疫性、运输、储存等棘手的问题，虽然通过生物反

应器及使用生长因子可以实现细胞的大规模生产，但是扩增后细胞的形态、功能、遗传物质的改变还应进行深入研究。基因修饰方法尽管已经证明结合质粒DNA的材料可被细胞吸收，并长期表达其编码的基因产物，但在结合DNA质粒方面的生物安全性和有效性尚有待深入地研究。因此相对而言，通过引入生长因子赋予材料生物活性成为一条更容易突破的有效途径。尤其在硬组织修复再生方面，由于目前纯化的BMP已经用于临床，采用基因工程技术生产的重组人骨形态发生蛋白（rhBMP）也已开始进入临床研究，因此将原位引导硬组织再生材料作为优先领域，通过“特定材料＋生物活性因子”的策略构建生物活性硬组织修复材料，最有可能在生物活性材料及其临床应用方面取得突破。

生物材料的降解速率与体内组织的再生速率的调控是组织再生材料研究开发的核心。体内组织修复过程的复杂性决定了简单地从材料本身的性质着手进行降解性或活性化的修饰很难满足临床的要求。在生物活性材料的研究中应跳出传统材料局限，借鉴环境敏感材料的特点，以材料对创伤修复过程中细胞行为的响应特性为出发点，借助组织修复不同阶段体内微环境的变化，充分利用材料-生物体的相互作用，设计构建具有生物应答能力的响应性生物材料，使材料在生物体内能感知和识别微环境的变化，借助体内的酶促反应、氧化还原反应、磷酸-脱磷酸化反应等激发特定的响应，调控材料本身的性能，化“被动降解”为“主动降解”，自适应环境的变化，进而主动参与生命过程。

（二）生物材料表面与界面

生物材料研究的最终目标是揭示生物材料与机体的相互作用机理，以及如何通过外部刺激实现对这些反应的调控，即生物性能实现过程的设计及控制，达到人们认识自然规律的目的，从而指导新材料的开发和实践。对硬组织植入体或人工器官表面及界面技术与科学的研究布局而言，植入体表面特征（尤其纳米表面特征）与蛋白质、细胞、细菌等的交互作用研究是基础；植入体表面改性技术的开发是途径。

1. 硬组织植入材料

在硬组织植入材料研究方面，加强材料表面特征与蛋白质、细胞、细菌等交互作用的研究是基础。

首先，骨整合是衡量硬组织植入成功与否的主要标准之一，故骨诱导性是植入体表面的首要特征。近年来，大量研究证实钙和（或）磷能促进骨传导形成新骨，一些必需微量元素，如锌、锶、锰、铁、硒、氟等与骨代谢、骨质疏松关系密切。这些研究成果在植入体表面改性中的应用，将大大地丰富植入体表面骨诱导改性的手段。但是，研究还发现，某些元素具有特殊功效，元素间又存在特定交互作用。例如，在缺锌情况下，即使有足够的钙源，也不能防止发生骨质疏松。锶是钙吸收、转运、新骨形成测定的良好标记物。硒具有减少铝吸收、促进铝排泄，抑制某些元素（如铍）毒性作用的功效。为更好地模拟硬组织的原生理、代谢过程，植入体表面改性层多种必需元素的综合应用很有必要，但是现阶段植入体表面改性层多种元素组合应用时，其对蛋白质、细胞反应的协同作用的生物学机理仍缺乏了解。因此，为保证有更好、更安全的植入效果，加强骨诱导性植入体表面特征与蛋白质、细胞间交互作用的研究十分必要。

随着分子生物学技术的发展，应用基因组学和蛋白质组学技术进行生物材料与细胞、组织、血液、蛋白质等相互作用机理的研究，为生物材料的设计提供了理论依据。例如，基因表达芯片是用于基因功能研究的一种基因芯片，是目前技术比较成熟，应用最广泛的一种商业化基因芯片。基因表达芯片技术可以同时、快速、准确地分析数以万计的基因组信息，已经逐渐开始应用到生物材料生物相容性的研究领域。利用基因表达芯片技术在体外模型系统中快速分析待测生物材料对基因表达谱的影响，可以很方便地对该生物材料的生物相容性进行评价。

随着生物组学技术的不断发展和完善，基于生物组学和生物信息学的研究方法必将在植入材料表面吸附蛋白质的状态、细胞-蛋白质分子-表面相互作用关系的研究中发挥重要作用。

其次，植入体相关的感染问题越来越受到人们的关注，高效、安全、长期、稳定的抗菌特征也是硬组织植入体表面的主要特征之一。植入体相关的感染问题往往是导致植入失败的主要原因之一。在植入手术期间全身抗生素治疗是现阶段防止感染的主要手段，但植入体表面生物膜的形成导致了强耐药性，故这种抗生素治疗方法往往效果不佳。在植入体表面装载银、铜、锌金属离子可显著改善其抗菌性，并且这种抗菌措施具有广谱性、安全性、不产生耐药性等特点，因此具有广泛的应用前景。但是，由于抗菌特征的加入，有可能影响其他特征的表达。例如，研究表明银离子能够与生物分子（如蛋白质、酶、细胞膜等）的亲核组分，如巯基、羟基、氨基官能团等结合，还可能与维持细胞生命必需的金属离子（如 Zn^{2+}、Ca^{2+}）置换，这些反应必将影响蛋白质、细胞的原有表达及功能。因此有必要深入了解这些特征在生物分子水平上对蛋白质、细胞表达及功能的影响，以更好地设计植入体表面特征。

同时，当生物材料植入人体后，材料周围的生物环境必定发生变化，人体自身的生理机能就会对变化着的环境进行防御和适应，这些是免疫相容性研究的内容。免疫相容性是生物相容性的一个重要组成部分，可应用基因组学、蛋白质组学、信息学、系统生物学和定量生物学方法对复杂免疫体系进行系统、定量研究，对器官移植、组织缺损修复材料植入中的免疫耐受与免疫病理机制进行研究。

再次，由于纳米结构的特殊效应，生物材料表面纳米化也是植入体表面的重要特征之一。纳米尺度材料的特殊性能，可以赋予材料表面特殊的物理及化学特性，从而有望利用这些性质诱导并控制其周围组织的反应。因此，生物材料表面纳米化研究近年已成为生物医用材料的热点领域。但有研究结果表明，游离的尺寸足够小的纳米颗粒有可能穿过细胞膜进入细胞内部而杀死细胞。因此有必要深入了解植入体表面纳米化特征与蛋白质、细胞间交互作用规律，从而在充分利用纳米材料特性的同时避开其对人体的不利影响。

另外，大力发展新表面改性技术是赋予并控制硬组织植入体生物功能的途径。

首先，面向生物性能复合的表面改性技术，将有望开发出更可靠、安全的硬组织植入体。例如，利用骨代谢必需的微量元素，如锌、锶、氟等与羟基磷灰石的复合，有望赋予植入体表面更优良的生物活性；利用抗菌元素银、铜与羟基磷灰石的复合，可同时赋予改性层生物活性及抗菌性。但是这些复合有可能导致改性层其他物理化学性质的改变。例如，微量元素、抗菌元素与钙、磷的交互作用，植入体耐腐蚀性降低等问题，因此植入体表面特征复合设计及制备技术仍需深入探讨。

其次，利用生物活性因子、干细胞在植入体表面的固载技术，将有望开发出高效、可再生生物活性的植入体表面。研究表明，一些生物活性因子对促进成骨细胞增殖、分化和细胞间充质合成，以及骨修复的启动、调控和改建有重要作用。其中 BMP-2 是已知所有生物活性因子中对骨形成作用最强的因子，它不仅在胚胎早期参与多种器官的发育和细胞的定向分化，其出生后对未分化间充质干细胞、肌源性细胞、成骨前体细胞等向骨细胞的分化也具有较强的诱导作用。针对成人骨髓间质干细胞的研究表明，其能够诱导分化为成骨细胞和软骨细胞。并且有用干细胞的成骨细胞的分化能力不随人年龄的增长而减退，可见其在可再生医学方面的应用前景很好。因此，利用材料设计，在植入体表面模仿细胞间交互作用的过程，通过对生长因子及干细胞表达及分化的有效控制，将有望获得高效、可再生的生物活性。然而，上述与生长因子及干细胞固载技术相关的表面设计，必须建立在对无机有机交互作用充分了解的基础上，即建立在前述植入体表面特征与蛋白质、细胞、细菌等交互作用相关的基础研究的基础上。

2. 心血管材料

在心血管材料方面，材料的血液和组织相容性问题十分突出，严重影响和制约着人工心血管植入物在临床的进一步应用及其疗效。为了从根本上解决上述问题，依据前述的心血管材料表面与界面研究的国际发展趋势和我国中长期科技发展需求，结合我国在该领域已有的研究积累，提出在未来5～10年，心血管植入/介入材料表面及界面方向的学科发展布局应重点着眼于以下三个方面的相互衔接和协调。① 理论基础：心血管生物材料与血液及相邻组织、细胞、生物分子相互作用的表面与界面行为的研究。② 技术方案：心血管植入/介入材料表面复合功能化设计及仿生构建的研究。③ 技术实现途径：心血管生物材料表面工程技术加成/集成的研究。

以发展具有自主知识产权的表面工程化的心血管生物医用材料与植入/介入器械为终极目标，以形成心血管生物医用材料表面与界面理论的新观点、心血管生物医用材料表面工程新技术和表面工程化的心血管生物医用材料新产品为发展目标，以关键科学问题的突破为基础，带动攻克心血管医用材料关键技术和推进心血管植入/介入医疗器械的自主创新作为该领域的发展策略。并在以下方面加强创新技术研究：① 表面纳米化及功能化技术，包括利用无生命材料，对植入体表面进行纳米化和功能化复合，以提高植入体表面生物学反应及控制能力，重点是生物活性、抗菌性；② 植入体表面组织诱导新技术，包括通过材料表面设计（如成分、结构），在植入体表面固载生长因子、干细胞，以获得高效、可再生的生物活性；③ 植入体表面生物安全性评价技术，包括植入体表面纳米结构的生物安全性，以及表面特征（如化学成分、物理结构、生长因子表达、干细胞分化）的生物安全性。进行生物学评价新方法和新技术研究除了可以指导新材料的开发、筛选和应用外，对基础研究也有重要意义。因此研究生物材料对细胞、基因、蛋白质等的影响的新技术、新方法是研究的重点。

（三）药物控释系统

未来5～10年应充分坚持本学科与生物学、材料学和药学等多学科交叉的特点，将用于药物输送系统的多功能纳米生物材料、生物活性物质（包括药物、多肽、蛋白质及核酸类药物等）的输送系统、与组织工程和再生医学相结合的药物输送系统作为重要发展方向。

纳米技术在改善重大疾病的治疗手段和治疗药物的药理活性及降低毒性方面具有其他技术无可比拟的独特性质和优势。与纳米技术结合，利用生物材料输送药物，有助于提高药物对环境的耐受性，增加对生物膜的黏附性，提高药物输送的靶向性，控制药物的释放，并改变药物的给药途径，提高用药的顺应性。这一研究领域已经成为国际纳米生物医学研究的热点之一。多功能纳米生物材料可以同时负载多种药物分子、诊断分子或探针，能实现对病灶组织和病变细胞的识别和检测，杀伤病变细胞，并实时监测和跟踪治疗效果。我国政府也在纳米生物材料输送药物的研究方面加大了投入，并且取得了初步成效。未来5～10年应进一步加强该领域的研究，促进纳米生物材料和药物输送研究水平的提高，以提高我国人民健康水平和促进国民经济发展。

以多肽、蛋白质、核酸为代表的生物活性类药物在医学领域和疾病治疗方面的应用十分突出，但临床应用在很大程度上依赖于它的体内输送体系。以基于RNA干扰技术的siRNA、微RNA（miRNA）为例，它们通过特异性调控基因表达而增强/降低蛋白质表达，具有广阔的应用前景。因为RNA干扰药物带负电荷，进入细胞的能力差，不具备靶向功能，在生理环境中极不稳定，在血液循环的半衰期极短，且难以在病灶部位富集而起作用，因此其体内输送的研究至关重要。生物材料输送RNA干扰药物的研究发展十分迅速，是生物材料研究的前沿领域，但面临诸多挑战，同时也迫切需要对输送的机制进行深入研究。

将药物、生长因子、基因药物等负载到组织工程支架中，控制其释放，或促进细胞的摄取，可治疗或清除病变组织，促进组织再生，调控干细胞的增殖和分化。例如，负载质粒DNA的组织工程支架材料除了作为细胞生长支架，还能控制DNA释放，被细胞摄取后调控细胞的生长和增殖；而负载siRNA的支架，释放的siRNA被细胞摄取后，可以干扰基因的表达，从而调控干细胞的分化。尽管如此，组织工程和再生医学的研究中，控制所负载药物的释放对生物材料本身及控制药物释放的复杂体系的生物材料加工等都提出了更高的要求，这一方面的研究仍然面临主要挑战。

（四）生物识别器件

随着生物传感器基础理论的日渐成熟和人们认识的提高，生物传感技术已得到了长足进步，未来5～10年生物传感器学科的发展应重点着眼于以下几个方面。

1）生物识别分子的固定化是传感器构建的基础。生物识别分子高活性、高效率、定向有序及多组分固定技术仍是研究的重点，新型的固定化材料及技术将是这方面潜在的创新生长点。

2）信号转化元件是生物传感器的重要组成部分，新型的信号捕获技术也是生物传感器研究的重要内容。科学技术相互渗透，将多种信号捕捉、转化技术联用，弥补电化学分析本身的一些局限，从而使之具有更高的灵敏度和快速测定的特点。

3）在各种生物传感器中，光、电活性指示剂是目前亟待解决的又一关键问题。目前，指示剂的种类有限，存在选择性差、灵敏度低、指示剂作用电位过高等缺点。合成电位较低、发光效率强、特异性强、可重复使用的发光标记物，是生物传感器研究的一个方向。同时利用导电高分子优异的光、电性能，也可为光电生物传感器提供新的研究思路。一个重要的应用就是导电高分子材料作为纳米光能采集器采集能量，然后把能量高效传递到荧光素分子，从而显著提高荧光素的荧光强度，提高检测灵敏度。

4）将纳米材料和纳米技术引入生物传感器领域具有重要意义。纳米材料对生物传感器的作用表现在：加快电子转移速率，增加氧化还原物质在电极表面反应的可逆性；利用纳米材料优良的催化性能，降低电化学传感器的工作电位；纳米材料的大比表面积、高表面自由能及丰富的表面功能基团，增加了生物分子的固定密度和活性；纳米材料作为生物分子的标记物，显著提高了分析方法的灵敏度；纳米材料的化学活性通常高于本体，克服了生物识别分子稳定性差和使用寿命短的缺点。

（五）纳米生物材料

在过去的几年中，有关纳米生物材料的研究内容主要是新型纳米材料的发现、新的制备技术及纳米材料在生命科学领域的新用途。但是，鉴于纳米材料分子水平独特的尺寸，大量纳米材料的制造是否给人类健康和环境带来不良影响，这是一个亟待回答的全球性科学问题。因此，纳米材料生物安全性问题的研究具有战略意义。

2004 年以纳米尺度物质的生物效应（纳米安全性）为主题的 243 次香山会议提出以下议题：纳米物质与细胞及生物分子的相互作用及其对生命过程的影响；纳米物质的一般效应和异常生物效应；纳米生物效应实验技术，纳米物质生物负效应消除与纳米生物效应的应用；纳米尺寸效应对生物效应的影响；大气纳米颗粒的来源、浓度、尺寸分布等；纳米物质的生态环境效应，纳米物质安全性评估与纳米标准等。“973”计划资助了“生物医学纳米材料对细胞作用的研究（2006 年）”、“纳米材料在再生医学和器官修复应用中的机理研究（2007 年）”和“面向组织修复与替代的纳米生物材料的研究（2009 年）”三个项目。它标志着我国启动了系统性研究纳米生物材料及其安全性的研究计划。

（六）微流控芯片和表面图案化

结合国际上微流控芯片技术及应用的最新进展，我们应该着重发展现代生物医学工程领域中微流控芯片技术的应用。微流控芯片的研究与应用面对的研究对象是以生物学和医学的研究与实际应用为主的关键问题。促进和鼓励多学科的研究人员参与到面向生物医学工程需求的微流控芯片研究中来，通过合作实现具有重要科学意义的发现和解决关键问题的实用器件。

在表面图案化方面，结合国际上表面图案化技术及应用的发展趋势，我们应该高起点地发展生物材料和现代生物医学工程领域中的表面图案化研究和应用工作。虽然表面图案化的研究与应用本身是一个交叉学科，但它有明确的阶段性，即在项目的不同阶段所涉及的专业知识还是相对单一的。例如，在明确所需要的表面图案特性时，设计者必须对所要研究的生物问题有清晰的认识，或者对工程化过程可能遇到的问题有深入的了解。在具体实现表面图案化的过程中，项目执行者又必须在物理学、化学、材料等专业有很好的基础。在最后应用表面图案进行细胞行为研究和实际应用时，生物学、医学和信息科学等多个学科的交叉和融会贯通又成为项目成败的关键。而整个过程也需要不断地通过反馈机制和响应来协调。作为有明确应用导向的生物材料和生物医学工程领域，我们要从机制上鼓励和确保一线科研人员从一线实践工作从事者中获取科研工作的灵感。

三、学科重点发展方向

（一）生物活性材料

1）解决外源性生长因子受体内环境影响存在的降解、失活等问题。在以BMP为代表的生长因子活性化的研究中，如何在植入体内环境中保持外源性生长因子的生物活性成为活性化成功的关键。生长因子缓/控释系统的研制与开发是目前研究的重点内容。针对不同的临床应用目的，载体的性质也有所变化。对于骨折愈合来讲，BMP传递系统必须与快速降解的载体保持一致，以适应新骨形成的速度，避免影响骨的愈合；而在治疗骨不愈合和脊柱融合时，BMP必须是缓慢释放，以便保留足够的时间，为骨原细胞的渗入提供具有骨传导性的基质，防止软组织的侵入。

2）模拟体内多因子序贯作用，设计多因子程序释放。组织的分化、再生是受多种细胞因子调控的，已经发现在骨缺损修复中使用多因子组合获得的效果要优于应用单一因子。因此，仿生体内生长因子的多种作用机理，利用多种生长因子间可能存在的协同和拮抗效应提高生长因子的活性是一个新思路。目前虽然已经认识到各因子的作用主次不同，它们的受体也在特定细胞上按一定顺序出现，但如何构建多因子分段顺序释放体系还处于起步阶段。

3）提高生长因子的活性。模拟细胞外基质中的特定组分与生长因子的相互作用，采用材料的手段调控生长因子与细胞膜表面受体和配体之间的特异性分子识别，进而提高生长因子的活性也是近年来发展的调控生长因子活性的新思路。例如，设计类肝素材料，提高 BMP 生长因子内在的生物活性，将为从材料科学的角度探索调控生长因子的生物活性及控制其生长和凋亡的方法找到一个新的突破口。

（二）生物材料表面与界面

1）材料的表面纳米化与功能化。一方面纳米技术可赋予材料纳米尺度上不同的表面特征（包括表面形貌、表面结构、表面成分等），纳米生物材料的尺度与人体硬组织接近，可唤起适当细胞的反应，使骨再生更容易，进而改善植入体材料的使用效果，延长植入体的使用寿命。另一方面，由于纳米材料的特殊性能，抗菌金属颗粒的抗菌效率更佳。而利用抗菌金属所构建的纳米化抗菌表面具有两个特点：一个是可以利用纳米材料抗菌的高效性；另一个是纳米材料固定在植入体表面，其可控安全性较高。另外，纳米材料特殊的物理及化学特性，也为后续功能化（如生长因子及干细胞的固载）过程提供了便利。

2）根据生物活性物质/目标细胞在修复界面处的生物应答行为及响应机制，进行材料表面的仿生设计与构建，形成与生物活性物质/目标细胞（如内皮祖细胞等）的特异性相互作用。借助材料-再生组织-组织微环境间的信息交流（重要信号分子），调控活性表面与周围组织、细胞间的生物应答行为，发展出能够在人体心血管环境中在植入物表面形成或诱导形成具有天然血管内壁功能的内皮细胞层的关键技术。

3）在基因水平、蛋白质水平上研究生物材料对细胞中蛋白质表达调控的规律，并进一步进行基因/蛋白质调控网络中的基因-基因、蛋白质-蛋白质相互作用研究，来阐明功能蛋白-细胞增殖/抑制的内在联系，最终揭示材料与细胞的相互作用机理。从组织、细胞、分子乃至亚分子（分子间/内电子传递等）层面，揭示生物材料表面与不同组织系统（血液/血管组织）间的相互作用规律及不同组织系统间的交互影响和联动效应，提出心血管生物材料表面的复合功能设计，并借助表面工程技术的加成/集成，实现心血管生物材料表面的抗凝血、抗菌、抗增生和内皮化等功能的复合。

4）生物材料生物相容性评价新技术、新方法的建立。为解决国内生物相容性安全性评价手段相对落后等问题，必须开发和建立快速、简便、准确的评价方法，为进行材料表面与特定细胞、组织、蛋白质之间的作用提供有力的工具。

5）表面改性的生物材料与器械的长期表面功能性，如具有长期抗凝血功能的表面改性技术与原理。具有长期稳定生物功能的表面改性是长期植入的心血管材料的临床需求。实现目标的关键在于充分掌握材料表面负载的物质在生物体内微环境中所受到的酶促反应、氧化还原反应及应力作用机制等，设计合理的负载结构与方法，有望获得具有既高效又长效抗凝功能的心血管材料表面。

（三）药物控释系统

1）多功能纳米生物材料可以同时负载多种药物分子、诊断分子或探针，能实现对病灶组织和病变细胞的识别和检测，杀伤病变细胞，并实时监测和跟踪治疗效果。

2）以多肽、蛋白质、核酸为代表的生物活性类药物输送系统。

3）RNA 干扰药物的输送系统。

4）将药物、生长因子、基因药物等负载到组织工程支架中，控制其释放，促进组织再生，是药物控释系统与组织工程和再生医学的交叉。

（四）生物识别器件

1）利用纳米材料构筑仿生界面，并将其应用于人工模拟神经活动的研究中。

2）将纳米材料和微流控芯片、超微电极技术结合，在单细胞水平上对细胞的动态变化进行监测。

3）将纳米材料、电化学传感技术与微电子机械技术结合，研究开发具有实时、在线检测复杂实际样品能力的电化学生物传感器。

4）基于核酸适配体（aptamer）的生物传感器。

5）基因传感器与基因芯片。

6）高灵敏度单分子生物传感器。单分子传感器有可能使目前的 DNA 序列分析的成本大大降低，分析速度大大提高，基于单分子的生物传感器不仅可以用来检测 DNA，也可以通过加工不同直径的纳米流体通道，用来检测大肠杆菌、蛋白质分子和检测抗原-抗体的反应，从而应用于疾病检测、药物筛选，具有广泛的应用前景。

7）低成本微流控检测芯片。

（五）纳米生物材料

1. 新型纳米生物材料的开发研制

1）纳米生物陶瓷的研究。生物陶瓷降解速度太慢，脆性大，受力时容易破碎。聚乳酸（PLA）等合成聚合物亲水性低，影响细胞的黏附性和分布，在体内容易引起无菌性炎症。此外，修复材料的降解速度与成骨的速率不协调。因此制备接近生物体要求的仿生材料是当前组织工程研究的重点。对陶瓷材料进行增韧处理，聚合物材料进行增强和表面改性处理是材料制备发展的方向。

2）组织工程纳米生物材料。骨组织工程在实际应用中其骨形成的量有限，成骨细胞不能深入材料内部，不能构建大块骨组织。此外，成骨速度慢，不能较早地行使功能。原因主要是不能构建理想的血管化骨组织。研究发现，组织工程化骨植入体内早期营养主要来源于组织液的渗透和血液的融附，最多只能进入支架内100～300微米，中央的细胞供血和供氧受到限制，细胞不能长入成骨。血管化已经成为骨组织工程研究的瓶颈。利用纳米技术设计和制造具有织态、沟槽或拓扑结构的支架材料，为血管平滑肌细胞、内皮细胞的迁移和组装提供适宜的空间结构，诱导骨组织工程的血管化。这是纳米技术在组织工程中的重要应用。

3）自组装纳米结构生物材料。生物材料的仿生表面研究是生物材料领域的一个重要研究方向，是从分子水平上控制材料与细胞之间的相互作用，从而引发特异性的细胞反应，实现可控的细胞黏附、增殖、分化、凋亡及细胞外基质的重建。

4）有序多孔纳米材料在固定化酶载体中的应用研究。酶作为高效生物催化剂在很多领域都有非常广泛的应用，但在生产过程中缺乏长期稳定性，在溶液中易失活，使用后无法回收，有的酶在溶液中还存在自水解，解决问题的关键是进行酶固定。具有介孔和大孔双孔块状材料不仅具有酶固定所需要的介孔，还有更大的孔道用于酶反应时底物和产物的流通，这种独特孔状结构的载体材料作为新型酶载体材料很值得探索。

5）纳米生物材料在生物人工肝中的应用。生物人工肝主要由细胞及生物反应器两部分组成。生物反应器为细胞提供良好的生长环境，保证细胞功能的最佳发挥。因此，生物反应器直接关系着生物人工肝功能的发挥，是生物人工肝的核心。采用纳米技术模拟肝细胞在体内的纳米拓扑结构及生化基团，构建适合肝脏细胞生长的微环境，恰恰是目前生物反应器亟须解决的问题。

6）磁性纳米生物材料。由于磁性氧化铁纳米粒子独特而丰富的磁学特性和低毒性，使其在生物医学领域有潜在而广泛的应用。例如，生物分离、药物载体、生物传感、MRI对比增强剂、肿瘤热疗等。磁性氧化铁纳米粒子集多功能特性于一身，为我们设计制造多功能诊断/治疗纳米体系提供了基础。另外，利用纳米复合技术，还可以进一步引入其他的功能，如荧光特性、生物靶向性等新的功能。磁性纳米粒子用于生物分离和MRI对比增强剂已经产品化，正在不断为生物医学领域所应用。磁感应热疗作为一种新的治疗肿瘤的技术，由于其特有的靶向、微创、低毒副作用等优点正逐渐受到人们的关注并成为研究的热点。

2. 纳米生物材料的生物效应和生物安全性

建立可靠、高效的生物相容性评价新方法，研究纳米生物材料对细胞、蛋白质等的影响；应用基因组学和蛋白质组学技术进行纳米生物材料与细胞、组织、血液、蛋白质等相互作用机理的研究；应用基因组学、蛋白质组学、系统生物学和定量生物学方法研究纳米生物材料对复杂免疫体系的影响。

3. 高灵敏度、高通量诊断用纳米生物材料

基因纳米技术的生物单分子器件：单分子传感器方面的研究在国内外都刚刚起步，单分子传感器的应用背景是生物分子的识别、迁移率的测定和DNA测序，研制在通道内锚定抗体或特定蛋白质分子，还能用于检测抗原和识别单离子，成为特定单分子传感器，应用于疾病检测和药物筛选，单分子传感器被认为是下一代DNA测序的主流产品。在原理上具有原始创新性，能够形成具有自主知识产权的原创性产品。

生物粒子介电表征诊断芯片的研制：生物微粒的介电特性与其结构和化学组成密切相关，可以作为标定生物微粒特定类型的“指纹”，获取粒子介电特性的过程称为介电表征。运用电旋转介电泳技术实现生物微粒的介电表征，进而获取粒子内部结构和化学组成等方面的信息，成为目前实现生物粒子鉴别的一种十分重要的方法。针对重大传染病、肿瘤和心脑血管疾病等重大疾病，开发一种能够全面、准确和低成本地获取生物粒子的介电特性，而且集成样品进样、分离、粒子路径引导等前处理功能于一体的低成本、集成化微流控诊断芯片。

（六）微流控芯片和表面图案化

在微流控芯片方面重点开展：

1）简便实用并具有低成本优势的医学诊断学微流控芯片及技术难题的研究。利用新型和改良的合适材料及改进的制备及信号采集和读出手段来进一步提高微流控芯片器件的可靠性，同时降低制备和操作的成本，使之可以应用到医学诊断学领域的实践中，成为远程诊断、床边诊断、特定环境下生化和病原体检测的实用器件。

2）高集成度的多功能、高通量、低消耗微流控芯片技术的发展与改进，使之可以应用于高通量大规模的生物医学工程研究，在药物筛选、细胞高内涵筛选、系统生物学层次上的相互作用研究、干细胞培养、合成生物学调控网络、生理环境模拟等领域发挥优势，以实现传统方法难以处理的复杂或高度并行化的实验。

3）持续开发新型的芯片制备与封装材料及其特定的修饰方法，使微流控芯片器件在生物医学工程领域的相容性得到改善，适合于生物分子、细胞及组织的科学实验和工程应用。探索微流控芯片在植入性器件及治疗性器械上的应用前景，为新型的慢性病治疗、长时间医学指标监测及生物医学工程科学实验服务。

4）针对单个和少数细胞培养及相应生物学问题而发展特定的高效研究工具，为基于单个细胞基础的生物工程学研究和应用提供技术基础，为基于患者样本的微量样品检测与研究创造条件。

在表面图案化方面重点开展：

1）在图案化制备技术方面，建议以图案的动态调控为重点。通过光、电等物理手段，pH、离子强度等化学手段和生物信号分子生物学手段等来实现对图案或图案上的细胞的动态调控。

2）除关注物理和化学因素之外，基底材料的力学性能值得给予特殊的关注，即要将图案化的概念从物理图像和化学性能分区的传统思维中拓展，对人体中细胞实际感受到的机械和力学性能的因素予以考虑。

3）三维图案或支架的制备刚刚起步，有从人工材料出发的，也有从动物器官出发经过去细胞化实现的方案。这一部分的工作往往与组织工程和再生医学密切相关，需要注重和分子生物学工作者和临床医生之间的合作。

4）结合生命科学发展的大趋势，高起点地开展细胞在图案化表面行为的研究工作，如结合多能干细胞开展相关工作。

四、交叉学科发展布局与发展方向

不仅生物医学工程是一个典型的大学科交叉领域，生物材料本身也具有极强的学科交叉特点。生物材料的研究依赖于化学、材料科学、生物学、力学、工程、制造、电子和医学等多学科的知识和技术。

在生物活性材料的研究中，材料与细胞的相互作用这一材料科学与分子生物学的交叉领域将受到越来越多的关注。将生物材料植入生物体内时应考虑其对生物活性分子的动态吸附、多种细胞的作用、细胞因子的影响及生物过程的激发。另外，这些细胞及细胞外基质和生物体内的生物系统也对生物材料的结构和性能产生影响，因而生物材料与细胞的相互作用是双向的、动态的且随时间和空间的不同而不同；细胞与生物材料之间存在物质、能量和信息的传递，是一个受多因素调控的复杂体系。

药物输送生物材料的研究是一个高度交叉的学科领域，涉及生物医学工程学、生物学、材料学、化学和物理、医学和药学等多学科领域。我国从事药物输送研究的机构和组织，在很大程度上仍然处于学科分散的局面，亟须加强对多学科药物输送的研究力量进行整合，推动我国药物输送生物材料的研究水平，提高国际竞争力。国家除了在研究经费方面予以支持外，应积极鼓励和推动药物输送研究多学科中心的建立，加强综合性药物输送研究平台的建设，培养一批能精通上述多学科知识，同时具有良好科学素养和高学术道德修养的年青一代的研究人员；应促进各级研究和教育机构加强综合性研究人才的培养，鼓励多学科的合作和广泛交流，切实保障本领域相关研究人员的科学研究。

微流控芯片的研究与应用需要物理学、化学、生物学、医学、电子工程学、信息科学等多个学科的交叉和融合，而其面对的研究对象又是以生物学和医学的研究与实际应用为主的关键问题。促进和鼓励多个学科的研究人员参与到面向生物医学工程需求的微流控芯片研究中来，使其合作以实现具有重要科学意义的发现和解决关键问题的实用器件。

生物材料这种多学科交叉的特点决定了需要来自不同背景的研究人员之间的紧密合作才有利于获得创新性的结果，因此，今后在项目立项时，应该鼓励具有多学科背景的团队合作。

五、国家重点实验室等平台建设计划需求分析

过去的5～10年，我国加强了对生物材料研究领域的资助，四川大学成立了国家生物材料工程中心，四川大学、浙江大学、东南大学、武汉大学、南开大学、西南交通大学、复旦大学等成立了生物材料相关的多个教育部重点实验室，此外还建成一大批地方重点实验室和研究中心。

经过初步调研，目前我国生物材料相关的教育部重点实验室有21个，显示出我国在生物材料领域不断壮大的研究队伍。但是，在正在运行的160多个国家重点实验室中，只有东南大学的“生物电子学国家重点实验室”开展生物材料相关的纳米生物材料和生物传感器研究。

我国还没有生物材料国家重点实验室，这与生物材料学科对人类健康日益增加的重要性和关系我国医疗行业发展的地位不相称。25年的实践证明，我国1984年开始的国家重点实验室建设是一项战略措施，是我国推动科技创新、提高自主创新能力的重要方式。1997～2007年，国家重点实验室获得了50%的国家自然科学奖。2004年，连续空缺6年后评选出的2项国家技术发明奖一等奖均由国家重点实验室获得。在面向国家重大战略需求方面，冻土工程国家重点实验室持续多年的冻土科学研究为青藏铁路建设奠定了关键科学基础和技术支撑，节省工程投资9亿多元。牵引动力国家重点实验室为我国铁路大提速和高速轨道交通引进消化吸收再创新方面发挥了重要作用。这些成绩充分说明，国家重点实验室的确成为国家组织高水平基础研究和应用基础研究，聚集和培养

优秀科学家，开展学术交流的重要基地；承担了大量的国家各类重大科研项目，成为国家基础研究队伍的核心力量，为国民经济与社会的发展提供了强有力的技术支撑和知识积累。

近年来国家对国家重点实验室提供了专项经费，加大了稳定支持力度，为重点实验室提高原始创新能力，加大人才引进力度，解决制约国家经济、社会发展和国防建设的关键科学问题等提供了有力保障。然而，在目前运行的163个国家重点实验室中，没有以生物材料为主要研究方向的实验室。目前的教育部重点实验室没有主任基金、运行经费或专项经费，实验室的维持主要依靠竞争性经费，缺乏稳定的经费支持，不利于引进人才和维持队伍。

发挥生物材料研究队伍的优势，加大研究和开发的投入力度，立足生物医用材料科学前沿，跨越式地发展具有自主知识产权的新一代生物材料，提升生物材料国际竞争力，并引导传统生物材料产业的技术更新和产品换代，是推动我国生物材料产业发展，满足人民健康需求和提高医疗质量的战略举措，并且对形成生物医用制品的巨大产业，培育国民经济新的增长点，具有极其重要的战略意义。

建议尽快布局生物材料国家重点实验室，根据生物材料多学科交叉的特点，建议跨单位组建学科交叉、优势互补的国家重点实验室；或者选择优秀的部门重点实验室进行重点支持，通过加大人才引进力度，迅速组建方向明确、特色鲜明的生物材料国家级团队。此外，建议重视和加强基础研究基地与产业界的密切合作，尽快建设一批分工不同、各有特色的生物材料国家工程研究中心，推动我国生物材料产业化的进程。

第五节　优先发展领域与重大研究领域

一、基本原则

首先，在优先发展领域的选择上应结合我国国情，从临床需求出发，选择一些重要而风险相对较低、有一定开发基础的生物材料作为切入点与制高点，以信息流引导人才流，集中力量，迅速占领，获得我国的自主知识产权。以植入材料为例，骨、软骨、血管等起支撑作用的单一组织，再生和修复相对简单。而肝脏、心脏、膀胱等器官结构和功能复杂，修复和再生难度很大。骨和皮肤分别作为人体最大的硬组织和软组织，同时也是最容易受损的组织器官，在临床外科中最常见，产品需求最大。因此，以骨、皮肤和血管这些功能相对简单的单一组织作为重点研究对象，模拟这些组织器官的损伤自愈合机制，开展与硬组织、软组织、皮肤、血管相关的生物材料的仿生设计和活性化构建，有望在短期内取得突破，尽快形成产品和产业，缩短组织再生修复周期，提高患者生活质量。但是，要避免重复研究，加强材料、医学和生物技术科研工作者之间的合作与交流，共同提高研究水平。

其次，在研究方法和手段上，应从复杂科学角度研究生物材料在不同空间尺度和时间段内与生物活性分子、细胞、组织的动态双向多重相互作用；从生命科学与材料科学融合的视角思考问题，建立开放式的学科交叉研究模式，进行国内外合作研究，育成点面结合的梯形人才团队，使研究工作拓宽和深化。

最后，注重多学科交叉和多技术手段的融合。由于生物体是非常复杂的开放体系，其内部和环境间进行着复杂的物质、能量和信息的传输和转换，组织的修复过程是涉及多种生命物质及组织和细胞共同作用的复杂过程，单一的设计手段很难设计出兼具多种功能的材料。充分利用材料学、生物学和临床医学的新方法、新思路，将有助于更好地设计生物活性材料。例如，围绕着面向组织修复替代需要的细胞/材料相互作用的基本科学问题开展研究，将纳米效应引入组织再生生物材料领域，采用纳米手段在多级空间对材料进行活性化修饰和功能化组装，在纳米尺度上研究材料与生物体系的相互作用过程，将对新型生物活性材料的设计构建起到十分重要的推动作用。

二、优先发展领域

（一）组织修复材料的活性修饰及其组织再生特性研究

进入21世纪，生物材料的研究进入了将生物技术应用于生物材料，利用生物学原理设计和制造具有生物结构和功能的材料的新阶段。如果人们能够对支架材料进行生物活性修饰，如细胞外基质、信号分子、生长因子等，材料就能够诱导组织的形成、再生和快速修复。这种具有组织诱导性的生物材料的优点是不需要在体外培养细胞和组织工程构建，容易实现产品化和应用，便于储存和运输。因此，对生物材料进行活性修饰，使组织修复材料具备组织诱导活性，使（体外）组织工程构建能够在体内完成，是生物材料和组织工程研究的新策略。

主要科学问题：认识组织再生过程中的重要信号分子以及组织再生微环境因素，是对生物材料进行活性修饰的理论基础；针对组织细胞和干细胞表面的特征受体与配体，寻找相应的靶向分子，实现材料对组织细胞和干细胞的捕捉；根据细胞与材料之间相互作用所需要的连接分子和细胞外基质，为细胞的迁移和黏附创造适宜的微环境；发挥生长因子在细胞分化、组织形成过程中的作用，对组织的形成、再生和修复进行调控；在分子水平评价生物安全性和功能的新方法的建立及其有效性验证。

（二）生物材料表面与界面的生物功能化及其与生物体的相互作用

生物材料与生物体之间的相互作用发生在生物材料的表面和界面上，因此深入开展生物材料的表面和界面研究，能为我们更好地了解生物材料与生物体的相互作用，为构建和设计新型生物材料提供科学指导和依据。硬组织植入体材料的表面结构组成和生物活性影响植入体与骨组织和肌肉组织的连接；心血管植入材料表面的功能化修饰决定材料的血液相容性和内皮的形成能力；植入式生物传感器表面的性质影响蛋白质的非特异性吸附，决定传感器的灵敏度和使用寿命；纳米药物的传递过程涉及纳米颗粒表面的分子和基团与细胞膜表面受体、穿膜肽等相互作用的问题；材料表面的纳米化、图案化对细胞的黏附、形态、增殖、分化和功能产生影响。从近几年来生物材料研究的发展趋势看，生物材料表面和界面问题日益得到重视，有望成为新一代生物材料的主要研究方向。

主要科学问题：在分子水平和动态过程中认识生物材料表面与组织（细胞）相互作用的分子机制；生物材料与机体免疫系统的作用规律与机制；材料与组织（细胞）接触界面的功能性过渡设计与构建；心血管植入体材料表面的生物功能化；生物材料的表面活性修饰与诱导组织再生的关系；生物材料表面纳米/微米结构及其与生物体的相互作用；分子乃至亚分子层面的先进表征技术和原位/实时的界面定量追踪技术。

（三）生物材料的生物相容性

随着人们生活水平和对生活质量要求的提高及材料科学的发展，越来越多的生物材料在生命科学和临床医学中得到应用，材料的生物相容性研究尤为关键。

主要科学问题：生物相容性评价标准的完善；生物材料生物相容性评价新技术、新方法；生物材料与生物体相互作用的分子机制；生物材料在免疫系统中的作用规律与机制。

（四）用于疾病诊断和治疗的生物材料

疾病的快速诊断与治疗是公共卫生和临床医学的重要内容。在新发传染性疾病跟踪和处理及临床诊断中，与传统生化检测方法相比，生物传感器具有实时在线、自动化程度高、现场分析、快速检测的优势。同样，疾病的诊治与药物分子的体内输送系统密切相关。因此，今后应该发展兼具分子诊断的多功能药物输送系统，特别是环境响应性智能高分子载体材料；解决生物活性大分子药物输送的效率问题；加强靶向纳米载药系统在重大疾病治疗与诊断中的应用和基础研究。

主要科学问题：生物活性物质在电极表面的高活性、定向可控固定化及生物活性界面设计与构建；仿生材料构建生物传感器活性界面，电极反应中固定化生物活性材料在电子转移中的作用；疾病检测过程中特征标志物及其敏感分子筛选；生物传感器在疾病治疗中的药物筛选及其作用机理的探讨；具有传感功能的药物包衣材料的传感功能及药物释放的实现；如何通过发展生物材料和药物输送技术，提高药物输送系统的功效；如何提高药物输送的效率和细胞选择性，提高重大疾病的诊断准确性和治疗有效性。

（五）纳米生物材料的生物学效应

纳米材料已经渗透到生物材料的各个领域，如植入和介入医用纳米材料、组织工程和再生医学纳米材料、新型药物和基因控释载体纳米材料及高效生物诊断纳米材料等，其中的一个共性问题就是纳米材料的生物学效应问题，也是纳米生物材料的研究难点之一，这一基本问题的解决有助于深刻理解纳米生物材料的作用规律和功能，为构建和设计新型纳米生物材料提供科学指导和依据。

主要科学问题：纳米生物材料与细胞相互作用的信号转导通路及基因表达规律；纳米生物材料在血液循环、免疫、代谢等器官/系统中的生理效应变化规律，纳米生物材料与靶器官、靶细胞或靶分子相互作用的机制；纳米生物材料生物学效应的先进表征手段及原位/实时检测技术。

第六节　国际合作与交流

生物材料是一个多学科交叉的新领域，涉及材料科学、生物学、临床医学等学科，尤其在生物材料由传统的惰性材料发展到生物活性材料阶段，更需要从复杂科学角度研究生物材料在不同空间尺度和时间段内与生物活性分子、细胞、组织的动态双向多重相互作用，从生命科学与材料科学融合的视角思考问题，建立开放式的学科交叉研究模式，深入开展国际合作和交流，经常性地邀请国内外知名学者来进行学术交流、讲学和客座研究，一方面能够跟踪国内外前沿性的研究内容，另一方面也能提高我国在国际的学术影响力。而且科学研究是需要有积累的，借鉴发达国家已有的相对较高的研究基础，我们就有机会从高起点开展研究工作，少走许多弯路，采用“强强合作”或“我弱他强”的合作策略，在尽可能短的时间内取得最大的进步。因此国际合作与交流是提高科技基础能力、全面融入世界科学前沿、分享国际科学界的研究经验和成果、缩短与发达国家的科技差距、促进科技发展的重要途径。

目前，生物材料表面特征与蛋白质、细胞、细菌等交互作用的生物学原理是国外研究的热点之一。为此，美国科学技术委员会整合了由 12 个联邦机构组成的联盟（Multi-Agency Tissue Engineering Science）来领导各机构的研究，通过促进各研究小组间的交流，及时有效地调整各小组的研究活动，以更深入地了解细胞对材料的反应以及细胞对外部可控刺激的反应。在纳米生物技术领域，美国发起了国家纳米技术计划（National Nanotechnology Initiative），其会员包括了美国国立卫生研究院（National Institutes of Health，NIH）、美国食品与药物管理局（Food and Drug Administration，FDA），以整合各政府部门的研发活动，并将新技术（包括新疗法、新诊断方法）进行产品化推广。这个计划的一项重要内容是研究如何赋予材料纳米尺度的生物及物理性能，以及这些性能对相关疗法、疗效的影响。在生物材料及组织工程方面，欧盟重点立项支持植入体与细胞间作用机理研究的历史已超过 10 年。因此，我们应该加强与上述发达国家间的合作交流，以尽快减小我们与他们之间的差距。此外，我们也要重视与新兴经济体的合作，这是因为包含印度、巴西、俄罗斯等在内的人口大国，需求前景好，与我国经济社会发展水平相近，需求的产品层次相似，有利于技术与产品的共享与推广。

近年来，随着我国生物材料学科科研实力的提高，各研究机构及科研工作者已广泛参与了政府间多边和双边合作框架的国际交流及一些国际科技合作项目的实施，对提高我国在生物材料学科领域的国际影响力发挥了重要作用。现初步形成了各级科研/教育主管部门（如科学技术部、教育部、国家自然科学基金委员会）主导、各研究机构参与、科研工作者积极互动的合作架构，生物材料学科国际合作交流态势已基本形成。由于我国学者的积极参与和不懈努力，进入 21 世纪，我国生物材料界的国际地位越来越高，影响越来越大。从在澳大利亚召开的第七届世界生物材料大会看，在 39 个国家和地区中，我国内地和香港地区投递论文摘要的作者达 107 人，占投递论文作者总数的 7.5%，论文总数为 122 篇，仅次于美国、日本、英国。而今，我国生物材料科学与工程的实力和国际影响力更是空前增强。我国成功举办了 2005 年的第八次国际组织工程大会、2006 年的第十九次国际生物陶瓷大会。此外，我国学者（有原创性研究）还多次受邀在国际大会作报告，2008 年取得了在第八届世界生物材料大会上作大会报告的零的突破。一直在美国举行的国际生物材料科学与工程学会联合会（IUSBSE）年度工作会议2008年也首度在我国举行。同时，我国首获业内层次最高的第九届世界生物材料大会的主办权，这意味着国际同行对我国该领域科技综合实力的认可。主办此次大会对提高我国在国际上的学术地位，促进我国生物材料科技与产业的发展，提高我国人民的健康水平和生活质量都具有重要意义。此外，2007年我国学者还和韩国、日本等国的学者共同发起了第一届生物材料表面与界面国际会议，并在中国成功举办。这次会议同时成立了生物材料表面与界面国际会议委员会，我国学者担任委员会主席，会议每两年举办一次，现已经成为生物材料领域的系列会议。

但是，现阶段国际合作交流的过程中存在问题和不足：我国学者主动参与到国际项目合作中的较少，合作交流还主要停留在会议交流、短期访问、联合培养等人员交流层面，合作研究较少，在生物材料领域合作发表文章较少。因此，应积极推动生物材料领域的研究人员主办具有战略影响的高水平国际会议，以多种形式和科技发达国家进行双边和多边会议交流，在了解和掌握国际科技前沿发展趋势的同时，不断扩大我国生物材料和药物输送研究的国际影响，促进我国研究水平的迅速提升；与此同时，应积极支持我国具有发展潜力的中青年科学家和研究人员参加学术性国际组织，进一步加强我国科学家在国际学术领域的影响；应鼓励和支持国内研究机构和国际一流研究机构建立长期战略合作关系，以在人才培养、管理方式、资源配备等多方面互助提高，推动我国具有国际影响的人才队伍的建设。而且我国生物材料学科整体发展不平衡、不全面，因此在多学科交叉整合的研究领域进展较缓慢。现阶段从事生物材料研究的人员中，大多不具备材料与生物学、生命学的交叉教育背景，因此多学科交叉应是未来国际合作与交流应该考虑的因素。

未来与国外前沿研究机构优先合作领域应包括以下几个方面：

1）设计能在多级空间与生物体建立信息交流通道，并有利于组织再生的生物活性材料将成为生物材料领域令人瞩目的发展方向。虽然我国在2002年就已经提出了第三代生物材料的概念，但总体上该领域的研究起步较晚。整体上，欧美，尤其是美国，在包括天然的和人工合成的生物材料的研究与开发方面依然处于领先地位。在某些方面欧洲和日本与美国持平。相比之下，我国的相关研究工作创新性不足，影响程度不显著。研究工作大多停留在细胞水平，未从分子水平和基因水平探讨生物材料与蛋白质及细胞的双向相互作用，创新性的理论和学术思路提出的较少。因此应加大在该领域与欧美和日本的合作和交流。

2）由于“表面纳米化”概念首先由我国研究人员提出，我国在材料表面纳米化方面优势较大。因此，优先合作领域应包括植入体表面纳米化及功能化特征在分子水平上与蛋白质、细胞、细菌等交互作用的生物学原理的研究。

3）随着微加工技术和纳米技术的进步，未来的生物传感器将趋于微型化、集成化和智能化，逐步实现无创、体内监测、实时在线监测、单分子水平上的检测，这方面美国、日本、德国等国的科研工作者已取得了一些创新性成果，是今后医用生物传感器开展国际合作与交流的重点内容。

4）根据国际和我国生物分子检测与传感技术的发展特点，在未来5～10年，需要重点发展高通量生物分子多元检测载体编码技术，高通量单核苷酸多态性检测技术、生物芯片制备技术、微/纳米生物分子加工技术、全自动化重大传染病或其他重大疾病芯片检测平台技术。因此需要加强与国际研究机构在高灵敏度、高通量诊断中的纳米生物材料研制方面的合作与交流。

5）生物材料的分子生物学机理的研究一直得到国内外学者的重视。随着基因芯片、蛋白质组学技术的日趋成熟，其在生物材料生物相容性领域中将获得越来越广泛的应用。基因芯片和蛋白质组学的实验会产生大量的数据，需要通过细致有效的数据分析和挖掘来揭示这些数据中隐藏的生物学信息。目前我国在通过应用生物信息学技术分析差异表达基因数据，从而解释生物材料对细胞作用机理的研究方面已经得到国际认可。需要和国际同行在该方面进一步开展合作和交流。

第七节　保障措施

生物材料是一个涵盖材料学、生命科学、生物学、化学等多学科体系的高度交叉的学科领域，需要多学科协同合作。本领域未来的发展将极大程度地依赖于人才队伍的培养和建设，要注重培养掌握和精通生物医学工程学、生物学、材料学、化学、物理、医学、药学等多学科知识，同时具有良好科学素养和学术道德修养的年青一代的科研人员。此外，生命科学和纳米科学等学科的高速发展在为本领域的研究提出了大量科学问题的同时，也为本领域的发展提供了新的机遇和挑战，本领域迫切需要和相关学科融合，利用相关学科发展的机遇，推动本领域的快速发展。因此本领域的建设和发展应充分考虑各学科的综合和渗透，加强综合性研究平台的建设，保障综合性研究人才的培养，建立完善、科学的评价体系，鼓励多学科的合作和广泛交流，切实支持本领域相关科研人员的科学研究。总之，为促进本学科的持续发展，使我国这一新兴领域赶上并在国际上占据重要地位，科技管理部门需要合理规划，并建立一系列有效的保障措施。

（一）加强学科建设

建立健全学科建设领导组织，完善学科建设规划，进一步解放思想，更新观念，深化改革，在学科结构的优化调整、学科带头人建设、基础设施的改造和建设、综合条件的改善等方面采取更加有力的措施，千方百计地把学科建设的基础夯实，进一步提高生物材料领域的实力和创新能力，树立和增强学科建设意识，集中精力抓好学科建设。

（二）持续增加经费投入，强化科技投入增长的保障机制

凝练具有创新性的科学问题，加大对基础研究的投入力度，增加重大、重点项目和面上项目的数量，并给予持续增长的政策性保障。合理有效利用有限资金，重点支持优先发展的领域，提高经费的使用效率。加强项目管理，增收节支，增加积累，形成自行循环、自我发展的良好局面。同时应多渠道筹措资金，运用多种方式吸引社会资金投入和参与。

（三）重视基础研究工作，改善科研基础设施，强化基地的建设

合理决策重要的基础研究方向，开辟源头性创新研究领域，通过基金项目进行科研导向，增加相关项目的数量和项目经费，并加强基地建设和改善科研基础设施的投入，尽快布局生物材料国家重点实验室。例如，对在某一学科领域取得突出研究成果的单位，进行特别资助——建立重点实验室，促进其在研究实践中进行学科优化，鼓励其在新材料、新技术、新方法的开发与建立中起带头作用。

（四）重视和加强多学科交叉，组织不同学科领域研究人员开展交叉性研究和协同攻关

利用大型项目立项，领导并整合各方力量进行合作或交叉研究，促进学科间、区域间及不同优势单位间的交流和合作。同时利用国家自然科学基金委员会的青年科学基金立项侧重，以鼓励具有材料背景的年轻学者进行生物学方面的探索；利用国家留学基金委员会（CSC）的政策倾斜，鼓励相关专业的博士到国外进行学科交叉的博士后项目研究，以培养学科交叉的研究生及创新型中青年学术骨干。

（五）加强国际合作和对外交流，构建学科发展的良好内外环境

重视开辟国际科学合作渠道，创建学术交流平台，充分利用国家与各国政府和基金会的联系，推进有实质内容的国际合作，营造有利于科学家参与国际竞争的良好氛围。在国际合作方面：从合作方式上，从注重项目合作转向整体推进“项目-人才-基地”相结合，在合作内容上，从注重技术引进转向“引进来”和“走出去”相结合；在合作主体上，从以政府和科研机构为主转向政府引导、多主体共同参与；在任务确立上，以“自下而上”的立项机制转向以需求为导向的“自上而下”的立项机制。在优先资助领域，通过共同申请国际合作项目，聘请高水平的研究人员来访、讲课和探讨，以及派遣国内的研究人员到相关研究单位进修等手段，提高国内研究人员的水平。

（六）重视人才培养，提高人才的资助比率，特别注重对国家杰出青年科学基金候选人的培养和对研究团队的重点支持

加强优秀研究团队建设，对长期开展本领域研究并取得重要研究进展的研究团队和研究人员给予持续支持。在一些有条件的大学及研究院所，开展交叉学科培养计划，如鼓励材料学专业的本科生、研究生选修生物学、生命科学方面的课程，反之亦然。

（七）重视理论研究到实际应用衔接环节

紧扣临床应用需求的基础科学问题开展相关研究，并将理论研究的结果服务于临床应用需求，成为我国生物材料和医疗器械行业发展的支撑。

（八）加强支撑条件建设

加大实施力度，切实形成有利于生物材料学科建设的新体制和新机制。要统筹项目人才基地的安排，把人才培养和基地建设作为项目论证和考核的重要指标，实现从技术突破的单一目标向提高科技持续创新能力的综合目标转变。同时要资助购买先进的仪器设备，建立相关大型实验平台。

（九）加强规划督导

严格监督学科建设规划和计划的实施，对重点学科的正常运转和业务、科研发展目标、人才梯队建设等进行不定期督导考核，实行动态管理，对不能按要求完成建设任务的学科要及时予以调整，保证重点学科发展，促进我国综合科技实力的提升。

◇参考文献◇

Akinc A，Zumbuehl A，Goldberg M，et al. 2008. A combinatorial library of lipid-like materials for delivery of RNAi therapeutics，Nature Biotechnology，26：561～569

Allen L T，Tosetto M，Miller I，et al. 2006. Surface induced changes in protein adsorption and implications for cell-surface response. Biomaterials，27：3096～3108

Allen T M，Cullis P R. 2004. Drug delivery systems：Entering the mainstream. Science，303：1818～1822

Anderson D G，Burdick J A，Langer R. 2004. Smart biomaterials. Science，305：1923

Benny O，Fainaru O，Adini A，et al. 2008. An orally delivered small-molecule formulation with antiangiogenic and anticancer activity. Nature Biotechnology，7：799～807

Biggs M J P，Richard R E，Gadegaard N，et al. 2007. Regulation of implant surface cell adhesion：Characterization and quantification of S-phase primary osteoblast adhesions on biomimetic nanoscale substrates. Journal of Orthopaedic Research，25（2）：273～282

Burns J W. 2009. Biology takes centre stage. Nature materials，8：441～443

Chen C S，Mrksich M，Huang S，et al. 1997. Geometric control of cell life and death. Science，276（5317）：1425～1428

Chen Y，Shen Y，Guo X，et al. 2006. Transdermal protein delivery by a coadministered peptide identified via phage display. Nat Biotechnol. 24（4）：455～460

Chou L. 1995. Molecular biocompatibility. Journal of Dental Research，74：190～193

Christenson E M，Anseth K S，Van den Beuchen，et al. 2007. Nanobiomaterial applications in orthopedics. Journal of Orthopaedic Research，25（1）：11～22

Curtis A S，Seehar G M. 1978. The control of cell division by tension or diffusion. Nature，274（5666）：52～53

Curtis A，Wilkinson C. 1997. Topographical control of cells. Biomaterials，18：1573～1583

De Mel A，Jell G，Stevens M M，et al. 2008. Biofunctionalization of biomaterials for accelerated in situ endothelialization：a review. Biomacromolecules，9（11）：2969～2979

Dierich A，Le Guen E，Messaddeq N，et al. 2007. Bone formation mediated by synergy-acting growth factors embedded in a polyelectrolyte multilayer film. Advanced Materials，19（5）：693～697

Gelain F，Bottai D，Vescovi A，et al. 2006. Designer self-assembling peptide nanofiber scaffolds for adult mouse neural stem cell 3-dimensional cultures. PLoS ONE, 1: e119

Griffith L G, Naughton G. 2002. Tissue engineering-current challenges and expanding opportunity. Science, 295: 1009

Hench L L, Polak J M. 2002. Third-generation biomedical materials. Science, 295 (5557): 1014～1016

Hench L L, Polak J M. 2002. Third-generation biomedical materials. Science, 295: 1014～1017

Hoch H C, Staples R C, Whitehead B, et al. 1987. Signaling for growth orientation and cell differentiation by surface topography in uromyces. Science, 235 (4796): 1659～1662

Hoffman A S. 2008. The origins and evolution of "controlled" drug delivery systems. J Control Release, 132: 153～163

Lan S, Veiseh M, Zhang M Q. 2005. Surface modification of silicon and gold-patterened silicon surface for improved biocompatibility and cell patterning selectivity. Biosensors & Bioelectronics, 20 (9): 1697～1708

Langer R, Tirrell D A, 2004. Designing materials for biology and medicine. Nature, 428: 487

Leach J L, Mooney D J. 2004. Bone engineering by controlled delivery of osteoinductive molecules and cells. Exper Opin Biol Ther, 4: 1015

Leeuwenburgh S C G, Jansen J A, Malda J, et al. 2008. Trends in biomaterials research: An analysis of the scientific programme of the World Biomaterials Congress 2008. Biomaterials, 29: 3047～3052

Lin Y, Boker A, He J B, et al. 2005. Self-directed self-assembly of nanoparticle/copolymer mixtures. Nature, 434 (7029): 55～59

Liu C S, Shao H F, Chen F Y , et al. 2006. Rheological properties of concentrated aqueous injectable calcium phosphate cement slurry. Biomaterials, 27: 5003～5013

Lü X Y, Bao X, Huang Y, et al. 2009. Mechanisms of cytotoxicity of nickel ions based on gene expression profiles. Biomaterials, 30 (2): 141～148

Lü X Y, Lu H Q, Zhao L F, et al. 2010. Genome-wide pathways analysis of Ni^{2+}-induced differential expression genes in L929 cells. Biomaterials, 31 (8): 1965～1973

Petit-Zeman S. 2001. Regeneration medicine. Nature Biotechnology, 19: 201

Rajangam K, Behanna H A, Hui M J, et al. 2006. Heparin binding nanostructures to promote growth of blood vessels. Nano Lett, 6: 2086

Ramachandran N, Hainsworth E, Bhullar B, et al. 2004. Self-assembling protein microarrays. Science, 305 (5680): 86～90

Rosenberg M D. 1963. Cell guidance by alterations in monomolecular films. Science, 139: 411～412

Schleicher M, Wendel H P, Fritze O, et al. 2009. In vivo tissue engineering of heart valves: Evolution of a novel concept. Regen Med, 4 (4): 613～619

Service R F. 2003. Nanomaterials show signs of toxicity. Science, 300: 243

Singhvi R, Kumar A, Lopez G P, et al. 1994. Engineering cell shape and function. Science, 264 (5159): 696～698

Sliva G A, Czeisler C, Stupp S I. 2003. Selective differentiation of neural progenitor cells by high-epitope density nanofibers. Science, 303: 1352

Stevens M W, George J H. 2005. Exploring and engineering the cell surface interface. Science, 310: 1135

Takayama S, McDonald J C, Ostuni E, et al. 1999. Patterning cells and their environments using multiple laminar fluid flows in capillary networks. PNAS, 96 (10): 5545～5548

Tang N, Du G, Wang N, et al. 2007. Improving penetration in tumors with nanoassemblies of phospholipids and doxorubicin. J Natl Cancer Inst, 99 (13): 1004～1015

Tang Z, Wang Y, Podsiadlo P, et al. 2006. Biomedical applications of layer-by-layer assembly: From biomimetics to tissue engineering. Advanced Materials, 18 (24): 3203～3224

Tomari K, Kumagai T, Shimizu T, et al. 2005. Bone morphogenetic protein-2 induces hypophosphorylation of Rb protein and repression of E2F in androgen-treated LNCaP human prostate cancer cells. International Journal of Molecular Medicine, 15 (2): 253～258

Wang L S, Chow P Y, Phan T T, et al., 2006. Fabrication and characterization of nanostructured and thermosensitive polymer membranes for wound healing and cell grafting. Advanced Functional Materials, 16 (9): 1171～1178

Wei Y, Czekay R P, Robillard L, et al. 2005. Regulation of alpha 5 beta 1 integrin conformation and function by urokinase receptor. Journal of Cell Biology, 168 (3): 501～511

Wiedmann A M, Gutwald R, Gellrich N C, et al. 2005. Search for ideal biomaterials to cultivate human osteoblast-like cells for reconstructive surgery. Journal of Materials Science: Materials in Medicine, 16: 57

Williams D F. 2008. On the mechanisms of biocompatibility. Biomaterials, 29: 2941～2953

Zandonella C. 2003. Tissue engineering: the beat goes on. Nature, 421 (6926): 884～886

Zimmermann T S, Lee A C H, Akinc A, et al. 2006. RNAi-mediated gene silencing in non-human primates. Nature, 441: 111～114

第四章

组 织 工 程

第一节 战 略 地 位

组织、器官的丧失或功能障碍是人类健康所面临的主要危害之一，也是人类患病和死亡的主要原因。如何从根本上解决这一难题，已成为生命科学领域积极探索的前沿课题。20 世纪生命科学领域中细胞生物学和分子生物学的两大飞跃，使人类对生命本质的认识达到了一个前所未有的高度，也使人类对健康、长寿和生命质量有了更高的追求。从对生命的认识，发展到对生命质量的把握，是人类文明进步的必然需求和结果。21 世纪将是人类以完善自我为目标，以生物工程为主趋势的生物世纪。随着生命科学、材料科学及相关物理、化学学科的发展，人们提出了一个新概念——组织工程。

组织工程学是近年来兴起的一门新型交叉学科。美国麻省理工学院（MIT）化学工程教授 Robert Langer 于 20 世纪 60 年代发明了高分子化合物控制释放系统，随后又发现了一类新型可降解聚合物材料，这可视为组织工程学的萌芽。80 年代初，Langer 和波士顿麻省大学医院 Joseph P Vacanti 医生首次阐述了组织工程的简单含义，开展了初步的研究工作并提出了“组织工程学”概念。随后美国国家科学基金会也相继资助建立了一系列实验室，正式开展组织工程学研究。目前，美国已有相当数量的研究机构［如美国国家航空航天局（NASA）、美国能源部（DOE）、美国国立卫生研究院（NIH）等］、大学［如麻省理工学院、哈佛医学院（HMS）、佐治亚理工学院（GIT）、加利福尼亚大学圣迭戈分校（UCSD）等］参与到组织工程学的研究中。紧随美国之后，日本、加拿大、欧洲、澳大利亚等国家和地区也先后开展了组织工程学研究。

1987 年，随着细胞和分子生物学研究的深入及材料科学和生物技术的飞速发展，美国国家卫生基金会（NSF）在华盛顿举办的生物工程小组会上正式提出“组织工程”一词，随后在该组织发起的另一次会议上将其定义为：应用生命科学与工程学的原理与技术，在正确认识哺乳动物的正常及病理两种状态下的组织结构与功能关系的基础上，研究、开发用于修复、维护、促进人体各种组织或器官损伤后的功能和形态的生物替代物的一门新兴学科。这一学科的应用领域直接与临床医学和人类健康密切相关，随着近年来组织工程的发展，其内涵逐渐扩大，并且成为再生医学的重要手段。

组织工程研究的科学意义在于，人类不但可以从细胞水平和分子水平认识生命的本质，而且能够从整体上优化生命的质量，并把握生命的进程。它是多学科交叉的边缘学科，由生物力学、生物材料学和细胞分子生物学三大学科支撑，融汇了生物信息、生物化学工程、遗传学及工程、生物电子及计算机的原理和方法。因此，组织工程学的研究，必将促进这些相关高技术产业的交叉、渗透和发展，同时还可以演化或衍生出新的高技术产业。组织工程的科学目标是在细胞水平和分子水平构建具有生命力的生物组织，即组织器官的形成和再生；组织工程的应用目标是促进人体健康、长寿和提高生命的质量；而构建人工器官，从形态、结构和功能上对组织、器官丧失功能或功能障碍进行永久性地置换和替代，则是组织工程的直接目标。组织是由单一成分的一类或多类细胞组成的、具有完成特定功能和一定再生功能的集合体，如肌肉组织可以将化学能转变为机械能，神经纤维可进行信号的传递，血管负责物质的交换和运输等。组织工程或组织器官工程就是利用细胞培养技术在体外人工控制细胞增殖、分化并生长成需要的组织，使之工程化批量产出，用来修补或修复由于意外损伤等引起的功能丧失的体内组织，满足临床和康复的需要，并有可能对一些尚没有根治办法的疾病，如恶性肿瘤、糖尿病、心脏病、阿尔茨海默病、帕金森病、脑卒中和其他疾病提供治疗方案。

组织工程是继细胞生物学和分子生物学之后，生命科学发展史上又一个里程碑，标志着医学将走出器官移植的范畴，步入制造组织和器官的新时代，从某种意义上讲，它已成为一个国家医学发展水平的标志之一。同时，作为一种新兴产业，组织工程学具有良好的发展前景和广阔的应用市场，其商业利润非常诱人。在今后的几十年中，组织工程将成为临床医学的一个重要组成部分，且可能并列于目前的药物治疗方法。因此，组织工程已经成为继人类基因大规模测序完成后生命科学中最活跃的研究领域之一和科技竞争的焦点，国际性的产业化竞争热潮也已开始，掌握了其中的关键技术就获得了生命科学前沿技术的制高点。2000 年美国的《时代》周刊预测：在今后的 20 年内，组织工程领域将会为社会提供最热门的工作机会。对人体替代部件的巨大需求不仅是推动组织工程或再生医学这一学科发展的动力，也将带来巨大的市场和商机。1995 年仅在美国与器官或组织的缺陷或功能丧失相关的医疗费用就达 4000 亿美元，1999 年大概有 1000 万美国人做过器官或体内移植，约有 14 万例人工髋关节移植和大约 2 万例膝关节假肢移植。据 2000 年的有关统计，美国花在治疗性移植上的费用超过1000亿美元，相当于美国国民生产总值的1%。仅仅以下所列出的常用假体治疗或修复材料就超过600亿美元：眼角膜等，125亿美元；膝关节，87.5亿美元；髋关节，79亿美元；心脏起搏器，65亿美元；心脏其他部分，25亿美元；血管（除心血管），20亿美元；隆胸，6亿美元；牙齿，3亿美元；内耳修复，3亿美元；脑膜及颅骨修复，1亿美元；等等。

目前国际上相继成立了近百家组织工程公司，组织工程皮肤、组织工程软骨已有产品面世，并得到美国FDA的批准，而且还有许多产品进入临床评价阶段。一些研究机构与大公司联手进行开发研究，仅1997年直接用于组织工程研发的费用就达5亿多美元，并以每年22%的速度增长。随着科学技术的发展，组织工程即将或正在成为治疗组织器官衰竭的有效疗法。

我国是世界第一人口大国，因创伤、疾病、遗传和衰老造成的组织/器官缺损或功能障碍的人数也位居世界各国之首。例如，我国每年有250万～300万人死于心脑血管疾病，占总死因的43%，是导致死亡的第一病因，每年用于心血管疾病的医疗费用高达1300多亿元；癌症患病人数接近600万，每年新发肿瘤患者数约220万，死亡人数超过200万；我国现有糖尿病患者3000万例，增长率居全球首位，2025年将达到5000万人；我国每年骨缺损和骨损伤患者近300万例；每年因事故中烧伤，需住院治疗的人数约为120万例；需肾移植患者6万例以上等。以上情况说明，组织/器官缺损或功能障碍的极高发病率，不但给我国人民健康造成重大威胁，而且每年的医疗花费需要数千亿元，给我国国民经济发展与社会稳定带来极大负担。开展干细胞与组织工程的研究和产品开发，能提升我国医疗卫生领域可持续发展能力和创新能力，取得具有自主知识产权的医疗新技术、试剂、设备、生物医用材料，以国产替代进口，依靠科技进步与创新来降低医疗成本，将对实现新医疗改革目标产生重大影响，从源头上缓解人民群众“看病贵、看病难”的问题。目前我国组织工程研究的一些领域还不具有国际竞争性。但这一学科的迅猛发展和主要突破都是最近10年的事，提示我们与世界先进水平的差距不大，所以，如果能审时度势，正确制定相应政策，吸引人才并给予资金上的扶持，就有理由相信我国能与欧洲、日本在这一领域竞争一席之地，至少不至于距离越拉越大。近年来，我国的许多学者也相继涉足组织工程领域，目前已在软骨、骨、肌腱、血管、皮肤、角膜等领域取得了阶段性的研究成果。政府对组织工程领域的研究高度重视，并加大了投入力度。经过10多年的努力，我国组织工程经历了从无到有、从小到大的发展历程，取得了一些重要的研究成果，并初步形成了以组织构建和临床应用为特色的中国组织工程学研究道路。在干细胞、组织工程领域，我国与美国相比，基本处于同一起跑线上，在基础理论研究方面落后于美国，在大动物实验、临床应用方面领先于美国，在生物源性材料的研制方面有一定特色。只要加大支持力度，加强管理，充分利用及发挥自己的优势，我国完全可能形成具有自主知识产权的新型产业，为发展国民经济服务。但我们也应该清醒地认识到我国在这一学科领域存在的不足和面临的巨大挑战，将组织工程学的研究和发展提高到一个战略高度。

干细胞与组织工程是再生医学领域的重要研究内容，是多学科交叉的新兴学科和产业，其发展也必将带动整个医药生物领域的发展，在我国将形成一个拥有自主知识产权的生物技术产业新领域，其形成的产品与药物、疫苗、基因治疗等在医疗中互补并具有不可替代性，具有极强的国际竞争能力。

第二节　发展规律和发展态势

组织工程的基本含义是单用细胞或将细胞、细胞因子和生物材料复合以后应用于体内的活组织再生和体外的组织构建。其研究涉及基础和临床科学的各个领域，是生命科学研究与材料科学研究紧密结合的产物。它利用工程学和生命科学的原理和方法，对细胞在体外进行定向诱导，使其分化为具有特定功能的特定细胞，将其种植于天然或人工合成的具有良好生物相容性和可降解性的聚合物支架上，复合移植于体内组织器官缺损部位，达到重建、维持或改善因疾病或创伤引起的组织结构或功能的丧失。其研究大致经历了以免疫缺陷动物为研究对象的阶段；以免疫系统健全动物为研究对象的阶段；以修复人类器官缺损为目的的探索阶段。它广泛吸收了现代科学的新发现，充分利用现代高科技技术，正在以极其令人瞩目的速度强有力地推动现代医学科学迈向另一个巅峰。目前在软骨、骨、皮肤、角膜、血管、肌腱、心脏、乳腺、肝脏、胰腺等领域的组织工程学研究已取得了初步成就，有些产品已开始临床应用。本学科大体经历了以下发展过程。

早期的组织工程主要集中在单一组织的构建。1988年，Vacanti等用分离的软骨细胞和可降解的生物材料首先在动物皮下构建成透明软骨，此后，Kim等又用聚乙醇酸（PGA）和聚乳酸（PLA）在裸鼠皮下建成软骨组织。上海交通大学医学院第九人民医院在裸鼠体内构建成具有皮肤覆盖的人耳廓形态软骨。其他单一组织的构建还有骨和肌腱等。2003年以来，组织工程的发展更是突飞猛进，特别是材料学的发展，基因工程的介入，移植免疫的进展和胚胎干细胞研究的突破为组织工程的持续发展和不断完善注入了新的活力。首先，种子细胞的来源已不局限于原位组织，更多的研究利用骨髓间充质干细胞作为构建骨和软骨组织的种子细胞来源。胚胎干细胞株的建立及诱导型多能干细胞

（induced pluripotent stem cell，iPS）技术的发展将成为新的种子细胞的来源。转基因手段的介入及通过各种方法建立的定向修复体系避免了使用昂贵的生长因子重组蛋白，并能较有效地控制生长因子在体外或体内的释放量和作用时间，促进细胞的增殖和基质的合成，因而能更有效地构建组织。随着免疫学的进展，同种异体细胞的移植也将成为种子细胞另一新的来源。

在最初发展阶段，组织工程主要是细胞生物学和材料学的结合。然而，组织工程学中的一些基本问题很难单靠细胞生物学得到解决，如种子细胞的老化，细胞增殖缓慢，细胞的定向分化、细胞与生物材料的相互作用及动物组织基因人源化等。分子生物学的发展和基因治疗的兴起是 21 世纪生物科技领域的一项重大变革，转基因手段在组织工程中的介入无疑将有助于克服上述问题。

胚胎干细胞是从着床前胚胎的内细胞团中分离所得，在体外进行培养的一种高度未分化的细胞。早在 1981 年，美国加利福尼亚大学旧金山分校的研究人员就成功分离和在体外培养了小鼠的胚胎干细胞。1998 年下半年，相继有三个人胚胎干细胞的研究报告发表。胚胎干细胞具有长期传代和全能分化的功能，因此在组织器官重构方面有巨大价值。

最近几年科学家又发现组织特异干细胞在组织工程中具有良好的应用前景。研究表明各种组织中均存在特异的干细胞，组织受损后，这些细胞可以在局部扩增、分化以达到修复的目的。国外学者已成功地从肺、骨膜、肌肉和脊髓组织中分离出相关的组织特异干细胞，并积极地寻找其特异的细胞标记，以利于细胞的分离和纯化。近年来骨髓间充质干细胞在组织工程中的应用迅猛发展，骨髓干细胞已被广泛用于骨、软骨和肌腱等组织的构建。这方面研究的开展和深入将为种子细胞的来源和组织构建提供另一新的途径。

生物材料的修饰和复合材料的应用也是组织工程的要素之一，其性能的优劣直接关系到组织工程未来产业化的进程。回顾组织工程的发展历史，最具革命性的思路就是将生物材料的概念引入到组织工程的研究中。生物材料为种子细胞提供了适合其生长、基质合成及发挥其他功能的生物学空间，克服了以往单一细胞移植中细胞不易成活、基质合成能力低下等缺点，为工程化组织及人工器官的构建提供了细胞载体与组织结构支架。用于组织工程种子细胞载体的生物材料以可降解材料为最佳，主要分为两类：一类为合成的生物高分子可降解材料，如聚乳酸和聚羟基乙酸等。目前研究主要集中在材料的改性以提高材料的生物相容性和减少材料降解后代谢产物的副作用等方面。另一类常用的材料主要是经过特殊工艺处理的天然材料（如具有一定孔径与孔隙率的天然珊瑚、采用脱细胞技术制造的胶原、脱钙骨等），这类材料具有较好的组织相容性，但存在着力学特性较差、性质不稳定等缺点。目前研究方向主要是如何保持其良好的生物相容性的同时进一步提高其理化性状。天然材料与人工合成的高分子材料的联合应用、采用新的技术，如纳米技术制造具有特殊性状的生物材料将成为组织工程材料学研究的新领域。

至今应用组织工程技术构建组织工程化组织及人工器官主要经历了三个发展阶段，代表了组织工程阶段性的发展历程。在20世纪80年代末至90年代初的第一阶段，主要进行了组织工程化组织构建的初步探索，证明应用组织工程技术能够形成具有一定结构与形态的组织。在90年代中期主要在免疫功能缺陷的裸鼠体内构建组织工程化组织，在此阶段成功构建了骨、软骨、肌腱等组织。在裸鼠体内的组织工程学研究，不能全面反映机体与细胞、生物材料及组织工程化组织之间的相互作用。因此组织工程的研究成果向临床应用过渡，必须在具有完全免疫功能的哺乳动物体内构建组织工程化组织，修复组织缺损，重建组织功能，即组织工程学发展的第三阶段。

自组织工程这一概念的提出，该学科得到了长足的发展，基础理论不断完善，不断涌现出新的设想及新的产品，尽管工程化组织和人工器官的构建仍存在许多挑战，但已经不再是一个遥不可及的空想了。具有简单结构的人工组织已经应用于临床，且这种重建或替代功能已经为成千上万的人提供了一个可行的治疗手段。经过20多年的努力，组织工程已完成了大量的基础研究工作。2002年12月在日本召开的第五届国际组织工程学术会议上，展示了几乎人体各个部位的组织和一部分器官的基础研究成果，显示出组织工程已经从早期的理论探索进展到了基础应用研究阶段。在结构组织的工程化研究中，已经逐渐从临床前研究进入到临床试验阶段，其中组织工程皮肤已有产品进入市场。近几年，有从结构组织进入实体器官研究的发展趋势，其标志是组织工程膀胱的临床应用。组织工程的发展推动了细胞治疗、基因治疗、生物活性因子治疗的发展，使组织工程研究进入了“再生医学”的新时代。事实上，工程化组织移植、工程化细胞治疗、工程化基因治疗及工程化细胞因子治疗，以及具有引导/诱导组织再生的生物活性材料的应用，都是为了实现组织、器官的结构、功能、形态的完美修复，造福更多的患者。这一过程，必然会推动生物技术产业的发展。我国政府成立了“国家生物技术开发与产业化领导小组”，具体领导全国的生物技术研究、开发及产业化。国内外已有众多企业投入重金进行这一领域的开发研究。据估计，在未来20年内，再生医学的市场潜力将超过5000亿美元。

当然，组织工程产业要想达到人们预期的设想还要走很长的路。由于人体组织、器官形态、功能的复杂性，真正要完全用体外培养的组织细胞、生物活性材料替代或再生组织、器官，还不可能在短期内实现。由于组织工程化构建涉及细胞、材料及细胞与材料的相互作用，体内植入又涉及免疫、新陈代谢、血液供应、神经支配、功能调节、生长发育、老化等问题，因此需要细胞生物学、发育生物学、分子生物学、移植免疫学、生物材料学、生物化学、临床医学等多学科研究人员的有机结合，共同攻关才能解决。美国最大的组织工程公司之一——ATS公司的一位专家表示：“人体器官是经过数百万年的演化才达到今天这种程度的，因此要想使人工合成器官也达到同样的质量是不现实的。我们的目标就是尽量使人工合成器官能够为患者带来福音，但这将是一个长期而艰巨的任务。”预计要到40年之后，才可能实现合成心脏和合成肝脏植入人体，这之前研究者和企业界都必须克服很多科学领域及政府法规方面的困难。目前，组织工程领域发展速度有所减缓。20世纪90年代末至21世纪初，美国等发达国家对组织工程的热情很高而且投入也很大，但随着网络金融泡沫的破裂，用于生物技术方面的资金开始减缩。甚至一些得到美国FDA认证的公司也不得不调整自己的经营模式，推迟产品进入市场的时间。由于构建的组织是由细胞、具有生物活性的化学物质及非生物支架材料构成，所以还必须要通过美国FDA严格的检验鉴定，然而这个过程既要花费大量的财力又会耽误很长时间。此外，资金的缺乏也使公司进行广泛的临床试验更加困难。但是，商品化的推迟对于组织工程学科的发展也有一定的好处，它为组织工程科学研究的成熟和产业的完善争取了时间。

组织工程还有发展空间。得到美国FDA认证仍是一个主要的困难，一部分原因是由于来源于不同人的细胞存在差异，另一部分原因则是由于不同的被移植者对于同种移植物可能会产生不同的反应。这种不可预见性使美国FDA很难确定一个组织工程产品是否安全有效。因此将来一项很重要的研究就是要检测和了解个体差异，并在组织工程产品的临床试验中把这些因素考虑进去。而且以后的商业化组织工程产品一定要包含与这项工作相关的成本。

尽管如此，凭借对组织发育和机体自身修复的不断了解，组织工程研究者们现在正致力于研发在机械性状、化学成分及功能上更接近于天然组织的第二代组织工程产品。即使在目前这种紧张的经济形势下，纳米技术、干细胞生物学、系统生物学和组织工程学的研究在不久的将来仍可以汇总交叉起来，为研发具有很大需求的成熟完善的器官替代品及人工器官带来新的思路。

组织工程的核心是要建立细胞与生物材料的三维空间复合体，使其成为具有功能的活体组织，用以对病损组织进行形态、结构和功能的重建并达到永久性替代。体内形成组织器官至少有三个关键因素：细胞、细胞外基质和生长因子。而组织器官的体外组织工程构建需要以下四种基本技术。

1）干细胞的体外分离和培养。干细胞来源主要有胚胎干细胞、骨髓间充质干细胞、造血干细胞、神经嵴干细胞、人脐血干细胞、外胚间充质干细胞等。胚胎干细胞因受材料来源和道德约束，研究受到限制。骨髓间充质干细胞和人脐血干细胞因取材方便、损伤小、来源广泛而日益受到重视。iPS技术为组织工程提供了新的细胞来源。

2）制备有利于细胞增殖和分化的人工支架材料替代细胞外基质，对细胞不仅起物理支持作用，还提供其生长、增殖和分化的天然环境。

3）药物传输系统（drug delivery system，DDS）。药物传输系统可对细胞的高效增殖和分化，以及诱导新生血管的生成起重要作用。

4）应用物理屏障保护植入细胞和人工支架材料免受机体免疫反应的破坏及纤维结缔组织的入侵。例如，水凝胶生物膜（引导组织再生膜）可以阻止纤维的长入，更为关键的是，这种膜可以隔绝来自机体细胞免疫和体液免疫带来的反应。

工程组织的构建方法是在生物支架上种植种子细胞，并加上可溶性生长因子，通过培养或体内植入从而生成新的组织。组织工程的发展得益于组织工程相关技术能够将细胞支架材料和调节因子有机整合，并能使细胞在体外某种环境下扩增，同时保留或恢复细胞表型。许多类型的细胞在体外随着培养时间延长会逐渐失去原有的表型特征。细胞生物学技术的发展，可在生长调控因子的诱导调节下使培养条件有利于细胞增殖的同时保留它们的表型特点，或者在扩增后恢复它们失去的表型基因的表达，或通过转基因方法得到构建组织所需的细胞表型。例如，MSC在适当的培养条件下可被诱导为成骨、成软骨、神经细胞、皮肤细胞、心肌细胞等。改造多孔可吸收高分子材料使其容纳细胞用于体外或体内的组织构建，这是使组织工程得以迅速发展的另一项重要技术。大量的文献报道，合成和天然的高分子材料已被开发用于软组织和硬组织组织工程材料的构建。对孔径特性的调控，包括孔隙率/孔径及微孔走行方向和材料的化学组成，在组织工程研究发展过程中起重要作用。

另外一个技术发展是对选择的生长因子进行基因构建和改造，如通过引入一段短肽，使生长因子的活性、溶解性或者蛋白质表达量提高。有文献报道，在蛋白质序列的一端加入麦芽糖结合蛋白（maltose-binding protein，MBP），可以大幅度提高蛋白质的溶解性。另外，也可以将蛋白质进行改造，使其可以靶向结合到生物支架材料上。这些生长因子和促进生物合成活性的因素在组织的体外构建和促进组织体内再生过程中发挥重要作用。近几年中国科学院遗传与发育生物学研究所研究人员报道的一系列研究，将促进组织修复的生长因子进行改造，使其具有特异的细胞外基质结合能力，在骨、皮肤、神经、心脏等组织器官的修复再生中都取得了良好效果。

从以上对组织工程的基本研究方法和技术的分析，可以看到目前组织工程的发展面临如下挑战。

（一）复杂性

组织工程是一个极其复杂的系统工程，包括种子细胞的来源、细胞的增殖和分化、细胞因子的应用、支架材料的选择、组织器官的构建和植入、机体的反应、组织的成活和远期疗效、移植物对机体的安全性、与其相关的工程设计（如培养装置、储存方式、生物力学的应用等），以及相关的道德伦理和法规等，目前很多还处在研究的初级阶段。可以说组织工程研究所涉及的领域已超出单纯生物和医学的范畴，需要多个学科的共同参与。

（二）长期性

人体器官本身就是很复杂的系统，且每个器官又统一协调在人体这个大系统中，正如前述，人体器官是经过数百万年的演化才达到今天这种程度的，所以想通过科学和工程的手段来重塑这些器官，必将是一个长期而艰巨的任务。这不仅体现在其构建过程——其复杂性直接导致其研制构建所需的大量时间，也体现在其评价过程——其初步的有效性首先要通过动物的检验；而是否能够用于人体，其安全性的检验也需要一个过程。由于其直接作用于人体，且构成复杂，包括了细胞、具有活性的化学和生物成分及生物支架材料，对其作用于人体的安全性必须要通过严格的检验检定，这个过程无疑是要花费大量的财力且需要耽误很长的时间；组织工程产品是否对人体有效又要通过长期的临床观察，单独的个例不能完全说明问题等。

（三）不确定性

这里的不确定性是指组织工程研究所涉及的技术规范问题。每一项治疗人体疾病的方法都必须对其安全性进行足够的检验，虽然已有一些应用细胞、基因、器官和材料等来治疗人体疾病的报道，但组织工程还是一个新事物，是多种因素的一个综合体，所涉及的领域非常广泛，过程复杂，很多技术尚不成熟，如何评价其安全性，也是人们面临的一个难题，人们在进行组织工程产品研制的过程中，也要建立起它的安全评价体系。所以这也给组织工程研究过程带来了不确定性。

（四）高风险

由于组织工程的复杂性，研制的长期性，以及由于安全评价体系欠缺所带来的不确定性，必然带来研究预期的高风险性。组织工程是需要高投入的研究项目，在20世纪90年代末至21世纪初，各国政府及一些高新技术企业都对其投入了很高的热情及财力、物力和人力，但是现在人们开始认识到其产出并没有先前的乐观，所以很多企业开始调整自己的投资模式，随着世界经济大环境的恶化，对组织工程的投入也有所萎缩。投资公司已经感觉到投资与回报不相称，大量的资金并没有预期的盈利效果，目前仅皮肤等小部分产品上市，专利技术也不多，研究结果始终处于初级阶段，影响下一步的投入，这势必将影响到组织工程下一步的发展，如何合理地利用对本学科的投入，将组织工程引入良性发展的阶段也是各国政府和科技界面临的问题。William 认为组织工程可能在以下几方面存在风险：

1）与异源基因有关的供体材料可能带来的微生物污染，如潜在的病毒感染；

2）可能引起癌症、血液病、基因病等相关疾病的传播；

3）与产品生产过程相关的污染；

4）在联合培养过程中可能会掺入额外细胞形成产品并植入；

5）可能会把自体细胞培养的组织错误地植入受体；

6）在涉及基因操作时，细胞的扩增或分化可能会变异；

7）组织工程支架材料本身，以及其与细胞的相互作用结果尚不明确，植入后对再生组织和机体的反应风险很大，因为我们并没有完全理解这种特殊的生物相容性；

8）如何对这种有细胞、材料和活性成分的组织化产品消毒；

9）产品的冷冻保存、生产添加剂和其他残余物等潜在的毒性，以及特殊患者的不良反应，如对抗体或其他物质过敏等问题；

10）组织工程化最终产品的力学或生理学性能可能达不到完全符合生理需要，有的甚至可以致命，如组织工程化血管或心脏瓣膜。欧盟在 2003 年也讨论了组织工程的风险，主要集中在产品的致癌性、感染性和人们接受的程度。

第三节 发展现状

复杂的人体结构可大体划分为结构类组织（如骨、软骨、皮肤、肌腱、韧带、肌肉、周围神经等）和器官（如心、脑、肺、肝、脾、胰、肾、消化道、泌尿道等）。结构类组织的缺损导致残废，影响生活质量和生存质量。经过近 20 年的深入研究，多数结构类组织器官的构建已取得很大进展，其中组织工程皮肤、自体软骨细胞移植修复小区域关节软骨缺损在欧洲、美国已进入市场；组织工程骨、肌腱、韧带、软骨在美国、德国、意大利、法国、英国、中国等已进入临床试验阶段。

在结构类组织工程、干细胞的研究和临床应用方面，我国紧追发达国家，差距较小。尽管结构类组织工程化研究的部分基本科学问题已被阐明，其基本理论及技术路线日臻成熟，但要真正形成结构类组织工程产品，实现产业化，尚有较多规模化生产的关键技术问题需要研究，如种子细胞、支架材料的标准化制备，产品的安全性评价，建立临床应用技术规范，产品的包装、保存、运输、复苏等。另外，尚需进一步解决结构类组织临床修复的一些技术难题，如骨-软骨复合缺损的修复，大段长管状骨缺损的修复，特殊部位骨缺损的可塑形性组织工程骨的研制，不需手术的小区域骨缺损修复的可注射性组织工程骨的研制，手屈指肌腱纤维鞘管区“无人区”肌腱缺损的修复，膝关节交叉韧带损伤的修复，跟腱缺损的修复，周围神经损伤或断裂的修复，关节软骨损伤的修复，组织工程骨骼肌修复软组织损伤及肌肉干细胞治疗肌营养不良症等疾病，具有皮肤正常生理功能的组织工程皮肤的研制等。

结构类工程化组织研究的进展为器官的修复与功能重建奠定了良好的基础。随着结构类工程化组织的广泛与深入的研究与应用，近几年世界各国都在积极地开展器官工程化组织的基础与应用研究，不少器官的基础研究都已取得显著成果，部分已进入临床前研究阶段。在“十二五”组织工程重大项目研究领域，除了要进一步解决上述产业化关键技术和临床修复难题外，在部分实体器官工程化组织的构建研究方面，也应予以重视，并加大引导和支持的力度，使该领域进入国际先进行列，在国际竞争中占据一定地位。

在器官修复与功能重建的研究领域中，肌性器官（如心、食管、肠道、膀胱、尿道、输尿管等）的研究已在一些单位取得了显著进展。肌性器官组织工程的研究基础较好，可行性较强，在一定时期内，在足够的经费支持下，能够有所突破。

实体器官，如心、肝、肾衰竭是致命的，促进实体器官的再生及实现人工器官的构建是重要的研究方向。细胞治疗、干细胞移植、生物活性因子的应用、基因治疗、生物活性人工体外装置等都是世界各国研究的热点，并已有少量临床试用或前期临床试验，显示了良好的应用前景。我国的干细胞、组织工程经过近 20 年的研究及近几年的临床实践，已经证明干细胞及组织工程植入物在组织器官的愈合、再生中发挥了重要作用。虽然有些科学问题尚待阐明，有些技术难题尚待攻克，但其发展趋势必然会为病损组织器官的愈合、再生创造出更多、更新、更实用的治疗方法，在挽救患者生命、减少伤残，最大限度地恢复功能方面发挥巨大作用。

组织工程技术成功与否主要取决于三个基本要素，即种子细胞，支架材料以及有助于细胞生长、分化的外在环境。以下就种子细胞、支架材料及组织工程构建技术的成果、存在的问题及发展趋势，以及有关组织工程的产业化和标准的现状做一具体报告。

一、种子细胞与组织工程的研究

种子细胞的研究，目的在于获取足够数量的接种细胞，同时保持细胞增殖、合成基质等生物功能并防止细胞老化。只有获得足够数量并保持特定生物学活性的种子细胞，才能保证组织构建的成功。用于组织工程的种子细胞主要是具有多向分化潜能的干细胞。

（一）种子细胞来源的研究

组织工程种子细胞主要有三个来源：与缺损组织细胞同源的自体细胞、成体干细胞（adult stem cell，ASC）、胚胎干细胞（embryonic stem cell，ESC）。目前认为，自体细胞是种子细胞的最佳来源。同种异体细胞是种子细胞的另一重要来源，用基因转染技术可拓展同种异体细胞的应用。此外，研究发育同源的细胞间相互转化的可能性，是寻找种子细胞来源的另一条途径。

利用自体细胞和同种异体、异种细胞作为组织工程细胞的来源，存在诸多难以克服的限制性因素。因此，近年来，科研人员开始将注意力集中到干细胞研究领域。根据存在部位的不同，干细胞可以分为ESC和ASC。ESC在一定条件下可以分化为人体几乎所有的细胞，具有分化的全能性；ASC也可形成多种细胞类型，具有分化的多能性。随着研究的进一步深入，干细胞即将成为组织工程研究的主要细胞来源。

（二）种子细胞——胚胎干细胞的研究

1. 胚胎干细胞的基础研究

目前关于ESC的增殖分化研究，已深入到抑制分化信号的转导途径和相关基因开启与关闭的研究，认为ESC分化是基因差异表达的结果，取决于哪些基因被激活及激活的时间性和空间性。国家重大科学研究计划2006年即资助进行“调控干细胞自我更新能力的分子网络研究”，该项目从“抑制胚胎干细胞分化的分子机制研究”，“促进胚胎干细胞自我更新的调控因子研究”，“胚胎生殖嵴干细胞（EG）命运决定的分子调控网络研究”等方面研究调控干细胞自我更新的分子调控网络，已取得阶段性成果。ESC自身有许多调控因子可对外界信号起反应从而调节其增殖和分化，使之向指定的方向发展，称之为内源性调控。

早在10多年前，人们就已将神经元专一转录因子 *Sox* 2 基因转染ESC，得到90%以上的表达神经元标志的神经细胞；利用心肌细胞肌球蛋白重链的启动子转染ESC，获得99%的心肌细胞。除内源性调控外，ESC的分化还可受到其周围组织及细胞外基质等外源性因素的影响。

2000年1月，英国科学家将克隆技术引入ESC研究，开始了人体治疗性克隆的实验研究。目前利用核移植技术获取ESC已经分别在小鼠、羊、猴等的实验中取得成功。2006年，Yamanaka等将 *Oct*3/4、*Sox*2、*c-Myc* 和 *Klf*4 基因转染胎期和成年小鼠尾部成纤维细胞，获得具有类似ESC的iPS细胞。2007年，Yamanaka等将这4个基因转入成年妇女皮肤成纤维细胞，Thomason领导的研究小组用 *Oct*4、*Sox*2、*Nanog* 和 *Lin*28 基因对胎儿皮肤和男婴包皮细胞进行转染，均得到iPS细胞。这些iPS细胞具有正常的核型和端粒酶活性，表达人ESC特征的细胞表面标志和基因，保持发育潜能，可分化为所有3个原始胚层的组织和细胞。一旦技术限制（如病毒整合后的突变）被消除后，这些诱导型多能细胞系有望成为新的种子细胞来源。

2．胚胎干细胞的应用研究

胚胎干细胞的分离和建系：1988年以来，小鼠、金黄地鼠、猪、水貂、家兔、大鼠、牛、猕猴、绒猴、绵羊和马等多种动物的ESC系相继成功建立。1998年，以Thomason及Shamblott为首的两个研究小组，分别从人的胚胎组织或原始生殖嵴中，成功地分离、培养了ESC。此后，人ESC的研究得以快速发展。1998～2003年，关于干细胞、胚胎干细胞、人类胚胎干细胞几个方面，中国作者发表的被SCI收录的论文数量及中文文献数量都只占整个干细胞研究领域的很小一部分。关于ESC研究，统计SCI收录的中国作者发表的论文所在期刊的影响因子分布，这些文献主要分布在影响因子较低的期刊，影响因子分布在5以上的论文，只有3篇。截至2008年4月18日，在美国国立卫生研究院网站上登记的人ESC系一共有78株（其中有21株正常），美国本土拥有20株，瑞典24株，以色列8株，印度6株，其他分布在澳大利亚和韩国。中国国内由于种种原因，还没有注册。虽然，近年来我国在动物克隆和人类造血干细胞研究领域有所发展，但是总体水平偏低，竞争力较弱。在人类胚胎干细胞领域，我国的研究力量和研究水平较国外还有一定的差距，处于劣势。

ESC是能够用于组织工程的可塑性最强的细胞，与ASC相比，它几乎可以一直保持非分化状态，这就使工程组织在构建早期可以获得足够的细胞量。然后大量来自同一克隆的细胞可以在特定条件下定向分化为足够的功能性细胞，避免了从供体收获和扩增特定细胞系的困难。目前ESC的应用研究主要体现在以下几个方面。

1）皮肤。皮肤是人体最大的器官，主要分为表皮和真皮。角质细胞是表皮中最丰富的细胞，Green 等最先报道了 ESC 向角质细胞的分化，但随后的研究表明这种分化效率极低，而且由于存在其他类型细胞的污染使扩增困难。近年 Metallo 等通过视黄酸（retinoic acid，RA）和 BMP 信号通路由 ESC 获得了较纯的角质细胞，能够表达终末分化标志蛋白，并可形成表皮样的薄层。

2）角膜。Ahmad 等尝试用含血清的条件培养基模拟角膜上皮干细胞微环境诱导人 ESC 分化为角膜上皮细胞，产生了表达 K3/K12 的角膜细胞，但同时还产生了表达 K10 的可能是皮肤细胞的细胞群。

3）神经。获得成体神经前体细胞非常困难，因而对 ESC 进行诱导分化成为神经组织工程的研究重点。在缺乏 BMP 信号时，人 ESC 很容易分化为神经前体细胞。将这种细胞继续培养在诸如 laminin 这类的神经基质上就可以产生神经元细胞。

4）心脏。添加抗坏血酸的无血清培养技术可增进心肌细胞的有效分化，由人 ESC 分化而来的心肌细胞移植入完全房室梗阻猪，能够与猪自身的心肌组织整合并与其心脏同步搏动。Caspi 等用含内皮细胞、胚胎成纤维细胞和人 ESC 分化的心肌细胞构建了一个血管化的三维心脏组织，能够表达心肌细胞分化的早期和晚期标志蛋白。

5）骨和软骨。英国伦敦帝国理工大学的科学家成功将人类胚胎干细胞培育成软骨细胞，为未来软骨移植提供了良好契机。虽然医生们几年前就已经实现了关节移植，但它仍不能替代磨损的软骨。利用干细胞培育出软骨细胞，就可避免关节移植。骨和软骨都来自于骨髓基质细胞系，人 ESC 可被诱导形成骨髓基质前体细胞，并表达表面标志蛋白 CD73，这些细胞可以进一步分化为成骨细胞和软骨细胞。

6）循环系统。血细胞和内皮组织在胚胎发生时来源于共同的前体细胞且已证明相同的环境刺激能诱导人 ESC 分化为造血细胞和上皮细胞。

7）胰脏。糖尿病已成为继心血管疾病和肿瘤之后的第三大疾病，目前的治疗方案主要是药物和注射胰岛素，这给患者和社会带来了沉重的负担，因此重建内源性胰岛分泌系统是多年来人们关注的热点。干细胞的深入研究，为胰岛移植提出了新的材料来源。胰岛 β 细胞是胰脏执行功能的重要细胞，其功能丧失和死亡是导致糖尿病的重要原因。目前有多项研究定向诱导了人 ESC 的分化，并能表达一定胰岛标志蛋白，但是有些缺乏功能，有些发育不全，需进一步深入研究以获得全功能的成熟胰岛细胞。

8）肝脏。原发性肝癌是我国最常见的恶性肿瘤之一，我国发病占全世界发病的 45%左右，而且预后不良，严重威胁着人类的生命健康。在成纤维细胞生长因子-4 和肝细胞生长因子的共同作用下，人 ESC 可分化为有功能的肝细胞。

而且三维胶原支架能够在空间上模拟人ESC向肝细胞分化的体内微环境。

在诱导条件方面，我国科学家还根据我国传统中医药技术，选用丹参、淫羊藿或补肾阴诱导ESC向心肌或神经细胞分化，为诱导干细胞的分化开创了一条特色鲜明的新思路。

以上介绍了ESC向不同细胞分化的情况，经定向诱导分化后，不同的细胞类型可以依其表达的标志蛋白予以有效地分选纯化。当这些细胞与组织工程技术相结合，就可以在体外构建工程化的组织和人工器官。近些年已有不少这方面的成功报道。虽然胚胎干细胞系的体外鉴别、分离纯化、扩增和培养技术相对较为成熟，在组织工程中有着广泛的应用前景，但也应该看到，其大规模应用尚存在一些问题。ESC存在伦理问题，有潜在的致瘤性；分化细胞的移植面临免疫抵抗作用；在技术上，现在对ESC的诱导分化效率仍然比较低，不能满足临床应用的需求，而且有些分化细胞缺乏特定的标志蛋白，给分选纯化带来困难；另外工程化组织血管网的构建也是一个难点。

（三）种子细胞——成体干细胞的研究

尽管人ESC有着巨大的医学应用潜力，但围绕该研究的伦理社会问题也随之出现。这些问题主要包括胚胎保护、生命的界定、人的定义、人胚胎干细胞的来源、克隆问题、嵌合体问题、科研规范、人体商业化问题及可能带来的社会效果等。随着干细胞研究的扩展和深入，具有多向分化潜能的ASC在体内多种组织中都先后被发现，如肌肉、软骨、骨、神经、脂肪、肝脏和胰腺等。ASC的研究相比之下更接近临床，在临床巨大需求的推动下，近年来在该领域的研究获得突破性进展，尤其是在临床应用和组织重建方面都涌现了很多应用成果。

1. 骨髓间充质干细胞

骨髓间充质干细胞（marrow mesenchymal stem cell，MSC）的基础研究最深入，其多向分化潜能的研究已较为成熟，不但能与其他细胞一起支持造血干细胞造血，而且在不同诱导条件下还能分化为骨、软骨、肌腱、肌肉、脂肪、神经元等多种组织细胞。MSC已成为组织工程、细胞及基因治疗理想的靶细胞。

在细胞治疗方面，MSC已用于局部注射治疗心肌缺血、肢体缺血性疾病等。国内有心肌注射治疗心肌缺血的报道。由于注射细胞在心肌内的融合率仅为3%～7%，其治疗效果很难确认。四川大学附属华西医院制定了MSC制备标准，并于2003年通过了国家食品药品监督管理局检验。中国协和医科大学基础医学研究所的MSC已获得临床应用批文。北京大学医学部将MSC与羊膜复合修复角膜溃疡已获临床批文。

MSC 作为种子细胞，将其接种在可降解支架材料上形成补片材料治疗心肌缺血及因心肌缺血引起的心室室壁瘤，2003 年在美国才刚开始进行小动物（鼠）实验。四川大学附属华西医院用同种异体或自体 MSC 与 SIS（猪小肠黏膜下层）构建的组织工程心肌补片进行了大动物（兔、羊）实验，从心功能、心肌酶、冠状动脉造影、组织学、组织化学、电生理等方面均证实具有较单纯细胞注射更好、更确切的治疗效果，有可能形成新的产业，并可获自主知识产权。

MSC 在脊髓损伤修复、椎间盘退变修复、脑缺血性疾病的治疗和对移植物抗宿主病（GVHD）的预防等方面也都发挥了良好的作用。MSC 可以抑制异体 T 淋巴细胞的活化和增生，减少 GVHD 的发生和严重程度，免疫原性弱或没有免疫原性，即便使用第三者的也不会被排斥，这就可以解决在异基因造血干细胞移植中与白细胞抗原系统不能相合的问题，使造血干细胞移植的方法有更广阔的前景。

2. 皮肤干细胞

研究者们已能在体外分离培养多种组织干细胞，包括由皮肤表皮基底层中分离出的表皮干细胞和位于表皮之下毛囊隆突处的毛囊干细胞，并利用这些干细胞成功培养出神经细胞、脂肪细胞和平滑肌细胞等。

尽管目前已有许多组织工程皮肤应用于临床，且在结构上具有皮肤的屏障功能，但尚未达到真正的皮肤重建，没有完整的皮肤功能，尤其是缺乏皮肤附件。现已证明，表皮干细胞有产生皮肤附属器的能力。有可能成为组织工程皮肤的种子细胞，构建出适合临床使用的皮肤覆盖物，以满足临床烧伤患者的需求。

3. 神经干细胞

神经干细胞（neural stem cell，NSC）是多能干细胞，在细胞移植、基因治疗及组织工程方面都可作为种子细胞，在治疗神经系统退行性疾病和中枢神经系统损伤中表现出极大的优势。其可以定向分化成神经元、神经胶质细胞，并分泌神经营养因子，不但能改善病变周围的微环境，而且在一定程度上起到了细胞替代的作用。同时，神经干细胞具有迁移能力，能远距离迁移到病变部位发挥修复功能。

另外嗅鞘细胞在治疗神经系统疾病中也取得了一些进展。国内研究组采用同种异体嗅鞘细胞移植治疗，在 300 例陈旧性脊髓损伤及数例帕金森病等中枢神经系统伤病的治疗中达到了良好效果，有可能形成新的产业，并具有自主知识产权。但其基础研究方面尚需深入探讨。

4. 脂肪干细胞

对脂肪干细胞（adipose derived stem cell，ADSC）多分化潜能的研究很多，与 MSC 一样，脂肪干细胞在不同诱导条件下可分化为不同的功能细胞，能向脂肪细胞、软骨细胞、成骨细胞、肌肉细胞及神经组织定向诱导转化。脂肪组织可以作为人干细胞库的重要来源，并可作为多种组织工程的种子细胞，有着非常重要的研究和应用价值。因其体内分布广，取材创伤小，细胞获得量大，还能对患者进行体形重塑等优点，最近已成为新的研究热点。

5. 造血干细胞

造血过程其实就是造血干细胞经增殖、分化直至成为各种成熟血细胞的连续发展过程。最近 *Science* 上发表了发现“前白血病干细胞”的论文，受到了科学界的广泛关注。“前白血病干细胞”是导致白血病的关键细胞，研究证明白血病干细胞正是从“前白血病干细胞”发展而来。这项研究发现的重大意义在于有望找到白血病发生的真正原因和机制，从而可以预防或阻断白血病的发生。造血干细胞移植可治疗血液疾病及肢体缺血性疾病。将从周围血、脐血中分离的造血干细胞用于治疗血液病已有较为成熟的治疗经验，挽救了不少患者的生命。用于肢体缺血性疾病的治疗首先由中国军事医学科学院用于临床，发现其改善血液循环效果明显，但发生肢体水肿等并发症高达60%左右，尚需深入研究。

目前，有研究机构正以脐带间质组织作为细胞来源进行实验研究，相信脐带间质干细胞作为进行细胞治疗、基因治疗的靶细胞，以及组织工程研究的种子细胞具有广泛的应用前景。

6. 肌肉干细胞

美国 NIH 2004 年就有 30 多个项目支持肌肉干细胞研究，主要针对 Dystrophin 基因缺失的肌营养不良症，尚无临床应用。我国在 2000 年就有这方面的研究与临床应用，广州中山医科大学神经内科的基础研究较好，但用于临床时，由于治疗方法中对患者的免疫功能影响太大，未能获得理想治疗效果。中国人民解放军总医院（301 医院）用肌肉干细胞局部多点注射治疗，有一定疗效，但远期效果不理想。四川大学华西医院用肌肉干细胞局部注射治疗 11 例，经 3 年左右观察，近期疗效尚可，远期疗效仍不理想。在动物实验中，将干细胞悬液经静脉注射，发现在主要骨骼肌中有优势分布，在解决靶向性后有望实现产业化。

7. 角膜缘干细胞

最近，我国学者研究发现，核浆双向转运受体蛋白 Importin13 可以作为角膜上皮干细胞的一个标志物，同时发现该蛋白质对调控角膜上皮干细胞的分化状态发挥着重要作用。标志着我国眼科干细胞的研究水平上了一个新台阶。角膜缘干细胞是角膜表皮再生的功能细胞，由于角膜对光学的特殊要求，为细胞提供支持的支架材料很难达到光学透明度，因此，研制具有角膜结构的支架材料成为瓶颈，近期难以形成产业。

8. 干细胞移植治疗恶性肿瘤

这是近几年发展起来的新领域，国内与国外基本同步进行研究，利用干细胞能融入肿瘤细胞的特点，将干细胞携带杀伤基因即可杀死或抑制肿瘤生长，达到治疗目的。

干细胞领域的研究已经持续了50年，2008年2月22日出版的*Cell*期刊以特别专刊的形式报道了干细胞研究的成果及现状。干细胞研究除了在细胞治疗、组织器官移植、基因治疗中具有重要意义外，还将在新基因发掘与基因功能分析、发育生物学模型、新药开发与药效、毒性评估等领域产生极其重要的影响。

干细胞产业的发展，尤其要发展到利用胚胎干细胞获得移植用的组织和器官的时期，还需要一段研究历程。干细胞产业的发展还需要分子细胞生物学、生物力学、生物材料学三大学科的支撑、交叉、渗透和发展，新兴的干细胞产业将在极大程度上依赖于多学科的进步和技术的提高。所以，科技创新是干细胞产业发展的核心。

各国在干细胞领域的知识产权优势主要反映在专利上。至今，全世界已有2000多项关于干细胞的专利申请，其中有1/5是关于胚胎干细胞的申请。这些专利申请主要是发明专利，实用新型和外观设计专利很少。由于涉及伦理问题，关于人类胚胎干细胞的专利申请授权较少。发明的主题可以分为两大类：一类是干细胞本身的专利申请；另一类是相关方法的专利申请。物质或产品专利的保护力度比方法专利的保护力度强。截至2004年7月30日，世界范围内已公开或公布的人类胚胎干细胞相关的专利申请数量共有220项，来自美国的申请最多。在整个干细胞领域，美国也占据明显的知识产权优势。截至2003年，我国国家知识产权局已公开收到涉及人体胚胎干细胞的申请15项，全部处于审查过程中，尚未有申请获得专利权。而这15项关于人类胚胎干细胞的专利，只有3项是国内单位申请的。我国在胚胎干细胞的专利申请方面，处于弱势地位。

用于临床的干细胞研究，在我国正受到广泛的重视，多家著名医疗和药物研究机构涉足其间，由于干细胞研究的关键技术只是在最近三年才取得重大突破，我国干细胞研究与发达国家相比差距还不是很大，干细胞生物工程成为我国与西方国家“起跑点”最接近的重大科学领域，相信在不久的将来，完全有可能走在世界前列。

中国虽然有干细胞资源和技术人才丰富等优势，但尚缺乏真正鼓励科技产业创新的环境。例如，公众对临床有效的技术比较容易接受，但对处在临床试验阶段及尚未经临床验证的技术和产品的认识无法把握，需要相关专家和国家有关部门的解释和引导帮助。由于是新兴产业，全世界都还没有完善的管理法规。因此，影响干细胞产业化的因素太多。任何媒体的评论、专家个人的学术见解、管理机构的行政干预都可能影响其产业化进展。

面对快速发展的干细胞研究，近几年来国家和地方政府也对干细胞研究给予了大力支持。科学技术部“973”计划、“863”计划、国家自然科学基金委员会、国家发展和改革委员会产业化计划等都从不同层面给予干细胞研究多个重大重点项目的资金支持。许多地方还设立专项在资金上给予扶植。近年来我国多次召开国内国际干细胞会议，出版多本专（译）著，促进了国家在这一领域的发展，大大缩短了与国际先进水平的差距，某些方面还领先于国外。据统计，我国每年在SCI核心期刊发表的干细胞相关论文呈逐年增多趋势，2006年和2007年发表的论文数均超过2000篇，与英国和法国的数量相近。

（四）种子细胞未来的发展趋势、面临的问题和解决措施

1. 种子细胞未来的发展趋势

多年来，世界各国政府和科学家都在干细胞研究领域投入了大量财力和精力，也取得了长足进展：从分离ESC，到分离ASC；再从分离、培养和鉴定干细胞，到对干细胞进行基因修饰，改造细胞的增殖和分化特性；从选择最恰当的干细胞标志组合，到揭示干细胞分化发生的分子事件；从筛选、优化诱导干细胞分化的培养条件，到阐释干细胞应答细胞外基质、生长因子、细胞因子或其他因素引起的信号转导通路；从“治疗性克隆”到“诱导型多能干细胞”等。

iPS细胞为种子细胞的研究开辟出新领域，所需的前体细胞可以从患者身上轻易获得，而且不需要通过“治疗性克隆”的方式，即可获得高度分化的患者自体体细胞来源的干细胞，从而避免了先通过体细胞核移植获得早期重组胚胎的过程，以及同时面临的卵母细胞来源限制和破坏早期胚胎引起的伦理道德方面的争议。

因此，通过这种办法获得具有分化多能性且与患者保持遗传学一致性的干细胞，可能是今后种子细胞的重点和热点之一。与此同时，不能忽视将其他途径获得的干细胞作为种子细胞，毕竟在当前条件下iPS细胞的获得效率非常低，同时也与其他来源的干细胞一样面临各种各样的问题。2010年国际干细胞研究协会会议上提出了导致肿瘤不是iPS细胞唯一的缺陷，由iPS细胞发育出的嵌合

体小鼠会表现出显著的健康问题。这意味着在iPS细胞用于临床之前，还有很多困难需要克服。

2. 种子细胞研究面临的问题

目前，种子细胞研究面临的主要问题有：①来源困难；②分离方法还不完备，鉴定标志仍不确定；③免疫排斥反应；④安全性难以保证；⑤干细胞在体外形成完整的器官困难重重；⑥分化的机制尚不清楚；⑦伦理道德问题。

3. 种子细胞未来的发展目标

未来用干细胞作为组织工程的种子细胞，必须解决以下一些问题：①保证充足的种子细胞来源；②找到克服或减少免疫排斥反应的方法；③开发出成本低、效率高、无动物源性成分的培养基、能维持干细胞自我更新和多能性的培养体系，开发出有传统中医药成分、诱导效果良好的特色培养体系；④找到抑制干细胞移植后形成肿瘤的方法，有观点提出可以通过导入自杀基因来监控细胞的活动，但目前仅限于设想，未见实验报道；⑤从多角度、深层次阐明支架材料与种子细胞间相互作用的机理，加快研究开发新的或改造现有支架材料，以更好地促进种子细胞在具有可塑性的支架材料上形成有三维形状、结构较完整的组织或人工器官。解决上述问题，实现上述目标，应采取如下措施：①加强对诱导型干细胞的研究；②促进生物学、材料学和工程学等学科间的交叉融合，开发出理想的支架材料；③注重干细胞分化机制的研究；④组织精干的研究队伍，加大投资力度，有组织、有计划地抓好少数几个突破口；⑤鼓励创新性研究。

二、组织工程用生物材料

生物材料是组织工程研究的重要组成部分，也是影响组织构建最为关键的因素之一。生物材料为种子细胞提供了适合其生长、基质合成及发挥其他功能的生物学空间。组织工程生物材料必须具有可降解性、良好的生物相容性、低免疫原性及一定的空间结构、孔隙率、降解速率等特性，按其发展阶段，分为生物惰性材料、生物活性可降解材料和具有细胞和基因活化功能的材料三类。基于细胞分子水平的第三类组织工程生物材料，是通过在可降解材料上进行分子修饰，引起细胞整合素的相互作用，诱导细胞增殖、分化，以及细胞外基质的合成与组装，从而启动机体的再生系统。第三类生物材料将在产生最小损伤的前提下，为原位组织再生和修复提供物质基础。

（一）组织工程用生物材料最受关注的几个方面的研究状况

1. 支架材料的基因控制和细胞活化

整合素（integrin）是细胞表面受体的一个主要家族，直接影响细胞的生长、增殖、凋亡等生理活动。生物系统相互作用受生物材料表面特性的控制，因而生物材料表面修饰受到了广泛的关注。目前主要运用等离子沉积（聚合）蚀刻、辐射接枝、自组装、湿化学反应、吸附、光反应、固定化等方法对生物材料表面改性，以改善生物材料的生物相容性。在材料上接枝特定的蛋白质、多肽等生物分子，模拟细胞外基质（extracellular matrix，ECM）环境，提供一个多功能的细胞结合表面，特定的细胞识别因子可能通过激发基因表达来激励活组织的再生。

2. 生物材料仿生化

细胞主要由蛋白质、糖类和核酸构成，以高度复杂的方式应答外界刺激。高分子聚合物具有模仿组织中 ECM 的多方面的潜在功能，特别是结构类似于体内多种组织的水凝胶，其生物相容性良好，已广泛用于组织工程和药物释放载体。

3. 表面组构化

采用表面图案化的分子光刻技术可使分子二维组构化，如利用微接触印迹（μCP）、浸笔纳米光刻（DNP）及扫描探针光刻技术制备纳米到微米尺度的图案，可望将其用于蛋白质组学阵列等未来的生物装置。

4. 组织构造

与二维基质相比，组织细胞能更有效地介导细胞黏附于合成和分泌的三维基质中，细胞活性增强。快速成型技术可构建预先设定内部形态的三维支架，主要包括三维打印技术（3DP）、激光烧结技术（SLS）、熔融沉积技术（FDM）、低温沉积技术、立体印刷技术（SLT）等。

（二）组织工程生物材料的主要研究成果

常用于组织工程的生物材料，按其来源可分为天然材料和合成材料；按其化学成分可分为高分子材料、生物陶瓷和生物复合材料。目前，主要报道的组织工程支架材料及其应用领域有以下几个方面。

1. 天然衍生物

包括用于软组织修复、细胞分化、毛细管工程、真皮工程和血管化脂肪组织的胶原支架；用于皮肤、软骨再生和模拟细胞生长的透明质酸及其衍生物；用于血管发生控制的胶原-透明质酸凝胶；用于壳聚糖微球整合支架和软骨工程的壳聚糖；用于血管工程和成纤维细胞释放的纤维素；用于气管工程和骨工程的明胶及用于血管工程的藻酸盐等。2006 年以来，有研究表明，弹性蛋白样肽，由蛋白 G 的链球菌 B1 免疫球蛋白结合区——小型非机械性蛋白 GB1 制备的多聚蛋白 $(GB1)_8$，利用基因工程合成的重组蛛丝纤维蛋白拟态高聚物也是很有应用前景的组织工程支架材料。

2. 合成材料

主要有用于骨骼肌组织工程的聚乙醇酸（PGA）；用于软骨再生的聚乳酸（PLA）；用于纤维管工程的聚乳酸-聚乙醇酸共聚物（PLGA）；用于皮肤组织工程的聚 ε-已内酯（PCL）；用于骨形成的聚乙二醇（PEG）及用于软骨工程和生长因子从凝胶微球中释放的寡聚乙二醇反丁烯二酸（OPF）等。

3. 无机材料

目前，骨组织工程的生物陶瓷类材料，应用较多的是磷酸三钙（TCP）、羟基磷灰石（HA）、生物活性玻璃（BGC）和双相钙磷陶瓷。最近新报道的此类材料主要有：经溶胶-凝胶玻璃热处理得到的玻璃陶瓷（55S41C4P-1300），微挤压自由成型技术制备的磷酸三钙粉末分层微孔栅格状支架，Bioglass® 烧结而成的玻璃-陶瓷海绵等。

4. 天然材料与合成高分子材料复合构造新型的生物材料

复合材料水凝胶中，PEG 材料在组织工程中应用广泛。其释放机制和降解速率可通过反丁烯二酸、乳酸、已内酯和透明质酸等单元的嵌段化学修饰方法加以调节。

近来有研究证实，PGA -胶原海绵支架和经紫外线处理的 PGA -胶原海绵支架较单纯的胶原海绵支架更有利于细胞的黏附和生长。也有研究发现软骨细胞在 PLGA、PLLA 和 PLGA 混合支架材料上，比单纯在 PLLA 上生长要好得多，对软骨再生来说被Ⅱ型胶原修饰的 PLGA 及 PLLA 混合支架材料具有极大的应用潜力。

（三）组织工程用生物材料亟待解决的科学问题

1. 生物材料与细胞间的相互作用

生物材料的设计应考虑其对生物活性分子的动态吸附、多种细胞的作用、细胞因子的影响及生物过程的激发。

2. 仿生表面工程及生物材料的仿生化

ECM 含有黏附蛋白和糖蛋白结构的肽序列［如精氨酸-甘氨酸-天冬氨酸（RGD）］，将这种序列固定在生物降解材料表面，可以介导细胞粘连。

3. 生物活性物质释放载体调控

生物支架材料构筑成生长因子和细胞因子的载体，可适时缓释因子（微克级），诱发细胞分化组织在体外生长及促进血管化，更能将含编码生长因子基因的质粒 DNA 与适宜的载体构筑成复合物，从而高效、靶向转染目标细胞，在体内按生理剂量（纳克级）表达生长因子，促进组织重建，防止高剂量生长因子的负面响应。中国科学院遗传与发育生物学研究所再生医学实验室在这方面进行了有益的探索，通过对生长因子的改造使其具有特异细胞外基质结合能力，发现改造后的生长因子在多种组织修复中显示了优越性，不仅生长因子用量小，而且能将生长因子明确定位于组织损伤部位，并在修复过程中发挥很好的促修复效果。

4. 生物材料智能化

由阳离子聚合物载体与荷负电的质粒 DNA 构筑的复合物，应该能够传感细胞膜亲疏水性的变化和细胞内区室的 pH 变化及酶环境，且能进入细胞，并应避免这些微环境的改变将外源基因引入细胞核内基因组。为此，应使非病毒载体具有仿病毒感染宿主细胞的智能特性。

5. 生物材料中的纳米技术与方法

需研究细胞生存的纳米及微米环境，细胞对纳米图案的响应特性（不平衡界面力等）及表面化学图案的构筑，以实施不同细胞共培养，为研制生物芯片和细胞芯片提供技术与方法。

（四）组织工程用生物材料的发展趋势

综合国内外生物材料的研究现状，未来生物材料的研究很可能将集中在以下几个方面：①对第一、第二类生物材料的表面改性研究，提高由第一、第二类生物材料制备的器械的性能，延长其使用寿命。②第三类生物材料的研发，特别是在材料中加入特定生长因子和基因，促进组织的再生。③利用组织工程技术，通过将正常宿主组织细胞与可降解材料相结合，最终建立有特定功能和形态的新的人工组织和人工器官，从而达到修复和再造的治疗目的。如何针对特定组织或器官构建研制具有不同三维空间构象及有序排列的不对称材料，将是21世纪生物材料研究的另一艰巨挑战。④纳米技术和生物材料相结合，可发挥纳米生物材料独特的性能，展现出引人注目的应用前景。⑤将合成材料与天然材料有机结合，已成为未来组织工程材料发展的新趋势。开发具有一定生物学活性、能促进干细胞增殖分化、组织再生的各类新型复合材料、仿生材料、生物活性材料及智能型材料，是组织工程材料的重要研究方向。

（五）我国组织工程生物材料领域存在的差距及解决策略

纵观国际发展近况，在控制释放系统仿生生物材料、骨生物材料、分子结构物、蛋白质类似物和组织工程方面，美国的基础研究具有压倒性优势，德国和日本是美国的有力竞争者，而欧洲共同体在生物传感器方面的巨大投资使美国在近代诊断系统方面的排序推后。

相比之下，我国的生物材料研究工作创新性不足，相关的工作大多停留在细胞水平，未从分子水平和基因水平探讨生物材料与蛋白质及细胞的双向相互作用。我国生物材料研究迄今尚未获国家自然科学奖也是例证，说明我国在这方面工作的影响程度并不显著。如何在体制和机制上促进新兴边缘学科的发展，始终是困扰我国在科学研究领域取得突破性创新成果的瓶颈之一。

为缩短我国与国际水平的差距，应着重考虑以下几点策略：①结合我国国情，从临床应用出发，正确选择生物材料研究与应用的切入点与制高点，以信息流引导人才流；②围绕医学科学和生物技术的关键问题展开合作，避免重复研究，逐步提高研究水平；③从复杂科学角度研究生物材料在不同空间尺度和时间段内与生物活性分子、细胞、组织的动态双向多重相互作用；④从生命科学与材料科学融合的视角思考问题，建立开放式的学科交叉型研究模式，进行国内外合作研究，育成点面结合的梯形人才团队，使研究工作拓宽和深化。

三、组织构建及促成技术

组织工程技术构建组织的研究，经历了三个发展阶段。第一阶段主要证明了组织工程技术能够构建出有活力的、结构特征接近正常的成熟组织，以1991

年 Vacanti 等用牛关节软骨细胞与可降解材料在裸鼠皮下构建出成熟透明软骨为标志。第二阶段证明了组织工程技术可以构建具有复杂形态和结构的组织。第三阶段是在具有全免疫功能的哺乳动物体内构建组织工程化组织，修复缺损，重建功能，这是目前国内外组织工程研究的热点。

组织工程的促成技术也在不断更新，在组织工程产品开发过程中起到了极大的推动作用。

（一）组织构建的研究现状

组织构建目前的研究成果主要分布在三个方面。

1. 支架结构组织的组织工程产品的研究与开发

组织工程皮肤、组织工程软骨和组织工程骨等在美国、德国、英国、法国、荷兰、意大利等国家都有多种产品上市。目前 FDA 批准了 10 余种组织工程皮肤产品，如 Apligraft、Dermagraft、OrCell 等，以及一种组织工程软骨 Carticel，还有多种产品处于临床试验之中。但是，由于价格昂贵，市场推广不力等诸多因素的影响，组织工程产品的市场还很小，全球组织工程皮肤的市场在 2000 万美元左右，而组织工程软骨的市场不会高于 4000 万美元。相反，那些不含活细胞的生物材料在皮肤溃疡、软骨修复和骨修复的临床治疗和市场中却有较好表现。因此，即便是全球领先的、美国最早和最大的两家组织工程皮肤生产商 Organogenesis Inc 和 Advanced Tissue Sciences 也已申请破产保护，而有些组织工程皮肤产品，如 CellActiveSkin、Epidex、BioSeedS 和 MelanoSeed 等因严重亏损而停产。

（1）组织工程皮肤

组织工程皮肤虽然仍不具备完整的皮肤功能，却展示出诱人的发展前景，通常可分为表皮替代物、真皮替代物和复合皮肤替代物三种类型。

组织工程表皮经历了表皮细胞悬液、表皮细胞膜片和表皮细胞-生物材料复合物三个阶段。国外已将体外培养自体表皮细胞膜片技术商品化（如 Genzyme 公司的商品 Epicel）。应用表皮细胞膜片救治大面积烧伤患者仍是目前公认的治疗方案之一。

现阶段正在研制的组织工程化真皮基质可分为天然真皮和人工合成真皮两类。天然真皮又称脱细胞真皮，只能替代真皮不能实现表皮重建。其代表产品有美国 Life Cell 公司的 Alloderm。人工合成真皮降解速度可控，移植后不引起免疫排斥反应，便于生产和贮存，但其生物相容性较差。代表产品有不含细胞的 Integra 和含细胞的 Dermagraft 等，具有较好的安全性和有效性。

理想的组织工程皮肤应该是包含表皮与真皮组织、具有完整皮肤生理功能的复合皮。代表产品有美国 Organogenesis 公司的 Apligraf 和美国 Ortec International 公司的 OrCelTM。美国 FDA 自 1997 年起，先后批准了 17 个皮肤产品上市。其中有单纯的（不含细胞）皮肤覆盖物，如 Dermagraft，具有诱导自体上皮生长作用，能使创面愈合；组织工程皮肤［含上皮细胞和（或）成纤维细胞］，具有皮肤的基本结构，修复后瘢痕少，色素改变少，但其价格昂贵，市场销售受阻，未能实现良好的经济效益，企业发展艰难，不适合中国国情。

近年来，国内研究成果也层出不穷：中国人民解放军第四军医大学采用人组织工程全层活性皮肤 ActivSkin 修复烧伤患者，获得较好结果。中国人民解放军第四军医大学"863"计划攻关课题"组织工程皮肤"近期已通过 SFDA 的临床试验。2007 年 12 月，中国人民解放军第四军医大学宣布，这个具有完全自主知识产权的活体"人造皮肤"正式应用于临床，这是目前我国组织工程第一个上市的产品。目前我们尚需更深一步研究其产业化关键技术，形成规模化生产，并在临床实践中完善工艺技术。组织工程皮肤的关键是研制具有毛发、汗腺及神经支配的功能性组织，这是世界各国科学家努力研究的方向。

（2）组织工程软骨

软骨组织再生能力有限，没有血管、神经和淋巴分布，其特有的组织器官特异性和生物学特性使之成为组织工程学的研究热点。国外研究最早，发表论文的数量较多。自体关节软骨细胞移植修复 15 平方厘米以内软骨缺损已形成产业，在美国、欧洲、澳大利亚均有临床应用，如美国 FDA 已批准美国 Genzyme 公司的 CarticelTM 及借助关节镜进行自体软骨细胞移植修复膝关节软骨小区缺损技术的临床应用。但价格昂贵，影响因素多，我国广大患者难以接受。长期以来，组织工程软骨的构建是研究的难点。

（3）组织工程骨组织

国外已有美国、意大利、德国等进行了临床试用。美国 Vacanti 2001 年报道以珊瑚为支架，接种自体骨膜来源的成骨细胞，修复一例指骨缺损患者，术后 2 年活检，只有 15%成骨；意大利 Quarto 报道 3 例长骨节段性缺损，采用人工合成羟基磷灰石与自体骨髓间充质干细胞复合构建的组织工程骨修复，最短 6.5 个月，最长 13 个月骨愈合；德国 2002 年采用经过脱细胞处理的同种异体骨为支架材料，接种 MSC，构建组织工程骨，同时用软骨细胞与纤维蛋白胶复合构建组织工程骨，将两者结合组成组织工程骨-软骨复合体，修复一例手指骨-软骨缺损，一例胫骨下端骨-软骨缺损，早期均达到了良好的骨-软骨修复。这是一种有可能替代人工关节的永久性修复的新技术，其科学意义重大，应用前景广阔。国内有 10 多个单位在进行组织工程骨研究。1999～2001 年，四川大学华西医院应用同种异体骨膜来源的成骨细胞或 MSC 构建的组织工程骨修复不同年龄、不同部位骨缺损、促进骨愈合69例，其中组织工程骨支架材料已获得医疗器械注册证，已有系列产品在进行产业化。中国科学院遗传与发育生物学研究所再生医学实验室运用具有特异胶原结合能力的诱骨生长因子活化的功能性胶原支架材料，不仅生长因子用量小，降低了其在实际应用中潜在的副作用及应用成本，而且骨修复速度、效果和质量明显优于传统的因子-支架修复体系。

（4）组织工程角膜

采用同种异体角膜移植治疗角膜盲虽然简便有效，但因供体来源缺乏，致使其应用受到限制。取患者少许残余健康的角膜组织，应用组织工程学技术重建角膜，近年来已开始成功应用于临床。Nishida等收集口腔黏膜组织培养成组织工程上皮细胞膜片，直接移植到眼角膜表面，Inatomi等采用类似方法治疗Stevens-Johnson综合征，均取得较好的临床效果。国内中山大学采用PLGA支架构建组织工程化角膜基质，第四军医大学采用猪脱细胞角膜基质构建组织工程角膜支架材料等研究，也为我国的组织工程角膜进入临床奠定了重要的实验基础。虽然组织工程角膜应用于临床治疗眼表面疾病获得了较好的疗效，但组织工程复合角膜还停留在体外构建和基础研究阶段，体外培养构建生物角膜取代人供体角膜进行移植，仍将是极富吸引力的挑战。

（5）组织工程肌腱、韧带

美国加利福尼亚大学研究组织工程膝关节叉韧带10多年，未获突破。最近研究用生长因子局部应用促进损伤韧带再生，尚未用于临床。四川大学华西医院用组织工程肌腱修复喙锁韧带损伤及跟腱缺损22例，均取得良好效果，已有系列产品进行产业化转化。上海第九人民医院用皮肤成纤维细胞构建组织工程肌腱，尚未见临床应用。广州南方医科大学（原中国人民解放军第一军医大学）用人发角蛋白制成人工肌腱，不含细胞，已形成产品，但经济效益不明显，已停产。故仍需更深一步研究其产业化关键技术，形成规模化生产，并在临床实践中完善工艺技术。手指纤维鞘管区“无人区”肌腱缺损的修复，膝关节交叉韧带损伤的修复，跟腱缺损的修复等是今后的发展方向。

（6）组织工程神经

周围神经修复移植体方面的研究及临床应用很多，如用自体骨骼肌搭桥、硅胶管桥接、自体或同种异体静脉桥接、同种异体神经桥接、高分子材料制作的各种管道桥接等。在支架管道内种植施万细胞（schwann cell）形成的组织工程化周围神经桥接体，国外在20世纪80年代就有研究报道，国内上海市第一人民医院、天津医院、中山医科大学、首都医科大学、四川大学华西医院等单位均有多篇论文报道。国外神经再生研究极为活跃，已先后发现至少4种不同类型的神经营养因子和多种神经生长因子，体外试验及动物体内试验都证明有很好的促神经再生作用。国内研究最早的是中山医科大学、武汉同济医科大学同济医院、广州南方医科大学，他们先后从施万细胞，从牛精浆中分离出与国外的发现不同的蛋白质，体外体内试验均证实有促神经再生作用，但未能继续深入研究下去。在生物活性材料引导或诱导神经再生方面，以首都医科大学及南通大学的研究较为突出，已在羊及猴脊髓损伤模型中获得成功。中国医学科学院天津血液病研究所用干细胞移植，天津医科大学总医院用胚胎脊髓细胞悬液，无锡市第三医院用神经干细胞修复脊髓损伤均取得了一批有意义的实验数据。中国科学院遗传与发育生物学研究所在神经损伤方面从理论到应用进行了一系列探索，发现中枢鞘蛋白除了具有已知的抑制神经元轴突再生的功能，在调节神经干细胞分化过程中发挥重要作用外，还具有很强的胶质细胞诱导作用。在应用方面他们研制了能引导神经正确生长的有序胶原蛋白生物材料和能特异与胶原蛋白结合的基因工程重组的人神经营养因子（CBD-BDNF）。在大鼠脊髓损伤模型中证明结合着 CBD-BDNF 的有序胶原蛋白能有效地引导损伤部位的神经再生和明显促进大鼠运动功能的恢复。在周围损伤修复方面，研制了能特异与层粘连蛋白结合的基因工程重组人神经生长因子（LBD-NGF），在大鼠坐骨神经钝挫伤模型中证明，神经受损部位的层粘连蛋白能够作为 LBD-NGF 的有效靶点，多种坐骨神经功能测试和组织学分析表明，LBD-NGF 可以有效地促进坐骨神经的再生和功能恢复。

国外已有神经生长因子产品进入中国市场，如意大利生产的 GM-1 等。目前引导/诱导神经再生的神经导管已在进行临床试用。今后的发展方向是干细胞及生长因子促进中枢、周围神经再生，可吸收引导/诱导再生导管桥接周围神经缺损。

(7) 组织工程骨骼肌及肌干细胞产品

骨骼肌组织工程实质上是围绕肌干细胞（肌卫星细胞）进行的。肌卫星细胞具有活跃的增殖能力和易于携带基因的载体，因此受到广泛重视，其产品形式包括：①肌干细胞治疗各种肌病；②肌干细胞与其他细胞复合构建消化管道，如组织工程食管、膀胱、输尿管、尿道等；③肌干细胞作为基因治疗的载体；④组织工程肌组织修复肌肉损伤，防止肌萎缩。国外肌组织工程研究较早，除了对肌卫星细胞分离、培养、纯化、形成肌管、生长因子的作用及调控等方面有深入的基础研究外，对 MSC 诱导分化为肌细胞的条件、生长环境及代谢等方面也有深入研究，已有将骨骼肌细胞用于心肌再生的动物实验。单基因缺失的遗传性肌病（DMD）的发病率为男性出生活婴的 1/3500，中国累计病例超过 350 万，是极大的社会问题。脊髓侧索硬化等很多脊髓病变导致的肌萎缩的发病率也很高，周围神经损伤后均有肌萎缩出现，各类肌性器官的损伤修复，都是肌干细胞、组织工程肌、基因治疗的适应证。由于患病人群巨大，死亡率极高，是世界各国的研究热点。英国、美国早在 1989 年就有将肌卫星细胞局部注射治疗肌营养不良症的临床试验，但临床效果不令人满意。目前世界各国都没有突破性进展。我国军事医学科学院基础所、广州南方医科大学、中山医科大学、四川大学华西医院、301医院都有早期的基础研究，其中301医院及四川大学华西医院已进行过初步临床试验，在治疗期有一定效果，停止治疗后症状反弹。为了克服局部注射的缺点及减少患者痛苦，四川大学华西医院已进行了静脉注射肌干细胞的研究，同时也正在进行核酶抑制、基因治疗、促进肌干细胞定向迁移等研究。日本已有基因治疗临床应用的个案报道。目前国内外均尚未形成产业。

2. 器官类组织工程产品（人工器官）的研究与开发

1）心血管系统组织工程研究 。早在20世纪80年代，国外就制作了小动物、大动物心肌缺血模型，用骨骼肌细胞、心肌细胞、诱导或未经诱导的MSC注入心肌内使心肌再生或再血管化。法国曾给30名患者注射MSC，左心室射血分数平均上升6.7%，而接受血管搭桥术的患者只上升1%。军事医学科学院将同种异体MSC植入大鼠心肌内，显示出明显的心肌再生和再血管化、河南省人民医院、辽宁省人民医院已有应用MSC心肌内注射的临床个案报道。但由于心肌不停地收缩，注入的细胞黏附率极低，一般仅有3%～7%，因此治疗效果并不理想（动物实验）。同时，在已瘢痕化的心肌上注射MSC也难以生长出新的心肌，并有导致已瘢痕化的心肌发生破裂的危险。之后有很多研究机构采用生物活性材料，复合或不复合细胞作心肌内植入，其心肌再生和再血管化显著优于细胞注射法，这已成为国外的研究热点。四川大学华西医院采用自体MSC与猪小肠黏膜下层（SIS）复合培养后制成心肌补片植入羊缺血心肌，术后观察到明显的心肌再生、再血管化及心电生理的恢复。四川大学华西医院目前正在开展调节微量元素代谢紊乱在心衰发展上所起的作用方面的研究，以及微量元素代谢紊乱与高血压发生发展的研究。实验结果显示调节微量元素代谢紊乱可以作为预防高血压和改善高血压大鼠心脏功能的治疗方案，具有广阔的应用前景和巨大的经济价值。将微量元素对心血管功能的调节作用与生物材料的作用相结合，研究其改善缺血心肌的血液供应及心功能的作用机制，研究微量元素对内源性干细胞的调动作用，开发调节微量元素的生物材料新产品，具有极好的临床应用前景。中国科学院遗传与发育生物学研究所再生医学实验室研制了能特异与胶原材料结合的基因工程重组的人内皮生长因子（CBD-VEGF），在大鼠心肌梗死模型中证明心肌梗死部位的胶原蛋白能够作为CBD-VEGF有效的靶点。多种心脏功能测试和组织学分析表明CBD-VEGF可以有效地促进心肌的再生和心脏功能的恢复。

2）组织工程食管。我国是食管癌的高发地区，占世界食管癌发病率的

50%。过去主要采用自体胃、肠移植修复，对人的消化生理功能影响较大。四川大学华西医院应用组织工程原理，以口腔黏膜上皮细胞和骨髓间充质干细胞作为种子细胞，在体外与去细胞基质天然材料 SIS 复合，植入体内原位修复犬颈段食管部分缺损获得成功。研究证实单纯 SIS 或复合种子细胞的 SIS 都能修复食管部分缺损，但复合种子细胞的 SIS 比单纯 SIS 有明显的优势，不但能使动物的体重快速地恢复，而且能促进移植组织快速地上皮化和肌肉细胞再生，并减少炎症反应的发生。国外尚少有这类研究。

3）组织工程膀胱、尿道。组织工程膀胱国外有较多研究，支架材料采用脱细胞膀胱与自体口腔黏膜或膀胱黏膜上皮、平滑肌细胞复合构建，已有不少动物实验，结果良好。中国医科院整形外科医院用胶原/壳聚糖为支架，接种或不接种尿道上皮细胞修复尿道缺损（先天性尿道下裂）已用于临床，疗效优于自体皮肤移植修复。四川大学华西医院以 SIS 为支架，接种黏膜细胞及平滑肌细胞形成类似正常组织的三层结构，修复膀胱及尿道缺损，均在大动物实验中取得成功，单纯用 SIS 修复部分膀胱及尿道缺损也能获得良好效果，具有诱导自体组织再生修复的作用。

4）体外人工肝支持装置。在 20 世纪 80 年代国内对其就有研究，其中南开大学、中国人民解放军第三军医大学有较好的工作积累。吉林大学医学院（原白求恩医科大学）在肝组织再生及肝纤维化方面有较深入研究，并有企业介入进行研发。生物活性人工肝装置（含肝细胞）在美国已有 3 个系统进行了临床试验，在 301 医院已进行了临床前研究，有很好的发展前景。

5）人工心脏。在美国，已发展了部分人工心脏及全人工心脏装置，其中内置式全人工心脏已有数百例临床应用，国内尚未见类似研究。

6）人工肾。目前人工肾技术已较成熟，为了提高肾透析的治疗效果，美国已发展了含细胞的生物活性人工肾装置，国内尚未见类似研究。

7）微囊包裹的胰岛移植。糖尿病患者在我国有 1.2 亿，国内主要采用胰岛素及其他降糖药物治疗。国外用免疫隔离技术，以微囊化猪胰岛移植治疗胰岛素依赖糖尿病。大动物实验中，注入肝实质内或大网膜内，可维持 1 年不使用胰岛素，此工作已进入临床试验阶段。国内也有类似研究。但在微囊技术方面尚未取得突破。中国科学院化学研究所、天津大学、中国科学院国家纳米科学中心都有很好的研究基础。

3. 引导/诱导组织再生生物材料及生物活性因子的研究与开发

引导/诱导组织再生是将生物材料、生物活性因子、细胞、质粒等植入体内，引发自身组织细胞的再生，形成新组织或器官，属再生医学范畴，也称为“体内组织工程”。这一领域的研究十分活跃，已经有一些产品用于临床。

1）促进骨组织再生。目前已有一些促进骨组织再生的植骨材料上市，一类为合成材料，如羟基磷灰石、磷酸钙骨水泥、聚内消旋乳酸（PDLLA）骨螺钉及纳米羟基磷灰石，均已形成产业，但市场接受度差，全部产品的市场不足5000万元。另一类为生物源衍生材料，如辐照同种异体骨，含BMP的重组异种骨（小牛骨）等，2005年的市场已达1亿元，具有良好的市场前景。2004年曾有报道认为，今后组织工程的支架材料第一位是生物源衍生材料，第二位是生物源脱细胞材料，第三位是人工合成材料。从我国的市场接受度看，生物源性材料已占明显优势。以新一代疗效更好的产品投入市场是今后的发展方向之一。

2）促进皮肤再生。生物衍生胶原膜、壳聚糖、天然羊膜、SIS、脱细胞真皮等均具有诱导成纤维细胞和上皮细胞再生的能力，用于修复皮肤创面，具有简单、安全、价廉、有效的优点。目前脱细胞真皮（来源于猪或人）、PDLLA膜、胶原、羊膜已形成产业。

3）促进神经再生。周围神经损伤后的再生是功能恢复的关键，是国内外研究的热点和难点。除了使用神经生长因子（NGF）、神经营养因子（NTF）等外，首都医科大学研制的神经导管显示了良好的促神经再生作用，即将进入临床实验阶段。

综上所述，我国的干细胞、组织工程经过近20年的研究及近几年的临床实践，已经证明干细胞及组织工程植入物在组织器官的愈合、再生中发挥了重要作用。虽然有些科学问题尚待阐明，有些技术难题尚待攻克，但其发展趋势必然会为病损组织器官的愈合、再生创造出更多、更新、更实用的治疗方法，在挽救患者生命、减少伤残，最大限度地恢复功能方面发挥巨大作用。

（二）促成技术的研究现状

1. 生物反应器

生物反应器是指能够及时监测和调控微环境pH、温度、压力、营养供给与废物排泄等参数而产生某种生物学效应的仪器装置。近年来，国外对生物反应器及其在组织工程领域的应用进行了很多研究，使用效果显著。许多研究结果证明，生物反应器动态培养的组织工程器官或组织，如利用旋转生物反应器构建的组织工程软骨、脉动反应器构建的心脏瓣膜等，效果优于静态培养，在结构和性能上已接近正常组织。

目前，组织工程皮肤已可利用生物反应器进行批量生产，并用于临床。未来，生物反应器在组织工程中的应用，将对组织工程制品的研发和生产提供更多更大的帮助。

2. 组织工程医疗产品保存技术

低温冷冻保存被公认为是组织与器官长期保存的最有效方法之一，目前，研究最多的工程化组织，如组织工程皮肤、组织工程肌腱和组织工程软骨等所采用的保存方法，基本上是应用低温冷冻保存。关于组织工程医疗产品长期保存问题的研究，还较少有深入的报道，但应用低温冷冻保存法已经成功保存了FDA 批准的组织工程医疗产品，如 Apligraf 等。

3. 计算机辅助组织工程

目前，计算机在组织工程中的辅助应用研究，已纵深发展成为组织工程学科的一个新的研究领域——计算机辅助组织工程学（computer-aided tissue engineering，CATE）。在组织工程中，CATE 包括三个主要内容。

1）计算机辅助组织建模：采集来源于 CT、MRI 和光学显微镜（光微图像）的非侵入性组织影像数据，并进行三维重建。

2）计算机辅助组织信息学：包括计算机辅助细胞分析、组织识别和分析、解剖学配准、组织连续性分析，可指导组织分类或创伤/肿瘤鉴别。

3）计算机辅助组织支架设计和制造（computer-aided design/manufacturing CAD/CAM）：用 CAD/CAM 以及快速成型技术（rapid prototyping，RP）可制作出具有最佳内部结构的组织工程支架材料。常用的技术有：基于快速成型技术的立体平版印刷、选区激光烧结、熔融沉积模型、分层实体制造、多相喷墨凝固、三维打印等。

4）计算机辅助组织植入：外科医师从医学 CT/MRI 图像三维结构建立的解剖模型和 RP 技术制作原型上，均可进行外科重建手术设计和预演，以完善手术方案和提高手术精确程度。

（三）我国在组织构建领域存在的问题及今后的发展方向

1. 我国体内组织构建的进展

我国已初步建立了以大动物组织构建与缺损修复、体外组织构建及临床应用为特色的组织构建技术体系。在证实组织工程技术的可行性后，又成功地在免疫功能完全的大型哺乳类动物体内进行了各种组织构建及缺损修复，并将种子细胞研究中的干细胞、发育同源细胞研究成果用于组织构建研究，主要成果有：成功修复狗的颅骨等非承重骨及狗的下颌骨、羊的股骨等承重骨的缺损，兔和猪的关节软骨承重与非承重部位的缺损，猪的皮肤缺损，鸡和猪的肌腱缺损，兔和猴角膜上皮与基质的缺损。组织工程组织的临床应用已有了一个良好的开端。

2. 我国体外组织构建的进展

生物反应器的开发与应用在组织工程化组织及人工器官体外构建中起着关键作用。通过生物力学家、工程学家、机械制造家等多学科专家的共同努力，我国已初步研制了几种适用于不同组织构建的生物反应器，并在体外成功构建出多种不同的组织工程化组织，如皮肤、肌腱、软骨等。

3. 我国组织工程发展需解决的问题

尽管目前我国已经初步走通了组织工程技术修复临床组织缺损的道路，但要真正实现组织工程技术大规模临床应用及产业化发展，仍然存在着许多尚未解决的问题。

1）对组织工程化组织的科学本质还缺乏深刻的认识。组织工程化组织是怎样形成的？它们与正常组织发育、组织再生、创伤修复等生理或非生理过程有何异同？组织工程技术再造的组织能否在形态、结构和功能上与正常组织达到完全一致？它在体内的最终转归如何？这些问题的阐明，将有助于全面客观地评价组织工程化组织未来应用的安全性和有效性，更精确有效地指导组织构建的研究与应用。

2）对影响组织形成主要相关因素的作用机制缺乏深入的了解。组织微环境包括哪些因素以及通过什么机制影响干细胞分化、特定组织形成，目前尚无系统研究。阐明这些影响因素的作用机制，精确地模拟体内生理环境，从而优化组织构建技术是组织工程研究面临的挑战。

3）对于反应器作用力的大小、刺激频率等参数仍然缺乏深入的了解。如何调整反应器参数并使其精确化，以正确模拟生理状态下的物理学刺激并能顺应不同构建阶段的需求，尚待进一步的研究。

4）对有复杂功能器官的构建研究才刚刚起步。目前，应用组织工程技术构建骨、软骨、表皮、角膜等相对单一的组织已较成熟，但由于器官结构和功能的复杂性，如何将不同的种子细胞严格按照正常的解剖结构在生物材料上进行三维有序排列与组装，并在组织形成过程中维持这种严格的有序结构难度极大。

解决上述问题的主要措施有：拓展种子细胞来源，加快组织特异性材料的开发，研制特定组织生物反应器，探索复杂器官的重建，加强组织工程基础问题的研究。

总体上讲，组织构建研究仍处于起步阶段，目前仅仅是走通了应用组织工程技术、修复临床简单组织缺损这条路，还有许多制约组织工程应用与发展的基本科学问题没有阐明，还有许多新技术、新领域有待进一步开发。

四、组织工程医疗产品安全性评价和标准研究

（一）美国FDA对组织工程医疗产品安全性评价的思路主要包括以下几个阶段

1）临床前评价。包括：生物或生物材料产品成分的来源；遵守与使用自体组织有关的安全预防措施；对异体和异基因细胞或组织采用适当的捐献人的筛选程序；毒性试验；对被同种抗原和异种抗原或对生物或生物材料化合作用的免疫反应造成的潜在致癌或免疫性试验；生物降解产品的毒副作用；灭菌对产品的影响等。

2）临床研究。FDA认为，组织工程临床研究可分为两期，研究设计应考虑疾病或疾病过程的发展史以及交替治疗手术的情况，如合适的受试对象、确保安全的监控方法、临床功效的确定、有关对照组的选择等。

3）上市后监督。组织工程医疗产品的复杂性会涉及器械、药物和生物制品等的评价，因此，需要跨部门的合作审查，以保证产品的安全性。生产企业应尽可能建立细胞或组织捐献者与最终产品接受者的详细记录及保持相关联系的记录，并且及时提供不良反应或不良事件报告。

（二）组织工程研究过程中的安全性评价

1. 支架材料的安全性评价

支架材料表面以及降解产物的理化性能，对种子细胞或生长因子会造成一定影响，会影响种子细胞的黏附和增殖，也可能影响种子细胞或生长因子的功能。因此，支架材料应按ISO 10993系列标准，进行生物学评价和试验。

2. 种子细胞的安全性评价

目前，组织工程应用的种子细胞在培养和增殖过程中受到整个外环境的影响，包括支架材料、培养液、培养环境等，因此需要对这些细胞的结构和功能进行评价，观察这些细胞的DNA结构是否发生变化，最后增殖的细胞是否具有与原代细胞相同的功能。

3. 生长因子的安全性评价

为了使种子细胞更好地增殖，需要加入各种生长因子或调节因子。这些生长因子加入量如何控制，会不会发生副作用，周围环境会不会影响生长因子的

活性，这些问题均需要研究，尚待相应的检测方法出台。

（三）我国的组织工程医疗产品评价

我国于 2007 年 1 月 31 日发布了 5 个组织工程医疗产品标准，即 YY/T 0606.3—2007《组织工程医疗产品第 3 部分：通用分类》；YY/T 0606.4—2007《组织工程医疗产品第 4 部分：皮肤替代品（物）的术语和分类》；YY/T 0606.5—2007《组织工程医疗产品第 5 部分：基质及支架的性能和测试》；YY/T 0606.9—2007《组织工程医疗产品第 9 部分：透明质酸钠》；YY/T 0606.12—2007《组织工程医疗产品第 12 部分：细胞、组织、器官的加工处理指南》。以上标准是在参照美国材料试验协会（ASTM）相关标准的基础上编制而成的，已于 2008 年 1 月 1 日正式实施。

2008 年新发布的标准有：YY/T 0606.7—2008《组织工程医疗产品 第 7 部分：壳聚糖》；YY/T 0606.8—2008《组织工程医疗产品 第 8 部分：海藻酸钠》；YY/T 0606.10—2008《组织工程医疗产品 第 10 部分：修复或再生关节软骨的植入物体内评价指南》和 YY/T 0606.13—2008《组织工程医疗产品 第 13 部分：细胞自动计数法》。以上推荐性行业标准于 2009 年 6 月 1 日起正式实施。

由于组织工程还处于初级研究阶段，因此安全性评价也刚刚提上议事日程，许多问题还有待探讨，需要进行进一步研究。

五、组织工程研究及产业化概况

（一）国际概况

临床上对组织器官的大量需求，促进了组织工程研究及其产业的快速发展。美国、欧洲、日本、新加坡和韩国，是世界上组织工程研究最为发达的国家和地区。美国在组织工程领域处于世界领先地位，早在 1988 年就以基金的形式资助了组织工程一系列课题的研究，2001 年成立美国组织工程学会，企业界投入巨额资金进行组织工程的研究。1990～2002 年，世界在组织工程领域累计投入 45 亿美元，其中超过 90%是来自私人投资。至 2002 年，在世界范围内已有 89 家生物技术公司致力于组织工程的研发。据估计，组织工程/再生医学的医学应用有几十亿美元的近期市场潜力。

其他国家也正加速投资，缩短与美国的差距。在美国，联邦政府只提供组织工程 5%～10%的总支出，而其他国家对组织工程的支持主要来源于政府资助。2002 年世界技术评估中心（WTEC）报告中对全球的组织工程进行了评估，但这些资料大多数都是定性而非定量的，很难比较不同的信息收集途径。但可以肯定，这些国家的政府计划协作，如日本、英国、中国、德国均建立了大型研究中心，这一趋势将越来越挑战美国在组织工程领域的领导地位。近年来，亚洲其他国家，如马来西亚、泰国、印度和越南等也正在迎头赶上，几乎所有重要组织的构建均有报道，甚至也有肾脏、肝脏、心脏等重要生命器官初步构建的研究报道，显示出了组织工程研究的可喜局面。

从事组织工程生产的公司的产品可分为4类：①细胞类，如干细胞/治疗性克隆、微囊化细胞治疗；②代谢类，如生物人工肝、生物人工肾、生物人工胰腺；③结构类，如皮肤、心血管病、骨骼肌；④其他类型。其中，组织工程皮肤、组织工程软骨和组织工程骨等在美国、德国、英国、法国、荷兰、意大利等国家都有多种产品上市。目前美国FDA批准并公布了8种组织工程皮肤产品——Biobrane（1989年）、Alloderm（1996年）、TransCyte（1997年）、Apligraf（1998年）、Dermagraft（2001年）、OrCel（2001年）、Promogran（2002年）、Integra（2002年），以及一种组织工程软骨Carticel（1997年），还有多种产品处于临床试验之中。

到2009年，世界治疗诊断科技的产值已近37亿美元。人的组织模型将部分替代昂贵、日渐淘汰的动物研究，对投资开发新药进入市场产生重大影响。保守估计，在未来12年，总投资将达8亿美元。中国科学院院士裴钢教授也做出预计：组织工程产品上市可开拓800亿美元市场，至2020年，95%移植的细胞、组织和器官将由组织工程技术产生。

（二）国内概况

我国是一个人口大国，因创伤和疾病造成的组织、器官缺损或功能障碍位居世界之首。我国每年烧伤、烫伤患者达500万～1000万例；白血病、再生障碍贫血患者10多万例；乙肝病毒携带者约1.2亿，丙肝病毒携带者约1500万，其转化为乙型病毒性肝炎和丙型病毒性肝炎的比例分别为20%和50%，即2400万人和750万人，其中部分患者转化成肝硬化或肝癌，肝癌的年死亡率为0.4‰；骨损伤患者300多万例；需面部软骨修复患者30万例；需肾移植患者6万～12万例；癌症每年新发生的病例数为160万；心肌梗死的年发病率为0.2‰～0.6‰；60岁以上人群帕金森病发病率为1.5%，70岁以上人群帕金森病的发病率上升至2%。以上情况说明，以组织器官替代和修复为主要内容的组织器官工程技术具有巨大的社会需求。

中国的组织工程学研究正式起步于1994年，先后由国家自然科学基金委员会、教育部、卫生部、国家“863”计划及“973”计划资助，进行了组织工程相关的基础性研究。

在科学技术部和国家自然科学基金委员会的支持下，国内许多单位都开展了组织工程医疗产品研究，并取得了一定成绩。2002 年，国家“863”计划项目“组织器官工程重大专项”的 29 个课题正式立项，涉及 10 多个省、自治区、直辖市的 30 多个科研院所、大学、医院和企业。到 2005 年，相关课题就已申请国内专利 137 项，获得国内专利 44 项；申请国际专利 15 项，获得国际专利 1 项；新成果累计推广 200 家医院，产生经济效益 2800 万元。

我国干细胞与组织工程技术研究进展顺利，组织工程肌腱构建技术、组织工程皮肤制备工艺、组织工程骨构建与材料结合、亚全能干细胞可塑性、干细胞分离纯化技术、新型血液调控因子、种子细胞扩增技术、血液代用品制备工艺、神经损伤再生套管等项目均有明显的原始创新。在种子细胞选择方面，通过对骨髓、皮肤、脂肪、软骨等来源的干细胞或等体细胞进行筛选比较，确定了相关产品的优选种子细胞，并对其传代、培养、扩增、鉴定等技术进行了优化。材料选择、制孔技术、组织构建中的力学强度、制备工艺与相关设备、血液化组织工程骨等多项核心技术均有重大进展，这对产品的研发起到了至关重要的作用。组织工程相关支撑技术，如产品的低温保存技术、生物反应器技术、种子细胞库建立等均有突破。多种干细胞分离纯化、大规模扩增、定向诱导技术也取得明显突破，相关的产品研发有 4 项已通过中国药品生物制品检定所认证，其中“原始间充质干细胞治疗血液肿瘤注射液”已获得临床批文，并已开始Ⅰ期临床试验，有望在干细胞治疗领域取得突破。此外，核移植技术与体细胞重编程领域也有突破性进展。

中国人民解放军第四军医大学的组织工程皮肤（商品名：安体肤，西安艾尔肤公司）获得了国家食品药品监督管理局颁发的我国第一个组织工程产品注册证书（国食药监械［准］字 2007 第 3461110 号），这标志着我国组织工程产品开始进入产业化阶段，是组织工程研究领域的标志性成果。

（三）组织工程产业化面临的问题

目前组织工程产品的市场还很小，全球组织工程皮肤的市场在 2000 万美元左右，而组织工程软骨的市场不会高于 4000 万美元。组织工程产业化面临困难的原因有以下几点：①产品针对的患者数量不多或产品与现有的治疗产品相比没有足够的优势，从而导致产品销售不足，市场环境不稳定；②产品的规模化、制造、储藏、运送等成本还没有降低；③产品的审批成本高，审批手续耗时长，产品的规范化途径尚需探索；④生产商没有明确的补偿方案和措施，导致患者不敢轻易使用；⑤复杂产品的市场接受度尚待提高。

由此可见，要使组织工程技术在临床应用中占据重要地位，我们探索的路还很长。目前美国无论是基础研究还是应用研究都处于该领域的首位，这与美国政府的政策及财政大力资助是分不开的。组织器官工程不仅是一门新兴学科，而且已经成为一门新兴产业，各国在大力扶持这一学科的同时，也在制定相应的政策，组织工程产品的商品化管理平行于药物管理，组织工程产品的安全性管理也至关重要。可喜的是，组织器官工程的重要性已引起了我国各界、各部门尤其是科技界的高度重视，已列入“973”计划，并已开始研究。国家高技术发展“十五”计划中明确将组织器官工程作为重要专题，在建立干细胞培养、分化平台的同时，将组织工程产品的实验室研究和进入中试放在极其重要的地位。中国科学院和一些科研院所及一些大学已建立了干细胞研究的实验室和中心，有的研究中心还与公司联手，旨在将研究成果用于疾病的治疗和实现产业化，且已有国内公司推出了产品。

目前国内从事干细胞和组织工程研究的单位（部分资料来自于“中国组织工程与再生医学网”）列举如下。

1）上海交通大学医学院附属第九人民医院是国内最早开展组织工程研究的单位之一，开展了组织工程骨（包括口腔颌面部骨组织）、软骨、骨、肌腱、血管、神经、角膜、皮肤等应用性研究，取得了满意的修复效果，积累了大量的种子细胞体外培养与诱导、生物材料筛选和优化，组织工程化构建及临床应用植入与植入后效果评价等经验，具备了开展临床应用的技术准备。经国家发展和改革委员会批准成立的组织工程（上海）国家工程研究中心是国内第一家专门进行组织工程研究与开发的产业中心。

2）四川大学华西医院干细胞与组织工程研究室是国内最早进行组织工程研究的单位之一。组织工程骨和肌腱系列产品已通过注册检验，获得临床批件，部分产品已完成临床实验，近期将获得产品注册证书。已有5项专利和2项专有技术成功实施了成果转让。在进行结构类组织工程产品开发研究的同时，正在探索攻克有重大临床需求的实体器官再生及组织工程研究，重点是心肌、食管、尿道等，特别是在缺血心肌再生研究方面取得了较大突破。

3）中国人民解放军第四军医大学组织工程研发中心多年来从事软骨和骨组织工程研究，对系列材料制品作为软骨细胞、成骨细胞的支架材料进行了研究，并应用组织工程化软骨和骨组织进行了体内移植研究，取得了较好的研究成果。与陕西艾尔肤组织工程有限公司合作开发的组织工程皮肤产品——安体肤，已于2007年11月获得国家食品药品监督管理局批准。同时，与陕西瑞盛生物科技公司、西安组织工程工程技术研究中心等单位合作，在组织工程皮肤系列产品、眼角膜、周围神经、软组织修复、骨与牙齿等方面开展了研发工作，组织工程角膜的初步临床试验已经获得了满意的效果。

4）山东大学组织工程研究所在生物材料结晶度的控制方面，针对特定组织构建具有不同三维空间构象及有序排列的不对称型复合材料，解决中心区域组织形成不佳现象，使其有利于细胞迁移、黏附、增殖、定向分化及特定组织形成，在复合型生物活性材料方面取得了重大突破。

5）军事医学科学院组织工程研究中心在心肌、软骨、骨、子宫组织工程及纳米材料研制等研究领域取得了一系列具有自主知识产权的科研成果，在组织工程产品研制的一系列关键技术上（干细胞分离和规模化扩增关键技术、干细胞定向诱导分化关键技术、生物反应器研制与应用关键技术、微囊设备制备关键技术、部分支架材料制备关键技术、纳米材料制备关键技术等方面）具有一定优势。

6）中国科学院遗传与发育生物学研究所再生医学实验室在干细胞基础理论及生物活性功能材料的研究方面近年来取得了显著成果，提出了定向修复活性功能材料的创新性理论，在骨、皮肤、神经及心肌修复方面都取得了良好的效果，具有很好的临床应用前景。根据这一理论所建立的多种活性定向修复材料与目前该领域所应用的修复系统相比，能够更有效地促成均匀快速高效的骨的形成，促进溃疡的愈合，能够有效促进心肌的再生和心脏功能的恢复，并在周围神经损伤及中枢神经损伤的结构恢复及功能恢复中展现了独特的优越性。这些研究成果相继发表在组织工程、生物材料及相关器官研究的主流期刊上，得到了国际同行的普遍认可。功能性生物材料的研制思路代表了生物材料未来发展的方向。

7）中国药品生物制品检定所医疗器械检验中心是按ISO/IEC—17025《检验和校准实验室能力的通用要求》标准建立的国家级医疗器械检验机构，承担各类医疗器械产品和设施的注册检验、监督检验、委托检验。负责医疗器械相关国家标准的技术审核、修订或起草等工作。

8）天津大学高分子研究所在刺激响应性水凝胶、壳聚糖及组织工程支架材料表面改性研究领域开展了大量的研究工作，目前处于国内领先水平。除在支架材料表面改性领域开展了大量研究工作外，天津大学高分子研究所还与天津市医学研究单位合作开展了软骨和骨组织工程研究，并取得了较好的实验结果。

9）中国人民解放军第三军医大学西南医院近年来开展了软骨细胞永生化研究及在连续灌注系统下的软骨细胞培养研究，且已取得初步研究成果。采用自体骨髓基质细胞复合在脱钙骨基质支架材料上，修复人体骨缺损，临床研究获得成功。野战外科研究所通过基因工程成功构建了通用型低免疫原性脂肪干细胞，将其与仿生复合脱细胞骨基质材料共同构建组织工程骨，修复骨缺损效果显著。组织工程皮肤已经进入Ⅲ期临床实验。

10）中国科学院力学研究所生物力学与生物工程中心近年来开展了细胞三

维动态培养与工程化组织构建的生物力学研究，并研制了系列细胞/组织生物反应器，与国内医学研究单位合作，开展血管、心脏瓣膜、软骨等人体组织构建的生物力学研究。

11）浙江大学干细胞和组织工程基础研究中心在干细胞和再生医学科学研究、技术开发和临床应用等方面取得了初步成果，近年在亚洲和中国最先开展临床自体软骨细胞移植治疗骨关节软骨损伤100多例。制定国内第一个软骨组织工程产品标准，启动国内第一个软骨组织工程产品申报。

12）南通大学神经再生重点实验室采用壳聚糖/PGA人工神经移植物修复较长距离周围神经缺损并开始临床试用，神经修复效果良好；同时积极开发应用新的材料，在国际上首次利用丝素蛋白制备了性能良好的人工神经移植物，并进行了动物实验，取得满意的效果。同时，围绕骨髓间充质干细胞修复周围神经缺损开展了系列研究工作。

13）首都医科大学应用组织工程修复大鼠和猴脊髓取得重要进展，研发的用于修复脊髓损伤的“脊髓重建管”获得了国家食品药品监督管理局临床研究的批准，这是我国同类项目第一个获得国家批准的临床试验项目。应用“脑再生支架”修复大鼠脑损伤的研究证明大鼠海马CA1区损伤后可以有神经元的再生、损伤神经环路的重建和认知功能障碍的改善，已获多项授权发明专利。

14）中日友好医院整形外科近年来从事以脱细胞基质为载体的软骨组织工程研究，取得了较好的研究成果。

15）北京航空航天大学生物与工程学院研制的“多模态组织工程反应器”可以立体培养多种组织和细胞，并可以模仿动脉搏动以及心脏跳动等功能。

16）清华大学应用羟基磷灰石及胶原材料成功地研制了新型复合性生物材料，该材料应用于体内实验取得了较好的实验结果。在可降解PHB材料研究领域具有良好的工作基础，目前已经掌握了将可降解聚合物材料加工成一定解剖形状的支架材料的关键技术。在应用计算机辅助设计研制加工组织工程支架材料研究领域取得了可喜的研究成果，已经能够根据组织工程研究对支架材料形状的需要，进行特定形状支架材料的加工。

17）暨南大学生命科技学院化学系在壳聚糖及可降解聚合物支架材料研究领域开展了大量的研究工作，并研制了系列组织工程支架材料。

18）中国科学院大连化学物理研究所在壳聚糖微包囊材料研究领域取得了很大进展，其研制的部分微囊化材料在大动物体内实验中，取得了较好的实验结果。

19）中国人民解放军总医院矫形外科近年来从事软骨、神经等组织的组织构建及致病机理的研究，并取得较好的研究成果。

20）中国科学院化学研究所在高分子化学，特别是医用高分子（生物降解性高分子、生物相容性高分子和血液相容性高分子）的合成、高分子的微球化和微包囊技术等领域具有丰富的科研实践经验。近年来在研究生物医用高分子的组成、结构与性能间的相互关系，及组织工程材料、外科手术材料、药物控释载体、人工器官材料及高分子改性等领域取得了明显进展。

21）中国康复研究中心组织工程研究所在神经组织工程支架材料研究领域做了大量的研究工作。

22）天津市口腔医院在多种口腔组织体内外构建研究领域取得阶段性研究成果。

23）中国医学科学院阜外心血管病医院外科近年来开展了对心脏瓣膜组织工程的初步研究，并取得了阶段性研究成果。

24）武警总队医院整形外科近年来在组织工程化皮肤、软骨等领域开展了相应的研究工作。

25）中国医学科学院医学信息研究所在组织工程学术和信息交流领域有很深的研究，主办了通过互联网传播的《组织工程快讯》，该电子刊物能够及时向国内从事组织工程研究的各级科研人员传送组织工程研究的最新信息。《组织工程快讯》是目前国内唯一通过网络传播的电子刊物。

国务院发布的《国家中长期科学和技术发展规划纲要（2006—2020年）》在需要超前部署的前沿技术中，明确提到要发展“基于干细胞的人体组织工程技术”，指出“干细胞技术可在体外培养干细胞，定向诱导分化为各种组织细胞供临床所需，也可在体外构建出人体器官，用于替代与修复性治疗。重点研究治疗性克隆技术，干细胞体外建系和定向诱导技术，人体结构组织体外构建与规模化生产技术，人体多细胞复杂结构组织构建与缺损修复技术和生物制造技术。”并在需要大力发展的基础研究中将“发育与生殖研究”作为重大科学研究计划的一项重要内容，指出“动物克隆、干细胞等一系列举世瞩目的成就为生命科学与医学的未来发展带来了重大机遇。然而这些成果大多还不能直接造福于人类，主要原因是对生殖与发育过程及其机理缺乏系统深入的认识。我国人口增长量大，出生缺陷多，移植器官严重短缺，老龄化高峰即将到来，迫切需要生殖与发育科学理论的突破和技术创新。要重点研究干细胞增殖、分化和调控，生殖细胞发生、成熟与受精，胚胎发育的调控机制，体细胞去分化和动物克隆机理，人体生殖功能的衰退与退行性病变的机制，辅助生殖与干细胞技术的安全和伦理等。”

《中国科学技术发展报告（2006）》指出：“2006年，中国干细胞与组织工程技术研究进展顺利，组织工程肌腱构建技术、组织工程皮肤制备工艺、组织工程骨构建与材料结合、亚全能干细胞可塑性、干细胞分离纯化技术、新型血液调控因子、种子细胞扩增技术、血液代用品制备工艺、神经损伤再生套管等项目均有明显的原始创新。在种子细胞选择方面，通过对骨髓、皮肤、脂肪、软骨等来源的干细胞或等体细胞进行筛选比较，确定了相关产品的优选种子细胞，并对其传代、培养、扩增、鉴定等技术进行了优化。”“材料选择、制孔技术、组织构建中的力学强度、制备工艺与相关设备、血液化组织工程骨等多项核心技术均有重大进展，对产品的研发起到至关重要的作用。组织工程相关支撑技术，如产品的低温保存技术、生物反应器技术、种子细胞库建立等均有突破。多种干细胞分离纯化、大规模扩增、定向诱导技术也取得明显突破，相关的产品研发有 4 项已通过中国药品生物制品检定所认证，其中‘原始间充质干细胞治疗血液肿瘤注射液’已获得临床批文，并已开始Ⅰ期临床试验，有望在干细胞治疗领域取得突破。此外，核移植技术与体细胞重编程领域也有突破性进展。”

2007 年中国科学技术发展报告指出，我国在“干细胞与组织工程技术”中：“治疗性克隆研究通过孤雌胚胎的活化与培养，初步建立了体细胞核移植体系，并利用体细胞核移植技术获得克隆囊胚，建立了人类胚胎干细胞体外诱导分化为中脑多巴胺能神经元和脊髓运动神经元的方法。”2007 年 11 月 13 日，国家食品药品监督管理局颁发了中国第一个组织工程产品注册证书——组织工程皮肤（商品名：安体肤），标志着中国组织工程产品开始进入产业化阶段，是组织工程研究领域的标志性成果。研发了中国第一个具有自主知识产权，并已获得国家食品药品监督管理局批准的规范的自体 MSC 产品。

在国与国之间的竞争越来越体现在科技实力的今天，对组织器官工程这一具有巨大市场潜力的领域，我们如果全方位跟踪和研发在人力和物力上是不现实的，“有所为，有所不为”应是我们遵循的原则。第一，在课题的选择和组织上要十分慎重，应选择一些重要而风险相对较低、有一定开发基础的课题，集中力量，迅速占领，获得独立的知识产权，将有限的钱花在刀刃上。例如，作为细胞在体外形成三维组织必需的支架具有广阔的用途和很高的市场价值，是可以最快形成产业和产品的领域。但是，要避免追风赶时，一哄而上，降低经费的使用效率。第二，课题的选择要避免过分强调以人为本，任何科学家的研究都有其局限性和片面性，课题的资助侧重以人为本有时会以个人的强项取代一个领域的重点。第三，加强相关课题的协作，实现领域内的有组织化。第四，严格监督课题的进展。

第四节　学科发展布局

早在 1995 年以前，国家自然科学基金委员会就支持了 50 多个有关组织工程的研究项目，由数十个单位承担研究。1996 年卫生部以“临床学科建设重点项目”支持了中国第一个组织工程肌腱重点项目研究。1997 年在北京中国康复研究中心召开了第一次全国组织工程学术研讨会，为推动我国组织工程研究发挥了重要作用。1998 年国家自然科学基金委员会支持了第一个组织工程神经、骨、软骨的重点研究项目。1999 年，科学技术部启动了组织工程的“973”计划项目，同时又将组织工程列入“863”计划。北京、上海、广州、四川等地方政府也划出专项经费支持组织工程研究。经过努力我国的组织工程产业化很有可能走在世界的前列。但同时也存在着区域资源整合能力不高，基础研究与临床研究结合不够深入，临床研究缺乏科学层面的治疗标准和评价机制等问题。面对这样一个庞大复杂的系统工程，如何使其快速高效地发展，依靠单一学科或部门是不可能实现的，所以国家科技管理部门的合理规划和正确引导至关重要，需要对领域内的学科进行合理布局，发展优先领域。

未来 5～10 年我国组织工程学科的发展方向主要有以下几个。

（一）组织工程的自体细胞移植

由于自体细胞移植没有免疫排斥反应，因此成为被研究最多的种子细胞。可由骨髓穿刺获得骨髓间充质干细胞，经过定向诱导分化为所需要的功能细胞，用于组织工程化构建；或直接用骨髓间充质干细胞移植到受区，在局部微环境下自发转化为功能细胞治疗疾病。用微创技术切取自体组织，分离培养细胞，然后回植入受体修复组织缺损，也是一个发展方向。最成功的例子是美国 FDA 批准的，通过关节镜技术切取少量非负重部位的关节软骨，由细胞公司培养、扩增到需要的数量，再通过关节镜回植于有病变的关节软骨缺损区，取得了较好的临床治疗效果。用类似的技术可以分离培养成骨细胞、成肌细胞等用于治疗骨折不愈合及防止肌萎缩，达到个体化治疗的目的。在这一过程中，需要解决细胞的快速扩增问题，可以通过各种生物反应器、生长因子的应用等使细胞在较短时间内达到需要的数量。但经过生物反应器及生长因子作用后的细胞，其形态、功能、遗传物质的改变应进行深入研究。只有在确认其安全性后才能用于临床，目前这方面的研究还较少。

（二）同种异体细胞在组织工程研究中的作用

自体细胞虽然有很多优点，但不能用于急症患者，也不能适应群体化治疗的需要。因此，同种异体细胞（包括胚胎干细胞、胚胎组织细胞、成体组织细胞）需要进行深入研究，除了与自体细胞一样，需要研究扩增技术外，尚需研究移植免疫反应、植入体内的远期结局等。每一种组织细胞均有其特定的生命期，随着有丝分裂的进行，细胞会出现老化，并逐渐凋亡。从组织工程产业化考虑，需要用同一个来源的细胞构建大批量组织工程产品，达到产业化。这就需要研究延长细胞生命期及连续传代的技术。正常细胞的生命期是由细胞的端粒长度决定的，如果能延长细胞端粒长度，就有可能逆转细胞老化及凋亡。端粒酶被认为是一种能延长端粒长度的核酸蛋白酶，向端粒末端添加$(TTAGGG)_n$序列，使端粒延长，就能延长细胞寿命。这一技术已经在成纤维细胞、成骨细胞、软骨细胞、成肌细胞中获得成功。这可能是同种异体细胞移植或进行组织工程化构建的一条可行途径。但细胞端粒长度也不能无限延长，在体外或体内应研究出一种安全有效的调控方法，防止肿瘤化倾向，才能保证临床应用的安全性。

（三）应力与组织工程化构建

应力与生长发育、组织再生、愈合密切相关。正常组织、器官在特定的应力、微环境下维持其生理功能。但在组织工程研究中，通常是在体外进行构建，虽然可以模拟体内的某些应力及微环境，但很难达到生理要求，这是组织工程研究的难题之一。在可变应力场细胞培养装置条件下进行组织构建，可使细胞沿应力方向延长，黏附能力增强，细胞功能增强，表明力学作用是细胞功能的重要调节因素，并能在组织形成中影响其结构。然而研究者尚未对应力的影响有充分认识，所以还不可能在组织的工程化构建中创造那样一个体外环境。骨骼肌肉系统组织体外形成后，需要解决植入后与受体组织进行的组织整合，要求工程化组织能够与受体周围结构在力学上匹配。因此，有效的构建方法是在模拟体内营养环境及生物力学条件下形成组织。

（四）支架材料研究

支架材料作为人工细胞外基质是组织工程研究的重要内容之一。支架材料在体内组织再生过程中发挥了几方面的作用：在结构上加强缺损部位的强度；阻碍周围组织长入；作为体外接种细胞在体内扩增和增殖的支架；利用与细胞整合素及受体的相互作用，作为一种可溶的细胞功能调节因子；作为细胞、生长因子和基因的生物载体。由于人体结构的复杂性，目前尚不能确定哪一种材料是构建组织工程产品的最佳材料。用于工程化骨和软组织的支架材料包括合成的和自然的钙磷材料，合成的和自然的多聚物。用于体外组织工程的支架材料和体内促进再生的植入材料需要具有必要的显微结构和化学组成，以容纳间充质细胞并促进其功能发挥，因此研究不同组织构建材料的微孔结构及化学组成是十分重要的。同时材料的降解速度与细胞分泌基质的速度应相匹配。还要研究支架材料降解产生的微粒对宿主和再生组织的影响。在选择支架材料时，应研究的另一问题是材料的弹性模量。构建的工程化组织不同，对弹性模量的要求也不同。用于骨组织工程的材料应有很好的强度，以便早期能承受各种负荷。但过高的强度会改变周围组织的力学分布，这不利于骨的形成及再塑；同时，将高强度材料进行改性处理，或与其他材料，如胶原、壳聚糖等复合，形成复合材料是近来组织工程支架材料研究的发展方向之一。

另一类生物材料是以人或动物为来源的材料，经过去细胞、部分或完全去除有机质或无机质、去除抗原等处理，形成生物衍生材料（bio-derived material），用于组织工程研究及临床应用。生物衍生材料具有最接近人体的网架结构、生物力学性能、部分活性因子，有利于细胞的黏附、生长及发挥生理功能。材料本身所保留的某些成分具有引导或诱导组织再生的能力，因此是很有实用意义的支架材料，但还需对材料的组织反应、加工成形等进行进一步研究。

由于合成材料和天然材料具有各自的优点和局限性，一个发展趋势是将这两种材料进行复合处理，以满足组织工程的需要。

（五）工程化组织的收缩

组织工程研究与应用中，另一个尚未引起足够重视的问题是形成组织的收缩。在组织工程软骨的研究中发现，经过体外构建的组织植入体内后成为成熟软骨，但体积明显变小。这是因为材料降解后，由软骨细胞分泌的基质产生了收缩力。据 Spector 的研究显示，非肌肉细胞的结缔组织细胞（如成骨细胞、软骨细胞等）均表达 α-平滑肌肌动蛋白（SMA）基因，这是引起组织收缩的主要原因。它所带来的问题是使组织工程和再生医学所用的支架材料的孔隙塌陷而变小，不仅使植入物变形，还影响细胞的生长、代谢及血管化。为了防止由于 α-肌动蛋白引起的收缩作用，一方面可以对材料进行改性处理以增加其抗收缩力，另一方面可以对细胞进行基因改造，但目前这方面的研究还不多。

（六）生物活性因子在组织工程中的应用

在组织修复、再生过程中，有多种生长因子参与活动。在组织工程研究中，生物活性因子的作用也十分重要。构建不同的工程化组织需要不同生物活性因子的参与，如骨形成中有 BMP2、BMP4、BMP7、TGF-β、IGF-1、bFGF 等参与，但这一过程往往不是单一因子在起作用，多种因子的有序作用、信号传递通路等尚不清楚。另外，这些因子的给药途径及剂量也需要深入研究。在工程化组织构建中，一次性给予某个剂量只能在组织修复的早期起作用，在后期很难维持其作用的有效性。一方面是由于因子本身的半衰期短，很快失效；另一方面，容易被体液稀释、吸收，难以在局部达到有效浓度；同时也存在剂量过大，吸收太多，引起全身作用的危险，这是各种因子应用安全性必须解决的问题。将各种因子的基因通过转染技术，使其在种子细胞内表达，将这种转染细胞用于组织工程构建，已在实验研究中获得成功。例如，将 BMP2、BMP4、BMP7 基因转染成骨细胞，可加速成骨过程及骨修复能力。问题是如何提高转染率，使细胞高效表达。另外，对这种细胞的安全性也需要进行监控。虽然基因转染技术尚未用于临床，但在免疫问题、调控问题解决之后，将会对组织工程及再生医学产生重要影响。

（七）努力实现组织工程皮肤、骨、肌腱的产业化

大力开展实质器官的再生与组织工程化研究，包括心脏、消化管道、泌尿管道、组织工程人工肝、胰等；深入开展组织器官再生及功能替代的研究（2004 年中国组织工程论坛）。由于组织工程是一项长期复杂的工程，对于其投入应有阶段性的产出，也就是说要有短期和长期的目标。由于皮肤、骨、肌腱在结构上相对简单，而且根据目前我国组织工程界已取得的成绩，未来几年我们要努力实现其产业化是可能的。而实质性器官由于其复杂的结构和功能，及在体内与其他器官的复杂相互作用，需要投入的财力、物力、人力及时间都非常巨大，但是国际上对这些方面的研究都有大量的投入，是组织工程实现飞跃的真正体现。我们也不能由于其难实现性而放弃对这方面的投入。所以现阶段也要大力开展这方面的研究，有重点地扶持有苗头的领域。

第五节　优先发展领域与重大交叉研究领域

一、优先发展领域

美国于 2007 年 6 月发布的一项“美国组织工程科学工程战略计划”中提出了组织工程学科应优先发展的 8 个领域。

1）理解细胞机制：在分子水平上理解物理、化学和生物学环境如何指导细

胞组装和维持复杂的群体并发挥三维功能。

2）识别、确定细胞标记物并对其进行分析：鉴别可以在组织工程构建物中特异表达的生物标记物，评估其生理状态和（或）分化状态。开发高通量、高容量的分析方法收集多参数数据，并与具有生物学显著特征的结果相关联。

3）先进的成像技术：开发高解析度、非侵入式成像技术，对组织工程进行实时体内和体外功能评价。

4）阐述细胞和环境的相互作用：根据细胞对分子信号的应答，以及在生理环境下将多输入信号整合后产生的特定应答，设定生物材料的设计原则，测试新基质与相关受体的生物相容性。

5）建立计算机模拟系统：推出用户友好型的，对生理、生物和机械性状可以预测的计算机模型，辅助可再生组织构造物的工程设计。

6）组装和维护复杂组织：设计新颖的工具和生物反应器，精确控制干细胞和始祖细胞的增殖及化学和机械环境，实现组织的三维生长和功能。

7）提高组织的保存和储藏：优化可以长期、低成本、维持低费用并保证细胞和组织可以恢复活力和功能的保存方法。开发更好的储存、运输和包装技术，提供需求的组织。

8）加速有效应用的发展和商业化：推动满足 GMP 标准要求、低投入高产出产品的生产并实现规模化，以实现低成本高收益为目标，满足更广的应用。

结合我国具体情况及组织工程学科发展的现状，应该通过创立形成我国再生医学的创新体系，全面推进细胞生物学、生物材料、力学与工程、临床医学等多学科领域的交叉与合作。通过不同学科的交叉与合作，带动多学科发展。在细胞生物学领域，推动多种干细胞的动员、迁移、归巢、培养、诱导分化等研究；在生物材料领域，提高我国生物医用材料的自主研发能力，同时发展多项材料合成与修饰的新技术；在临床医学领域，在心胸外科、骨科、烧伤整形、普外科等几乎所有方向，推动临床医学治疗模式的发展。根据组织工程学科复杂性、长期性、不确定性及高风险性的研究特点，以及未来产业化发展的需求，平衡基础研究领域及应用发展领域的资助力度，着重解决制约该学科发展的瓶颈问题，优先发展如下领域。

（一）揭示干细胞全能性的生物学基础及掌握干细胞的定向分化方法

细胞是一切组织器官的功能基础，是人体组织的基本单元。要在分子水平上揭示干细胞全能性的生物学基础问题，理解生物环境如何指导细胞形成组织器官。揭示物理、化学及生物等因素如何影响细胞对环境的应答，从而形成具有特定结构和功能的人体组织，实现基础理论的突破，指导人工组织的构建。

在此基础上，掌握高效的干细胞定向分化方法，为人工组织的构建提供充足的细胞保障。另外，不可忽视干细胞外的细胞来源技术，新技术的发展必然在干细胞研究的基础理论得到突破后才有更深入的发展。

该领域需解决的关键科学问题包括：干细胞自我更新及分化的调控网络，物理、化学、生物及空间等因素对干细胞特性的影响，干细胞在人体内自组织的机制等。其发展目标是全面理解干细胞的生物学基础，为指导人工组织及人工器官的构建提供理论依据。

该领域的重要研究方向包括：干细胞自我更新及分化的微环境和调控网络；力学、化学及空间等非生物因素对干细胞特性的影响；多种生长因子及诱导因素对干细胞分化的协同作用机理；生殖细胞的生物学基础及胚胎发育的调控机制；干细胞的定向诱导分化；体细胞去分化及再分化的机理及新技术；人体器官退行性病变的机制；干细胞及相关技术的安全及伦理问题。

（二）支架材料的功能化

早期应用于组织工程的生物材料一般成分简单，往往是一些惰性材料，只提供细胞生长的框架，主要起到支架和塑型作用。而现在应用于组织工程领域的生物材料，对其期望已不只单纯起到支架作用，人们意识到材料单一的成分和惰性性质已不能满足复杂组织构建的需求。在结构需求方面，需要多种成分共同作用达到一定的力学强度及适宜的韧度，而且需具有一定的功能性作用，能够模拟体内细胞外基质的环境，为细胞生长提供一定的空间信息以及诱导因素。功能性的生物材料是组织工程生物材料的发展方向。长远来看，这种生物材料能够为细胞提供更好的组织再生环境，短期内又可以作为再生医学领域在体原位修复的功能单元，实现组织工程长期发展和短期效益的结合。

该领域需解决的关键科学问题包括：对人体组织细胞外基质的功能研究，支架中多种生物材料成分复合的配比和融合，支架材料对功能诱导因子的偶联和吸附，支架材料成分合理空间布局及孔径的控制，支架材料与细胞的相容性问题等。其发展目标是建立可供细胞生长的有效空间构架，为细胞生长和组织提供有效的空间及诱导环境。

该领域的重要研究方向包括：多成分复合材料的研制，用以提供组织中不同细胞生长的需求；基于计算机辅助设计的支架快速成型技术；支架材料的功能化研究。

（三）工程化组织的构建

获得具有完整结构和功能的组织以代替人体缺损或丧失功能的组织是组织

工程这一学科的理想。倘若能实现像生产机器零部件一样工程化地生产人体组织和器官，那将是人类医学史上一场具有划时代意义的革命。虽然这一理想的实现还存在诸多障碍，但目前的理论和应用研究都不断向人们展示实现这一理想的可能性。目前在组织工程构建这一领域，国内外都取得了一些成绩，如组织工程皮肤、软骨、骨、角膜、肌腱、韧带、神经等组织的初步获得及产业化，复杂脏器，如血管、食道、膀胱、尿道、人工肝支持装置、人工心脏、人工肾等人工器官的初步探索。既然要实现组织构建的工程化，在基础生物医学理论指导下的工程化运作就非常关键。

该领域需解决的关键科学问题包括，组织细胞的自组织机理；组织构建的时效问题，实际应用中，患者不可能等待组织器官按照生理情况下的速度生长然后进行移植，要实现再生组织的快速成型；复杂组织中不同细胞的精确空间定位；人工构建组织的培养环境等。其发展目标是实现人工组织和人工器官的工程化生产，实现与临床应用的有效对接。

该领域的重要研究方向包括：基于计算机建模和离散-堆积原理的大规模直接材料制备技术及细胞打印技术（由于组织器官的复杂性，不仅要从结构上优化和控制支架材料，尚需细胞打印等技术将不同类型的生物材料进行组合，并实现细胞的精确空间定位，以便于不同细胞在支架的不同部位进行自适应与自装配，分工合作完成组织的再生和修复）；大规模细胞制备的反应器；体外力学装置的研发；模拟体内环境“培养”工程化组织的反应器等。

（四）组织工程产品的安全性评估、标准化的建立及产品保存技术

任何一种应用于人体的治疗药物或器械，安全性是首要考虑的因素。传统医药体系对临床药物或植入器械等，在国内外都建立有完整严格的考察评估体系。对于组织工程产品当然也不例外，但是该类产品本身就是一个新事物，存在其特殊性，涉及器械、药物和生物制品的评价，所以对于其安全性评估及标准化的建立各国都还处在探索阶段，但又是十分重要和必要的，它将直接影响组织工程产品的推广和应用，在某些领域甚至影响其研发。所以对这一领域的发展同样不容忽视。另外，工程组织是一种活的“人体元件”，不同于现存的任何一种医疗药物或器械，需要一整套特殊的包装、储存及运输系统。必须在包装细胞与组织活力和功能的前体下发展低成本的包装储运方法以使组织工程产品真正走入市场。

该领域需解决的关键科学问题就是符合何种标准的组织工程产品才是对人体有效和安全的。其目标是建立一套完整合理科学的评价体系以指导组织工程的研发和临床应用。

该领域的重要研究方向包括：临床前对组织工程产品原料来源的评价；支架材料、种子细胞及生长因子的安全性评价；工程组织的临床研究，包括免疫安全性等；临床产品的上市监督；灭菌对工程组织活性的影响；组织工程成品的保存及运输方法等。

在这4个优先发展领域中，“生物材料的功能化”和“工程化组织的构建”对我国组织工程的发展尤为重要。我国是发展中国家，虽然对科研的投入逐年加大，但在某些领域仍落后于发达国家，我们必须把有限的资金合理地加以利用。功能生物材料的研制一方面提供工程组织的构架，另一方面可以为再生医学提供阶段性产品，在研发的同时实现一定的临床应用，从而有可能实现“以研养研”，并有可能吸引企业界及风险投资，这在我国是十分欠缺的。另外，一旦组织工程的基础理论得到突破，工程化组织的构建技术将成为人工组织工程化应用的关键。基础理论的突破性成就往往是可以共享的，但是技术的突破却可以抢得先机，并在领域内某一方面长期占有优势，所以在大力推进理论研究的同时绝不能忽视工程化领域的发展。占领这个领域是将来在国际组织工程产业中占领先机的重要保障。

二、重大学科交叉领域

组织工程的多学科交叉性需要跨学科跨部门的协同努力，未来5～10年干细胞与组织工程学科领域的发展还需建立以下关键学科交叉平台。

（一）生物活性材料产品的研发平台

基于具有引导/诱导组织再生修复的生物活性材料的研究基础，以及已用于临床的三类医疗器械产品，进一步完善并扩大其应用范围，形成系列产品。进一步集中开发具有促进血管再生的生物活性材料，更深入广泛地开展生物源性材料的应用研究，解决产业化过程中的关键技术问题。结合纳米技术、计算机辅助技术、基因修饰技术、生物力学的应用等，促进组织修复与再生的学科交叉和应用研究，目标是形成三类医疗器械产品系列应用于临床。

（二）组织工程产品的研发平台

基于已有的已经完成或正在进行临床实验的系列结构类组织工程产品，要建立组织工程产品的行业标准，规范临床应用技术，并建立严格的随访、监测管理体系，根据进入临床的组织工程产品应用中的反馈意见，进一步调整、改良和优化，进行技术升级和产品换代。在结构性组织工程产品研发的基础上，进一步实现肌性管腔类组织及实质器官的组织工程研究和开发。

（三）生物活性因子产品的研发平台

再生是一个在时间和空间上受修复因子调控的复杂生物学过程，多种生物活性物质在修复的不同阶段发挥着重要的调节作用，同时它们在修复与再生中的表达和损伤时间密切相关。目前已有单一生物活性因子产品，需要进一步进行标准化研究，降低生产成本，明确安全性问题等。进一步研究的重点是开发具有自主知识产权，可较快进入临床的生物活性因子产品。特别重要的是开发临床应用安全性高、可有序发挥调节作用、多种生长因子共同作用的产品，包括负载生物活性因子的生物材料或体内植入设备，此产品具有广阔的应用前景和巨大的经济价值。

（四）细胞治疗产品的研发平台

技术重点是成体干细胞应用研究，干细胞的诱导分化与组织功能性修复的关系等。确定成体干细胞在疾病治疗中可能突破的几个组织，如皮肤、骨、神经、心肌修复等作为产品研发目标，以缺血性组织/器官损伤和功能障碍为主，形成系列产品，应用于临床。

（五）临床应用集成技术研发平台

加强生物活性材料、组织工程、生物活性因子、细胞治疗产品的临床应用技术研究，研究上述组织修复与再生治疗手段的适应证、禁忌证、手术方法，降低组织反应的方法及术后的常规处理。建立术后观察指标、评价方法、长期随访、监测的管理体系。根据产业化路线进行设计，着重研究产业化过程中涉及的关键技术、生产条件、工艺流程、质量标准、质控体系的建立等。加强与SFDA及相关部门的沟通协调，协助参与制定相关法规，推进组织再生与修复领域的产业化进程。

从以上对本学科的发展方向和优先发展领域的分析可以看出，生物力学、生物信息学及工程制造等对组织工程产品的研发具有至关重要的作用，是跨学科发展的重要方向。

组织力学与组织工程实际上是两个互补的方面。前者着重于认识规律；后者的目标在于制造生物配件用以修复、维持和改善机体组织的功能。当前组织力学与20世纪七八十年代研究的不同之处在于：

1）考虑应力-生长关系的组织力学行为；

2）系统建模、力学分析与解剖结构、临床应用密切结合。

组织工程的生物力学问题包括多个层面。在基础层面上涉及应力-细胞分化关系和细胞-材料表面间的力学-化学耦合效应；在工程层面上的主要问题是细胞/组织三维培养器，种子细胞规模扩增，活组织工程化培养的检测、监测技术和组织工程产品的冷冻储存等；而在临床医学层面上主要是植入组织与宿主组织之间的相互作用和避免免疫排斥。生物力学的发展正在经历着深刻的变化。其主要的推动力，来自于半个世纪以来生命科学的飞速进步。基础研究逐步精细化及定量化，大量数据的积累要求模型化及数学化，带给生物力学一大用武之地。现代分子和细胞生物学既提出大量新课题，又带来了许多新工具，推动着生物力学由宏观向微（细）观深入，并且宏-微（细）观相结合。不断拓展的实际应用，与不可限量的经济前景，催生着以解决与应用相关的工程技术问题为目标的新的生物工程学。这一新的生物工程学远远超出了基于微生物的、以发酵工程为标志的生物技术及以医疗仪器研发为目标的生物医学工程这两个传统的领域。组织工程就是它的一个典型的代表，而生物力学则是它的一个重要领域。不断突破传统力学的学科界线，与生命科学及其他工程科学不断融合，已成为当今生物力学发展的主要特色。

第六节　国际合作与交流

一、国外对组织工程领域的支持

前面提到美国、欧洲、日本、新加坡和韩国是世界上组织工程研究最为发达的国家和地区。美国在组织工程领域处于世界领先地位。美国组织工程研究与应用的发展，得益于其开展组织工程研究较早，并且经费投入巨大。早在1988年美国就以基金的形式资助了组织工程一系列课题研究，2001年成立美国组织工程学会，企业界投入巨额资金进行组织工程的研究，仅1997年就投入38亿美元资金，并保持20%的年增长率。目前组织工程研究小组已遍布美国各大研究机构与大学，如哈佛大学、麻省理工学院、麻省大学、匹兹堡大学、密执安大学、佐治亚技术学院和加利福尼亚大学洛杉矶分校等。欧洲凭借在生命科学领域的雄厚研究基础及政府的大力支持，组织工程研究近年来也有了快速的发展，这些科研活动主要集中在德国、英国和瑞士，如英国伦敦大学、德国的洪堡大学和瑞士的苏黎世大学。在亚洲，虽然日本、新加坡、韩国等国家开展组织工程学研究相对较晚，但发展迅速，并已初步形成各自的特色。新加坡、韩国以干细胞研究为专长，而日本则在生物材料方面占优势。1990～2002 年，世界在组织工程领域累计投入 45 亿美元，其中超过 90%是来自私人投资。至 2002 年，在世界范围内已有 89 家生物技术公司致力于组织工程的研发。近年来，亚洲其他国家，如马来西亚、泰国、印度和越南等也正在迎头赶上，几乎所有重要组织的构建均有报道，甚至也有肾脏、肝脏、心脏等重要生命器官初步构建的研究报道。组织工程已经成为继人类基因大规模测序完成后生命科学中最活跃的研究领域之一和科技竞争的焦点，国际性的产业化竞争热潮也已开始，掌握了其中的关键技术就获得了生命科学前沿技术的制高点。美国政府最近对组织工程在世界各国的发展状况进行了调查，旨在分析美国在该领域的地位、优势，并据此来调整、制定相关政策进行保护，调查结果表明美国无论是基础研究还是应用研究都处于组织工程领域的首位。调查同时表明，与组织工程相关的公司数量的增加和规模的扩大都远高于其他行业，各国政府及广大公众对再生医学的兴趣也越来越浓。虽然目前美国无论是在基础研究还是应用研究都处于该领域的首位，但是德国、英国和法国及日本几年来一直从政策到资金上给予该领域强有力的支持，大有迎头赶上之势。调查发现：①在生物材料方面，包括自然的和人工合成的生物材料研究与开发，美国一直处于领先地位，在某些方面欧洲和日本与美国持平。②在细胞方面，除血液细胞外还没有实质性的突破，美国总的来说虽然是霸主，但在干细胞研究中，日本、欧洲、美国基本上持平。③在信息分子方面，开发刺激组织再生的生长因子（包括用于基因治疗），美国仍处于领先地位，但在有些方面仍难分高低。④在工程设计方面，如培养装置、储存方式、生物力学的应用等，欧洲、美国、日本持平，只有个别方面美国领先。⑤在细胞治疗方面，美国具有绝对优势。此外，在生物信息学方面，美国也是领先，但欧洲、日本等国家和地区正在大力推进这方面的研究。

组织工程的技术规范也引起了国际上普遍的重视。最早的有美国、澳大利亚、加拿大，稍后有日本，欧盟近来也在加紧讨论和制定规范。

（一）美国

美国法律规范里，1993 年就有关于细胞治疗的问题，1996 年 FDA 公布了活体同源细胞应用指南，1997 年初步提出与细胞和组织相关的规范，并于 2001 年正式确定规范，要求细胞和材料的安全性及质量生产过程等必须严格按 GMP 规范执行。到了 2002 年，为应对组织工程多种复合结构的变化，FDA 成立了一个特别的复合产品办公室（office of combination product），负责产品的监管调节。按照产品的首要运用法则（primary mode of action）执行，如果组织工程产品（tissue engineering product，TEP）的主要成分与直接的生理活动有关，就由生物制剂评估和研究中心（Center for Biological Evaluation and Research，CBER）监管；如果TEP是通过结构和生理学方式生效的，像器官置换一类的支撑系统，就由设备和放射健康中心（Center for Devices and Radiological Health，CDRH）监管；后来又把一部分监管工作调整到药物评估和研究中心（Center for Drug Evaluation and Research，CDER）。因此，所有包含有细胞、生物材料和生物制剂（细胞因子、生长因子、免疫调节因子、酶等）的TEP，都要接受这3个中心的监管和评价，根据产品的主要点选择以哪个中心评价为主，有争议的根据情况再协商，但必须保证产品安全。

（二）加拿大

2003年1月加拿大颁布了有关人体细胞、组织和器官移植的规范，这个规范遵循了加拿大标准协会的全国安全标准准则，已被执行得相当好。但这个规范主要针对的是直接人体细胞和组织的植入，而不完全是TEP，后者包含有细胞、组织或器官的复制、改性、保存以及临床实验等复杂过程，因而还要通过食品和药品器械管理机构评价。

（三）日本

日本目前已经允许皮肤和软骨产品按医疗器械进行临床实验，但2002年修正的药物法（pharmaceutical affairs law，PAL）提出可能要把所有关于细胞和组织的产品都归于生物制品，新法确立异源性产品属高风险的特定生物制品，自体源性产品属主流生物制品。日本卫生、劳动和福利部（Ministry of health，labour and wealth，MHLW）旨在将细胞和组织工程产品归类于传统的生物制品以便于进行安全监管，因为此时就需要严格地执行GMP标准。但问题是，进入市场的产品在细胞分离、纯化、分化、浓缩、运输等方面都可能执行GMP标准，而对在医院手术中应用成体干细胞制备组织工程产品过程的监管就困难得多。MHLW在1999年就发出了关于细胞和组织工程产品的通告，2000年又进一步标准化，随后又积极地参与国际协调委员会的讨论、参照美国FDA的标准，故仍有普遍意义。日本正视异源性产品的风险，控制使用，保证安全。但也声明对实验研究不执行如此严格的要求。对ESC的提取和应用只能限于基础研究，临床研究和医学应用必须等明确的规范条文出台后才能进行，但允许利用ESC发展诊断和治疗方法。从事ESC研究的机构需获得相关执照，ESC及相关材料只能从这些机构或从国家认可的国外公司获得。根据 PAL 的规定，日本的许多公司已经意识到 ASC 属于医疗器械类，只要不用血清培养技术就符合要求，而且临床前和临床规范也不同于 ESC，可以较容易进入市场，成体干细胞已经应用于整形外科、牙科和神经再生等。为避免出现问题，也许日本将来会按 ESC 要求规范成体干细胞移植。

（四）澳大利亚

澳大利亚的治疗性产品管理局（Therapeutic Products Agency，TPA）在 1989 年治疗规范的基础上，于 1995 年增加了人体组织应用条款，2000 年修正。2003 年 4 月 TPA 又组织了一个研讨会，制定了新的人体组织和生物治疗规范，并把组织工程产品分类为小风险、中度风险和高度风险，中度风险产品按 GMP 要求执行，高度风险产品严格控制，须上报获准。

（五）欧盟

目前对于组织工程产品这个涉及人体活细胞再植入问题的新生事物，欧盟各国还没有达成一致意见，暂时套用的指南有 2000/70/EC（针对医疗器械）、2001/83/EC 修正文、2003/83/EC（针对某些细胞治疗产品）等，最新的有 2004/23/EC，是一个关于人体和细胞捐献、获取、测试、处理、保存、储运、使用等质量和安全性的指南，该指南对组织工程前阶段相关细胞等方面尚有意义，但对后阶段及涉及异种细胞等方面的规范仍是一个空白。2003 年年底，欧盟各国在芬兰组织了一个由政府官员、组织工程专家、医学专家、开发商等组成的专题研讨会，主题是：组织工程有关的科学与技术；组织工程的生物学风险；关于组织工程商业方面；组织工程的规范。大家一致认为既往的规范不全面，有的把组织工程简单地归于医药或器械产品，虽然也是按 GMP 执行，但考虑到组织工程的高风险性和不确定性，欧盟国家应该建立一个有关 TEP 的统一规范条文，包括实验室、投资公司、患者、医疗机构，从科研、生产到应用等各方面加强与美国等的交流合作，借鉴经验，先在内部形成统一，以占领市场。

在 Web of Science 数据库中，以“Tissue Engineering”为标题词，检索到 4494 篇科技论文，其中美国在此领域发表了 1628 篇科技论文，居世界之首，单篇被引用次数超过 128 次的论文有 51 篇。其次是德国、英国和日本，分别为 477 篇、437 篇和 312 篇。我国发表以“Tissue Engineering”为标题词的科技论文有 299 篇，单篇被引用最高次数是 128 次。虽然新加坡和瑞士发表科技论文总量不如我国多（新加坡131篇，瑞士156篇），但是单篇引用次数相当高，达到了735次和400次，具有很高的学术影响力。

二、我国在组织工程研究方面的国际合作交流

我国的组织工程研究起步于20世纪90年代初，随后在国家自然科学基金委员会，国家“973”计划和“863”计划等的支持下，进行了组织工程相关基础和应用研究。我国组织工程经历了从无到有，从小到大的发展历程，重点开展了骨、软骨、肌腱、皮肤等结构性组织的组织工程研究，并取得了重要的研究成果，初步形成了以组织构建和临床应用为特色的组织工程学研究道路。国家食品药品监督管理局已批准一个组织工程产品——安体肤上市，并在临床使用；已有三种组织工程神经产品和一种组织工程角膜产品进入临床研究，同时还有三种组织工程皮肤产品，三种组织工程软骨产品，两种组织工程骨产品及两种组织工程肌腱产品正在中国药品生物制品检定所产品注册检验或已完成检验。在胚胎干细胞、骨髓间充质干细胞的培养、分离、诱导分化，通用同种异种组织工程细胞系建立，种子细胞衰老规律和延缓老化的研究，生物材料、生物力学问题及组织工程化组织构建等研究领域也有重要进展。也由此确立了我国在国际组织工程领域的学术地位。

但从整体研究水平看，我国在组织工程领域的研究与国外相比还有一定的差距。科学研究需要有积累，借鉴发达国家已有的相对较高的研究基础，我们就有机会从高起点开展研究工作，少走许多弯路，在尽可能短的时间内取得最大的进步。而国际合作是提高科技基础能力，全面融入世界科学前沿，分享国际科学界的研究经验和成果，缩短与发达国家的科技差距，促进科技发展的重要途径。因此开展国际合作与交流是加快我国组织工程科学研究水平的有效手段。根据国际最新发展动向，结合我国组织工程的发展状况，未来我国的组织工程应优先加强下列几方面的合作与交流。

（一）加强在干细胞领域的国际合作与交流

种子细胞来源一直是限制组织工程发展的瓶颈，其主要原因是：许多组织细胞（如软骨细胞、内皮细胞）的供体来源和扩增能力均非常有限，无法通过取少量组织体外扩增细胞来构建大块组织，很难实现“小损伤修复大缺损”的组织工程基本设想。干细胞（包括胚胎干细胞和成体干细胞）作为种子细胞的主要来源已得到普遍认可，干细胞能够实现小损伤修复大缺损的基本设想，能够解决组织工程种子细胞问题。美国和日本的最新研究表明，将4个经过重新

编码的基因转入人皮肤细胞，可以使皮肤细胞具有类似胚胎干细胞的功能。我国在成体干细胞的应用性研究方面有一定的基础，目前我国已初步建立了包括骨髓间充质干细胞、脂肪干细胞、皮肤干细胞（包括表皮及毛囊干细胞）、角膜缘细胞、神经干细胞等多种成体干细胞的分离、培养、扩增及诱导分化技术，并应用扩增的细胞进行体内、体外组织构建及动物组织缺损修复，部分成体干细胞已成功应用于临床组织缺损修复。我国部分实验室也已成功地建立了人的胚胎干细胞系，并在体外初步地将胚胎干细胞诱导分化为神经、血管内皮、软骨及成骨细胞等多种细胞，甚至已初步应用胚胎干细胞分化来源的细胞进行血管及皮肤等大量组织构建的尝试。这些工作为开展国际交流与合作奠定了坚实的基础。

（二）开展细胞-材料三维条件下相互作用领域的研究，开发先进的制造技术

生物材料是种子细胞形成组织之前赖以生存和依附的三维支架，生物材料在组织工程化组织形成过程中并非一直处于被动地位，材料的表面组成、微观结构、排列方式、强度等对细胞的迁移、黏附、增殖、定向分化、基质分泌及组织形成等一系列生物活动均会产生重要影响。因此，应特别注重细胞与生物材料相互作用的研究，避免生物材料研究与种子细胞研究脱节。在这一领域，国外许多研究和技术都很出色，值得我们学习和借鉴。

（三）复杂功能器官的构建合作交流与研究

组织构建技术是组织工程研究的核心，具有复杂功能器官的构建研究才刚刚起步。目前应用组织工程技术构建骨、软骨、表皮、角膜等结构相对单一的组织已较为成熟，我国主要以功能相对单一的结构性组织的应用性研究为主要突破点，但在组织工程化器官的构建方面仍无突破性进展，主要原因在于器官组织组成、结构和功能的复杂性，现有技术手段仍难以解决，需要大规模的国际合作，以促进该领域的发展。

（四）建立组织工程标准，加强国际交流与合作

目前我国已发布了 5 个组织工程医疗产品标准。在“十一五”、“863”计划支持下正在制定 10 个组织工程医疗产品标准。美国在组织工程标准研究领域已有多年的经验和积累，至 2005 年 ASTM 正式发布了 14 个组织工程方面的标准，

这些标准都具有国际权威性，对我国组织工程标准的建立具有重要指导意义，因此需要加强在这一领域的合作与交流。

第七节 保障措施

组织工程是一项复杂的世纪工程，需要多学科协同合作。国际上这一领域的竞争已达到白热化的状态，为促进本学科的长足发展，使我国在这一领域赶上世界发展的脚步，在国际上占据一席之地，科技管理部门一定要合理规划，并建立一系列保障措施。

（一）大幅度增加科技投入，合理有效利用有限资金

大幅度增加财政科技投入，强化科技投入增长的保障机制。合理调整学科内财政科技经费比例；综合运用财政拨款、基金、贴息、担保等多种方式吸引社会资金向创新投入；吸引企业及风险投资的参与。在法律法规和有关监管规定许可的前提下，支持保险公司投资。完善财政科技投入管理机制，建立适应新形势的科技经费监督管理和绩效评估体系，提高财政科技经费的使用效率。

（二）重视基础研究工作，合理决策重要的基础研究方向

制定科学政策与促进科研环境建设，是加强基础研究工作的重要保障。美国、欧洲、日本和其他国家都在继续增加研究开发投入，实施重点产业技术计划。虽然基础研究在科技发展中的地位和重要作用已经得到广泛认可，但在实际工作中，往往还达不到应有重视的程度，表现在对本学科基础研究的投入与当前国际科学发展还不很相称。需要政府和管理部门加大对这一科研领域的投入和政策上的适当倾斜，改善科研基础设施，推动大学和研究机构组织工程研究领域的现代化建设，保持优秀的科学基础和提高创新能力，这是推动组织工程基础研究最有效的措施。同时，我国组织工程基础研究要想取得一些重要成果，需要广大科研工作者扎实地工作，做出有自己特色的成绩，注重创新意识，开辟源头性创新研究，只有这样，才能使我国在这一领域的基础研究有重要突破。再者，管理部门应做好学术研究评价体系的科学化，阶段性组织该领域专家进行讨论交流，以便合理决策重要的基础研究方向，给予基础研究政策性保障。

（三）加强人才队伍建设，保障学科发展

人才队伍建设对保障本学科领域的发展至关重要。拥有一批高水平的国际型研究队伍是置身国际科学前沿、开展具有原创潜力研究的根本保证。在人才队伍保障方面，可通过引进人才和自己培养人才并重的方式，吸引大批海外优秀人才，同时把年轻有为的科研人才送到海外工作、学习、进修和交流，在参与国际合作过程中不断搭建、锻炼、整合自己的科研队伍，锁定一批国际一流专家，与他们建立长期稳定的合作伙伴关系，与国内外优秀创新群体构建一个长期、稳定、高效的合作关系，凝聚海内外的优秀科研群体和智力资源，实现科研人才国际化，建立一支以中青年科学家为主、年龄和知识结构合理、适应21世纪发展并充满活力和竞争力的知识创新队伍。人才队伍的建设同样需要有一个科学的评价体系和筛选机制，应以获得重要发现和产生新的知识、理论作为评价重点。评价体系应以提供适当的压力和足够的动力，促进人才队伍尽快成长、多出成果为目标。采取措施，激发研究人员的创新活力。科技发展不可能一帆风顺，要允许创新活动产生失败，发生错误，避免导致追求短平快，只看重眼前而不注重深入研究科学发展重要问题的管理行为，构建一个创新人才培养的宽松和谐环境。

人才队伍在管理方面需要树立以人为本的人才工作理念，营造良好的政策环境，优化软环境，促进人才引进和人才培养机制的改革，引进人才与培养人才并重、体制内人才与体制外人才并重，提高科研人员待遇，解决优秀科研人员外流问题，并吸收优秀青年人投身到科研中来。

（四）促进学科间、区域间及不同优势单位间的交流和合作，构建学科发展的良好内外环境

总体来说，在内部环境建设上，可强化重点实验室、国家杰出青年科学基金、重大项目、重点项目中组织工程学科资助的力度和广度，拓宽创新人才成长的渠道，优化创新人才成长的发展环境，充分调动他们的进取心和积极性；在外部环境建设上，重视开辟国际科学合作渠道，创建学术交流平台，充分利用国家与各国政府和基金会的联系，推进有实质内容的国际合作，积极有序地组织实施联合资助项目，促进资助形式灵活多样化，有效地组织科学家与国外知名学者建立合作关系，为科学家提供各种接触机会，获取信息及宣传我国科研工作情况的机会；有针对性地支持、聘请一批高水平的海外专家和优秀科技人才团队来华从事合作研究、学术交流、技术培训或工作任职；探索建立长效

的人员交流机制，变一般性人员交流为有效提升自主创新能力的高水平的人才合作交流。营造有利于科学家参与国际竞争的良好氛围。

在组织措施方面，我国应建立重大项目专家组负责具体实施。专家组的任务是从国家利益的高度，严格把关，体现以企业为创新主体的思想，遴选各项目具体实施单位，并进行严格审查，结合“十五”、“十一五”承担项目单位的投入产出评价，淘汰投入产出效率不佳的单位或减少其经费投入，增加对已有产业化转化单位的投入。要求承担课题单位有较强研究基础，有专职研究队伍，已有产业化转化或产业化潜力，有临床医院为背景，有企业的真正投入，组成国家级研发团队，实现产学研一体化，加快产业化步伐。项目实施过程中，专家组指派专家进行现场考评，解决研发中的问题，督促项目的有效实施，确保各项指标按时、保质保量完成，为“十二五”交一份满意的答卷。

（五）深入实施知识产权和技术标准战略

组织工程学科是一项应用性很强的学科，要有效利用知识产权制度和技术标准提升我国该产业的国际竞争力。既要杜绝知识产权侵权行为，又要防止知识产权滥用。建立学科知识产权信息服务平台，支持科研机构、大学与相关企业建立知识产权战略联盟，形成联盟成员优势互补、协同配套、风险共担、权益共享的运作机制。推动形成以我为主的技术标准，支持企业参与国际技术标准制定，对推动我国技术标准成为国际标准的企业给予补助。

（六）合理制订近期及远期目标

由于组织工程学科发展的复杂性及长期性，要合理制订短期和长期目标，促进推出阶段性组织工程产品，鼓励企业参与组织工程学科的发展。

（七）基础研究和产业化发展要协调发展

在加强基础研究的同时要合理引导组织工程产品的产业化，使组织工程学科真正服务于社会。

◇参考文献◇

曹谊林，崔磊，商庆新，等．2002. 组织工程的研究现状与应用展望．中国医疗器械信息，4：11～12，14

陈冰，肖志峰，戴建武．2009. 干细胞与组织工程．生命科学，21（5）：734～739

董青山，毛天球．2008. 组织工程技术的研究进展和国际规范．第四军医大学学报，29（12）：

1150～1152
任高宏，裴国献．2006. 组织工程化组织的初步临床应用．中国临床康复，10（45）：152～156
杨志明．2004. 我国组织工程实验研究的发展方向．中华实验外科杂志，21（1）：8～9
杨志明．2007. 组织工程进展与展望．解剖学杂志，30（5）：521～522，537
Bianco P，Robey P G. 2001. Stem cells in tissue engineering，Nature，414（6859）：118～121
Biondi M，Ungaro F，Quaglia F，et al. 2008. Controlled drug delivery in tissue engineering. Advanced Drug Delivery Reviews，60（2）：229～242
Cao R，Brakenhielm E，Pawliuk R，et al. 2003. Angiogenic synergism，vascular stability and improvement of hind-limb ischemia by a combination of PDGF-BB and FGF-2. Nature Medicine，9（5）：604～613
Griffith LG ，Naughton G. 2002. Tissue engineering：Current challenges and expanding opportunities. Science，295（5557）：1009～1014
Khademhosseini A，Vacanti J P，Langer R. 2009. Progress in tissue Engineering. Scientific American Magazine，5：8
Lanza R P，Cibelli J B，West M D. 1999. Human therapeutic cloning. Nature Medicine，5（9）：975～977
National Science and Technolgy Council，NSTC. 2007. Advanceing tissue science and engineering，a multi-agency strategic plan：27～30
Orlic D，Kajstura J，Chimenti S，et al. 2001. Bone marrow cells regenerate infarcted myocardium. Nature，410（6829）：701～705
Qin D，Li W，Zhang J，et al. 2007. Direct generation of ES-like cells from unmodified mouse embryonic fibroblasts by Oct4/Sox2/Myc/Klf4. Cell research，17（11）：959～962
Shamblott M J，Axelman J，Wang S，et al. 1998. Derivation of pluripotent stem cells from cultured human primordial germ cells. Proc Natl Acad Sci U S A，95（23）：13726～13731
Sottile V，Halleux C，Bassilana F，et al. 2002. Stem cell characteristics of human trabecular bone-derived cells. Bone，30（5）：699～704
Tabata Y. 2005. Significance of release technology in tissue engineering. Drug Discov Today，10（23-24）：1639～1646
Takahashi K，Tanabe K，Ohnuki M，et al. 2007. Induction of pluripotent stem cells from adult human fibroblasts by defined factors. Cell，131（5）：861～872
Takahashi K，Yamanaka S. 2006. Induction of pluripotent stem cells from mouse embryonic and adult fibroblast cultures by defined factors. Cell，126（4）：663～676
Tan M Y，Zhi W，Wei R Q，et al. 2009. Repair of infracted myocardium using mesenchymal stem cell seeded small intestinal submucosa in rabbits. Biomaterials，30（19）：3234～3240
Thomson J A，Itskovitz-Eldor J，Shapiro S S，et al. 1998 Embryonic stem cell lines derived from human blastocysts. Science，282（5391）：1145～1147
Vlakh E G，Panarin E F，Tennikova T B，et al. 2005. Development of multifunctional polymer-mineral composite materials for bone tissue engineering. J Biomed Mater Res，75（2）：333～341

Williams D. 2004. Benefit and risk in tissue engineering. Materials Today，5：24～29

Yla-Herttuala S，Alitalo K. 2003. Gene transfer as a tool to induce therapeutic vascular growth. Nature Medicine，9（6）：694～701

Yu J，Vodyanik M A，Smuga-Otto K，et al. 2007. Induced pluripotent stem cell lines derived from human somatic cells. Science，318（5858）：1917～1920

Zhang J，Ding L，Zhao Y，et al. 2009. Collagen-targeting vascular endothelial growth factor improves cardiac performance after myocardial infarction. Circulation，119（13）：1776～1784

第五章 生物医学影像

第一节 战略地位

生命科学研究是通过观察和分析各种生命活动的现象和过程，以发现生命活动的本质、特征和发生、发展规律的科学。生命活动信息的获取离不开各种先进的仪器设备及高效的信息后处理系统。生物医学影像是利用生物医学影像设备获取生物体的形态、生理、功能和代谢等信息的技术，由图像和信号的获取、处理、显示、记录、存储和传输等过程所组成。生物医学影像已成为一门“大科学”，涉及物理学、数学、计算机科学、生物学、化学和医学等多个学科。当代生物医学影像已经能够在器官、组织、细胞、分子和基因等不同水平，从不同的时间和空间尺度来观察观测生物体的活动过程，为生命科学和临床医学提供了前所未有的发展机遇。

生物医学影像的快速发展是多学科综合交叉的结果，各学科间相辅相成、相互促进。从生物医学影像设备的发展历史，我们可以发现它是以物理学为基础，以数学为基本理论，以工程学为支撑，运用信息处理技术，尤其是计算机技术加以实现。1895 年，Roentgen 发现了 X 射线，导致了 X 射线成像技术的问世；1896 年，Becquerel 发现铀的放射性质以及随后 Marie Curie 发现镭与钋这两种新放射性元素为核医学成像奠定了基础；1917 年，Langévin 发现超声，成功地为今日超声成像奠定了基础；1946 年，Bloch 和 Purcell 发现了核磁共振现象，孕育了 MRI 装置的诞生。

目前，常用的生物医学影像技术包括 X 射线成像、CT、MRI、超声成像、SPECT、PET、光学成像、脑电图（EEG）和脑磁图（MEG）等，其中每种技术的出现都对生命科学及医学的发展具有重要的推动作用。X 射线成像是最早发展起来的无创成像技术，可以活体检测生物体组织和器官的形态及密度变化，至今仍然是骨关节系统和呼吸系统最重要的检查手段之一。随着物理学、电子学和计算机等学科的迅速发展，许多新型的X射线成像技术应运而生，如CT技术、数字减影血管造影（DSA）、计算机放射摄影（CR）和数字放射摄影（DR）等。自从1972年Hounsfield发明CT技术使得人们首次能够清晰地观察人体内部的器官和结构以来，CT技术已取得了重大飞跃：扫描速度由最初的几分钟1幅图像到如今几十毫秒1幅图像；扫描范围由最初的头颅成像扩展至全身扫描；扫描设备由最初的单层成像发展为近乎容积成像；由最初的单纯结构成像发展为结构与功能成像，如灌注成像。超声成像及超声多普勒血流成像以其方便、快捷的特点已广泛应用到全身各个系统的检查中，已成为临床最重要的检查手段之一。MRI具有软组织分辨力高、无辐射、多方位、多对比成像等优点，已成为显示人体正常结构及诊断各种疾病的最重要的成像方法之一。同时，该技术在研究正常人脑结构与功能及脑疾病方面具有相当大的潜力。特别是功能性磁共振成像（functional MRI，fMRI）技术的出现使人类在科学史上第一次可以直接地、无创性地“看到”大脑的智力活动，就像射电望远镜的出现推动了天文学的发展、显微镜的出现推动了生物学的发展一样，如今脑与认知科学研究有了自己的“望远镜”和“显微镜”，这一划时代的进展必将有力地推动人类去探讨大脑这个神秘器官的各种功能。扩散磁共振成像（diffusion MRI，dMRI）通过研究水分子在人体的扩散，间接反映脑白质纤维束的物理和功能特性，它是目前唯一的可以无创地研究人脑白质纤维的技术，成为脑科学研究领域的热点之一。光学成像是唯一能以纳米分辨率观察活细胞中的分子事件，也是唯一能够在活体以亚细胞分辨观测生命活动的基本过程的成像方法。电生理成像（脑电图、微电极阵列、脑磁图）通过检测神经活动产生的电磁信号，去探讨神经活动的时空过程，是目前能够跟踪在毫秒量级上变化的高级脑功能过程的技术。分子影像是在分子水平上反映生物体生理、病理变化的实时、无创、特异、动态、在体成像技术。分子影像可以为研究特定基因功能、生物体生长发育、疾病发生发展和药物作用效果及动力学变化等提供信息获取和分析处理的有效新方法、新手段和新设备；分子影像也可以加快新型药物的研发速度，缩短预临床研究时间，减少药物研发的资金投入，它在分子生物学与临床医学之间架起了相互连接的桥梁，被美国医学会评为未来最具有发展潜力的10个医学科学前沿领域之一。

生物医学影像与其他学科的交叉和融合催生了一些新兴领域，脑-机接口（brain-computer interface，BCI）就是其中之一。脑-机接口是在脑与计算机或者脑与外部设备之间建立起来的一种直接的交流通道，通过这个通道，可以将大脑活动的信息（如与事件相关的诱发响应，甚至自主的意愿等信息）直接传出来，并由此实现对外部设备的控制；也可以让外界信息（如声音或图像）直接传入大脑，或直接刺激动物大脑的特定部位来调控其行为。简而言之，脑-机接口就是要实现人脑与计算机的对话。脑-机接口系统由三部分构成：①检测脑（神经元或集群）活动的装置或设备，所检测到的脑活动信号可以是电信号，也可能是与脑功能活动相关的血氧动力学信号等多种形式；②分析和处理脑功能活动信号的装置或者算法，将所检测到的脑活动信号转变为与外界设备或装置交互的控制信号；③受脑信号控制的外界交互设备和装置。脑-机接口的研究对科学技术自身的发展、医疗与康复和国家安全都有着十分重大的意义，它有可能成为21世纪中会对改变世界产生影响的重大技术。

脑连接组学（connectome）和脑网络组学（brainnetome）是神经影像与神经科学的交叉和融合所产生的前沿领域。脑连接组学在不同尺度上研究脑连接方式，即脑网络的拓扑结构。脑网络组学不仅研究脑网络的拓扑结构（connectome），而且研究脑网络的行为及动力学属性、脑功能及功能异常的脑网络表征及脑网络的遗传学基础脑网络等。脑网络的复杂性是大脑组织的一个基本特征，也是认识大脑功能及其工作机理的根本原则。了解生物体的神经连接使得全面认识基因、分子、细胞、神经系统和行为的交互成为可能，该认识反过来又可以为生物体模型的建立提供基础，从而催生新的对正常人和患者大脑功能的假说。如果没有连接数据，就不可能形成对人脑正常功能和功能障碍的全面认识。脑网络组学将会改变神经科学的研究模式，最终将阐明在不同状态下我们的大脑是如何工作的。然而，对人类大脑来说，还没有一个全面系统的、现代意义上的有关连接的数据存在。在过去5年里，一些非侵入式的成像技术开始出现，这些技术可以获得活体人类大脑结构和功能连接的数据。同时在最近几年，研究正常人和患者大脑功能的科研人员逐渐认识到大脑连接数据对解开思维神秘性的重要性。同时，脑成像已成为当今认识脑和保护脑，特别是各种神经疾病诊断的不可或缺的工具，对脑科学、神经病理学、认知科学和信息科学的研究有着举足轻重的影响，在临床上，脑成像对脑疾病的诊断和治疗也有着重要的意义。

“工欲善其事，必先利其器”，因此，生物医学影像在生命科学领域具有独特的战略地位，发达国家普遍对生物医学成像给予了高度重视，美国国立卫生研究院为此建立了国立生物医学影像学与生物工程学研究所（NIBIB），生物医学成像也成为其主要资助的领域。随着生命科学研究由局部向整体发展，由分立向综合发展，生物医学影像将在生命科学研究中进一步发挥不可替代的重要作用。

第二节　发展规律和发展态势

一、发展规律

生物医学影像是利用影像设备及计算理论获取生物体的形态、生理、功能和代谢等信息的一门科学，主要由两部分组成：①图像和信号等原始数据的获取；②数据分析与处理。生物医学影像的发展取决于数据获取手段（成像设备）的发展和数据分析方法的发展，两者之间为相互促进的关系。生物医学影像领域的基本发展规律体现在以下几个方面：①从单纯提供生物体的形态信息向同时提供生物体的形态、生理、功能和代谢等信息转变；②从单一模态成像向多模态信息融合转变；③从宏观成像向宏观与微观融合的多尺度成像转变。

生物医学影像设备的发展规律一般是以物理学发现为基础，以数学为基本理论，以工程学为支撑，运用计算机技术加以实现。例如，1895 年，物理学家 Roentgen 发现了 X 射线，随后工程学家制造出了 X 射线设备，这使得 X 射线成像技术运用到医学等领域。此后，电子技术和计算机技术的发展直接导致了 CT 技术、数字减影血管造影（DSA）、计算机放射摄影（CR）和数字放射摄影（DR）等许多新型的 X 射线成像技术的问世。同样，MRI 设备的发展也具有类似的特点，1946 年，美国物理学家 Bloch 和 Purcell 首先发现了核磁共振现象，他们因此获得了 1952 年的诺贝尔物理学奖。核磁共振现象为成像技术提供了一种新思路，1973 年，美国科学家 Lauterbur 发现，把物体放置在一个稳定的磁场中，然后再加上一个有梯度的磁场，再用适当的电磁波照射这一物体，这样根据物体释放出的电磁波就可以绘制成物体某个截面的内部图像。随后，英国科学家 Peter Mansfield 又进一步验证和改进了这种方法，并首次成功地对活体进行了手指的 MRI。在这两位科学家成果的基础上，在工程学专家和计算机专家的努力下第一台医用 MRI 设备于 1980 年问世。从此以后，MRI 走过了从理论到实践、从形态到功能、从二维到四维、从宏观到微观的发展历史。

生物医学影像数据处理技术的发展也经历了一个由简单到复杂、由定性到定量的发展过程。以脑 MRI 为例，最初，脑 MRI 数据处理只局限于简单的线性测量和体积测量，而后随着计算机技术的发展和数学理论的进步出现了一系列全新的数据分析方法，如基于体素的形态学分析、皮层厚度分析、皮层复杂性分析、脑连接分析和脑网络分析等。而且，新的图像分析理论还在不断涌现，分析精度和效率正在不断提高。

生物医学影像发展规律之一是从单纯提供生物体的形态信息向同时提供生物体的形态、生理、功能和代谢等信息转变。早期发展起来的成像技术（如X射线成像、CT、MRI和超声成像）主要是用于显示生物体的形态结构，而如今发展起来的成像技术不仅可以提供生物体的形态信息，而且可以提供生物体的生理、功能和代谢等信息。例如，脑电图（EEG）和脑磁图（MEG）可提供脑电活动等生理信息；血氧水平依赖（BOLD）fMRI、近红外光学成像技术等技术可提供脑功能信息；磁共振波谱成像、SPECT、PET等成像技术可反映脑组织的代谢信息。

生物医学影像发展的另一个规律是从单一模态成像向多模态信息融合转变。这种多模态信息融合体现在同一成像方式的不同成像模态信息的融合和不同成像方式信息的融合。在前者，MRI包括能够反映脑白质纤维束完整性及连通性信息的dMRI技术和能够反映脑功能信息的BOLD的fMRI技术，将这两种MRI模态的信息融合可用于研究同一任务中不同激活脑区之间的连接特点。后者如CT和MRI技术可提供高分辨率生物体的结构信息，而PET技术可提供生物体的代谢信息，近年来出现的PET-CT和PET-MRI可同时反映生物体结构和代谢信息。同样，fMRI具有很高的空间分辨率，而EEG具有很高的时间分辨率，两者的有机结合可以实现高时间和空间分辨率成像。

生物医学影像发展还有一个规律是从宏观成像向宏观与微观融合的多尺度成像转变。CT和常规MRI等宏观水平的成像技术可清楚地观察到生物体形态和结构特点，而近年来的一个发展趋势是向分子水平的微观尺度发展，如dMRI技术可以反映组织内水分子的扩散信息，间接反映脑白质纤维的方向性；分子影像学是应用影像学方法，对活体状态下的生物过程在细胞和分子水平进行的定性和定量研究，是以体内特定分子作为成像对比度的基础，通过影像在细胞或分子水平反映体内的生理和病理过程。

总之，随着成像设备的发展和后处理手段的进步，生物医学影像必将获得长足的发展，该技术也必将在生命科学领域的研究中发挥越来越重要的作用。

二、研究特点和发展态势

正如前述的那样，生物医学影像技术包括X射线成像、CT、MRI、超声成像，SPECT、PET、光学成像等。利用这些技术进行科学研究既有一些共性特点，每种技术又有其各自特点。生物医学影像研究最显著的共性特点是学科之间的交叉渗透越来越多，相互之间的依赖性逐步加强。任何一种生物医学成像技术的发展都是多学科相互合作的结果。例如，分子影像技术的出现就是分子生物学和影像医学的结合，它需要多领域专家密切合作——需要分子生物学家研究基因与基因之间和蛋白质与蛋白质之间的相互作用；需要动物学家制备各种转基因动物；需要化学家合成移植细胞示踪剂；需要物理学家、计算机专家、成像专家和影像学家提高设备性能等。然而，与此同时，每种生物医学成像技术又具有各自的特点。以下我们针对几种在未来5～10年中最具潜力的医学影像技术的研究特点和发展态势进行论述。

（一）功能磁共振成像和扩散磁共振成像

fMRI是20世纪90年代初发展起来的一系列新的磁共振成像技术，包括各种灌注加权成像技术、各种扩散加权成像技术、磁共振波谱成像技术以及基于BOLD的fMRI技术。其中，基于BOLD的fMRI技术，通过检测局部脑区含氧量的变化来反映脑内神经细胞的功能活动。fMRI研究的发展以MRI设备的发展为基础，随着场强和成像技术的改进，人们可以通过图像读取到更多的人脑信息。基于BOLD的fMRI研究开展越来越多，归纳起来，这些研究具有如下的发展特点：①实验范式由简单任务向复杂任务转变：利用不同的刺激任务研究各脑区功能及其人脑的工作机制，刺激任务由最初简单的运动、视觉或听觉任务向语言、认知、心理等更为复杂的任务转变。在该技术的推动下，人们对人脑功能的认识有了长足进步；②由局部分析向全脑分析转变：如早期利用静息状态下fMRI数据分析单一脑区与其他脑区之间功能连接，而如今更多利用该数据分析全脑各脑区之间的功能连接及分析脑功能网络的变化特点；③由单一模态研究向多模态研究转变，如fMRI的高空间分辨率和EEG的高时间分辨率的有机结合，将为研究人脑工作机理提供崭新的研究平台。

dMRI主要是利用大脑内不同组织内水分子在磁场下扩散属性的不同而进行成像。20世纪80年代，扩散加权成像（diffusion weighted imaging，DWI）用标量图像研究脑白质，研究表明DWI图像会根据外加磁场的梯度不同而不同，不是旋转不变的。通过假设水分子平均扩散概率服从高斯分布，1990年，提出了磁共振扩散张量成像（diffusion tensor imaging，DTI），并一直广泛应用至今。DTI通过一组（大于6）DWI标量图像解算出描述水分子扩散的张量，进而可以得出一些旋转不变的标量指标，如平均弥散系数（mean diffusivity）等刻画脑白质纤维的完整性，据此也可以推断出脑白质纤维束的走向，从而进行脑白质纤维束的跟踪，了解不同脑区之间的连接关系。目前，DTI模型的主要缺点就是不能推断复杂纤维束的结构，如交叉、分叉和汇聚等。其原因在于部分容积效应和受限制的扩散等因素，DTI模型的高斯扩散假设在人脑中是不完全合适的。即使如此，目前DTI模型还是广泛地应用于临床研究之中，并取得了重大的成功。为了克服DTI模型的不足，2000年以后，国际上出现了一批对脑白质纤维束复杂结构进行建模的研究。这些模型多需要较高的扩散磁场强度，需要较多的磁场加权方向，统称为高角成像扩散成像（high angular resolution diffusion imaging，HARDI）。相信随着HARDI等技术的成熟，将可以提供更多的脑白质纤维束的信息，让人们更准确地了解脑区之间的连接关系，继而理解脑是如何整合在一起进行工作的。归纳起来，dMRI技术研究的发展特点：①将更关注于基于dMRI重建出的纤维束进行定量分析；②由简单的感兴趣区分析向全脑分析发展，将更关注于重建出的纤维束的结构和功能属性。

（二）脑电图与脑磁图

脑电信号十分微弱，容易受到各类大脑内外信号的干扰；脑电也十分灵敏，能够反映毫秒量级的瞬息变化的神经心理过程，从而决定了它的非平稳性；头表脑电信号是来自脑内众多神经元（群）电活动的叠加，从而决定了它是复杂的和非线性的。脑磁信号只有10～1000飞特（fT，$1fT=10^{-15}T$），是地球磁场的$10^{-9}\sim10^{-8}$，因此只有灵敏度极高的超导磁强计才能探测到。在20世纪20年代，由于双线圈检流计的出现，其灵敏度达到130微伏每厘米，Berger发现了人类脑电；40年代末，电子计算机的出现及其带动的信号处理软硬件技术的进步，促进了脑电信号处理的不断进步，到80年代，出现了数字脑电和脑电的定量分析；90年代，100道以上的同步采集技术和脑电源分析技术成为发展的主流。脑磁图的发展更是与超导电子技术的成熟密切相关。进入21世纪以来，在电子技术的支持和应用需求的牵引下，脑电方法学的研究有了进一步的发展，在硬件方面，基于最新的集成电路技术，国际上开展用于脑电采集的干电极技术研究，能够进行全波段信息采集的脑电系统、能够在MRI环境下使用的脑电系统等成为目前的硬件发展重点。在信息提取方面，基于机器学习和现代统计理论的脑电分析技术得到了很大的发展，脑电与其他信息的融合分析技术受到了高度的重视，基于脑电的一些新的方向，如脑-机接口技术有了重大发展。总体上体现了使用更加方便、应用环境更加恶劣、获取信息更多更丰富的学科发展要求。

脑电磁学方法在脑功能与脑疾病的研究中一直占据着独特的地位。事实上，脑电磁场尤其是诱发脑电磁信号以其特有的高时间分辨率，不仅是认知神经科学的直接推手，而且在认知神经科学的发展过程中，一直发挥着独特的功用，其自身也获得了不断的进步和发展。其原因在于脑的高级功能是在细胞群尺度上的功能体现，使得许多认知与临床症状能够在较大空间尺度的记录中，而不是精细的记录中体现出来。它表明，头表 EEG/MEG 的空间分辨率虽然较其他的功能成像手段为低，但它很可能是适合于开展认知与医学问题研究的空间尺度上的测量。同时，EEG/MEG 又能以足够的时间分辨率，跟踪在毫秒量级上变化的大脑信息处理过程，而 PET、fMRI 等高空间分辨率的成像手段就很难做到这一点。

关于脑磁的应用价值在最近的若干年一直存有争论。应该说，脑电最初采用的电极比较少，在几十年中，其关注点都在典型的头表波形与成分的识别与测定上，通常只是间接地关注产生信号的脑区，如有观点认为特定电极处的脑电 EEG（或 ERP）的变化与该电极下的脑区的活动有关。MEG 的出现，特别是覆盖头皮的大面积设备的出现，在脑电和脑磁设备的制造者和使用者之间引起了明显的竞争。早期的 MEG 研究者主要是来自物理实验室的，他们试图定位表面信号的源并决定其活动的时域变化。也就是强调 MEG 具有比较好的时空特性，其依据在于：由细胞内的原初电流产生，然后在脑组织中流动的体积电流对表面 MEG 的贡献明显小于对头表 EEG 的贡献，同时从脑、颅骨到头皮的电导变化的贡献也是如此。在这一竞争过程中，脑电团体正确地指出了 EEG 的性价比优势，脑电仪器的可移动性，同时指出了 MEG 对深部脑区源的敏感性不足和对不同取向的神经电流的敏感性不同等缺点。也正是这些电/磁的竞争，促进了 MEG/EEG 方法学的发展，使得人们对它们的相对优势和互补性有了更深入的认识。就世界范围的情况看，MEG 虽然可以提供一些互补性的信息，如对切向源 MEG 更敏感、MEG 的空间定位精度好于 EEG，但考虑到其高昂的成本和维护费用，再加上脑电与 fMRI 之间更好的互补性，MEG 的应用价值始终没有得到普遍认可。事实上，MEG 在欧洲和日本相对较多，而在美国，MEG 的普及程度远不如 EEG 和 fMRI。在中国，近年一些医院引进 MEG 的使用情况也不理想。

（三）分子影像学

分子影像学应用影像学方法，对活体状态下的生物过程在细胞和分子水平进行的定性和定量研究，是以体内特定分子作为成像对比度的基础，通过影像在细胞或分子水平反映体内的生理和病理过程。分子影像的研究融合了分子生物学、生物化学、数据处理、纳米技术、图像处理等技术，由此可获得高特异性、高灵敏度和高图像分辨率，能够为临床诊断提供定性、定量和定位的信息，已经发展成为生命科学领域的一种重要研究手段。目前药物临床前疗效分析是在实验动物上进行的，对实验动物进行解剖以观察病变有没有缩小，并根据缩小的程度来比较不同药物的疗效。但是这种离体的方法不能获取药物在体内的作用机理，而且每只实验动物对药物的反应也是不一致的，因此离体的方法是不科学的，也是不严谨的，这极大阻碍了药物的研发，对进入临床的药物的疗效也不能完全保证。采用分子影像技术，通过特异性探针的帮助，直接在体显示药物治疗靶点的分子细胞水平改变，可极大促进药物的筛选和研发。另外，由于不同模态的影像设备所获得的信息各具特点，通过将分子影像与其他模态的成像进行结合可以提供活体更丰富的信息，这也是分子影像一个重要的发展方向。归纳起来，分子影像领域在未来的发展规律和研究特点如下：①分子影像的发展需要经过从基础理论，到关键技术，到成像设备，再到生物实验应用等一系列的过程；②多模态融合是分子影像的重要发展方向；③分子影像的应用需要经过从小动物，到大动物，再到人体的一个过程。

第三节 发展现状

近 5 年来我国生物医学影像研究获得了长足的进展，研究基地、人才队伍等方面都有显著提升，很多单位都开展了生物医学成像的研究工作，并逐步产生了重要科研成果。主要成果和当前发现的一些问题如下所述。

一、人才队伍

经过几十年的发展，我国已初步建立了一支专注于成像设备研制、理论算法研究和活体动物实验等研究的较为完整的学术和科研队伍。多家研究机构以院士为舵手，以国家杰出青年科学基金获得者、长江学者、百人计划获得者在内的领军人物为中坚，带动和组建了老中青三代精干研究团队，人才队伍建设成果丰硕。

MRI 技术 20 世纪 90 年代初率先在国外开展起来，国内的相关研究在 90 年代中期也逐渐开展起来。目前国内的大学和研究机构，如北京大学、中国科学院、北京师范大学、北京大学、电子科技大学、华中科技大学、大连理工大学等科研院所在 fMRI 的计算理论与方法方面，以及华西医院、宣武医院、湘雅医院、北京大学医学院各个附属医院、首都医科大学各个附属医院等各大医院在 MRI 的临床应用方面以 45 岁左右的国家杰出青年科学基金获得者、长江学者、百人计划获得者在内的中年研究人员为主力，带动和培养了一批青年科研人员，形成了稳定的科研队伍，取得了重要进展。

在光学成像方面，清华大学、浙江大学、天津大学、西安交通大学、华中科技大学等都设有生物医学光学成像研究机构。教育部还建立了光电生物医学成像的三个教育部/省部共建重点实验室。武汉光电国家实验室（筹）筹建了生物医学光子学研究部，将生物医学成像作为其研究重点。中国科学院多个精密光学机械研究所（长春、上海、西安、成都等）、自动化研究所等也都设置了生物医学光学成像研究方向。与此同时，生物医学光学成像也成为一些新兴研究机构的研究重点，如中国科学院新成立的深圳先进技术研究所、苏州生物医学工程研究所、北京大学生物医学工程系等。

在分子影像研究方面，中国科学院生物物理研究所、中国科学院上海药物研究所、中国人民解放军第二军医大学、南京军区总医院等科研学术单位相继开展了分子影像的肿瘤研究和药物研发实验。在理论算法和成像设备研究方面，中国科学院自动化研究所、中国科学院高能物理研究所、中国科学院武汉物理与数学研究所、清华大学、北京大学、北京理工大学、天津大学、华中科技大学、重庆医科大学等高校和科研单位已经形成了具有一定实力的团队，并在光学、核医学、超声等领域取得了一定的研究进展。

但是，该学科具有综合面广和交叉性强的特点，分为基础型和应用型两类。我国该学科点主要分布在理工科院校和医科院校，由于教育背景的不同，理工科院校的培养特点是工程基础知识扎实，能够利用各种新的计算方法和工程技术找到与医学问题的融合点，但由于缺乏相关医学知识，目前大多集中在信号处理、图像分析等算法的研究和医疗器械产品的研发上。而医科院校医学背景深厚，容易发现有实际意义的应用型课题，不足的是工程技术基础相对薄弱。

二、资助现状

目前从国家自然科学基金委员会官方网站项目综合查询系统中以“计算机断层成像”、“PET”、“超声”、“磁共振”等为关键词搜索发现，2004～2008年，国家对MRI的项目支持基本稳定在每年100项左右，资助额度绝大部分在20万～30万元/项，仅有少数几个重点项目和国家杰出青年科学基金项目。支持的项目绝大多数为fMRI在认知、神经精神疾病的应用等方面，还未涉及fMRI技术及后处理技术的研究。鉴于此，研究需要一个较大的数据样本，但是目前没有一个国家层面上的专项资助。另外考虑到数据采集成本较高，目前的资助额度远远低于实际研究的支出费用，使得目前的研究往往受制于经费的短缺。现在国家层面上没有资助过多模态图像融合及融合系统的研究。

国内开展脑-机接口研究的小组有20～30个，已形成了一定的研究规模和基础。国家自然科学基金委员会于2008年开始启动重大研究计划“视听觉信息的认知计算”，其中已经将脑-机接口列为重要的研究内容，并支持了不少课题组的研究。

在分子影像研究方面，2006年科学技术部批准了“973”计划项目“分子影像关键科学技术问题的研究”，旨在突破这一生命科学研究领域的关键技术，使我国分子影像学的整体研究水平步入世界先进行列。同年，“863”计划批准“小动物活体光学分子成像装置”、“动物MRI及PET/SPECT/CT成像设备”和“核素与荧光双模小动物成像系统”三个项目立项，以对光学分子影像成像系统进行研制。2008年，国家自然科学基金委员会就资助了3个重点科技基金项目和20余个面上基金项目，2009年，重大项目“肿瘤分子成像基础研究”得以立项，以某一种肿瘤为模型，在活体上观察特异性标记的肿瘤细胞与分子的活动过程，研究分子影像的成像理论与建模，肿瘤分子的在体定位、定量及可视化，为肿瘤细胞发生、发展与凋亡的在体活动规律提供方法与工具。

三、重要成果

国内生物医学光学成像已在生物芯片成像、光学相干层析成像（OCT）、声光谱成像、双光子激发荧光成像、二次谐波成像、光学层析成像、相干光谱成像（如CARS成像等）、扩散光学成像、光学分子成像、光学功能成像、认知光学成像、高光谱成像等多个方面取得了系统性的研究成果，建立了具有自主知识产权的方法与仪器，其中有些已经获得产业化。目前国内也已经成立了一批高技术的医学影像成像设备研制的技术公司，如南京东影生物医学影像技术公司、东软集团股份有限公司等。

在磁共振硬件方面，目前国内的科研用和临床用设备几乎全部为进口。因此，相关的硬件研究在既缺投入又缺用户的情况下，没有形成自主的产业体系。国内磁共振影像的后处理，如分割、配准技术方面的研究已经达到了国际领先水平，相关研究成果也发表在 *IEEE Transactions on Medical Imaging* 等国际权威期刊上。国内团队系统地研究了静息状态下自发脑活动，在脑自发活动的检测，特别是脑疾病如何影响脑功能网络的研究方面在国际上占据了重要地位。基于静息数据的特点，国内提出了局部一致性分析方法，用局部信号的一致性程度来刻画大脑的活动。局部一致性分析方法在多种神经精神疾病的研究中取得了大量的研究成果。主要成果体现在正常认知的脑功能认知活动（视知觉、听觉、文化、语言）等方面的磁共振研究，主要研究水平已经和国际接轨，相关研究成果也发表在 *Nature*、*Science*、*PNAS*、*Current Biology* 等高水平期刊上。在临床应用两个主要的层面，国内的MRI技术在临床（阿尔茨海默病、精神分裂症等）神经精神疾病中得到了广泛的应用，国内的脑网络研究也取得了重要研究成果，许多的研究机构利用网络模型取得了疾病相关的新成果，相关研究成果也发表在 *Brain*、*America Journal of Psychology*、*Human Brain Mapping* 等高水平期刊上，在此基础上，我国科学家在 *PLoS Computational Biology* 上提出了脑网络组学（brainnetome），并阐述了其科学内含及意义。另外，fMRI 的研究在针灸、儿童注意缺陷障碍、中风、成瘾等方面也有部分研究成果出现。

脑电领域的研究分为硬件和软件两个方面。在硬件方面，由于国家几乎没有相关投入，目前国内的科研用脑电设备几乎全部为进口，相关的硬件研究由于缺少投入，只有零星的工作，没有形成自主的产业体系。在算法方面，国内有多所重点大学的生物医学工程专业均以脑电方面的研究为特色之一，在脑电的时域分析、空域分析等方面都取得了一定的成绩，在国际相应主流期刊（如 *IEEE Transactions on Biomedical Engineering* 等）发表了一些有特色的相关论文，这些工作也获得了国家自然科学基金委员会几个重点项目和较多个面上项目的支持，形成了一支基本的队伍，但是这些成果没有能够形成标准化的软件，也没有得到其他科技人员的很好采用。在应用方面，国内一些从事认知神经科学的学者，应用脑电尤其是诱发脑电开展了比较好的研究工作，其领域涉及了大脑各种认知功能神经机制的研究，如知觉、记忆、注意、语言、情绪、意识等的研究，在国际上一些高影响因子的期刊，如 *NeuroImage*、*Human Brain Mapping* 等上发表一些研究成果。近年来，脑-机接口研究的重要性日益得到国内科研主管部门与研究人员的认可，越来越多的研究小组开始参与此领域的研究。

在国内，也有众多高校和科研单位陆续开展了成像设备、分子影像算法理论和生物实验方面的研究，并取得了一定的成果。在理论算法方面，由于核素标记分子影像技术的理论算法相对较为成熟，所以在分子影像理论算法方面的研究进展还主要体现在光学分子影像上。近年来，国内在荧光标记的光学成像领域，获得了一定的研究进展，特别是在理论算法研究方面取得了较高水平的研究成果。在光学分子影像方面，清华大学、天津大学、中国科学院自动化研究所和华中科技大学等单位分别在激发荧光断层成像和自发荧光断层成像两个领域进行了有效的研究和探索，研究了光子在非匀质复杂生物组织中的输运理论，提出了多水平自适应有限元重建算法、多光谱多尺度光源重建算法、基于部分测量数据的多光谱重建方法、基于 Galerkin 的无网格算法、线性和非线性结合共轭梯度算法、自适应快速重建算法等一系列的理论算法。在成像设备方面，国内关于核素标记分子成像 PET 设备的研制以中国科学院高能物理研究所为代表，首先在国内开发出单排和四排 PET 人体成像装备，接着又研制成功分辨率小于 2 毫米的动物 PET。北京大学也正在开展 SPECT 的研制工作。在光学分子影像成像设备方面，中国科学院自动化研究所分别研制了二维和三维自发荧光成像系统，并实现了产业化，清华大学也构建了一套激发荧光成像系统。在各种分子影像模态中，目前还没有一个单模式是完美的，多模态融合已成为生物医学成像系统发展的趋势。中国科学院自动化研究所实现了三维自发荧光成像和微 CT 的模态融合，清华大学研制了激发荧光成像和微 CT 的融合，因此可同时提供更快捷、精确、高解析度、高分辨率的结构与功能图像，提高成像质量，并研发了相应的成像软件和后处理软件。

在生物实验方面，分子核医学成像以肿瘤早期发现和诊断为主要目标，以临床数据新的成像方法和定量测量与分析为主要内容，开展了分子成像定量测量和分析以及在肿瘤早期诊疗中的应用研究。北京大学和中国科学院高能物理研究所等单位进行了人端粒酶催化亚单位显像研究，实现了大鼠 PET 成像标准脑模板的制作和初步完成 AD 大鼠模型 PET 成像研究。中国科学院自动化研究所、清华大学利用其研制的光学分子影像成像系统与中国科学院生物物理研究所、中国科学院上海药物研究所、中国人民解放军第二军医大学、南京军区总医院等单位开展了一系列的关于人源肺癌、肝癌、心肌特异性、骨特异性等方面的合作实验，进行了肿瘤细胞发生、发展、转移、凋亡，以及肿瘤治疗药物疗效在体定量评估的研究，为肿瘤干预的机制提供方法与工具。

四、存在的问题

我国虽然在生物医学影像领域取得了突出成绩，但与美国、欧洲、日本等发达国家和地区相比仍有相当大的差距。虽然近年来研究论文数量增长很快，但具有原始创新性的高质量论文较少，在世界生命科学权威学术杂志的文章数量还较少。分析我国研究现状，主要差距在于：①原创性学术思想少，跟踪和模仿研究多；与欧美等国相比，国内的研究还存在的问题是硬件的滞后阻碍了方法学的原始创新。目前国内从事方法研究的单位基本上也是采用的国外进口的硬件系统，从而决定了缺乏对最原始的数据进行挖掘分析的条件。因此，这决定了国内方法学研究平台的滞后和落后；基于国外的系统，也导致了国内发展的新算法难以尽快转化为应用的软件，从而降低了国内方法学研究的影响力。为了改变这种情况，采取措施鼓励国内的自主硬件系统研究是必要的。②基础研究投入不足，缺乏良好的研究体系和平台，国际竞争力不强，缺乏处于国际前沿的高素质研究团队，在国际权威学术期刊上发表的研究论文还是个别和零星的；国内的方法学研究与应用研究存在脱节的现象。在国内缺乏影像数据采集分析系统研究的情况下，方法学研究应该更多的与应用研究相结合，以解决应用中的实际问题，并从中发现新的方法学思路。但是，由于目前国内从事方法学研究的队伍多在工科大学，而从事应用研究的队伍多在文理科和医科大学，而这两者之间的沟通交流不够，在一定程度上影响两个方面的创新发展，使得我国在真正多学科交叉的研究工作方面在国际顶级期刊发表的论文很少。虽然在近年随着学术交流的深入广泛开展，以及不少大学的综合化趋势这个情况得到了一定的改善，要进一步推进这一趋势，还需要科技人员自身努力和国家项目的牵引，只有这样，中国的生物医学成像技术和临床应用研究才会有更好的发展。③国内在本领域的学科交叉上融合得明显不够，尤其缺乏同时对交叉领域有足够认识的学术带头人。因此，人才队伍建设最迫切的任务之一是从国外吸引高水平的研究人员，尤其是具有良好多学科交叉学术背景的科学家和开发人员，到中国的研究所和大学就职。另外，为推动各个学科间的交叉渗透，还需通过各种方式加强不同研究单位和领域的学术交流与合作，在学术思想上互相学习，在研究方法上互相补充，通过合作产生高水平的研究成果。同时，也需要加强科研单位和医院、企业的合作，使得现在的研究问题必须从实际应用来，最后的研究成果也必须在实际应用中检验。④数据共享性差，多数研究基本上是各自为政和从头开始，造成不必要的重复和浪费，学科和领域交叉的机制不畅，其中有科研运行体制的问题，也与国家层面的引导有关。例如，目前的研究往往在小样本数据集上进行测试脑图像识别算法，其算法的有效性有待于在大样本图像数据集上进行验证。大样本图像数据采集在国外已受到重视，如美国启动的阿尔茨海默病脑图像研究计划（Alzheimer's disease neuroimaging initiative，ADNI）等。该计划不仅仅是针对阿尔茨海默病的一项研究计划，更是一次以克服现有成像技术的局限性，实现大样本图像数据的采集、数据标准化以及图像数据共享的尝试。它的成功将突破图像数据采集的瓶颈，促进图像分析方法的发展，从而带动整个学科的飞速发展。因此，我国在图像数据采集、共享以及图像分析方法集成等方面应加大研究力度。

第四节　学科发展布局

生物医学影像近年的发展可谓日新月异，总结起来有以下主要特点：

1）多学科交叉，涉及医学、生物学、影像处理、物理学、计算机及工程学等诸学科；

2）多种成像手段的综合应用，如 MRI、PET、SPECT、CT 以及光学成像等；

3）侧重于应用无创方法进行细胞及分子水平成像，以及无创的方式进行诊断、干预、治疗及疗效评价；

4）需要与临床和科研进行紧密结合，即将临床前动物影像学或基础生命科学研究结果向临床实践转化，这是上述所有研究的最终出口。因此，在本学科的发展布局部分，我们将针对上述特点的三个关键流程节点，即数据获取、数据分析以及应用研究分别进行阐述。

一、数据获取

CT 成像技术自 20 世纪 70 年代应用于临床以来，不管是成像速度、质量还是辐射量的控制等都得到了长足发展。最早的单层 CT 探测器覆盖宽度只有 10 毫米，最薄物理采集层厚也只能达到 10 毫米。多层螺旋 CT 采用了阵列探测器，目前的探测器单排的厚度都在亚毫米级，一般 0.5 毫米左右。探测器向着宽体、薄层的方向发展。覆盖宽度越来越大，层厚越来越小，会使影像质量更佳，而且速度快，精度更高。现在 64 排 CT 在 10 秒内即可以做全身的检查。当然，在实际应用中，扫描速度和精度的提高，使得很多特殊目的的检查也成为可能。例如，心脏或胸腔的成像，2005 年 GE、Siemens 及 Philips 等公司推出的 64 排 CT，机架旋转一周的时间不会超过 0.3 秒，这样就可以针对搏动的心脏或呼吸的心脏直接扫描成像，或者按心脏的跳动周期间隔来选择性的成像。新式装置的 256 个探头中每个都可捕获器官或组织一层信号。探头越多，图像的显像度就越好。256-CT 的单次扫描同样可以提供病情最严重患者全部 5 个重要的心脏诊断检查或脑部单个检查，使他们更少暴露在射线中，是 64 排 CT 扫描所需剂量的 1/8～1/3。由于 256-CT 单次扫描可提供患者动脉硬度、血流数据、心跳和脉搏强度等数据，故可在更多侵入性检查（如心导管术或脑部血管导管造影术）中提供更准确的信息。某些情况下，患者被注射显影剂还可增加更多的细节。CT 灌注（CT perfusion，CTP）和 CT 血管造影（CT angiogram，CTA）对成像分辨率要求比较高，目前 CT 在精度方面性能的增强正好满足了这一点。CT 成像技术中，探测器是主要构成部件，探测器的精度以及检测效率直接影响到所采集数据的可靠性，进而影响到重建质量。探测器主要依靠材料物理的研究进展，包括针对闪烁晶体检测器、固体探测器、一维半导体阵列探测器、二维探测器等方面的研究；另外，X 射线直线加速器以及准直器是设计、也是直接关系到 X 射线质量的关键因素。上述几个硬件模块，基本都是靠国外进口。X 射线 CT 快速成像也是目前研究的热点和重点之一，双源

（甚至是多源）CT 成像技术也是目前关注的焦点之一，它采用两个或者多个不同能量的射线束同时对同一组织扫描，不但能获得更精细的组织结构图像（不同组织对不同能量的射线衰减系数不同），也能减少辐射剂量，同时减少扫描时间从而减少人体及器官运动的伪影。

作为结构图像，与 CT 相比，MRI 可以减少放射线对人体的危害，有更好的软组织对比度，因此，非常适合用来检测大脑内部组织结构。脑 fMRI 和磁共振波谱技术是近年发展起来的脑功能成像的新技术，其中 fMRI 的原理是脑活动时脑内各处血流含氧量的变化，可以反映神经细胞活动的变化，而血液中的含氧量与磁共振信号有关。fMRI 的空间分辨率为毫米级，时间分辨率为秒级。磁共振波谱技术的原理是根据磁共振信号的化学位移来测量脑内有关区域中各种化合物分子的谱。dMRI 主要是利用大脑内各种组织的水分子在外加磁场下表现出不同的扩散行为而进行成像。在上述脑功能成像技术中，脑 fMRI 技术以其无损性、较高的时间和空间分辨率而受到众多神经科学家的青睐。目前我国除了能够生产一些低端的永磁 MRI 仪器外，其他的高端 MRI 设备绝大多数被 SIEMENS公司、GE 公司和 Philips 公司三家国际巨头占领。

20 世纪 70 年代，作为核医学的杰出代表，PET 逐步发展起来，它利用光子准直原理和符合探测技术，在体外探测示踪剂所产生湮没辐射的光子，采集的信息通过计算机处理后显示出目标器官的断层图像，从而反映机体组织功能和代谢等信息，非常适合用于心脏病、肿瘤、神经系统疾病的诊断。综上所述，不同的医学图像种类基于不同的物理学原理，具有各自的特性，使用时要依据所要研究的问题进行选择（表 5-1）。单光子发射计算机断层成像技术是通过注射发射 γ 射线的化合物到人体，在体外测量 γ 射线而获得这种化合物在脑内分布的断层图像，而 PET 是通过注射发射正电子的化合物到人体，在体外测量正电子湮灭射线而获得这种化合物在脑内分布的断层图像。用此技术得到脑功能的三维图像，其空间分辨率为数毫米，时间分辨率为数分钟。脑电成像技术和脑磁成像技术是通过脑活动时的电磁信号来研究脑功能的，它们的时间分辨率可以达到毫秒量级，而空间分辨率为数十毫米量级。分子影像的概念是 1999 年由美国哈佛大学 Weissleder 等提出的，即应用影像学方法，对活体状态下的生物过程进行细胞和分子水平的定性和定量研究。自分子影像概念提出以来，短短 10 年的时间，其发展速度十分惊人。哈佛大学、斯坦福大学、牛津大学、麻省理工大学等学术机构纷纷成立了分子影像研究中心，同时也成立了分子影像学会并创办了学会期刊 *Molecular Imaging*。近年来，每年均有关于分子影像的学术论文在 *Nature* 和 *Science* 期刊上发表，这也充分体现了分子影像研究的重要性。

表 5-1 几种常见医学影像数据获取方法简介

<table>
<tr><th>成像方式</th><th>英文名称</th><th colspan="2">成像特点</th><th>应用特点</th></tr>
<tr><td>X 射线</td><td>X-ray</td><td colspan="2">最早的医学图像成像方式，对人体有辐射损伤，属于结构图像</td><td>由于价格低廉，至今仍在使用</td></tr>
<tr><td>X 射线计算机断层成像</td><td>computed tomography，CT</td><td colspan="2">空间分辨率高，图像清晰，对组织密度敏感，属于结构图像</td><td>广泛使用，价格适中</td></tr>
<tr><td rowspan="4">磁共振成像</td><td>结构磁共振成像</td><td>magnetic resonance imaging，MRI</td><td>空间分辨率高，软组织对比度高</td><td>对肿瘤内部结构的显示、钙化灶和骨密度的辨认，不如 CT 敏感；此外对体内有起搏器等金属异物者，禁忌检查</td></tr>
<tr><td>功能磁共振成像</td><td>functional magnetic resonance imaging，dMRI</td><td>检测神经元活动增加导致的局部代谢增加，用于研究功能活动</td><td>检测脑功能活动，为认知科学研究提供手段</td></tr>
<tr><td>扩散磁共振成像</td><td>diffusion magnetic resonance imaging，dMRI</td><td>利用水分子脑内弥散的各向异性成像，用于脑白质纤维跟踪，属于结构图像</td><td>能针对纤维结构（如神经纤维）进行特异性成像</td></tr>
<tr><td>磁共振波谱成像</td><td>magnetic resonance spectroscopy，MRS</td><td>通过产生一种频率范围光谱来反映身体内组织生化和代谢过程</td><td>可以对代谢产物进行定量分析，从而提供一种无创伤性研究活体器官组织代谢，生化变化及化合物定量分析手段</td></tr>
<tr><td>超声成像</td><td>ultrasonic imaging</td><td colspan="2">利用声波的穿透性获得物体内部结构的声学特性</td><td>超声波成像仪器使用方便，价格便宜，应用很广</td></tr>
<tr><td>发射型计算机断层成像术</td><td>emission computed tomography，ECT</td><td colspan="2">对从患者体内发射的 γ 射线成像，提供了组织的生理生化和代谢变化，是功能性显像</td><td>分为 PET 和 SPECT 两种，设备价格较贵</td></tr>
<tr><td>脑电图</td><td>electroencephalogram，EEG</td><td colspan="2">借助于金属电极和导电胶从颅外头皮表面引导的可记录到的皮层自发电位图形，时间分辨率为毫秒级，功能图像</td><td>空间分辨率低，不能精确定位</td></tr>
<tr><td>脑磁图</td><td>magneto encephalogram，MEG</td><td colspan="2">直接测量脑的电生理学，记录神经生理学变化，时间分辨率为毫秒级，功能图像</td><td>与 EEG 相比，因为磁信号不受颅骨和各种脑组织的导电性和形状的影响，源定位更为直接和准确</td></tr>
</table>

超声成像技术临床应用 30 多年来，发展迅速，已从初始的静态灰阶 B 型超声发展为高分辨力的实时灰阶及彩色多普勒超声。电子学、计算机科学、探头材料和阵列设计方面的技术进步，使超声的空间分辨率和对比分辨率都有明显提高。数字化信号处理技术，使目前的超声设备不仅有较高的信噪比，而且在

声束形成、信号处理、影像显示及存储方面都有传统超声设备不可比拟的优势。新型的成像方式和微气泡对比剂的应用，使临床医生不仅可以探讨组织的非线性特征，而且实现了利用超声显示组织的微循环情况。应用组织特异性对比剂声学造影提高了超声探查肝脏局灶性病变的敏感性和特异性，甚至可以和 CT 及 MRI 相媲美，高能聚焦超声（HIFU）的应用，使超声从诊断领域进入到治疗领域。20 世纪 90 年代微气泡剂的应用开创了超声造影剂临床应用研究的新时代，国内对这种研究的开展还不多见。除了上述影响方面的研究外，介入性超声以及超声治疗也是目前国内外研究的主要热点。虽然介入性超声以及超声治疗不纯粹属于成像的范畴，但也是成像技术的一个重要应用出口。

目前国际上主要的光学成像技术可以分为以下几种。

1）基于内源性信号的光学成像技术。内源性信号反映血红蛋白吸收光度的变化。血红蛋白有两种氧合状态：一种是氧合血红蛋白，另一种是释放氧以后的脱氧血红蛋白。氧合血红蛋白和脱氧血红蛋白具有不同的吸收光谱。对于波长为 605 纳米的光，脱氧血红蛋白比氧合血红蛋白吸收更多。神经活动与氧代谢之间存在耦合关系，从而内源性光学成像可以间接反映神经活动，它已经被成功地运用于研究许多皮层区域的功能结构，并且显示出在研究功能结构方面优于单细胞记录。它可以在一个大的皮层区域内同时测量神经元活动的平均值，而上述单细胞记录很难进行这样的测量。

2）电压敏感性染色成像。其基本原理是将要研究的标本用染色剂染色，染色剂分子连接到可兴奋膜的外面，并且作为分子转换器将膜蛋白的变化转换为光信号。

3）在体双光子显微成像技术。该技术的主要优点是光线能较深地穿入生物组织，而且光照本身带来的毒性很小。由于其较深的穿透性，在完好的脑中，对单个神经元的突起及其活动的成像是可能的，从而可以在活体动物上进行高分辨率的光学实验。

4）激光散斑成像。其原理同激光多普勒血流计，用于测量局部脑区的血流速率，其成像的空间分辨率要远大于普通的激光多普勒血流计。

5）近红外光学成像。近红外光学成像利用与氧代谢密切相关的生物组织中的生色团（如氧合血红蛋白、脱氧血红蛋白）具有不同的吸收光谱的原理，来直接测定脑组织中的血氧浓度及局部血容量的变化，通过一定的图像恢复重建可进一步得到脑活动的近红外光学图像。近红外光可以深入脑组织几个厘米的深度，从而实现认知加工状态下大脑功能的动态监测。与其他脑功能检测方法相比，近红外成像有如下优势：近红外成像能实现真正的无损检测；时间分辨率高，能在认知活动的自然场景下进行实时功能成像；系统灵活、易用、成本低，可与 fMRI、PET、EEG 等其他脑功能研究手段互不干扰地同时进行测量，且易对大量被试进行反复试验。利用近红外光学成像技术来无损检测脑中血氧状态变化及空间分布是当今神经生物学界最前沿的研究课题之一。

光学成像技术的新发展离不开高速高时间分辨率光学成像装置的研制。高速高时间分辨率光学成像装置比传统的CCD图像采集率提高了近千倍，克服了采集速率慢这一缺陷，从而能够对活体细胞中的化学动力学变化、神经活动等进行光学信号的采集。其采集率达到6.1兆赫兹，因此能够基本实现待测对象的实时观测。

近年来，为了综合利用各种成像方法的优点，成像设备的一体化也是一个重要的发展趋势。例如，现在的PET-CT一体化成像设备，其主要原理是利用特异性示踪剂进行代谢显像，探知身体内脏器功能情况，具有极高的敏感性和特异性，同时结合CT解剖成像，可以对病灶进行精确的定性和定位。CT成像与其他功能成像相结合的一体化成像技术，如PET-CT成像，可以同时利用结构像和功能像的优势，避免过多的配准过程，可以有效地应用于辅助诊断及手术计划和导航。另外，针对肿瘤的CT成像和放射治疗的设备一体化技术也是当前的研究热点之一。该设备能同时发射不同能量的X射线，分别用于成像和放疗的目的，这样就避免了单独进行放疗时肿瘤重新定位的问题。还有一种低剂量的X射线断层扫描技术，它不同于传统的CT成像，而是一种近似合成断层成像，这种技术常用在乳腺扫描中。由于对辐射剂量有严格的要求，使得我们不能获得常规的CT扫描中所需要的大量的投影图像，只能在扫描轨迹以及合成算法上进行改进，目前常见的合成断层成像扫描轨迹有平面圆型和平面弧型两种。

毋庸置疑，影像学的发展为深入理解脑认知与脑认知障碍做出了突出贡献。除此以外，结合影像学与遗传学而发展起来的影像基因组学（imaging genomics），是遗传学、影像学、认知科学以及临床医学的多学科交叉，将个体的基因型、影像学内表型、认知表型三个水平统一联系起来，结合微观与宏观、分子与影像对脑认知和脑认知障碍进行系统和深入研究的崭新方向，有望在脑认知和脑认知障碍方面取得突破性进展，正吸引着国内外科学家们的广泛注意。

二、数据分析

医学影像技术的不断发展，使得高质量的医学图像的获取成为可能。这些图像的获取为神经科学研究与临床应用提供了新的机遇，也对医学图像分析与处理技术提出了更高的要求和挑战，促进了计算神经解剖学的产生。计算神经解剖学要求医学图像分析技术不仅能够定量描述图像对应解剖结构的形状、大小、空间关系，而且要求能够建立功能与结构的关系，不同研究对象对应信息的关系，以及不同时间对应信息的关系。因此，在计算神经解剖学的研究中，医学图像的分割与配准起着越来越重要的作用。图像分割的研究主要是定位不同的组织以及结构；医学图像配准，就是通过定义合适的相似性度量，采用较好的优化手段，寻找相应的空间变换，利用计算机图形和图像处理技术，将不同图像的相同解剖点对准，从中获得更多的信息，以帮助神经科学研究者和临床医生进行研究与诊断，因此它具有很重要的科学研究与临床应用价值。

医学图像的分割问题有两类：组织分类与组织结构提取。组织分类的目的是将图像像素分为不同的组织，它通常是正常与异常组织体积比较、形态学分析、病变检测以及可视化应用的基础。与组织分类相对应的组织结构提取的目的是将组织结构的空间信息提取出来，这是组织结构形状分析的基础。用于图像分割的方法大致可以分为传统方法与基于模型的方法。传统方法，如阈值法、边缘检测、区域增长等，对图像的噪声、对比度等比较敏感。针对该问题，基于变形模型的分割方法是一类比较成功的方法。在该方法中，分割目标的形状以及与其他目标的关系等先验信息用于引导模型的变形，而通过使定义在模型上的内力与从图像提出的外力达到平衡来实现分割的目的，因而对噪声与对比度差的图像具有很高的鲁棒性。

不同成像方式能提供形态和功能方面互相补充的信息。为了充分利用这些成像方式，就要设法将这些图像信息进行融合。例如，解剖结构成像（CT、MRI 等）和功能成像（fMRI、PET、SPECT 等）是医学影像两大类主要成像方式。这两类成像方式各有优缺点，解剖结构成像的分辨率高，能够提供人体的解剖形态信息；功能成像分辨率较低，但能够提供人体内部器官、大脑等的功能信息；即使是同一类成像方式，提供的信息也不完全相同。例如，CT 能够清晰地显示骨骼的结构影像，MRI 适合对软组织形态成像，而 PET 能够反映身体器官的新陈代谢状况，因此，不同模态医学图像的配准在医学临床应用中也起着重要的作用。医学图像的配准不仅可以用于医疗诊断，还可用于手术计划的制订、放射治疗计划的制订以及病理变化的跟踪和治疗效果的评价等各个方面。例如，在制订放射治疗计划时，需要用 CT 图像进行放射剂量分布的计算并决定射线的投照区域，而病灶区域的轮廓通常在 MRI 图像中有很好的显示，通过使用配准的 MRI 图像确定病灶区域后把这一区域转换为相应的 CT 图像区域，可以在具有 CT 跟踪条件下的放射治疗系统中很好地完成治疗过程。在神经外科手术中，配准后的 CT/MRI 图像能给手术医生更多的病变区域及周围相关的解剖结构信息。

在 fMRI 研究中，神经科学家的一个目标是了解脑激活和所观察到的 MRI 信号之间的对应关系。fMRI 数据分析是脑功能研究中一个重要的环节。fMRI 研究一般可分为确定研究目的、制订实验方案、优化扫描序列、结构像扫描、功能像扫描、数据获取、数据预处理、数据分析以及可视化显示等步骤。其数据预处理步骤通常包括层间校正、头动校正、空间标准化、空间平滑等。有时还需要进一步去除线性漂移、头动、全脑或局部脑区（如白质、脑脊液等）对信号的影响。概括来讲，数据分析可分为两个方面：一方面是脑激活区检测；另一方面是功能连接分析。自从 fMRI 技术诞生以来，各国研究者陆续提出了一些激活区检测算法。目前，对于激活区检测算法，国内外研究的现状集中在对现有算法的改进以及提出基于更合理假设的模型上，主要包括基于生理学假设的改进、基于统计假设的改进以及计算方法上的优化。这些算法依据不同的分类标准有以下常见的分法：基于像素与基于区域、基于参数方法与非参数方法、基于刺激序列与刺激序列无关、基于模型与基于数据等。由于静息状态完全脱离了传统的刺激-响应的信号加工和数据处理模式，不符合任何线性假设，其数据分析一直是 fMRI 方法学上的瓶颈。但针对低频振荡信号，目前已经发展了一些分析方法。一般来说，按照研究目的不同可以归结为两大类：①低频振荡的属性研究，即利用低频振荡检测休息状态下某些脑区的局部活动；②功能连接研究，即利用低频振荡检测脑区之间的功能连接情况，识别功能网络。脑功能连接的概念最早出现在电生理的研究中。功能连接一般被定义为“在空间上分离的神经生理事件在时间上的相关性”。功能连接度量了不同脑区间功能活动的统计依赖关系，即不同脑区之间是否存在功能联系，而不考虑相互作用的方向性。功能连接分析一般是基于数据的，即不依赖于特定的模型。效应连接描述一个脑区是如何对另一个脑区进行作用的。目前直接度量脑区之间功能连接的方法有时域下的相关分析、偏相关分析，频域下的相干分析、偏相干分析等。效应连接分析需要一个因果或非因果模型：研究者根据需要确定模型中的感兴趣区，后综合考虑神经解剖、神经生理及功能影像学数据的约束来建立模型。目前对效应连接的建模方法有结构方程建模、多变量自回归模型、变参数回归、动态因果模型、Granger 因果模型等。

基于脑电的脑功能连接性方法学方面，人们发展了包括基于微电极记录和头表脑电的相关与相干分析、广义同步分析、同步似然分析、相位同步分析、因果连接分析、相位延迟指数和互信息、基于相关和聚类相结合的方法等方法技术。近年的有关研究表明，低频脑电信号有一些独特的功能，同时也正是在频率段，脑电与 fMRI 将具有更加一致的神经基础，从而为多模态技术的应用开辟出新的巨大空间。为了适应这一需求，发展和使用全波段脑电系统将是一个重要的方向；同时为适应脑-机接口以及其他长程脑电监护的需要，基于干电极的微型化便携式脑电系统也是发展的重要方向；为适应多模态脑功能信息采集的需要，发展和利用在高场 MRI 等极端条件下的脑电采集系统也是一个重要的方向。同样，随着脑电硬件系统的不断升级，系统所采集的信息在时频方面和空间方面都远较以前更加丰富，如果充分挖掘和利用这些信息，研究和制定脑电信息采集处理规范等也具有重要而基础性的意义。例如，脑电的参考电极问题，在理论上，应该采用一个中性的点作为参考才可能得到脑电的真正变化情况，但脑表面不存在这样的点，这导致了不同的实验室分别采用各自习惯的参考电极，影响了不同实验室之间结果的对比和交流，近年我国学者的研究表明，基于多道脑电采集系统所获得的信息，可以通过软件处理的方法把在不同实际参考下获得的数据统一到以无穷远（理论零参考）为参考的情况，从而实现了头表数据的标准化，这项技术已在国外开始使用。又如，有关脑电的逆问题研究，它受源模型、头模型和算法等方面的影响。就其中的源模型而言，目前得到最多应用的偶极子模型，在用于分布源反演时，存在涡旋分量不确定的问题，因此，进一步开展偶极子与电荷源模型、场电位模型的比较研究，以及是否需要进一步建立这些空间模型的时间过程模型等都是需要进一步开展的课题。在计算方法方面，如何更好地融合多模态（如 MRI、fMRI、DTI）信息和实验与行为数据，建立更加稳健可靠的脑电反演方法，也是今后的发展方向。

三、应用研究

由于生物医学影像作为一种有效的检测手段在生命科学的基础研究以及临床应用中使用，因此其应用研究涉及面非常广。详细罗列生物医学影像的应用研究远超本文力所能及的范围，以下将挂一漏万对生物医学影像代表性的应用研究进行一个简单的阐述。

计算机辅助诊断在医学中的应用可追溯到 20 世纪 50 年代。1959 年，美国学者 Ledley 等首次将数学模型引入临床医学，提出了计算机辅助诊断的数学模型，并诊断了一组肺癌病例，开创了计算机辅助诊断的先河；1966 年，Ledley 首次提出“计算机辅助诊断”（computer-aided diagnosis，CAD）的概念。计算机辅助诊断的过程包括患者一般资料和检查资料的搜集、医学信息的量化处理、统计学分析，直至最后得出诊断。当时较为流行的模型有 Bayes 定理、最大似然法模型、序贯模型等。自 60 年代就有用计算机分析医学影像资料的报道，此后十几年里由于计算机技术等各种原因，CAD 的研究一度陷入低谷：一方面，由于人们对于 CAD 期望过高，希望能够借助计算机实现自动诊断；另一方面，CAD 研究结果并不理想。直到八九十年代，由于计算机技术及各种数学、统计学的快速发展，计算机辅助诊断在一些发达国家的医学影像学领域才获得较快发展，并取得了可喜的成绩。近年来，计算机辅助诊断技术获得快速发展，尤其发达国家投入大量人力和物力进行研究，每天有大量相关报道出现。目前肺结节和乳腺癌诊断方面的部分研究成果已经通过美国 FDA 验证应用于临床实践，结果表明对于提高放射科医生诊断的准确率、减少漏诊起到了积极作用。CAD是影像学对临床产生重大贡献的一个重要推手，它综合利用了模式识别、机器学习以及数据挖掘等领域的知识，将人眼难以发现的病变规律呈现出来，从一个独特的角度给临床医生提供诊断参考意见。这也是医疗诊断现代化发展的一个必然趋势。计算机辅助诊断中的D至少包括两个方面的含义：detection和diagnosis，即帮助发现病变和诊断病变。例如，在乳腺癌和肺结节的诊断系统中，系统一方面帮助医生发现结节及可疑病变，另一方面帮助医生判断病变的性质，即良性或恶性。CAD之所以能够提高医生的诊断准确性，原因在于：首先，放射科医生的诊断是主观判断过程，因而会受到医生经验及知识水平的限制和影响；其次，医生诊断时易于遗漏某些细微改变，如肺结节、乳腺内的细微钙化等；再次，不同医师间及同一医师的阅片差异的影响。而计算机对于纠正这些错误和不足具有巨大的优势。目前，国外学者对于计算机辅助诊断在医学影像学中的含义基本达成共识：应用计算机辅助诊断系统时最终诊断结果仍是由医生决定的，只是医生在判断时参考计算机的输出结果，这样使得诊断结果更客观更准确。西安交通大学图像处理与识别研究所，东南大学生物医学工程专业，东北大学信息科学与工程学院、计算机科学系及生物医学工程学院，首都医科大学生物医学工程学院，华中科技大学图像所，华南理工大学计算机系等，在基于X射线/CT的辅助诊断技术，如肺癌的筛查、乳腺癌的检测等领域已经开展了较系统的研究。1998年FDA批准了第一个CAD系统，即美国R2技术有限公司的ImageChecker系统，目前已经有用于胸部平片及CT中肺结节探测的CAD系统获得FDA认证，在一些国家开始应用于临床；基于超声的心脏功能检查，肝癌检查等有独特的优势，四川大学生物医学工程系，东北大学计算机系，中国人民解放军第四军医大学的相关院系以及临床医院等，在上述领域做出了许多贡献。因此，CAD的应用研究仍然将是下一个5年的研究热点之一。

MRI所获得的图像非常清晰精细，大大提高了医生的诊断效率，避免了剖胸或剖腹探查诊断的手术。由于MRI不使用对人体有害的X射线和易引起过敏反应的造影剂，因此对人体没有损害。MRI可对人体各部位多角度、多平面成像，其分辨力高，能更客观更具体地显示人体内的解剖组织及相邻关系，对病灶能更好地进行定位定性。对全身各系统疾病的诊断，尤其是早期肿瘤的诊断有很大的价值。快速扫描技术的研究与应用，将使经典MRI成像方法扫描患者的时间由几分钟、十几分钟缩短至几毫秒，使因器官运动对图像造成的影响忽略不计；MRI血流成像，利用流空效应在MRI图像上把血管的形态鲜明地呈现出来，使测量血管中血液的流向和流速成为可能；MRI波谱分析可利用高磁场实现人体局部组织的波谱分析技术，从而增加帮助诊断的信息；脑功能成像，利用高磁场共振成像研究脑的功能及其发生机制是脑科学中最重要的课题。有理由相信，fMRI 将发展成为思维阅读器。20 世纪中叶至今，信息技术和生命科学是发展最活跃的两个领域，专家相信，作为这两者结合物的 MRI 技术，继续向微观和功能检查上发展，对揭示生命的奥秘将发挥更大的作用。目前 MRI 技术已经应用到大多数神经精神疾病的研究中去，最值得一提的是美国启动的阿尔茨海默病脑图像研究计划（ADNI）。该计划不仅仅是针对阿尔茨海默病的一项研究计划，更是一次以克服现有成像技术的局限性，实现大样本图像数据的采集、数据标准化以及图像数据共享的尝试。它的成功将突破图像数据采集的瓶颈，促进图像分析方法的发展，从而带动整个学科的飞速发展。同时美国 ADNI 计划具有示范性，包括欧洲、日本、韩国、澳大利亚等其他国家和地区已开展了类似计划。我国在图像数据采集、共享以及图像分析方法集成等方面应加大研究力度。在 fMRI 的应用领域，人们对脑活动的生理意义的理解也在不断深入，fMRI 在人脑研究中的应用已成为研究热点之一。

多模态的数据融合是如今的一个应用研究热点，同时获得高的时间空间分辨率信息是脑功能和脑疾病研究领域对探测方法技术的不变诉求。脑功能连接的研究最早是基于脑电等电生理信息开展的，但近年 fMRI 技术的引入极大地促进这方面的工作，并催生了连接组学的概念。脑功能网络涉及多个频段上的有组织的神经振荡，其中较高频段的振荡信息没有被 fMRI 所检测，因此，要想获得宽频段的脑功能网络信息，需要 fMRI 与神经电生理信息的融合，或者直接基于脑电与多道神经电生理信息来进行，尤其是有关因果网络模型的研究。在脑网络的应用研究方面，Stam 等利用 EEG 数据比较了正常人和 AD 的脑网络属性，得到了疾病相关的新发现。Smit 等基于 EEG 数据的研究结果表明脑网络属性可以用来区分不同脑区的基因表达模式。Ferri 等利用 EEG 研究了睡眠状态下脑网络属性的变化。最新的仍在发展中的趋势是，有越来越多的人希望能够同时使用 fMRI、脑电和（或）MEG 系统，希望能同时掌握电生理和血流动力学两个方面的技术。然而，这两个方面的技术到目前为止主要是平行发展的，如何实现两者之间的桥接，仍然是一个开放性的挑战。在 fMRI 方面，人们在为探测实验条件（或被试）之间的小的信号变化努力，然而在大多数 EEG 实验设备上，事件相关信号变化很容易探测，如通过多次实验信号的简单平均就可以在传感器水平上检测到。当前，脑科学上越来越普遍的实验范式是同时或顺序地应用不同的测量工具对神经系统进行检测，如 fMRI、DTI、EEG/MEG 等。同时，人们也深知 fMRI 提供了良好的空间尺度，而 EEG 提供的是高的时间尺度信息。因此，如何通过优化设计实验范式和信息处理技术，以便把 fMRI 的先验知识（脉冲序列、血流动力学反应、生理噪声和扫描噪声）和 EEG 的先验知识（场模型、生理模型和噪声模型）等有效地融合起来，更好地实现对脑功能的时空探测，将是最近的若干年中人们关注的重点。同时，在脑网络研究方面，由于 fMRI 信息是神经活动对应的代谢信息，其中的信息转换存在延时问题，而大脑中不同的神经功能区该延时不尽相同，从而可使得基于 fMRI 的因果网络分析得出错误的结论，因此，脑功能网络的因果模型也需要建立在电生理与 fMRI 融合的信息上，这方面的工作将是最近 5～10 年的研究热点和重点。

基于脑电的脑网络研究方法深受参考电极和体积传导效应的影响，如何减小或客观测度这些影响，在此基础上推出稳健的计算理论与方法，是未来几年的方法研究重点。有研究表明，采用无穷远参考技术可消除参考电极的影响。在体积传导方面，一个可能的发展方向是在融合脑电和 fMRI 信息的基础上，直接在源空间中研究脑网络，尤其是动态的因果网络模型。此外，可以基于动物模型，利用神经电生理和 fMRI 技术，研究人脑功能网络的神经机制及其动态演化过程。可望实现从多个时空尺度、从静态到动态，从常态到异常态，推进对脑网络本质的认识，也是今后几年的研究前沿和重点。神经功能单元或神经系统活动导致了神经信息的振荡，形成不同尺度上的脑波信息，除了传统的自发脑电分析方法（主要基于频率分析）和基于叠加平均的诱发脑电分析方法外，直接针对振荡脑波的分析近年受到了高度重视。例如，基于叠加平均人们只能提取出具有锁时关系的诱发成分，而不能获得非锁时关系的诱导成分。研究发展脑波振荡分析理论方法，探讨不同的脑功能状态对脑波振荡的调制规律等，将是未来几年基于脑电的脑功能研究的一个重要的新方向。

光学成像在认知科学中也得到了应用，如面孔识别的脑区功能拓扑结构的研究等。光学成像还可以从大范围内研究神经响应与血流动力学变化之间的耦合关系。目前光学成像用于神经血管耦合机制的研究的主要动物模型为大鼠。也有部分临床的应用研究，如阿尔茨海默病、偏头痛、癫痫、脑创伤、脑缺血、可卡因的疗效评价等研究。这些结果说明光学成像技术对于神经系统的功能的研究已经从单细胞到哺乳动物在体脑的各个复杂水平提供了新的信息。利用光学成像研究人脑疾病与功能结构有重要的应用前景。目前国际上在这一方面的研究有一定的进展，但还存在很多技术上的困难。应当发展新的处理和分析大量数据的方法以及新的概念框架，这些将有助于实验范式的设计以及相应数据的解释。这需要提倡多种学科共同努力，从而促进我们对于中枢神经系统组织发育以及信息加工过程和更高级的脑功能的理解。

脑-机接口是神经科学和信息科学等多学科交叉渗透的一项前沿技术。利用它，可以不依赖于外周神经和肌肉组织，通过提取脑活动信号，直接建立脑与外周环境之间的信息交流或者进而实现脑对外界设备的控制操作。利用脑-机接口技术已经可以实时地控制机械手臂的空间三维运动、重建眼睛所看到的简单灰度图像以及实现简单的与外界环境的信息交互操作等。据 2006 年的一项不完全统计，自从 20 世纪 70 年代以来对脑-机接口的研究已开展 30 多年，从初期的全世界只有3个研究小组发展到如今全世界已有几百个研究组，并且仍有新的研究机构不断成立并加入到脑-机接口的研究中来。与此同时，国内从事脑-机接口的研究组也越来越多。

第五节　优先发展领域与重大研究领域

生物医学影像尽管已有100多年的历史，但它仍在不断地焕发青春，层出不穷的成像新模式和越来越广阔的应用范围在不断地丰富它的内涵，未来5～10年将会继续保持这样的发展态势。根据生物医学影像的发展规律和研究特点，未来5～10年应重点关注以下发展方向：①生物医学影像原创性的计算理论和方法。②传统成像模式的创新及其与新的成像模式的融合。③不同时空尺度上生物医学影像信息的融合。目前各种生物医学影像模式都有它的特点，同时也具有局限性。即便是fMRI，虽然具有毫米级的空间尺度，但是它的时间分辨率却仅有几百毫秒，对研究认知动态过程所需要的毫秒级的时间尺度来说是不够的。高分辨率的脑电和脑磁成像虽然具有很高的时间分辨率，但是定位的空间分辨率却只在厘米数量级。因此，目前还没有任何一项脑成像技术能同时达到脑认知成像需要的空间和时间分辨率。只有将各种脑成像技术结合起来，才有可能形成既具有高空间分辨率（毫米数量级）又具有高时间分辨率（毫秒数量级）的脑功能成像系统。④以脑与认知科学、疾病机理探索、新药创制等领域的重大需求为导向，重点关注生物医学影像在这些领域的重大应用。

因此，未来5～10年我国生物医学影像学科在均衡发展的基础上，应该优先发展分子影像、脑认知成像以及基于影像的脑-机接口和脑连接组学等领域。

一、分子影像成像的应用基础

分子影像学是传统医学影像技术与现代分子生物学相结合形成的一门新兴学科，是在细胞和分子水平上应用无创伤性影像学技术对活体生物过程进行定性或定量可视化的一门科学。分子影像是利用目前已有的医学影像技术对生命体内部生理和病理变化过程在分子细胞水平上进行的无损伤的在体成像，具有传统影像成像手段所不具有的无创、实时、特异、在体、动态、分子细胞水平、高时空分辨率等独特优点。从宏观上来讲，分子影像可以为研究特定基因功能、生物体生长发育、疾病发生发展和药物作用效果及动力学变化等提供信息获取和分析处理的有效新方法、新手段和新设备。分子影像可以为发病机理、临床诊断、病情监测和疗效评估的研究提供定性、定位、定量信息。此外，分子影像也可以加快新型药物的研发速度，缩短预临床研究时间，减少药物研发的资金投入。

主要科学问题：

1）分子成像新理论及基于不同生物组织特性的理论模型；

2）新型分子探针的筛选、制备及功能评价；

3）高时空分辨的分子标记与成像机理、功能信号特性和传输规律；

4）分子图像（包括多靶点、多模态图像）的定位、定量分析、处理及其可视化；

5）体内药代动力学与生物活性评价及其在创新药物研发中的应用；

6）分子成像新设备的基础研究。

二、临床重大疾病的关键医学影像基础

重大疾病，如精神心理疾患、心脑血管疾病、肿瘤等凸显成为严重影响人们健康、造成我国沉重社会负担的主要原因之一，其早期诊断、预测及预后判断是当今临床医学亟待解决的难题。医学影像作为当今医学发展最为迅猛的学科，是生物学、医学、物理、电子信息技术等学科的综合与交叉，其发展已对临床医学各个分支的发展发挥了巨大的作用，使“个体化”医学的实现成为可能，已经从最初的观察疾病形成的终极效应向提前预测转化。医学超声在疾病诊断和治疗中也具有重要地位。超声波在生物组织中的传播规律是超声生物学响应的理论基础，组织结构改变和血流动力学异常所致的信号差异是医学超声诊断的生物学基础，而超声所致的热凝固、声空化（声孔效应、声化学效应、声致电泳效应）、声致细胞破碎和生物力学等效应是医学超声治疗的物理基础。因而，医学超声在临床医学中展示出广阔的前景。医学影像能用于诊断与鉴别诊断，而且通过与分子生物技术结合，能观测疾病发生发展过程中细胞和分子水平的生理过程，探究疾病的发生机理，实现疾病的早期预警、早期诊断和评估。

主要科学问题：

1）重大疾病的关键影像学表征与发病机理；

2）医学影像新技术的临床诊断（含早期诊断）与亚临床诊断、预后评估；

3）脑功能影像学网络特征（包括静息态成像）及药物治疗后改变；

4）功能和代谢成像与后处理、在体分子与细胞水平成像理论与方法在疾病

临床诊断和治疗中的应用；

5）超声波在多层、非均一生物组织中的传播规律及其在疾病诊治、药物输运与控释中的应用。

三、脑-机接口技术的理论和方法及其应用

脑-机接口是神经科学和信息科学等多学科交叉渗透的一项前沿技术。目前，利用脑-机接口技术已经可以实时地控制机械手臂的空间三维运动、重建眼睛所看到的简单灰度图像以及实现简单的与外界环境的信息交互操作等。脑-机接口技术最直接的应用可能是为很多残疾和患有神经系统疾病的患者，提供一种新的与外界进行交互的方式，从而改善他们的生活质量，减轻他们对社会和家庭其他成员的依赖。因此，脑-机接口与神经反馈和康复工程有很内在的联系。另外，脑-机接口技术在军事和国家安全等领域也有着重要的应用前景。

发展脑-机接口技术的几个最基本的问题是：

1）可用于脑-机接口的神经机制研究；

2）神经信息的提取和处理；

3）脑-机接口技术对神经系统可塑性变化的适应性和鲁棒性；

4）脑-机接口中的神经反馈机制与技术。

因此，脑-机接口技术的主要科学问题包括如下几个方面：

1）发展适应不同应用环境和目标的神经信息采集技术，包括侵入式和非侵入式系统的信号采集、图像重建以及传输等的相关软硬件设备和平台；发展针对具体应用以及适应不同个体的脑信号分析处理技术，包括脑区及脑网络的定位和选择，脑活动的特征描述以及数学建模分析等。

2）开展脑-机接口与神经系统可塑性相互影响的研究，发展脑-机接口信息提取与处理的自适应技术与评价方法；开展脑-机接口中的神经反馈机制与技术研究，发展和改进有关的学习理论与方法。

3）开展可得到脑-机接口信号的相关神经机制的研究，探索脑-机接口的新模式；开展针对脑-机接口技术应用的新思路、新概念的研究，发展在新应用背景和新系统构架下的脑-机接口技术。

四、人类脑连接组学及脑网络组学研究

人脑是自然界中最复杂、最高效的信息处理系统，探索人脑信息处理的过程是脑认知研究的核心内容。由于脑的高级功能不是单个神经元或单一脑区孤

立完成的，而是由许多脑区交互作用来实现的；因此，从网络的角度来研究人脑的结构和功能，揭示脑对神经信息的处理机制是非常必要的。另外，随着对重大脑疾病研究的深入，发现无论是局部性脑损害（如脑卒中、脑肿瘤、局部脑创伤等）还是弥漫性脑损害（精神分裂症、阿尔茨海默病等）对脑结构和脑功能的影响都不是限定于局部脑区的，而是波及多个相关区域。因此，为明确脑疾病对脑结构、脑功能以及行为影响的规律，发现重大脑疾病早期诊断、预后判断及疗效评价的生物学标志，也非常有必要从网络的角度进行研究。随着技术的发展，特别是各种影像技术（MRI、脑电磁图、PET、光学成像等）的发展为无创地研究人脑提供了新的契机，也为脑网络的研究提供了必要条件。利用高时空分辨率成像技术和现代计算技术结合，建立不同脑区交互作用的脑网络模型及其动态演化规律，将为理解脑的信息加工过程及脑的高级功能开辟新的途径。启动和开展宏观和系统水平上的脑网络研究，也将有利于微观和宏观不同层次研究工作的衔接和整合，促进信息科学、神经科学和临床医学等不同学科的综合交叉，提升我国在脑科学领域的研究水平，对创新性国家建设和提高人民健康水平等国家需求有重大的战略意义。人脑连接必须基于非侵入式的、活体的观测方式。人脑连接的内容包括解剖结构连接（纤维连接）、功能连接（通过同步或相干实现的功能整合）以及因果连接（连接网络中的信息流向分析）三个方面。dMRI、静息态 fMRI 和 EEG/MEG 是在宏观水平研究这些连接的非常有前景的方法。

在 dMRI 方面，目前主要研究基于扩散张量成像（DTI）的脑白质纤维束追踪。研究表明，在人脑里大约有 2/3 的体素部分容积效应严重，纤维束结构复杂，DTI 模型不合适。未来的重点是研究 Q-球（Q-Ball）成像模型、扩散谱成像模型（diffusion spectrum imaging，DSI）及高角度分辨率扩散成像，它们能够更好地克服纤维交叉等问题。随着计算理论研究的不断深入和机器成像速度的加快，高夹角分辨率扩散磁共振成像（high angular resolution diffusion imaging，HARDI）将逐步取代 DTI 成为 dMRI 研究的通用模型。在 HARDI 的计算理论和方法中，应该重点研究表观扩散系数、扩散概率密度函数、扩散方向概率密度函数以及纤维束方向概率密度分布。

采用静息态 fMRI，可以研究某一脑区（通常是大脑皮层）的 BOLD 信号的波动与其他脑区 BOLD 信号的波动的相关性。从 fMRI 数据本身无法获得网络中的任意两个节点是直接相连的，还是通过中介节点相连的等信息。未来应重点研究如何利用静息态 fMRI 建立脑区的非线性的功能连接以及这些连接的生理意义，研究脑功能连接与解剖连接的相互关系、脑连接与认知活动的关联等。

EEG/MEG-fMRI 是将脑电或脑磁和 fMRI 相结合的技术；一些实验室正致

力于同时使用这些组合方式，另一些实验室则将这些方式串联使用。将脑电或脑磁数据和 fMRI 数据结合使用，理论上讲可以发挥每种方式的优势，弥补其劣势。在脑连接研究问题上，由于 fMRI 信息是神经活动对应的代谢信息，其中的信息转换存在延时问题，且大脑中不同的神经功能区该延时不尽相同，从而可能导致基于 fMRI 的因果网络分析得出错误的结论，因此，脑网络研究，尤其是因果网络研究需要建立在电生理与 fMRI 融合的信息上。今后的工作重点应该放在时空信息融合的理论与方法研究，以及所得到的因果网络与结构网络的关系研究等问题上。

在以上几个方面研究的基础上，共同研究不同人群（不同年龄、不同种属、不同疾病状态）和不同种群（人、猕猴、鼠）脑网络模式的异同、脑网络模式的生理和病理意义，以期更深入地了解活体人脑工作的结构和功能基础，从而促进对脑认知机理的认识。

第六节　国际合作与交流

生物医学影像是一个非常宽广的领域，这主要体现在它成像方式的多样性和应用范围的广泛性上，它的临床应用价值和前景已经尽人皆知。生物医学影像包括图像和信号的获取、处理、显示、记录、存储和传输等要素，目前，图像和信号获取的大型成像设备主要由 GE、Siemens、Philips 等几家跨国公司提供。生物医学影像发展的主要驱动力是它的巨大临床应用需求。同时，脑与认知科学研究以及疾病机理探索的迫切需求正在成为生物医学影像发展的另一巨大驱动力。欧洲和美国等发达国家和地区将脑影像作为抢占脑与认知科学、疾病机理探索、新药创制等领域国际前沿制高点的国家重大战略优先，无论是投资还是人员规模，西方国家的脑成像研究机构都达到了和高能物理研究机构相似的程度。发达国家在短短数年中建立起了成批的脑成像研究中心。英国 Welcome Trust 投资 5000 多万美元在伦敦大学建立了脑成像研究中心。德国的 Juelich 国家核科学研究中心，在大规模裁减经费和人员的情况下，却把脑成像的建设作为该研究中心的新的主要研究方向之一，花费数千万马克装备了 MRI、PET、高分辨率脑磁图和高分辨率脑电图的脑认知成像研究所。法国投巨资建立了 NeuroSpin 中心，将装备世界最高场的 11.4T 人体 MRI 设备。荷兰投巨资同时购买 5 台 7.0T 和 5 台 9.4T 动物 MRI 设备，装备在不同地区的 5 所大学来建立国家网络合作平台。美国仅 Pittsburgh 大学就装备了十多台 MRI 系统。澳大利亚政府投资在 Queensland 大学装备了世界最高场的 16.4T 动物 MRI 系统，正在安装 7.0T 人体 MRI 设备，2010 年底建成高级脑影像中心，该中心将装备从小动物成像到人体成像的所有设备。事实上，西方国家的许多名牌大学都建立起了脑成像研究中心，脑成像技术的发明和发展已成为现代高科技的一个竞争热点。提高磁场强度对提高脑成像分辨率至关重要，几年前磁场强度 1T 还称为高磁场强度，而现在 MRI 设备的磁场强度已达到 16.4T，高分辨率脑磁图的超导探头达到 260 个，无创伤性的 EEG-MRI、光学 CT、PET-CT、PET-MRI 也是被关注的热点。这些脑成像装置汇集了信息科学、物理科学以及其他工程科学的众多高科技成果，显示人类最先进的高科技成果走进了脑与认知科学研究的时代。国内目前只在东南大学装备了第一台 7.0T 动物 MRI 设备，但无论在硬件装备还是设备使用和研究水平方面，国内在短期内很难达到国际同类水平。

分子影像学是传统医学影像技术与现代分子生物学相结合的产物，具有传统成像手段所不及的高灵敏度和精确性，它能够从分子细胞水平在体探测病变的发生、发展、转移和凋亡，而且具有实时、在体、特异的特点。它不仅仅影响到疾病的诊断，而且也会带来疾病治疗方面的革命。然而，目前国内外关于分子影像的研究还处于探索起步阶段，我国的分子影像学还落后于世界领先水平，尚有大量的挑战性科学问题需要解决，且不大可能在短时间内完成，而是一个长期探索的过程。同时，我们也需要开展广泛的国际合作与交流，学习世界发达国家关于分子影像的研究经验，推动我国分子影像研究的快速进步。

从总体上看，目前国内在生物医学影像方面的研究距离国际先进水平还有较大的差距，一方面是受设备平台的限制，另一方面也缺少创新的思路与成果。为了尽快提升我国在本领域的研究水平，加强国际合作与交流是十分必要的。具体的方式可以是“走出去”、“引进来”和设立合作研究课题。根据优势互补和互利互惠的基本准则，以不求我所有，但求为我所用的思路，充分利用生物医学影像全球资源，在未来 5～10 年应优先开展以下领域的国际合作与交流。

（一）生物医学影像的计算理论与方法

在医学影像计算理论与方法方面，我们应当与国外同行继续探讨和交流光、声、电、磁等在非匀质、强散射性、形状不规则的复杂生物组织中的输运理论，以反演复杂生物组织的特异性参数，反演复杂生物体内病灶体及动态特征。同时，我们也需要与国际同行交流或共同研发具有自主知识产权的成像实验平台，并建立大规模多模态影像数据处理的理论、算法以及统一的计算框架和算法平台。此外，国内功能影像研究的现状集中在对现有算法的改进以及提出基于更合理假设的模型上。主要包括基于生理学假设的改进、基于统计假设的改进以及计算方法上的优化。这些算法依据不同的分类标准有以下常见的分法：基于像素与基于区域、参数与非参数、刺激序列与刺激序列无关、模型与数据等。总之，现有的激活区检测算法有很多，除了以上提到的这些方法外，还有非参数统计方法、小波分析算法等。在这方面，国内的研究与国际先进水平相比还存在一定的差距，因此也是我国今后研究应重点加强的地方。显然，在以上三个方面我们都应多与国外的研究机构和研究团队展开合作，利用其成熟的实验设计范式，大规模数据共享标准化模式、软件开发和数据后处理的思路与策略等。

（二）脑连接组学和脑网络组学

国际上较为先进的影像学设备以及高效的影像学数据采集技术是脑连接组学发展的重要研究平台，在脑网络组学方面，充足的正常以及疾病状态下的影像学资源是国内科研人员的优势所在。例如，国际上相关领域较为先进的实验室均装备了7.0T及以上的MRI设备；此外，国外一些快速扫描技术的研究与应用，可使经典MRI成像方法扫描时间由几分钟、十几分钟缩短至几毫秒，使器官运动对图像造成的影响忽略不计。因此，与国际先进实验室合作开展脑网络组学的研究，可达到优势互补，进而极大地提高我国在这一领域的科研水平。此外，也可与国际先进实验室合作，共同探讨不同种族人群脑网络组的异同及其意义所在。这类工作不仅可使我国在相关领域的研究达到世界先进水平，也能达到更全面的知彼知己的效果。

（三）分子影像

在分子影像方面，分子探针（分子显像剂）是进行分子显像的基础，国外在这方面的研发已有长足的发展，国内则刚起步。其中PET显像剂的研制是分子影像学和分子显像剂最前沿的研究领域，具体包括小分子PET显像剂（如代谢性、小分子配体显像剂）和大分子PET显像剂（如多肽、蛋白质、寡核苷酸类显像剂）。小分子PET显像剂的制备在技术上已不成问题，但大分子PET显像剂的制备仍具有一定难度。今后的重点在于解决小分子PET显像剂的自动化合成和大分子PET显像剂合成中的一些关键技术。我们应吸收国外优秀研究成果，结合自身特点和技术力量，首先解决常用PET显像剂的自动化生产问题，满足临床PET显像需要；其次，研发新型特异性PET显像剂（如杂交分子和纳米分子显像剂），解决大分子PET显像剂（如多肽、蛋白质、寡核苷酸及杂交分子类显像剂）制备难题，为PET显像提供新技术。在此基础上，研发其他新型分子显像剂（如MRI、光学、超声显像剂），逐步建立单模态或多模态分子显像新技术平台。

（四）脑-机接口

脑-机接口有多种形式，其中基于头皮脑电的脑-机接口系统，由于其对人体无创、无损的特性，是最能为绝大多数受试者所接受的方法，国内在这方面也有较好的相关工作基础，因此，可以优先考虑相关方面的国际合作。国内的基础主要在信号提取与分类方面，而国外还在相关的神经电生理机制的实验研究方面有较长期的积累。在这个领域开展国际合作可以使国内的研究紧跟国际先进水平，并可望取得有创新性的成果。通过国际合作和学术交流，可以促进国内研究者对当前脑-机接口的研究思路和方法有更深入的理解，从而让国内研究者结合国内自身的需求研发出特色的系统和技术。另外，针对脑-机接口的一些关键技术，如有关实验方案的设计，通过国际合作可以快速地弥补国内过去在神经电生理机制研究方面的不足，将有利于自主的实验方案上的创新发展。

（五）重大脑疾病早期诊断、预后判断和疗效评价的影像学生物标志

利用国外先进的技术和仪器，收集高精度的多模态影像信息，积累正常人与脑疾病患者数据，建立脑影像和临床数据的数据库；通过与国外一流的研究机构和一流的科学家合作，采取正常人与脑疾病患者对比的横向研究和沿时间发展对比的纵向研究相结合的方式，对正常人与脑疾病患者的脑结构和脑功能模式进行定量描述，并通过非人类灵长类动物模型研究补充和印证人类脑影像研究结果，以加深对脑疾病患者的疾病机理的认识，构建基于多模态影像信息的脑疾病辅助诊断系统，提高早期干预和疗效评价的效果。

总之，尽管我国的生物医学影像领域在过去的几十年已经有了长足的发展。然而，目前国内的科研在研究平台、技术和方法等多个方面还落后于世界领先水平。同时，生物医学影像领域尚有大量的挑战性科学问题需要解决，且不可能在短时间内完成，而是一个需要长期探索的过程。因此，我们应广泛开展国际合作与交流，学习世界发达国家的相关研究经验、研究思路，并借助其先进的实验平台，推动我国相关领域研究的快速进步。也就是说，广泛开展国际合作将是未来5～10年里我国的生物医学影像持续发展的重要条件之一。

第七节 保障措施

生物医学影像学是多学科交叉的产物，涉及物理、数学、计算机科学、生物学、化学和医学等学科。作为一门面向应用的技术性学科，生物医学影像学的发展既需要进行大量与应用相关的基础理论研究，也需要推进影像系统的研发和产业集成。鉴于生物医学影像的重要性，目前国际上在这一领域的竞争非常激烈，世界各国都给予了较大的投入来促进生物医学影像的发展，支持包括产品的集成和研发，和一大批前沿性和基础性的研究项目。为了使我国在生物医学影像领域赶上世界发展的步伐，在国际上占据一席之地，我们建议国家的相关部门应重点关注以下几个方面。

（一）在科研立项和项目评审上充分重视基础研究，强调基础研究与应用研究齐头并进

制定适合学科发展特点的科研立项政策与评审制度是加快学科发展，促进科研环境健康建立的重要保障。美国、欧洲、日本及其他国家和地区都在加大生物医学影像基础研究的投入，实施生物医学影像相关的重点产业技术计划。在我国，虽然人们已经认识到基础研究在科技发展中的地位和重要作用，但在具体落实上，还未达到应有的程度，表现在对本学科基础研究的投入与当前国际科学发展还很不相称。以目前临床广泛使用的影像设备为例，国内80%左右的CT设备市场、90%的磁共振设备市场均被外国品牌所占据，这毫无疑问地说明了我国在高端医疗设备生产上的落后。其原因则是我们在一些基础技术方面的不足，限制了我国在这些设备上的生产和研发能力：缺乏CT的多排探测器技术，限制了高档CT技术的发展；超导技术的落后使我国只能生产中低场核磁，而无法生产高场的MRI设备等。因此，要加强我国的医学影像技术的自主创新，有必要在一些基础性和共性的研究领域，通过设立研究专项，面向有限目标集中力量，重点突破，解决长期困扰我们的技术瓶颈。同时，研究不能仅仅“追尾”，更要在某些特定领域敢于“迎头”进行前沿性的探索。除此以外，针对生物医学影像种类繁多、各种新兴成像手段不断出现的特点，也应鼓励本学科中相关理论和技术的自由探索，以扩展思路，探寻可能的突破口，科研立项应该给予这类新的观点、新的思路和新的应用以持续性的经费支持。

与此同时，科研管理部门应继续推进学术研究评价体系的科学化，可阶段

性地组织生物医学影像领域专家进行讨论交流，以便合理决策重要的基础研究方向，给予基础研究以政策性保障。在项目评审上，可以结合生物医学影像学科特点，尝试一些新的更科学的管理和考评方法。例如：①根据申请书内容评估其完成情况，而不是泛泛评估；②通过一定的评估程序，遴选出做得好的课题进行持续性资助，而不是让科学家重新申请新的项目；③公布科学家已完成项目的科学思想与重要成果；④对正在进行的项目的同行评议，要进行实质性的评议，而不是太简略的象征性评议；⑤从技术程序上进一步做好保密工作，切实发挥匿名评审的效果。

（二）通过多种方式加强学科交叉渗透，加快中青年科技人才队伍的培养与加强国际合作

生物医学影像涉及许多学科，并且生物医学影像技术也有不同层次的应用。因此，生物医学影像的发展，必须加强与多学科的交叉与合作，特别是要加强工程学界与医学界之间、技术研究与临床应用之间的合作。在这一方面，可考虑先建立相关虚拟的合作研究中心，之后以综合优势较强的科研机构为依托，通过竞争最终建立首席科学家责任制的研究中心。在科研立项上，建议优先并持续地支持一定数目的研究中心，培育和建设相应的研究基地。另外，学科的交叉也可以通过培养和引进具有多学科研究背景的国外留学人员和外籍专家来实现，通过发挥留学人员和外籍专家的重要作用，将国外先进、前沿信息和研究方法带回来，以促进国内相关领域的发展。

科学研究，人才是关键，项目投入是基础，稳定和培养高水平的中青年科技人才是实现本学科可持续发展的关键。通过科研任务培养高水平研究人才是已被长期实践证明行之有效的办法。在人才队伍保障方面，实行引进人才与培养人才并重、体制内人才与体制外人才并重，既提供灵活的措施和手段吸引海外优秀人才和外籍专家来华工作，同时也应重视国内科研队伍的成长和力量整合。可以通过将部分年轻有为的青年科学家送到海外工作和访问交流等国际合作方式，也需要通过青年科学基金、国家杰出青年科学基金等方式持续性地鼓励青年科学家在国内开展工作，只有这样，才能不断搭建、锻炼、整合自己的科研队伍，实现三个相对稳定，即研究方向相对稳定、团队人员相对稳定、经费来源相对稳定。人才队伍的建设需要有一个科学的评价体系和筛选机制。评价体系应提供适当的压力和足够的动力，促进人才队伍尽快成长、多出成果，出好成果。同时，也要允许创新活动出现失败，发生错误，要避免追求短平快，只看重眼前而不注重深入研究、科学发展的管理行为。

为了提高国内生物医学影像的研究和应用能力，我们需要进一步完善国际

合作体系，明确国际合作工作的指导思想、战略目标和工作重点。充分发掘和利用国际科技资源，集成利用国内各种国际科技资源和渠道的机制，明确国际合作评价指标和经费比例，以政策和经费做杠杆调动各方的积极性。可以通过设立国际合作专项基金，完善重大国际合作计划、重大国际合作项目的参与、发起和管理机制，制订重大国际合作行动计划，逐步向以我为主的国际合作模式发展。此外，鼓励争办、主办高水平国际主流学术会议和科技前沿领域专业研讨会，加强与国际科技组织的联系，推出和引进国际型优秀人才。

（三）合理引导生物医学影像科研成果的产业化，以应用需求带动基础研究

生物医学影像是一项应用性很强的学科，在加强基础研究的同时要合理引导生物医学影像的产业化，使生物医学影像的科研成果真正服务于社会。鼓励立题从实际应用来，成果应用于实践的科研立项。通过制定合理的短期和长期专项，加强科研单位和医院、企业的长期合作，鼓励企业参与生物医学影像的发展，促进推出不同层次、不同阶段的生物医学影像产品。

综合运用财政拨款、基金、贴息、担保等多种方式吸引社会资金向科研创新投入；吸引企业及风险投资的参与。在法律法规和有关监管规定许可的前提下，支持保险公司投资。完善财政科技投入管理机制，建立适应新形势的科技经费监督管理和绩效评估体系，提高财政科技经费的使用效率。

有效利用知识产权制度和技术标准提升我国该产业的国际竞争力。既要杜绝知识产权侵权行为，又要防止知识产权滥用。建立学科知识产权信息服务平台，支持科研机构、大学与相关企业建立知识产权战略联盟，形成联盟成员优势互补、协同配套、风险共担、权益共享的运作机制。推动形成以我为主的技术标准，支持企业参与国际技术标准制定，对推动我国技术标准成为国际标准的企业给予补助。

◇参考文献◇

Basser P J. Mattiello J，LeBihan D. 1994. MR diffusion tensor spectroscopy and imaging. Biophysical Journal，66（1）：259～267

Fercher A F，et al. 2003. Optical coherence tomography-principles and applications. Reports on Progress in Physics，66（2）：239～303

Foster F S，et al，2000. Advances in ultrasound biomicroscopy. Ultrasound in Medicine and Biology，26（1）：1～27

Hariri A R ，Weinberger D R. 2003. Imaging genomics. British Medical Bulletin，65：259～270

Hounsfield G N. 1980. Computed medical imaging. Science，210（4465）：22～28

Le Bihan D. 2003. Looking into the functional architecture of the brain with diffusion MRI. Nature Reviews Neuroscience，4（6）：469～480

Logothetis N K，et al. 2001. Neurophysiological investigation of the basis of the fMRI signal. Nature，412：150～157

Mansfield P，Morris P G，Mansfield P. 1982. NMR Imaging in Biomedicine. New York：Academic Press

Ogawa S，et al. 1990. Brain magnetic-resonance-imaging with contrast dependent on blood oxygenation. PNAS，87（24）：9868～9872

Regan D. 1989. Human brain electrophysiology：Evoked potentials and evoked magnetic fields in science and medicine. Michigan：Elsevier

Shaw S Y. 2009. Molecular imaging in cardiovascular disease：Targets and opportunities. Nature Reviews Cardiology，6（9）：569～579

Sporns O，Tononi G，Kotter R. 2005. The human connectome：A structural description of the human brain. Plos Computational Biology，1（4）：245～251

Tuch D S，et al. 2002. High angular resolution diffusion imaging reveals intravoxel white matter fiber heterogeneity. Magnetic Resonance in Medicine，48（4）：577～582

Willmann J K，et al. 2008. Molecular imaging in drug development. Nature Reviews Drug Discovery，7（7）：591～607

Wolpaw J R，et al. 2002. Brain-computer interfaces for communication and control. Clinical Neurophysiology，113（6）：767～791

Yao Z J，Zhang Y C，Lin L，et al . 2010. Abnormal Cortical Networks in Mild Cognitive Impairment and Alzheimer's Disease，PLoS Computational Biology，6：e1001006

第六章

生物电子学

第一节　战略地位

生物电子学的研究范围涉及生命体相关的各种电磁现象及其机制、生物医学信息获取和处理方法、生物医学电子器件、生物医学系统的建模和分析、神经信息科学和工程以及电磁能量相关的医学应用等。生物电子学发展一方面深化了人们对生命电现象及其本质的认识，在此基础上发展了大量的诊断方法和医疗装备；另一方面，对于生命系统的研究，特别是经亿万年自然进化而形成的生物信息处理系统的研究，为信息科学的发展提供了不尽的源泉。

生物电子学的重要战略地位主要表现在下面几个方面。

一、电现象是生命活动的基本现象之一

许多微观和宏观生命过程都伴随着大量的电活动。在能量转换、物质代谢、结构装配等基本的生命活动中，存在着大量分子层次上的电荷转移过程；亚细胞和细胞层次上膜电位变化、细胞间信息的传送等，大都通过各种细胞膜离子通道的开关调控离子电流来实现；细胞电极化效应的综合作用在组织层次上产生诸如心电、脑电、肌电等生理电现象，这些电生理现象在医学应用方面发挥了十分重要的作用。人们较早地认识到电场（包括电磁场）对生物组织的生长、发育、遗传以及变异会产生一定的影响，如通过电刺激实现细胞分裂增殖，并用于临床骨折的治疗；近年来用电刺激来控制体外神经细胞的生长，构造人工的生物神经元网络。然而，人们对于生物体在电场刺激下的响应及其机制，特别在分子和细胞层次上的作用机理知道得还不多。在不同分子层次上认识生命的电现象，对于发展新的医学诊断和治疗方法是十分重要的。

二、生物电子学是生物医学仪器发展的基础

生物医学信息的获取、分析和处理是生物电子学的重要研究内容，也是各种生物医学仪器的核心技术。生物信息检测包括生物医学相关的化学和物理信息的检测。在物理量的检测方面，早期对于微弱生物电信号检测和放大技术的突破使心电、肌电、脑电和胃电等信号的临床应用成为现实。研究各种场（包括声、光、电磁场）在生物介质中的传播、散射、能量转换和相互作用的过程和机理，以及辐射场和生物物质作用，成为现代医学影像诊断以及治疗装备的重要基础，在提高医疗诊断的准确性和改进治疗效果，以及加强人体辐射防护等方面都是十分重要的。人们正在探索超导技术在生物体内磁信号（包括心磁图、脑磁图等）探测方面的应用，这些研究对于发展新的医学成像技术，研究大脑的功能具有重要的价值。

20 世纪 80 年代以后表面修饰电极和半导体场效应管技术的发展，化学传感器和生物传感器研究逐步成为研究热点。蛋白质、基因以及相关代谢产物等生物化学分子的检测对生物研究和医学应用有着重要价值。随着微电子技术，特别是纳米技术、微机电系统（MEMS）和分子组装技术的发展，这些技术与现代分子生物学的结合，对生物传感器件发展产生了重要推动作用，基因芯片、蛋白质芯片等生物芯片技术快速发展，使生物分子信息的高通量、快速、低成本的检测成为可能。另外，利用无线通信技术和现代计算机网络，构建生物传感网络，可以实现生物医学信息利用模式的变革。

植入式电子器件，或称植入式芯片系统是指一类可以长期埋置在生物体或人体内的微型电子或微机电器件，可用来测量生命体内生理、生化参数的变化并辅助诊断或治疗某些疾病，实现生命体在自然状态下体内参数的直接测量和控制。随着微电子技术、无线通信技术和计算机技术的进步，植入式微电子器件取得了突飞猛进的发展。这种芯片系统嵌入在生物体内直接与生物体连接，完成生物信息检测、处理、体内外双向传输、再生刺激的功能。植入式芯片系统可以在生物体与电子芯片间提供一个双向通信界面，使得反映健康状况的微弱生物信息能够被稳定的采集传输，用于疾病的检测和诊断；同时，植入式电子器件中的微电子芯片系统能将医疗控制信息送达生物体内部，并调控生物的各种生理功能。例如，把生物传感器植入体内进行实时监控，并且通过刺激特定的神经通路，调控机体的生理功能，甚至在一定程度上代替某些已丧失功能的器官工作。该技术已经开始为“严重危害人类健康的常见病”，如心衰、失明、失聪、帕金森病、高血压、糖尿病等的治疗提供了新的途径，成为生物医学领域新的学科增长点。

现代生物医学仪器的发展正在对生物电子学学科的发展提出越来越多的机遇和挑战，各种新型的医学临床诊断、治疗、监护、模拟和管理方面仪器设备的发展十分迅速。

三、生物电子学是信息科学与生命科学的创新源头

生命科学和信息科学是当前发展最快的学科。生物电子学作为这两大学科的交叉学科，面临难得的发展机遇，必将对现代生物科学研究和医学临床应用发挥重要的作用。生物电子学作为重要的交叉学科，可以通过综合应用电子学等相关工程技术的理论和方法，从工程科学的角度研究生物（包括人体）的结构与功能。生物系统的建模与仿真可以使已获得的生物学知识抽象化，揭示出规律，推动生命科学中定量化和模型化的研究，并与实验方法结合，相互补充，推动生命现象的研究。随着基因组学、蛋白质组学以及各种生命组学技术的发展，在分子层次上将产生海量的数据，在不同层次上运用信息和系统理论进行数据的挖掘，已经成为研究生命现象的新模式，系统生物学的研究成为热点。另外，生命体作为通过数亿年进化发展起来的性能优良和精细的信息处理系统，具有可靠、致密、并行、协同和高效等特点，生命信息系统的研究将会使电子信息科学本身得到大量的启示，为信息处理方法和系统科学的发展研究提供新的方向。生物芯片概念的提出是在20世纪80年代初，早期主要是指分子器件。分子器件有可能成为未来的一类重要的信息处理器件，在信息科学的未来发展中发挥重要的作用。分子器件通过在固体表面上构建有机分子或生物大分子功能单元，在分子层次上实现信息的获取、处理和存储。分子电子学利用分子的电学活性，构建分子存储器、分子导线、分子开关以及分子计算器件等分子电子器件，最终实现由分子器件构造的并行分布式仿生智能信息处理系统，开辟电子器件和系统发展的新途径。分子电子学研究过程中发展起来的微纳制备技术、分子组装和加工技术、新型分子器件的建模和分析、DNA计算、芯片功能集成技术以及各类仿生芯片技术在纳米电子学、生物传感器等相关领域中已经获得了应用。

生物电子学在能源和环境等方面也发挥重要的作用。随着人类对能源需求的增加，生物能源受到人们越来越多的关注。利用生物体中高效的能量转换过程，开发生物电池也是生物电子学的一个研究方向。例如，模仿叶绿体中的光电转换过程的人工树叶；把化学能转换为电能的生物电池；以及直接用细菌的发酵过程来进行发电的生物燃料电池等。生物电池的发展也可能为植入式医学电子器件的供电问题提供解决方案。

四、生物电子学是研究神经科学和认知科学的重要手段

神经动态信号研究包括神经信号的获取、分析和应用。例如，多电极采集系统可以研究大脑区的功能连接、神经精神疾病的预测及机理等问题。神经元和神经网络的自主放电和相互耦合连接，导致脑电信号包含有不同频率成分。应用电子学分析方法可以揭示脑电信号的频率成分，进一步可以研究神经网络相互的关系。基于生物电子学技术，可以研究神经信息处理的机制及其与神经疾病机制之间的联系，以及理解脑电振荡模式与认知的关系。设计新型的微纳米阵列电极，开展深部脑刺激可控制神经疾病的发作，结合仿真技术，可以对神经网络电刺激的机理及临床应用开展研究。

神经工程的最终目标之一是通过准确获取神经系统的信号，完成脑与机器的相互通信；在处理高度复杂脑电信号的基础上，帮助人们理解神经信息处理的机制；最终，可以改变神经元之间的相关性，人为地调节神经网络的活动，进而控制脑的异常行为。要支持大脑与机器之间的通信，首先要能记录在大规模高分辨状态下的神经元及其网络的电生理活动，直接把神经网络的相互通信方式/关系映射成图像。因此，相关的生物电子学研究，如设计新型的大规模阵列式电极（或称神经芯片），获取高分辨状态下的神经元活动行为，发展先进的神经信息处理方法，加深理解神经元水平上网络的组织行为及其信息处理机制，将成为十分重要的内容。这些研究可望揭示神经信息处理的基本原理，并有可能为设计强大的仿生计算机奠定基础。

第二节　发展规律和发展态势

一、发展规律

人们对于生物电的认识可追溯到古代。4000 多年前古埃及就有关于电鳗的描述。大约 2000 年前，古罗马人就有用电鳗放电进行医学应用的记载。16 世纪 Galvani 著名的电生理实验是人类科学地探索生命电现象的开始。17 世纪起人们逐步开展神经电生理相关的研究。100 多年前微弱电信号测量技术的突破使人类获得了首个心电图，进而发展成为现在的心脏病学。电磁波技术的广泛应用使人们开始关注各种电磁波的生物效应。膜片钳技术为人们研究细胞膜上离子通

道的特性提供了重要的手段。20世纪50年代关于针灸穴位电特性差异的研究，引起了国际上关于穴位附近的组织电特性测量的研究；在美国 Albert Szent-Goerge 提出了电子生物学概念之后，在国际上掀起了研究生物分子电学特性的热潮。

20世纪80年代以来，随着各种物理生物传感技术的成熟和临床应用，分子生物传感技术成为学术界的一个研究热点。特别是90年代以后，以微阵列生物芯片和微流体生物芯片为代表的集成式生物传感器的发展十分迅速，以核酸和蛋白质为代表的微阵列芯片及其制备技术取得了重要突破，并且迅速在现代生命科学研究中得到广泛应用。基因芯片、蛋白质芯片等已经成为现代生命科学研究、医学临床诊断以及新药研究的重要工具。

另外，随着生物相容性电子材料和集成电路技术的发展，多种生物植入器件进入临床应用。越来越多的植入式电子器件（包括各类植入式测量系统、植入式刺激器、植入式药疗装置、植入式人工器官及辅助装置、植入式中枢神经功能恢复微电子治疗器件）被用来代替或辅助人体器官的功能。

二、研究特点

作为生命科学和电子信息科学这两大学科的交叉学科，生物电子学的发展要不断地适应并跟上飞速发展的现代生物学和信息技术发展的步伐。因此，生物电子学具有研究内容广、热点更新快的特点。生物电子器件的研究带有较强的临床应用和产业化的背景。作为多学科交叉的研究领域，在生物电子学研究领域中包含有大量不同学科背景的研究者参与，这也造成了学科边界的模糊。上述这些特点既是学科发展的机遇，也是严峻的挑战。

（一）电子信息科学是生物电子学学科发展的推动力

生物电子学发展最重要的是要把握电子信息科学的研究热点，及时把信息科学的最新研究成果应用于生物医学领域，针对生物医学领域的重大问题提供解决方案，形成核心技术。微电子技术的发展催生了新型生物传感技术和器件的发展。例如，微光刻技术、微机电（MEMS）技术、分子组装技术、微点微喷技术、纳米技术等是生物芯片技术的重要基础。同时，生物芯片的发展也与各种分子信号检测技术和信息分析系统的发展分不开。在生物芯片中生物大分子、细胞或者组织等生物活性成分直接作用在固液界面上，研究在芯片环境下各种生物成分间相互作用的机制一直是生物芯片研究的一个重要内容。生物芯片研究正在表现出一些新的特点：一方面，生物芯片结构和功能将更加集成化，将从单纯的微阵列芯片的研究和应用，进一步向集样本的捕获、处理和分析为一体的微流体芯片的方向发展。生物芯片中将更多地集成微光电器件、微型生化反应部件以及各种微型化学分析构件。量子点技术、纳米孔、纳流体等纳米技术将越来越多地应用于生物芯片中。单分子DNA测序芯片，高灵敏度快速核酸实时定量检测芯片等已成为热点。另一方面，生物芯片将从单纯的分析器件向更为复杂的生物功能器件和信息处理器件的方向发展。细胞中许多复杂的生化反应过程，将会逐步在人工芯片上进行实现。这将会创造出一批新概念的生物芯片，发展空间巨大。例如，具有特定生理功能的治疗型生物芯片、可实现高效能量转换的仿生型芯片、可制备特种生物活性物质的生物合成芯片、由人工神经细胞网络构建的神经信息芯片，有某一生理功能的人工组织芯片，具有DNA计算功能的生物芯片等。现代无线通信技术和计算机网络技术使目前的医疗模式有可能产生巨大的变化。各种人体生理和生化信息的适时检测型的生物芯片，作为人体重要健康信息的传感单元，正在与现代信息技术（如无线移动技术、计算机网络技术等）相结合，将为人类提供无处不在的实时医疗服务。

（二）生物电子学要为生命科学研究和临床医学提供先进方法和装备

生物电子学要瞄准现代生物学和医学的发展趋势，运用和发展电子信息技术，服务于生命科学的研究和临床应用。随着基因组学、蛋白质组学等生命组学研究的深入，近年来关于核酸和蛋白质的序列、结构和功能的数据呈指数式增长。这些巨量的生物信息数据为基因功能的分析、基因与基因之间相互作用的研究、人类重大疾病发生发展及防治提供了前所未有的机遇，生命科学的研究正在进入组学和系统生物学的新阶段。大规模计算技术的发展使在分子水平上进行生物系统的建模成为可能，把生物电子学的研究推进到分子水平是生物电子学学科发展的一个重要趋势。

（三）生物电子学的研究具有工程化的趋势

生物电子学的研究大多涉及电子学、计算机科学、生物学和临床医学等若干技术的集成，通常需要多学科紧密配合共同研究。例如，植入式电子器件包括传感器（电极阵列）、植入式芯片、生物相容性材料、无线供能系统等多个部分。植入式电子器件的研究内容包括可植入信号再生芯片的设计与制造、信号探测与激励微电极阵列的设计与实现、可长期连续工作的无线供电子系统的设计与实现、专用芯片与神经微电极和无线供能子系统等单元的混合集成、体内可植入器件相关材料的表面改性及生物相容性、密封封装材料的制备及生物学评价、信号分析与处理等多个方面，特别是涉及临床方面的研究，没有高水平医生的积极参与是很难成功的。

第三节 发展现状

一、国内外研究动态

（一）生物信息的检测技术

生物分子信息的原位、动态、单分子单细胞以及高通量的检测是生物信息检测技术的发展方向。近十几年来，核酸分子的高通量检测技术发展十分迅速。以美国 Affymetrix 公司为代表的生物芯片技术，通过把 DNA 合成技术与硅平面微细加工技术的精巧结合，不断提高芯片的集成度，降低芯片制备成本，目前每平方厘米可制备数百万不同的 DNA 探针，并已经大量应用于全基因组范围生命遗传密码的研究。特别是近 5 年来，快速低成本 DNA 测序技术成为生物医学领域中影响最大、发展最快、竞争最为激烈的高技术研究领域之一。快速低成本 DNA 测序技术在 2008 年年底被美国科学期刊评为有重大影响的十大科技进展之一，2008 年初英国 *Nature Method* 把 2007 年称为“DNA 测序年”。第二代 DNA 测序技术从诞生到大量应用仅仅三年的时间，且正在成为生命科学研究的最为重要的工具。实现 1000 美元完成单一人类个体基因组测序的目标已经并不遥远。基于单个 DNA 分子的测序技术的第三代 DNA 测序技术已经成为国际竞争的目标。2008 年美国国立卫生研究院在新一代 DNA 测序技术计划中资助单分子 DNA 测序技术的比例已经提高到总经费的 60%。固定单分子 DNA 的延伸荧光测序、固定 DNA 聚合酶的实时单分子 DNA 碱基延伸测序方法、基于单分子 DNA 在外加电场的作用下穿过生物膜或硅片上纳米孔产生相关效应的物理测序技术等多种单分子 DNA 测序技术不断取得突破。单分子 DNA 测序技术具有测序速度快、阅读片段长、测序成本更低等优点，显示出十分诱人的发展前景。当然，总体来说单分子 DNA 测序技术仍然是一项挑战性很强的课题，目前尚处于研发阶段，在测序精度和通量方面仍需提高。这些“不足”也许是我国发展新一代 DNA 测序技术所面临的机遇。我国在新一代 DNA 测序技术方面起步较早。2005 年东南大学在国家自然科学基金委员会创新研究群体项目“生物电子学”的资助下开展了新一代高通量 DNA 测序技术的研究，提出了具有自主知识产权的测序技术方案。在“十一五”期间国家“863”计划在“生物芯片仪器与试剂”重点项目中设立了子课题“低成本快速基因组测序技术和装备”。该项目已经完成了4台产品化的高通量DNA测序仪和相关的测序试剂，单次运行通量可达100亿个碱基信息。

（二）生物植入器件

植入式芯片系统按其功能主要分为：测量类、刺激类、控制类和综合类等。测量类芯片主要是通过传感器或其他手段将生物医学信号转换为电信号，再进行数据处理。目前，已经有许多面向不同生理信息的监测系统应用于临床，较为成熟的包括植入式Holter、血糖检测系统等。刺激类芯片实质是微型植入式刺激器，由芯片发出的刺激信号可以控制失去神经的肢体或器官，也可以将信息注入中枢神经系统。近来在脊髓损伤患者的肢体功能恢复、膀胱控制排尿以及深部脑刺激等诸多领域均取得了进展。控制类芯片主要是通过获取神经系统的信息，建立“脑-机界面”实现脑电对机器的控制。或反之，通过遥控通信实现对动物行为的控制。例如，可以遥控一个背负微型摄像机的大鼠的行进路线，用于在倒塌建筑中搜寻幸存者。综合类芯片是将生物信号的采集、处理、通信及刺激与控制功能综合在一个系统上，实现较复杂的医疗功能。

电子视网膜是可使因视网膜脱落而失明的患者重见光明，国际上自20世纪90年代以来就开展了基于微电子芯片技术的人工视网膜研究。在科学技术部“973”计划支持下，上海交通大学等单位自2004年以来开展了“人工视网膜”的研究，已经取得了重要进展。

脊髓神经损伤是人类遭受的最严重的外伤之一。根据最新数据，目前美国有近百万脊髓神经损伤患者，我国7000多万残疾人当中，脊髓神经损伤患者超过500万。在生物医学领域，神经功能重建主要研究方向是神经体桥接和引入干细胞。神经工程领域则主要是采用功能电刺激。然而，功能电刺激是一种外在的控制，控制信号来源是一大难题。在解决这一难题方面，东南大学与南通大学合作开展了植入式中枢神经功能恢复微电子治疗器件的研究，实现了微电子辅助的神经信号再生和初步的功能重建，为临床开展脊髓神经信号再生和功能重建获得了实验数据，积累了经验，在国际上走出了一条新路。

利用电子信号对动物行为的控制机理（动物机器人）研究在国外开展较早的国家主要有日本、美国和俄罗斯。日本政府1995年就投入了500万美元的资金，资助东京大学开展以蟑螂为对象的动物行为遥控的研究工作。2002年，在美国国防先进技术研究计划署的资助下，纽约州立大学将微电极植入鼠脑，实现了在编码电信号控制下让小鼠“前进”、“左转”、“右转”，甚至命令小鼠越过障碍物和攀檐。美国研究者将一个能够远程操纵鲨鱼脑信号的电极系统植入鲨鱼脑内，通过刺激脑左右半球的嗅觉敏感区控制鲨鱼的运动。俄罗斯研究者通过植入海龟脑中的电极控制其运动，利用携带微型遥控摄像机的海龟进行生态研究。山东科技大学、浙江大学、西安交通大学和南京航空航天大学等相继在大鼠、鸽子和壁虎上开展了与“动物行为遥控”相关的研究。浙江大学研究的“老鼠机器人”已经可以被遥控爬“八臂迷宫”。山东科技大学研究的“鸽子机器人”在世界上首次实现鸟类行为的电子控制。东南大学利用“微电子神经桥”和3G无线互联网传输技术实现了数千米之外（北京到南京）两只蟾蜍的互感互动。

生理信号输入与输出（BION）器件是一种胶囊形状、无引线的电子器件，体积很小（通常为半径2毫米，长15毫米的圆柱体），足以植入人体。BION器件通过佩戴在患者身体上的线圈来获取能量和指令，其内部有充电电池，在两端装有电极，能向外传送检测到的信号。其主要应用是刺激瘫痪肌肉，以恢复其动作。其他的应用前景包括中风、脊髓损伤、整形重建、尿失禁、阻止血栓形成、减轻慢性疼痛等。目前，BION器件已用于临床实验，并被证明对于肌肉运动的激活是安全和有效的。

（三）生物电池

生物电池或生物燃料电池是利用酶或微生物作为催化剂，将化学能直接转化为电能的生物电化学装置，包括微生物燃料电池和酶燃料电池。光合作用是生物将太阳能转换为化学能的过程，呼吸作用则是在生物膜上发生的将化学能转换为生物能的过程。这里的生物电池主要是指通过微生物将化学能转化为电能的燃料电池。

产电微生物的筛选一直是生物燃料电池的研究重点。第1类产电微生物代谢产生的电子需要外源中间体的参与才能传递到电极表面，进入21世纪后，人们发现了第2类能直接将代谢产生的电子传递给固体电极受体的微生物。电子从菌体的外膜传递到电极是电子传递的关键一步。在Fe（Ⅲ）的还原研究中发现，细菌的一种特殊的菌毛可作为纳米电线在电子传递中起重要作用。它能与固体铁氧化物直接接触，把电子从菌体传递给Fe（Ⅲ）。目前在泥细菌、希瓦氏菌等多种菌株中发现了这种具有电子传输功能的纳米电线，探讨微生物的驯化过程与电池性能的关系是近年来生物燃料电池研究的热点。直接用来自天然厌氧环境的混合菌接种电池，可以使电流输出成倍增加，且在电极表面富集了优势微生物菌属。传统微生物燃料电池主要由生物阳极与非生物阴极组成，生物阴极所提高的产电效率将可为生物燃料电池工业化应用开辟道路。

生物燃料电池可利用体液或血液中的代谢物，如葡萄糖和乳酸等作为燃料，产生电力。体内生物燃料电池可以为心脏起搏器、人工耳蜗和假肢等人体植入装置供电，这是生物燃料电池研究的一个令人感兴趣的方面。目前已经报道了一种小型的生物燃料电池。它包括两个直径 7 微米、长为 2 厘米、表面积 0.44 平方毫米的碳纤维电极。纤维表面负载有氧化-还原酶，并且被有氧化还原能力的聚合物形成的水凝胶覆盖。聚合物在酶活性中心和电极表面间形成电连接。该电池在 37℃ 下，在含葡萄糖、通氧的生理缓冲液［0.14 摩尔/升氯化钠（NaCl），20 毫摩尔/升磷酸盐（phosphate）］中连续运行一周能产生 0.9 焦耳的电能。

二、存在问题

目前生物电子学科的发展存在的问题主要表现为：

1）在分子层次上研究生物体能量转换和物质代谢过程的电荷转换过程，是生物电子学研究的重要方向，也是生物电子器件的研究基础。紧密结合生命科学的发展，在分子层次上拓宽生物电子学发展的空间成为当前生物电子学学科的发展趋势之一。目前我国生物电子学领域中在分子层次上开展的高水平研究工作还不多。

2）新型的生物电子学器件的发展十分迅速，新概念和新方法不断涌现。生物电子器件往往是一个多学科高度集成的研究课题，需要不同学科紧密合作研究。例如，生物植入式电子器件离不开具有前瞻性的临床医学工作者的积极参与。同时这些研究周期长，工作量大，成果的显示度主要集中在研究的后期。我国现阶段的学术环境还不利于多个不同研究小组的长期合作研究。

3）国内生物电子学研究发展较快，在国际学术刊物上发表的论文数量和质量都在大幅增长。但是大多数研究仍然是跟踪性的，原创性的成果不多，在国际上的影响力也还不够。

4）生物电子学的研究往往需要临床应用的配合，成熟的资本市场将会极大地催化生物电子学研究成果的实际应用和产业化。目前我国高科技资本市场尚未形成规模，缺少风险投资环境。这对于我国生物电子学的学科发展也是不利的。

第四节　学科发展布局

一、总体发展战略布局

生物电子学学科总体发展布局是与电子信息科学和生命科学的发展密切相

关的。2009年2月美国商务部国家标准和技术研究所发布了“生物电子学发现和创新框架”报告。该报告对生物电子学的发展现状和未来趋势进行了比较全面的描述。该报告虽然仅是一家之言，但具有较好的参考价值。关于我国生物电子学的科学发展布局，我们认为可以从下列4个方面来考虑。

1）从分子和细胞的水平上来研究和认识宏观和微观生物电现象以及电磁场和生物体的相互作用；

2）把电子信息技术的最新成果应用于生物医学信息（特别是生物分子信息）的获取、处理和分析，把系统科学的理论应用于生物医学系统（包括神经和脑）的建模和分析；

3）新型生物电子器件的研究，发展新的生物医学仪器和装备；

4）通过生物信息系统的研究，发展分子电子器件和仿生计算系统，为电子信息科学的发展开辟新的途径。具体分学科规划和研究内容的安排将在下一节中论述。

二、分学科及交叉发展布局和重点发展方向

（一）生命电现象及其生物学机制研究

细胞中能量转换和物质代谢都是通过相关生物大分子的氧化还原过程实现的，生物大分子间的电荷转移是生命活力的基础。生命体利用能量的形式主要是化学能，而生命体的各种行为过程表现为机械能。在化学能转换为机械能的过程中电能起着转化和控制的作用。目前人们对于细胞中的电子转移过程的研究是十分初步的。研究生物超分子体系（生物分子的有序聚集体，又称分子机器）中电荷转移机制，以及相关的结构与功能（如生物分子识别等）的关系，探索细胞中电荷传输规律、细胞中相关功能分子的表达调控和定向输运、能量转化相关的分子机器组装等对于深入认识生命现象、认清疾病机制无疑是十分重要的。

人们认识的大量的生命电现象是在细胞和器官层次上，如心电、脑电、皮电等，其机制均为细胞的膜电位。这些宏观生物电现象的研究也应该进入微观的分子层次。例如，研究细胞膜表面各种离子通道的特性及其受控的因素，从细胞整体的基因表达调控的角度展开研究，对于深入研究细胞膜电位产生的分子机制与调控通路，以及研究细胞间电发放的协同作用机制等是十分重要的。组织和器官的宏观电特性取决于构成其细胞的组织形式，研究不同组织和器官中的细胞特征以及它们的组装结构，对于预测相关组织和器官电特性和变异规

律将有重要的价值。

（二）电磁场和生物体的相互作用研究

电磁场的生物效应分为热效应和非热效应。电磁场的非热效应的研究仍然处于较多的争议之中，主要原因是非热生物效应没有可靠的直接的证据。实际上与其他的物理作用一样，生命体对于电磁场的作用是有一定的耐受范围的，在这个耐受范围内，活的生命体自身的调节功能，使得电磁场的作用很难被观察到。而大剂量的电磁辐射又很难把热效应与电磁效应分开。由于在生命系统中存在大量的电活动，电磁场对于生命系统的作用无疑是具有重要影响的，这种影响具有正反两个方面的作用，即有利的作用和有害的作用。由于目前人们的研究是十分初步的，必须结合细胞电活动的基本原理，在分子水平上研究生物分子与电磁场的相互作用情况，才能深入认识电磁场的生物效应，深入研究电磁场对生物体的短期和可能的长期影响。在此基础上，研究电磁波在生物体内的传输规律，发展各种基于电磁场的治疗方法和技术，以及研究相关电磁场的防护标准和方法。

在生物电子器件中生物体与电极的相互作用研究一直是一个重要的难题。一方面要保证电极在相当长的时间内能够准确可靠的传输电信号和电能；另一方面，生物组织要保持原来的状态和功能。这就需要电极与生物体之间有良好的界面。为此，需要研究细胞和电极之间的相互作用，构建生物相容性好的电极界面，深入理解蛋白质和电极间的电子传递过程，获得稳定高效的生物修饰电极。

（三）生物医学传感器

研究生物传感器的微纳结构表面生物功能化，提高生物分子识别元件的特异性和敏感性，获得新型高效的生物功能化界面；研究新型敏感材料，发展基于微纳结构的创新原理的生物传感器，实现更快、更准、更灵敏地获取生物分子信息；研究新的生物分子信息的传感机理，如由金属纳米颗粒介导或由酶作为电活性成分的电子传递生物催化反应传感机制的研究。

在应用对象方面，发展能够适时、动态和高通量地检测离体或在体细胞内的基因、蛋白质和小分子代谢产物信息的新方法和新技术；发展若干可用于临床的诊断技术；发展基因和蛋白质信息（包括各种在核酸和蛋白质水平上的甲基化、磷酸化等化学修饰）以及小分子代谢产物等的生物信息采集技术及其系统；发展基于微阵列芯片和微流体芯片技术的高通量基因、蛋白质和细胞信息检测技术；DNA/蛋白质相互作用原位分子检测技术；重要病原体检测（用于感染性疾病的诊断、疫情的监测、食品和环境安全及反生物恐怖相关的微生物快速检测和鉴定）；肿瘤、心血管疾病诊断的检测技术；基于抗体识别的细胞（或细胞器）检测技术和病原微生物快速检测。研究与神经集群和其他细胞集群接口的大规模电极阵列及信号处理芯片，在细胞层面研究生物电信号的生成、整合和传输等机理，微观发现神经网络的认知功能和其他细胞之间的信息关联。

（四）生物医学信息的处理和分析

生物医学信息的分析和处理是生物电子学的重要研究内容，也是各种生物医学仪器的核心技术。生物医学信号处理是根据生物医学信号的特点对所采集到的生物医学信号进行分析、辨认、解释、分类、显示、存贮和传输以及可视化。生物医学信号大多很微弱，易受外界的干扰，具有随机性强和背景噪声高的特点，其统计特性随时间而变，是非先验性的。人们对生物医学信息的检测提出了更高的要求。例如，现场环境下适时动态地检测心电（脑电、皮电等）生理电信号，并要求采用非接触的电极系统，研究高性能的信号放大技术，设计和研制微弱信号处理系统成为研究重点。

生物医学图像的处理和分析一直是生物医学电子学的重要研究内容，随着分子成像、新型超声成像等超高分辨率成像技术的发展，大容量高内涵的生物医学图像处理将会受到更多的重视。生物医学信息处理将要紧跟电子信息科学，特别是计算机科学的发展，把最新的技术应用于生物信息处理领域。

（五）植入式生物电子器件

目前能够植入体内的生物医学材料和器件正在不断增加，植入式生物医学电子器件的功能越来越强大，同时其寿命，特别是生物相容性得到了很大的提高。生物植入器件主要有三类。第一类是生物医学信息检测器件，主要在体报告和监控体内生理和生化参数的变化，便于人们能够实时地跟踪和调整身体的状态。胶囊内窥镜、血糖的监控传感器等是目前用得最多的产品。这类植入式器件将向高稳定性、多参数、长寿命的方向发展。第二类是生物医学植入器件，用于调节、治疗和器官修复等功能。例如，自主神经系统的调节、情绪的控制、药物的可控释放等，也包括植入式血压调控器件和植入式神经刺激芯片和神经信道桥接芯片。第三类是代替或部分代替器官的功能的生物医学植入器件，如人工耳蜗、人工视网膜等。

植入式电子器件的耗能是影响植入寿命的一个重要因素。各种低功耗的集成电路设计和工艺技术不断出现，无线供能方式也进入了实用的阶段，直接利用生命体自身化学能的生物电池为植入式器件供能的研究也有报道。

（六）医学电子学和医疗仪器

现代生物医学仪器的发展正在给生物电子学学科发展带来越来越多的机遇和挑战。目前各种新型的生物科学研究设备和临床医学设备层出不穷，在临床诊断、医学治疗、监护、模拟以及管理等方面发挥重要的作用。根据生命科学研究和医学临床实践的需求，研究、设计和开发新的生命科学和医学临床仪器和设备，对于生物电子学学科的发展是极为重要的。

大型生物医学诊断仪器是现代医学的必备装备，特别是各种医学影像技术，涉及电子信息科学领域的信息检测、处理、存储、分析和计算等多个学科方向。大型生化分析系统具有深度学科融合的特征，涉及生化、光、机、电和计算机中最前沿的领域。大规模低成本 DNA 测序技术将引领生物学和医学发展的方向，基于个体基因组信息的医学时代即将到来。随着微机电系统的发展，生化分析系统正在向小型化和微型化发展，芯片实验室、微流控系统是目前发展的热点。

生物医学仪器发展的另一个特点是低成本的医学装备。各种网络化、社区化（家庭化）以及智能化的诊断、治疗、监护、康复装备将会有巨大的发展空间，下一代物联网的一个巨大应用将服务于人类健康。同时现代医学信息管理系统的研究也是生物医学工程发展的重要内容。

（七）生物医学系统的建模和分析

生物医学研究进入了系统生物学的时代，生命系统的研究在基因组学、转录组学、蛋白质组学以及代谢组学等高通量高分辨率组学层次上进行集成和融合。对于海量生物信息的分析和系统建模将是一个十分艰巨的课题。在分子通路、细胞以及器官和生物整体层次上进行生物系统的建模研究，应用信息科学方法和物理模型来定量描述和预测生物功能和行为，需要生物电子学研究人员的积极参与。通过生物系统的建模和分析，能够真正从系统的角度认识生命现象，进而调控和改造生命系统，使人们从系统的角度深入地认识生命过程，使生命科学和医学由描述式的科学转变为定量描述和预测的科学。合成生物学的研究已经提出了设计生命的课题，并对人类在生物资源利用方面产生革命性的影响。

在组织和器官层次上进行系统的建模和仿真，通过人体生理过程以及疾病模型的研究，对医学临床和人工器官的研究有重要的意义，这方面还有大量的工作可以开展。同时，通过对生物系统的研究，也会对信息科学的发展起到积极的作用。

（八）神经信息技术和系统

研究神经生物信息获取技术，应用分子组装技术与纳米技术，开发一系列高灵敏度神经递质生物传感微电极的研究，将活体微透析取样技术、微生物芯片技术、微加工技术以及微电极阵列技术结合起来，研究活体微透析取样技术与芯片技术的联用系统；研究生物传感微电极的生物相容性，以及植入体内生物传感器与活体内细胞和组织的相互作用及其对传感器工作模式和性能的影响，对单个脑神经细胞或神经元进行电化学信号和脑电信号的活体在线同时检测；研究神经信息解码与分析，视觉、听觉、嗅觉、触觉、认知及其情感的神经机制，感知觉、认知和情绪及其相互作用相关的神经电生理表现，从人脑电信号中识别高级神经活动的特征性编码模式，探寻编码感知觉、认知和情绪等高级神经活动表征的神经元集群，探讨神经信息载体在神经环路脑区之间的传送加工模式；以多电极阵列神经芯片技术设计具有认知信息处理能力的体外神经元集群，并探讨生成神经认知功能必需的神经拓扑架构模式基础，通过调节多电极阵列神经芯片技术参数，探讨认知功能的神经信息产生、编码、传递机制。

（九）生物电池

研究高效产电微生物菌种；研究生物燃料电池中电极材料，研究生物催化剂与电极的相互作用及其电子传递效率；发展纳米碳管与导电聚合物的复合材料在生物电池中的应用，通过提高电导率和比表面积及细菌等微生物的电催化反应效率，增加电极的功率输出；研究新型电池结构和电池系统。

（十）分子电子学和生物计算

分子电子学是通过研究分子层次上电荷转移和能量转换过程，发展分子电子器件，实现信息的检测、存储和处理等功能，最终完成分子计算机的发展。分子电子器件包括分子导线、分子开关、分子三极管、分子存储器等。分子电子学的研究内容涉及分子功能材料、分子电子器件的模拟及器件原型、分子有序组装和表征、分子电路的基础、仿生计算系统等。

分子电子学的研究途径可以分为两类。一类是依照约翰·冯·诺依曼计算原理，用分子电子器件直接代替目前的硅半导体器件。原理上讲，分子器件可以实现在单个分子水平的开关和信息存储。一些有机功能分子的复合物（如电子给体-受体分子系统）或生物大分子（如细菌视紫红质、细胞色素 c 等）能够表现出稳定的开关特性和存储特性，研究的关键在于分子器件之间如何构成电路，如何从单个分子器件中读取信息。最近关于纳米管分子导线的研究为分子导线的研究提供了可能的方案。另一类研究途径是通过研究生命体系的信息处理和加工过程，利用和模拟生物体系构建非约翰·冯·诺依曼的计算机。通过溶液体系的分子反应，如 DNA 和生化反应体系，构建 DNA 计算机。从神经信息处理系统中研究神经计算模型，构建神经计算机等。从细胞进化原理模型，建立基于进化原理的计算系统。更进一步地，研究相应的微流体器件，利用生物分子系统来实现基于进化原理的分子计算机。生物计算或进化计算的原理主要基于大量生物分子的特异性竞争生化反应，溶液中千万亿的生物分子高度并行的识别和竞争反应，计算速度和容量具有巨大的潜力。关键问题是如何把要解决的实际计算问题转化为生化反应事件，并把生化反应的结果再转化为计算结果。

分子器件的加工可分为从上向下（top-down）的加工途径和从下向上（buttom-up）的加工途径。Top-down 途径主要是利用现代集成电路的微细加工技术，如高分辨率光刻技术等。而 bottom-up 途径又称为分子组装技术。在分子组装方面，Langmiur-Blodgett 膜（LB 膜）技术一直受到人们的重视，LB 膜技术能够逐层地把不同的分子功能材料按照设计的方式组装在基底表面。LB 膜的稳定性和内部的结构相变等研究使人们对于 LB 膜技术有了深入的认识。分子自组装技术可以稳定地在固相基底上组装特定的功能分子，在分子器件的应用中受到越来越多的关注。纳米技术和超分子科学的发展对于分子器件的组装和表征起到了重要的推动作用。

三、国家级研究平台的需求分析

从学科发展的布局来看，生物电子学不仅具有基础研究的属性，而且有很强的工程研究特点。生物电子学学科在基础研究方面，目前已经建立了东南大学国家重点实验室以及浙江大学、西安交通大学、华中科技大学、电子科技大学 4 个教育部重点实验室。在生物电子学领域许多研究方向，如植入式电子器件、医疗电子仪器等方面具有很强的工程研究特点，这些研究对于我国生物医学工程产业的发展具有特别重要的影响。建议国家在这些领域中进行国家工程实验室和国家工程研究中心的布局。

第五节 优先发展领域与重大研究领域

一、遴选优先发展领域的基本原则

未来5～10年生物电子学学科的优先领域的遴选原则是：①根据生命科学和医学的发展趋势和需求，确定生物电子学的发展重点。在人类基因组计划完成之后，系统生物学和个体化医学将是未来生命科学和医学的发展前沿，生物分子信息的高通量、快速、低成本、原位、准确及其高灵敏度的检测，将是制约人类利用自身的基因组信息服务医学和健康的重要瓶颈之一。利用先进的电子信息技术，实现生物分子信息的高效检测应是生物电子学学科发展的重点方向。②在生物电子学领域中成果的显示度高，商业应用价值大，与人民生命健康直接相关，但在我国目前发展现状比较慢的研究领域，如植入式电子器件。③在生物电子学领域国际上刚刚起步，预计未来将会有较大发展空间，有较大应用前景的研究领域，如生物电池。④将电子信息方法和技术应用于生命科学的研究中，并能够推动生物医学科学发展的交叉性基础研究，如系统生物学和神经信息学等。⑤运用生物电子学方法和技术，研究和验证经络等我国传统医学理论。具体建议的重点发展方向、优先资助领域和重大交叉领域如下。

二、重点发展方向

生物电子学的重点发展方向为生物分子信息的高效检测。

根据生命科学和医学研究的需求，利用电子信息科学的理论和方法，特别是MEMS技术、纳米技术、生物芯片技术的最新研究成果，在生物信息的高通量检测技术、原位动态分子信息的获得、单细胞中生物分子的高灵敏和定量检测等方面开展研究。

近年来的研究发现通过检测细胞中相关基因的突变以及甲基化水平可以鉴定肿瘤细胞。通过检测血液或痰液中相关基因的突变和甲基化含量，可对肿瘤的发生进行早期预警。由于真实样品中存在着大量的正常细胞，这就要求生物信息检测技术能够从众多的正常细胞中识别出病变细胞内的基因状态，以获得病变细胞与正常细胞的比率。寻找对组织中给定基因的突变和甲基化水平进行特异性定量检测的方法，有望实现肿瘤早期诊断方法的突破。

1）发展微流体生物芯片技术，样品的采集、处理和富集技术。在食品和环境微生物安全检测中需要对采集得到的大量不同样品进行处理和分析，样品的预处理是实现生物芯片现场快速检测的关键。研究简单实用且低成本的样品预处理方法和器件，如微型过滤器和特异性亲和富集器等。

2）发展能够适时、动态、单分子和高通量地检测离体或在体细胞内的基因、蛋白质和小分子代谢产物信息的新方法和新技术。

3）构建高灵敏度的细胞内原位单分子信息的快速动态检测方法，进行DNA-蛋白质、蛋白质-蛋白质相互作用及其动力学的检测，用于单细胞中基因和蛋白质表达谱的检测。

4）发展单分子DNA测序技术，发展具有自主知识产权的高通量低成本DNA测序技术以及相关的测序装置和试剂，建立一批有国际竞争力的新一代DNA测序技术平台。建立一批与基因表达调控相关的系统生物学测序平台，发展在全基因组水平上基因表达调控相关信息（ChIP-seq、RNA-seq、组蛋白修饰谱、DNA甲基化谱等）的测序技术，发展相关的多源个体基因组分析算法和软件，建立相关的数据库。

DNA测序技术将在个性化医疗和药物、临床的系统关联分析、甚至人类发展（文化、教育等）方面产生巨大的变革。不久的将来我们每个人都将拥有自己的基因组图谱。如果以1000美元测序成本和全球60亿人口来估算，人类个体化基因组的市场容量将为6万亿美元。我国的市场容量将达到10万亿元人民币。如果将各种与人类相关的病源微生物和人类疾病基因组的表达差异等临床需求包括在内，则DNA测序的市场容量将再增加数千倍。不仅如此，DNA测序技术还将广泛应用于生物技术相关产业（如制药、农业、环境、能源和传统中医药等），这将会像微电子技术给信息产业带来的变革一样，在生物相关产业产生数万、数亿倍的带动效应。巨大的需求使DNA测序技术正在以更快的测序速度，更高的测序通量以及更低的测序成本向前发展。随着低成本快速DNA测序产业的发展，DNA测序市场将会爆发性的增长。

面临如此之大的产业前景，我国应该采取第二代技术和第三代技术平行发展的战略。立足于发展测序速度更快、测序通量更高、试剂消耗更少、运行成本更低的第二代DNA测序技术。争取与国际第二代DNA测序技术的发展实现齐头并进。同时重点发展第三代DNA测序技术，综合应用纳米技术、荧光标记技术、高灵敏度光电检测技术等高技术手段，开发出DNA单分子的快速、准确和高通量的实用测序装置和试剂，在新一代DNA测序技术方面形成我国自主的核心知识产权体系，在国际DNA测序技术领域中占有一定的份额。

三、优先资助领域

（一）植入式生物电子器件

植入式生物电子器件是21世纪生物医学电子发展的一个重要的方向。植入式器件可保证生物体在处于自然的生理状态条件下对各种生理、生化参数进行连续的实时测量与控制；采用植入式测量装置后，体内的各种信息不需经皮肤测量，可大大减少各种干扰因素，因此可得到更加精确的数据；便于对器官和组织的直接调控，能获得理想的刺激和控制响应，有利于损伤功能的恢复和病情的控制；可以用来治疗某些疾病，如癫痫和瘫痪等；用来代替某些器官的功能，如肾脏、四肢、耳蜗和视网膜等。虽然植入式电子系统因在生物医学中具有突出的作用而受到各国学者的高度重视，各种新颖的植入式系统层出不穷，但是真正成熟的植入式微电子器件产品尚为数不多。因此，加强我国植入式器件研究和创新，提升植入式器件的性能，并以此引导传统植入式器件产业的技术更新和产品换代，推动我国植入式器件产业的发展。植入器件的研究包括植入器件电路设计、植入式器件的供能、电极设计、植入式器件生物相容性、信号分析和处理等。

1. 植入器件生物集成电路芯片的设计与制造

生物集成电路芯片是植入器件的核心部分，是信号检测、放大和处理以及功能电激励等电路的集成。随着植入器件向高速度、低功耗、低电压和网络化的发展，系统对电路的要求越来越高。传统集成电路设计技术已无法满足性能日益提高的植入器件整体系统的要求。为解决传统集成电路芯片体积大、芯片之间连线延时、芯片可靠性以及质量等因素的限制，在集成电路设计与工艺技术水平不断提高的前提下，不断提高集成电路规模和复杂程度，最终使整个系统集成为一个芯片。因此集成电路芯片的设计和制造是器件真正实现植入人体的关键问题。

2. 生物电极及其表面功能化

电极是生物体中电信号的检测器和激励器，是植入式电子器件中十分重要的组件，是生物信息系统和电子信息系统的接口，在生命科学研究和神经功能重建临床应用方面具有重要的科学意义和广泛应用价值。适合长期连续和实时测量的、能与集成电路工艺兼容以及间距可精确控制、信噪比高、安全便携的电极等关键部件的制造技术将是未来的研究重点。

修复用电子器件植入后要长期与生物组织作用。因此，这些器件所使用的包括电极和电路等材料的生物相容性是研究设计中首先考虑的问题，是植入器件从实验室研究走向临床应用的关键。对植入器件进行表面改性是改善其生物相容性的有效方法。

3. 长寿命生物电子器件的体内供能技术

植入式电子器件要在体内工作，完成确定的功能，前提是要有能量供给。因此各类植入电子器件的关键技术问题之一，即制约植入式医疗器械发展的“瓶颈”问题就是如何有效地向植入电子器件提供足够的电能，维持其长期、稳定、可靠的运行。为降低感染、泄露危险，减少患者因反复手术更换电池带来的痛苦和经济负担，对植入式器件的供能技术提出了更高的要求。高效、美观、无不良副作用、无感染风险的无线供能技术将是未来的研究重点。

4. 生物医学信号分析与处理

生物体中存在着多种信号，如心电、肌电、脑电、神经电信号、胃电信号等。但生物体中有些信号，如神经电信号等，它们不同于人们熟知的脑电、心电、肌电等强生理电信号，往往被淹没于工频干扰和这些强生理电信号在内的强背景噪声之中，其幅值大大低于背景噪声，信噪比很低，本身又具有随机性和非平稳性，加之其频谱与背景噪声频谱有相当大的重叠区，因此不仅需要有高性能的信号检测系统，如低噪声放大器、高分辨率的信号采集系统，而且需要有适当的信号处理技术，否则无法获取信号。这给植入器件的研究与应用带来了较大的困难，是植入器件研究中的重点和难点。

（二）生物电池

生物燃料电池在生物电子学领域中是一个新的极具发展潜力的研究方向，在生物传感器、生物植入器件等领域都有重要的应用前景。目前世界上几个发达国家的实验室正在加紧新型微生物燃料电池的研究，其中包括美国的马萨诸塞州大学、华盛顿大学、宾夕法尼亚大学，比利时根特大学，法国里昂生态中心，德国Greifswald大学，北爱尔兰的Wageningen大学等。以微生物燃料电池为关键词的检索文献呈现逐年递增的趋势。

目前，国际上生物燃料电池研究已取得了很大的进展。生物燃料电池中产电微生物能够在厌氧条件下完全把有机物氧化成二氧化碳，把氧化过程中产生的电子通过电子传递链传递到电极上产生电流。生物电池产电的过程可以看作是将微生物的氧化呼吸链延伸到细胞外的外界环境。其核心是利用酶或微生物加速及促进燃料底物的电子通过电极进入外电路，这些底物包括废水中的复杂有机物、可再生的生物质以及生物体本身的生物分子等。生物燃料电池的研究重点主要集中在提高电池输出功率密度和寿命、降低电池成本等方面。

1. 产电微生物的筛选、优化

微生物的产电效率在自然条件下是很低的。因此对现有的产电微生物，结合生物信息学方法、生物工程、基因工程的方法，对所得微生物进行性能优化。例如，增加与电极直接接触的膜蛋白的过量表达，提高电子传递速率，是提高电池效率的重要途径。另外还可以通过增加选择压力，迫使微生物本身向着高产电效率的方向进化。

2. 新型电极的设计、优化与制备

在生物燃料电池中，系统传递电子的数量和速率以及阳极与阴极间的电位差对电池的功率输出有重要作用。电极材料的导电性、比表面积、与生物催化剂的电接触以及对生物催化剂的维持与固定作用等都直接影响电池的整体性能。通过运用新的复合材料和纳米材料，以及表面修饰（包括表面组成及表面微结构的改变）等方法可不同程度地改善电极的性能。

3. 生物膜代谢及电子转移特性的研究

微生物在电极上形成的生物膜也是影响系统电子转移速率的关键因素。主要包括两个方面的研究内容：一方面是电极上的生物膜生长。生物膜的形成使微生物易于获得营养和新的遗传特性，以至于对重金属、抗生素、紫外线的抗性和降解大分子物质的能力显著增强。研究影响生物膜形成的因素与机制以及所形成生物膜的理化与代谢特性，是促进生物电池走向应用的重要因素。另一方面是提高生物膜的导电特性。电子从细胞传递到电极上的直接电传递大致分为三类，即利用细胞膜上的细胞色素 c 进行电子传递、利用微生物的表面纤毛-纳米导线直接传递电子以及利用微生物的自身代谢产物直接在电极上传递电子。解析微生物膜的电子传递机理，是改善电池的构造、优化电极结构以及提高电子传递效率的重要理论基础。

4. 电源结构的系统设计

生物燃料电池装置设计，降低电池内阻和提高传质以获得较大的功率输出；通过开发能量管理系统稳定产生较高的电压和电流输出（如多个生物燃料电池的堆叠设计），以及以经济的方式构建大规模的、高效生物反应器等。探讨微生物的驯化过程、底物性质与电池性能的关系也是生物燃料电池研究的热点。研究异养、自养细菌对营养物需求的差异，不同的营养物对相同类型细菌生长的差异等因素对电池性能的影响，以及间断获得燃料与连续获得燃料下电池容积负荷和运行的差异等，也是实现电池性能控制的一个重要内容。

四、重大交叉领域

（一）系统生物学的信息整合

随着生物信息检测技术的发展，人们能够在分子层次上获得细胞和组织的大量生物分子信息。生物信息的分析和知识挖掘方法的研究正在受到国际学术界越来越多的重视，并蕴藏着巨大的机遇。系统生物学就是要实现不断产出的海量生物学数据和生物学知识同以生物信息学为基础的新生物学的整合。

各种生命组学技术正在成为现代分子生物学新的实验技术平台，如基因组学、转录组学、表观基因组学、蛋白质组学、代谢组学、相互作用组学、表型组学等。个体基因组测序、基于单核苷酸多态性的基因分型等技术平台将使构建个体基因组数据库，从基因组水平上揭示人类个体所有遗传密码的差异成为现实。转录组学是研究细胞在不同的状态下 mRNA 转录水平的差异，是构建细胞中动态基因表达谱的基础。蛋白质组学研究细胞和生物体的蛋白质分子的结构、时空分布和功能。表观遗传组学反映了细胞内基因表达调控的信息系统，主要与基因组 DNA 和组蛋白的化学修饰有关。代谢组学研究细胞、组织或体液中的生物小分子图谱以及相应代谢网络和调控模式。相互作用组学主要是研究细胞内各种分子的相互作用，包括蛋白质-蛋白质、蛋白质-核酸、蛋白质-代谢物的相互作用，构建分子调控途径和网络结构。表型组学是细胞、组织或活体的主要性状，包括信息传导、代谢水平、增殖状况、体内平衡和对环境变化的应答和适应等。

国际上关于基因组学的研究重点已开始转向获取基因组的动态信息以及基因调控网络。如何对这些数据进行搜集、整理和分析，从中找出编码方式和调控规律，使之上升为理论，并加以利用，这对现有的生物信息学研究提出了更高的要求。应用现代系统科学中的耗散结构理论、协同学、超循环理论、拓扑学中的突变论、复杂巨系统理论，非线性科学中的混沌理论、分形理论、复杂适应系统理论，以及通过计算机仿真研究生命体组分之间的相互作用，构建其各个组分间的次序和层次结构，揭示生命中各组成成分间稳定相互作用的机制，即运用信息科学的理论和信息系统的概念，实现生物分子信息的静止与动态、局部与整体、个体与群体等方面的整合。

（二）神经信息学

神经信息学是一门新兴的交叉学科，该学科用先进的生物电子技术，研究中枢和外周神经系统，并操控其行为乃至增强其功能。该学科横跨计算神经科学、实验神经科学、临床神经病学、神经组织信号处理、微纳米技术、电子工程学和科学计算等领域。通过集成微纳米、信息和微系统的前沿技术，提高对人类包括大脑、脊髓和外周神经在内的神经系统工作机制的认识，同时开发对脑疾病和脊髓损伤等疾病的诊断、治疗和康复有帮助的实用产品，促进国内与神经疾病相关的医疗器械行业的发展。

神经信息学的主要研究内容有基于生物电子学的脑工作机制研究；研究神经网络相互的关系、信息处理的机制以及与脑疾病发生之间的联系；运用生物电子学理解脑电振荡模式与认知的关系；基于微纳电子技术，设计新型的微纳米阵列电极，开展脑深度刺激控制脑疾病，结合仿真技术，对神经网络电刺激的机理及临床应用开展研究；应用新型材料和制作工艺，设计植入式的脑信号感知器，以及发展新的计算模型和数据处理分析方法；研究控制脑的数学模型，分析控制脑模型的稳定性和鲁棒性，尤其对其进行实时跟踪的能力；通过分析脑神经网络的动力学特性，分析研究相关的控制理论和方法，以满足控制脑的目的；发展控制脑的脑刺激方法：脑刺激方法的选择和脑刺激系统的设计；脑刺激参数的选择和优化过程；研究刺激在大脑组织中的传播过程及其对神经网络的影响；分析刺激参数与控制脑数学模型的关系。

（三）复杂医学系统的电子信息学

中医在中国五千年的历史中起着非常重要的作用，它是中华文化遗产中的一块瑰宝。而针灸则是中医的重要组成部分，它以其完整的理论体系、独特的风格和确切的疗效享誉国际医林，并已被100多个国家应用于临床。近几年来，重视调动机体自身抗病能力的针灸疗法更加受到中外医学界的重视。然而，经络学一直缺乏解剖学支持和物理学基础。研究者尝试了一系列的方法，从声、光、电到磁、波、离子、气体，从二维平面到三维立体空间等不同角度进行了探索，并提出过多种假说，但均未获得一致的认可和肯定。

采用电子信息学的方法对经络进行探测将可能是一种有效的尝试。通过设计制作专用针灸针作为信号刺激和探测电极，通过设计专用刺激信号编码和波形，利用信号全方位追踪方法，在人体中探测信号传递最畅通（衰减最小）的路线，与中医给出的经络相对比，发现两者之间的关系，达到验证经络的目的。使用人体电信号刺激和探测技术可以方便地获得身体不同深度多部位和多方位的电信息，其结果可同时符合西医的分析和中医的综合判断的原则，有希望从理论和实验两个方面验证经络学说。

第六节　国际合作与交流

植入式电子器件可能是生物电子学领域中涉及学科最多、技术最为复杂、研究周期最长、同时成果的商业价值较高的研究领域，很多核心技术被少数跨国企业所垄断。例如，心脏起搏器、脑起搏器的市场大部分被美国和欧洲占据，人工耳蜗的生产、制造由澳大利亚、美国、奥地利等少数国家垄断。国内在这些领域的研究起步相对较晚，但其研究越来越受到生物医学工程学、医学、电子信息学领域研究者的共同关注。因此，建议以植入式电子器件作为国际合作与交流的重点，主要有以下几个方面。

（一）生物集成电路芯片的制造技术

目前国际上的芯片制造工艺仍高于国内水平，而工艺水平的高低直接与芯片的集成度和芯片的性能相关，并与最终研发得到的植入器件的体积和功能紧密相关，因此未来应优先在集成电路芯片的制造方面着重加强国际合作。

（二）电极的设计与表面修饰及改性

目前已经商品化的微电极阵列有三类：一类是美国犹他大学开发的针形硅电极阵列，一类是美国密歇根大学开发的剑状硅电极阵列，还有一类是德国弗朗霍夫生物医学研究所开发的卡肤（Cuff）电极。这些电极和与之配套的多通道记录设备的发展，极大地推动了大脑中枢神经系统工作机制的研究，促进了神经康复治疗脑-机接口的实现。但是，国内除了初步的微电极设计工作以及综述性的介绍以外，研究报道还很少。国际合作的重点为电极的精细加工和生物相容性电极材料的设计、表面修饰与改性等。

（三）无线能量传输

加强在植入式微电子器件能量和信息传输研究方面的合作，如美国南加利福尼亚大学、美国密歇根大学等，重点为体外和体内无线能量传输芯片的设计。

同时，生物电子学相关领域的研究机构和人员应积极开展具有成效的国际合作和交流，应积极鼓励生物电子学领域的研究人员参加和主办具有战略影响的高水平国际会议。通过国际交流，掌握相关技术发展趋势，扩大我国研究人员在国际学术领域的影响。特别应支持国内研究机构和人员与国际上优势研究单位建立长期合作关系。

第七节 保障措施

生物电子学研究领域是一个交叉性很强的学科领域。研究人员应该具有扎实的电子信息科学的研究基础，同时又应该具有宽泛的生物医学前沿知识。这样一支高层次的学科交叉型的工程类研究人才的培养是生物电子学学科发展的基础。电子技术、微纳加工技术、生物材料、生命科学以及医学领域中的突破都可能为生物电子学学科的发展提供机遇。因此，生物电子学学科的建设和发展应充分考虑到各相关学科的发展趋势及其交叉和综合所提供的机会，鼓励不同学科之间的合作和交流。

（一）在基础研究方面

加强学科交叉，鼓励创新研究。国家自然科学基金委员会的各相关学部和学科都支持生物电子学相关的研究项目。建议增加在重大和重点项目方面的支持力度，以点带面，培育生物电子学领域的基础研究队伍，尽快提高我国生物电子学研究的整体水平。

（二）在人才队伍方面

目前国内东南大学、浙江大学、上海交大、西安交大、清华大学、华中科技大学、重庆大学、电子科技大学、天津大学等已经形成了较好的以电子信息科学专业基础为主的生物医学工程的人才培养模式。在研究生培养过程中加强生物医学前沿知识的学习，开展创新研究，已形成了较强的人才培养队伍，在生物电子学方面开展了一系列有特色的工作。但是，生物电子学的许多重要研究属于工程型的，且研究成果往往需要医学实践的验证。要完成一个有影响的研究科学往往需要较大的支持强度，研究周期较长。因此，建议根据不同项目的特点，在资助强度和资助延续性方面给予充分的考虑，以利于团队和研究人员能够长期坚持开展具有原创性和挑战性的研究，取得具有良好临床效果的系统性研究成果。

（三）在国际合作方面

与在国际上具有重要影响的生物电子学研究团队和个人建立联系，定期开展高水平的学术交流，探讨生物电子学研究中的相关问题。在优先资助方向上，通过共同申请国际合作项目，引进关键技术，聘请高水平研究人员来访、讲课，以及派遣国内的研究人员到相关研究单位进修等手段，提高国内研究人员的水平，带动我国生物电子学研究向国际一流水平发展。

（四）在国内合作与学科交叉方面

建议组织和设立国家重大课题项目，整合各方力量进行合作研究，以期在生物电子学相关研究方面获得重大突破。同时，会同国家有关部门，及时对生物电子学相关高技术成果的产业化进行支持。

◇参考文献◇

陆祖宏，吕华，肖鹏峰，等．2008. 快速低成本全基因组 DNA 测序技术，中国生物医学工程学报，27（2）：182～186

陆祖宏．1998. 生物芯片的研究、发展和应用．电子科技导报，（11）：5～9

孙啸．1998. 生物信息学-揭示生物分子数据的内涵．电子科技导报，（11）：10～13

王志功，吕晓迎，顾晓松．2004. 中枢神经信号微电子技术检测、处理和重建研究．通讯和计算机，1（1）：77～81

韦钰．1998. 生物电子学-充满活力的前沿交叉学科．电子科技导论，（11）：2～4

Abbott A. 2003. Cell culture：Biology's new dimension. Nature，424：870～872

Aelterman P，Freguia S，Keller J，et al. 2008. The anode potential regulates bacterial activity in microbial fuel cells. Applied Microbiology Biotechnology，78：409～418

Bashir R. 2004. BioMEMS：State-of-the-art in detection，opportunities and prospects. Advanced Drug Delivery Reviews，56（11）：1565～1586

Chaudhuri S K，Lovley D R. 2003. Electricity generation by direct oxidation of glucose in mediatorless microbial fuel cells. Nature Biotechnology，21（10）：1229～1232

Fuentes R，Petersson P，Siesser W B，et al. 2009. Spinal cord stimulation restores locomotion in animal models of parkinson's disease. Science，323：1578～1582

Joyue A J ，Paisson B. 2006. The model organiam as a system：Integrating 'omics' data sets. Nature Reviews Molecular cell biology，7：198～210

Kitano H. 2002. Systems biology：A brief overview. Science，295：1662～1664

Mijatovic D，Eijkel D J T，and Berg A . 2005. Technologies for nanofluidic Systems：Top-down vs. bottom-up—a review. Lab Chip，5：492～500

Nagrath S，Sequist L V，Maheswaran S，et al. 2007. Isolation of rare circulating tumour cells in cancer patients by microchip technology. Nature，450：1235～1239

Patterson W R，Song Y K，Bull C W，et al. 2004. A microelectrode/microelectronic hybrid device for brain implantable neuroprosthesis applications. IEEE Tran. Bio-Med. Eng.，51 (10)：1845～1853

Prescott J H，Lipka S，Baldwin S，et al. 2006. Chronic programmed polypeptide delivery from an implanted，multireservoir microchip device. Nature Biotechnology，24：437～438

Rizk M，Bossetti C A，Jochum T A，et al. 2009. A fully implantable 96-channel neural data acquisition system. Journal of Neural Engineering，6 (2)：026002

Walker G M，Ramsey J M，Cavin R K，et al. 2009. A framework for bioelectronics-discovery and innovation. http：//www. nist. gov/ eeel/ semiconductor/bioelectronics _ report. cfm [2009-04-29]

Wang Z，Gu X，Lü X，et al. 2009. Microelectronics-embedded channel bridging and signal regeneration of injured spinal cords. Progress in Natural Science，19 (10)：1261～1269

Wei Y，Lu Z，Yuan C，et al. 1997. Molecular electronics-strategies and progress in China. IEEE Engineering in Medicine and Biology，16 (4)：53～61

Wei Y. 1998. Molecular electronics-the future of bioelectronics. Supramolecular Science，5 (5～6)：723～731

Zhou L，Zhu G，Wang H，et al. 2008. Anti-hypertensive effects of a closed-loop chip system in renovascular hypertensive rats. Medical Science Monitor.，14 (8)：153～158